ENCYCLOPÉDIE

DES

TRAVAUX PUBLICS

Fondée par M-C LECHALAS, Insp' gén¹ des Ponts et Chaussées

COURS DE ROUTES

PROFESSÉ A L'ÉCOLE DES PONTS ET CHAUSSÉES

PAR

C¹ᴸᴱˢ-LÉON DURAND-CLAYE

INSPECTEUR GÉNÉRAL DES PONTS ET CHAUSSÉES

DISPOSITIONS D'UNE ROUTE. — ÉTUDE ET RÉDACTION DES PROJETS.
CONSTRUCTION. — ENTRETIEN.

Seconde édition, revue et corrigée

PARIS

LIBRAIRIE POLYTECHNIQUE

BAUDRY ET C⁰, LIBRAIRES-ÉDITEURS

15, RUE DES SAINTS-PÈRES

MÊME MAISON A LIÈGE

ENCYCLOPÉDIE DES TRAVAUX PUBLICS

COURS DE ROUTES

Tous les exemplaires du COURS DE ROUTES (2ᵉ édition) devront être revêtus de la signature de l'auteur.

ENCYCLOPÉDIE

DES

TRAVAUX PUBLICS

Fondée par M.-C. LECHALAS, Inspr génl des Ponts et Chaussées

COURS DE ROUTES

PROFESSÉ A L'ÉCOLE DES PONTS ET CHAUSSÉES

PAR

Cles-LÉON DURAND-CLAYE

INSPECTEUR GÉNÉRAL DES PONTS ET CHAUSSÉES

DISPOSITIONS D'UNE ROUTE. — ÉTUDE ET RÉDACTION DES PROJETS.
CONSTRUCTION. — ENTRETIEN.

Seconde édition, revue et corrigée

PARIS

LIBRAIRIE POLYTECHNIQUE

BAUDRY ET Cie, LIBRAIRES-ÉDITEURS

15, RUE DES SAINTS-PÈRES

MÊME MAISON A LIÉGE

1895

ERRATA

Pages.	Lignes.	Au lieu de :	Lisez :
64	avant dernière	$\dfrac{E}{p} + K$	$\left(\dfrac{E}{p} + K\right) v$
77	30e	0,0025	0,025
100	15e	couper	occuper
116	13e	t	d
119	9e	Rd'	Rd
123	27e ligne (à la fin de la formule)	$\dfrac{P_0}{U}$	$\dfrac{P}{U}$
128	12e	$+ 100$	$+ 100\ R$
129	25e, 26e et 27e	θ_0	Θ_0
143	milieu du tableau	$\Lambda\ V_0\ \Theta$	$\Lambda = V_0\Theta$
175	11e	position	portion
212	18e	$V -$	$V =$
285	31e	$m_1 - m_2$	$m_2 - m_1$
342	12e	rotatif	relatif
516	2e	$\dfrac{P + m}{q'}$	$\dfrac{P + m}{q}$

PREMIÈRE PARTIE

DISPOSITIONS GÉNÉRALES

•

INTRODUCTION

1. Diverses espèces de voies de communication. — On désigne sous le nom de voies de communication toutes les parties du globe terrestre qui sont naturellement ou ont été rendues artificiellement aptes au transport des hommes et des choses.

Les voies naturelles sont celles que l'homme a trouvées toutes faites, et pour lesquelles il n'a eu qu'à combiner un moyen de transport approprié. Telles sont les mers et les rivières, sur lesquelles il a suffi de placer un corps flottant, un bateau, et de le mettre en mouvement, en utilisant l'action des courants, ou du vent, ou la force motrice empruntée soit aux muscles des hommes ou des animaux, comme dans le halage ou dans l'emploi des rames, soit aux machines à vapeur.

Ces modes de transport constituent ce qu'on appelle la navigation, maritime ou fluviale.

On pourrait encore ranger dans la classe des voies de communication naturelles l'air atmosphérique, où l'on est parvenu à effectuer des transports. Mais le véhicule approprié, le ballon, est encore dans un tel état d'imperfection, surtout quant au mode de propulsion, que ce genre de transports n'est pas entré dans la pratique courante. On n'y a recours que dans des cas exceptionnels, par exemple pour faire sortir d'une ville assiégée un petit nombre de personnes, des dépêches et quelques légers paquets. Aussi l'aérostation est-elle restée jusqu'ici une annexe de l'art militaire, auquel se rapportent les rares applications sérieuses qui en ont été faites.

Les autres voies sont artificielles, c'est à-dire créées de toutes pièces par la main de l'homme. Ce sont les canaux, les chemins de fer, les routes et chemins.

Ici, ce sont les voies de communication qui sont appropriées aux modes de transport.

Veut-on effectuer les transports par bateaux, on creuse des canaux, que l'on remplit d'eau : c'est la navigation artificielle.

Veut-on faire traîner des voitures par des moteurs à vapeur, on les place sur des rails pour les guider : ce sont les chemins de fer.

Les voitures sont-elles destinées à être tirées par des chevaux : on construit des routes ou chemins.

2. Classification des routes et chemins. — Les deux expressions de route et de chemin sont équivalentes, et représentent un seul et même genre de voie de communication.

La langue usuelle réserve le nom de routes aux chemins de principale importance, et cette distinction n'est que relative. Un petit chemin vicinal passe pour route dans le hameau qu'il dessert, et une large avenue est quelquefois appelée chemin aux abords d'une grande ville.

Officiellement, les voies sont des routes lorsqu'elles sont construites ou entretenues aux frais de l'État ou des départements, et des chemins lorsqu'elles le sont, en tout ou en partie, aux frais des communes qu'elles traversent ou qui les utilisent.

On distingue les routes en routes nationales, entièrement à la charge de l'État, et routes départementales à la charge des départements. Les chemins sont vicinaux ou ruraux, suivant qu'ils réunissent plusieurs communes ou sections de communes ou ne servent qu'aux usages d'une seule localité.

Bien que, dans le présent cours, on ait particulièrement en vue les routes nationales, toute la partie technique en est également applicable aux routes départementales et aux chemins de toute nature, pour lesquels les règles de la construction et de l'entretien sont les mêmes.

3. Statistique des voies de communication. — La longueur des voies de communication de toute nature à l'état de viabilité est approximativement en France, la suivante :

Routes nationales	38.000 kil.
Routes départementales.	49.000
Chemins vicinaux de grande communication.	135.000
— — d'intérêt commun . . .	76.000
— — ordinaires	254.000
Total pour les routes et chemins . .	552.000
Chemin de fer d'intérêt général	32.000
— — local.	7.000
Rivières navigables.	7.000
Canaux	5.000
Total . .	603.000 kil.

Cette statistique ne comprend pas les chemins ruraux, dont on ne connait pas le développement.

La construction de ces voies de communication a coûté des sommes très importantes, et l'entretien qu'exige leur conservation entraîne chaque année des dépenses considérables. Il n'est guère possible de les connaître exactement; mais on peut s'en faire une idée approximative d'après le tableau suivant, dont les données, en ce qui concerne les frais d'établissement et d'entretien, ne sont que des hypothèses se rapprochant seulement assez de la réalité pour l'objet qu'on se propose :

DÉSIGNATION DES VOIES de communication	LONGUEURS	FRAIS de premier établissement		FRAIS ANNUELS d'entretien et de surveillance	
		par kilomèt.	totaux	par kilomèt.	totaux
	kilom.	fr.	millions	fr.	millions
Routes nationales..............	88.000	40.000	1.500	800	30
Routes départementales......	49.000	25.000	1.200	600	29
Chemins vicinaux de grande communication..............	185.000	20.000	2.700	400	70
Chemins vicinaux d'intérêt commun	76.000	12.000	1.900	300	23
Chemins vicinaux ordinaires ..	254.000	8.000	2.000	200	51
Total pour les routes et chemins.	552.000	»	8.300	»	203
Chemins de fer d'intérêt général..............	32.000	400.000	12.800	4.000	128
Chemins de fer d'intérêt local...	7.000	230.000	170	1.000	7
Rivières (amélioration)........	7.000	66.000	420	700	6
Canaux........	5.000	170.000	850	1.000	5
Totaux................	603.000	»	22.540	»	348

On voit que les dépenses de construction des routes et chemins classés dépassent le tiers de celles qui ont été faites sur les diverses voies de communication, et que la dépense de leur entretien en atteint plus de la moitié.

La circulation des personnes et des choses qui se déplacent par les voies de communication est énorme.

Sur les chemins de fer, le nombre des voyageurs transportés à un kilomètre s'élève par an à près de 8 milliards, ou à près de 270.000 voyageurs à distance entière. Le poids des marchandises est d'environ 10 milliards 1/2 de tonnes kilométriques, ou de 350.000 tonnes à distance entière. Il faut ajouter à ces nombres plus d'un million de tonnes de bagages et messageries et de 4 millions de têtes de bétail, dont le parcours et indéterminé.

Sur les routes nationales et départementales, il passe en chaque point, par jour, une moyenne d'au moins 200 chevaux attelés. Leur charge utile moyenne, abstraction faite du poids des voyageurs, atteint environ une demi-tonne par cheval. Il se transporte donc sur les routes environ 100 tonnes de chargement utile à distance entière ; soit, en tonnes transportées à un kilomètre, 7 millions 1/2 par jour et 2 milliards 3/4 par an.

On n'a pas de relevés exacts de la circulation sur les chemins vicinaux. Mais on admet que, dans son ensemble, elle présente un résultat sensiblement équivalent à celui des routes.

Il en résulterait que la circulation sur l'ensemble des routes et des chemins vicinaux, s'élèverait à 5 milliards 1/2 de tonnes kilométriques, c'est-à-dire à la moitié de celle qui a lieu sur les chemins de fer.

Pour les chemins ruraux, on ne possède pas de données.

Sur les canaux et les rivières, il circule à peu près 3.600 millions de tonnes kilométriques ou 290.000 tonnes à distance entière. C'est à peu près la moitié de ce qui passe sur les routes et chemins classés.

Ces transports se font dans les conditions de dépense suivantes : Sur les chemins de fer, le prix moyen payé pour le transport d'une personne à 1 kilomètre est d'environ 4ᶜ,5, et celui d'une tonne de marchandises 6 centimes. Il est à peu près quatre fois plus élevé sur les routes et chemins, et moitié moindre sur les voies navigables.

En tenant compte des produits de toute nature, les chemins de fer perçoivent annuellement environ un milliard pour les transports qu'ils effectuent.

Sur les routes et chemins vicinaux, le tonnage est sans doute deux fois moindre ; mais le prix du transport de l'unité est quatre fois plus grand. Il est donc présumable que les transports sur les routes et chemins vicinaux donnent lieu à une dépense double de celle qui se fait sur les chemins de fer.

4. Conclusion. — Ces quelques renseignements statistiques suffisent pour donner une idée de l'importance des diverses voies de communication en France, et du rôle considérable qui incombe aux ingénieurs chargés de leur conservation et de leur développement.

Ils indiquent en même temps la part relative qui revient à chaque catégorie de voie. Ainsi, on peut remarquer que l'ouverture des chemins de fer n'a pas eu pour conséquence l'abandon des routes, qui ont conservé une circulation très considérable. Il en est résulté quelques changements dans la direction et la nature de cette circulation, mais non une diminution sensible dans son intensité absolue. L'énorme trafic que font les chemins de fer s'est créé de toutes pièces, pour ainsi dire, sans rien enlever aux autres voies de communication, en favorisant, par la facilité et le bas prix des transports, le développement du commerce et de l'industrie et le déplacement des personnes.

CHAPITRE PREMIER

DÉFINITIONS

5. Diverses parties d'une route. — Une route étant une voie de communication destinée à recevoir des voitures traînées par des chevaux, la partie la plus importante est celle où se fait la circulation de ces voitures. On l'appelle la *chaussée*. C'est une surface à peu près plane et horizontale, qui présente une dureté suffisante pour porter le poids des voitures.

A droite et à gauche de la chaussée sont les *accotements*. Ce sont des parties moins résistantes, qui encadrent la chaussée, et où la circulation n'a pas lieu ou n'a lieu qu'exceptionnellement.

Les accotements qui font saillie sur la chaussée sont des *trottoirs*.

Dans certaines parties, les routes sont bordées par des rigoles appelées *fossés*.

Sur d'autres points, elles sont bordées au contraire par des bourrelets en saillie ou *banquettes*.

On dit qu'une route est en *déblai* lorsque la chaussée est à un niveau inférieur à celui du sol environnant.

Le *talus de déblai* est la surface suivant laquelle on a dû découper le terrain, lorsqu'on a enlevé de la terre pour placer la chaussée au niveau qu'elle occupe.

2

Une route est en *remblai*, lorsque la chaussée est à un niveau plus élevé que le sol voisin.

Le *talus de remblai* est la surface suivant laquelle on a dressé les terres qu'il a fallu rapporter pour mettre la chaussée à son niveau.

Quelquefois, les parties en déblai sont désignées sous le nom de *tranchées*, et les parties en remblai sous le nom de *levées*, lorsqu'elles ont une certaine longueur.

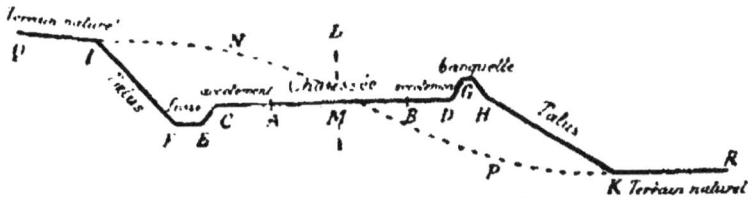

Fig. 1.

L'observateur qui regarde une route transversalement, c'est-à-dire perpendiculairement à sa direction (fig. 1), trouve donc au milieu une chaussée **AB**, à droite et à gauche des accotements **AC** et **BD**, puis, en bordure, un fossé **CEF** ou une banquette **DGH**. Il y a toujours une chaussée et des accotements, mais le fossé et la banquette n'existent pas partout.

A partir de là jusqu'au terrain naturel, c'est-à-dire jusqu'à celui qui n'a pas été modifié pour l'assiette de la route, se trouvent les talus, talus de déblai **FI** ou de remblai **HK**, suivant que le terrain naturel est plus haut ou plus bas que la route.

6. Axe. — Une génératrice **ML**, constamment verticale, qui se déplace en suivant le milieu M de la chaussée, décrit une surface qui est *l'axe* de la route. Rigoureusement cet axe est un cône dont le sommet est au centre de la terre. Mais comme le plus souvent on ne s'occupe à la fois que de portions réduites de la surface du globe terrestre, où les verticales sont sensiblement parallèles, on considère ordinairement l'axe d'une route comme un cylindre.

Dans les parties où les milieux successifs de la chaussée sont en ligne droite, l'axe est un plan vertical.

Tracé. — L'intersection de l'axe avec la sphère terrestre est le *tracé* de la route. Si l'on néglige la courbure de la terre, le tracé est la trace sur un plan horizontal de l'axe supposé cylindrique.

7. Profils en long et en travers. — L'intersection de l'axe avec la surface de la chaussée constitue le *profil en long* de cette surface.

Si l'on développe sur un plan le cylindre formé par l'axe, le profil en long se dessine sous la forme d'une ligne se rapprochant de l'horizontale, mais présentant des sinuosités dans le sens vertical suivant les variations de niveau des diverses parties de la route.

S'il ne s'agit pas d'une route existante, mais d'une route simplement projetée, l'axe ne coupe pas la chaussée, mais le sol tel qu'il est avant la construction. Cette intersection est encore un profil en long, mais c'est le profil en long du terrain naturel.

Une section faite en un point d'une route par un plan perpendiculaire à l'axe, est un *profil en travers*. Ainsi la figure 1 représente le profil en travers d'une route munie d'un fossé et d'une banquette, en déblai sur la gauche et en remblai sur la droite.

L'intersection de ce plan transversal avec le sol avant l'exécution de la route, est le profil en travers du terrain naturel. Telle est la ligne QNPR.

8. Paliers, pentes et rampes. — La route est dite en *palier* dans les parties où le profil en long est de niveau.

Elle est en *rampe* lorsque le profil en long va en montant, en *pente* quand il descend.

Ces deux expressions sont relatives au sens dans lequel on suppose que l'on progresse sur la route. Si l'on se retourne pour la parcourir en sens contraire, les pentes deviennent des rampes, et réciproquement.

La déclivité des pentes et des rampes se mesure par le rapport de leur hauteur totale à leur longueur, ou, ce qui revient au même, par la quantité dont le profil en long s'élève ou s'abaisse par mètre de longueur.

Par exemple, une pente ou une rampe est de un vingtième $\left(\frac{1}{20} \text{ ou } 0,05\right)$, ou de 5 centimètres par mètre ($0^m,05$ pour $1^m,00$).

CHAPITRE II

FORMES GÉNÉRALES

DES DIFFÉRENTES PARTIES

SOMMAIRE :

§ 1er

CHAUSSÉE

9. Nature des chaussées. — La chaussée, étant la partie destinée à la circulation des voitures, doit présenter une résistance suffisante pour ne pas se déformer sous les pressions qu'elle supporte. Elle doit donc être garnie de matériaux plus durs que le sol naturel.

Le mode de construction des chaussées sera indiqué en détail au chap. VII. On ne s'occupera ici que de leur dimension et de leur forme.

10. Largeur. — La largeur des chaussées est réglée de façon à satisfaire aux besoins de la circulation. Elle doit être au moins suffisante pour que deux voitures puissent se croiser sans sortir de la chaussée, tout en conservant leur allure, et ne soient pas exposées à se choquer.

Il est convenable, à cet effet, de laisser disponibles : 1° un intervalle de $0^m,50$ entre les parties les plus saillantes des voitures qui se croisent ; 2° une revanche de $0^m,25$ entre les bords de la chaussée et les roues des voitures.

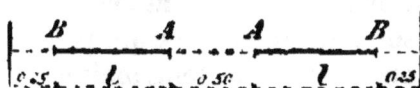

Fig. 2.

Si donc on représente par l la largeur AB des voitures (fig. 2), et par x la largeur de la chaussée, on devra faire : $x = 2\,l + 1$ mètre.

La police du roulage autorise des essieux de $2^m,50$ de longueur au plus, et des chargements ayant la même largeur. Il convient donc de faire $l = 2^m,50$, d'où se déduit $x = 6$ mètres. Telle est en effet la largeur des chaussées sur les routes importantes.

En réalité, ces limites sont rarement atteintes ; la longueur des essieux n'arrive presque jamais à 2 mètres, et les chargements ne dépassent guère la même largeur. On peut donc se contenter de supposer $l = 2$ mètres, et par suite de faire $x = 5$ mètres. C'est la largeur adoptée le plus généralement aujourd'hui pour les routes nouvelles, qui sont rarement de premier ordre.

Le croisement de voitures de $2^m,50$ de largeur y serait encore assez facile, ces voitures marchant lentement et n'ayant pas besoin d'une très grande latitude. En effet, les roues sont en retraite par rapport à l'extrémité de l'essieu, à cause de la saillie du moyeu sur leur plan. Cette retraite est d'environ $0^m,12$, mais se trouve portée à $0^m,15$ au point d'appui des roues sur le sol, par suite d'une certaine inclinaison qu'on leur donne sur la verticale. Donc, sur une chaussée de 5 mètres, les chargements de $2^m,50$ pourront encore se croiser, **à la condition que la roue extérieure se place près du bord** ou sur le bord même de la chaussée : la voiture s'écarte alors de l'axe d'une quantité égale à la retraite des roues, quantité qui peut atteindre $0^m,15$, et il reste un jeu de $0^m,30$ entre les deux voitures.

Cette largeur de 5 mètres est un minimum au-dessous duquel il est fâcheux de descendre. Toutefois, par économie, et sur des chemins où la circulation est faible, la largeur de la chaussée est quelquefois réduite à 4 mètres et même à 3 mètres ; alors les croisements ne peuvent avoir lieu sans que les roues descendent sur l'accotement, ce qui présente des inconvénients, ainsi qu'on le verra plus loin, mais ces inconvénients ont d'autant moins d'importance que les croisements sont plus rares.

Lorsqu'au contraire la circulation est très active, il est bon de régler la largeur de façon que trois voitures puissent se rencontrer à la fois ; car deux voitures d'allure différente peuvent se trouver de front au moment où elles sont croisées par une troisième venant en sens inverse. La formule qui donne la largeur de la chaussée est alors $x = 3\,l + 1^m,50$, et, si l'on y fait $l = 2$ mètres, on trouve $x = 7^m,50$.

Il est bien rare que les besoins de la circulation soient tels qu'une largeur de $7^m,50$ ne suffise pas. Il faut même observer que, sur les trois voitures, il y a toujours au moins une voiture légère, dont la largeur ne dépasse guère $1^m,50$, et qu'on peut se contenter en général de $7^m,00$.

Si les accotements sont en saillie, la chaussée se trouve limitée par des trottoirs, et les roues n'en peuvent sortir, mais il n'y a pas d'inconvénient à ce qu'elles en atteignent les bords. On peut alors supprimer la revanche de $0^m,25$ laissée entre les roues et le bord de la chaussée, et réduire la largeur de celle-ci de $0^m,50$. Trois voitures peuvent alors se croiser facilement sur une largeur de $6^m,50$.

Dans les rues des grandes villes, où il y a un mouvement très actif de véhicules à allures très diverses, et où une partie des voitures stationnent le long des maisons, il faut au moins la place de quatre voitures de front. Comme dans ce cas il y a toujours des trottoirs, la largeur se règle par la formule $x = 4\,l + 1^m,50$ qui, pour $l = 2$ mètres, donnerait $x = 9^m,50$.

Des largeurs beaucoup plus grandes peuvent même être nécessaires. Ainsi les chaussées des grandes rues et des boulevards de Paris ont jusqu'à 15 et 20 mètres, et malgré cela leur largeur est encore trop juste sur certains points.

Si une largeur de 5 à 6 mètres est suffisante pour deux voitures qui se croisent, il n'en est pas de même quand on considère deux voitures d'allure différente marchant dans le même sens. Dans le premier cas, chacune se détourne un peu sur sa droite, et elles s'évitent. Mais quand une voiture rapide doit dépasser une voiture lente, les choses ne sont pas aussi simples. La voiture lente, qui est lourdement chargée, et qui occupe le milieu de la chaussée, ne se dérange pas immédiatement, quand elle veut bien se déranger. Son conducteur peut n'entendre pas ou faire semblant de ne pas entendre la voiture rapide. Celle-ci est obligée de se mettre au pas et d'appeler l'attention du conducteur par des cris ou des claquements de fouet, auxquels il n'est pas toujours fait droit. Force lui est alors de suivre au pas, ou bien de faire descendre les roues sur l'un des accotements, si la chaussée n'est pas suffisamment large pour livrer passage latéralement à une voiture pendant que le milieu est occupé par une autre.

Il conviendrait donc, en vue de ce genre de rencontre, d'adopter partout la largeur qui convient pour trois voitures de front, 6 mètres entre trottoirs ou 6m,50 entre accotements.

Néanmoins on satisfait rarement à cette condition, et on se contente ordinairement de 5 à 6 mètres. La moyenne des largeurs des chaussées sur les routes nationales en France est 5m,30.

On peut remarquer que c'est la facilité des croisements qui règle la largeur à donner aux chaussées, bien plus que l'intensité de la circulation ; celle-ci pourrait, par exemple, devenir double ou triple, sans qu'on eût à modifier la largeur de la chaussée.

11. Bombement. — Il reste à voir quelle forme superficielle convient à une chaussée de largeur déterminée.

Dans le sens longitudinal, elle suit par définition les déclivités du profil en long. Dans le sens transversal, on lui donne une forme convexe, dont la flèche constitue le *bombement* de la chaussée.

Chaussées planes. — Au premier abord, il paraîtrait rationnel de dresser la surface de la chaussée suivant un plan. Son profil en travers serait alors une ligne droite horizontale, normale par conséquent aux pressions qu'elle reçoit de la pesanteur. Si cette droite est inclinée ou remplacée par une courbe, les points d'appui du véhicule ne sont plus de niveau et la pesanteur agit obliquement au plan qui les réunit. Il en résulte une composante transversale qui tend à faire glisser le véhicule latéralement. Si le frottement des roues sur la chaussée n'est pas assez grand, comme il arrive parfois dans des temps de verglas ou sur des pavés polis ou garnis de boue grasse, elles glissent et la voiture se met de travers. Les chevaux emploient pour faire équilibre à cette composante transversale une partie de leur force, qui est perdue pour la traction. En outre, si les chevaux n'ont pas les quatre pieds de niveau, ils éprouvent une gêne qui les fatigue et à laquelle ils sont très sensibles. Le profil horizontal plan paraît donc le plus rationnel.

Mais, quelque soin que l'on prenne, un tel profil ne se conserve pas longtemps. La circulation est toujours plus active sur le milieu que sur les bords, en sorte que bientôt, au lieu d'être plane, la chaussée devient creuse, et, en fait, ce cas se ramène au suivant.

Chaussées creuses. — Dans les parties en palier, une chaussée creuse retient l'eau comme une cuvette. Or l'eau stagnante est le plus terrible ennemi de la circulation et de la conservation des routes. Elle rend mobiles les matériaux des chaussées et ramollit le sous-sol ; la résistance des véhicules à la traction se trouve ainsi augmentée dans une énorme proportion, en même temps que l'usure de la chaussée est accélérée.

Dans les pentes, l'eau ne séjourne pas, mais s'écoule en suivant l'axe de la route. Par les grandes pluies. surtout les pluies d'orages, elle ravine la chaussée, qui se dégrade profondément et devient même dangereuse.

Cette disposition était néanmoins fréquemment employée autrefois. Elle était encore recommandée en 1775 pour les for-

les pentes par le plus célèbre ingénieur de routes du siècle
dernier[1]. Son but principal était de supprimer les fossés, sujets
à être profondément bouleversés par les eaux. La chaussée
creuse ramenait toutes les eaux de la route sur son axe. Quand
elle était en matériaux très durs, comme les pavés, elle résis-
tait ; mais, le plus souvent, construite en empierrement, elle
se ravinait. On cherchait à y remédier en posant un caniveau
pavé dans l'axe de la route, sur un ou deux mètres de largeur.
Mais le mal s'aggravait : le pavage s'usait moins vite que le
reste de la chaussée et faisait bientôt saillie sur elle ; les eaux
alors ne se réunissaient pas sur l'axe, mais, arrêtées par la
saillie du caniveau pavé, elles coulaient à côté, sur la partie
non consolidée. Le ravinement n'était donc pas évité, mais
simplement déplacé, et la route se détériorait aussi vite. Le
danger restait le même, et même augmentait par suite de la
saillie brusque des bordures du caniveau central.

Les chaussées creuses offrent en outre un certain obstacle
au croisement des voitures, qui pour s'éviter doivent quitter
le milieu et aller sur les bords, et ont alors à monter. Il se
produit à ce moment une résistance supplémentaire ; si l'attelage a peine à la vaincre, ou si la chaussée est glissante, les
voitures peuvent se choquer.

Chaussées bombées. — Sur les profils bombés, la plupart de
ces inconvénients disparaissent. L'eau qui tombe à la surface
de la chaussée est immédiatement rejetée sur les bords, en
suivant à chaque instant la ligne de plus grande pente, c'est-
à-dire une normale à l'axe dans les paliers et une oblique
dans les pentes. En aucun cas, il n'y a accumulation de l'eau
sur la même direction. On évite donc à la fois la stagnation
des eaux et les ravinements.

Le croisement des voitures y est facile ; car, pour s'éviter,
elles ont à descendre.

Il y subsiste toutefois le défaut inhérent à toute chaussée
qui n'est pas dressée suivant un plan horizontal. Si la voiture
n'est pas sur le milieu, elle est penchée et les chevaux n'ont
pas les pieds de niveau. Pour éviter la gêne qui en résulte

---

1. Trésaguet, *Mémoire sur la construction et l'entretien des chemins de
la généralité de Limoges.*

pour eux, ils se placent instinctivement sur l'axe, et, si la voiture est montée, son conducteur a tendance à les y diriger.

Ornières. — Mais cette tendance est le plus grand danger auquel soient exposées les routes. Si tous les chevaux se mettent sur l'axe, toutes les roues suivent la même piste, et il se produit bientôt des frayés, puis des ornières.

Or les ornières, outre qu'elles forment des réservoirs où s'accumule l'eau, sont une énorme entrave pour la circulation. Les roues qui y sont engagées y trouvent un fond ramolli, où le tirage est augmenté. Le fond des ornières n'est jamais plat ni leur direction bien rectiligne; elles présentent en plan et surtout en élévation des sinuosités qui ne se correspondent pas. Il en résulte pour les voitures un mouvement de roulis, qui les détériore, qui est désagréable pour les voyageurs et qui fatigue les chevaux. Les roues viennent souvent frotter contre les bords de l'ornière et ce frottement s'ajoute à la résistance due au roulement proprement dit. Cette résistance est aggravée quand la voie de la voiture, c'est-à-dire l'intervalle entre les roues, est à peine aussi large ou aussi étroite que celle des ornières. Si la voiture n'a pas du tout la voie, elle doit mettre une roue dans une ornière et l'autre roue sur la chaussée, et elle progresse en restant constamment inclinée et même exposée à verser.

Mais tout cela n'est rien à côté de la difficulté qu'éprouve à sortir de l'ornière une roue qui y est engagée. Soit ABCD (fig. 3) la coupe transversale d'une ornière, où est engagée une roue MN. Pour en sortir, la roue se pose contre l'un des bords CD, s'arc-boute sur le bourrelet au point D et la voiture se soulève en tournant autour de ce point. Le cheval est obligé d'exercer un effort supplémentaire suffisant pour obtenir ce résultat. Si l'on considère la roue vue de face (fig. 4), et que l'on désigne par P le poids de la roue et de sa charge, l'effort F qu'exerce le cheval pour la sortir de l'ornière, d'abord considérable, va en diminuant et devient nul lorsque le centre O de la roue est parvenu sur la verticale du point d'arc-boutement D.

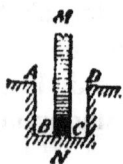

Fig. 3.

Mais au commencement il faut qu'il satisfasse à l'équation des moments: $F \times MD = P \times ND$; d'où l'on déduit, en désignant par h la profondeur de l'ornière et R le rayon de la roue :

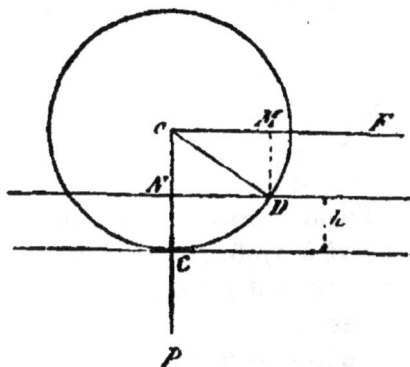

$$\frac{F}{P} = \sqrt{\frac{1}{\left(1 - \frac{h}{R}\right)^2} - 1}$$

Ainsi, $\frac{h}{R}$ variant de $\frac{1}{10}$ à $\frac{1}{5}$,

Fig. 4.

le rapport $\frac{F}{P}$ varie de 0,48 à 0,75, tandis que, sur les plus mauvais chemins sans ornières, l'effort de traction ne dépasse pas le dixième de la charge.

Le plus souvent, cet effort est supérieur à celui qu'on peut attendre des chevaux, et il faut recourir à des artifices, comme celui d'abattre une partie du bourrelet de l'ornière pour offrir à la roue un plan incliné où elle puisse monter. Les charretiers étaient autrefois munis de pioches dans ce but. Il y a là une perte de temps, et surtout une fatigue considérable pour les chevaux, que l'on commence toujours par exciter jusqu'à la limite de leur force, dans l'espoir qu'ils se tireront d'embarras par un énergique coup de collier.

Les ornières se produisent infailliblement lorsqu'une série nombreuse de voitures passe sur la même piste. L'élasticité d'une chaussée étant limitée, chaque roue y laisse une trace, un frayé, à peine sensible d'abord, mais qui devient profond après des milliers de passages. Les chaussées les plus solides ne résistent pas à cet effet, comme on en voit des exemples même dans les rues de Paris.

Limite du bombement. — On prévient les ornières par un entretien intelligent, ainsi qu'on le verra dans la quatrième partie. Mais on les prévient aussi en diminuant le bombement, de telle façon que, tout en assurant l'écoulement de l'eau, il devienne insensible pour les chevaux. Rien ne les incite alors à se maintenir suivant l'axe de la chaussée plutôt que sur les côtés, et la circulation se fait à peu près indifféremment sur toute sa largeur.

L'expérience indique la limite de bombement qu'il ne faut pas dépasser pour atteindre ce résultat. Mesuré par le rapport de la flèche à la largeur de la chaussée, le bombement était de 1/20 dans les anciennes routes ; c'était beaucoup trop. Au xviiie siècle, l'ingénieur Trésaguet l'avait limité à 1/36. Au commencement de ce siècle, il était fixé à 1/40. Aujourd'hui, on adopte, en France, 1/50. Sur quelques routes d'Angleterre, d'après les conseils de l'ingénieur Mac-Adam, on est descendu à 1/72 et même 1/100 ; mais ces limites paraissent trop basses dans l'état actuel des routes : le milieu de la chaussée s'usant plus que les bords, le bombement a une tendance à diminuer par l'usage, et il peut arriver qu'il disparaisse complètement, ou tout au moins qu'il devienne insuffisant pour l'évacuation des eaux qui restent retenues par les légères inégalités de la surface.

Pour un bombement de 1/50, si la chaussée de largeur L est dressée suivant un arc de cercle, le rayon de ce cercle est égal à 6,26 L.

Sur les chaussées très dures, telles que les pavages, l'ornière est moins à redouter, et le bombement peut être forcé. Mais il faut éviter d'atteindre le point où il y aurait glissement transversal des roues ou gêne pour les chevaux.

Il peut également être forcé lorsque la fréquentation est très considérable, comme dans les rues des grandes villes où les croisements en tous sens sont continuels.

Remarque. — Un avantage accessoire attribué quelquefois aux profils bombés, c'est qu'ils se présentent à peu près normalement aux roues des voitures.

Les roues ont un moyeu qui s'emboîte sur la fusée des essieux. La fusée n'est pas cylindrique, mais légèrement conique, en sorte que son diamètre diminue d'environ 1/12 de sa longueur. La boîte du moyeu épouse exactement la même forme en creux. L'arête inférieure de la fusée est horizontale ; il en résulte que son axe est incliné de 1/24 sur la verticale. Le but de cette disposition est de faciliter l'entrée du moyeu, et d'en assurer le contact avec la fusée par toute sa surface, tout en évitant que la roue ait une tendance à sortir de l'essieu et que la clavette ou l'écrou qui se

Fig. 5.

place au bout de la fusée ait habituellement à supporter aucune pression. En effet, la charge P (fig. 5), étant verticale, ne peut se transmettre au sol par les rais de la roue AL qui sont inclinés, que par suite de la formation d'une composante horizontale AQ, qui tend à faire reculer la roue sur l'essieu. Un épaulement de l'essieu à l'origine de la fusée empêche ce mouvement, et la roue s'appuie contre l'épaulement, et non contre la clavette.

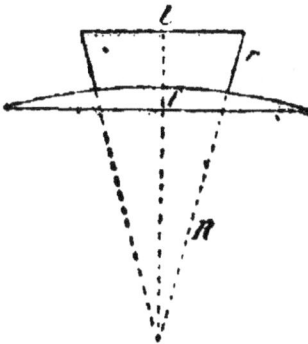

Fig. 6.

Sur un profil plat ou creux, le bandage de la roue porte donc sur le sol par son angle, qui pénètre dans la chaussée et y fait une rainure. Les chaussées bombées peuvent être disposées de façon que les deux roues d'une même voiture soient normales à la surface. Soit R le rayon du cercle suivant lequel estdressé le bombement (fig. 6), r le rayon des roues, et l la longueur de l'essieu entre les deux fusées ; on a, dans le cas où les fusées sont inclinées de 1/24, $l = \dfrac{R + r}{12}$, d'où $R = 12\,l - r$.

Si L est la largeur de la chaussée, et f la flèche, le bombement a pour expression très approchée, $\dfrac{f}{L} = \dfrac{L}{8\,R}$.

Au moyen de ces deux relations, on peut calculer le bombement, pour des valeurs données de r et de l, et pour une largeur de chaussée déterminée. Si l'on fait, par exemple, $l = 1^m,75$ et $r = 0^m,90$, une chaussée de 6 mètres aura un bombement égal à 0,037 ou 1/27.

Cette considération ramènerait aux anciens bombements. Mais elle est tout à fait secondaire à côté de celles qui ont déterminé le choix du bombement actuel de 1/50, et même elle est à peu près sans valeur. Car, après un très court service, les bandages s'usent, et ils s'usent surtout par les angles, qui deviennent courbes. En réalité, c'est une surface convexe qui roule sur une chaussée elle-même convexe, et lui est toujours tangente quel que soit le bombement.

12. Chaussées inclinées transversalement. — On a construit un certain nombre de chaussées où le profil bombé est remplacé par un profil rectiligne, mais incliné transversalement, suivant une pente de 0,04 à 0,05. Cette disposition a été adoptée dans quelques pays de montagnes, lorsqu'une route serpente à flanc de coteau, surtout dans les courbes dont la convexité est du côté du précipice. Elle a pour effet de rejeter les voitures du côté de la montagne, et de les mettre à l'abri des accidents, notamment de ceux auxquels pourraient donner lieu les effets de la force centrifuge dans les tournants rapides.

§ 2

ACCOTEMENTS

13. Destination. — Les accotements sont des bandes de terrain laissées ou rapportées de part et d'autre de la chaussée. Ils ont diverses destinations : ils épaulent les chaussées et empêchent leurs matériaux de s'ébouler ; ils reçoivent les eaux de la chaussée et doivent les évacuer au dehors ; ils pourvoient dans certaines circonstances à la circulation des voitures et à celle des piétons ; ils servent au dépôt des matériaux approvisionnées pour l'entretien.

14. Pente transversale. — Pour l'évacuation des eaux il faut que les accotements soient inclinés transversalement. Leur profil est dressé suivant une ligne droite, dont la pente

était anciennement de 0,07. Elle a été abaissée postérieurement à 0,06 ; au siècle dernier, elle était de 0,05 ; actuellement, elle est fixée à 0,04. Cette pente est suffisante pour assurer un écoulement rapide de l'eau, tandis qu'il serait regret-
table de l'augmenter au point de vue des autres usages.

15. Largeur. — La largeur donnée aux accotements des
routes est très variable. Il suffit de 0ᵐ,50 pour qu'ils épaulent
convenablement la plupart des chaussées, et c'est à cette dimension qu'ils se trouvent réduits sur quelques chemins étroits
à faible circulation, où l'économie s'impose dans la construction. Il ne faut pas perdre de vue toutefois, dans ce cas, que
l'ensemble de la route, chaussée et accotements réunis, ne
doit jamais avoir moins de 5 mètres pour permettre le croisement des voitures.

Mais on a été conduit à augmenter la largeur des accotements sur la plupart des routes, en vue des autres destinations
auxquelles ils doivent répondre.

Pour que les voitures y puissent circuler, il faut une demi-
largeur de chaussée, soit de 2ᵐ,50 à 3ᵐ,00.

Pour que les piétons y marchent et puissent au besoin se
croiser, une bande de 1ᵐ,00 est nécessaire.

Les matériaux d'entretien déposés sur les accotements y occupent une largeur de 1ᵐ,50 (Chap. X. § 4), qu'il est préférable de porter à 2ᵐ,00, afin de laisser une zone de protection
de 0ᵐ,25 au pied des tas de cailloux.

Autrefois, on se préoccupait d'offrir une largeur suffisante
pour que ces différents usages pussent recevoir satisfaction
simultanément. Les vieilles grandes routes ont été en conséquence munies d'accotements de 5 à 6 mètres de largeur.

En effet, les voitures légères suivaient assez fréquemment
les accotements quand les routes étaient mal entretenues.
Pendant l'été, elles y trouvaient souvent un sol meilleur que
sur une chaussée sillonnée d'ornières ou garnie de matériaux
neufs sans liaison entre eux. En hiver, elles les évitaient
parce que la terre détrempée n'offrait qu'une surface molle,
où les roues s'enfonçaient profondément et risquaient de
rester embourbées. Mais dans toutes les saisons, elles étaient

condamnées à y descendre de temps à autre. Les croisements de voitures étaient des opérations difficiles ; il fallait sortir de l'ornière, et on a vu au prix de quelles peines. Le plus souvent, la voiture la plus lourde ne se dérangeait pas et continuait à occuper les ornières, c'est-à-dire le milieu de la chaussée ; la voiture la plus légère se détournait seule. La chaussée n'étant pas assez large pour ce genre de croisements, force était de mettre au moins un côté des roues sur l'accotement ; mais, tant par suite des forts bombements que de l'enfoncement des roues dans le sol détrempé, la voiture prenait une inclinaison transversale gênante et même dangereuse. On préférait faire descendre carrément toutes les roues sur l'accotement.

Aujourd'hui les voitures évitent de passer sur les accotements, parce qu'elles trouvent sur les chaussées un sol plus résistant et plus uni. Elles ne s'y engagent que pour les croisements, quand les chaussées sont trop étroites, comme celles que l'on fait sur les routes à très faible circulation. Aussi voit-on les accotements se recouvrir d'une végétation herbacée, qui fait obstacle à la rapide évacuation des eaux et qu'il faut décaper de temps en temps à grands frais.

Néanmoins, sur les parties de routes à forte déclivité, les voitures qui descendent ont tendance à se mettre sur l'accotement, parce que la résistance au roulement y est plus grande et sert de frein.

C'est une tendance qu'il faut combattre, car le passage des voitures sur les accotements est une cause puissante de détérioration des routes. Pendant l'hiver, la terre y est ramollie ; les pieds des chevaux et les roues des voitures y forment des trous et des sillons où l'eau s'accumule. L'humidité reste permanente et empêche l'assèchement de la chaussée elle-même. La boue s'attache aux pieds des chevaux et aux roues des voitures, et, quand celles-ci remontent sur la chaussée, cette boue s'y dépose, en s'ajoutant à celle qui peut y exister naturellement par suite de l'usure des matériaux. Or la présence de la boue, outre qu'elle apporte un obstacle à la circulation en rendant le tirage plus pénible, est l'un des plus redoutables agents de dégradation pour les chaussées. Pendant l'été, la terre est dure et sèche, mais friable, en sorte qu'il se produit beaucoup de poussière, qui se soulève sous les pieds des chevaux, aveugle et salit les voyageurs. Poussée par le vent, la poussière va blanchir la végétation riveraine, et retombe en partie sur la chaussée, où elle apporte, comme la boue, un obstacle à la circulation, et où elle se transforme en boue si le temps devient humide. Sur les pentes, les frayés marqués par les roues favorisent les ravinements, lors des orages ou des fortes pluies.

On ne cherche donc plus, comme autrefois, à assurer le passage des voitures sur les accotements en leur donnant une largeur suffisante. On évite au contraire de faciliter cette circulation.

Quant aux piétons, ils préfèrent marcher sur chaussée elle-même, quand elle est propre et que la circulation n'y est pas très active. A la rencontre d'une voiture, ils se garent sur le bord de la chaussée ou sur l'accotement, qui est toujours assez large pour cela. Quand l'accotement est couvert d'approvisionnements de matériaux, le piéton s'abrite en s'arrêtant quelques instants entre deux tas de cailloux. Mais si la chaussée est couverte de boue ou de poussière, ou formée de matériaux mal liés, ce qui était le cas général autrefois, ou bien si les voitures se succèdent rapidement, les piétons empruntent l'accotement. Sur les routes modernes, sauf dans la traversée ou aux abords des villes, où l'on établit les trottoirs, on ne se préoccupe pas de réserver sur les accotements une zône spéciale pour les piétons. S'ils ne suivent pas la chaussée elle-même, ils trouvent toujours un des deux accotements libre de matériaux, et la largeur nécessaire au dépôt des matériaux est toujours plus que suffisante pour la circulation à pied.

La largeur des accotements n'est donc plus réglée que sur le besoin du dépôt des matériaux, pour lequel il suffit de 1ᵐ,50 à 2ᵐ,00. C'est la dimension qui est adoptée sur les routes modernes.

16. Gares. — On a remarqué, toutefois, que ce lieu de dépôt ne semble pas le mieux choisi. Les roues des voitures peuvent atteindre les tas et enfoncer une partie des cailloux dans le sol ; le pied des chevaux peut les disperser. Il résulte de là un déchet inévitable.

On a essayé d'éviter ce déchet, et en même temps de réduire la largeur des accotements, en ne leur laissant que leur rôle d'épaulements et en faisant des gares. Ce sont des élargissements accolés à la route, de distance en distance, à droite et à gauche ou d'un même côté, et assez vastes pour recevoir à la fois tous les matériaux destinés à l'intervalle qui les sépare. Les matériaux se trouvent ainsi complètement à l'abri de la circulation.

Mais ce système n'est pas commode pour l'entretien. Les gares étant éloignées les unes des autres, il faut aller chercher au loin les matériaux à répandre. Il en résulte un temps perdu qui augmente les frais.

Si l'on rapproche les gares pour parer à cet inconvénient, ce ne sont plus que les accotements découpés en crémaillère, et alors autant vaut les faire continus.

Toutefois le système des gares est appliqué souvent dans la construction des routes que l'économie commande de faire aussi étroites que possible, comme dans les pays de montagnes. Elles ne sont pas alors placées à des intervalles réguliers, et elles n'ont pas des dimensions uniformes. On utilise pour recevoir les matériaux tous les coins de terrain attenants à la route où les anfractuosités du sol permettent d'établir une aire plane et horizontale.

17. Accotements en saillie. — Les accotements sont souvent disposés en saillie sur la chaussée. Ils forment alors des sortes de trottoirs, où la circulation des voitures est à peu près impossible.

Mais comme ils interceptent les eaux de la chaussée, on y ménage de distance en distance, tous les 5, 10 ou 20 mètres, suivant les circonstances, des coupures ou petits caniveaux transversaux, dont le fond est au niveau de la chaussée, avec une pente vers les fossés ou les talus de remblai. Ces coupures sont normales à l'axe dans les parties en palier, et obliques dans les parties en pente.

Le gazon peut pousser en toute liberté sur ces accotements

puisqu'ils n'ont plus pour mission de donner écoulement aux eaux de la chaussée. Aussi se garde-t-on de l'enlever.

Les tas de cailloux y sont à l'abri de toute atteinte.

Enfin le piéton y peut circuler en toute sécurité, et trouve dans l'herbe qui les garnit une assiette d'une solidité suffisante, que l'on peut encore augmenter en y répandant quelques menus détritus de matériaux. Il faut observer toutefois que la marche est gênée par la fréquente rencontre des coupures qu'il faut enjamber. Cette gêne est atténuée par l'habitude qu'a le piéton de suivre de préférence l'un des bords de cette espèce de trottoir, qui finit par s'user et se dresser en pente douce à la rencontre des coupures.

L'établissement des accotements en saillie est donc une amélioration, qui tend à se répandre de plus en plus. Mais il exige impérieusement qu'il reste entre les deux trottoirs une espace suffisant pour le croisement de trois voitures, c'est-à-dire 6ᵐ,00. Autrement, si une voiture en veut dépasser une autre moins rapide, qui tient le milieu de la chaussée et ne se dérange pas, elle est forcée, ou de se ralentir jusqu'à ce qu'elle ait obtenu la place libre, ou de faire monter un côté de ses roues sur l'accotement en saillie, ce qui n'est pas facile pour peu qu'elle soit lourdement chargée, ou lui fait éprouver des cahots violents au passage des coupures, si elle est légère et rapide.

§ 3

FOSSÉS

18. Destination. — Les fossés servent à délimiter le sol de la route, lorsque celle-ci est en terrain plat et que ses limites ne sont pas suffisamment marquées par des talus ; ils s'opposent efficacement ainsi aux empiétements des riverains. Mais ils ont un autre objet beaucoup plus important, c'est de recevoir et d'évacuer les eaux de la route, lorsque celle-ci est au niveau ou en contrebas du terrain naturel.

Dans les parties en remblai, ils deviennent inutiles, et l'eau s'écoule directement sur les talus.

Autrefois les fossés étaient souvent de simples réservoirs sans issue et sans communication. Ils recevaient l'eau, et la conservaient jusqu'à ce qu'elle eût disparu par imbibition dans le sol ou par évaporation. Il en résultait que, à moins d'être très larges et très profonds, ce qui eût constitué un danger, ils communiquaient une humidité presque permanente au sous-sol de la route. En outre ils étaient malsains, parce que les eaux des chaussées sont chargées de matières organiques et se putréfient si elles restent stagnantes.

Aujourd'hui, les fossés sont continus ; ce sont des canaux d'évacuation, chargés de conduire les eaux qu'ils reçoivent jusqu'aux lignes d'écoulement naturelles.

19. Dimensions. — Les dimensions ordinaires des fossés sont les suivantes. Ils ont 0m,50 de profondeur au-dessous du bord de l'accotement, et une largeur de 0m,50 en plafond (fig. 7). Le talus, du côté de la route, est coupé avec une inclinaison de 1 de base pour 1 de hauteur, ou à 45° sur la verticale. A partir de

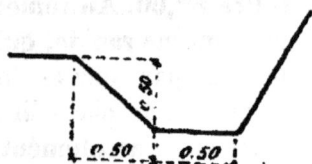

Fig. 7.

l'extrémité du plafond, s'élève le talus du déblai, déterminé comme on le verra plus loin. Si p représente la pente de ce talus, la largeur du fossé en gueule est donc égale à 1 mètre. + 0m,50 p. Pour $p = 1,00$, elle est de 1m,50 ; pour $p = 0,10$, elle se réduit à 1m,05.

Quelquefois, surtout dans les terrains de rocher, on diminue ces dimensions. Par exemple, on ne donne plus que 0m,333 de largeur au plafond, et 0m,333 de profondeur (fig. 8). La largeur en gueule se réduit à 1 mètre pour les talus à 45°, et à 0m,70 pour les talus à 1/10.

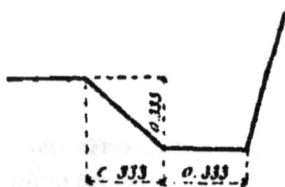

Fig. 8.

Cette profondeur réduite est d'ailleurs suffisante dans le rocher, car on n'a pas à redouter que le sous-sol se détrempe, et il en résulte une économie notable sur le cube des déblais dans la construction de la route.

Sur certaines routes étroites taillées dans le rocher, le fossé est entièrement supprimé. L'eau coule alors sur l'accotement le long du talus rocheux (fig. 9). Mais, pour éviter les ravinements, l'accotement, sur une largeur de 0ᵐ,50 à 1ᵐ,00 est garni d'un pavage résistant, et forme un revers pavé. La pente transversale doit être très prononcée, de 0,15 par exemple, de façon que l'eau y coule comme dans un caniveau.

Fig. 9.

20. Pente. — La pente des fossés suit celle de la route. Dans les parties où la chaussée est en palier ou n'a qu'une très faible pente, l'eau ne s'écoulerait pas assez vite si l'on ne donnait au fossé une pente plus forte. La déclivité nécessaire paraît être d'au moins 0,002. Si celle de la route est moindre, le fossé a une profondeur variable, de façon à atteindre cette limite.

Si la route descend au contraire rapidement, il peut arriver, surtout dans les pluies d'orage, que les fossés soient ravinés. Ce danger est plus ou moins marqué suivant la nature de sol. On admet que les vitesses à partir desquelles les affouillements sont à redouter sont les suivantes :

$0^m,075$ par seconde sur la terre végétale ;
$0^m,15$ — sur l'argile compacte ;
$0^m,30$ — sur le sable ;
$0^m,60$ — sur les graviers ;
$1^m,20$ — sur la pierre cassée ;
de $1^m,50$ à $3^m,00$ sur les roches plus ou moins dures.

Ce sont là les vitesses sur les parois du canal ; la vitesse moyenne de l'eau est supérieure d'environ un tiers.

On prévient ce danger, en dressant le profil en long du fossé en cascades (fig. 10). On dispose une série de pentes faibles, sur lesquelles le courant doit être sans action, et on les rachète par des chutes verticales. Ces chutes sont garnies de corps résistants, tels que des murettes en maçonnerie ou des planches, et le pied des cascades est défendu par de petits enrochements, qui reçoivent le choc de l'eau.

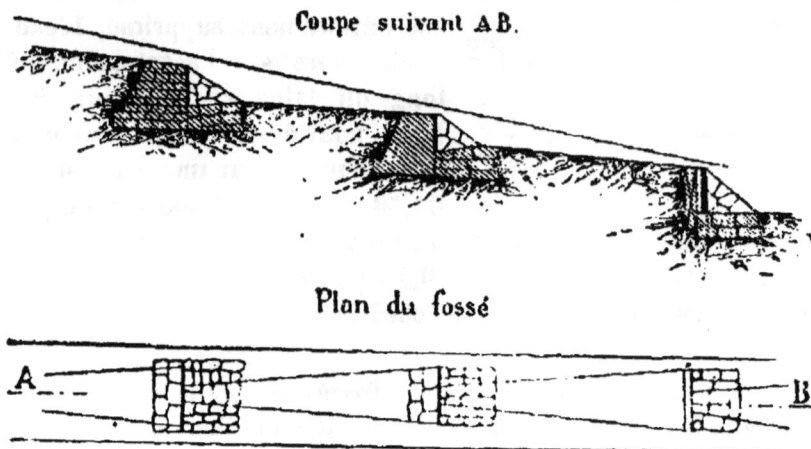

Coupe suivant AB.

Plan du fossé

A   B

Fig. 10.

Débit. — La vitesse que doit prendre l'eau dans un fossé est difficile à prévoir. Elle résulte à la fois de la pente du fossé et de la quantité d'eau qui y afflue à un moment donné. Pour évaluer cette quantité, il faut mesurer la surface versante, c'est-à-dire celle des parties de routes, des talus et des terres riveraines qui envoient directement leurs eaux au fossé. Il faut ensuite se rendre compte des plus fortes pluies qui se présentent dans la contrée, et de la rapidité avec laquelle elles peuvent se rendre au fossé, suivant que le terrain est plus ou moins perméable.

Ce sont là des études excessivement complexes, et qu'il serait absurde d'aborder pour un simple fossé. Aussi ne se donne-t-on jamais la peine de calculer le débit probable d'un fossé. On l'établit avec les dimensions ordinaires ; et, s'il y a lieu, on fait les travaux de consolidation après coup, lorsque l'expérience en a démontré la nécessité.

21. Danger attribué aux fossés. — On s'est quelquefois préoccupé du danger permanent que les fossés constituent. Si une voiture circule trop près du bord de la route, un côté des roues peut descendre dans le fossé, et elle est exposée à verser. Ce danger pouvait être réel quand les fossés étaient profonds ; avec une profondeur de 0m.50, il devient très faible.

La voiture en est quitte pour remonter le talus du fossé après l'avoir descendu, et il est rare qu'elle puisse verser, surtout en raison de la construction des véhicules sujets à ce genre d'accidents, qui ne sont guère que des voitures d'agriculture grossières, mal attelées et mal dirigées.

Il est à remarquer d'ailleurs que le danger, si petit qu'il soit, disparaît presque partout, par suite des défenses qu'offre la route, soit qu'elle ait des accotements en saillie, soit qu'on y ait planté une rangée d'arbres, soit enfin qu'il y ait des tas de matériaux approvisionnés.

§ 4

BANQUETTES DE SURETÉ

22. — Lorsqu'un remblai est très élevé ou qu'une route circule à flanc de coteau, et si la largeur n'est pas très grande, il peut y avoir un danger réel pour les voitures qui, par imprudence ou par suite d'accident, se rapprocheraient par trop du bord. On défend alors la route par une banquette de sûreté.

C'est un bourrelet de terre élevé le long de l'arête du talus, et qui sert au besoin de chasse-roues.

Pour assurer l'évacuation des eaux de la route, on interrompt le bourrelet de distance en distance, ou bien l'on ménage à sa partie inférieure de petites issues ou barbacanes au moyen de deux rangées de pierres posées debout à quelque distance l'une de l'autre et recouvertes d'une pierre plate.

La banquette a habituellement une hauteur de 0m,50 et une largeur de 0m,20 en couronne. Les talus, comme il convient aux terres rapportées, ayant 3 de base pour 2 de hauteur, la banquette occupe une largeur de 1m,70 sur l'accotement.

Fig. 11.

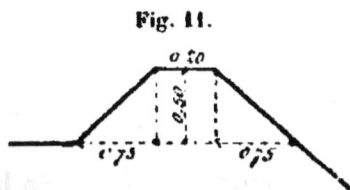

Cette largeur est prise sur celle de la route, qui est diminuée d'autant, ou même du double lorsqu'il y a une banquette de chaque côté. Si l'on ne consent pas à cette réduction de largeur, il faut rapporter une grande quantité de remblai uniquement pour soutenir les banquettes.

La largeur des banquettes se diminue par les artifices suivants :

1° On garnit leurs faces de terres fortement damées qui leur permettent de se tenir sous un talus plus raide, à 45° par exemple, ou même de plaques de gazon qui admettent une inclinaison encore plus grande ; la largeur de la banquette à la base est alors réduite à 1m,20 et au-dessous.

2° Au lieu de banquettes en terre, on en fait en maçonnerie à pierres sèches ou à bain de mortier, et on peut ne donner à ces murettes que de 0m,35 à 0m,50 de largeur ; les murettes peuvent même ne pas être continues, et se remplacer par une série de bornes isolées dont les têtes sont, au besoin, réunies par des lisses en fer ou en bois. Mais ces constructions, faites sur l'arête d'un remblai, sont mal assises et se dérangent facilement si elles ne sont pas posées sur une fondation, qui en augmente le prix déjà élevé

3° On peut aussi, au lieu de murettes, placer des palissades en charpente, composées de lisses fixées sur des poteaux enfoncés dans le sol ; la largeur se réduit alors à celle des pièces de charpente, soit 0m,15 au plus. Mais cette palissade résiste mal aux chocs, et en outre le bois se pourrit et il faut le remplacer souvent.

4° On peut se contenter de planter sur les accotements une ligne d'arbres, comme on le fait dans les parties courantes des routes, mais en les faisant plus serrées. Cette défense, qui n'exige aucune largeur supplémentaire, est excellente et remplace avantageusement les banquettes dans bien des cas.

§ 5

TALUS

Les talus sont les surfaces qui raccordent les bords de la route avec le terrain naturel.

Les talus de déblai sont les sections faites dans le sol pour l'établissement de la route ; les talus de remblai sont les surfaces suivant lesquelles on a dressé les terres rapportées qui limitent les massifs des levées. Il y a donc lieu de distinguer les uns des autres, car ils ne se trouvent pas dans les mêmes conditions.

23. Talus de déblai. — Les talus de déblai sont découpés suivant des surfaces planes et lisses, quand la tranchée est dans la terre ordinaire ou le tuf tendre. S'il y restait des creux, l'eau s'y accumulerait et pourrait donner lieu à des dégradations.

Dans les déblais en rocher, où les dégradations ne sont pas à craindre, la surface est laissée brute ou simplement dégrossie, telle que la donne le travail de la fouille.

L'inclinaison qui convient aux talus de déblai est variable suivant la nature du terrain tranché et la profondeur du déblai. Elle est d'autant plus douce que le terrain a moins de cohésion et que la tranchée est plus profonde.

On peut calculer l'inclinaison qui convient au talus d'une tranchée de profondeur donnée, creusée dans une terre de nature homogène, par la méthode suivante [1] :

Soit BM la section transversale du terrain naturel, faisant avec l'horizontale un angle dont la tangente est i ; AB le talus de la tranchée, dont la hauteur AD sera représentée par h ; r la tangente de l'angle DAB du talus avec la verticale. On suppose, et l'expérience indique qu'il en est à peu près ainsi, que, si le talus vient à s'ébouler, c'est par suite du glissement d'un prisme de terre

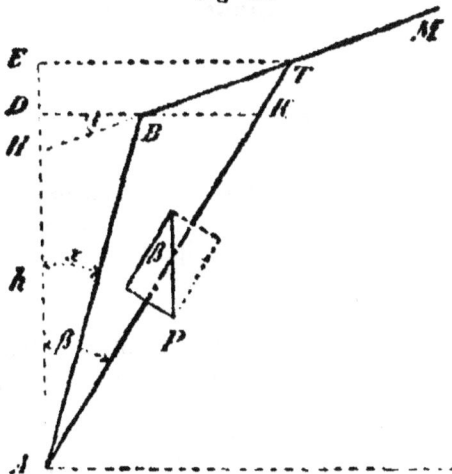

Fig 12.

1. Mémoire de M. de Sazilly. *Annales des ponts et chaussées*, 1851, 1ᵉʳ semestre.

dont la section est ABT, se détachant du massif par son poids ; et que, dans un sol homogène, la rupture a lieu suivant une fissure plane, se projetant sur la figure en AT.

Il y aura donc équilibre si l'inclinaison x est suffisante pour que le glissement soit impossible.

La force qui sollicite le prisme à glisser est facile à calculer. Si l'on considère seulement une longueur de tranchée de 1 mètre, on peut faire abstraction de cette dimension, et les volumes ou les surfaces sont représentés par les surfaces ou les longueurs de la figure. Soit δ la densité de la terre, et S la surface du triangle ABT ; le poids du prisme est δS, et la composante de ce poids parallèlement à AT est δS cos β, si l'on désigne par β l'angle de AT avec la verticale. La composante normale à AT est δS sin β. Le frottement qui résulterait du glissement du prisme a donc pour valeur $f \delta$S sin β, f désignant le coefficient de frottement des terres sur elles-mêmes. Ce frottement s'oppose au glissement, qui n'est donc déterminé que par la force δ S (cos β — f sin β). Mais il ne peut commencer que si les terres éprouvent une fissure suivant AT, c'est-à-dire si leur cohésion est détruite suivant cette ligne. Or la cohésion des corps est proportionnelle aux surfaces suivant lesquelles on cherche à les trancher. On peut donc la représenter ici par γl, en faisant AT $= l$. En fin de compte, la force F qui sollicite le prisme à descendre sur la fissure AT, vaut :

$$F = \delta S (\cos \beta - f \sin \beta) - \gamma l.$$

Si les valeurs de β varient, F passe par un maximum ; car F est négatif pour cos β — f sin $\beta = o$ ou tg $\beta = \dfrac{1}{f}$, et l'est aussi pour S $= o$, auquel cas tg$\beta = x$.

Parmi les différentes directions que peut prendre la fissure AT, celle qui se produira le plus facilement correspond à ce maximum, c'est-à-dire au cas où $\dfrac{dF}{d\beta} = o$.

Si l'on exprime, en outre, que, dans cette hypothèse, le glissement n'a pas lieu, c'est-à-dire si on fait F $= o$, il est

clair que le talus restera en place, puisque la rupture ne peut
avoir lieu dans la direction où elle serait le plus facile.

Il n'y a donc qu'à exprimer S et l en fonction de β, à en substituer les valeurs dans l'expression de F, à calculer $\dfrac{dF}{d\beta}$, et à
éliminer β entre les deux équations $F = o$ et $\dfrac{dF}{d\beta} = o$ [1]. On obtient ainsi, entre x et les diverses données du problème, la
relation :

$$x = \frac{1}{f}\left[1 - \frac{4\gamma}{\delta f h}\left(\sqrt{(1 + f^2)\left(1 + \frac{\delta f h}{2\gamma}\right)} - 1\right)\right]$$

Un résultat remarquable de cette formule, c'est que la valeur de x est indépendante de celle de i, c'est-à-dire, de la
pente transversale du terrain naturel.

Détermination des coefficients. — La valeur de l'inclinai-
son x dépend de trois coefficients numériques δ, f et γ. Il reste
à voir comment on peut se les procurer.

La densité des terres δ est assez facile à connaître. Il suffit
d'en déblayer un volume connu, et de peser le produit de la
fouille. Les poids sont variables, et vont depuis 1.000 kil. par
mètre cube pour les terres végétales légères et sèches, jusqu'à
1.900 kil. pour les argiles compactes et humides. Les roches
compactes pèsent de 1.800 à 2.800 kil. par mètre cube.

Le coefficient f de frottement des terres sur elles mêmes
peut aussi s'obtenir par une expérience assez simple. Une certaine quantité de terre préalablement ameublie est jetée en
tas, jusqu'à ce que les nouvelles pelletées envoyées sur le tas
n'y restent plus et glissent en tombant le long de son talus. On
mesure ensuite l'inclinaison de ce talus avec l'horizontale, et
la tangente de cette inclinaison est égale au coefficient f. En
effet, dans ces circonstances, $F = 0$ et $\gamma = 0$. Donc $\cos \beta -$
$f \sin \beta = o$ d'où $f = \cot \beta$.

---

1. On trouve le détail du calcul dans le mémoire précité de M. de Sazilly.

Le talus pris par le tas s'appelle le talus naturel des terres. Il se mesure ordinairement par le rapport de sa base à sa hauteur, c'est-à-dire par l'inverse de f ou par tg β.

La quantité f est très variable : ses valeurs extrêmes paraissent être, dans des terrains bien secs, 0,55 pour le sable fin et 1,40 pour les terres franches compactes. Si le sol est humide, elle diminue, et peut tomber à zéro quand les terres deviennent fluentes.

La détermination du coefficient γ est plus difficile. Le seul moyen pratique consiste à découper verticalement un massif de terre isolé, et à mesurer la profondeur h_0 de la fouille au moment où un éboulement se produit. Si l'on introduit dans la formule qui donne l'inclinaison d'équilibre les hypothèses $x = o$ et $h = h_0$ on trouve :

$$\gamma = \frac{\delta h_0}{4} \left(\sqrt{1 + f^2} - f \right)$$

La valeur de h_0 est très variable : nulle dans les sables fins et arrondis, s'ils sont secs, ou dans les terres fluentes, elle atteint 1 à 2 mètres dans les terres franches, 3 à 6 mètres dans les sables argileux, les marnes et argiles compactes non détrempées, et enfin des hauteurs beaucoup plus considérables et presque infinies dans les roches plus ou moins résistantes.

Talus habituels. — Ces expériences, quoique simples, ne sont pas toujours faciles à réaliser, et lorsqu'on doit fixer l'inclinaison d'un talus, on n'a pas le temps de les entreprendre. En outre, les résultats en sont incertains : les coefficients relatifs à une même terre sont variables suivant son état d'humidité, et le massif de la tranchée est rarement homogène.

Aussi, en pratique, on n'a pas recours aux formules, et on s'en rapporte à l'usage. On a observé que pour les profondeurs habituelles des tranchées, il y a bien peu de terres qui ne puissent tenir sous un talus à 45°. On adopte donc ce talus pour les cas où le déblai est en terre.

S'il est en roche dure et compacte, le talus peut être presque vertical ; il reçoit seulement un léger fruit de 1/10 ou 1/5.

Pour les roches tendres et les tufs, on admet des talus intermédiaires tels que 1/4 ou 1/3.

24. — Talus de remblai. — Les talus de remblai se dressent également suivant des surfaces planes, lisses lorsqu'il s'agit de terre, et plus ou moins irrégulières si le remblai se compose de blocs de rocher.

Leur inclinaison se détermine d'après les mêmes considérations que pour les talus de déblai. Mais on a toujours ici affaire à des terres rapportées sans cohésion, qui se disposent suivant leur talus naturel. Il faut donc faire $\gamma = o$ et $x = \dfrac{1}{f}$.

Ce talus, inverse du coefficient de frottement, varie avec la nature du sol. L'expérience indique qu'il se dispose à peu près comme il suit :

0,70 de base pour 1 de haut, pour la terre forte ;

1,00 — 1 — la terre ordinaire légèrement humide ;

1,35 — 1 — la terre sèche en poudre ;

1,75 — 1 — le sable fin, rond et sec.

Les terres fluentes s'étalent davantage, et même no se tiennent sous aucun talus.

L'emploi de ces terres fluentes dans les remblais, ainsi que celui de sables fins et arrondis, qui seraient emportés par le vent, doit être évité.

On admet donc que jamais un talus ne se mettra naturellement sous une pente plus douce que celle de 1,50 de base pour 1 de hauteur, et qu'on est certain, en l'adoptant pour tous les cas, d'avoir un talus stable.

Les talus de remblai sont, en effet, toujours dressés à raison de 3 de base pour 2 de hauteur, sauf de rares exceptions.

On peut quelquefois raccourcir la base si l'on fait le remblai en blocs de rocher posés à la main ; et on serait conduit à l'allonger, si l'on ne pouvait se dispenser d'employer des sables fins.

§ 6

PROFIL GÉNÉRAL D'UNE ROUTE.

25. Profil normal. — En résumé le profil normal d'une route comprend :

1° Une chaussée composée de matériaux résistants, ayant une largeur de 5 à 7 mètres, et un bombement de 1/50;

2° Deux accotements, dont la largeur est de 2 mètres au plus et de 1^m,50 au moins, et qu'il convient de mettre en saillie sur la chaussée, si celle-ci a une largeur suffisante;

3° Dans les tranchées ou dans les parties de plain-pied, des fossés de 0^m,50 de profondeur et de 0^m,50 de largeur en plafond, dont les dimensions peuvent être réduites dans les déblais de rocher;

4° Des talus inclinés à 45° pour les déblais de terre, à 1/10 pour les déblais de rocher et à 3 de base pour 2 de hauteur en remblai.

Dans les parties en remblai élevé ou à flanc de coteau, on met sur l'arête du talus une banquette de sûreté.

Pour les chemins à faible circulation, on réduit la largeur des chaussées à 3 ou 4 mètres.

Si ces chemins sont ouverts dans des terrains rocheux, les accotements n'y ont plus que de 0^m,50 à 1^m,00; le fossé peut être supprimé et remplacé par un simple revers pavé. Mais il faut toujours que la largeur totale du chemin soit de 5 à 6 mètres, et les banquettes de sûreté doivent être prises en dehors de cette largeur.

26. Exemples. — Les routes existantes, dont la construction remonte à différentes époques, présentent souvent des profils en travers qui diffèrent de ce type; mais il est observé dans toutes les routes modernes.

La figure 13 ci-contre représente les dispositions d'un certain nombre de routes dans divers départements.

Fig. 13.

Profil type général

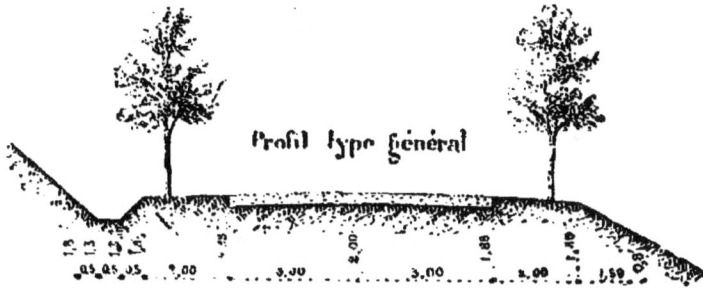

Ille-et-Vilaine   Profil type

Finistère   Profil type

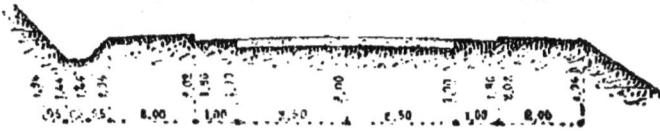

Seine-et-Oise   Profil type

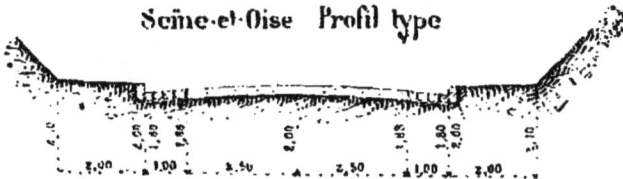

Lot   Routes Nationales

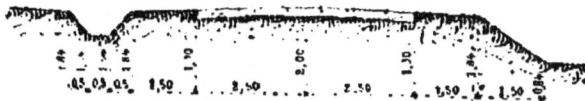

Hᵗᵉ Vienne Route Natᶦᵉ Nº 21

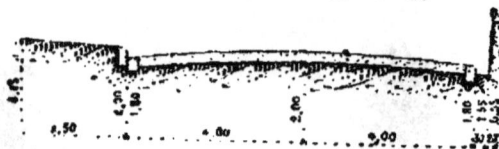

Finistère Route Dépᶦᵉ Nº 10

Hᵗᵉ Vienne. Route Natᶦᵉ Nº 21

Lozère. Route Natᶦᵉ Nº 107 bis.

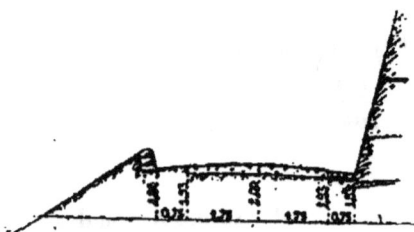

DEUXIÈME PARTIE

ÉTUDE ET RÉDACTION DES PROJETS

CHAPITRE III

CONDITIONS GÉNÉRALES DES TRACÉS

SOMMAIRE :

§ 1er

DIVERSES PHASES DE LA CONSTRUCTION

27. Projet et exécution. — La construction d'une route passe par diverses phases, dont deux seulement sont du ressort des ingénieurs : la préparation des projets et l'exécution des travaux.

Ces deux phases sont séparées par un long intervalle. Lorsqu'un projet a été préparé par l'ingénieur ordinaire, il passe dans les mains de l'ingénieur en chef, qui l'étudie et y propose les modifications qu'il juge convenables. Le projet est ensuite soumis à l'examen des conseils spéciaux qui éclairent de leurs avis les autorités compétentes : le conseil général des ponts et chaussées, les conseils généraux des départements, quelquefois les conseils municipaux. Les maires des communes intéressées à la construction et même les particuliers sont appelés à donner leur avis, au moins sur certains points. Enfin l'autorité compétente approuve le projet et en décide l'exécution. Mais il faut encore, avant de commencer les travaux, que les crédits nécessaires soient ouverts et que les particuliers à qui des indemnités sont dues soient désintéressés.

Tout cela demande beaucoup de temps, quelquefois plusieurs années, et il arrive souvent que les travaux sont faits par un autre ingénieur que les études.

28. Étude et préparation du projet. — La préparation d'un projet se compose de deux phases distinctes. Dans la première, qui constitue l'étude du projet, l'ingénieur se rend compte des dispositions actuelles des lieux et de celles qu'il lui paraît possible ou convenable de leur substituer. C'est un travail qui lui est tout personnel, et qu'il dirige suivant ses inspirations propres.

La seconde phase comprend la rédaction du projet. Il ne suffit pas que l'ingénieur se soit rendu compte de ce qu'il y a à faire : il faut qu'il réunisse les résultats de son étude sous une forme qui soit intelligible pour les diverses personnes qui auront également à s'en rendre compte, telles que les membres des conseils consultés, les autorités appelées à décider, les entrepreneurs chargés de l'exécution ; il faut que chacun comprenne à son point de vue les travaux qui sont indiqués au projet, et soit fixé aussi sur la dépense qui en résultera.

Les dessins et les documents écrits préparés dans ce but constituent les pièces du projet. Les résultats des études y sont présentés sous une forme conventionnelle arrêtée d'avance et toujours la même, de façon que l'intelligence en soit facile à toutes les personnes quelque peu initiées à ces règles.

§ 2

CONDITIONS GÉNÉRALES
AUXQUELLES DOIT SATISFAIRE UN TRACÉ.

29. Importance du tracé. — La première question qui se présente, dans l'étude d'un projet de route, c'est d'en arrêter le tracé. C'est en même temps, de beaucoup, le point le plus important de toute la construction. Car c'est d'un plus ou moins bon tracé que dépend la plus ou moins grande utilité que procurera la route.

Parmi les considérations qui influent sur le choix du tracé d'une route, il en est qui échappent à l'ingénieur, ou dont il n'a qu'accessoirement à s'occuper, ce sont celles qui sont suggérées par l'intérêt général du pays, tant au point de vue de la sécurité du territoire qu'à celui du développement de la richesse publique. Il n'en sera dit que quelques mots.

Les autres au contraire sont techniques et exclusivement du ressort des ingénieurs. On s'y arrêtera avec tous les détails nécessaires.

30. Conditions stratégiques. — Les conditions relatives à la sécurité du territoire sont surtout du ressort des ingénieurs militaires. Lorsqu'il s'agit d'ouvrir une route, il faut se rendre compte de l'influence qu'elle peut avoir en cas de guerre sur les moyens de défense ou d'attaque.

Quelques routes sont purement militaires : ce sont celles qui sont destinées uniquement au transport des troupes et des munitions, ou qui doivent établir une communication entre des points fortifiés. Leur construction est réservée aux officiers du génie.

Le plus souvent, les routes sont ouvertes dans l'intérêt du commerce, de l'industrie et des relations sociales. Loin des frontières et des places fortes, les considérations stratégiques n'entreraient en ligne de compte que dans le cas d'une invasion profonde du pays par l'ennemi, cas tellement rare qu'il n'y a pas à s'en préoccuper. Mais à l'abord des places fortes et sur les confins des frontières, il faut, au contraire, mettre en première ligne le côté militaire de la question.

En général, toute route ouverte dans le rayon de défense d'un territoire fortifié facilite l'approche de l'ennemi, et est contraire à l'intérêt de la défense, qui cherche à multiplier les obstacles. D'un autre côté, toute route qui aboutit à la frontière facilite, en cas d'attaque, les transports de troupes et de matériel sur le pays que l'on veut envahir.

Il y a lieu de tenir compte de ces conditions, et les ingénieurs des ponts et chaussées ont à s'entendre pour cela avec les officiers du génie. On a fixé autour de la frontière et des places fortes une zone où aucun travail de ce genre ne peut être entrepris avant une entente préalable des deux services.

Cette entente est souvent difficile, car les points de vue sont complètement opposés. Les ingénieurs militaires attachent ordinairement plus d'importance à la défense qu'à l'attaque, en sorte qu'ils sont disposés à envisager d'un mavais œil les routes trop faciles aux abords des zones fortifiées. Les ingénieurs d'ordre civil ne cherchent, au contraire, que les moyens de développer les richesses en facilitant les communications autant que possible.

Une commission mixte des travaux publics, composée de représentants des divers services, officiers généraux de toutes armes, et spécialement de l'artillerie, du génie et de la marine, et inspecteurs généraux des ponts et chaussées, auxquels sont adjoints des membres du conseil d'État, est chargée d'examiner toutes les questions relatives aux travaux à exécuter dans la zone frontière, et de donner son avis. Aucune décision n'est prise sans qu'elle ait été consultée.

31. Conditions économiques. — Les considérations générales, au point de vue du développement de la richesse publique, sont de beaucoup les plus importantes. Le but direct de l'ouverture d'une voie de communication est d'augmenter la richesse en facilitant les transports et diminuant par conséquent les frais de production des choses transportées. Le meilleur tracé est celui qui doit apporter les plus grands avantages à ce point de vue.

La première chose, c'est de se rendre compte de la quantité et de la nature des produits qui emprunteront la route. Pour certains d'entre eux, qui circulent déjà par d'autres voies entre les mêmes points, cette recherche est assez simple. Il faut remarquer toutefois que l'ouverture de la route, en facilitant le transport, aura pour effet d'en augmenter la production, mais dans une limite difficile à assigner. D'un autre côté, certains produits qui ne se déplacent pas actuellement quitteront leur lieu d'origine lorsqu'ils trouveront une voie de communication plus économique.

Les routes d'ailleurs ne sont pas utilisées seulement pour le transport des choses. Elles servent au déplacement des personnes, et desservent par là des intérêts souvent très considérables, mais dont la valeur est souvent impossible à calculer.

Aussi le choix met-il dans le plus grand embarras, lorsqu'il se présente plusieurs tracés entre les points extrêmes d'une route dont l'ouverture est décidée.

Qu'on suppose, par exemple, (fig. 14) une route à ouvrir entre les points A et B, et, à proximité du tracé général, un centre important C. Convient-il d'aller au plus court de A en B, sauf à réunir le centre C par un

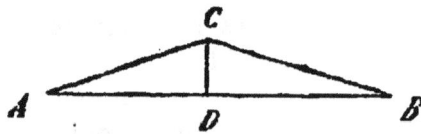

fig. 14.

embranchement CD? Est-il préférable au contraire d'aller directement de A en C, puis de C en B? Dans le premier cas, tous les transports qui partent de C ou qui y aboutissent subiront un allongement de parcours, tandis que ceux qui circulent entre A et B ne feront que le chemin strictement nécessaire. Dans le second cas, le résultat est exactement contraire. On se décidera suivant l'importance relative de la circulation prévue entre les divers points. La seconde solution prévaudra, par exemple, s'il est constaté que les relations sont moins suivies entre A et B, qu'entre C et chacun des deux autres points.

La question se compliquerait encore, s'il se présentait plusieurs centres C, C' (fig. 15), à droite et à gauche de la ligne directe. Faut-il aller au plus court de A en B, sauf a rattacher C et C' par deux embranchements ? Faut-il passer par C ou par C' et abandonner complète-ment l'autre localité ?

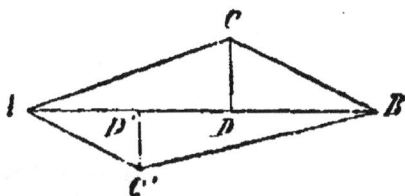

fig 15.

Ce sont là des problèmes très complexes, et pour la solution desquels on n'est guidé que par des données très incertaines. Aussi les discussions sont-elles toujours longues et animées dans les assemblées appelées à délibérer sur les tracés généraux.

Rôle de l'ingénieur. — L'ingénieur n'intervient qu'à titre secondaire dans ces discussions. Si son avis est demandé, c'est un homme instruit que l'on consulte et non un homme spécial. Il n'en sait pas plus long là-dessus que toute personne qui a étudié les questions économiques, et surtout qui connaît les besoins et les ressources de la contrée.

Il a cependant souvent à se poser des problèmes analogues, sur une échelle restreinte. Entre les points principaux, fixés par les autorités compétentes d'après les considérations générales qui viennent d'être indiquées, il faut encore savoir diriger les tracés de la façon la plus avantageuse à la contrée qu'ils traversent, et l'on verra bientôt qu'au fond les considérations techniques, qui sont essentiellement de son ressort, n'ont pour objet que de satisfaire le mieux possible aux conditions économiques.

39. Solution algébrique du problème économique. — La solution de ce problème économique peut au besoin être soumise au calcul par la méthode suivante. On cherche à se rendre compte de la dépense annuelle qui résultera pour la société des dispositions projetées. Si plusieurs tracés paraissent acceptables, on fait le calcul pour chacun d'eux, et on compare les résultats. Celui qui, pour une certaine quantité de services rendus, conduit à la dépense annuelle la plus faible est évidemment le plus avantageux pour la fortune publique.

Ainsi, si l'on représente par A le capital à dépenser pour ouvrir une route, par a le taux de l'amortissement de ce capital quand il y a lieu d'en tenir compte, par r le taux courant de l'intérêt, la construction de la route équivaut à une dépense annuelle A $(r + a)$. Cette dépense annuelle s'augmente de la dépense d'entretien E. Donc, la route projetée sera pour le constructeur, État, département ou commune, la source d'une dépense annuelle : A $(r + a) + $ E. D'autre part, le public qui utilisera la route y fera annuellement une dépense TP, si T représente le tonnage, c'est-à-dire la quantité d'objets à transporter chaque année, et P le prix du transport de l'unité. En somme, la société fera chaque année une dépense totale : D $=$ A $(r + a) + $ E $+ $ TP, pour le transport de T.

Sur un autre tracé, la dépense annuelle serait représentée par une formule analogue : D$' =$ A$'$ $(r + a') + $ E$' + $ TP$'$, où r et T restent les mêmes.

Celui des deux tracés pour lequel la dépense annuelle D sera la plus petite est évidemment celui qui présente le plus d'avantages économiques.

Toutefois, ce n'est pas toujours celui-là qu'il convient d'adopter. En général, dans les projets bien faits, c'est le plus coûteux qui produit le plus d'avantages ; si A est $>$ A$'$, on a presque toujours D $<$ D$'$. L'économie obtenue D$'$ — D est donc le produit d'un capital A — A$'$ employé en excès. Mais les capitaux dont dispose le constructeur du chemin ne sont pas indéfinis, et il convient d'en faire l'emploi le plus utile. Or, l'utilité qu'on peut tirer des capitaux se mesure par le taux courant de l'intérêt. Il n'y a donc utilité réelle à adopter la disposition la plus économique, que si D$'$ — D représente au moins l'intérêt du capital A — A$'$ au taux r, c'est-à-dire si l'on a $\frac{D' - D}{A - A'} > r$. Autrement le capital A — A$'$ trouverait ailleurs un meilleur emploi.

Observation. — Ce calcul peut servir de base à un premier jugement, lorsque plusieurs tracés sont en présence. Il fournit des renseignements qui peuvent être utiles dans la discussion, mais auxquels il faut se garder d'attribuer une valeur absolue. En effet, dans la formule de la dépense annuelle, le terme le plus important est toujours le dernier, TP. Or le tonnage T est, ainsi qu'il a été expliqué, très imparfaitement connu, car on ignore l'influence que l'ouverture de la route aura sur le développement des communications. Les résultats du calcul fait d'après une certaine hypothèse sur le tonnage peuvent être complètement bouleversés par la réalité.

On peut faire le calcul dans plusieurs hypothèses, en donnant à T successivement diverses valeurs, dont l'une soit supérieure à tout ce qu'on peut espérer comme trafic, la seconde inférieure au plus maigre tonnage qu'on puisse prévoir, la troisième, moyenne entre les deux autres. Si les résultats obtenus dans les divers cas sont concordants, il n'y a pas d'hésitation sur le choix du tracé.

Il faut d'ailleurs ne pas perdre de vue que le calcul ci-dessus n'est applicable qu'aux transports dont la valeur peut s'exprimer numériquement, c'est-à-dire qui comprennent les produits et les marchandises, mais qu'on ne peut que difficilement y faire entrer le déplacement des personnes, dont on ne peut prévoir le degré d'intérêt. On peut toutefois, à titre d'approximation, admettre que le transport d'une personne est à peu près équivalent à celui d'une tonne de marchandises, au point de vue de la dépense.

Quand les résultats sont discordants, on les discute d'après les probabilités, et on met en ligne de compte les considérations qui n'ont pu trouver place dans le calcul. Entre deux tracés dont l'un oblige les voitures rapides à se mettre au pas sur certains points, et dont l'autre leur permet de conserver partout l'allure du trot, on se décidera pour le dernier, car le temps est une valeur dont la formule n'a pas tenu compte. Dans d'autres cas, on choisira le tracé de façon à favoriser le mieux la création de quelque industrie qui n'existe pas encore, mais que la facilité nouvelle des transports pourrait faire surgir.

33. Conditions techniques : 1° *Facilité de circulation.* — Les considérations techniques sont celles dont l'ingénieur a particulièrement à tenir compte. Elles ont pour objet de fournir les conditions les plus favorables à la circulation, tout en maintenant les dépenses de construction de la route dans des limites raisonnables et en assurant la facilité de sa conservation.

La circulation est dans les conditions les plus favorables quand elle trouve la sécurité, la commodité et l'économie.

La sécurité est une condition absolue. Lorsqu'il y a danger à traverser un passage, on n'y passe pas ou on y passe le moins possible. Toute autre considération doit être subordonnée à celle-là.

La commodité est une condition moins absolue que la sécurité, mais elle y est souvent liée. Ainsi, sur une chaussée où le croisement des voitures est difficile, elles sont exposées à des accidents. Toute gêne se traduit d'ailleurs par une dépense, soit de temps, soit d'argent, et est, par conséquent, contraire à la condition d'économie.

L'économie des transports est enfin la considération prédominante. Les routes sont faites surtout en vue de cette économie.

2° *Économie de construction*. — Mais il faut se préoccuper aussi des frais d'établissement de la route, et y apporter la plus grande économie compatible avec la facilité de la circulation. Toute dépense inutile doit être évitée.

On est même conduit à sacrifier souvent une partie des autres conditions à celle-là. Faire de grands travaux coûteux pour assurer un peu plus de facilité à une circulation restreinte, serait un gaspillage de la fortune publique.

3° *Facilité d'entretien*. — Il faut s'arranger pour que les frais d'entretien de la route soient aussi faibles que possible. Cette considération est en général de peu d'importance, et on ne s'en préoccupe qu'accessoirement dans le choix des tracés. Elle peut guider toutefois à défaut d'autre raison plus grave. Ainsi, on fera passer le chemin à proximité des carrières qui doivent fournir les matériaux d'entretien, ou bien on choisira les régions qui présentent la meilleure exposition en raison du climat.

34. Principes généraux. — Ces considérations conduisent à quelques principes généraux qu'il ne faut jamais perdre de vue.

Le tracé le plus court, toutes choses égales d'ailleurs, est nécessairement le meilleur. Car les frais de traction, les dépenses de construction et les frais d'entretien sont des quantités proportionnelles à la longueur, toutes choses égales d'ailleurs.

Il faut tâcher que la déclivité longitudinale de la route soit partout aussi faible que possible. Car, sur les rampes, les efforts de traction sont augmentés, et la vitesse diminue. A la descente, une trop forte inclinaison produit des effets analogues, et expose même les voitures à des accidents.

Le tracé enfin doit épouser autant que possible le terrain naturel, afin d'éviter les profondes tranchées, les remblais élevés ou les ouvrages d'art coûteux.

Ces conditions sont le plus souvent contradictoires. Ainsi on ne peut aller au plus court sans rencontrer des obstacles, qu'il faut surmonter par des pentes de forte déclivité, ou traverser au moyen d'ouvrages coûteux. Si l'on veut, au contraire, abaisser les pentes et faire des travaux économiques, le tracé s'allonge.

Il faut beaucoup de sagacité pour arrêter les limites dans lesquelles il convient de tenir compte de chacune de ces conditions et de les subordonner les unes aux autres. L'art de l'ingénieur qui, comme tous les arts, est soumis à quelques règles, mais s'apprend surtout par la pratique, dépend de l'habileté avec laquelle il sait démêler toutes ces circonstances.

§ 3

NOTIONS SUR LES VOITURES ET LES CHEVAUX.

35. Voitures de roulage. — Pour bien comprendre les règles d'un bon tracé, il faut avoir quelques notions sur les véhicules qui doivent le parcourir. Ces véhicules sont des voitures à deux ou à quatre roues attelées de chevaux.

Les voitures peuvent se classer suivant leur destination en voitures de roulage, voitures de messageries, voitures d'agriculture, voitures particulières.

Les voitures de roulage ou d'agriculture se divisent en *charrettes* ou voitures à deux roues, et *chariots* ou voitures à quatres roues.

Leur construction est soumise à certaines règles générales, dont quelques-unes ont déjà été indiquées.

Les essieux ne doivent pas avoir plus de 2^m,50 de longueur [1], mais cette limite est rarement atteinte. La longueur des essieux des voitures de roulage ou des tombereaux ne dépasse pas ordinairement 2 mètres. Dans les voitures de messageries, elle descend à 1^m,80 et, dans les voitures bourgeoises, à 1^{m}50 et au-dessous.

La grosseur de l'essieu est proportionnée à la charge que les voitures doivent recevoir. Elle est comprise entre 0^m,04 et 0^m,16 de hauteur, et entre 0^m,03 et 0^m,13 de largeur.

La grandeur des roues varie de 0^m,50 à 2 mètres de diamètre. Il y a intérêt à l'augmenter le plus possible, pour diminuer le tirage, qui varie en sens inverse du rayon. Mais, d'autre part, en l'agrandissant on augmente le poids des roues, et, par suite, le tirage, qui est proportionnel à la charge portant sur la chaussée. Il faut d'ailleurs que les chevaux, attelés au poitrail, tirent à peu près horizontalement; autrement une partie de leur force serait employée à s'opposer à un effort vertical et perdu pour la traction. Par ce motif, l'essieu doit être à peu près au niveau du poitrail des chevaux, ce qui limite encore le diamètre des roues.

La largeur minima des bandes qui cerclent les jantes des roues était fixée autrefois, par la police du roulage, en raison du poids des chargements. La pression reportée sur la chaussée par chaque centimètre de largeur de bande restait à peu près constante, ou du moins ne variait qu'entre des limites déterminées. Mais il a été reconnu que cette précaution était illusoire, par suite de la forme convexe que prennent les bandes des roues après quelque temps de service, et que les lourds

1. Règlement du 10 août 1852, titres I et II.

chargements fatiguaient autant les chaussées, quelle que fût la largeur de la bande. Le règlement de 1852 a donc laissé toute liberté sous ce rapport.

Les largeurs de bandes généralement en usage varient de 0^m,06 à 0^m,17 ; elles ne dépassent guère cette dimension, sauf pour les fardeaux exceptionnels, comme les pierres de taille, pour lesquels elles atteignent 0^m,20 et même 0^m,25.

Les essieux ne doivent pas faire saillie de plus de 0^m,06, sur l'extrémité des moyeux. Les moyeux eux-mêmes ne doivent faire, sur le plan extérieur des roues, qu'une saillie limitée à 0^m,12, mais qui peut s'élever par tolérance à 0^m,14, pour tenir compte du jeu du bois après la construction.

Le nombre des chevaux attelés à une même voiture peut aller jusqu'à huit, mais le nombre des files ne peut être supérieur à cinq. Il y a des exceptions toutefois dans les parties de routes en forte pente, où l'on tolère l'adjonction de chevaux supplémentaires, dits *chevaux de renfort*. Des poteaux indiquent les parties de route où les renforts sont tolérés.

86. Poids et chargements. — Le poids des voitures est variable suivant la charge qu'elles ont à porter, et suivant la solidité dont elles ont besoin. Sans parler des voitures bourgeoises, dont les types sont très divers, il y a des chariots à un cheval, dits *chariots comtois*, qui ne pèsent que 350 kil.; mais ce sont des voitures très légères; qui ne supporteraient pas de grands voyages sans se détériorer.

Les charrettes et chariots ordinaires pèsent 500 à 2.500 k. et reçoivent à charge complète des poids qui vont de 900 à 6.000 kil.

Dans une voiture chargée on distingue le *poids mort*, le *poids utile* et le *poids brut*. Le premier est le poids de la voiture elle-même ; le second, le poids des choses qu'on y a mises; le poids brut est la somme des deux autres. Si l'on représente par P le poids brut, par U le poids utile et par K le poids mort, on a donc la relation $P = K + U$. Le poids mort augmente d'ailleurs moins vite que la charge utile. Quand on met une plus grande quantité de marchandises sur une voiture, il faut qu'elle soit plus forte, mais il n'est pas nécessaire que sa force augmente autant que les poids qu'elle reçoit. La loi qui lie les variations des charges à celles des poids morts n'est pas connue. On admet en général que le poids brut P se compose d'une partie constante et d'une partie proportionnelle à la charge utile, d'où l'expression : $P = a + bU$. Mais les valeurs de a et de b sont incertaines. Suivant les observations faites en 1832 par M. Schwilgué [1], d'après les poids admis alors pour les chargements des charrettes pesant à vide de 900 à 1500 kgs., on pourrait admettre à peu près les valeurs : $a = 400$ k. et $b = 1,24$, P et V étant exprimés en kilogrammes. Aujourd'hui les voitures sont plus légères ; a doit avoir diminué et b augmenté, mais on ignore dans quelle proportion.

Limite des chargements. — Quelle que soit la loi exacte qui lie P avec U, il n'en est pas moins certain qu'il y a grand avantage à augmenter les charges, et voilà pourquoi le gros roulage emploie de forts attelages, et profite presque toujours des limites qui lui sont assignées.

Mais d'un autre côté, les observations de M. Schwilgué ont montré que la force des chevaux est moins bien utilisée lorsqu'ils sont plus nombreux. Ainsi, le poids brut moyen traîné par chaque cheval a été trouvé par lui de :

    1.440 kil. pour les attelages à 1 ou 2 chevaux
    1.310   —   à 3   —
    1.275   —   à 4   —
    1.085   —   à 5   —

nombres qui sont entre eux dans les rapports de 1 à 0,91, à 0,89 et à 0,76.

Ce résultat s'explique facilement par plusieurs motifs. En sus des résistances dues au roulement, les chevaux, quand ils sont sur plusieurs files, ont à vaincre la raideur des traits qui réunissent leurs colliers les uns aux autres. En second lieu, souvent, surtout dans les courbes, ils ne tirent pas exactement suivant la même ligne, et leurs efforts se contrarient et se détruisent partiellement. Enfin, l'attelage est moins excité parce que l'attention du conducteur, dispersée sur plusieurs animaux à la fois, est moins suivie sur chacun d'eux.

Cette circonstance limite, en dehors des règlements, les char-

_____

1. *Annales des ponts et chaussées* 1832, 2e semestre, page 204.

gements des voitures. A mesure que le poids brut augmente, il faut augmenter le nombre des chevaux, et la perte de force due à leur multiplicité finit par compenser le bénéfice résultant de l'augmentation relative du poids utile.

Il résulte de cette observation que, pour traîner une charge donnée, il vaut mieux avoir des chevaux moins nombreux et plus robustes; quatre grands chevaux pesant chacun 500 kilogr. rendront plus de service que cinq chevaux de 400 kil. C'est ce qui explique la tendance actuelle à employer des chevaux de plus en plus forts.

37. Voitures de messageries. — Les indications qui précèdent s'appliquent aux voitures de roulage marchant au pas. Pour celles qui font des transports au trot, on possède peu d'observations. Les voitures bourgeoises présentent une infinie variété de dispositions qu'il est inutile d'étudier. Les voitures de messageries sont soumises à quelques règles spéciales [1].

La largeur de la voie doit être au moins de $1^m,65$, mesurée entre le milieu des jantes, pour les roues de derrière, et de $1^m,55$ pour le train de devant. La distance entre les axes des essieux ne peut être moindre que $1^m,55$. Le chargement ne peut avoir plus de 3 mètres de hauteur au-dessus du sol.

Les anciennes diligences à cinq chevaux, dont on voit encore quelques rares spécimens, étaient portées sur deux paires de roues ayant $0^m,97$ et $1,52$ de diamètre. Elles pesaient à vide 2.400 kil. Elles contenaient de dix-huit à vingt personnes, et 1.000 à 1.200 kil. de marchandises. Chaque cheval traînait donc de 900 à 1.000 kil. de poids brut, dont environ la moitié en poids utile.

La plupart des omnibus et des voitures de messageries actuelles sont à deux ou à trois chevaux. Elles sont soumises aux mêmes règlements, mais elles ont des dimensions beaucoup moins grandes. On peut admettre toutefois qu'elle présentent, en moyenne, la même charge totale et utile par cheval attelé.

38. Chevaux. — *Poids.* — Les chevaux ont des formes et

1. Police du roulage, titre III.

des tailles très différentes, depuis les poneys des îles Schetland, jusqu'aux animaux puissants du Perche et de la Flandre.

Mesurée au garot, leur taille descend quelquefois à 1 mètre, et peut s'élever jusqu'à 1^m,80.

Le poids des chevaux varie dans des limites analogues. Pour des animaux semblables, il devrait être proportionnel au cube de la taille. Mais cette loi ne s'applique qu'à des animaux ayant même conformation. Un cheval haut sur jambes pèsera moins, toutes choses égales d'ailleurs, qu'un autre de même taille dont les jambes seraient plus courtes. De Gasparin [1] admet que les poids varient seulement comme le carré de la taille.

Le poids des chevaux en usage dépend de leur destination et des races qui s'élèvent de préférence dans les diverses contrées. En général, il varie entre 300 et 600 kil. D'après les statistiques récentes le poids moyen des chevaux de roulage et d'agriculture dépasse 500 kil., celui des chevaux attelés aux diligences et omnibus est de plus de 450 kil. et celui des chevaux attelés aux voitures particulières est supérieur à 400 kil.

Allure. — Les chevaux marchent avec des vitesses variables suivant leur conformation, et surtout suivant les résistances qu'ils ont à vaincre. On distingue trois allures, le pas, le trot et le galop.

L'allure du pas répond à des vitesses qui descendent à 0^m,40 par seconde et ne dépassent guère 1^{m}80 ; la vitesse au trot est de 2^m,25 à 5 mètres par seconde ; le galop peut atteindre 15 à 16 mètres.

Les voitures qui circulent sur les routes ne se mettent qu'accidentellement au galop.

Durée de la marche. — La durée de la marche journalière dépend de la vitesse et de l'effort imposé au cheval.

Un cheval mené au pas et convenablement chargé marchera dix heures par jour, avec une vitesse moyenne de 0^m,80 à 1 mètre par seconde, pourvu que son travail soit interrompu une ou deux fois par des repos. On a observé que les chevaux attelés aux diligences travaillaient trois heures par jour, en

---

1. *Cours d'agriculture*, t. III, p. 68.

deux périodes égales séparées par un long repos, à la vitesse
de 8 à 12 kilomètres par heure. Un cheval lancé à toute vitesse
sera épuisé en une demi-heure ou trois quarts d'heure. Un
cheval de course qui fait un kilomètre par minute ne peut cou-
rir que quatre ou cinq minutes.

89. Puissance du cheval. — Le cheval, considéré comme
moteur, est une machine qui est susceptible de rendre une
partie de sa puissance propre sous forme de travail, et qui conserve cette puissance indéfiniment si elle est convenablement
alimentée et entretenue, c'est-à-dire, si le cheval est bien nourri,
bien pansé, et si on lui accorde le repos nécessaire. Dans ces
conditions, il pourra rendre chaque jour les mêmes services
que la veille, et supporter de nouveau la même fatigue.

La puissance absolue de cette machine n'a pas été déterminée. On paraît d'accord pour admettre qu'elle est sensiblement proportionnelle au poids de l'animal.

Sa valeur approximative, exprimée en kilogrammètres par
jour, semble toutefois se rapprocher de 10,000 fois le poids du
cheval (n° 43. 1ᵉ).

Rendement. — Son rendement en travail utile est plus facile à connaître. Il suffit de mesurer les efforts que le cheval
fait pour vaincre les résistances qui lui sont opposées, et les
vitesses avec lesquelles il marche. Leur produit, multiplié
par la durée du parcours journalier, est le travail qu'il produit.

En général, si E est l'effort d'un cheval à un instant donné,
et v sa vitesse, le produit Ev est le travail élémentaire développé durant cet instant dt, et le travail journalier, pour une
durée T, est la somme $\int_0^T E v \, dt$. Si la vitesse était uniforme,
ainsi que l'effort, le travail journalier serait EvT.

Par exemple, un cheval qui ferait un effort continu de 75
kilg. avec une vitesse de 1 mètre par seconde, et qui marche-
rait pendant dix heures, développerait un travail élémentaire
de 75 kilogrammètres par seconde, et un travail journalier de
$75 \times 36.000 = 2.700.000$ kilogrammètres.

Maximum du rendement. — Cette valeur est susceptible
d'un maximum qui correspond à la meilleure utilisation de
cette machine vivante. Quand l'effort à exercer devient exces-

sif, ou bien que l'on exagère la durée du travail ou la vitesse de la marche, les autres facteurs du produit baissent en progression plus rapide, et le rendement diminue.

Pour obtenir le maximum, il faut donc garder entre les éléments E, *v* et T une proportion que l'expérience seule peut indiquer. Il suffit d'observer les valeurs que prennent ces trois éléments sur des chevaux dont le travail et l'entretien sont réguliers et normaux.

Il a été fait un assez grand nombre de recherches à ce sujet. Mais la plupart des auteurs ont omis de constater la force, c'est-à-dire le poids des animaux qu'ils observaient, en sorte qu'ils sont arrivés aux nombres les plus divergents en apparence.

Les résultats les plus authentiques qui aient été donnés sont résumés dans le tableau ci-dessous, où la dernière colonne, intitulée travail journalier spécifique représente le travail journalier brut des chevaux divisé par leur poids.

Numéros d'ordre.	NOMS des auteurs.	MACHINES sur lesquelles agissaient les chevaux.	EFFORT de traction.	DURÉE du travail journalier.	PARCOURS journalier.	TRAVAIL journalier.	POIDS des chevaux.	TRAVAIL journalier spécifique.
			kil. g.	heures	kil. m.	kil. g. m.	kil. m.	kil. g. m
1	Manès et Corrèze.	Voitures......	45	»	40.0	1.800.000	»	»
2	Ch. Dupin.....	Charrue.......	72	»	26.0	1.872.000	»	»
3	—	Charrettes de brasseur à Londres.	90	8	32.0	2.880.000	»	»
4	Hachette......	Manège.......	100	»	16.0	1.600.000	»	»
5	Minard.......	Manèges (moy.).	40	»	31.3	1.254.000	»	»
6	Navier.......	Manèges......	45	10	32.4	1.458.000	»	»
7	—	Voitures......	60	10	32.4	1.944.000	»	»
8	De Gasparin....	Charrue.......	98	10	10.2	1.020.000	320	5003
9	—	Charrue.......	53	10	34.2	1.832.000	340	5389
10	—	Charrette......	45	10	42.8	1.928.000	360	5356
11	—	Noria........	40	10	43.2	1.728.000	320	5400

Il résulte des expériences de Gasparin, les seules où le poids des chevaux soit indiqué, que, dans des conditions normales, le travail journalier spécifique varie de 5.350 à 5.400. Dans la seule expérience (n° 8) où il soit descendu plus bas, l'effort de traction s'élevait à 98 kilogrammes pour un cheval de 320 kil. ; or, cet effort est exagéré et rentre dans la classe de ceux qui, exercés continûment, diminuent le rendement journalier de la force de l'animal.

Si l'on supposait le travail spécifique égal à 5.400 dans les données fournies par les auteurs, on pourrait calculer les poids probables des chevaux qui y figuraient. On trouverait ainsi que les charrettes de brasseur de Londres étaient traînées par de puissants animaux pesant plus de 500 kilogrammes, tandis que les manèges étaient mis en mouvement par des chevaux de rebut ; et que les autres expériences se rapportaient à des chevaux de 320 à 360 kilogrammes, analogues à ceux de Gasparin, qui étaient moyennement en usage à cette époque. Or toutes ces conséquences sont vraisemblables.

On peut donc se croire autorisé à admettre que le rendement maximum spécifique des chevaux est aux environs de 5.400 kilogrammètres, si les chevaux sont soumis à un entretien régulier.

Quand les chevaux marchent au pas pendant dix heures, cette quantité répond à un travail élémentaire moyen de $0,15p$ par seconde.

On peut remarquer que, pour des chevaux de 500 kilogr., ce travail élémentaire devient 75 kilogrammètres, précisément celui d'un cheval-vapeur.

Il est admis généralement, suivant Navier, qu'un cheval attelé marchant régulièrement fait une journée de dix heures, avec une vitesse constante de $0^m,90$ par seconde, et parcourt ainsi 32 kil.,400 par jour. L'effort de traction E qu'il exerce dans ces conditions serait donc fourni par la relation : $32.400 \, E = 5.400 \, p$, d'où $E = \frac{p}{6}$. Un cheval semble donc pouvoir faire normalement et d'une façon continue un effort égal à 1,6 de son poids.

40. Travail passif. — Mais le cheval ne se fatigue pas seulement parce qu'il traîne des fardeaux, il lui faut aussi vaincre les résistances passives qu'il rencontre dans son organisme pour progresser et lancer son poids en avant. Les mouvements musculaires qu'il fait alors donnent lieu à un travail qu'il est rationnel de supposer également proportionnel à son poids, mais qui change selon la vitesse, d'après une loi encore inconnue. On peut le représenter par Kp, pour chaque unité de parcours, K étant un coefficient variable avec la vitesse.

41. Détermination du coefficient de résistance passive. — La valeur de K à différentes vitesses ne pourrait se déterminer que par des expériences qui font défaut. Tredgold a admis qu'un cheval non attelé parcourt au pas 70.000 mètres par journée. Ce savant ne dit pas la taille et le poids du cheval auquel il attribue cette puissance, mais on doit penser qu'il avait en vue un animal moyen analogue à celui de Navier.

K ne variant pas beaucoup, tant que le cheval reste au pas dans des conditions normales, on peut déterminer une valeur approximative de ce coefficient pour l'allure du pas, en exprimant que la fatigue journalière est la même, K restant constant, dans les deux hypothèse d'un animal soit attelé, soit marchant librement. On obtient ainsi la relation :

$$70.000\,Kp = 5.400\,p + 32.400\,Kp.$$

d'où l'on tire $K = \dfrac{1}{7}$.

Ainsi l'effort nécessaire pour vaincre les résistances passives ou intérieures serait, dans l'allure du pas, environ 1/7 du poids du cheval.

Pour des chevaux au trot, K est nécessairement plus fort. Il est encore bien plus difficile de l'évaluer que dans l'allure au pas. En réunissant les diverses notions indiquées ci-dessus, on peut croire cependant qu'il ne s'éloigne pas beaucoup de 1,5 pour un trot modéré[1].

[1]. On peut constater ce résultat de la manière suivante :
Désignant par K' la valeur du coefficient pour le trot, avec une vitesse v maintenue pendant un temps T', on doit avoir, la fatigue journalière étant constante : $\left(\dfrac{E}{p} + K\right)v\,T = \left(\dfrac{E'}{p} + K'\right)v'T'$. Or vT diffère peu de $v'T'$, et ces deux quantités sont même égales si on admet les hypothèses moyennes : $v = 0,00$ et $T = 10^h$: $v' = 3^m$, et $T' = 3^h$. L'égalité : $\dfrac{E}{p} + K = \dfrac{E'}{p} + K'$ ne s'éloigne donc pas beaucoup de la vérité. Or $\dfrac{E}{p}$ est à peu près les $\dfrac{2}{3}$ de $\dfrac{E}{p'}$, car on a vu que les charges brutes traînées par un cheval sont de 900 à 1.000 kilog. pour les dilligences, et de 1.410 kilog. pour les charrettes. D'autre part, la valeur moyenne de $\dfrac{E}{p}$ est $\dfrac{1}{6}$. Ces divers nombres introduits dans la formule ci-dessus, donnent précisément pour K' la valeur 0,20.

42. Fatigue. — Le travail total, somme du travail extérieur dû à l'effort nécessaire pour vaincre les résistances des voitures à la traction et du travail intérieur dû aux résistances passives, constitue la *fatigue* du cheval.

Sous peine de dépérir, il doit retrouver dans son alimentation et dans son repos les éléments d'une restitution de force équivalente à cette fatigue.

Si v est la vitesse de marche à un moment donné, E l'effort correspondant et K la valeur du coefficient de travail passif qui répond à cette vitesse, la fatigue spécifique, c'est-à-dire rapportée au poids du cheval, est, par unité de temps, $\left(\dfrac{E}{p} + K\right) v$.

Pour un temps T, la fatigue est : $\displaystyle\int_0^T \left(\dfrac{E}{p} + K\right) v\,dt$. Si la vitesse et l'effort sont constants, elle devient : $\left(\dfrac{E}{p} + K\right) vT$.

43. Remarques. — 1° Les nombres qui viennent d'être indiqués peuvent servir à déterminer la puissance totale du cheval, et son rendement maximum.

Si l'on se reporte à la donnée de Tredgold, où $vT = 70.000$ pour $E = o$, et si l'on admet $K = 1/7$, on voit que la puissance du cheval, exprimée en kilogrammètres par jour, se rapproche de $10,000\, p$.

D'autre part, le rendement le meilleur que l'on peut obtenir en conduisant et entrenant convenablement le cheval s'approche de $5.400\, p$.

On peut donc dire, comme la remarque en a été ingénieusement faite, que le cheval est une machine dont le rendement utile serait de 54 pour 100 environ au pas.

Au trot ordinaire, le rendement serait abaissé d'un tiers et réduit à 36 pour cent.

2° On peut régler la vitesse de la marche des chevaux quand leurs efforts varient, de façon à leur assurer une fatigue uniforme constante à tout moment : il suffit de faire $\left(\dfrac{E}{p} + K\right)$ constant. Or, si l'on représente par F la puissance journalière du cheval, et par T la durée du travail journalier, $\dfrac{F}{T}$ est la puissance disponible pendant l'unité de temps, la vitesse se réglera d'après la formule $\left(\dfrac{E}{p} + K\right) v = \dfrac{F}{T}$, d'où $v = \dfrac{F}{T\left(\dfrac{E}{p} + K\right)}$

3° Les règles indiquées ci-dessus et les valeurs numériques des coefficients dont il a été fait usage ne sont qu'assez gros-sièrement approximatives, à défaut d'expériences plus nom-breuses et plus complètes. Mais elles peuvent être admises dans les calculs que l'on est conduit à effectuer sur les efforts et la fatigue des chevaux, pourvu qu'on ne cherche pas à déduire de ces calculs des résultats d'une précision que le sujet ne comporte pas.

§ 4.

COURBES

44. Inconvénients des courbes. —. Quand le tracé d'une route est en courbe, la circulation des voitures éprouve une gêne, qui augmente dans une certaine mesure la résistance qu'elles opposent à la traction des chevaux. Les inconvénients qui en résultent, à ce point de vue, peuvent se résumer ainsi :

1° Pour maintenir le mouvement de la voiture en courbe, le cheval est obligé d'exercer à chaque instant un mouvement transversal, comme s'il cherchait à la faire tourner.

2° S'il y a plusieurs files de chevaux, ils ne tirent pas tous dans la même direction. Ils tendent instinctivement à se main-tenir vers le milieu de la chaussée, et le conducteur les y guide autant que possible; ils se disposent donc suivant les cordes successives de la courbe. Dans cette disposition, chacun d'eux est tiré vers le centre par la résistance des autres et ne réagit qu'en usant une partie de sa force en efforts transversaux per-dus pour la traction.

3° Lorsque les jantes des roues sont larges, leurs différents points décrivent nécessairement des circonférences égales, mais ces circonférences roulent sur la chaussée suivant des rayons différents en y parcourant des espaces inégaux. Il en résulte des glissements donnant lieu à des frottements.

4° Les croisements des voitures à plusieurs files de chevaux sont plus difficiles dans les courbes que dans les parties droites pour une même largeur de chaussée, parce qu'en réalité les chevaux ne se disposent pas exactement suivant des courbes parallèles à l'axe : le cheval de tête, n'éprouvant qu'une résistance postérieure, a une tendance à s'écarter de l'axe, et il entraîne le reste de l'attelage. La file de chevaux prend ainsi une position oblique, et cette obliquité occupe un espace supplémentaire sur la largeur de la chaussée.

Il est évident que tous ces inconvénients sont d'autant plus marqués que la courbure est plus prononcée, c'est-à-dire que le rayon de la courbe est plus petit.

45. Effets de la force centrifuge. — Les courbes sont aussi, dans certains cas, la source de dangers dus à la force centrifuge qui se développe sur les voitures animées d'un mouvement rapide.

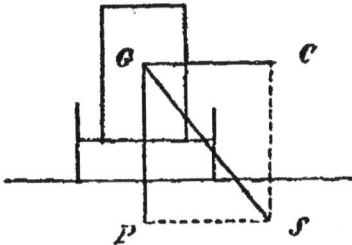

fig. 16.

La force centrifuge C (fig. 16) s'exerce suivant le rayon, transversalement à la marche de la voiture. Elle est appliqué à son centre de gravité G, et se compose avec son poids P, donnant lieu à une résultante oblique S.

Si cette résultante tombe sur la chaussée en dehors de l'appui de la roue, la voiture est exposée à verser.

Si elle passe entre les roues, ce danger n'existe pas, mais la voiture est poussée transversalement par la force C. Le plus souvent, elle n'obéit pas à cette impulsion, parce que le frottement des roues sur la chaussée est suffisant pour empêcher le glissement. Mais si la chaussée est glissante, par ce qu'il y a du verglas ou qu'elle est formée de pavés polis ou boueux, la voiture est projetée transversalement ; les chevaux doivent la retenir, et, comme ils n'agissent que par une extrémité, la voiture conserve pendant tout le trajet de la courbe une position oblique par rapport à la traction. Il en résulte pour l'attelage une gêne et une fatigue.

Si les voitures sont à quatre roues, la partie postérieure, qui est en général la plus lourdement chargée et qui comprend le centre de gravité, tourne autour de la cheville ouvrière et tend à se placer transversalement. La voiture fringale, comme on dit vulgairement, et il en peut résulter des accidents, surtout dans les descentes.

Enfin, les personnes qui se trouvent dans les voitures éprouvent individuellement les effets de la force centrifuge, et il en résulte pour elles un sentiment de projection au dehors qui les gêne et les inquiète.

La force centrifuge ayant pour expression $\frac{mv^2}{R}$, son intensité est en raison inverse du rayon de la courbe.

46. Limite du rayon. — Il résulte de ces diverses considérations qu'il y a intérêt à faire les rayons des courbes aussi grands que possible.

Mais, d'un autre côté, le plus souvent l'axe est tracé en courbe pour éviter ou contourner des obstacles, des plis de terrain, par exemple, et, au point de vue de l'économie, il y aurait intérêt à faire les rayons petits.

Il y a donc là deux conditions contradictoires, auxquelles on satisfait le mieux possible.

On a été conduit, par suite, à se poser la question de savoir jusqu'à quelle limite il est prudent ou convenable d'abaisser le rayon des courbes.

La pratique seule peut renseigner à ce sujet. Elle a démontré que, pour les vitesses ordinaires des voitures rapides, que l'on peut évaluer à 12 kilomètres à l'heure en moyenne, un rayon de 30 mètres était suffisant. Pour des vitesses plus grandes, allant jusqu'à 15 ou 16 kilomètres, il faudrait avoir 50 mètres.

Il faut donc porter les rayons à 50 mètres au moins, et, en tout cas, ne jamais en admettre de moins de 30 mètres.

Dans quelques contrées très accidentées, où les terrassements coûtent cher, on descend quelquefois au-dessous de cette limite, et on admet des rayons de 25 et même de 20 mètres. Mais dans ces contrées les vitesses ne sont jamais bien grandes, par suite de la succession fréquente de rampes et de pentes qui s'y rencontrent.

Quand les rayons sont inférieurs aux minima qui viennent d'être indiqués, les voitures sont obligées de ralentir leur allure par prudence dans les courbes.

Quant aux croisements, il n'est guère possible d'analyser la manière dont ils se produisent dans les courbes, car on ignore comment se disposent en réalité les files de chevaux. L'expérience semble indiquer que les rencontres des voitures à cinq files de chevaux, sur des chaussées en courbe de 5 à 6 mètres de largeur, se font assez facilement avec des rayons de 30 mètres, quoiqu'en demandant une certaine attention de la part des conducteurs; mais qu'il est préférable, sous ce rapport encore, de n'avoir pas de rayons inférieurs à 50 mètres.

Au-dessus de cette limite de rayon, les courbes sont sans inconvénients, et la circulation s'y fait aussi facilement que sur les parties rectilignes.

§ 5

DÉCLIVITÉ DES PENTES ET DES RAMPES.

17. Résistance à la traction en palier. — Dans les parties en palier, le moteur doit vaincre, pour maintenir la voiture en équilibre, une résistance égale au frottement de roulement des roues sur la chaussée. Ce frottement est proportionnel à la pression des roues, c'est-à-dire au poids brut P de la voiture. Il peut se représenter par f P. Le coefficient f varie avec diverses causes, telles que le diamètre des roues et l'état de la chaussée. Mais pour une même voiture et une même chaussée il reste constant, et n'est influencé que très faiblement par des causes secondaires peu importantes, comme le rayon des courbes. Avec l'état actuel des chaussées et le matériel en usage, il s'éloigne peu de 0,03 sur les empierrements, et de 0,02 sur les pavages. Dans les applications, on adopte le plus souvent $f = 0,03$, les chaussées empierrées étant de beaucoup les plus répandues.

48. Influence de la déclivité sur la traction. — Dans les parties où il y a pente ou rampe, la traction se trouve modifiée. La voiture étant sur un plan incliné, son poids P (fig. 17) peut se décomposer en deux forces, l'une N normale et l'autre F parallèle à la surface de la route. Si α représente l'angle du plan incliné avec l'horizon, on a $N = P \cos \alpha$ et $F = P \sin \alpha$. Le frottement de roulement se trouve réduit à

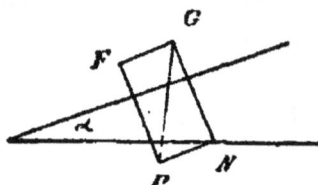

Fig. 17.

$fN = fP \cos \alpha$. Mais la force F vient s'ajouter à fN si la voiture monte, ou s'en retrancher si elle descend. La résistance R à la traction, à laquelle l'effort E du cheval doit faire équilibre, a donc pour expression $R = fN \pm F = P (f \cos \alpha \pm \sin \alpha)$.

L'angle α est toujours très petit ; il ne dépasse pas habituellement 3° et atteint rarement 5° à 6°. On peut, sans erreur sensible, supposer $\cos \alpha = 1$, et remplacer $\sin \alpha$ par $\mathrm{tg}\alpha$. Appelant h la valeur de $\mathrm{tg}\alpha$, qui est précisément la pente du profil en long, on a donc $R = P (f \pm h)$.

Le double signe $\pm$ peut être supprimé et remplacé par $+$, s'il reste convenu que la lettre h porte son signe, positif dans les montées et négatif dans les descentes ; on écrira simplement $R = P (f + h)$.

49. Cas de la descente. — Dans les descentes, R diminue à mesure que h est plus grand en valeur absolue, et devient nul pour $h = -f$. Le cheval n'a alors aucun effort à faire, et il marche comme s'il était libre.

Si la déclivité est encore plus forte, en sorte que $-h$ soit $> f$, la force R devient négative. L'effort du cheval change de sens : au lieu de tirer la voiture, il la retient sur la pente.

Ce mode d'action, qui n'est autre qu'un recul, le fatigue au moins autant que la traction directe, et le gêne beaucoup, car il n'y est pas habitué, et il n'est pas conformé naturellement ni harnaché le mieux possible pour ce genre d'effort. Aussi ne peut-il le supporter que dans d'assez étroites limites. Si la poussée devient trop forte, il est entraîné avec la voiture par une force accélératrice constante, qui est la différence entre la poussée de la voiture et l'effort maximum de recul du cheval. La vitesse s'accélère indéfiniment, et il peut arriver des accidents si les descentes sont un peu longues.

50. Frein. — Ordinairement, on munit les voitures de freins. Ce sont des appareils que l'on presse contre les bandes des roues, et qui ralentissent par leur frottement le mouvement de rotation des roues, et par suite la vitesse de marche de la voiture.

Les roues tournent, parce qu'il s'exerce à leur pourtour, en leur point de contact sur la chaussée, un frottement qui, dans la vitesse uniforme, est égal à la force de tirage transmise par l'essieu. Le frein produit un frottement en sens contraire, qui est plus ou moins énergique suivant le frein est plus ou moins serré. Le serrage peut être suffisant pour atteindre ou dépasse la limite du frottement que la chaussée est susceptible d'exercer sur la roue. La roue cesse alors de tourner ; elle est, comme l'on dit, calée ou enrayée, et la voiture ne peut plus progresser qu'en glissant sur la chaussée.

Sur une pente, le tirage est égal à la composante de la pesanteur, diminuée de l'effort que fait le cheval pour retenir. La vitesse ne peut rester uniforme, quand la roue est pressée par le frein, que si le tirage augmente d'une quantité correspondante à la nouvelle pression. L'effort de recul du cheval doit donc diminuer, et diminue d'autant plus que le frein est plus serré. Il peut même arriver que le serrage soit assez énergique pour qu'il faille ajouter à la composante de la pesanteur, et que le cheval ait à tirer au lieu de retenir.

Mais on peut régler le serrage de telle façon que le cheval n'ait ni à tirer ni à retenir, et qu'il avance librement comme s'il n'avait aucune charge derrière lui.

On substitue quelquefois au frein un sabot en fer, qui s'emboîte sous la roue et est relié à la voiture par une chaîne. La roue est alors enrayée, et le frottement de roulement est immédiatement transformé en frottement de glissement. Cet appareil n'est plus guère employé : il ne peut se régler comme le frein, et le plus souvent il agit ou trop faiblement ou trop énergiquement. On ne s'en sert plus que sur certaines pentes très rapides, où le frein serait insuffisant à moins d'être tellement serré que ses organes seraient exposés à se briser.

51. Effet du poids du cheval. — Le poids propre du cheval donne lieu également à une composante parallèle à la route. Cette composante est égale à ph pour un cheval de poids p. Elle s'ajoute à celle qui est due au poids de la voiture et agit dans le même sens. En sorte qu'en réalité la force à laquelle l'effort du cheval doit faire équilibre est $R = Pf + (P + p) h$.

Cette force est nulle lorsque — h atteint la limite $i = \dfrac{Pf}{P + p}$. Le cheval circule alors comme s'il était libre sur un palier, et n'a d'autre fatigue que celle qui résulte de son mouvement de progression. Sur les pentes d'inclinaison supérieure, il aurait à retenir ; mais on peut faire usage du frein de façon à annuler tout effort, même celui qui correspond à son propre poids.

52. Travail de la résistance à la traction. — Sur une rampe de longueur l et d'inclinaison h, le travail mécanique de la résistance R est $Rl = Pfl + (P + p) hl$.

Sur une succession de rampes de longueurs l, l', l''... et d'inclinaisons h, h', h''...., le travail total T des résistances à la traction est :

$$T = Pf (l + l' + l'' + ...) + (P + p) (hl + h'l' + h''l'' + ...)$$

Or la première parenthèse est la longueur totale L de la partie de route considérée, et la seconde est la différence de niveau N entre les points extrêmes. Donc $T = PfL + (P + p) N$.

53. Fatigue correspondante du cheval. — Pour faire

équilibre à cette résistance, c'est-à-dire pour maintenir la marche de la voiture, le cheval fait des efforts et se fatigue. La fatigue est égale au travail mécanique de ces efforts. Sur une rampe de longueur l et de déclivité h, sa fatigue est donc $Pfl+(P+p)\,hl$. Mais il se fatigue en outre par les mouvements nécessaires à son allure (n° 40), et cette fatigue passive peut être représentée par Kpl, quelle que soit la déclivité. Donc, la fatigue totale φ s'exprime par la formule $\varphi = Kpl+[Pfl+(P+p)\,hl]$.

Mais il faut remarquer que, dans cette formule, le terme entre crochets doit toujours être pris positivement, lors même que la résistance est négative. Car l'attelage doit alors retenir, ce qui le fatigue autant que de traîner, sinon davantage.

Sur un ensemble de longueur L où les pentes varient d'inclinaison et de sens, la fatigue totale devient $F = KpL + \Sigma\,[Pfl+(P+p)\,hl]$ chacun des termes placés sous le signe Σ étant pris en valeur absolue.

Lorsque les pentes que la voiture descend restent au-dessous de la limite $i = \dfrac{Pf}{P+p}$, tous les termes sous le signe Σ sont positifs, et alors $\Sigma\,hl$ est égal à la différence du niveau N des points extrêmes. La fatigue peut donc se mettre sous la forme
$$F = (Kp + fP)\,L + (P+p)\,N.$$

Mais, s'il y a des pentes plus raides, cette simplification n'est pas possible.

Lorsque la voiture est armée d'un frein, le frein peut être serré à la descente de façon à annuler la poussée du véhicule, et même la composante due au poids de l'attelage. La voiture circule alors dans les mêmes conditions que si elle était sur une pente d'inclinaison i. Le terme entre crochets se trouve en effet annulé, comme cela aurait lieu si on avait $Pf+(P+p)h = o$ ou $h = -i$. La formule ci-dessus peut donc être conservée dans tous les cas, s'il est convenu que, partout où la pente dépasse la limite i, on substitue cette limite à la pente réelle. Il en résulte un profil en long fictif, où la différence réelle de niveau N est remplacée par une hauteur fictive H, et la fatigue a pour expression :
$$F = (Kp + fP)\,L + (P+p)\,H.$$

Fatigue par unité de poids transporté. — Si l'on divise tous les termes de cette formule par le poids P, on a la fatigue totale dépensée, pour transporter, d'un bout à l'autre de la route, l'unité de poids brut. Représentant par Q le rapport $\frac{F}{P}$, et par C le rapport $\frac{P}{p}$, chargement spécifique ou charge traînée par chaque unité de poids de l'attelage, on a enfin :

$$Q = \left(\frac{K}{C} + f\right) L + \left(1 + \frac{1}{C}\right) H.$$

54. Limite du chargement. — Le chargement P que l'on peut imposer à des chevaux de poids p n'est pas illimité. Il doit être réglé de façon à ne pas leur imposer des efforts de traction qui pourraient les épuiser.

Si l'on veut leur conserver leur puissance, de façon que, chaque jour, ils puissent faire le même travail, on ne doit pas les astreindre, longtemps du moins, à des efforts dépassant beaucoup la moyenne habituelle. Il faut les éviter ou, si on y a recours, les exiger d'autant moins longs qu'ils sont plus énergiques. Or, si on représente par Mp l'effort le plus grand qu'il convienne d'imposer au cheval de poids p sur une rampe d'inclinaison h, on a M$p = f$P $+ (P + p) h$ d'où l'on tire $\frac{P}{p} = \frac{M - h}{f + h}$. La valeur de C ne doit pas dépasser ce nombre. On ne peut donc faire traîner à un attelage une charge supérieure à celle qui résulte de cette expression, après qu'on y a substitué à M la plus petite des valeurs compatibles avec les conditions du tracé de la route.

Limite de l'effort du cheval. — Les efforts qui dépassent la moyenne habituelle ne doivent pas être maintenus pendant de longs parcours. Les coups de collier, par exemple, ne peuvent être exigés que pour des côtes courtes. Le cheval est obligé alors de faire appel à des actions musculaires qui augmentent sa fatigue passive et laissent une moindre force disponible pour la traction. Aussi paraît-il rationnel de subordonner l'intensité de l'effort maximum à sa durée. M est donc une fonction de la

durée de l'ascension des rampes et, par suite, de leur longueur.

Cette fonction n'est pas connue. On possède seulement quelques données expérimentales, d'où il résulte qu'on ne doit
pas compter sur un effort supérieur au tiers du poids du cheval, même sur un très faible parcours. Donc, pour $l = o$, on
peut faire $M = \frac{1}{3}$. D'autre part, on a vu (n° 39) qu'un cheval,
marchant constamment à la vitesse normale de $0^m,90$ par seconde, exerce un effort égal au sixième de son poids. Donc
on fera $M = \frac{1}{6}$ sur les rampes assez longues pour être considérées comme continues, c'est-à-dire dont le parcours exige
une forte fraction de la journée. Ainsi M varie entre $1/3$ et $1 6$.

Les valeurs intermédiaires obéissent à une loi que l'on est
obligé de fixer arbitrairement. M. L. Durand-Claye a proposé
pour cette loi la formule empirique $M = \frac{1 - m \setminus \overline{l}}{3}$. Si la longueur l est exprimée en kilomètres, il a proposé de faire $m =
0, 15$, en se basant sur la moyenne du peu d'observation que
l'on possède à ce sujet [1].

La charge spécifique C que l'on impose à un attelage qui
parcourt une route ne doit donc dépasser aucune des valeurs
que prend, sur les rampes successives de la route, l'expres-
sion $\frac{M - h}{l + h}$, que l'on peut mettre sous la forme $\frac{Ml - N}{fl + N}$ en appelant N la montée totale de la rampe et l sa longueur [2].

Lorsqu'il y a plusieurs rampes consécutives ou séparées par
de courtes contrepentes, la longueur l et la hauteur N doivent
s'entendre de l'ensemble de ces rampes et contrepentes ; ou
plutôt il faut faire le calcul d'abord pour chacune des rampes
isolément, et ensuite pour le tout et les parties successives de
l'ensemble.

Remarque. — Sur un palier indéfini, $h = o$ et $M = 1 6$, en

(1) Devilliers. *Annales des Ponts et chaussées*, 1838. 2ᵉ semestre.

(2) On trouvera, à la fin du chapitre IV, une table qui donne toutes calculées les valeurs de M correspondant aux valeurs successives de *l*.

I

sorte que $C = \dfrac{1}{6f}$. Si on suppose $f = 0,03$, on trouve $C = 5,555$.

55. Chevaux de renfort. — Quand une route présente une rampe exceptionnelle, on est conduit à adopter un très faible chargement afin de pouvoir la gravir sans dépasser la limite d'effort M qui lui convient. Mais alors, sur le reste du parcours, où ne se trouvent que des déclivités beaucoup plus faibles, la force de l'attelage n'est pas bien utilisée. On évite ces inconvénients en réglant la charge d'après le profil du reste de la route, abstraction faite de la rampe exceptionnelle. Puis, quand on aborde celle-ci, on ajoute à l'attelage un ou plusieurs chevaux supplémentaires, que l'on appelle chevaux de renfort.

L'usage des chevaux de renfort n'est admissible que sur des routes très fréquentées. Il s'organise alors, au pied des rampes, des services de relais qui louent des chevaux de renfort aux voitures successives et peuvent tirer profit de cette industrie. Si la route n'est pas assez fréquentée, les chevaux de renfort sont en même temps employés aux travaux des champs; quand une voiture se présente, le cheval n'est pas toujours disponible, il faut l'attendre et il y a une grande perte de temps.

La force supplémentaire introduite dans l'attelage par un cheval de renfort est rarement la mieux appropriée à l'intensité de la rampe à monter. Elle est quelquefois insuffisante, souvent exagérée. Dans le premier cas, on n'atteint qu'imparfaitement le but, et dans le second on paie une force qui n'est pas utilisée.

Enfin la location de cette force est toujours plus chère que celle d'un attelage régulier.

Il faut donc éviter dans les tracés d'introduire des rampes exceptionnelles pouvant motiver l'usage des chevaux de renfort.

56. Application aux tracés. — La formule $Q = \left(\dfrac{K}{C} + I\right)L$ $+ \left(1 + \dfrac{1}{C}\right) H$ permet de déduire immédiatement les règles générales les plus importantes des tracés, car on doit satisfaire aux conditions qui rendent Q le plus petit possible.

La première règle, déjà connue, c'est qu'il y a intérêt à rapprocher le plus possible les tracés de la ligne droite, puisque le premier terme est proportionnel à la longueur L.

La seconde règle, également prévue, c'est qu'il faut diminuer les déclivités des rampes, autant qu'on le peut. En effet, on a vu que le chargement spécifique est déterminé par la plus petite des valeurs que prend l'expression $\dfrac{M - h}{f + h}$ sur chaque rampe. Quel que soit la règle suivant laquelle on détermine M, cette expression est d'autant moindre que h est plus grand. Or diminuer C, c'est augmenter $\dfrac{1}{C}$, et, par suite, le terme $\dfrac{1}{C}$ (KL + H) que l'on peut mettre en évidence dans l'expression de Q, terme qui est toujours positif, même lorsque H est négatif, car il est toujours au moins égal à $\dfrac{L}{C}$ (K — i).

Une troisième règle, c'est qu'il faut éviter d'introduire dans un tracé une rampe de déclivité exceptionnelle, sur laquelle h serait beaucoup plus grand que dans le reste du tracé. Car cette rampe limiterait la valeur du chargement C, ou exigerait l'usage des chevaux de renfort.

La quatrième règle, c'est qu'on ne doit pas monter pour redescendre, ou inversement, à moins que les pentes n'aient une inclinaison inférieure à la limite $i = \dfrac{fP}{P + p} = \dfrac{fC}{1 + C}$. Si l'on reste dans cette limite, en effet, la valeur de H et par suite celle de Q restent les mêmes, quelles que soient les variations de la déclivité : le soulagement du cheval dans les descentes compense la fatigue des montées. Mais, si les pentes dépassent la limite i, il y a fatigue en tirant pour monter et fatigue en retenant pour descendre. L'usage du frein atténue cette augmentation de fatigue, mais ne la supprime pas. Car pour calculer la hauteur fictive on substitue la déclivité i à toute déclivité plus grande dans les descentes, et on diminue la valeur des termes négatifs dans la somme que représente H.

En pratique d'ailleurs, le frein n'annule jamais exactement l'effort de l'attelage. Il exige une traction s'il est trop serré, ou une action de recul s'il ne l'est pas assez. La réduction de travail qui lui est due n'est donc pas même aussi grande que l'indique la formule.

57. Limites des pentes. — Ces diverses règles sont le plus souvent contradictoires entre elles ou avec celle qui prescrit l'économie. La déclivité est d'autant plus grande que la différence de niveau se rachète par une pente plus courte. D'autre part, on ne peut guère éviter dans bien des cas de monter pour redescendre, sans allonger de beaucoup le parcours ou sans faire de grands travaux. On a donc été conduit à se demander à quelle limite de déclivité doivent s'arrêter les pentes.

Au point de vue de la sécurité, elles devraient être telles que les voitures pussent se passer de frein à la descente, car les freins n'existent pas toujours et ceux qui existent peuvent se rompre. Leur usage est d'ailleurs une source de détérioration pour les voitures, dont les bandages s'usent promptement ainsi que les freins eux-mêmes, et pour les chaussées, lorsque le frein est serré jusqu'à l'enrayage ou remplacé par le sabot. Il serait donc à souhaiter que, dans les descentes, les chevaux n'eussent pas à retenir au delà de ce que leur permet leur faculté de recul. Or cette faculté est très restreinte, surtout si on envisage les voitures à plusieurs files de chevaux, où la première file seule, attelée aux brancards, a la possibilité de retenir. Le mieux serait donc de ne pas dépasser la limite i où la poussée est nulle, ou tout au plus une pente égale à f, où l'attelage descend comme s'il était libre, et n'est poussé que par son propre poids p.

Dans l'état actuel de nos chaussées $f = 0,03$ et $i = 0,0025$ environ. Ce sont là, en effet, les limites de pente où l'on cherche à se maintenir.

On voit que la limite de pente devient plus faible à mesure que les chaussées sont mieux entretenues, puisqu'elle est égale au coefficient f de résistance au roulement. Certaines pentes qui maintenant paraissent exagérées étaient justifiées lors de leur établissement.

Mais il n'est pas toujours possible de rester dans ces limites quand le sol est accidenté, sans allongements énormes ou dépenses excessives. Dans ce cas, les pentes vont jusqu'à une autre limite, choisie en rapport avec celle des bonnes routes existant dans la même contrée. Elles doivent plutôt rester un peu en dessous, et surtout ne jamais la dépasser ; car alors la route nouvelle représenterait une rampe isolée exceptionnelle, dont les inconvénients ont été signalés.

Cette limite ne doit pas aller au delà de 2 f ou 0,06. Sur une telle pente, les voitures à un cheval descendent avec sécurité, même quand le frein fait défaut, si elles sont conduites prudemment, la poussée qu'elles produisent étant précisément égale à f. Le cheval a donc à exercer un effort de recul égal à l'effort de traction qu'il fait sur un terrain en palier ; on peut admettre qu'il y résiste efficacement.

La même sécurité n'existe pas pour les voitures à plusieurs files de chevaux ; sur des pentes de 0,06 elles ne peuvent se passer de frein.

La déclivité des pentes est limitée aussi par l'intérêt des voitures au trot. Dans les descentes, ce genre de voiture a généralement peu à craindre : elles sont construites avec soin et bien entretenues, et le frein y fonctionne bien ; si quelques-unes sont dépourvues de frein, ce sont des voitures bourgeoises légères, dont l'attelage dispose d'une puissance relativement considérable. Mais à la montée, il importerait beaucoup qu'elles pussent conserver leur allure. Or, l'expérience indique que si le trot peut être encore possible pendant quelque temps sur une rampe de 0,03 pour les voitures très légères, il n'est réellement assuré d'une façon continue que si la déclivité ne s'élève pas au delà de 0,020 ou 0,025 au plus. Cette considération conduit donc à la même limite que la précédente.

Il est à remarquer que, aussitôt que l'allure change et passe du trot au pas, le cheval peut exercer un effort plus considérable, parce que sa vitesse diminue brusquement et que la portion de sa force employée à maintenir l'allure du trot devient disponible. Il pourrait donc aborder facilement, au moment où il se met au pas, des rampes plus raides que celles où il trotte péniblement. Pour les voitures au trot, il serait donc préférable de substituer à une pente moyenne continue, si elle dépasse 0,02 environ, une série de pentes plus inclinées, séparées par des paliers ou des pentes faibles.

Pentes brisées. — Lorsque les rampes sont très longues, de plusieurs kilomètres par exemple, au lieu de les faire continues, il est préférable de les briser, c'est-à-dire de les composer de plusieurs sections ayant des déclivités différentes, et même d'y introduire quelques paliers, sauf à augmenter légèrement l'inclinaison des autres parties. On a observé que les chevaux se fatiguaient moins ; car leurs muscles ne restent pas aussi longtemps tendus de la même façon, et prennent successivement un repos relatif.

Par le même motif, il n'y a pas intérêt à faire de longs paliers. Une succession de pentes et de rampes, dont la déclivité ne reste pas au-dessous de quelques millièmes, est préférable.

En outre, l'écoulement des eaux est alors assuré par des fossés parallèles à la chaussée, dont la construction et l'entretien sont plus faciles que si leur profondeur est variable.

58. Résumé. — En résumé, les règles auxquelles il faut s'attacher, tout en observant l'économie la plus stricte, c'est-à-dire en ne faisant inutilement ni grands ouvrages d'art, ni grands travaux de terrassements, sont les suivantes :

1° Chercher le tracé le plus court ;

2° Réduire la déclivité des pentes autant que possible ;

3° Ne pas adopter des pentes dont la déclivité dépasserait 0,025, ou au plus 0,03 si c'est possible ;

4° Si cette limite n'est pas admissible, n'en pas adopter de supérieures à 0,06 ;

5° En tout cas, fixer aux pentes une limite à peine aussi élevée que sur les bonnes routes existantes de la contrée ;

6° Éviter avec grand soin une rampe isolée de déclivité exceptionnelle ;

7° Briser les pentes qui ont une grande longueur ;

8° Éviter de monter pour redescendre, ou inversement, et, si on y est contraint, le faire à la moindre hauteur possible ;

9° Adopter, dans les parties en courbe, des rayons de 50 mètres et au delà, sauf dans les terrains difficiles, où les rayons peuvent descendre à 30 mètres, et même très exceptionnellement à 20 ou 25 mètres.

CHAPITRE IV

ÉTUDE DES TRACÉS

——

§ 1er.

ÉTUDE EN PAYS PLAT.

59. Préliminaires. — L'étude des tracés a pour objet de chercher et de déterminer, parmi toutes les directions possibles, celle qui satisfait le mieux à toutes les conditions indiquées ci-dessus, le plus souvent contradictoires entre elles.

Les points principaux d'un tracé de quelque importance sont fixés par les considérations générales d'ordre politique.

économique ou technique. L'ingénieur n'a donc à s'occuper que de raccorder deux points désignés à l'avance par le tracé le plus conforme aux règles de l'art et le plus favorable à la circulation.

Cette étude est plus ou moins compliquée, suivant les accidents du terrain. On distingue ordinairement les études de tracés en pays plat et celles en pays de montagne.

Un pays plat est une contrée où la pente moyenne du sol, dans la direction générale du tracé, ne dépasse pas la limite de 0,03 environ dans son ensemble.

Le tracé le plus simple et le plus rationnel en ce cas est la ligne droite.

Mais la ligne droite n'est pas souvent possible sur un long parcours. Il est rare qu'il ne se présente pas quelques ondulations ou plis de terrain, qu'on ne peut franchir que par des rampes et des pentes excessives ou au moyen de terrassements importants. D'autre part, la ligne droite peut tomber sur des obstacles qu'il convient d'éviter, par exemple sur un étang, sur un terrain marécageux où la route serait mal assise, sur une maison d'habitation ou un parc d'agrément dont la destruction serait vexatoire et donnerait lieu à d'onéreuses indemnités.

Pour se détourner de ces obstacles, on remplace la ligne droite par une ligne brisée, dont les différents éléments sont raccordés par des courbes.

Quelquefois même, on s'écarte de la ligne directe dans un but d'utilité afin de mieux desservir des localités importantes.

Il ne faut pas craindre de s'éloigner notablement de la ligne droite. Un arc de courbe AMB (fig. 18) n'est pas beaucoup plus

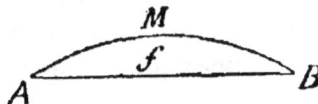

fig. 18.

long que la corde AB, même quand la flèche est considérable. Par exemple, si les points A et B sont réunis par un arc de cercle dont la flèche est le dixième de la corde, l'allongement est de 2,64 pour 100 seulement.

Mais ce qui allonge les tracés, ce sont les changements brusques de direction. Ainsi la ligne brisée ANPMQRB (fig. 19) est plus longue que l'arc AMB et la longueur de ce tracé en dents de scie est d'ailleurs d'autant plus grande que les angles sont plus aigus.

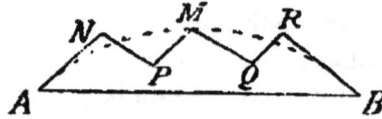

Fig. 19.

Il ne faut donc pas tant éviter de s'éloigner de la ligne droite que de changer de direction sous des angles aigus.

60. Reconnaissance des lieux. — La marche de l'étude est simple, quand on est en pays plat.

On cherche d'abord à prendre une connaissance exacte des lieux qui séparent les deux points extrêmes.

Cette connaissance s'obtient au moyen d'une carte, quand on en possède une à échelle assez grande, et où le détail des objets qui garnissent le sol est figuré ainsi que les principales ondulations du terrain. Les cartes du Dépôt de la guerre sont en général excellentes pour cette première recherche.

A défaut de carte, on fait une reconnaissance directe des lieux en les parcourant. Il existe presque toujours des chemins ruraux que l'on peut suivre, et dont, au besoin, on lève un plan sommaire. On rapporte à ce plan les obstacles à noter, et on fait un nivellement rapide des principales ondulations du sol.

Lors même qu'on a pu consulter une carte, il est toujours nécessaire de faire cette reconnaissance sur place. Il peut se trouver certains détails que l'on a mal interprétés, et, si la carte est ancienne, l'état des lieux peut avoir changé dans certaines parties.

On arrête alors la direction générale du tracé. Partout où cette direction change, on place un piquet sur le terrain. L'ensemble des lignes qui réunissent ces points forme une ligne brisée, qui constitue un tracé provisoire, à la rigueur acceptable, sauf à raccorder les éléments de cette ligne par des courbes. On figure la position de ces piquets sur la carte; mais, comme le plus souvent les cartes sont à trop petite échelle, on reproduit au bureau la ligne brisée sur une feuille de dessin qui sert de plan d'étude, après avoir mesuré sur le terrain les longueurs des côtés et les angles qu'ils font entre eux.

Cette ligne brisée s'appelle la *base d'opérations* : c'est sur elle que s'appuient les recherches qui conduisent au tracé définitif.

61. Étude du tracé définitif. — Pour y arriver, on commence par se procurer un état détaillé des lieux, et surtout des ondulations du sol tant dans la direction de la base qu'à sa droite et à sa gauche.

A cet effet en relève d'abord le profil en long. Sur chacun des éléments AB de la base (fig. 20), on place des piquets intermédiaires a, b, c......, aux points où la pente du terrain naturel suivant la ligne

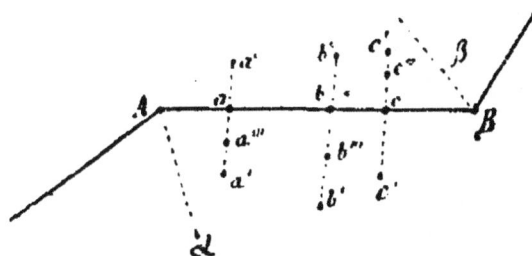

fig. 20.

AB change sensiblement de sens ou de valeur. On mesure les distances qui séparent ces points ; puis on fait le nivellement de tous les piquets, c'est-à-dire qu'on détermine leur hauteur relative au-dessus du niveau moyen des mers ou de tout autre plan de comparaison.

Pour obtenir les ondulations du sol dans l'espace où l'on suppose que le tracé est susceptible de se déplacer à droite et à gauche, on cherche également la hauteur, au-dessus du même plan de comparaison, des divers points remarquables de la surface du terrain, c'est-à-dire de ceux où la pente transversale à l'axe varie d'une manière sensible.

On peut choisir ces points sur des profils en travers, suivant des directions perpendiculaires à la base : $a'a''$, $b'b''$, $c'c''$, et suivant les bissectrices des angles aux sommets de la base $A\alpha$, $B\beta$. On mesure leurs distances et on en fait le nivellement.

D'autres fois, on ne s'assujettit pas à prendre les points à niveler sur des profils en travers, et on les choisit dans des positions quelconques, de façon à définir le mieux possible la surface du sol.

La suite de l'étude n'est pas la même suivant que l'on a déterminé le relief du sol par l'une ou l'autre méthode.

69. Étude au moyen de profils en travers. — Lorsqu'on a procédé par voie de profils en travers, on rapporte ces profils sur une feuille de dessin spéciale, et l'on dessine également le profil en long du tracé provisoire obtenu en raccordant les éléments de la base par des courbes.

Dans les parties restées rectilignes, le profil en long n'est autre que celui de la base elle-même. Mais dans les courbes l'axe du tracé s'éloigne de celui de la base. Il rencontre chaque profil en travers en un point M (fig. 21), compris entre les deux points A et B dont on a les cotes *a* et *b*. Il est facile de calculer la cote du point M, en rabattant le profil en travers sur le plan: A′ B′ est le rabattement de la ligne du sol projetée en

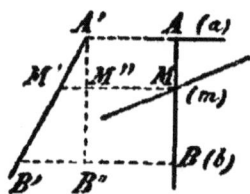

fig. 21.

AB, et cette ligne est droite par hypothèse si les points A et B ont été convenablement choisis. Donc le point M vient en M′, et en appelant *m* la cote de ce point, on a : $\dfrac{m - a}{b - a} = \dfrac{AM}{AB}$. Or AB est connu, et AM peut se mesurer sur le plan. On en déduit la cote *m*. Il suffit alors de mesurer sur la courbe les distances entre les différents points, tels que M, dont on a calculé les cotes, pour avoir tout les éléments du profil en long.

On examine ce profil en long et l'on voit si, en aucun point, il ne présente de pentes supérieures à la limite que l'on s'est assignée. Cela n'arrive presque jamais ; mais il peut suffire d'enlever un peu de terre sur certaines parties saillantes, ou d'en rapporter dans les endroits bas, pour ramener toutes les pentes à la limite fixée. Le tracé provisoire deviendrait alors définitif.

Si les pentes du profil en long provisoire sont trop fortes, et qu'elles ne puissent être diminuées que par des terrassements trop considérables, on change le tracé sur le plan d'étude, en dé-

plaçant quelques sommets d'angles et brisant quelques alignements droits, de façon à remonter les parties trop basses et
abaisser celles qui sont trop hautes. Puis on détermine, comme
il a été expliqué ci-dessus, le profil en long de ce nouveau
tracé, et on l'examine à son tour.

On modifie de nouveau ce second tracé, s'il ne paraît pas
encore satisfaisant, et, après quelques tâtonnements, on arrête
un tracé définitif.

Dernier perfectionnement d'un tracé. — Le tracé peut être
encore amélioré, au point de vue de la quantité des terrassements à effectuer, par une dernière étude.

Le tracé qui donnerait lieu au minimum de terrassements
serait évidemment celui où le profil en long du projet se confondrait avec celui du terrain naturel, et où la différence entre

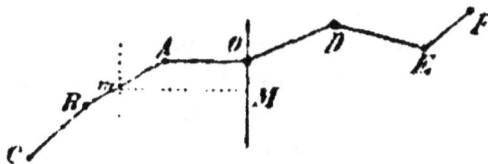

Fig. 22.

les cotes du projet et celles du terrain serait nulle partout.
Or, il est facile de marquer sur le plan les divers points par
où devrait passer un tel tracé avec les pentes adoptées. Soit
COF (fig. 22) un profil en travers, O le niveau du terrain naturel et M le niveau du projet sur l'axe. Si l'on mène l'horizontale Mm, et qu'on transporte l'axe au point m où elle coupe
le terrain, les deux profils en long se confondront. On re-

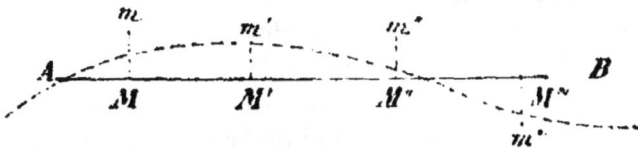

Fig. 23.

porte cette distance Mm sur le plan (fig. 23), et l'on fait de
même pour chacun des profils en travers ; on a ainsi la série
des points m, m', m'' m'''...., par où il eût été préférable de faire
passer le tracé. On essaie, avec un compas ou des règles cour-

bes, de dessiner une série d'arcs de cercles, de rayons au moins égaux à celui que l'on a adopté comme limite, qui passent par ces points, ou qui s'en éloignent moins que le tracé primitif, puis on mène à ces cercles des tangentes communes. On obtient ainsi un tracé différant très peu du précédent, ayant des pentes égales et même un peu adoucies, avec un allongement insignifiant, mais avec une économie souvent considérable de terrassements, surtout quand le sol est très incliné transversalement.

Cette recherche est très importante, et doit toujours être faite dans ce dernier cas.

On voit qu'on rapprochera d'autant plus facilement le tracé des points *m* que l'on adoptera des rayons plus petits. C'est ce qui explique que dans les contrées où les pentes transversales sont accentuées, on est conduit à employer de petits rayons, même quand le profil en long est peu accidenté, comme il arrive lorsqu'on suit dans les montagnes le versant d'une vallée.

Cas où les points relevés sont épars. — Lorsque les points relevés ne sont pas sur des profils en travers, mais sont épars sur le plan, la même marche ne pourrait être suivie que si on avait préalablement déterminé des pro-fils en travers. On y parviendrait facile-ment de la manière suivante : Soit XY (fig. 24) la base et M un point où l'on veut

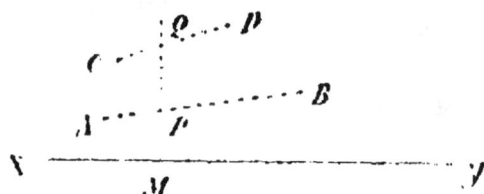

Fig. 24.

dresser un profil en travers. On élève la perpendiculaire MPQ, et on cherche les cotes des points P, Q,... où elle coupe les lignes AB, CD... qui joignent deux à deux les points nivelés. Ce calcul se fait comme il a été indiqué ci-dessus. Ainsi la cote p du point P s'obtient, lorsqu'on connaît les cotes a et b des points A et B, par la proportion $\dfrac{p-a}{b-a} = \dfrac{AP}{AB}$. Mesurant ensuite à l'échelle MP, MQ..., on a tous les éléments du profil en travers supposé en M.

Mais on préfère dresser un plan coté, et le transformer en un plan à courbes de niveau, sur lequel les études se font très facilement. Le plus souvent même, quand on a levé des profils en travers, on ne s'en sert que pour opérer cette transformation.

63. Étude à l'aide de courbes de niveau. — On appelle *courbe de niveau* une ligne, tracée sur le sol, qui réunit des points ayant tous la même altitude. Si l'on détermine une série de ces courbes, dont les altitudes varient en progression arithmétique, et qu'on les projette toutes sur le plan, en ayant soin d'inscrire à côté de chacune d'elles la cote qui lui appartient, on a une représentation exacte de la forme de la surface du terrain.

Non seulement un tel plan contient tous les renseignements nécessaires pour une étude, mais il montre immédiatement à simple vue l'intensité des ondulations du sol. En effet, la distance verticale entre deux courbes consécutives étant constante, elles se rapprochent d'autant plus sur le plan que la ligne de plus grande pente commune est plus inclinée, et inversement. Donc, dans les parties très déclives, les courbes se rapprochent et le plan se noircit ; et, dans les parties plus plates, les courbes s'éloignent et le plan est plus clair.

Il est facile de dresser un plan à courbes de niveau, lorsqu'on a les cotes d'une série de points choisis de façon qu'entre deux d'entre eux la pente reste uniforme, qu'ils soient épars ou sur des profils en travers. On commence par dresser un plan coté, c'est-à-dire un plan où chaque point soit marqué et sa cote inscrite à côté de lui. Soit

Fig. 25.

m (fig. 25), la cote d'une courbe de niveau, A et C deux points dont les cotes comprennent *m*, tels par exemple que l'on ait *a* > *m* et *c* < *m*. Il y a, sur cette droite, un point M ayant la cote *m*. Mais on sait que $\frac{a - m}{a - c} = \frac{AM}{AC}$, et de cette proportion on tire AM. On peut donc marquer le point M. De même, entre B et D, on trouve un second point M' de la même courbe, et ainsi de suite. En réunissant tous ces points par un trait continu, on trace la courbe cherchée, puis on y inscrit sa cote.

L'étude du tracé sur le plan ainsi préparé devient alors très facile. Il est inutile de dresser un profil en long du tracé provisoire : pour voir si, sur une certaine longueur, la pente moyenne ne dépasse pas la limite fixée, il suffit de faire la différence des cotes aux deux extrémités et de la diviser par la longueur. Un calcul analogue fait voir quelle serait l'importance des terrassements à effectuer pour ramener les pentes à la limite voulue. S'il est nécessaire de déplacer le tracé pour diminuer les pentes, on voit tout de suite les parties qui doivent être modifiées et dans quel sens. S'il y a des plis de terrain, le plan les indique et dit comment on peut les contourner. Les tâtonnements sont donc beaucoup plus rapides qu'à l'aide des profils en travers.

Une fois le tracé arrêté, le profil en long s'en dresse rapidement, car les ordonnées des points sont données d'avance : ce sont précisément celles des courbes de niveau coupées par le tracé. Quant aux abscisses, elles se prennent à l'échelle ; leurs différences sont les longueurs interceptées par les courbes consécutives.

Sur ce profil en long, on étudie celui du projet ; et enfin on perfectionne le tracé définitif, en le rapprochant de la ligne à fleur de sol, suivant la méthode exposée ci-dessus. Cette dernière partie du travail devient très simple. Au droit de chaque rencontre du tracé avec une courbe de niveau, on détermine sur le profil en long la cote du projet, par le calcul ou à l'échelle, et sur une perpendiculaire au tracé on marque la position du point du terrain qui a cette cote. Cette position se fixe avec une exactitude suffisante, lorsqu'elle tombe entre deux courbes, au moyen d'une interpolation faite par estime.

Toutes ces études se font clairement et rapidement. On a bien vite regagné le temps employé à la confection du plan.

§ 2

ÉTUDE EN PAYS DE MONTAGNE

64. Difficulté de cette étude. — Lorsque le terrain qui sépare les deux points extrêmes n'est pas plat, c'est-à-dire qu'il présente dans la direction générale du tracé des pentes moyennes notablement supérieures à 0,03, l'étude se complique et devient quelquefois très difficile. Les conditions auxquelles doit satisfaire tout tracé sont de plus en plus contradictoires à mesure que la configuration du sol est plus tourmentée, que les vallées se creusent, que les collines s'élèvent, que les montagnes apparaissent. Les dépenses deviennent excessives si l'on veut ne pas allonger beaucoup le parcours, et surtout éviter les alternances de pentes et de rampes.

65. Configuration générale théorique du globe. — Pour se guider dans ce cas, il est nécessaire de posséder une notion générale des formes qu'offre la superficie de la croûte du globe terrestre. Il n'est pas inutile de rappeler d'abord sommairement les principales lois qui s'y observent.

Sans tenir compte des profondeurs qui sont recouvertes par l'eau des mers, on remarque à la surface de nombreuses protubérances, séparées par des parties creuses nommées *vallées*. Les protubérances s'appellent *montagnes*, lorsqu'elles s'élèvent à plus de 5 ou 600 mètres au-dessus du sol qui les environne, *monticules* ou *collines* lorsque la hauteur est moindre. Ces expressions n'ont rien d'absolu, et ce qui passe pour montagne en Beauce serait à peine une colline dans les Alpes.

Les plus hautes montagnes du monde, telles que l'Himalaya, n'atteignent pas 1 700 du rayon terrestre. Celles de l'Europe n'en sont que le 1 1200ᵉ.

La terre paraîtrait absolument ronde pour un œil qui serait placé à 12.000 kilomètres de la surface du globe. On admet, en effet, que l'œil cesse de percevoir une dimension qu'il saisit sous un angle de 3 100 de degré. Si on le suppose placé sur la direction de la tangente OB (fig. 26) au cercle terrestre déterminé par le niveau moyen des mers, en un point où s'élève une cime dont la hauteur BD soit de 9.000 mètres; pour que BD soit vu de O sous un angle de 0°,03, il faut que OB = 17.000 kil. environ, auquel cas OA = 12.000 kilomètres, un peu moins du diamètre terrestre.

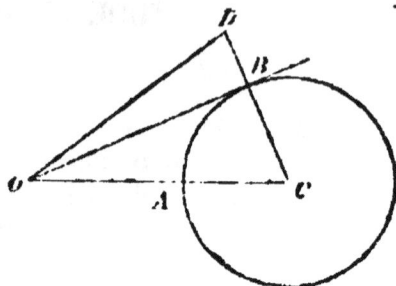

Fig. 26.

Pour les montagnes d'Europe, qui ne s'élèvent pas à plus de 5.000 mètres, OB se réduit à 9.500 et OA à 5.000 kilomètres.

Si on suppose que l'œil se rapproche davantage de façon à distinguer en gros les principales protubérances, sans en percevoir les détails, il les verrait se disposer généralement en alignements et former les *chaines de montagnes*. Les pics isolés sont des exceptions, et les montagnes dans leur ensemble se composent de longues arêtes à peu près horizontales, d'où descendent à droite et à gauche deux plans inclinés. L'arête A

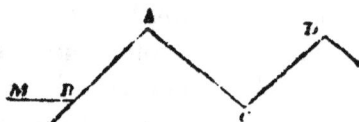

Fig. 27.

(fig. 27) est le *faîte* de la chaîne, et les plans inclinés **AB** et **AC** sont les *versants*. Ces versants se prolongent jusqu'à ce qu'ils rencontrent, soit la mer BM, soit le versant CD d'une autre chaîne.

L'espace ACD compris entre les deux chaînes constitue un *bassin*, dont AC et CD sont les deux versants, et dont l'arête C est le *thalweg*. Le bassin prend le nom du cours d'eau qui coule dans le thalweg.

Si l'œil se rapproche encore d'avantage, de façon à voir quelques détails des versants, il s'aperçoit que ce ne sont pas des plans, mais qu'ils sont sillonnés par des vallées qui se sont creusées dans une direction à peu près perpendiculaire à la direction générale de la chaîne. Ces vallées forment des bassins secondaires. Elles ont chacune leur thalweg et leurs deux versants, et sont séparées les unes des autres par des lignes de faîte qui se détachent du faîte principal.

Il est à remarquer que dans ce système de bassins sillonnant les versants de la chaîne, les faîtes ne sont pas horizontaux, mais participent de la pente du versant dont ils font partie. Il en est de même des thalwegs. Si donc on considère une coupe verticale faite perpendiculairement à une chaîne (fig. 28), et que l'on y marque la trace AC de la pente générale du versant,

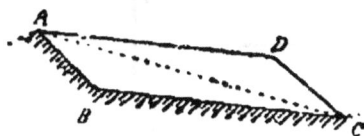

Fig. 28.

A appartenant au faîte et C au thalweg qui sépare cette chaîne de la voisine, les faîtes et thalwegs secondaires participent de l'inclinaison de AC. Mais ils ne sont pas parallèles à cette ligne, car alors ils se confondraient et il n'y aurait pas de vallée. En réalité, les lignes de faîte et de thalweg ont une pente un peu moindre que la pente moyenne du versant. Le faîte secondaire transversal se détache en A du faîte principal suivant une ligne AD moins inclinée que AC, jusqu'à un certain point à partir duquel il descend rapidement sur le thalweg principal par une pente telle que DC. Le thalweg secondaire, au contraire, rejoint le thalweg principal en C, en suivant une pente BC un peu moins rapide que la pente moyenne AC, et se détache en A du faîte principal avec une pente rapide AB.

Le faîte ADC sépare l'un de l'autre deux bassins secondaires; il est l'intersection de deux versants appartenant chacun à un de ces bassins. Il y a donc là une nouvelle chaîne qui se détache de la première à peu près perpendiculairement. Cette chaîne secondaire, dans la partie CD qui va mourir au thalweg principal en s'abaissant rapidement vers son extrémité, prend le nom de *contrefort*.

En plan, cette conception géométrique des bassins secondaires se représenterait comme l'indique la figure 29. Soit

AA' le faîte principal et CC' le thalweg principal. Les faîtes
secondaires sont représentés par les lignes parallèles AD, A'D',
qui se terminent par deux parties DC, D'C', en pente rapide.

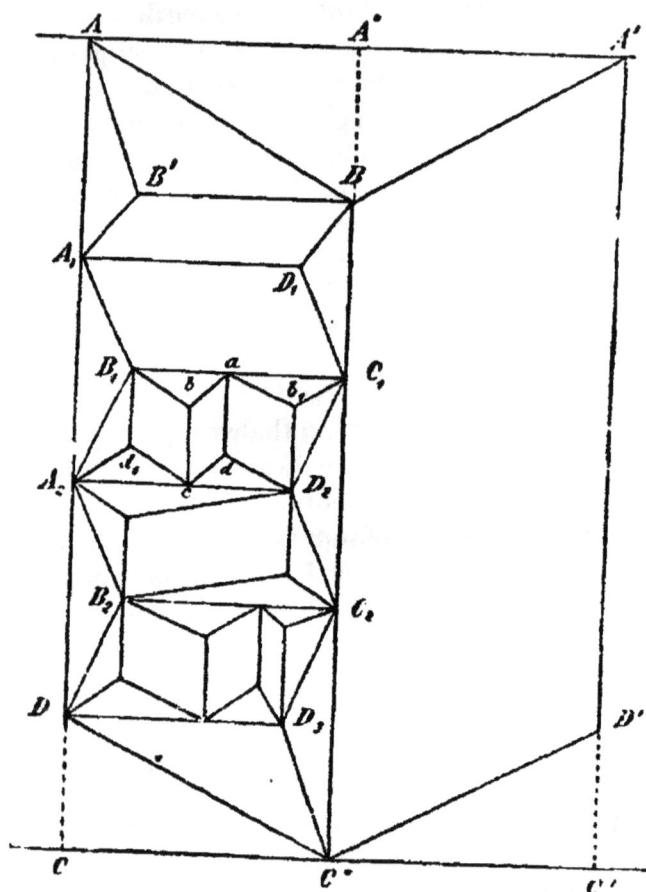

Fig. 29.

Le thalweg se détache en A'', suivant une pente rapide jus-
qu'en B, et continue ensuite parallèlement à AD jusqu'en C''.
Les versants sont représentés par les deux parallélogrammes
ADC''B et A'D'C''B.

Mais chacun de ces versants, examiné de plus près, est sil-
lonné à son tour par de nouvelles vallées qui y forment encore
des bassins secondaires $DD_1A_1D_1, A_1D_2A_2D_1$ etc..., séparés par
des contreforts, dont les thalwegs sont les lignes C_1B_2, C_1B_1,

BB'; les faites, les lignes A_1D_1, A_2D_2, DD_3; les versants, les parallélogrammes $DD_3C_2B_1, C_2B_2A_2D_2$, etc...

Ceux-ci, à leur tour, sont également ondulés, et donnent lieu à de nouveaux bassins secondaires tels que $bc\,D_2\,b_1$, avec leurs contreforts, leurs versants et leur thalweg, et ainsi de suite, jusqu'à ce qu'on arrive aux plus petits bassins où coulent de simples ruisseaux sans affluents.

Chacun de ces bassins successifs est considéré comme d'un ordre supérieur au précédent, ainsi que les faites et les thalwegs correspondants. Ainsi AA' étant un faite de premier ordre, AD et A'D' sont des faites de deuxième ordre, A_1D_1 et A_2D_2 sont des faites de troisième ordre, cb est un faite de quatrième ordre, et ainsi de suite. De même CC" étant le thalweg de premier ordre, BC" est un thalweg de deuxième ordre, B_1C_1 un thalweg de troisième ordre, ad un thalweg de quatrième ordre, etc.

Remarques. — Ces conceptions permettent de tirer immédiatement quelques conséquences relatives aux pentes des diverses parties d'une contrée.

On a déjà vu que, dans un même bassin, les pentes des thalwegs sont plus fortes vers l'origine et plus faibles vers leur confluent avec le thalweg d'ordre inférieur, et que le contraire se présente pour les faites. Vers le milieu du bassin, ces deux lignes sont sensiblement parallèles, et se rapprochent de la pente moyenne du versant auquel appartient le bassin, tout en restant un peu moins inclinées.

La pente des versants d'un bassin est plus accentuée que celle des faites qui le limitent. Ainsi le versant $A_1B_1C_1D_1$ a une pente plus forte que le faite AC; sans quoi, il n'y aurait pas de vallée en ce point.

Il résulte de là que les pentes générales des bassins vont en augmentant à mesure que leur ordre augmente. Voilà pourquoi la pente des cours d'eau devient de plus en plus marquée quand on remonte vers leur source. A l'état de torrents dans les montagnes, ils deviennent plus loin des rivières de plus en plus tranquilles, et enfin des fleuves à courant lent et calme.

66. Formes réelles. — En réalité, la nature n'offre pas

les formes polyédriques que suppose cette conception géométrique.

La coupe transversale d'un bassin ne présente pas de pointes aiguës, ni aux faîtes, ni au thalweg. Les formes sont

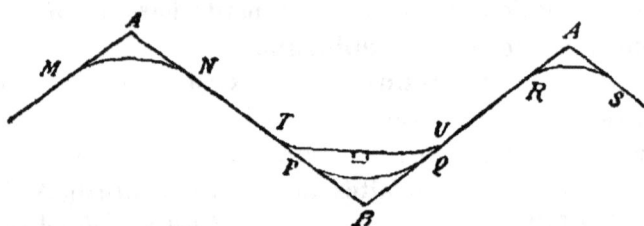

fig. 30.

arrondies (fig. 30), et les angles sont remplacés par des courbes MN, PQ, RS. Dans les vallées de quelque importance, où le cours de l'eau n'est pas torrentiel, le thalweg s'est remblayé par les dépôts qu'apportent les crues, et présente une largeur plus ou moins grande de surface à peu près horizontale TU. C'est le *fond* de la vallée.

Une coupe verticale faite suivant le thalweg d'un bassin secondaire présente l'aspect du croquis fig. 31, où sont figurés les pics et cols dont il est question au n° 67.

Fig. 31.

Les thalwegs et faîtes secondaires ne se détachent pas perpendiculairement du faîte principal, et prennent des directions plus ou moins obliques.

Les lignes de faîte ne sont pas des lignes droites et présentent des sinuosités en plan et en élévation.

67. Pics et cols. — Les ondulations des faîtes en élévation présentent un intérêt capital au point de vue de l'étude des tracés. Les points les plus élevées P (fig. 32) sont les sommets de cimes isolées, que l'on appelle *pics* ou *dents*. Les points les plus bas C sont des *cols*.

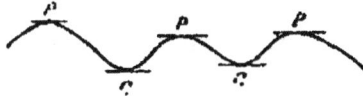

Fig. 32.

Les cols se trouvent presque toujours à l'origine des thalwegs secondaires ; ils sont dus à des corrosions ou autres causes de même nature que celles qui ont creusé les bassins. Les pics, au contraire, correspondent à la racine des faîtes secondaires.

Ces points sont remarquables en ce que le plan tangent au sol y est horizontal. En effet, puisqu'ils appartiennent à un faîte, le terrain s'abaisse de part et d'autre, dans le sens transversal à la direction du faîte ; et si on fait dans le sol une coupe verticale dans ce sens, elle a en C, aussi bien qu'en P, une tangente horizontale. Donc en chacun de ces points, il y a deux tangentes horizontales, et par suite le plan tangent y est hori-

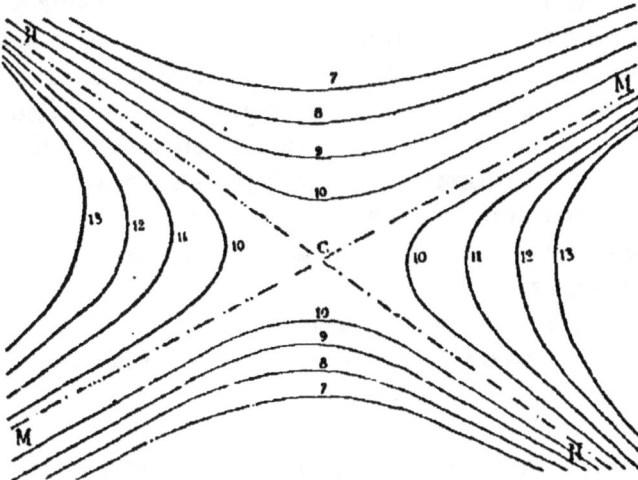

Fig. 33.

zontal lui-même. Mais, tandis que le plan tangent laisse entièrement le pic au-dessous de lui, il coupe le terrain de part et d'autre du col, suivant des lignes, théoriquement droites, MM NN (fig. 33) auxquelles les sections faites au dessus ou au dessous seraient asymptotes.

68. Étude des tracés. — L'étude d'un tracé dans un pays de montagne varie suivant les cas; ceux qui se présentent le plus souvent sont les suivants.

1er Cas. — *Les deux points obligés sont tous deux dans le fond d'une même vallée.* — Ce cas est exactement celui d'un pays plat, et l'étude s'y fait de la même façon. Elle est en général très facile, parce que la pente de la vallée varie peu ou ne varie que progressivement.

Si les deux points sont de part et d'autre du thalweg, il faut traverser le cours d'eau ; la seule question qui offre quelque difficulté, c'est de choisir le point où il sera franchi. On se guide soit par des considérations techniques, soit par des motifs d'intérêt général. Si le pont est important, on explore le cours d'eau, et on choisit le point où l'ouvrage peut s'établir le plus solidement et le plus économiquement, par exemple où le lit est le plus encaissé, pour diminuer les remblais aux abords, ou bien où le sous-sol résistant est à la moindre profondeur, afin de diminuer les travaux de fondation. D'autres fois, on considère que le pont, en mettant les deux rives en communication, peut satisfaire à d'autres besoins que ceux de la route dont il fait partie, en facilitant le passage d'une rive à l'autre pour les personnes et les produits qui suivent ensuite d'autres directions : on tient compte de ces circonstances, et on met le pont là où il peut rendre le plus de services. Ainsi, si l'un des points extrêmes est une ville importante, on le place de préférence près de cette ville.

Ces tracés sont souvent exposés aux inondations provenant de la crue du cours d'eau qui coule dans le thalweg. Quand la rivière déborde, elle envahit la route et la circulation est interrompue; puis, lorsque les eaux se retirent, il y a sur la chaussée du limon à enlever, et des dégâts plus ou moins graves à réparer. Il en résulte une gêne et même un danger pour la circulation et des frais d'entretien importants.

La route est à l'abri des inondations, si la chaussée est établie à un niveau supérieur à celui des plus hautes crues connues. Mais alors, il faut des terrassements considérables pour exécuter le remblai. On n'est d'ailleurs jamais certain d'être à l'abri des accidents : la plus haute crue connue peut être dépassée par une crue à venir. Or, quand les eaux surmontent une chaussée en remblai, elles se déversent d'un côté à l'autre, et s'écoulent sur le talus, en le ravinant d'autant plus profondément que la chute est plus haute, c'est-à-dire que le remblai est plus élevé.

Il faut peser ces chances d'accidents, d'une part, et les inconvénients des chaussées submersibles, d'autre part, pour prendre une décision, souvent délicate, au sujet du niveau où il convient d'établir la chaussée.

2ᵉ Cas. — *Les deux points obligés sont, l'un au fond de la vallée, l'autre sur un des versants du même bassin.* — La coupe verticale du sol suivant la direction qui réunit ces deux points est une ligne d'abord horizontale dans le fond de la vallée, qui s'élève ensuite sur le versant avec une pente moyenne, dont la déclivité se mesure par le rapport de sa hauteur totale à sa longueur.

Si cette pente est sensiblement égale à la limite que l'on s'est imposée, le tracé est tout indiqué, c'est la ligne directe.

Si cette pente est supérieure à la limite, on va du point situé dans la vallée au pied du versant par le plus court chemin, puis on gagne l'autre point au moyen de la pente limite. Mais le plus souvent on est obligé de faire des lacets dans cette partie du tracé, c'est-à-dire d'en allonger le parcours par des détours plus ou moins sinueux, que l'on place là où c'est le plus facile, uniquement dans le but d'obtenir un développement qui, multiplié par la pente limite, donne un produit égal à la hauteur qu'il s'agit de franchir.

Si enfin la pente moyenne suivant la ligne directe est inférieure à la limite, trois solutions se présentent.

La première consiste à conserver cette ligne directe avec sa pente moyenne. Elle a l'avantage de donner le tracé le plus court. Elle sera adoptée lorsque le versant présentera peu d'ondulations et de bassins secondaires, ou que ces bassins seront de peu d'importance. Mais, si ces bassins sont nombreux et accentués, ils se trouvent coupés, pour la plupart, vers le milieu de leur longueur. Or, si l'on se reporte à la forme qu'affecte un bassin (fig. 31), on voit que c'est vers le milieu que la profondeur du thalweg au-dessous du faîte est la plus grande. C'est là que la traversée des bassins secondaires donne lieu aux plus grandes difficultés. On peut les tourner comme il sera expliqué pour le quatrième cas, mais le tracé perd une grande partie de ses avantages.

La seconde solution consiste à suivre le sol, à partir du point situé sur le versant, à peu près horizontalement, et à ne descendre vers la vallée que le plus loin possible, eu égard à la limite de pente assignée. Si le point est près de la ligne de faîte, on se tient sur le faîte tant que l'on peut, et on ne commence à descendre que lorsqu'il reste juste assez de parcours pour ne pas dépasser la pente limite. On allonge un peu le tracé, mais on a l'avantage de traverser les bassins secondaires là où ils ont encore peu de profondeur. On peut ainsi les franchir sans grands travaux de terrassement et avec des ouvrages d'art d'autant moins importants qu'on est plus près de la source des cours d'eau.

Cette solution était autrefois souvent adoptée.

Toutefois, les faîtes sont des lignes ondulées en plan et en élévation ; on s'expose donc, en les suivant, à un tracé sinueux ou à des alternatives de pentes et de rampes. En outre, les faîtes sont généralement peu habités, leur sol est peu fertile et mal cultivé, on n'y rencontre pas d'établissements industriels. Une route qui se maintient sur les faîtes ne dessert que les parties les plus pauvres des contrées qu'elle traverse.

La troisième solution consiste, au contraire, à descendre immédiatement, à partir du point situé sur le versant, avec la pente limite, pour gagner au plus tôt la vallée, que l'on suit jusqu'au deuxième point. C'est la plus généralement adoptée aujourd'hui. Aussitôt dans la vallée, on se trouve comme en pays plat, et le tracé devient des plus faciles. Les cours d'eau qui descendent au thalweg principal sont, il est vrai, coupés près de leur embouchure, où ils sont plus larges et plus importants, et ils donnent lieu à des ouvrages plus considérables que vers leur source. Mais ils sont moins nombreux et moins encaissés, car on ne coupe que les affluents de deuxième ordre et le relief des contreforts a complètement disparu.

Les tracés suivant les vallées traversent les terres les plus riches et les mieux cultivées, les régions où sont établies les fermes, les usines, les habitations, où se concentre l'activité humaine, et les services qu'ils rendent sont bien plus considérables que sur les faîtes. S'il en résulte que les terrains à occuper par l'assiette de la route ont une plus grande valeur et donnent lieu à des indemnités plus considérables, ce surcroît de dépense est bien plus que compensé par la plus grande utilité de la route. Il faut d'ailleurs remarquer que la superficie, si elle a plus de valeur à l'hectare, est moins étendue, car la largeur à couper ne dépasse pas beaucoup celle de la plateforme et des fossés ; tandis que dans les parties hautes, où il y a des terrassements considérables, il faut en outre acquérir la largeur nécessaire aux talus.

Ces tracés restent cependant exposés au danger des inondations. On peut les y soustraire en ne descendant pas dans le fond même de la vallée, et en restant à flanc de coteau, vers le pied du versant, à un niveau supérieur aux plus hautes eaux connues. Mais alors on perd une partie des avantages du tracé par la vallée. Les intérêts industriels se trouvent moins bien desservis, et on rencontre les contreforts et les vallées secondaires en des points où ils sont déjà accentués. On est donc conduit, pour les traverser, soit à des terrassements plus ou moins considérables, soit à des allongements de parcours.

3° *Cas.* — *Les deux points sont sur un même versant.* — Ce cas est analogue au précédent, sauf que l'on n'a pas à descendre dans le fond de la vallée. On raccorde les deux points, soit par le tracé le plus direct, si sa pente moyenne est égale à la limite, soit par des lacets, si cette pente est supérieure. Dans le cas d'une pente moyenne inférieure à la limite, on peut, comme dans le cas précédent, avoir recours, suivant les circonstances et les ondulations du sol, à la pente moyenne elle-même, ou à une pente brisée, dont une partie atteint la limite, tandis que l'autre partie reste au niveau du point supérieur ou du point inférieur.

4° *Cas.* — *Les deux points sont sur les deux versants d'un même bassin.* — La coupe verticale du sol suivant la ligne directe descend à partir d'un des points jusqu'au fond de la vallée, puis remonte sur le versant opposé. Les pentes des versants sont presque toujours beaucoup plus rapides que la limite des pentes admises sur les routes. Si donc on suivait la ligne directe, le profil en long de la route devrait s'élever au-dessus du terrain naturel et donnerait lieu à des remblais considérables dans la traversée de la vallée. La hauteur deviendrait telle, dans la plupart des cas, que le remblai serait inacceptable et devrait être remplacé par un viaduc. Pour les routes, on l'évite presque toujours.

On pourrait obtenir un tracé qui restât constamment à peu près de niveau, ou qui réunît les deux points par une pente continue très douce, en exigeant peu de terrassements. Il suffirait pour cela, en partant de chacun des points obligés, de suivre à flanc de coteau le versant correspondant, en remontant vers la source. Le tracé se confondrait alors avec une courbe de niveau ou du moins s'en rapprocherait. Une fois dans la vallée de part et d'autre, il s'achèverait comme dans le premier cas. Mais alors on aurait un développemnnt exagéré.

On adopte ordinairement une solution intermédiaire. On se condamne à descendre pour remonter, mais en faisant le moins possible de travaux. A cet effet, on descend à fleur de sol sur chaque versant, à partir du point donné, avec la pente limite fixée. On arrive ainsi au fond de la vallée au pied de chaque versant, et on se trouve pour la traversée de la vallée dans le premier cas. Quand la vallée n'est pas très large, on ne se condamne pas ordinairement à descendre jusque dans le fond. On la traverse par *enjambement*, c'est-à-dire par un remblai plus ou moins élevé qui réunit deux points situés en face l'un de l'autre sur les lignes qui suivent à fleur de sol les deux versants opposés.

5° *Cas.* — *Les deux points sont sur les versants d'un même contrefort.* — Ce cas est l'inverse du précédent. Le tracé direct s'élève sur le dos du contrefort, et redescend ensuite, avec des pentes supérieures à celles que l'on peut accepter. Même en admettant la limite de pente fixée, le profil en long de la route s'enfoncerait bientôt dans le sol, et il y aurait à exécuter des déblais énormes, que l'on serait souvent obligé de remplacer par des souterrains. Cette solution, admise dans la construction des chemins de fer, est trop coûteuse pour une route.

On peut, comme dans le cas précédent, éviter ces pentes excessives en contournant le contrefort, et y circulant à flanc de coteau suivant une ligne analogue à ses courbes de niveau. Mais on allonge excessivement le tracé.

On choisit le plus souvent une solution intermédiaire, consistant à s'élever, à fleur de sol, à partir de chacun des points donnés, en profitant de la limite de pente, jusqu'à ce que les deux lignes se rencontrent, sauf à raccourcir un peu en exécutant un déblai dans la partie la plus élevée.

6ᵉ *Cas.* — *Les deux points sont au fond de deux vallées séparées par un contrefort.* — Ce cas est à peu près le même que le précédent, sauf qu'une partie du tracé est en vallée aux abords des deux points obligés. Il y a souvent avantage, dans ce cas, à contourner le pied du contrefort, et à rester constamment dans les vallées, si l'allongement de parcours qui en résulte est acceptable.

S'il y a plusieurs contreforts entre les deux points donnés, la solution rentre toujours dans celles des deux cas précédents. On reste dans les vallées, sauf à contourner le pied des contreforts, si l'allongement de parcours n'est pas trop considérable ; ou bien, on franchit les contreforts, en montant de part et d'autre des deux versants, au moyen d'une ligne à fleur de sol dont la pente atteigne, sans la dépasser, la limite que l'on s'est fixée.

7ᵉ *Cas.* — *Les deux points sont dans deux bassins séparés par une ou plusieurs lignes de faîte.* — La seule question à résoudre, c'est de chercher les points où les faîtes seront franchis. Une fois choisis, ils deviennent des points obligés, et le tracé entre deux quelconques d'entre eux rentre dans les autres cas précédemment examinés. Il y a toutefois cette différence importante que les points que l'on a choisis ainsi sont fixés seulement en plan, mais qu'ils sont susceptibles d'un certain déplacement vertical. Au lieu de les prendre sur le sol, on peut les supposer abaissés d'une hauteur qui varie suivant l'importance des travaux que comporte la route, en mettant celle-ci en tranchée. Quelquefois même, on les abaisse énormément en substituant à la tranchée un souterrain. C'est une solution souvent admise dans les tracés de chemin de fer, mais rarement dans ceux des routes.

En cas de souterrain, on choisit l'endroit où la montagne est le moins épaisse. La hauteur du faîte importe peu.

Quand on passe à ciel ouvert, il faut tâcher de satisfaire aux conditions générales des tracés, c'est-à-dire aller au plus court, et monter le moins haut possible. On passera donc chaque faîte en un col, et on choisira le col le plus bas parmi ceux qui se trouvent à proximité de la direction générale.

Si l'on a plusieurs faîtes à traverser, on cherche ainsi le col le plus favorable sur chacun d'eux. Le plus haut de ces cols les plus bas représente un point où on est obligé de s'élever, et où le tracé doit passer.

Mais alors il peut y avoir avantage à choisir, sur les faîtes voisins, non les cols les plus bas, mais ceux dont l'altitude se

Fig. 34.

rapproche le plus de celle de ce col obligé. Ainsi, soient A, B, C, D (fig. 34) une série de cols dont chacun est le plus bas, par rapport au faîte dont il fait partie, parmi ceux qui ne s'éloignent pas trop de la direction générale de la route. Le tracé passe nécessairement en B, qui est le plus haut de la série ; mais pour aller de B en D, il sera souvent avantageux d'abandonner le col C et d'en chercher un C', d'altitude intermédiaire entre celle de B et celle de D.

69. Recherche des cols. — Il reste à savoir comment on trouve la position des cols, et comment on distingue les plus bas.

Cette recherche est très facile si on possède un plan à courbes de niveau. On a vu (fig. 33), la disposition que présentent les courbes de niveau dans ce cas. Un col est donc caractérisé par quatre courbes dont les convexités regardent un même point. Si d'ailleurs on observe les cotes, elles vont en augmentant de part et d'autre à partir du col pour un système de courbes opposées, et en diminuant pour l'autre système.

Il y a d'autres points singuliers qui présentent en plan un aspect analogue, mais qui ne sont pas des cols. Tel serait le cas de la figure 35. Mais il est toujours facile de reconnaître ces cas particuliers, d'après le sens dans lequel marchent les cotes.

L'altitude de chaque col est donnée par celle des courbes de niveau qui y aboutissent, et on voit immédiatement ceux qui sont les plus bas.

A défaut de courbes de niveau, certaines cartes portent des hachures qui peuvent guider dans la recherche des cols. Si ces cartes sont en outre cotées, comme celles du Dépôt de la guerre, on y trouve indiquée l'altitude des principaux cols, ou bien on la déduit de celles des sommets les plus voisins.

Quelquefois on n'a à sa disposition que des cartes sans cotes, comme celles de Cassini, dont on se sert encore quelquefois à cause de la netteté avec laquelle les vallées y sont figurées. Dans ce cas, on peut se guider par des considérations déduites des lois observées dans la configuration générale de la surface du globe. Les cours d'eau qui sont figurés sur les cartes donnent la position des thalwegs de divers ordres. Or, tout thalweg se détache d'une ligne de faîte. On sait donc qu'il y a un faîte entre deux séries de sources de cours d'eau descendant en sens contraire.

Une fois la ligne de faîte connue, on peut prévoir assez bien les points où se trouvent les cols. Un col correspond presque toujours à l'origine d'un thalweg; il y a donc un col dans le faîte au droit de chaque source.

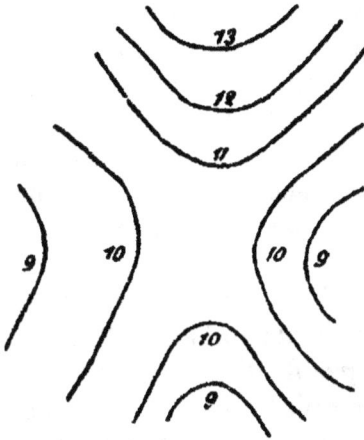

Fig. 35.

Lorsque deux cours d'eau, descendant sur les deux versants d'un même faîte, ont leurs sources opposées de part et d'autre du faîte, il est présumable que le col correspondant est parmi les plus abaissés.

Lorsqu'un cours d'eau coule parallèlement à un faîte, et qu'il se retourne brusquement dans une autre direction, il est probable qu'il se présente un faîte secondaire qui barre le passage. La ligne de faîte à laquelle il était parallèle, et qui s'abaissait avec lui, cesse de descendre et se relève à la rencontre de ce faîte transversal. Il y a donc là un col.

Ces exemples suffisent pour montrer qu'au moyen d'une simple carte où les cours d'eau sont dessinés, on peut prévoir approximativement la place et même l'altitude relative des cols.

Cette méthode toutefois ne donne que des présomptions, et ne fournit pas de renseignements du tout sur l'altitude absolue des cols. Les cartes ne sont pas d'ailleurs toujours assez bien faites ni assez détaillées pour qu'on puisse s'y fier. Lors donc même qu'on est parvenu à présumer la position des cols, il faut encore s'assurer par une reconnaissance sur place qu'ils existent réellement, et en mesurer l'altitude.

Cette altitude se détermine très simplement au moyen du baromètre, dont la hauteur diminue à mesure que l'on s'élève. Un nivellement barométrique, qui donne les altitudes à quelques mètres près, est très suffisant pour guider dans le choix des cols, et se fait très rapidement.

70. Choix des versants. — Quand le tracé passe par un col, et qu'il faut ensuite le faire descendre dans le thalweg aboutissant à ce col, on a quelquefois le choix du versant où il va se développer. On préfère celui des deux versants où les accidents secondaires sont le moins prononcés, et où les travaux doivent coûter le moins cher. A difficulté égale, on se guide par des considérations relatives à l'entretien de la route. On choisit le versant où le tracé passe à proximité des carrières des matériaux les meilleurs et les moins chers; ou bien, où l'exposition est la plus favorable, au nord dans les terrains secs et légers, au midi dans les sols gras et humides.

8

On a aussi égard à l'importance des habitations et des cultures desservies.

71. Lignes de pente. — L'étude des tracés en pays de montagne comporte une opération qui ne se présente pas dans l'étude des tracés en pays plat, c'est la détermination de lignes descendant à fleur de sol, sur un versant donné, en conservant une pente uniforme. Ces lignes se nomment, par abréviation, des *lignes de pente.*

Une ligne de pente de déclivité p se trace très simplement sur un plan à courbes de niveau. Soient A et B (fig. 36) deux points de la ligne de pente appartenant à deux courbes de niveau, et h la différence d'altitude de ces deux courbes, la distance horizontale $x =$ AC des deux points est donnée par la relation $h = px$, d'où $x = \dfrac{h}{p}$.

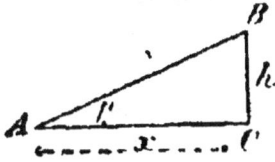

Fig. 36.

Donc, étant donné le point A en plan (fig. 37), de ce point comme centre, avec une ouverture de compas égale à x, on décrit un arc de cercle BB', et le point B où il coupe la courbe de niveau placée à la hauteur h par rapport à A, est un point de la ligne cherchée. En B, avec le même rayon, on décrit l'arc de cercle CC', qui donne un point C de la ligne de pente, là où il coupe la courbe de niveau placée à une hauteur h par rapport à B; et ainsi de suite.

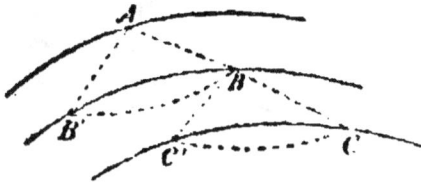

Fig. 37.

Chaque arc de cercle coupe la courbe suivante en deux points, B et B', C et C'..., en sorte qu'il y a une infinité de lignes de pente ayant même déclivité. Il faut choisir, en chaque point, la direction qui se rapproche le plus de celle du tracé général, à moins que l'on n'ait besoin de lacets.

Si l'arc de cercle est tangent à la courbe de niveau suivante, il n'y a qu'une seule solution et la ligne de pente se confond en cet endroit avec la ligne de plus grande pente.

Si le cercle ne coupe pas la courbe de niveau, c'est que la pente donnée est supérieure à la plus grande pente du sol. Il n'est pas possible de descendre en ce point à fleur de sol avec la pente donnée, et il faut y substituer une pente moindre.

Pour faire le tracé de la ligne de pente, on prend les courbes de niveau soit consécutives, soit de deux en deux ou à d'autres intervalles, suivant que le versant est plus ou moins régulier, de façon à s'affranchir des sinuosités qui seraient produites par des ondulations négligeables.

Lorsqu'on n'a pas de plan à courbes de niveau, il faut tracer la ligne de pente sur le terrain. Cela se fait facilement au moyen d'instruments spéciaux qui sont décrits dans les traités de lever de plan et de nivellement, et qu'on appelle des niveaux de pente. On détermine ainsi une série de points sur le sol, tels que la ligne qui joint deux points consécutifs a toujours la même pente. On place un piquet en chacun de ces points et on en lève le plan, que l'on rapporte sur le plan d'étude.

La ligne obtenue par l'une ou l'autre de ces méthodes est une ligne brisée, marquée par une série de points entre lesquels le sol présente la pente voulue. On lui substitue un tracé, en dessinant à travers ces points des courbes dont le rayon reste dans la limite qu'on s'est imposée. Puis on mène à ces courbes des tangentes communes qui représentent les alignements droits.

Il faut tâcher de conserver aux courbes le plus grand rayon, tout en se rapprochant le plus possible de chaque point. Ces deux conditions sont contradictoires. On se guide, pour savoir dans quelle limite on doit tenir compte de chacune d'elles, sur la déclivité transversale du sol. Plus cette déclivité est forte, et moins on doit s'éloigner des points; car, pour un même écart, la hauteur des terrassements sur l'axe varie dans le même sens que la pente transversale du sol. Aussi dans les terrains très accidentés, où les versants sont rapides, on est conduit à suivre de près la ligne brisée, et par suite, à adopter de petits rayons pour les courbes.

Il est à remarquer que le tracé définitif est toujours plus court que la ligne brisée; aussi présente-t-il une pente plus forte. Il convient donc de tracer la ligne de pente avec une déclivité plus faible que celle que l'on veut obtenir.

Une ligne de pente tracée sur le versant d'un bassin rencontre les bassins d'ordre immédiatement supérieur. On les traverse par enjambement direct, si les remblais qui en résultent ne sont pas trop considérables. La ligne de pente quitte alors le sol, et s'élève dans l'espace en conservant sa déclivité, à partir du point où elle rencontre le premier versant; elle rejoint le sol en un point de l'autre versant, et elle continue ensuite à fleur de sol.

S'il en résulte des travaux trop importants, on se résout à descendre dans le fond du vallon secondaire, sauf à en remonter par une contrepente, si cela est nécessaire, d'après les règles habituelles. Il faut pourtant tâcher, et cela est presque toujours possible, de n'avoir pas à remonter, et admettre, tout au plus, une partie en palier.

Il ne faut d'ailleurs pas perdre de vue qu'il y a un ouvrage d'art à construire sur le cours d'eau qui coule dans ce thalweg secondaire, et qu'il convient de réserver la hauteur nécessaire à l'établissement de cet ouvrage. On est donc toujours conduit à enjamber au moins partiellement.

§ 3

PIQUETAGE ET LEVER DES PROFILS.

79. Piquetage et repères. — Une fois le tracé arrêté, il faut le reporter sur le terrain, afin d'en étudier les détails, et recueillir tous les renseignements nécessaires à la rédaction des pièces du projet.

La première opération constitue le piquetage. Elle a pour objet de marquer sur le sol, par des piquets ou des jalons, tous les points qui fixent le tracé d'une manière définitive, et ceux dont on peut avoir besoin pour les études subséquentes.

Le tracé est fixé lorsque l'on a la position de tous les sommets d'angles formés par les alignements successifs. On cherche, sur le plan d'étude, la position de ces sommets par rapport à des points bien déterminés du sol, qui sont marqués sur le plan. Ces points sont ce qu'on appelle des *repères*.

Les repères sont des objets durables, faciles à retrouver, comme des angles de maison, des bornes, des arbres remarquables. Au moment où l'on a fait la première reconnaissance dans laquelle a été arrêtée la ligne de base, on a noté ces repères et déterminé leur position relativement à cette base, de façon à les rapporter sur le plan d'étude. De cette manière, lors même que les piquets qui déterminaient la base ont disparu, on peut toujours la rétablir sur le sol, si on en a besoin.

On marque sur le terrain, au moyen de piquets, les sommets d'angles, dont la position, connue par rapport à la base ou aux repères, est toujours facile à retrouver. Il y a d'ailleurs une vérification ; car les longueurs des lignes qui joignent les sommets doivent être conformes à celles du plan d'étude, ainsi que les angles qu'elles font entre elles.

Les piquets d'angles doivent être forts et solidement enracinés. On y peint ou on y grave des numéros d'ordre ou des lettres propres à les faire reconnaître.

Il est nécessaire que ces piquets puissent être retrouvés au moment de l'exécution des travaux, qui se fait souvent longtemps attendre ; mais ils sont bientôt enlevés par les cultivateurs ou les passants. Aussi, au lieu de piquets, on met souvent des mâts appelés *balises*, qu'on établit solidement, en les maintenant par des contrefiches profondément enterrées et au besoin noyées dans un massif de maçonnerie ; mais les balises elles-mêmes disparaissent quelquefois.

Il est donc important de noter la position des piquets par rapport aux repères primitifs ou à d'autres mieux situés. Quelquefois, en rase campagne, les repères font défaut, ou ceux que l'on trouve, des arbres par exemple, ne paraissent pas assez fixes ; on construit alors des repères artificiels, tels que des bornes dont la culasse est entourée d'un solide massif de maçonnerie. On y peint ou on y grave un signe particulier avec des numéros ou des lettres d'ordre. Ces repères doivent être placés à une certaine distance de l'axe, de façon à ne pas être détruits par les travaux, et à servir à toutes les vérifications postérieures que l'on peut avoir à faire sur le tracé.

73. Courbes de raccordement. — On mesure alors avec précision les angles que font entre eux les divers alignements droits. On en déduit les éléments des courbes de raccordement, déjà connues approximativement par des mesures prises sur le plan d'étude, et ces courbes sont dessinées sur le sol par points au moyen de petits jalons.

Les courbes de raccordement ordinairement employées sont des arcs de cercle.

Soit α (fig. 38) l'angle au sommet, R le rayon du cercle, t la longueur de la tangente depuis le sommet S jusqu'au point de contact A ou B, a la distance du sommet S au milieu M de l'arc ; on a, entre les trois quantités R, t et a, les deux relations :

$$R = t \operatorname{tg} \frac{1}{2} \alpha \text{ et } a = R \left(\frac{1}{\sin 1/2\,\alpha} - 1 \right).$$ L'une d'elles étant choisie arbitrairement, les deux autres s'en déduisent par le

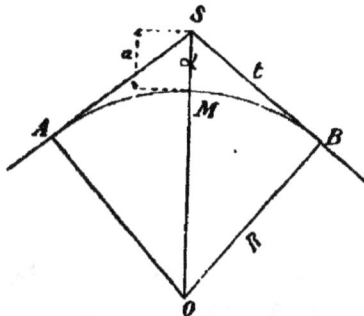

Fig. 38.

calcul. Habituellement on se donne le rayon R, que l'on prend en nombre rond d'après les indications du plan d'étude.

On mesure sur les deux alignements SA et SB la longueur t, et sur la bissectrice la longueur a, et des piquets sont mis aux points A, B et M. Puis des jalons sont placés en différents points intermédiaires. Les traités de lever des plans indiquent comment on trouve ces points ; la méthode la plus employée consiste à en calculer les abscisses et les ordonnées par rapport à la tangente, le point de contact A ou B étant pris pour origine, et à les reporter ensuite sur le terrain.

Cas des tangentes inégales. On est quelquefois conduit à employer une autre courbe que l'arc de cercle, et à donner aux deux tangentes des longueurs inégales, soit pour mieux épouser la forme d'un terrain difficile, soit pour éviter un obstacle, soit pour faire passer l'axe par des points indiqués.

Une première solution consiste à choisir une parabole.

Si l'on appelle a et b (fig. 39) les longueurs SA et SB des tangentes et qu'on prenne pour axes coordonnés les alignements SA et SB, l'équation de la parabole est $\sqrt{\dfrac{x}{a}} + \sqrt{\dfrac{y}{b}} = 1$. On trouve un point M de la courbe, soit en calculant ses deux coordonnées MP et MQ et les reportant sur le terrain, soit en la décrivant par la méthode suivante : on divise SA et SB en un même nombre de parties égales, que l'on numérote en sens inverse, on réunit par des droites les numéros semblables, 4 et 4, 5 et 5, par exemple, et l'enveloppe de toutes ces droites est la parabole.

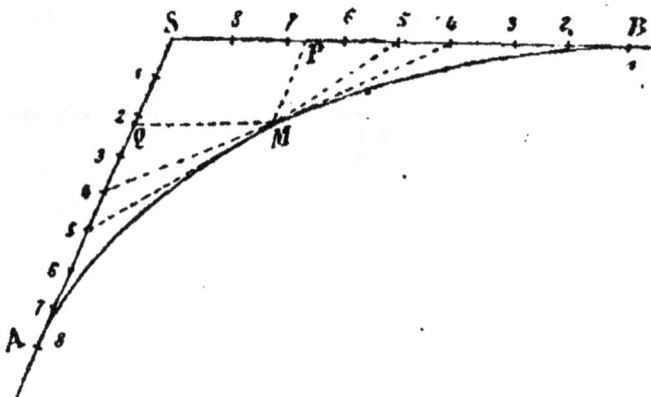

Fig. 39.

Les constantes a et b sont données d'avance, ou bien on les détermine d'après les conditions qui se présentent : on exprime, par exemple, que la courbe passe par deux points connus, dont les coordonnées satisfont à son équation.

Cette courbe parabolique est peu employée ; elle est plus difficile à tracer que des arcs de cercles, et son rayon de courbure a des valeurs variables, dont le minimum ne se détermine que par des calculs d'ordre assez élevé. On ne sait donc que difficilement si on ne descend pas au-dessous de la limite qu'on s'est imposée pour les rayons. Le calcul exact du développement de la courbe n'est pas simple non plus.

Il est préférable, dans ce cas, de faire les raccordements au moyen de deux arcs de cercle de rayons différents (fig. 40).

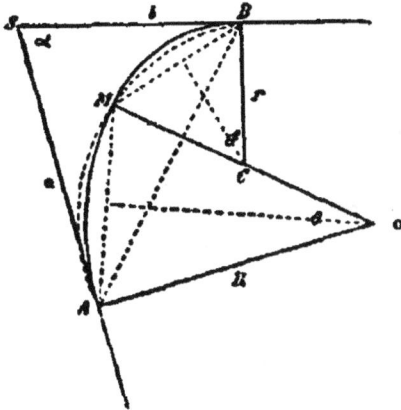

Fig. 40.

Au point de contact B qui répond à la tangente la plus courte *b*, on décrit un cercle de rayon donné *r*, et il reste à résoudre le problème géométrique de mener par un point A d'une droite un cercle tangent à cette droite et au cercle donné ; il est inutile de rappeler la solution bien connue de ce problème [1].

Lorsque les courbes sont tracées on achève le piquetage.

Outre ceux qui se trouvent déjà aux points de tangence, on place des piquets numérotés à des distances en nombre rond,

(1) Il y a une infinité de solutions, même quand les points de contact A et B sont donnés ; car l'on peut prendre arbitrairement le rayon *r*. Pour avoir toutes ces solutions, on peut remarquer que, si on joint le point de contact M, commun aux deux cercles, aux points A et B, l'angle AMB est constant. Car $AMO = 90^{\circ} - \dfrac{\theta}{2}$ et $BMC = 90^{\circ} - \dfrac{\theta'}{2}$. Donc $AMO + BMC$ $= AMB = 180^{\circ} - \dfrac{\theta + \theta'}{2}$. Mais $\theta + \theta' = 180^{\circ} - \alpha$. Donc $AMB = 90^{\circ} + \dfrac{\alpha}{2}$. On a donc le lieu des points M en décrivant sur AB un arc capable de l'angle $90^{\circ} + \dfrac{\alpha}{2}$; et, pour trouver une solution quelconque, il suffira de joindre un point M de ce lieu à A et à B, d'élever au milieu de MA et de MB des perpendiculaires, jusqu'à la rencontre des perpendiculaires AO et BC aux alignements SA et SB. On obtient ainsi les centres O et C des deux cercles.

On peut déterminer les éléments des deux cercles par le calcul, par exemple, en projetant le contour polygonal fermé SBCOAS successivement sur SA et sur SB, et remarquant que $\theta + \theta' = 180^{\circ} - \alpha$ et $\sin \theta' = \sin(\theta + \alpha)$. On trouve ainsi.

$$a = b \cos \alpha + r \sin \alpha + (R + r) \sin \theta.$$
$$b = a \cos \alpha + R \sin \alpha - (R\ r) \sin(\theta + \alpha).$$

Ces deux relations, entre cinq éléments R, *r*, *a*, *b* et θ, en laissent encore par exemple tous les 100 mètres. Dans l'intervalle des hectomètres, on place aussi des piquets aux points où la pente longitudinale du terrain change sensiblement.

74. Chaînage. — Pour reconnaître la position des points hectométriques, on procède au chaînage simultanément avec le piquetage. Le chaînage consiste à mesurer, à l'aide de l'instrument nommé chaîne, la longueur exacte du tracé, et à constater la distance à son origine de chacun des piquets.

75. Nivellement en long. — On fait ensuite le nivellement de tous ces piquets, en cherchant leur hauteur au-dessus d'un plan de comparaison.

On possède ainsi les éléments nécessaires pour établir le profil en long du terrain suivant l'axe du tracé.

Le lever du profil en long, c'est-à-dire le chaînage et surtout le nivellement, doit être fait avec une grande précision. C'est d'après lui que les pentes définitives du projet sont arrêtées. S'il y avait des différences notables entre les cotes indiquées et les cotes réelles, les pentes exécutées ne seraient pas celles que l'on aurait prévues. On n'admet pas une incertitude de plus de 2 à 3 millimètres dans cette opération.

76. Nivellement en travers. — En chacun des points où l'on a placé un piquet, on lève un profil en travers. Le profil en travers est dirigé normalement à l'axe, c'est-à-dire suivant une perpendiculaire au tracé dans les parties droites, et suivant le rayon dans les parties en courbe.

trois d'indéterminés. On les choisit arbitrairement, ou bien on exprime que les courbes satisfont à certaines conditions, par exemple, passent par deux ou trois points donnés. A défaut de conditions données en nombre suffisant, on peut s'en imposer d'arbitraires, mais rationnelles. On exprime par exemple, que la différence des rayons est aussi petite que possible. Or $R - r = \dfrac{(a - b)(1 - \cos \alpha)}{\sin(\theta + \alpha) + \sin \theta - \sin \alpha}$, et le minimum de cette expression a lieu pour $\cos(\theta + \alpha) + \cos \theta = 0$, ce qui se réduit à $\cos \frac{1}{2}(2\theta + \alpha) = 0$; d'où l'on tire $2\theta + \alpha = 180°$ et $\theta = \dfrac{180° - \alpha}{2}$. Donc le rayon commun OCM est parallèle à la bissectrice de l'angle au sommet.

Les profils en travers se lèvent comme le profil en long ; on prend, à droite et à gauche de l'axe, les distances et les altitudes des points où la pente du sol change sensiblement.

Ce nivellement ne demande pas la même précision que celui du profil en long. Il sert seulement pour l'évaluation du volume des terrassements, qui ne se fait qu'approximativement. Les cotes des points peuvent n'être prises qu'à 1 ou 2 centimètres près.

Ces profils en travers n'ont pas besoin d'être poussés bien loin ; il suffit qu'ils s'étendent dans la largeur occupée par la route. Il est bien rare qu'une largeur de 10 mètres de part et d'autre de l'axe ne suffise pas. Dans les terrains qui ne sont pas très accidentés, il est rare également que la pente change notablement sur 10 mètres. Donc, le plus souvent, on ne nivelle de chaque côté qu'un seul point, placé à 10 mètres du piquet d'axe. Le nivellement donnant immédiatement la hauteur de ce point au-dessus ou au-dessous de celui du sol où est le piquet, il suffit de diviser cette hauteur par 10 pour avoir la pente transversale du terrain.

77. Sondages, renseignements divers. — L'étude du projet se complète par divers renseignements dont on a besoin pour en arrêter les détails.

Là où doivent s'élever des ouvrages d'art, il faut se rendre compte de la nature du sol où ils seront assis. On procède à des sondages, qui consistent à percer un trou vertical en chacun des points où l'on a intérêt à connaître la nature des couches successives qui se présentent. Quand on dispose d'un équipage de sonde, ces trous ont un diamètre de quelques centimètres, et la sonde, chaque fois qu'on la descend, rapporte un échantillon du sol à la profondeur atteinte. Si l'on n'a pas de sonde, on ouvre un véritable puits, assez large pour qu'un homme puisse y descendre et y examiner la coupe du terrain.

On recherche en même temps la position des carrières propres à fournir les matériaux des ouvrages d'art et de la chaussée, et on se renseigne sur le prix de ces matériaux et sur celui des diverses mains-d'œuvre.

Pour les terrassements, on se procure des renseignements

analogues. Si l'on présume qu'il y aura dans les tranchées de la roche plus ou moins dure, on s'en assure et on en cherche le niveau au moyen de trous de sondage, qui dans ce cas sont presque toujours des puits.

On se renseigne aussi sur le prix de la journée des ouvriers terrassiers de différentes catégories et sur celui des moyens de transport.

78. Rédaction du projet. — Lorsqu'on a fait toutes ces opérations et ces investigations, on possède les éléments nécessaires pour la rédaction des pièces du projet.

Cette rédaction est soumise à des règles et à des méthodes qui feront l'objet du chapitre suivant. Elle a pour but d'indiquer d'une manière précise le détail des travaux à exécuter et d'en évaluer la quantité et le prix, de façon à savoir la dépense à laquelle l'exécution de la route projetée donnera lieu.

§ 4

COMPARAISON ET CHOIX DES TRACÉS.

79. Question à résoudre. — L'étude d'un tracé n'obéit pas à des règles assez fixes pour qu'il ne se présente pas, à chaque instant, des hésitations que l'on résout immédiatement par quelques-unes des considérations exposées ci-dessus. Avec un peu d'expérience et de jugement, on arrive assez facilement à ne pas se tromper beaucoup dans ces détails.

Mais pour l'ensemble d'un tracé, il peut s'offrir deux ou plusieurs solutions, différant surtout par leurs conditions générales, telles que la longueur de leur développement, la limite des rampes adoptées, l'importance des travaux à exécuter.

Il serait très utile d'avoir des moyens précis pour comparer entre elles les valeurs de deux ou plusieurs tracés complètement étudiés. Diverses méthodes ont été proposés à cet effet. On va indiquer les trois principales, qui ont été proposées par

MM. les inspecteurs généraux des ponts et chaussées Favier en 1841, L. Durand-Claye en 1871, et Lechalas en 1879.

80. Méthode de Favier. — Les recherches de Favier[1] forment un ouvrage assez volumineux, dont l'analyse complète dépasserait les bornes de ce traité. Il suffira d'indiquer les principes de sa méthode et les résultats qu'il en a déduits.

Si l'on suppose toutes choses réglées normalement, de façon à obtenir le maximum de rendement de la force des chevaux, pour une voiture qui circule sur un palier, la charge par cheval aura une certaine valeur k, la vitesse, une certaine valeur v et le travail journalier une certaine durée t. Le poids k sera porté à une distance vt moyennant la dépense journalière D que coûte un cheval, et le prix t du transport de l'unité de poids à l'unité de distance sera $d = \dfrac{D}{krt}$

Sur une déclivité, les valeurs correspondant au maximum de rendement seront différentes, v', k', t', et le prix d' du transport de l'unité de poids à l'unité de distance sera $d' = \dfrac{D}{k'v't'}$. Le rapport R des deux prix est donc :

$$R = \frac{d'}{d} = \frac{krt}{k'v't'}.$$

Favier admet d'abord que le meilleur rendement correspond, dans tous les cas, à une même durée du travail journalier, en sorte que $\dfrac{t'}{t} = 1$ et que $R = \dfrac{kv}{k'v'}$. En pratique d'ailleurs il en est presque nécessairement ainsi, car les heures du lever, du coucher et des repos sont les mêmes à peu près chaque jour.

Si l'on envisage une route présentant une succession de déclivités variables, on peut appliquer cette formule à chacune de ces déclivités pour se rendre compte de la dépense totale qui doit se faire pour transporter l'unité de poids d'un bout à l'autre.

Dans ce cas, le chargement étant constant, on doit faire $\dfrac{k}{k'} = 1$, et l'on a $R = \dfrac{v}{v'}$. Le problème est ramené à comparer

---

1. *Essais sur les lois du mouvement de traction.*

les vitesses que doit prendre un cheval suivant qu'il traîne un même poids sur un palier ou sur une déclivité.

C'est le calcul qu'à fait Favier, pour des déclivités en pente variant de 0,001 en 0,001, et il a consigné le résultat de ce calcul dans une table numérique.

Quant aux rampes, Favier a remarqué qu'il serait plus avantageux, si la chose était pratiquement possible, de maintenir la même vitesse en faisant varier la charge sur chaque déclivité, en sorte que l'on eût $v = v'$ et $R = \dfrac{k}{k'}$. En effet, la charge constante doit être réglée en vue de la rampe la plus raide, et elle peut être alors assez faible pour que la force des chevaux soit mal utilisée sur le reste du parcours. On ne peut songer à faire varier le chargement, mais on pourrait imaginer un profil en long disposé de telle façon que les différences de niveau fussent rachetées par des rampes où la vitesse pourrait être maintenue à l'aide d'un ou de plusieurs chevaux de renfort. Si l'on a $n - 1$ chevaux de renfort pour 1 cheval, la dépense de traction devient n fois plus grande, et, comme la vitesse est la même qu'en palier, le prix de transport devient nd. On a donc $d' = nd$ et $R = \dfrac{d'}{d} = n$. Le nombre n est d'ailleurs le quotient de la résistance ρ de la charge k à la traction, par l'effort π qu'un cheval peut faire sur la rampe en conservant la vitesse v. en sorte que $R = \dfrac{\rho}{\pi}$.

C'est d'après cette formule que Favier a calculé la table où se trouvent les valeurs de R pour des déclivités en rampe variant de 0.001 en 0,001.

Calcul des tables. — Pour ce calcul, Favier s'est servi de formules où les lettres ont les significations ci-dessous :

v est la vitesse normale que doit prendre un cheval de poids II sur un palier, lorsqu'il fait un effort π, et V la vitesse qu'il y prend quand il marche librement;

v', π' et V' sont les valeurs correspondantes sur une déclivité;

ω est un coefficient numérique constant ;

ρ est la résistance de la charge à la traction ;

γ et ψ sont des coefficients qui varient avec l'angle α de la déclivité avec l'horizontale, dans le même sens et avec le même signe que $\sin \alpha$.

Les formules sont les suivantes :

(1)
$$v = V\left(1 - \frac{\pi}{\omega \Pi}\right)$$

(2)
$$v' = V'\left(1 - \frac{\pi'}{\omega \Pi (1 - \chi)}\right)$$

(3)
$$\frac{V'}{V} = (1 - \psi)^{\frac{1}{3}}$$

De la formule (2) on déduit d'ailleurs :

(4)
$$\pi' = \omega \Pi (1 - \chi)\left(1 - \frac{v'}{v'}\right)$$

ρ se calcule par la formule habituelle (n° 51) savoir :

(5)
$$\rho = kf + (k + \Pi) \sin \alpha.$$

Des formules (1), (2) et (3), on déduit $R = \dfrac{v'}{v}$ pour le calcul de la table relative aux *pentes*, par élimination de V et de V', après avoir substitué à π la valeur de ρ qui correspond au palier, où $\sin \alpha = 0$, et à π' la valeur que prend ρ pour la déclivité α.

Lorsque la pente atteint la limite 0,03, Favier admet qu'on se sert du frein, de façon à annuler l'effort des chevaux et rendre R constant. Toutefois, il fait même augmenter lentement sa valeur, afin de tenir compte de la gêne de plus en plus grande que les chevaux éprouvent.

Pour la table relative aux *rampes*, où $R = \dfrac{\rho}{\pi}$, ρ a la valeur donnée par la formule (5) et c'est π' donné par la formule (4) qu'il faut substituer à π en dénominateur. On y fait $v' = v$, et l'on élimine V en l'exprimant en fonction de v à l'aide des formules (1) et (3).

Valeur des coefficients. — Le coefficient f de la résistance au roulement est porté à 0,03, comme d'habitude.

Le poids Π des chevaux est supposé de 360 kgs, et le chargement k de 1800 kgs.

Le coefficient $\omega = 0,3$.

Quand à γ et à ψ, leurs valeurs sont déduites de considérations assez obscures et compliquées et portent un cachet assez arbitraire.

Un extrait des tables de Favier est donné à la fin du présent chapitre.

81. Longueur horizontale équivalente, ou longueur virtuelle. — La comparaison des tracés est très simple au moyen de ces tables. La valeur du coefficient R sur chaque rampe représente, en somme, la longueur de palier sur laquelle il serait fait la même dépense pour transporter l'unité de masse que sur l'unité de longueur de la déclivité, puisque l'on a $d' = Rd'$. Si donc l est la longueur d'une partie de route inclinée et $d'l$ la dépense pour la faire franchir par l'unité de masse, il revient au même de multiplier d par Rl, c'est-à-dire de supposer constant le prix d et de substituer à la longueur réelle la longueur Rl. Cette longueur substituée est la *longueur horizontale équivalente* à la longueur de la pente. C'est ce qu'on appelle aujourd'hui la *longueur virtuelle*.

Étant donné un tracé, on multiplie la longueur de chacune de ses pentes et rampes par le coefficient R qui répond à leur déclivité, et en faisant la somme de tous les résultats, on obtient la longueur horizontale équivalente au tracé.

Si l'on veut lui comparer un ou plusieurs autres tracés, on fait pour eux le même calcul, et on compare les longueurs virtuelles obtenues.

Comme la circulation a lieu dans les deux sens, on fait le calcul d'abord dans un sens, puis dans l'autre, où les pentes deviennent des rampes et réciproquement, et l'on prend la moyenne des résultats.

82. Observations. — Les tables de Favier, qui ont jeté beaucoup d'éclat à leur apparition, sont rarement consultées aujourd'hui. Le peu de clarté de l'exposé de la théorie et la tension excessive d'esprit qu'en demande l'étude ont pu contribuer en partie à cet abandon. Mais il est dû surtout à des défauts fondamentaux, qui ont conduit souvent à des anomalies flagrantes, et ont fait perdre à cette méthode la confiance des ingénieurs.

La formule $R = \frac{l}{u}$ suppose qu'en abordant chaque rampe la force de l'attelage est modifiée de façon à conserver la même vitesse, ce qui est pratiquement impossible, même si l'on fait usage de chevaux de renfort, dont le nombre ne peut être fractionnaire.

L'hypothèse d'une charge constante, toujours la même, quelle que soit la région où l'on se trouve, est inadmissible. Cette charge est supposée de 1800 kgs. pour des chevaux de 360 kgs, c'est-à-dire 5 fois le poids de l'attelage. Or, ce nombre s'éloigne complètement de la réalité, et de telles charges ne sont employées que sur des terrains absolument plats (voir n° 54).

Le poids des chevaux a beaucoup augmenté depuis l'époque où Favier écrivait, et il devrait être porté aujourd'hui à 500 kgs. Toutefois, il faut remarquer que, dans les formules, ne figure que le rapport $\frac{\pi}{\Pi}$, et que π est proportionnel à la charge, qui s'est accrue comme le poids des chevaux, en sorte que ce rapport peut être considéré comme étant resté le même.

On a déjà dit que les coefficients χ et ψ sont entachés d'arbitraire.

Quant au coefficient $\omega = 0,3$, il est admissible et se trouve justifié. On a vu (n° 41) que le parcours journalier normal d'un cheval sur palier peut être évalué à 70 kilomètres quand il est libre et à 32 k.4 quand il fait un effort régulier égal à $\frac{1}{6}$ de son poids. En introduisant ces données dans la formule (1) $v = V\left(1 - \frac{\pi}{\omega\Pi}\right)$, on trouve $32,4 = 70\left(1 - \frac{1}{6\omega}\right)$, d'où l'on déduit $\omega = 0,31$.

48. Méthode de M. L. Durand-Claye. — La méthode de M. Durand-Claye est fondée sur l'analyse qui a été faite plus haut (chap. III, § 5) de l'influence des rampes sur la traction.

On y a vu que la fatigue imposée aux attelages pour transporter l'unité de poids d'un bout à l'autre de la route pouvait se représenter par :

$$Q = \left(\frac{K}{C} + f\right)L + \left(1 + \frac{1}{C}\right)H$$

où C est le chargement spécifique par rapport au poids des chevaux, K un coefficient constant représentant l'effort qu'ils font pour progresser, f le coefficient de résistance au roulement des roues sur les chaussées, L la longueur du tracé, H la différence de niveau entre les deux extrémités, modifiée, s'il y a lieu, par la substitution de la pente $i = \dfrac{fC}{1+C}$ à la pente réelle dans les descentes qui dépassent cette limite.

Il est clair que le tracé pour lequel Q est le plus petit est le plus avantageux.

La seule difficulté, c'est de choisir le chargement spécifique C qu'il convient de supposer sur chacun d'eux.

Souvent, il est déterminé d'avance, soit par la nature même des transports à effectuer, soit par les déclivités des parties de routes voisines parcourues par les mêmes voitures.

Lorsque C est indéterminé, on le calcule en supposant les chargements réglés de façon que, sur aucune rampe, l'effort imposé à l'attelage ne dépasse le maximum Mp qu'il peut exercer en raison de la durée du parcours de la rampe, c'est-à-dire de sa longueur (n° 54). Il faut donc que l'on ait partout $Mp \geq fP + (P+p)h$, d'où $C \leq \dfrac{M-h}{f+h}$, expression qu'il est souvent commode de mettre sous la forme $\dfrac{Ml-N}{fl+N}$, où N est la différence du niveau entre les extrémités de la rampe, et l sa longueur [1].

On admet donc pour C la plus grande valeur qu'il puisse prendre, c'est-à-dire la plus petite valeur que prenne l'expression ci-dessus sur les diverses rampes ou séries de rampes présentées par le tracé.

84. Longueur virtuelle. — On peut obtenir facilement, par cette méthode, la longueur virtuelle d'un tracé donné. Si on appelle Λ la longueur d'une route constamment en palier,

---

1. On trouvera, à la fin de ce chapitre, une table des valeurs de Ml, dans l'hypothèse où $M = \dfrac{1 - 0{,}15\sqrt{i}}{3}$

qui donnerait lieu à la même fatigue Q que le tracé donné pour le transport de l'unité de poids d'un bout à l'autre, et C_o la charge spécifique qui convient au cas du palier continu, on doit avoir $Q = \left(\dfrac{K}{C_o} + f\right) \Lambda$. Si l'on fait $K = \dfrac{1}{7}$ et $F = 0,03$, et si l'on observe que, sur un palier continu, l'effort fP doit être égal à $\dfrac{p}{6}$ (n° 54, remarque), d'où l'on déduit $fP = \dfrac{p}{6}$ et $\dfrac{1}{C_o} = 6f = 0,18$; on trouve $\Lambda = 18\,Q$.

La marche à suivre pour comparer deux ou plusieurs tracés est alors la suivante :

Si le chargement n'est pas connu d'avance, on calcule pour chaque tracé les valeurs successives que prend la fraction $\dfrac{fl + N}{Ml - N}$ sur les différentes parties de la route, et on adopte pour $\dfrac{1}{C}$ la plus grande de ces valeurs. Le chargement C étant ainsi déterminé, on calcule la différence fictive de niveau H en substituant, dans le profil en long, la déclivité $i = \dfrac{fC}{1 + C}$ à celles qu'ont les descentes plus rapides que cette limite. On en déduit la valeur $Q = \left(\dfrac{K}{C} + f\right) L + \left(1 + \dfrac{1}{C}\right) H$, et on multiplie par 18. On obtient ainsi la longueur virtuelle Λ.

Le calcul se fait pour les deux sens, et on prend la moyenne.

85. Observations. — 1° Si aucune des pentes du tracé ne dépasse la limite i, il n'y a aucun calcul à faire pour obtenir H, c'est simplement la différence de niveau entre les points extrêmes.

2° Si un tracé va constamment en descendant, ou ne présente que des rampes et des paliers de très faible longueur, C sera réglé par la valeur que prend l'expression $\dfrac{M - h}{f + h}$ sur les pentes de déclivité inférieure ou égale à la limite i, où l'on aura donné à h une valeur négative.

S'il ne présente que des pentes supérieures à la limite i, la valeur de C est théoriquement infinie, puisque le frein annule tout effort, quel que soit le chargement. Il paraît sage, dans ce cas, de choisir pour C la valeur C_0, et de faire $\frac{1}{C} = 0,18$, comme sur un palier continu ; car une voiture a toujours à parcourir des parties sans pente, ne fût-ce que pour remiser.

Il en est de même toutes les fois que le calcul de $\frac{1}{C}$, par la méthode ci-dessus, donne des valeurs plus petites que $\frac{1}{C_0}$ ou 0,18. Ce nombre peut donc être considéré comme une limite au-dessous de laquelle il ne faut jamais descendre.

3° Si $C = C_0$, soit parce que la charge est déterminée d'avance, soit par suite de la remarque qui précède :

$$\left(\frac{K}{C_0} + f\right) \Lambda = \left(\frac{K}{C} + f\right) L + \left(1 + \frac{1}{C}\right) H.$$

d'où l'on tire, en faisant $C_0 = C$:

$$\Lambda = L + \frac{1 + C}{K + fC} H.$$

Si, en outre, toutes les pentes sont inférieures à la limite i, la moyenne arithmétique des deux valeurs de Λ est égale à L. Car le second terme de la formule précédente, alternativement positif et négatif, disparaît dans cette moyenne. C'est un résultat qui pouvait être prévu.

4° La valeur de Λ est équivalente à L quant à la fatigue exigée par le transport de l'unité de poids brut. En réalité, ce qui importerait, c'est de chercher la longueur équivalente Λ' pour le transport de l'unité de poids utile.

Il faudrait pour cela rapporter la fatigue, non plus à l'unité de poids brut P, mais à l'unité de poids utile U, c'est-à-dire multiplier Q par $\frac{P}{U}$. La fatigue équivalente sur un palier continu devrait de même être multipliée par $\frac{P_0}{U_0}$. On aurait donc

$$\left(\frac{K}{C_0} + f\right) \frac{P_0}{U_0} \Lambda' = Q \frac{P}{U} = \left(\frac{K}{C_0} + f\right) \Lambda \frac{P_0}{U}$$

d'où :

$$\Lambda' = \Lambda \cdot \frac{P \cdot U_0}{P_0 U}$$

Si l'on admet (n° 36) la relation $P = a + b\,U$, on obtient

$$\Lambda' = \Lambda\,\frac{P\,(P_o - a)}{P_o\,(P - a)}$$

Ce rapport est égal à l'unité si $a = o$, c'est-à-dire si le poids mort est supposé proportionnel au poids utile, ou bien si $P = P_o$.

Dans les autres cas, P_o étant $> P$, Λ' est $> \Lambda$; mais la différence est toujours assez faible, et d'un ordre au plus égal aux incertitudes qui résultent des coefficients adoptés.

La correction se ferait facilement, si on admettait, avec M. Lechalas, la loi $a = 0,3\,p$ (n° 86). Car alors $\dfrac{\Lambda'}{\Lambda} = \dfrac{C\,(C_o - 0,3)}{C_o\,(C - 0,3)}$ Mais cette loi est incertaine, et il paraît plus simple et aussi sûr de calculer sur les poids bruts. Le résultat des comparaisons n'est pas sensiblement altéré, et cette petite différence n'est pas de celles qui doivent influer sur les conséquences à tirer de ces comparaisons.

5° Le côté faible de cette méthode est l'incertitude qui règne sur la loi servant à calculer la charge C, quand elle n'est pas connue d'avance, et qu'il faut la déduire de la valeur du maximum M (n° 54), et sur la valeur du coefficient K. Il a été fixé à $\dfrac{1}{7}$ par les considérations exposées au n° 37 ; mais la valeur de ce résultat est discutable [1].

86. Méthode de M. Lechalas. — M. Lechalas cherche d'abord à déterminer quel est le chargement qui convient le

---

1. Il serait intéressant de contrôler ce nombre par des expériences connues. On trouve, dans un mémoire de M. Devilliers, inséré aux *Annales des ponts et chaussées* en 1838, une série d'observations sur les vitesses prises par des chevaux sous différents efforts, tant en plaine que sur des rampes très fortes. Si on admet, avec Tredgold, que la fatigue totale journalière soit égale à 70.000 Kp (n° 42), et que les vitesses fussent réglées, dans les voitures observées, de façon à pouvoir se soutenir indéfiniment dans les mêmes conditions, pendant les dix heures que durait, en moyenne, chaque jour, la marche de ces voitures, l'effort E et la vitesse v par seconde auraient la relation :

$$(E p + K p)\,36.000\,v = 70.000\,Kp.$$

On en déduit : $K = \dfrac{Ev}{1,94 - v}.$

mieux à un tracé donné lorsque le chargement n'est pas connu d'avance. Il admet qu'il y en a un qui correspond au maximum d'effet utile obtenu du cheval. Car, pour les chargements très faibles, le travail utile produit en une journée est petit, même aux vitesses les plus grandes compatibles avec l'allure du cheval ; et pour des chargements très grands, la vitesse devient tellement faible que le travail diurne correspondant est encore petit. Dans les deux cas, on n'obtient qu'un rendement inférieur à celui qu'on peut attendre ; il y a donc un maximum entre les deux.

Le chargement étant déterminé, on calcule facilement comme dans les méthodes précédentes l'effort imposé à l'attelage sur chaque point de la route.

Puis on cherche la vitesse qui doit correspondre à cet effort pour que la fatigue soit constante à chaque instant, et on en

Les résultats qui se déduisent de cette formule, d'après les observations de M. Devilliers, sont donnés par le tableau suivant :

NATURE de l'attelage.	LONGUEUR des trajets observés.	DÉCLIVITÉ moyenne.	VITESSES moyennes par seconde.	CHARGE spécifique. (a)	VALEUR calculée de K.	OBSERVATIONS.
1º PARTIES DE ROUTE EN PLAINE.						Le chargement était connu par les lettres de voiture ; M. Devilliers a supposé un poids de 350 k aux chariots et de 450 k aux chevaux.
Chariot à 1 cheval.	5ᵏ000	0,010	0ᵐ92	3,500	0,146	
Id.	3,000	0,010	0, 92	3,625	0,152	
Id.	4,000	0,008	0, 88	3,655	0,131	
Moyenne . . .					0,143	(a) La charge spécifique est le rapport du poids brut au poids des chevaux.
2º PARTIES DE ROUTE EN FORTE RAMPE.						Le coefficient de résistance au roulement sur la chaussée a été supposé égal à $\frac{1}{30}$ par M. Devilliers, tant en plaine que sur les rampes.
Chariot à 2 chevaux dont 1 de renfort.	1ᵏ844	0,091	0ᵐ79	1,375	0,188	
Chariot à 3 chevaux dont 2 de renfort.	0,260	0,073	0, 84	1,042	0,139	
Id.	4,600	0,068	0, 75	1,208	0,120	On a laissé de côté les observations faites sur les bœufs, et une observation, la 43ᵉ qui paraît entachée d'erreur.
Id.	4,259	0,070	0, 77	1,250	0,130	
Id.	4,259	0,070	0, 73	1,292	0,125	
Moyenne . . .					0,140	

déduit le temps nécessaire au parcours de la route dans ces conditions.

La dépense de ce parcours est supposée proportionnelle à sa durée.

La dépense pour le transport de l'unité de poids utile est égale à la dépense totale du parcours divisée par la charge utile.

Enfin, en supposant cette dépense proportionnelle au poids des chevaux, on rend les résultats comparables en la rapportant à des attelages de même poids, ou plutôt à une portion du poids des chevaux représentée par un nombre constant, que M. Lechalas a fixé à 100 kil., et appelé *quintal vif*. L'unité de poids utile à laquelle les prix sont rapportés est la tonne de 1000 kil.

M. Lechalas ne calcule pas la dépense nécessitée par le transport d'une tonne par un attelage de poids constant; mais il se contente d'évaluer la durée de ce transport, les dépenses étant supposées proportionnelles aux temps employés. Il établit, en conséquence, ce qu'il appelle : « *le temps de quintal vif par tonne utile transportée* »; expression un peu elliptique qui veut dire que le temps employé au parcours de la route est divisé par la fraction de tonne de poids utile que transporte chaque fraction de 100 kil. du poids de l'attelage.

En calculant ces temps sur divers tracés, on a un moyen de les comparer.

Cette méthode repose sur le calcul d'un maximum qui ne peut s'obtenir que par tâtonnements. On est réduit à faire des hypothèses successives, jusqu'à ce qu'on ait constaté ce maximum, ce qui conduit à des calculs assez longs.

Les formules générales exposées aux numéros 48 et suivants sont utilisées comme dans la méthode précédente, sauf que les efforts imposés au cheval sont exprimés en kilogrammes par quintal vif. Alors l'effort E, sur une rampe positive ou négative d'inclinaison r, se calcule par la formule $E = P(f+r) + 100 r$. On fait d'ailleurs $E = o$, lorsque la formule de cet effort donne un résultat négatif, c'est-à-dire lorsque l'on a $- r \searrow \dfrac{fP}{100+P}$.

À cet effort E répond une vitesse qui doit être réglée de façon à ne pas plus fatiguer le cheval à un moment qu'à un autre. Soit $v = \varphi(E)$ cette vitesse.

Si la rampe a une longueur l, le temps θ employé à la parcourir est $\theta = \dfrac{l}{v}$. Sur une autre rampe d'inclinaison r' la vitesse est v' et le temps $\theta' = \dfrac{l'}{v'}$.

Le temps total Θ employé au parcours de la route entière est la somme de tous ces temps, et $\Theta = \Sigma \dfrac{l}{v}$.

Soit d'ailleurs U la charge utile par quintal vif, exprimée en tonnes, qui répond à la charge brute P, exprimée en kilogrammes; le temps de quintal vif par tonne utile transportée est $\dfrac{\Theta}{U}$.

On suppose P et U liés par la relation $P = 30 + 1300\,U$, et on en déduit $U = \dfrac{P - 30}{1300}$.

Quant à la relation $v = \varphi(E)$, elle se déduit de la courbe

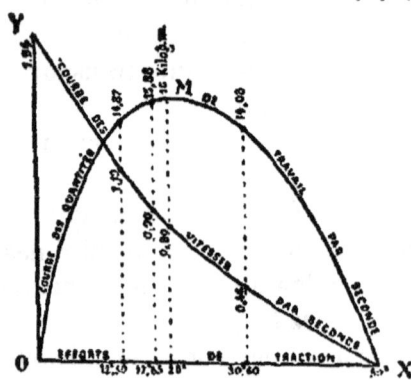

Fig. 41.

XY ci-contre, tracée sans loi géométrique, mais satisfaisant à des conditions tirées autant que possible des données de l'expérience. Pour $E = o$, la vitesse est $1^m,94$, qui répond à un parcours de 70 kilomètres en 10 heures. Pour $E = 50$, effort égal à la moitié du poids du cheval, $v = o$. D'autres points de la courbe sont établis d'après les expériences les plus authentiques, notamment celles de Gasparin (n° 39).

On peut substituer à la courbe une table numérique où figurent en regard les abscisses et les ordonnées prises à des intervalles assez rapprochés, par exemple pour des valeurs de E variant d'un kilogramme. Il est d'ailleurs commode de calculer aussi celles de $\frac{1}{v}$, dont on a surtout besoin dans les applications [1].

Si l'on calcule les produits Ev, qui représentent le travail effectué par seconde, on obtient une autre courbe OMX, dont les ordonnées sont nulles pour E $= o$ et pour E $=$ 50, et qui présente un maximum pour E $=$ 20, où $v =$ 0^m,80 et E$v =$ 16 ; ce qui démontre le principe qui sert de base à la méthode.

L'application de cette méthode se fait de la manière suivante. On choisit arbitrairement la valeur M du plus grand effort par quintal vif qui aura lieu sur la rampe dont la déclivité R est la plus forte du tracé. On a alors : M $=$ P $(f + $ R$)$ $+$ 100; et on en déduit P $= \dfrac{M - 100\,R}{f + R}$. Puis, sur chaque partie de la route, on calcule les valeurs de E ; on cherche sur les tables les valeurs correspondantes de v, on calcule $\frac{1}{v}$ et on fait la somme Θ des résultats ; enfin on calcule U et on divise cette somme par U.

Quand on a calculé $\frac{\Theta}{U}$ pour une première hypothèse faite sur la valeur de M, on recommence sur une deuxième hypothèse, puis sur une troisième, et ainsi de suite, jusqu'à ce qu'on constate que $\frac{\Theta}{U}$ ne varie plus, ce qui correspond à son minimum.

Remarque. — Ces tâtonnements sont assez laborieux ; mais ils se trouvent limités par les considérations suivantes :

1° Il n'est pas nécessaire d'essayer des valeurs de M inférieures à 20, car c'est à cette valeur de l'effort que répond le rendement utile le plus grand, tant sur la plus forte rampe que sur les autres ;

2° On n'essaiera pas non plus de valeurs supérieures à 30, qui paraît la limite extrême de l'effort qu'on peut demander à un cheval ;

---

1. Voir, à la fin du chapitre, la table des valeurs de v et de $\frac{1}{v}$, pour les valeurs successives de E.

3° Il est inutile de prendre pour M des valeurs fractionnaires, la quantité cherchée variant peu quand elle approche de son minimum.

On n'a donc, au plus, que onze essais à tenter. Mais en pratique, on en fait beaucoup moins, rarement plus de 3 ou 4. On essaie d'abord M = 30, puis M = 20. On constate l'hypothèse qui fournit le plus petit résultat. Si c'est 30, on essaie 29, 28, 27......; si c'est 20, on essaie 21, 22, 23...... Si les deux hypothèses conduisent à des résultats sensiblement égaux, on passe tout de suite à 25, puis 24 ou 26.

Une remarque qui abrège singulièrement les calculs, c'est que toutes les quantités, sauf $\frac{l}{v}$, varient en progression arithmétique avec M; si donc, après avoir calculé ces quantités pour les hypothèses M = 30 et M = 20, on inscrit à côté les différences, il suffira, pour les essais intermédiaires, d'ajouter ou de retrancher successivement le dixième de ces différences.

87. Longueur virtuelle. — On peut, comme dans les méthodes précédentes, évaluer par celle-ci la longueur virtuelle du tracé, bien que M. Lechalas ne l'ait pas cherchée. Il suffit d'examiner la longueur Λ de palier sur laquelle le transport d'une tonne utile demanderait le même temps de quintal vif.

En palier continu, on admettra que M répond au cas du maximum d'effet utile, c'est-à-dire, à celui où E = 20 et v = $0^m,80$. Donc M = 20, et, puisque R = o, $P_o = \frac{20}{f}$ et $U_o = \frac{\frac{20}{f}-30}{1300}$. Comme d'ailleurs $\Theta_o = \frac{\Lambda}{0,80}$, on a : $\frac{\theta_o}{U_o} = \frac{\Lambda}{0,80} \cdot \frac{1,300}{\frac{20}{f}-30}$.

Pour $f = 0,03$, $\frac{\theta_o}{U_o} = 2,56\,\Lambda$. La longueur Λ sera équivalente au tracé, lorsque $\frac{\theta_o}{U_o} = \frac{\Theta}{U}$ ou $\Lambda = \frac{1}{2,56}\frac{\Theta}{U} = 0,39\frac{\Theta}{U}$ ou, en nombre rond : $\Lambda = 0,4\frac{\Theta}{U}$. Cette formule suppose d'ailleurs que Θ est exprimé en secondes.

Remarque. — S'il arrive que $P = P_0$, comme par exemple lorsque le chargement est fixé d'avance, on a $U_0 = U$. Donc, pour que $\dfrac{\Theta_0}{U_0} = \dfrac{\Theta}{U}$, il suffit que $\Theta_0 = \Theta$. Or, $\Theta_0 = \dfrac{\Lambda}{v_0}$. Donc alors $\Lambda = v_0 \Theta$, la valeur de v_0 étant celle qui répond à l'effort Pf sur palier.

Il suffit donc dans ce cas de chercher dans la table la vitesse v_0 qui répond à l'effort Pf et de multiplier le temps total (Θ) du parcours par la valeur de cette vitesse.

88. Observations. — 1° Comme Favier, M. Lechalas a cherché à déterminer les vitesses les plus favorables pour des efforts déterminés ; mais il a emprunté ses données à l'expérience, au lieu de les demander à des formules hypothétiques. En outre, le même principe est appliqué aux rampes et aux pentes, et on abandonne l'idée, de réalisation impossible, de faire varier la force de l'attelage suivant les déclivités.

2° La méthode se rapproche aussi de la précédente, puisqu'elle cherche le minimum de la durée d'une fatigue supposée constante, qui correspond évidemment au minimum de la fatigue totale.

3° Cette méthode ne tient pas compte de la variation de la fatigue avec la durée des efforts de même intensité ; ainsi, elle admet qu'un effort égal aux 3/10 du poids du cheval pourrait être exercé normalement pendant toute une journée.

4° Les lois qui lient v avec E, ou P avec U, sont basées sur des expériences peu nombreuses, dont l'interprétation n'est pas à l'abri de toute critique.

98. Comparaison économique des tracés. — Quand on a déterminé la longueur virtuelle de deux ou plusieurs tracés, il est facile de les comparer, au point de vue de l'économie des transports, en appliquant la méthode qui a été indiquée au n° 32, sous réserve des observations qui le terminent. Il est inutile de revenir sur ce sujet.

Il y a lieu de remarquer seulement que le prix total de transport, qui figure sous la lettre P dans les formules, est le produit de la longueur équivalente Λ par le prix d du transport à 1 kilomètre sur palier. Généralement il n'y a pas à porter d'amortissement du capital, qui se conserve intégralement par l'entretien ; l'entretien s'évalue au mètre courant, en sorte que l'élément de la dépense annuelle qui y est relatif peut se mettre sous la forme eL. On a donc à comparer des dépenses annuelles de la forme $D = Ar + eL + Td\Lambda$, dans lesquelles r, T et d sont les mêmes sur tous ces tracés.

Ces sortes de calculs, mis en faveur par Favier, sont tombés depuis lors en discrédit par suite des anomalies flagrantes qu'a données l'application de ses tables, et ils ne se produisent plus guère à l'appui des projets. Il est néanmoins intéressant, ne fût-ce qu'à titre de simple renseignement, de les faire dans les conditions indiquées au n° 32.

On ne perdra pas de vue toutefois que la dépense du transport d'une tonne n'est, dans aucune des trois méthodes, réellement proportionnelle à la longueur virtuelle. Il faudrait pour cela que la dépense fût proportionnelle à la fatigue, et, par suite, au poids des chevaux. Or, cela n'a lieu à peu près exactement que pour leur nourriture, et non pour leur logement et leur conduite, un cheval n'occupant jamais, quelle que soit sa taille, qu'une place à l'écurie, et la conduite d'un attelage de plusieurs chevaux ne coûtant pas plus que celle d'un seul cheval.

90. Rectifications. — Lorsqu'il s'agit d'une simple rectification, une grande partie des incertitudes disparaît, car le tonnage peut alors être exactement connu. Une rectification a pour objet de substituer à une portion de route qui présente à la circulation des difficultés exceptionnelles, un autre tracé où ces difficultés aient disparu. Le plus souvent, c'est une rampe ou une succession de rampes trop rapides, auxquelles il faut substituer des rampes normales. Mais alors on est conduit à allonger le tracé, et il faut choisir entre les diverses déclivités celle qui convient le mieux.

Le problème de calculer la pente la plus favorable pour franchir une hauteur donnée a exercé la sagacité des auteurs, et ils sont rarement tombés d'accord. Cela tient à qu'ils ont en vain cherché une solution générale, qui n'existe pas. Telle déclivité qui serait la meilleure pour une rampe faisant partie d'une route donnée, ne conviendrait pas à une autre route, et la meilleure solution sera différente suivant la région où l'on se trouve.

La nécessité de rectifier une partie de route s'impose, non pas parce qu'elle présente les déclivités dépassant, en valeur absolue, telle ou telle limite, mais parce que ces déclivités sont exceptionnelles par rapport à celles que présentent les autres sections parcourues par les mêmes voitures. Si une rampe est plus forte que celles qu'on trouve sur le reste du chemin, ou trop longue par rapport à sa déclivité, il faut, ou bien diminuer à l'avance les chargements afin de pouvoir la gravir, ou bien recourir à la ressource onéreuse et gênante des chevaux de renfort. On fait disparaître ces inconvénients au moyen d'une rectification, en abaissant la rampe non pas à une limite fixe constante, mais à un degré tel que l'effort qui y sera demandé aux attelages ne dépasse plus la limite convenable en raison de sa longueur, pour le maximum de chargement que comporte le reste de la route.

Posée en ces termes, la question se résout très simplement. Soit M la limite d'effort qui ne doit pas être dépassée sur une rampe d'inclinaison x et de longueur y, et C le chargement, qui est ici une quantité connue, calculée d'après les éléments des parties normales de la route ; on a $C = \dfrac{M - x}{f + x} = \dfrac{My - N}{fy + N}$, N étant la différence de niveau entre les deux points extrêmes de la rectification. Si on remarque que $N = xy$, et si on adopte la relation $M = \dfrac{1 - 0,18\sqrt{y}}{3}$, on voit qu'il y a entre les trois inconnues x, y et M, trois relations qui permettent de les déterminer.

On commence donc par choisir le point de départ et le point d'arrivée de la rectification, qui ne coïncident pas toujours avec l'origine et la fin de la partie défectueuse, et qu'il convient le plus souvent de placer l'un avant et l'autre après. On détermine leur différence du niveau N. Puis on élimine M entre les relations : $C = \dfrac{My - N}{fy + N}$ et $M = \dfrac{1 - 0{,}15\sqrt{y}}{3}$, en observant que, dans la dernière, y est exprimé en kilomètres, tandis qu'il est en mètres dans la première. On obtient ainsi la valeur de y, et on en déduit x par la relation $N = xy$.

L'élimination de M conduit à une équation du troisième degré. On l'évite en procédant par tâtonnements. Les tables placées à la fin de ce chapitre permettent d'abréger beaucoup les recherches.

Pour donner un exemple des résultats possibles, en supposant $N = 35$ mètres, on trouve $x = 0{,}019$ pour $C = 5$, et $x = 0{,}063$ pour $C = 2{,}5$.

On pourrait aussi procéder par la méthode de M. Lechalas, en faisant une série d'hypothèses successives sur la déclivité de la rampe, et voyant celle qui conduit à la plus petite valeur du minimum de $\dfrac{\Theta}{U}$ sur l'ensemble de la route.

91. Cas où l'on tient compte des transports rapides. — Les méthodes qui viennent d'être exposées permettent de comparer les tracés au point de vue de la facilité et de l'économie qu'ils procurent au gros roulage, utilisant le mieux possible la force des chevaux au pas. Elles ne tiennent pas compte des voitures légères destinées à circuler au trot. Or, celles-ci sont presque aussi nombreuses sur les routes que celles du roulage.

On peut, en s'inspirant des idées de M. Lechalas, se rendre compte de la valeur des tracés au point de vue de ce genre de transports, pour lesquels le principal, sinon l'unique intérêt, est d'arriver le plus promptement possible. On n'a qu'à chercher la vitesse avec laquelle les voitures marcheront sur les différentes parties de chaque tracé, et à calculer le temps employé à les parcourir d'un bout à l'autre.

Cette recherche est impossible pour les voitures particulières, telles que les calèches, les tilburys, les carrioles, dont l'allure est essentiellement variable, et dont les chevaux, ne marchant pas tous les jours, peuvent supporter, dans les journées où ils travaillent, un excès de fatigue.

On peut seulement se croire autorisé à admettre que la route qui leur conviendrait le mieux est aussi en général la plus favorable aux voitures publiques, dont la marche est régulière et constante et pour lesquelles on possède des données assez précises.

D'après le principe de M. Lechalas, la vitesse doit être réglée de façon que la fatigue des chevaux soit uniforme, quelques variations que fassent subir à leur effort les accidents du profil en long.

Or, on peut demander cette vitesse à la formule donnée dans la deuxième remarque du numéro 43, savoir :

$$v = \frac{F}{T\left(\dfrac{E}{p}+K\right)}$$

où F est une constante, qu'on peut faire égale à 10.000, et E l'effort d'un cheval de poids p, en raison de la résistance au roulement f de la chaussée et de la déclivité h de la route.

On se rappelle d'ailleurs (n° 51) que $E = Pf + (P + p)h$, d'où $\dfrac{E}{p} = Cf + (1 + C)h$, sous réserve de faire $E = o$ lorsque la formule lui attribue une valeur négative, c'est-à-dire lorsque $- h$ atteint ou dépasse la valeur $i = \dfrac{fC}{1+C}$.

Quant aux autres coefficients T, C et K, qui entrent dans les formules, on peut les fixer, au moins approximativement, d'après les observations suivantes faites à l'époque où de nombreuses diligences circulaient sur les routes :

1° Les chevaux des diligences couraient habituellement trois heures par jour. On peut donc faire $T = 10.800$ secondes.

2° La charge brute que traînait chaque cheval était limitée par les règlements à 8 ou 900 kilogrammes, avec une certaine tendance à être dépassée : c'était à peu près le double du poids du cheval d'alors. Les derniers recensements de la circulation font voir que ce rapport est encore le même dans les voitures publiques actuelles. On peut donc poser : $C = 2.00$.

3° La vitesse normale des voitures publiques qui circulent sur des routes en palier ou présentant des alternatives de pentes ou de rampes très faibles, est d'environ 12 kilomètres à l'heure, ou 3 m. 33 par seconde. Ces hypothèses introduites dans la formule :

$$v = \frac{F}{T\left(\dfrac{E}{p}+K\right)}$$

donnent $K = 0,218$ pour $f = 0,03$.

On a alors :

$$v = \frac{1}{0,300 + 3,24\,h}. \ \cdots \ (1)$$

Il faut remarquer que, lorsque ces mêmes voitures se mettent au pas, il faut faire $T = 36,000$ et $K = 0,143$, et la vitesse devient :

$$v = \frac{1}{0,731 + 10,8\,h}. \ \cdots \ (2)$$

Limites de la vitesse en pente. Dans les descentes, l'attelage est appelé à retenir, aussitôt que E devient négatif, c'est-à-dire que la pente dépasse la limite 0,02. A partir de là, l'allure se ralentit par prudence, et la formule n'est plus applicable. Mais on se rappelle que, si on fait usage du frein, tout effort peut être annulé, et la voiture descend comme si elle était sur la déclivité limite 0.02. La vitesse normale reste alors constante, quelle que soit la pente, et elle se calcule par la formule ci-dessus où l'on a fait $h = -0,02$. La vitesse correspondante est 4 m. 25 et suppose une marche d'environ 15 kilomètres à l'heure.

Limite du trot sur les rampes. Sur les rampes, les chevaux ont tendance à prendre le pas ; mais leur conducteur les excite pour les maintenir au trot. Il n'y réussit toutefois que si l'intensité et la durée de l'effort ne dépassent pas une certaine limite, qui dépend de leur conformation et de leurs habitudes. Il y a donc une grande indécision sur la déclivité de la rampe où le trot cesse pour faire place au pas.

Ce n'est peut-être pas s'éloigner beaucoup de la réalité des faits que d'admettre que, sur une rampe de 0,03, toutes les voitures de la catégorie dont on s'occupe ici se mettent au pas, et que, sur une rampe de 0,02 elles se maintiennent encore au trot.

Les vitesses se calculent alors par la formule (1) sur les rampes qui ne dépassent pas 0,02, et par la formule (2) sur les rampes supérieures à 0,03. Pour les déclivités intermédiaires, on peut supposer des vitesses moyennes variant en progression régulière.

Longueur virtuelle. La détermination de la longueur virtuelle n'a pas ici le même intérêt que pour le roulage ; le prix des transports en commun est en général proportionnel à la distance parcourue et ne varie guère avec les déclivités. La valeur d'un transport au trot n'est pas, le plus souvent, d'ordre matériel, et ne peut s'exprimer par la dépense à laquelle il donne lieu.

Néanmoins il est commode de substituer cette longueur virtuelle au temps du parcours dans la comparaison entre divers tracés. Si on la désigne par Λ, et par v_0 la vitesse normale en palier, par l, l', l''…. les diverses sections de la route où les vitesses normales sont respectivement v, v', v''….., on doit poser, pour exprimer l'égalité des temps du parcours :

$$\frac{\Lambda}{v_0} = \frac{l}{v} + \frac{l'}{v'} + \frac{l''}{v''} + \cdots$$

Donc

$$\Lambda = \frac{v_0}{v} l + \frac{v_0}{v'} l' + \frac{v_0}{v''} l'' + \cdots$$

Il suffit par conséquent de diviser la constante v_0 par la vitesse normale pour avoir le coefficient d'équivalence sur chaque déclivité.

Tables. — On trouvera ci après une table qui donne toutes calculées les valeurs normales de v, $\frac{1}{v}$ et $\frac{v_0}{v}$ pour des déclivités variant de millième en millième. de — 0,06 à + 0,06.

92. TABLES

Pour l'application des méthodes exposées au § 4 du chapitre IV

I. TABLES DE FAVIER

DÉCLIVITÉS	COEFFICIENT			DÉCLIVITÉS	COEFFICIENT			DÉCLIVITÉS	COEFFICIENT		
	Rampe	Pente	Moyenne		Rampe	Pente	Moyenne		Rampe	Pente	Moyenne
0,000	1,000	1,000	1,000	0,020	1,997	0,620	1,308	0,040	3,661	0,544	2,103
0,001	1,040	0,966	1,003	0,021	2,060	0,609	1,335	0,041	3,772	0,545	2,116
0,002	1,081	0,935	1,008	0,022	2,126	0,599	1,363	0,042	3,886	0,547	2,216
0,003	1,122	0,907	1,014	0,023	2,193	0,590	1,392	0,043	4,002	0,548	2,275
0,004	1,165	0,880	1,022	0,024	2,262	0,580	1,421	0,044	4,122	0,550	2,336
0,005	1,208	0,856	1,032	0,025	2,332	0,571	1,452	0,045	4,245	0,551	2,398
0,006	1,252	0,833	1,042	0,026	2,406	0,563	1,484	0,046	4,373	0,553	2,463
0,007	1,298	0,811	1,054	0,027	2,480	0,554	1,517	0,047	4,504	0,554	2,529
0,008	1,344	0,791	1,068	0,028	2,557	0,546	1,551	0,048	4,639	0,556	2,598
0,009	1,392	0,772	1,083	0,029	2,635	0,538	1,587	0,049	4,778	0,557	2,667
0,010	1,440	0,755	1,097	0,030	2,717	0,531	1,624	0,050	4,921	0,559	2,740
0,011	1,490	0,738	1,114	0,031	2,800	0,532	1,666	0,051	5,069	0,560	2,815
0,012	1,541	0,722	1,131	0,032	2,885	0,533	1,709	0,052	5,221	0,562	2,894
0,013	1,593	0,707	1,150	0,033	2,973	0,534	1,753	0,053	5,379	0,564	2,974
0,014	1,647	0,693	1,170	0,034	3,063	0,536	1,799	0,054	5,540	0,565	3,052
0,015	1,701	0,679	1,190	0,035	3,155	0,537	1,846	0,055	5,708	0,567	3,138
0,016	1,757	0,666	1,212	0,036	3,251	0,538	1,900	0,056	5,881	0,569	3,225
0,017	1,813	0,654	1,234	0,037	3,350	0,540	1,945	0,057	6,057	0,570	3,314
0,018	1,874	0,642	1,258	0,038	3,450	0,541	1,996	0,058	6,240	0,572	3,406
0,019	1,935	0,631	1,283	0,039	3,554	0,543	2,048	0,059	6,430	0,574	3,502
0,020	1,997	0,620	1,308	0,040	3,661	0,544	2,103	0,060	6,624	0,575	3,600

II. Tables pour l'application de la méthode de M. Durand-Claye quand le chargement n'est pas connu d'avance.

l	M	l	M	l	M	l	M	l	M	l	M
m		m		m		m		m		m	
0	0,333	2000	0,263	4000	0,233	6000	0,211	8000	0,192	10.000	0,175
100	0,318	2100	0,261	4100	0,232	6100	0,210	8100	0,191	10.100	0,174
200	0,311	2200	0,259	4200	0,231	6200	0,209	8200	0,190	10.200	0,174
300	0,306	2300	0,258	4300	0,230	6300	0,208	8300	0,189	10.300	0,173
400	0,302	2400	0,256	4400	0,228	6400	0,207	8400	0,188	10.400	0,172
500	0,298	2500	0,254	4500	0,227	6500	0,206	8500	0,188	10.500	0,171
600	0,295	2600	0,253	4600	0,226	6600	0,205	8600	0,187	10.600	0,171
700	0,292	2700	0,251	4700	0,225	6700	0,204	8700	0,186	10.700	0,170
800	0,289	2800	0,250	4800	0,224	6800	0,203	8800	0,185	10.800	0,169
900	0,286	2900	0,248	4900	0,223	6900	0,202	8900	0,184	10.900	0,168
1000	0,283	3000	0,247	5000	0,222	7000	0,201	9000	0,183	11.000	0,168
1100	0,281	3100	0,245	5100	0,220	7100	0,200	9100	0,183	11.100	
1200	0,279	3200	0,244	5200	0,219	7200	0,199	9200	0,182	et	0,167
1300	0,276	3300	0,243	5300	0,218	7300	0,198	9300	0,181	au-delà	
1400	0,274	3400	0,241	5400	0,217	7400	0,197	9400	0,180		
1500	0,272	3500	0,240	5500	0,216	7500	0,196	9500	0,179		
1600	0,270	3600	0,238	5600	0,215	7600	0,195	9600	0,178		
1700	0,268	3700	0,237	5700	0,214	7700	0,195	9700	0,178		
1800	0,266	3800	0,236	5800	0,213	7800	0,194	9800	0,177		
1900	0,264	3900	0,235	5900	0,212	7900	0,193	9900	0,176		

III. — Table pour l'application de la méthode de M. Lechalas.

E	V	Différ.	1/V	Différ.
0	1m,04		0,516	
		0m06		0,016
1	1,88		0,532	
		0,06		0,017
2	1,82		0,549	
		0,06		0,018
3	1,76		0,567	
		0,06		0,020
4	1,70		0,587	
		0,06		0,022
5	1,64		0,609	
		0,06		0,024
6	1,58		0,633	
		0,06		0,026
7	1,52		0,659	
		0,07		0,028
8	1,45		0,687	
		0,06		0,031
9	1,39		0,718	
		0,06		0,033
10	1,33		0,751	

E	V	Différ.	1/V	Différ.
10	1m,33		0,751	
		0m06		0,036
11	1,27		0,787	
		0,055		0,039
12	1,215		0,826	
		0,055		0,042
13	1,16		0,868	
		0,05		0,045
14	1,11		0,913	
		0,06		0,048
15	1,05		0,961	
		0,065		0,051
16	0,985		1,012	
		0,055		0,055
17	0,93		1,067	
		0,045		0,058
18	0,885		1,125	
		0,045		0,061
19	0,84		1,186	
		0,04		0,064
20	0,80		1,250	

E	V	Différ.	1/V	Différ.
20	0m,80		1,250	
		0m04		0,067
21	0,76		1,317	
		0,04		0,070
22	0,72		1,387	
		0,04		0,073
23	0,68		1,460	
		0,03		0,076
24	0,65		1,536	
		0,03		0,079
25	0,62		1,615	
		0,03		0,083
26	0,59		1,698	
		0,03		0,090
27	0,56		1,788	
		0,03		0,100
28	0,53		1,888	
		0,03		0,112
29	0,50		2,000	
		0,03		0,128
30	0,47		2,128	

IV. Table pour le cas des transports rapides

DÉCLIVITÉS	v		v'/v			DÉCLIVITÉS	v		v'/v		
	Rampes	Pentes	Rampes	Pentes	Moyenne		Rampes	Pentes	Rampes	Pentes	Moyenne
	m	m									
0,000	3,333	3,333	1,000	1,000	1,000	0,030	0,948		3,517		2,150
0,001	3,298	3,370	1,011	0,989	1,000	0,031	0,938		3,553		2,168
0,002	3,263	3,407	1,022	0,978	1,000	0,032	0,929		3,589		2,186
0,003	3,229	3,445	1,032	0,968	1,000	0,033	0,920		3,625		2,204
0 004	3,195	3,484	1,043	0,957	1,000	0,034	0,911		3,661		2,222
0,005	3,163	3,524	1,054	0,946	1,000	0,035	0,902		3,697		2,240
0,006	3,131	3,564	1,065	0,935	1,000	0,036	0,893		3,733		2,258
0,007	3,099	3,606	1,076	0,924	1,000	0,037	0,884		3,769		2,276
0,008	3,068	3,648	1,086	0,914	1,000	0,038	0,876		3,805		2,294
0,009	3,038	3,692	1,097	0,903	1,000	0,039	0,868		3,841		2,312
0,010	3,008	3,737	1,108	0,892	1,000	0,040	0,860		3,877		2,330
0,011	2,979	3,783	1,119	0,881	1,000	0,041	0,852		3,913		2,348
0,012	2,951	3,832	1,129	0,071	1,000	0,042	0,844		3,949		2,366
0,013	2,923	3,878	1,140	0,860	1,000	0,043	0,837		3,985		2,384
0,014	2,896	3,926	1,151	0,849	1,000	0,044	0,829		4,021		2,402
0,015	2,869	3,978	1,162	0,838	1,000	0,045	0,822		4,057		2,420
0,016	2,842	4,030	1,173	0,827	1,000	0,046	0,814		4,093		2,438
0,017	2,816	4,083	1,184	0,816	1,000	0,047	0,807		4,129		2,456
0,018	2,791	4,138	1,194	0,806	1,000	0,048	0,800		4,165		2,474
0,019	2,766	4,194	1,205	0,795	1,000	0,049	0,794		4,201		2,492
0,020	2,741		1,216		1,000	0,050	0,787		4,237		2,510
0,021	2,562		1,304		1,042	0,051	0,780		4,273		2,528
0,022	2,382		1,399		1,091	0,052	0,774		4,309		2,546
0,023	2,203		1,510		1,147	0,053	0,767		4,345		2,564
0,024	2,024		1,647		1,215	0,054	0,761		4,381		2,582
0,025	1,845		1,811		1,297	0,055	0,755		4,417		2,600
0,026	1,665		2,003		1,393	0,056	0,749		4,453		2,618
0,027	1,486		2,243		1,513	0,057	0,743		4,489		2,636
0,028	1,307		2,550		1,667	0,058	0,737		4,525		2,654
0,029	1,127		2,953		1,868	0,059	0,731		4,561		2,672
0,030	0,948		3,517		2,150	0,060	0,725		4,597		2,690

(Pentes de v : 4,252 — Pentes de v'/v : 0,784)

93. Application à un exemple. — Soient deux tracés figurés sur le plan, l'un en rouge, l'autre en bleu, et ayant les profils en long ci-après :

	Tracé rouge					Tracé bleu			
Numéros d'ordre des sections	Longueur	Déclivité	Montée	Descente	Numéros d'ordre des secteurs	Longueur	Déclivité	Montée	Descentes
	m		m	m		m		m	m
1	1.602	+0,05	80,10	»	1	1.805	+0,04	72,20	»
2	1.924	—0,015	»	28,86	2	1.410	—0,008	»	11,52
3	900	+0,045	40,50	»	3	153	»	»	»
4	105	+0,01	1,05	»	4	678	+0,04	27,12	»
5	450	—0,02	»	9,00	5	160	»	»	»
6	874	—0,025	»	21,85	6	1.375	—0,01	»	13,75
7	523	»	»	»	7	540	—0,004	»	2,16
8	1.275	+0,048	61,20	»	8	1.252	+0,03	37,56	»
9	87	»	»	»	9	266	»	»	»
10	2.019	—0,018	»	36,34	10	2.265	—0,01	»	22,65
Total.	9.759		182,85	96,05	Total.	9.934		136,88	50,08
Montée totale			86ᵐ,80		Montée totale			86ᵐ,80	

On supposera que le chargement est fixé d'avance à C = 2,5, en raison des habitudes du roulage local.

Les différentes méthodes exposées ci-dessous donnent pour les longueurs virtuelles les résultats suivants :

1° Méthode de Favier

Pour l'application de cette méthode, il suffit de multiplier la longueur de chaque section par le coefficient moyen qui se trouve dans la table I en regard de la déclivité de la section. Le tableau des calculs se dispose comme il suit :

Tracé rouge.   **Tracé bleu.**

Numéros des sections	Déclivités	Coefficients	LONGUEURS		Numéros des sections	Déclivités	Coefficients	LONGUEURS	
			Réelles	Virtuelles				Réelles	Virtuelles
1	0,050	2,740	1.602	4.389	1	0,040	2,103	1.805	3.796
2	0,015	1,190	1.924	2.290	2	0,008	1,068	1.440	1.538
3	0,045	2,398	900	2.158	3	0,000	1,000	153	153
4	0,010	1,097	105	115	4	0,040	2,103	678	1.426
5	0,020	1,308	450	589	5	0,000	1,000	160	160
6	0,025	1,452	874	1.269	6	0,010	1,097	1.375	1.508
7	0,000	1,000	523	523	7	0,001	1,022	540	552
8	0,048	2,598	1.275	3.212	8	0,030	1,624	1.252	2.033
9	0,000	1,000	87	87	9	0,000	1,000	266	266
10	0,018	1,258	2.019	2.540	10	0,010	1,097	2.265	2.485
		Totaux	9.759	17.272			Totaux	9.934	13.917

2o Méthode de M. Durand-Claye

Le chargement étant C $= 2,50$, la limite de pente à partir de laquelle l'effort du cheval devient nul, $i = \dfrac{f\,C}{1+C}$, est, pour $f = 0,03$, $i = 0,0214$.

La longueur virtuelle $\Lambda = L + \dfrac{1+C}{K+fC} \cdot \dfrac{H+H'}{2}$.

Pour $K = \dfrac{1}{7}$, on a : $\dfrac{1+C}{K+fC} = 16,066$.

Si l est la longueur d'une section où la déclivité h est moindre que i, la somme H + H' renferme un terme hl et un terme $- hl$ qui s'annulent ; il n'y a donc pas à tenir compte de cette section. Si h est $> i$, la section figure pour hl à la montée et pour $- il$ à la descente. Cette section figure donc pour $(h - i)\,l$ dans la somme H + H',

D'après ces remarques, le tableau des calculs peut se disposer comme il suit :

Tracé rouge.　　　　　　　　**Tracé bleu.**

Numéros des sections ou h > i	Déclivités h	h−i	Longueurs l	(h−i) l	Numéros des sections ou h > i	Déclivités h	h−i	Longueurs l	(h−i) l
			m	m				m	m
1	0,050	0,0286	1.602	45,817	1	0,040	0,0186	1.805	33,573
3	0,045	0,0236	900	21,240	4	0,040	0,0186	678	12,611
6	0,025	0,0036	874	3,146	8	0,030	0,0086	1.232	10,767
8	0,048	0,0266	1.275	33,915					
			$H \times H' =$	104,112				$H + H' =$	56,951
			$\frac{H+H'}{2} =$	52,059				$\frac{H+H'}{2} =$	28,470
		16,066 .	$\frac{H+H'}{2} =$	836			16,066 .	$\frac{H+H'}{2} =$	457
			$L =$	9.759				$L =$	9.934
			$\lambda =$	10.595				$\lambda =$	10.391

3° Méthode de M. Lechalas

Le chargement étant 2,5 par rapport au poids de l'attelage, on doit faire $C = 250$, quand on le rapporte au quintal vif. L'effort du quintal vif, sur une rampe de déclivité r est alors $E = 250 (f + r) + 100 r$, et, pour $f = 0,03$, $E = 7,50 + 350 r$. Dans les descentes dont la déclivité est supérieure à la limite $i = \dfrac{7,50}{350} = 0,0214$, on fera $E = 0$.

La vitesse sur palier répondant à cette charge, pour laquelle $E = 7,50$, est $v_0 = 1^m 155$.

Le tableau des calculs peut se disposer comme il suit :

Numéros des sections	Longueurs	Déclivités	E		$\frac{1}{v}$			θ
			à la montée	à la descente	à la montée	à la descente	Moyenne	
	m		k	k				s

Tracé rouge

Numéros des sections	Longueurs	Déclivités	à la montée	à la descente	à la montée	à la descente	Moyenne	θ
1	1.602	0,050	25,00	0,00	1,615	0,516	1,066	1.707
2	1.924	0,015	12,75	2,25	0,858	0,555	0,706	1.358
3	900	0,045	23,25	0,00	1,479	0,516	0,997	897
4	105	0,010	11,00	4,00	0,787	0,587	0,687	72
5	450	0,020	14,50	0,50	0,937	0,524	0,731	329
6	874	0,025	16,25	0,00	1,026	0,516	0,721	630
7	523	0,000	7,50	7,50	0,673	0,673	0,673	352
8	1.275	0,018	24,30	0,00	0,560	0,516	1,038	1.323
9	87	0,000	7,50	7,50	0,673	0,673	0,673	59
10	2.019	0,018	13,80	1,20	0,904	0,552	1,228	2.479
Totaux	9.759						θ =	9,206
							Aro θ =	14.315

Tracé bleu

Numéros des sections	Longueurs	Déclivités	à la montée	à la descente	à la montée	à la descente	Moyenne	θ
1	1.805	0,040	21,50	0,00	1,352	0,516	0,934	1.686
2	1.440	0,008	10,30	4,70	0,762	0,602	0,682	982
3	153	0,000	7,50	7,50	0,673	0,673	0,673	103
4	678	0,040	21,50	0,00	1,352	0,516	0,934	633
5	160	0,000	7,50	7,50	0,673	0,673	0,673	408
6	1.375	0,010	11,00	4,00	0,787	0,587	0,687	945
7	510	0,004	8,90	6,10	0,715	0,636	0,680	367
8	1.252	0,030	18,00	0,00	1,125	0,516	0,821	1.028
9	266	0,000	7,50	7,50	0,673	0,673	0,673	179
10	2.265	0,010	11,00	4,00	0,687	0,587	0,687	1.556
Totaux	9.934						θ =	7,567
							$A = v_0 \theta =$	11.767

4° Méthode pour les transports rapides

Le calcul se fait comme pour la méthode de Favier, mais en prenant les coefficients dans la table IV.

Tracé rouge   **Tracé bleu**

Numéros des sections	Déclivités	Coefficients	LONGUEURS		Numéros des sections	Déclivités	Coefficients	LONGUEURS	
			Réelles	Virtuelles				Réelles	Virtuelles
1	0,050	2,510	1.602	4.021	1	0,640	2,330	1.805	4.206
2	0,015	1,000	1.924	1.924	2	0,008	1,000	1.440	1.440
3	0,045	2,420	900	2.178	3	0,000	1,000	153	153
4	0,010	1,000	105	105	4	0,040	2,330	678	1.580
5	0,020	1,000	450	450	5	0,000	1,000	160	160
6	0,025	1,297	874	1.134	6	0,010	1,000	1.375	1.375
7	0,000	1,000	523	523	7	0,004	1,000	540	540
8	0,048	2,474	1.275	3.154	8	0,030	2,150	1.252	2.692
9	0,000	1,000	87	87	9	0,000	1,000	266	266
10	0,018	1,000	2.019	2.019	10	0,010	1,000	2.265	2.265
		Totaux	9.759	15.595			Totaux	9.934	14.677

Remarques. — Dans l'exemple choisi, toutes les méthodes concordent pour attribuer au tracé bleu une longueur virtuelle moindre qu'au tracé rouge. Il n'en est pas toujours ainsi et les résultats sont souvent discordants. C'est la conséquence de la divergence des principes sur lesquels sont basées les méthodes. Celle de Favier, où C = 5 dans tous les cas, favorise les tracés à faible pente ; la légitimité de son application aux cas où un chargement plus faible s'impose est d'ailleurs contestable. La méthode de M. Durand-Claye, où le travail passif, proportionnel à la longueur, tient une large place, avantage les tracés courts. Les résultats fournis par la méthode de M. Lechalas se rapprochent en grandeur de ceux des tables de Favier, mais l'influence des déclivités y est mieux équilibrée.

le chargement étant rationnel, soit qu'il soit connu d'avance, soit qu'il soit réglé sur les accidents du profil en long.

Il est évident que les conditions de tracé ne sont pas les mêmes pour les transports rapides que pour les transports lourds au pas.

La méthode de M. Durand-Claye conduit généralement à des longueurs virtuelles moindres que les deux autres. Il en résulte que, dans la comparaison économique (n° 89), l'influence des frais de construction et d'entretien est relativement plus marquée.

CHAPITRE V

RÉDACTION DES PROJETS

SOMMAIRE :

§ 1er

NOMENCLATURE ET DISPOSITION

DES PIÈCES D'UN PROJET

94. Préliminaires. — La rédaction des projets a pour objet de reproduire par le dessin les dispositions des tracés et les formes qu'il s'agit de substituer à celles du terrain naturel, d'indiquer la nature et les détails des ouvrages à exécuter, ainsi que la quantité des travaux, et enfin de faire connaître le montant des dépenses auxquelles leur exécution donnera lieu.

Les dessins et les pièces écrites qui composent un projet doivent être dressés avec grand soin et beaucoup de clarté. Un projet bien présenté est mieux accueilli que s'il est malpropre ou d'une intelligence difficile.

Ils doivent, en outre, être conformes à certaines règles conventionnelles, constituant une sorte de langage, au moyen duquel toutes les personnes appelées à examiner le projet peuvent s'entendre et qui évite bien des explications.

Ces règles sont tracées dans une circulaire du ministre des travaux publics en date du 14 janvier 1850, dont il est très important d'observer minutieusement les moindres détails. On va indiquer les plus essentielles de ces règles, en passant en revue les diverses pièces qui constituent un projet.

Parmi les pièces en question, il y en a qui ne figurent pas dans tous les projets ou qui n'y sont qu'à un état sommaire. Le développement qu'on leur donne dépend du but qu'on se propose. Lorsqu'on veut seulement savoir si le travail projeté est utile, s'il est d'exécution facile et s'il ne doit pas entraîner dans des dépenses excessives, ou comparer entre elles plusieurs solutions, on rédige un *avant-projet*, où l'on n'étudie que les points essentiels et où les calculs se font avec une approximation très large. Lorsqu'il s'agit, au contraire, d'arrêter tous les ouvrages, pour les soumettre à l'approbation des autorités compétentes, pour fixer le montant des fonds nécessaires à l'exécution, pour guider les entrepreneurs dans la marche des travaux, pour éclairer les particuliers sur les points où leurs intérêts sont en jeu, il faut alors un projet détaillé et très complet ; c'est le *projet définitif*.

Les avant-projets sont plus ou moins développés suivant le programme tracé dans chaque cas particulier, et suivant le temps et le personnel dont on dispose pour les établir. Les indications qui suivent se rapportent à un projet définitif complet.

95. Extrait de carte. — Cette pièce est destinée à faire concevoir les relations de la voie projetée avec l'ensemble de la contrée qu'elle traverse. On se sert habituellement des cartes gravées que publient les départements, ou mieux de celles du Dépôt de la guerre ou du Dépôt de la marine.

On y dessine à l'encre rouge le tracé adopté, et en encres de diverses couleurs, s'il y a lieu, les variantes qui auraient été étudiées. On en numérote les kilomètres ; on indique les principales altitu des ; on fait ressortir les cours d'eau par un liseré bleu ; on marque les limites des inondations et autres indications générales qui pourraient être utiles.

Les cartes sont ordinairement orientées de façon que la ligne Nord-Sud soit verticale. Si elles ne l'était pas, on y signalerait l'orientation par une flèche.

96. Plan général (fig. 42). — Il indique le détail du tracé et du territoire environnant, à une échelle plus grande, qui peut être de $\dfrac{1}{1000}$, $\dfrac{1}{2000}$, $\dfrac{1}{2500}$ ou $\dfrac{1}{40000}$.

Le tracé est figuré sur ce plan à l'aide d'un fort trait rouge, sur lequel on marque la position des piquets hectométriques et kilométriques et au besoin celles des piquets intermédiaires. Les kilomètres sont ordinairement numérotés en chiffres romains, et les hectomètres en chiffres arabes. Les piquets intermédiaires sont désignés par les lettres de l'alphabet. On inscrit le rayon des courbes de raccordement, les angles entre les alignements droits et la longueur des tangentes.

On complète le plan en y représentant en traits noirs les chemins existants, les habitations, les limites des propriétés, et en traits bleus les cours d'eau avec des flèches indiquant leur direction. On se procure ces renseignements sur les plans du cadastre déposés dans les mairies, où ils se trouvent avec une exactitude suffisante.

On reporte enfin sur le plan les limites des inondations, si on a pu les relever, les altitudes principales des points nivelés, et, s'il est possible, les courbes de niveau qui s'en déduisent.

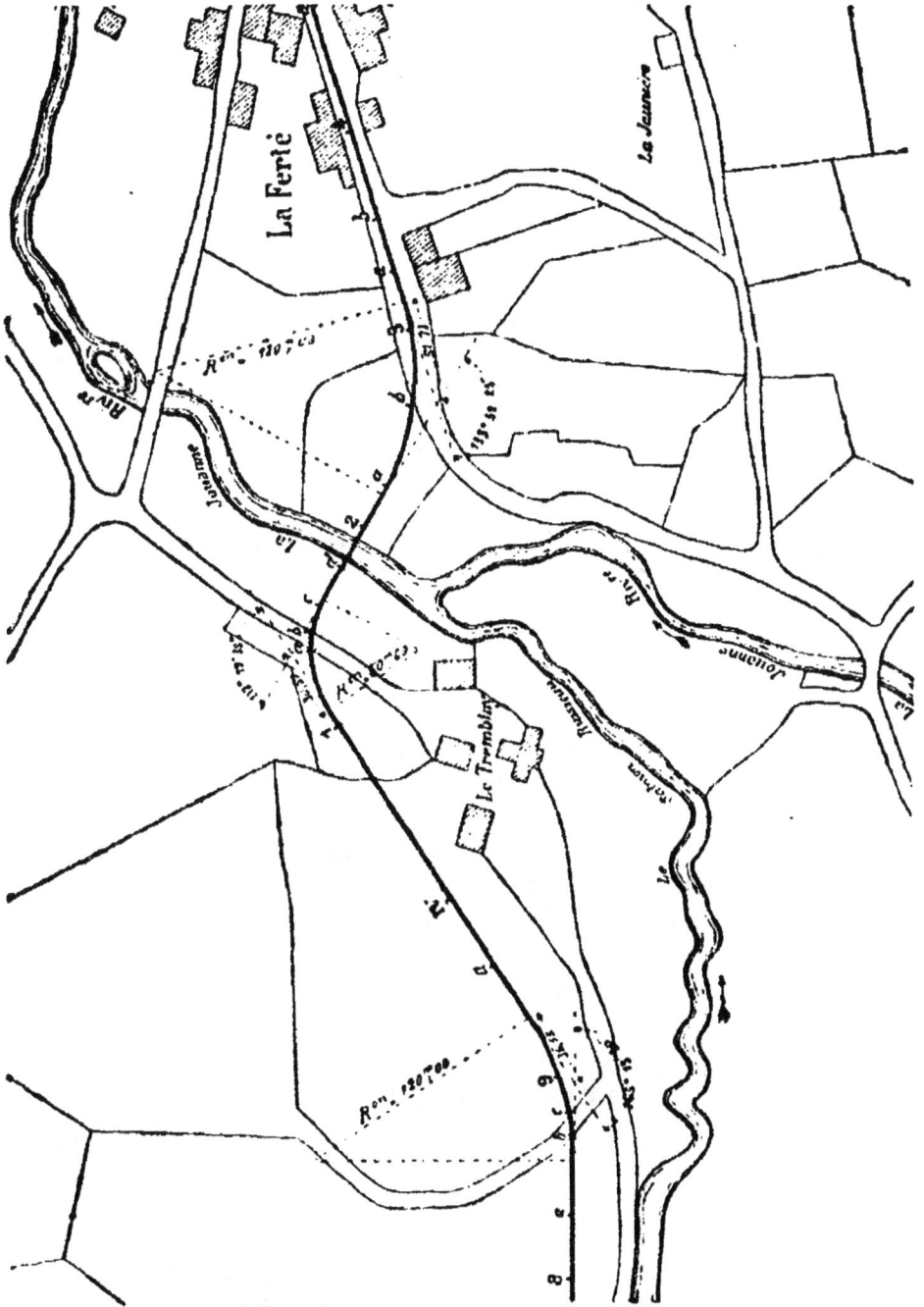

Fig. 42.

Afin que cette pièce soit maniable, on dessine le plan général sur une bande de papier de 0^m,31 de hauteur, que l'on plie par plis alternatifs de 0,21 de largeur.

Quand le tracé change de direction, il a une tendance à sortir de la bande. On l'y ramène, en laissant un onglet en blanc entre deux obliques MN, M' N' convenablement inclinées (fig. 43). En faisant un pli MN suivant une de ces obliques, un autre pli PQ vers le milieu de l'onglet on ramène le bord MN sur la ligne M'N' et, si on a eu soin d'orienter convenablement les deux portions

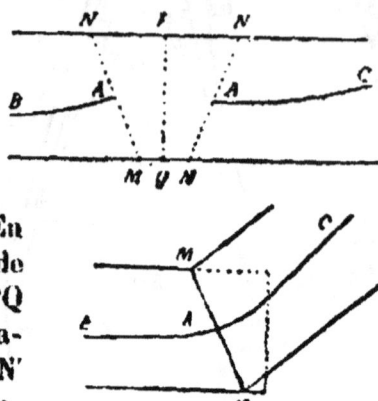

Fig. 43.

du plan, il se continue lorsqu'on a plié la bande comme il vient d'être indiqué.

97. Format des pièces et échelles. — Le format de 0^m,31 sur 0^m,21 n'est pas adopté seulement pour les plans ; il doit être appliqué à toutes les pièces des projets. Pour les pièces écrites, on ne se sert que de cahiers taillés sur ces dimensions ; pour les dessins, on prend des bandes de 0^m,31 de hauteur. Il est bien rare qu'on ne puisse y faire tenir les objets à représenter. Dans le cas d'une impossibilité absolue, comme il arrive pour les extraits de cartes et pour quelques grands ouvrages d'art exceptionnels, on fait des plis alternatifs de 0^m,21 de large sur toute la hauteur, et on rabat ensuite par plis alternatifs de 0^m,31.

Les échelles de tous les dessins doivent être décimales. c'est-à-dire que la fraction qui les exprime doit pouvoir se mettre sous forme d'une fraction décimale finie et non périodique. Les échelles s'expriment simultanément sous les deux formes, par exemple $\frac{1}{100}$ et 0,01.

98. Profil en long (fig. 44). — Il se dresse à la même échelle que le plan pour les longueurs, mais l'échelle des hau-

Profil en long.

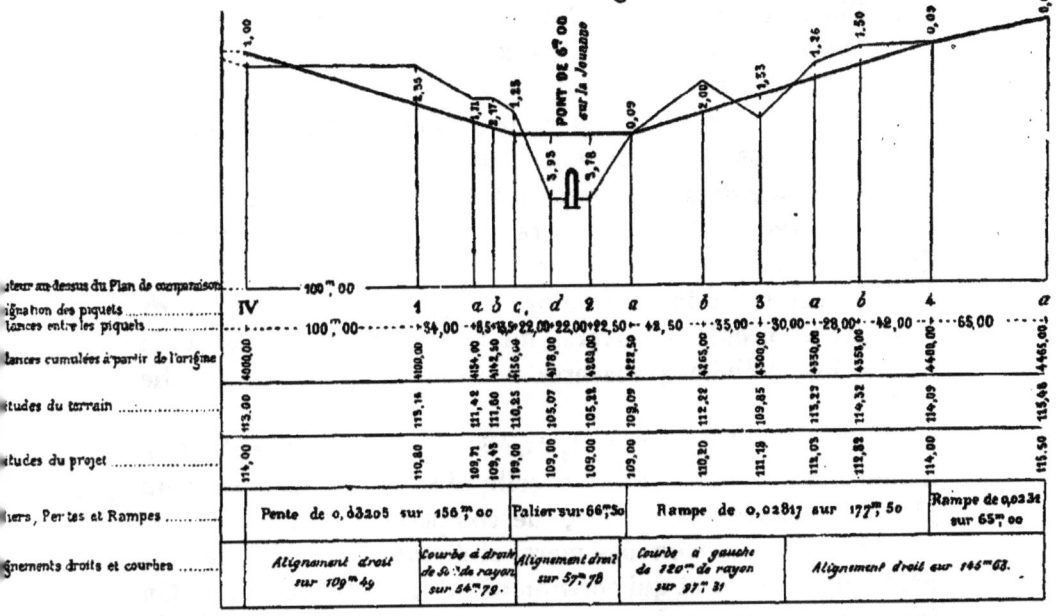

PONT DE 6ᵐ00 sur la Jouanne

1,00	2,35	3,71	3,85	3,95	3,78	0,05	2,00	1,33	1,26	1,50	0,03	0,01	

Hauteur au-dessus du Plan de comparaison 100ᵐ00

Désignation des piquets	IV	1	a	b	c	d	2	a	b	3	a	b	4	a
Distances entre les piquets		100ᵐ00	34,00	8,50	13,50	22,00	22,00	22,50	8,50	35,00	30,00	28,00	42,00	65,00
Distances cumulées à partir de l'origine	4000,00	4000,00	4034,00	4042,50	4056,00	4078,00	4100,00	4122,50	4165,00	4200,00	4350,00	4355,00	4400,00	4465,00
Altitudes du terrain	113,00	113,14	111,42	111,50	110,33	105,07	105,32	103,09	112,22	109,85	115,27	114,32	114,09	115,46
Altitudes du projet	114,00	110,80	109,71	105,45	109,00	109,00	109,00	105,00	110,20	111,19	111,05	112,33	114,00	115,50

Paliers, Pentes et Rampes	Pente de 0,03205 sur 156ᵐ00	Palier sur 66ᵐ50	Rampe de 0,02817 sur 177ᵐ50	Rampe de 0,0231 sur 65ᵐ00

Alignements droits et courbes	Alignement droit sur 109ᵐ49	Courbe à droite de 50ᵐ de rayon sur 54ᵐ79	Alignement droit sur 57ᵐ78	Courbe à gauche de 120ᵐ de rayon sur 97ᵐ31	Alignement droit sur 145ᵐ63

teurs est décuple. Il se dessine sur une bande de 0^m,31 de hauteur.

A 0^m,09 environ du bord inférieur, on trace une ligne de terre servant de plan de comparaison pour le profil, et on y indique son altitude. Au-dessous on marque la position de tous les piquets, en désignant les kilomètres par des chiffres romains, les hectomètres par des chiffres arabes, et les piquets intermédiaires par des lettres de l'alphabet, comme sur le plan.

Puis, on trace une série de parallèles formant des bandes où s'inscrivent les éléments du projet, savoir :

1° Distances entre les piquets ;

2° Distance cumulée de chaque piquet à l'origine ;

3° Cotes du terrain, pour chaque piquet ;

4° Cotes du projet   id.

5° Paliers, pentes et rampes du projet, avec indication de leurs déclivités et de leurs longueurs ;

6° Alignements droits, avec indication de leur longueur, et courbes, avec mention de leur rayon, de leur sens et de leur développement.

Quelquefois enfin, lorsqu'on ne juge pas à propos de dessiner les profils en travers, on inscrit, dans le bas de la bande, les déclivités transversales du sol, à droite et à gauche de l'axe.

Au droit de chaque piquet, on élève une ordonnée dont la hauteur représente à l'échelle celle du piquet au-dessus du plan de comparaison. Le plan de comparaison est ordinairement le niveau moyen des mers, et donne lieu à des ordonnées trop longues et qui sortiraient de la bande de 0^m,31. On les raccourcit toutes d'une quantité constante, qui est l'altitude de la ligne de terre, de façon qu'aucun des restes ne dépasse la hauteur disponible. Puis on réunit les extrémités des ordonnées par un trait de crayon continu, qui dessine le profil en long du terrain.

Il peut arriver que le profil ainsi tracé, après s'être maintenu dans le format de la bande sur une certaine longueur, s'élève ou s'abaisse ensuite en dehors de la hauteur disponible. On change alors l'altitude de la ligne de terre. Le profil

en long présente en ces points une sorte de cascade, le même
piquet se trouvant porté sur la même ordonnée à deux hauteurs différentes, comme dans la figure 45. Puis le profil en
long se continue par rapport à la nouvelle ligne de terre.

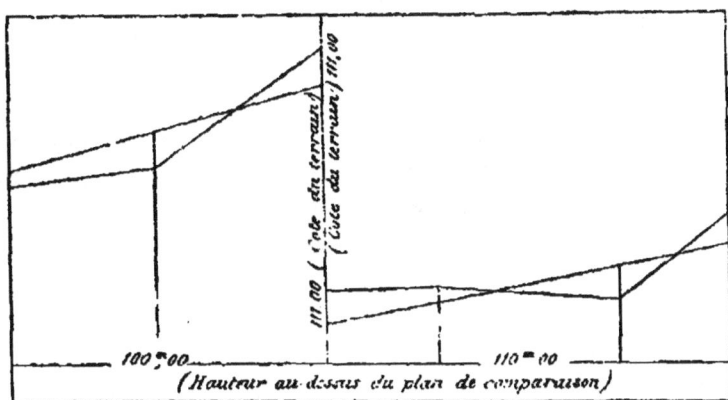

Fig. 45.

C'est sur ce profil qu'on étudie le profil en long définitif du
projet. Il reproduit à peu près le profil en long provisoire ; les
pentes et les rampes y sont sensiblement les mêmes, mais on
fixe avec plus de soin leur position moyenne par rapport au
terrain, mi-partie en dessus et mi-partie en dessous, suivant
les principes qui seront indiqués dans le paragraphe relatif à la
compensation (n° 147).

Quand le projet est arrêté, on teinte les surfaces comprises
entre les deux profils, en jaune pour les déblais et en rose pâle
pour les remblais. On passe alors la ligne du terrain à l'encre
noire et la ligne du projet à l'encre rouge ; les ordonnées sont
tracées en encre noire pâle.

On calcule exactement la déclivité de chaque pente ou
rampe en raison de sa longueur et de la différence de niveau
entre ses extrémités, et on en déduit la cote du projet pour
chaque piquet.

On complète alors les indications en bas du profil. Ces indications sont écrites en noir, lorsqu'elles sont relatives à des
données du terrain naturel, et en rouge quand elles se rapportent au projet.

On fait ensuite, pour chaque piquet, la différence entre la cote du terrain et celle du projet. Cette différence qui s'appelle la *cote rouge*, est inscrite tranversalement à l'encre rouge, *immédiatement au-dessus ou au-dessous de la ligne du terrain*, selon qu'elle correspond à un remblai ou à un déblai.

Les ouvrages d'art sont figurés sous forme d'une coupe longitudinale sommaire, et on inscrit, en dessus ou en dessous, leur nature et leur importance.

99. Profils en travers. — On se dispense quelquefois de dessiner les profils en travers. Mais on en représente toujours un type général qui accuse nettement les dispositions adoptées, savoir : la largeur de la chaussée, son bombement, son épaisseur en différents points, la forme de son encaissement, la largeur et la pente des accotements, l'inclinaison des talus, les dimensions des fossés, les dispositions des banquettes. Ce dessin se fait à l'échelle de $0^m,01$ $(\frac{1}{100})$ ou 0.02 $(\frac{1}{50})$. On représente plusieurs types, l'un pour les déblais en terre ordinaire, l'autre pour les déblais en rocher, un troisième pour les remblais, et davantage si c'est nécessaire. On y ajoute des figures de détail à plus grande échelle quand cela paraît utile.

On dessine ensuite les profils en travers successifs des terrassements tels qu'ils seront exécutés, c'est-à-dire avec une plateforme horizontale se terminant au fossé ou au talus de remblai (fig. 46). On ne se préoccupe pas de la chaussée, qui ne s'exécute qu'après coup dans un encaissement creusé sur cette plateforme horizontale.

Les profils en travers se rapportent quelquefois sur une bande de papier continue de $0^m,31$ de hauteur. Une ligne droite longitudinale représente le tracé supposé rectifié, et on y marque la position de chaque piquet par un point. Le profil en travers correspondant à ce piquet est rabattu sur le plan, en tournant autour de sa plateforme prise pour charnière, vers l'origine de la route.

Le plus habituellement, les profils en travers se dressent sur un cahier cousu du format de $0^m,31$ sur $0^m,21$. L'axe est représenté sur chaque page par une ligne verticale tracée au milieu de la feuille, et on y rattache plusieurs profils en travers,

PROFILS EN TRAVERS

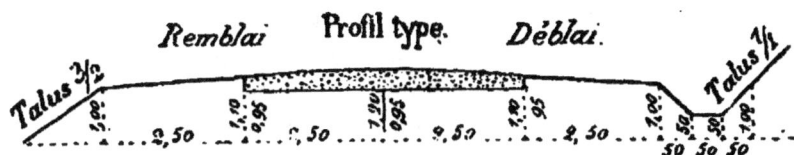

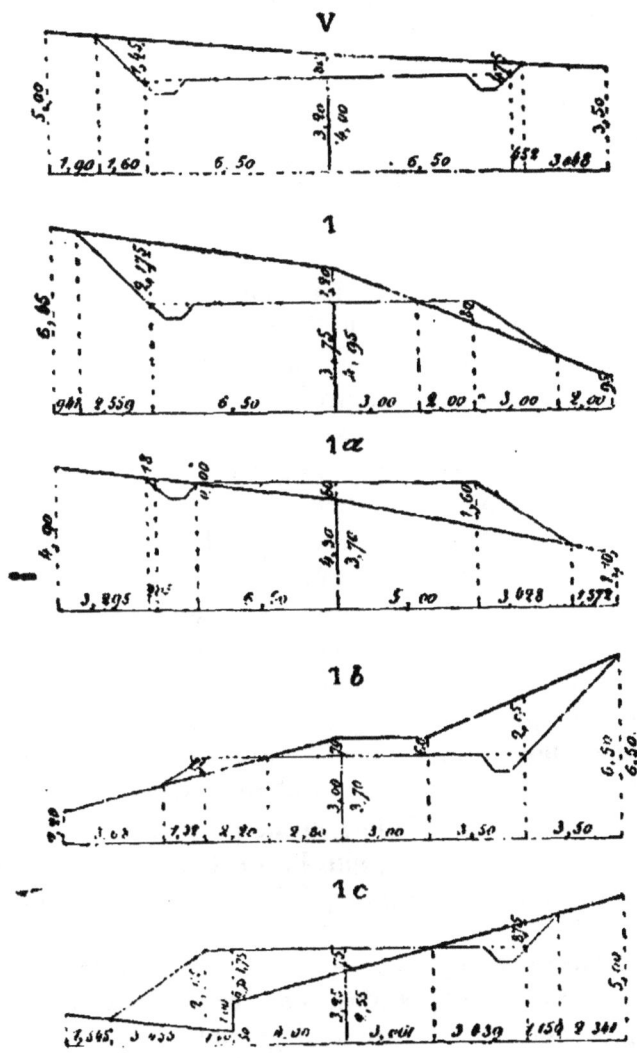

Fig. 46.

que l'on suppose rabattus vers la fin du tracé en tournant autour de leur plateforme.

Pour dessiner un profil en travers, on marque sur l'axe un point à la hauteur où il coupe le terrain naturel, et on dessine les formes de ce terrain à droite et à gauche de l'axe. Puis on marque un autre point à la hauteur où la plateforme doit être *exécutée au-dessus ou au-dessous du terrain*; on mène une horizontale à laquelle on donne la largeur de la plateforme, et on achève en traçant les fossés et les banquettes, s'il y en a, puis les talus.

L'échelle usuelle des profils en travers est $\frac{1}{200}$ (0,005), et quelquefois $\frac{1}{100}$ (0^m,01).

Comme les mêmes figures doivent être répétées à chaque instant, on abrège le travail en se servant de gabarits en bristol ou en zinc que l'on a exactement découpés suivant les divers types de profils en déblai et en remblai, et où l'on a tracé la direction de l'axe, c'est-à-dire, une verticale passant par le milieu de la plateforme. Pour dessiner un profil, on applique le gabarit sur le cahier de profils, en ayant soin de faire coïncider son axe avec la verticale tracée au milieu de la page, et de faire passer la plateforme du gabarit par le point marqué sur cette verticale où doit être établi le projet. Il n'y a plus qu'à suivre avec la pointe d'un crayon les contours du gabarit.

On teinte en jaune les surfaces de déblai et en rose pâle celle de remblai; puis on passe la ligne du terrain à l'encre noire, et celle du projet à l'encre rouge. On écrit enfin en noir les cotes du terrain, les longueurs et les pentes, et en rouge les cotes du projet.

On complète ordinairement le cahier de profils en travers, en inscrivant à côté de chacun d'eux l'aire de sa surface en déblai ou en remblai, la largeur de l'emprise et quelquefois le développement des talus, que l'on calcule par les méthodes qui seront indiquées au paragraphe suivant.

100. Ouvrages d'art. — Les ouvrages d'art sont dessinés sur des feuilles spéciales, à des échelles variables suivant leur importance et suivant le degré que l'on veut atteindre dans les détails ; mais ces échelles doivent toujours être déci-

males. On établit des plans, des coupes et des élévations, en
nombre suffisant pour en faire ressortir clairement toutes les
dispositions ; on y joint les tracés et épures qui seraient nécessaires. Il faut s'efforcer de faire rentrer les dessins dans le
format d'une bande de 0ᵐ,31, bien plus commode à consulter qu'une grande feuille ; cela est presque toujours possible,
à condition de donner les ensembles à petite échelle et les
détails de plus en plus minutieux à des échelles de plus en
grandes.

101. Devis et cahier des charges. — Cette pièce est
destinée à indiquer, par écrit, les dispositions générales et de
détail du projet, et les conditions techniques et administratives
dans lesquelles il doit être exécuté. Elle a spécialement pour
objet de lier les entrepreneurs qui se chargent de l'exécution.
Il est essentiel que tout y soit prévu et précisé, afin d'éviter les
contestations dans l'exécution des travaux ou le règlement des
comptes.

L'administration des travaux publics a fait dresser, en 1881,
un type de devis et cahier des charges, qui est destiné à servir de modèle pour la rédaction de cette pièce. Il est très utile
de se référer à ce type, mais il faut observer qu'il renferme le
plus souvent des articles qui ne sont pas applicables au projet
dont on s'occupe, car il embrasse la généralité des cas qui peuvent se présenter : on n'a donc pas à en reproduire tous les
articles. En outre, les progrès de l'art ont modifié quelques-
unes des pratiques qui y sont indiquées, notamment pour les
chaux et les ciments, et la rédaction des articles correspondants doit être changée. C'est un modèle à suivre, mais non
à copier servilement.

102. Avant-métré des travaux. — Cette pièce est destinée à faire connaître les quantités d'ouvrages de chaque nature qu'il y aura à exécuter.

Il se divise en trois sections, relatives, l'une aux terrassements, la seconde à la chaussée, la dernière aux ouvrages
d'art.

L'avant-métré des terrassements comprend la *cubature des*

terrasses et le *mouvement des terres*; la première partie indique le volume des terres à remuer, et l'autre les distances auxquelles s'effectueront les transports. Les méthodes employées pour ces calculs font l'objet du paragraphe suivant.

L'avant-métré des chaussées est des plus simples. On relève, sur le profil en travers type, les dimensions de la coupe transversale de la chaussée, et on en calcule l'aire. Il suffit de multiplier cette aire par la longueur totale de la route pour avoir le cube correspondant. On en déduit, d'après les principes qui seront exposés lorsqu'on traitera de la construction des chaussées, le volume des matériaux à fournir par mètre courant et pour la longueur totale.

L'avant-métré des ouvrages d'art se fait sur un tableau de forme spéciale et suivant des règles indiquées au § 1 du chap. viii, qui traite de la construction des ponceaux.

103. Bordereau des prix. — Il indique à quelle somme d'argent est évalué, par unité, par mètre linaire, par mètre carré, par mètre cube ou par kilogramme, chacun des éléments d'ouvrage qui figurent au détail estimatif.

Chaque élément d'ouvrage porte un numéro d'ordre sous lequel sont énumérées en détail les fournitures et les mains-d'œuvre qui sont comprises dans le prix. Il faut avoir grand soin de n'en omettre aucune.

Le prix est inscrit d'abord en toutes lettres, puis en chiffres. Il est évalué en francs et centimes.

Le bordereau est accompagné d'un autre cahier intitulé : *Renseignements sur la composition des prix*, où s'indique en détail la manière dont chacun d'eux a été calculé, et qui se divise en deux parties, les *bases* des prix et *l'analyse* des prix.

Les bases des prix comprennent : 1° les valeurs attribuées à la *journée* ou à l'*heure* de travail des ouvriers et des tombereaux destinés aux transports, ou à la location des engins ou appareils qui peuvent être demandés aux entrepreneurs ; 2° les formules suivant lesquelles sont calculés les prix de *transport* des divers matériaux suivant la distance.

Dans l'analyse des prix, on indique, pour chaque élément d'ouvrage, les quantités de fournitures et de mains-d'œuvre prévues, et le prix d'unité applicable à chacune d'elles. Les produits des quantités par les prix d'unité sont inscrits dans une colonne, et totalisés. On ajoute à ce total un vingtième pour outils et faux frais, et à la somme ainsi obtenue, un dixième pour le bénéfice de l'entrepreneur. Le total est le prix définitif à inscrire au bordereau.

On est souvent conduit, dans l'analyse des prix, à évaluer des éléments d'ouvrages ou des fournitures qui ne figurent pas au bordereau, et qui sont seulement utiles pour servir de base à l'évaluation d'autres articles. Aussi cette pièce a généralement plus de numéros que le bordereau. On ne s'assujettit pas à faire correspondre dans les deux pièces les numéros qui se rapportent à la même nature d'ouvrage, et on adopte une série indépendante de numéros pour chacune d'elle.

Le bordereau ne doit présenter que les prix qui reçoivent une application dans le détail estimatif. Toutefois on y ajoute, à titre de renseignement, les formules de transport, et le prix des matériaux à pied d'œuvre avant emploi.

104. Détail estimatif. — Le détail estimatif est la pièce où l'on calcule la dépense prévue tant pour chaque partie du projet que pour son ensemble. On y énumère les différents ouvrages et on inscrit à côté de chaque article la quantité donnée par l'avant-métré et le prix de l'unité pris au bordereau. Le produit donne la dépense pour cet article. On fait un total pour chaque ouvrage et un autre pour chaque section de l'avant-métré. Le total général indique la somme à laquelle est évalué le projet.

A cette somme s'en ajoute une autre, appelée *somme à valoir* ; elle est destinée à couvrir les dépenses des ouvrages oubliés ou non prévus, et les excédents auxquels donnent lieu les travaux qu'il est impossible d'évaluer exactement à l'avance.

Les travaux de terrassements donnent lieu à peu d'imprévu. Ils se règlent d'après les nombres trouvés à l'avant-métré, que l'entrepreneur est appelé à vérifier avant de se mettre à l'œuvre, et auxquels il ne peut ensuite réclamer aucune modification. Toutefois, lorsqu'il y a des déblais de diverse nature, par exemple, du rocher et de la terre ordinaire, il peut arriver qu'en cours d'exécution on constate la nécessité de modifier la répartition des déblais entre ces diverses classes, et les prévisions peuvent devenir insuffisantes.

Les ouvrages d'art considérables, comme les grands ponts, renferment souvent des causes importantes d'incertitude. On peut être conduit à changer le système de fondation projeté, et les travaux qu'exigent ces fondations, notamment l'épuisement des eaux, sont essentiellement aléatoires. Il y a donc lieu de réserver une somme à valoir en rapport avec les difficultés qui peuvent se présenter.

La pratique seule peut guider dans l'évaluation de cet élément de la dépense. Chaque ingénieur la fixe en raison des circonstances et de l'expérience qu'il a pu acquérir.

En moyenne, on estime que, sur un projet de quelque étendue, renfermant des ouvrages d'art et des terrassements, la somme à valoir doit s'élever à un dixième environ du montant des dépenses prévues, si le projet a été bien étudié. Elle doit être d'autant plus élevée que l'étude a été moins approfondie.

105. Plans et tableaux parcellaires. — Le plan parcellaire a pour objet d'indiquer très exactement les parcelles de terrain qui doivent être incorporées au domaine public par suite de l'exécution du projet. Il demande à être dressé avec un soin tout particulier : non pas qu'on en puisse déduire une évaluation exacte des dépenses de ce chef, car les indemnités sont réglées par des jurys d'expropriation, qui n'ont pas de règles fixes et allouent souvent bien au-delà des estimations les plus largement calculées ; mais parce qu'il s'agit ici d'une atteinte portée au droit de propriété, et qu'il importe de la restreindre au strict nécessaire.

Le plan parcellaire doit donc être dressé spécialement. Il ne suffit pas de reporter le tracé et les largeurs à occuper sur les plans du cadastre, qui ne sont pas assez exacts. Il faut se rendre sur le terrain, muni d'un calque des plans cadastraux, à titre de renseignement, et on lève la position et la direction des limites de toutes les parcelles atteintes par le projet.

Sur ce plan, dont l'échelle est fixée à 0^m.001 par mètre $\frac{1}{1.000}$, on figure le tracé et la position des piquets. Au droit de chacun d'eux, on marque la largeur d'emprise, fournie par les cahiers de profils en travers, et on réunit les extrémités de ces largeurs par un trait rouge, qui limite, sous forme d'une ligne brisée, la surface du terrain à occuper. Il ne reste plus qu'à calculer la fraction de chaque parcelle englobée dans cette surface. Lorsqu'entre deux profils il y a passage du déblai au remblai, on détermine ce qu'on appelle la ligne de passage, c'est-à-dire l'intersection entre le terrain naturel et le projet (n° 112), afin de délimiter exactement les surfaces occupées. Toutefois, on ne tient compte de la ligne de passage que si les terrassements sont considérables et si les terrains ont une grande valeur; dans la plupart des cas, on se contente de réunir par une ligne droite les extrémités des largeurs d'emprise correspondant aux deux profils, sans se préoccuper de ce qu'ils sont de nature différente.

Un plan spécial doit être dressé pour chaque commune traversée, parce que ces plans sont soumis à des enquêtes, qui ont lieu aux chefs-lieux des communes.

Chaque parcelle reçoit un numéro d'ordre en rouge. Puis on y inscrit en noir la lettre de la section du cadastre à laquelle elle appartient, le numéro qu'elle a dans cette section, le nom du propriétaire, la dénomination locale ou vulgaire sous laquelle elle peut être connue, le genre de culture auquel elle est affectée. On y ajoute la contenance de la partie à exproprier, et celle de la fraction restée en dehors, quand celle-ci est de peu d'importance, car on peut être obligé de l'acquérir.

A l'appui du plan parcellaire, se dresse un état ou tableau des indemnités à payer, sur lequel on reporte d'abord toutes les indications du plan. Les noms des propriétaires sont ceux qui figurent à la matrice cadastrale. On inscrit, en outre, ceux des propriétaires actuels, qui peuvent être différents si les mutations ne sont pas à jour, puis les noms des locataires ou fermiers, s'il y en a. A côté de la superficie des parcelles, on met leur valeur par hectare, et le prix qui en résulte. On y ajoute, s'il y a lieu, le montant des indemnités accessoires pour dépréciation de propriété, pour abattage d'arbres, pour murs à reconstruire, etc...

Ces pièces sont minutieuses et longues à dresser, et n'ont d'utilité que pour l'expropriation elle-même. Elles ne font pas partie des projets proprement dits, et on s'en occupe seulement lorsque les projets sont approuvés et que l'exécution en est décidée.

Pour les projets, on se contente de faire un avant-métré des surfaces d'emprise, sans les diviser en parcelles, et d'y appliquer le prix moyen des terrains de la contrée. Dans les prévisions de dépense, il convient d'ailleurs d'y ajouter une somme à valoir considérable, pour tenir compte des habitudes des jurys d'expropriation.

Il n'y a pas, dans le cahier de l'avant-métré, de tableau préparé pour ce calcul. Il se fait à part, et s'annexe au mémoire ou rapport, pour justifier la dépense que l'on présume devoir être ajoutée au détail estimatif pour tenir compte des acquisitions de terrains.

106. Mémoire. — A l'appui de tout projet l'ingénieur dresse un *mémoire* ou *rapport*, qui fait connaître les principaux résultats auxquels il est parvenu, et justifie les dispositions proposées, tant pour l'ensemble que pour les détails. S'il a étudié plusieurs tracés, il les discute, compare leur valeur relative et conclut.

Tout cela doit être présenté avec la plus grande clarté, mais sans qu'aucun point de vue soit négligé. Si l'on juge à propos de faire des calculs ou des recherches statistiques ou mathématiques, on ne les introduit pas dans le mémoire, mais on les rejette à la fin sous forme de notes ou de tableaux annexes.

107. Bordereau et titres. — Chaque série de pièces appartenant à un même projet est renfermée dans une chemise, intitulée *bordereau*, sur laquelle on reproduit le titre de chaque pièce, avec un numéro d'ordre.

Le *titre* de chaque pièce doit parfaitement concorder avec l'inscription faite au bordereau. Il doit être écrit avec le plus

grand soin sur la première feuille, qui est laissée en blanc à
cet effet. Si la pièce est un dessin dont le format dépasse 0^m,31,
on fait le titre sur une feuille de retombe, dont le bord est
collé au bas de la marge de gauche de la feuille.

Le titre doit rester apparent quand la feuille est déve-
loppée.

Toutes les feuilles de titre sont datées et signées par les auteurs des projets.

§ 2

CUBATURE DES TERRASSES

108. Entreprofils. — Pour obtenir le volume des terrassements d'un projet, on le divise en solides partiels compris
chacun entre deux profils en travers consécutifs. Ces solides
s'appellent des *entreprofils*.
Si l'on considère l'un d'eux,
par exemple un entreprofil en
remblai (fig. 47), on voit qu'il
est limité par :

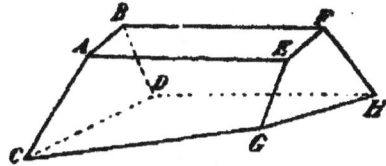

Fig. 47.

1° Les deux profils en travers ABCD, EFGH, qui sont
des plans verticaux ;

2° La surface du projet, qui se compose d'une série de plans
savoir : la plateforme ABEF, les talus AECG, BFDH, auxquels il faudrait ajouter les parois du fossés dans les déblais ;

3° La surface du terrain naturel CDGH, qui est ondulée et
sans définition géométrique.

On y supplée par la convention suivante : Si l'on considère (fig. 48) quatre points M, N, P, Q, choisis parmi ceux

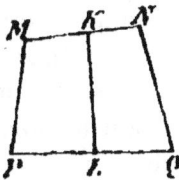

Fig. 48

qui définissent les profils en long et en
travers, tels par conséquent qu'il y ait en
chacun d'eux changement dans le sens ou
la déclivité de la pente du sol, mais que
les droites qui les joignent se trouvent
exactement appliquées sur le sol, on admet que la surface de ce quadrilatère

gauche est engendrée par une droite KL qui s'appuie constamment sur deux côtés opposés en divisant les longueurs de ces côtés en parties proportionnelles, en sorte que l'on ait

$$\frac{KM}{KN} = \frac{LP}{LQ}.$$

109. Méthode exacte. — Grâce à cette convention, il est facile d'évaluer le volume de l'entreprofil.

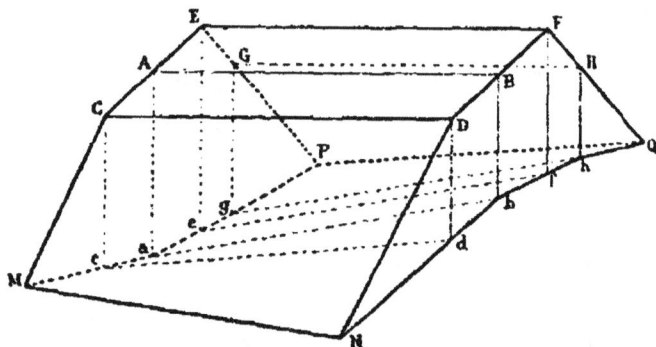

Fig. 48.

Soit un entreprofil en remblai (fig. 48) terminé par deux profils en travers, coupant le terrain suivant les lignes MaP et NbbQ ; soit AaBb l'axe du tracé, et CEFD la plateforme du remblai ; les talus sont CDMN et EFQP. Dans chachundes profils en travers, on mène des verticales Cc, Aa, Ee ; Dd, Bb, Ff. Hh par tous les sommets des lignes brisées du terrain ou du projet. et l'on mène par ces verticales des plans verticaux parallèles à l'axe, CcDd, AaBb. EeFf. GgHh. Le solide se trouve ainsi divisé en solides partiels, ayant tous la forme de troncs de prismes quadrangulaires, EegGHhfF par exemple, à arêtes verticales, terminés, d'un côté par une base plane, EGHF. de l'autre côté par le terrain assimilé à une surface gauche, eghf. Une ou plusieurs des arêtes verticales peuvent être nulles, comme au pied des talus, mais la définition du solide, CMcdDN par exemple, reste la même, sauf à substituer la valeur zéro à la longueur des arêtes nulles.

Le volume d'un tel solide partiel s'évalue comme il suit :

Supposons-le représenté par les procédés de la géométrie descriptive (fig. 49). Soient : A, B, C, D les points où les arêtes percent le plan horizontal, et $A'\alpha = a$, $B'\beta = b$, $C'\gamma = c$, $D'\delta = d$ les arêtes verticales, $\alpha\beta\gamma\delta$ étant la base plane, et A'B'C'D' la base dont la surface est gauche.

Si l'on joint successivement les deux sommets opposés de

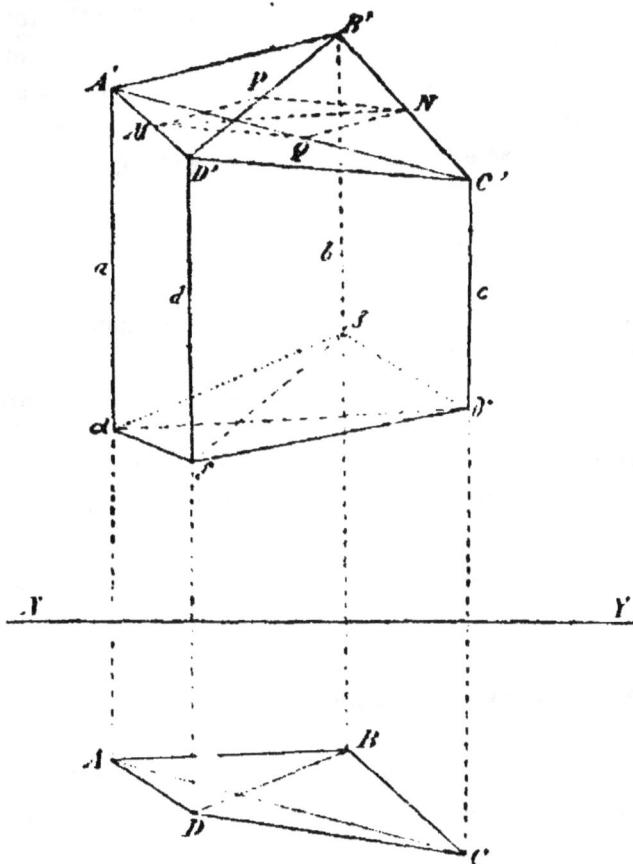

Fig. 49.

la surface gauche par des lignes droites, A'C' et B'D' ces lignes ne font pas partie de la surface, et sont placées l'une au-dessous, l'autre au-dessus. Les plans diagonaux menés par ces lignes et par les arêtes correspondantes déterminent chacun un système de deux prismes triangulaires, B'D'α avec B'D'γ d'une part, et A'C'β' avec A'C'δ d'autre part. Le volume d'un de ces systèmes diffère du volume de l'autre d'une quantité égale au tétraèdre A'B'C'D'.

Or, la surface gauche divise ce tétraède en deux parties équivalentes. En effet, si par un point M de l'arête A'D' on mène un plan parallèle aux deux côtés A'B' et D'C', il dessine sur les faces du tétraèdre un quadrilatère MPNQ qui est un parallélogramme, MP et QN étant parallèles à A'B', et MQ et PN parallèles à C'D'. La diagonale MN, qui coupe le parallélogramme en deux parties égales, appartient à la surface gauche ; car, à cause du parallélisme des lignes :

$$\frac{A'M}{D'M} = \frac{A'Q}{C'Q} = \frac{B'N}{C'N}.$$

La différence entre les volumes des deux systèmes de prismes triangulaires déterminés par les deux plans diagonaux est donc divisée en deux parties égales par la surface gauche du terrain. Donc le solide à évaluer est la moyenne arithmétique entre ces deux volumes.

Ce résultat peut s'exprimer algébriquement par une formule facile à retenir, car on a, en vertu de qui précède ;

$$V = \frac{1}{2}\left(ABC\frac{a+b+c}{3} + BCD\frac{b+c+d}{3} + CDA\frac{c+d+a}{3}\right.$$
$$\left. + DAB\frac{d+a+b}{3}\right).$$

Cette méthode porte le nom de *méthode exacte*.

110. Cas particuliers. — La formule ci-dessus se simplifie, quand le quadrilatère ABCD est dans un cas particulier.

Si c'est un trapèze. AD et CB étant les côtés parallèles, ABC = BCD et CDA = DAB. La formule se réduit à :

$$V = ABC\frac{a+2b+2c+d}{6} + CDA\frac{2a+b+c+2d}{6}.$$

Si c'est un parallélogramme de surface S, on a ABC = BCD = CDA = DAB, et

$$V = ABC\frac{a+b+c+d}{2} = S\frac{a+b+c+d}{4}.$$

Enfin le quadrilatère peut se réduire à un triangle ; ce cas se ramène à celui du trapèze. Si on suppose, par exemple, que le point D vienne à se confondre avec le point A, on fera $d = a$ et CDA $= o$, et on aura, en appelant S la surface du triangle :

$$V = S \frac{a+b+c}{3}$$

ce qui est précisément la formule du tronc de prisme triangulaire.

Il peut arriver, d'ailleurs, ainsi qu'il a déjà été vu, qu'une ou plusieurs des arêtes a, b, c, d, soient nulles.

Dans l'exemple de la figure 48, il y a 5 solides partiels. Les extrêmes ont pour projections des trapèzes, et deux de leurs arêtes sont nulles. Les trois autres ont chacun 4 arêtes, et leur projection est un rectangle. Les hauteurs des arêtes Aa, Bb, etc. sont données par les profils en travers, et les dimensions horizontales se trouvent sur le plan.

Si les profils en travers sont en déblai, on mène des plans verticaux par les arêtes des fossés, ou bien on peut faire abstraction des fossés et ajouter après coup leur volume, qui est égal à la longueur de l'entreprofil multipliée par la section constante du fossé.

Si les deux profils en travers ne sont pas de même nature, que l'un soit en déblai, l'autre en remblai, ou bien qu'il y ait à la fois déblai et remblai sur l'un d'eux, l'évaluation des cubes se complique. L'entreprofil comprend à la fois des déblais et des remblais, qu'il faut évaluer séparément. Mais pour cela, il faut d'abord les distinguer sur le plan et y tracer la *ligne de passage*, c'est-à-dire l'intersection du projet avec le terrain naturel, qui laisse les déblais d'un côté et les remblais de l'autre.

114. Ligne de passage. — La figure 50 donne l'épure d'une ligne de passage, comprise entre deux profils en travers I et III, l'un en déblai, l'autre en remblai, et rencontrant le profil intermédiaire II en un point O. Les profils ont été rabattus autour de la plateforme des terrassements. Pour obtenir un point quelconque de la ligne de passage, on fait une

ÉPURE D'UNE LIGNE DE PASSAGE

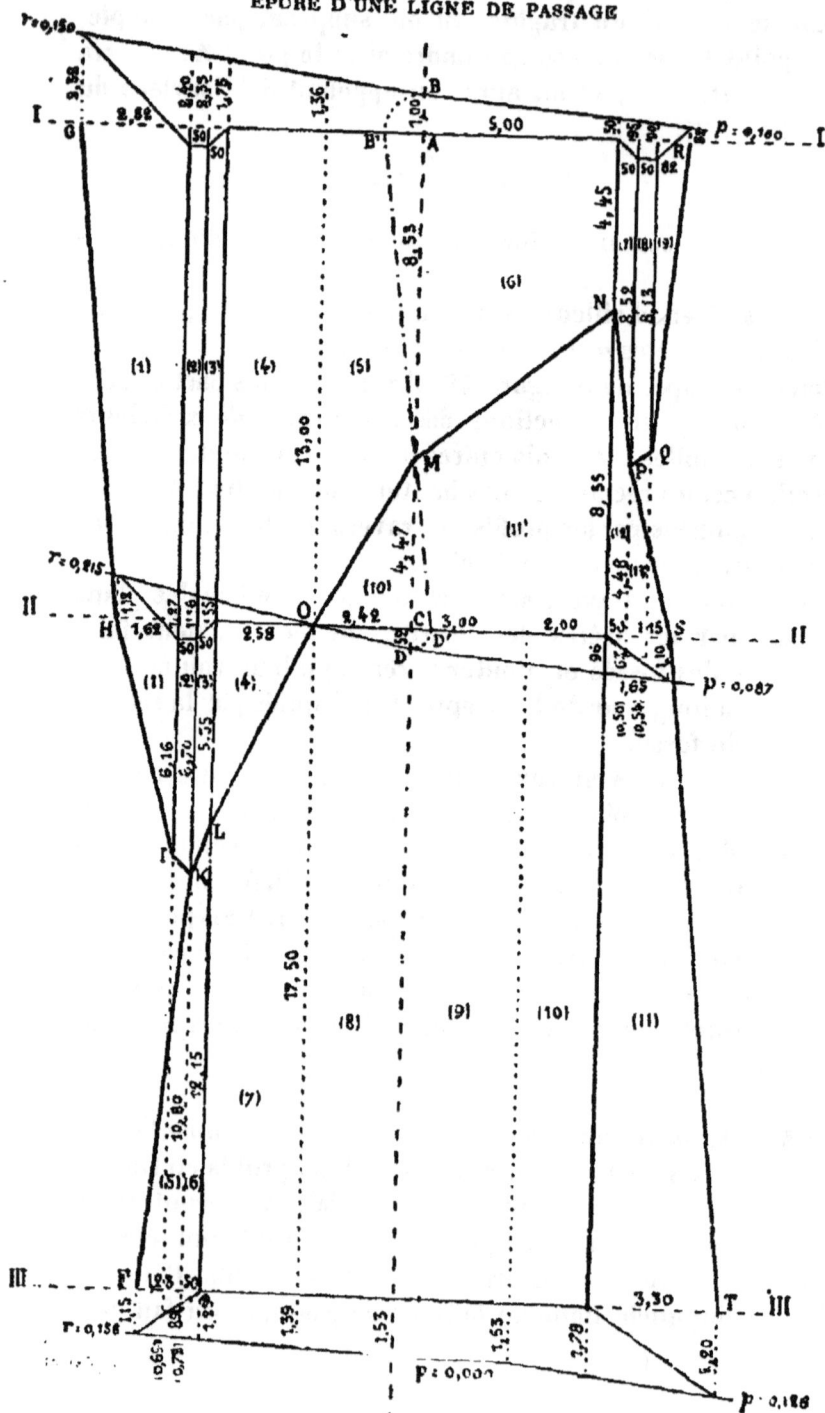

Fig. 50.

section par un plan vertical parallèle à l'axe, et on rabat ce plan
sur la figure en le faisant tourner autour de son intersection
avec le projet, que l'on suposera horizontale pour plus de simplicité. Ainsi pour avoir le point M de la ligne de passage qui
est sur l'axe, on mène par cet axe un plan vertical que l'on fait
tourner autour de la ligne AC prise comme charnière. Dans le
rabattement, le point B vient en B' et le point D en D', et B'D'
est le rabattement de l'intersection du terrain naturel avec le
plan d'intersection.

Les deux lignes AC et B'D' se coupent en un point M qui
appartient à la ligne de passage.

Tous les points de la ligne de passage se trouveraient de la
même façon. Mais, comme cette ligne est une ligne brisée dont
les éléments peuvent être considérés comme des droites, il
suffit d'en chercher les sommets.

Au lieu d'avoir recours à une construction géométrique
pour obtenir les points de la ligne de passage, il est préférable d'employer le calcul. Les distances du point M aux
deux profils en travers sont entre elles comme les hauteurs
AB et CD, c'est-à-dire comme les cotes rouges de déblai et
de remblai qui se correspondent. Si donc on appelle h et h' ces
deux cotes rouges, l la longueur de l'entreprofil, et x la distance du point cherché à l'un des profils en travers, on a
$$x = l\frac{h}{h+h'}.$$ Ce calcul est plus exact et plus sûr que le dessin ;
car les épures s'embrouillent rapidement quand le nombre des
plans rabattus augmente, et les lignes s'y coupent sous des
angles tellement aigus que le point d'intersection est très
incertain.

Si le tracé était en pente, la solution serait la même comme

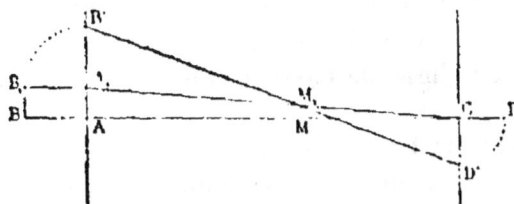

Fig. 51.

le montre la figure 51, où l'on a supposé le terrain en pente de A vers C, et la rotation faite autour de l'horizontale du point C. Le rapport $\dfrac{AM}{MC}$ reste le même.

Remarques. — 1° Du côté du déblai, il y a un fossé dont le talus intérieur est dressé à 45°, tandis que le talus de remblai qui lui fait suite est à 3 de base pour 2 de hauteur. On ne passe pas d'un talus à l'autre par une saillie brusque qui aurait l'inconvénient d'obstruer partiellement le fossé. On conserve le talus de 45°, même pour le remblai, dans toute la partie LK ou NP où il y a un fossé.

Quand la hauteur du remblai devient supérieure à la profondeur du fossé, celui-ci disparaît ; on diminue alors progressivement la pente du talus de remblai, de façon qu'elle reprenne sa valeur normale, 3 de base pour 2 de hauteur, à une distance donnée. Dans cette partie transitoire, le talus est une surface gauche, dont la génératrice se meut en s'appuyant constamment sur le bord de la plateforme, et en restant toujours dans un plan perpendiculaire à l'axe, avec une déclivité qui décroît progressivement.

Pour faire l'épure de la ligne de passage aux abords du fossé, on cherche l'intersection du talus intérieur et du plafond du fossé avec le terrain naturel. On la trouve facilement en figurant sur le profil en remblai un fossé fictif indiqué en pointillé sur la figure 50. Cette intersection se projette en IKL ou NPQ. On joint le point K ou P au point du pied du talus de remblai choisi comme limite de la surface gauche. Sur la figure ce point a été supposé sur le profil même, en F ou en R.

2° Lorsque les lignes de passage sont tracées, l'entreprofil se trouve divisé en solides partiels calculables par la méthode exacte. Ces solides ont des arêtes nulles en tous les points où ils touchent la ligne de passage. Le calcul s'en fait alors simplement.

3° Dans les parties en courbe, l'épure de la ligne de passage se fait de la même manière. Seulement les intersections du terrain naturel et du projet s'obtiennent, non par des plans, mais par des cylindres verticaux parallèles à l'axe.

Si l'on a recours au calcul, il reste le même que dans les parties droites, mais la longueur *l* de l'entreprofil est variable et augmente à mesure que les cylindres d'intersection s'éloignent du centre de la courbe.

112. Disposition des calculs. — Les calculs peuvent se disposer comme dans le tableau ci-dessous, qui s'applique à l'exemple de la figure 50.

DÉSIGNATION			NATURE de la projection	DIMENSIONS réduites			VOLUMES			
les entreprofils	des solides partiels						DE DÉBLAI		DE REMBLAI	
				Longueur	Largeur	Hauteur	par solide partiel	par entreprofil	par solide partiel	par entreprofil
				m	m	m	m c	m c	m c	m c
I — II	1		Trapèze...	13,00	1,41	1,01	18,51			
				13,00	0,81	0,82	8,63			
	2		Rectangle.	13,00	0,50	1,79	11,64			
	3		Id.	13,00	0,50	1,45	9,43			
	4		Id.	13,00	2,58	0,92	30,86			
				13,00	1,21	0,62	9,75			
	5		Trapèze...	8,53	1,21	0,56	5,78			
				8,53	2,50	0,42	8,96			
	6		Id.	4,45	2,50	0,33	3,67			
				4,45	0,25	0,38	0,37			
	7		Id.	8,52	0,25	0,40	0,85			
				8,52	0,25	0,47	1,00			
	8		Id.	8,13	0,25	0,46	0,93			
				8,13	0,41	0,30	1,00			
	9		Triangle..	4,47	1,21	0,17				
	10		Id.	4,47	2,50	0,33			0,92	
	11		Trapèze...	8,55	2,50	0,41			3,69	
				8,55	0,25	0,43			8,76	
	12		Id.	4,48	0,25	0,38			0,92	
	13		Triangle..	4,48	0,58	0,37			0,43	
									0,96	
			TOTAUX.....					101,38		45,68
II — III	1		Triangle..	6,16	0,81	0,42	2,10			
				6,16	0,25	0,62	0,95			
	2		Trapèze...	6,70	0,25	0,60	1,01			
			à reporter....				4,06	101,38		45,68

DÉSIGNATION des entreprofils	des solides partiels	NATURE de la projection	DIMENSIONS réduites			VOLUMES			
						DE DÉBLAI		DE REMBLAI	
			Longueur	Largeur	Hauteur	par solide partiel	par entreprofil	par solide partiel	par entreprofil
			m	m	m	m.c.	m c	m c	m c
		Reports				4,06	101,38		15,68
	3	Trapèze . . . {	6,70	0,25	0,48	4,06			
			5,35	0,25	0,38	0,80			
	4	Triangle . .	5,35	1,29	0,18	0,51			
	5	Id.	10,80	0,62	0,38	1,24			
	6	Trapèze . . . {	10,80	0,25	0,51			2,54	
			12,45	0,25	0,57			1,38	
	7	Id.	12,45	1,29	0,65			1,73	
			17,50	1,29	0,67			10,49	
	8	Rectangle .	17,50	2,42	0,86			15,13	
	9	Id.	17,50	3,00	1,09			36,42	
	10	Id.	17,50	2,00	1,26			57,23	
	11	Trapèze . . . {	17,50	0,83	0,52			7,55	
			17,50	1,65	0,71			20,50	
		TOTAUX					6,61		196,77
		TOTAUX pour les deux entreprofils					107,99	212,45	

118. Inconvénients de la méthode exacte. — Cette méthode permet de calculer les volumes de terrassements avec précision. Mais elle est d'une application longue et pénible, surtout lorsqu'il y a des lignes de passage. Il faut avoir constamment sous les yeux les formules, afin de choisir celle qui convient à chaque solide partiel; il faut aussi ne pas confondre les diverses valeurs à substituer aux lettres dans les formules.

Il n'y a pas cependant un intérêt de premier ordre à connaître très exactement les volumes des déblais et des remblais. Le but de ce calcul est surtout d'arriver à l'évaluation des dépenses auxquelles donneront lieu les travaux. Or, il y a dans les terrassements des mains-d'œuvre, telles que la fouille, dont le prix ne peut être prévu qu'approximativement.

On se trompe facilement là-dessus de 1/3 ou de 1/4. Une précision absolue n'est donc pas nécessaire dans l'évaluation des cubes.

Par ces motifs, il est fait rarement usage de la méthode exacte dans l'avant-métré des terrassements, qui se calcule par des méthodes plus simples et plus expéditives.

114. Méthode de la moyenne des aires. — La méthode la plus habituellement employée est celle de la *moyenne des aires*. Elle consiste à mesurer les surfaces des profils en travers extrêmes et à en multiplier la demi-somme par la longueur de l'entreprofil.

Cette méthode se confond avec la méthode exacte, lorsque la projection du solide de l'entreprofil sur le plan est un rectangle.

En effet soit m (fig. 52) la largeur du rectangle ABCD suivant lequel se projette en plan une portion d'entreprofil, comprenant un solide partiel terminé à deux trapèzes, de surfaces s et s', rabattus en A'B'αβ et C'D'γδ. Le volume v de ce solide partiel vaut, d'après les formules du n° 110 :

$$v = lm\,\frac{a+b+c+d}{4}.$$

Mais il peut s'écrire sous la forme :

$$v = \frac{l}{2}\left(m\,\frac{a+b}{2} + m\,\frac{c+d}{2}\right)$$

Or, $m\,\dfrac{a+b}{2} = s$ et $m\,\dfrac{c+d}{2} = s'$

Donc $$v = \frac{s+s'}{2}\,l.$$

Fig. 52

Il en serait de même pour tous les solides partiels dans lesquels on pourrait décomposer l'entreprofil, s'il se projette suivant un rectangle, c'est-à-dire, si la largeur d'emprise est la même dans les deux profils extrêmes, tant à droite qu'à gauche de l'axe ; et par conséquent le volume de cet entre-

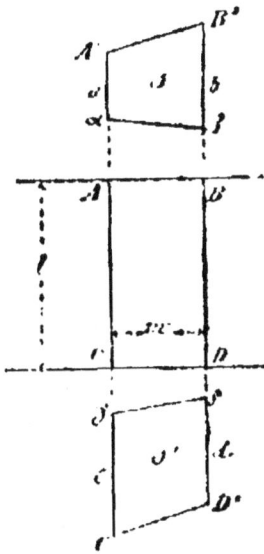

profil $V = \dfrac{S + S'}{2} l$, S et S' étant les aires des profils en travers extrèmes.

Ordinairement il n'en est pas ainsi, et la projection du solide total est un trapèze. La formule ci-dessus n'est pas exacte alors. La méthode de la moyenne des aires consiste à l'appliquer néanmoins dans tous les cas.

On commet ainsi une erreur, qui est d'autant plus grande que la projection trapézoïdale de l'entreprofil diffère davantage du rectangle. Cette erreur est d'ailleurs en plus, cette méthode donnant des cubes supérieurs aux cubes réels.

En effet, en considérant seulement la position d'un entreprofil de longueur l (fig. 53), située à gauche de l'axe BF, dans lequel les deux profils en travers extrèmes sont de largeur inégale, $BQ > FP$, en sorte que le solide se projette suivant le trapèze BQFP ; si l'on mène par le point P le plan PR parallèle à l'axe et qu'on rabatte les deux profils, on voit que ce plan découpe dans le plus grand un triangle DIK. Soit s l'aire de ce triangle, S l'aire du profil le plus large ABCD, et S' l'aire du profil le plus étroit EFGH. La portion du solide à droite du plan PR se projette suivant un rectangle, et son volume exact est donné par la méthode

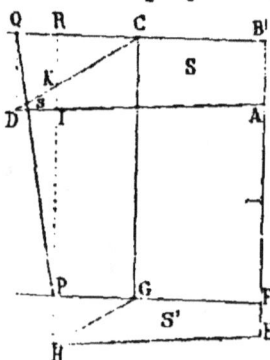

Fig. 53

de la moyenne des aires. Il vaut donc $\dfrac{(S - s) + S'}{2} \cdot l$. Pour avoir le volume total, il faut y ajouter la pyramide qui a pour base le triangle DKI et pour sommet le point P. Or le volume de cette pyramide est $\dfrac{1}{3} sl$. Donc le volume exact de cette moitié d'entreprofil est $V = \left(\dfrac{S - s + S'}{2} + \dfrac{s}{3} \right) l = \dfrac{S + S'}{2} l - \dfrac{1}{6} sl$.

Il reste inférieur, d'une quantité égale à la demi-pyramide PQR, au volume qu'indique la méthode de la moyenne des aires.

Si maintenant on considère une série d'entreprofils de longueurs l, l', l''... etc., et qu'on désigne par S, S', S''... les aires
des profils en travers successifs, le volume de cette série est

$$M = \frac{S+S'}{2} l + \frac{S'+S''}{2} l' - \frac{S''+S'''}{2} l'' + ...$$

Ce résultat peut encore s'écrire comme il suit :

$$M = \frac{l}{2} S + \frac{l+l'}{2} S' + \frac{l'+l''}{2} S'' + ...$$

Mise sous cette forme, qui est la plus usuelle, la méthode
consiste à multiplier l'aire de chaque profil en travers par la
demi-somme de ses distances aux deux profils voisins. Cette
demi-somme est désignée sous le nom de *longueur applicable*
au profil.

115. Remarque. — Cette méthode suppose implicitement
que, si des profils en travers intermédiaires étaient pris entre
les profils extrêmes, leurs aires varieraient en progression
arithmétique.

En effet, soient A et B (fig. 54) les deux extrémités d'un entreprofil de longueur l, et K un point pris à une distance l' du
point B ; soient d'ailleurs S, S' les aires des profils en travers
en A et B, et S'' celle que suppose la méthode pour le
profil en travers au point K. Le volume de l'entreprofil total
$V = \frac{S+S'}{2} l$; et on doit avoir, d'après la convention, pour le

volume compris entre K et B,
$V' = \frac{S'+S''}{2} l$. Or, si l'on

élève en A et B des verticales
AA', BB' dont les longueurs
soient proportionnelles à S
et à S', le trapèze AA'B'B re-

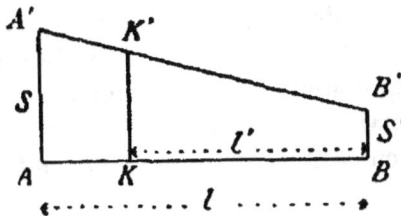

Fig. 54

présente le volume de l'entreprofil, car il a pour mesure $\frac{S+S'}{2} l$.

Si l'on élève en K la verticale KK', elle détache un nouveau
trapèze KK'B'B. dont la surface représente de même le volume
V'. à condition que S'' = KK'.

Donc les aires des profils en travers sont supposées proportionnelles aux ordonnées correspondantes de la ligne A'B', et ces aires varient en progression arithmétique.

116. Cas mixtes et point de passage. — La formule de la moyenne des aires vient d'être établie pour le cas où les deux profils extrêmes sont de même nature, c'est-à-dire tous deux en déblai ou tous deux en remblai. Lorsqu'il s'y présente des surfaces de nature différente, on a, dans l'entreprofil, à évaluer à la fois des cubes de déblai et de remblai. On se guide pour cela sur la remarque précédente. Il y a plusieurs cas à distinguer.

1ᵉʳ *Cas : Les deux profils extrêmes sont entièrement de nature différente.* — Soit A (fig. 35) le profil en déblai et B le profil en remblai. Les profils en travers successifs sont d'abord en déblai, à partir du point A ; mais leur superficie va constamment en diminuant jusqu'en un certain point P, à partir duquel

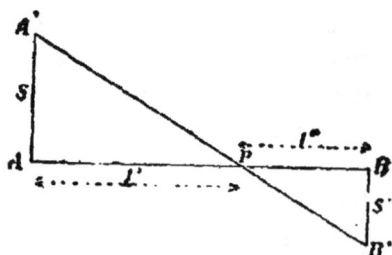

Fig. 35.

ils passent au remblai, qui augmente progressivement jusqu'au point B. Pour observer la loi indiquée au n° 115, il faut refaire la figure précédente, mais en portant la surface de déblai S au-dessus, et la surface de remblai S' au-dessous de la ligne de terre, et joignant les extrémités par la ligne A'B'. Les ordonnées de cette ligne seront toujours proportionnelles aux aires des profils en travers; mais elles représentent des surfaces de même nature que S entre A et P, et de même nature que S' entre P et B.

Le point P où la ligne A'B' coupe la ligne de terre s'appelle le *point de passage*. L'aire du profil en travers qui lui correspond est nulle. Par suite de la similitude des triangles, sa distance au point A est $l' = l \dfrac{S}{S+S'}$. On appelle *profil fictif* le profil en travers de superficie nulle supposé au point de passage.

Les volumes de déblai et de remblai sont alors représentés par les deux triangles PAA′ et PBB′. Ils ont respectivement pour expression $\frac{Sl'}{2}$ et $\frac{Sl''}{2}$.

On arrive au même résultat en introduisant le profil fictif dans la série des profils en travers, et appliquant au tout la méthode de la moyenne des aires. On peut remarquer que la longueur applicable au profil fictif est toujours la moitié de AB.

Le calcul de la position du point de passage par la formule $l' = l \dfrac{S}{S + S'}$ est assez long. Souvent on s'en dispense, et l'on prend le point de passage sur le profil en long. Entre les points A et B, le profil en long présente en effet une disposition pareille à celle de la figure 55, sauf que les lignes AA′ et BB′ représentent les cotes rouges sur l'axe, au lieu des aires des profils. Le point P ne se trouve donc pas à la même place ; mais cette différence donne lieu à une erreur le plus souvent sans importance.

2ᵉ *Cas : les profils extrêmes ont tous deux des parties en déblai et en remblai.* — Dans ce cas, on combine ensemble, par la méthode de la moyenne des aires, les surfaces de même nature, en multipliant la longueur de l'entre-profil, d'abord par la demi-somme des deux surfaces de déblai, puis par celle des surfaces de remblai. C'est ce qui

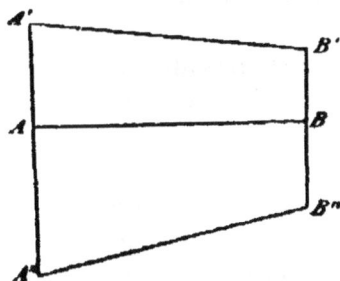

Fig. 56.

résulte immédiatement de la figure 56, où l'on a porté en ordonnées des longueurs proportionnelles aux aires, en dessus pour les déblais, en dessous pour les remblais.

3ᵉ *Cas : L'un des profils est tout entier de même nature, et l'autre est partie en déblai et partie en remblai.* — Par exemple, au profil B (fig. 57), il n'y a que du remblai S′, et au profil A, il y a du remblai S et du déblai S₁. Si l'on fait la figure comme dans les cas précédents en mettant le déblai au-dessus et les remblais au-dessous de la ligne de terre, on voit tout de suite, après avoir joint A′B′, qu'on aura le cube de remblai en faisant la demi somme des surfaces S et S' et multipliant par la longueur de l'entreprofil. Mais, pour le volume du déblai, on est plus embarrassé. On est obligé de choisir un point de passage que l'on fixe plus ou moins arbitrairement.

Quelquefois, on divise BB' en deux parties qui soient dans le rapport de S_1

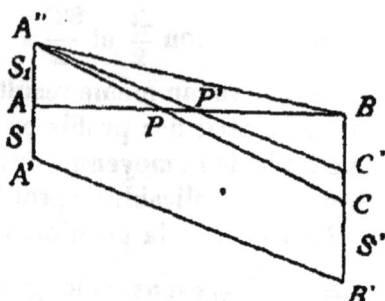

Fig. 57.

à S, et on joint à A" le point C de division ; on obtient ainsi un point de passage P. On en obtient un autre P' placé au milieu de AB, en joignant A" à un point C' tel que C'B = AA". Le plus souvent, on mène A"B, et on prend B pour point de passage. Cette dernière solution donne, il est vrai, un résultat supérieur à la réalité, mais l'erreur est toujours faible, les volumes étant petits aux environs des points de passage ; et d'ailleurs, dans ce genre de calculs, il vaut toujours mieux pécher par excès que par défaut.

On a employé aussi d'autres combinaisons plus compliquées, pour obtenir un peu plus d'exactitude. Mais on perd ainsi beaucoup de temps très inutilement.

117. Représentation géométrique des volumes. — On a vu que les volumes de déblai et de remblai pouvaient se représenter par une série de trapèzes et de triangles, dont les hauteurs sont les longueurs des entreprofils, et les bases, les aires des profils en travers successifs. Ce mode de représentation correspond à l'expression $V = \dfrac{S + S'}{2} l$, pour chaque entreprofil.

Si on adopte la seconde manière de présenter les calculs, où chaque volume élémentaire est exprimé par $V = \dfrac{l + l'}{2} S$,

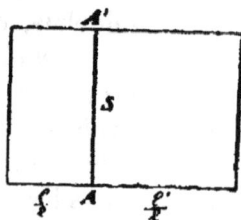

Fig. 58.

la représentation géométrique en est un peu différente. Chaque volume élémentaire est figuré par un rectangle (fig. 58), dont la hauteur est la surface S d'un profil en travers, et la base est la demi-somme des distances adjacentes.

Dans le cas où le profil est à un point de passage, c'est-à-dire, est un profil fictif de surface nulle, et correspond à un volume nul, le rectangle se réduit à une ligne sans épaisseur.

118. Épure de l'avant-métré. — L'un quelconque de ces modes de représentation peut servir à dresser une épure pour l'application de la méthode.

Sur une ligne de terre, où l'on a marqué des points dont les distances sont proportionnelles à celles des piquets, on élève des ordonnées représentant, à une échelle donnée, les aires de déblai ou de remblai de chaque profil, en mettant les déblais au-dessus et les remblais au-dessous de la ligne de terre. On joint les extrémités de ces ordonnées par des lignes droites, si l'on adopte le mode de représentation par trapèzes, en se conformant aux indications du n° 116 vers les points de passage. Si l'on adopte le mode de représentation par rectangles, on mène, par les extrémités des ordonnées des parallèles à la ligne de terre, et on les termine à des verticales élevées au milieu des entreprofils (Voir les figures 86 et 87, pages 221 et 222).

Dans un cas comme dans l'autre, les cubes de déblai et de remblai sont représentés sur l'épure par des surfaces que l'on peut calculer ou mesurer par un des procédés en usage.

119. Tableau de l'avant-métré. — Le plus souvent, on ne construit pas cette épure, et on procède par calculs numériques, qui se disposent dans un tableau, dit *tableau de l'avant-métré des terrassements*, ayant la forme suivante :

Numéros des profils.	Longueurs auxquelles s'appliquent les profils.	DÉBLAIS.				REMBLAIS.				Observations.—Indication sommaire des calculs particuliers à certains profils.
		SURFACES.				SURFACES.				
		à gauche de l'axe.	à droite de l'axe.	totales par profil.	Cubes.	à gauche de l'axe.	à droite de l'axe.	totales par profil.	Cubes.	
1	2	3	4	5	6	7	8	9	10	11
	m.	m. s.	m. s.	m. s.	m. c.	m. s.	m. s.	m. s.	m. c.	
1	15,00	3,02	5,64	8,66	130	»	»	»	»	
2	22,50	1,00	0,57	1,57	35	»	»	»	»	
P.F.	31,50	»	»	»	»	»	»	»	»	
3	33,00	»	»	»	»	3,25	1,08	4,33	143	

Dans la première colonne, on inscrit les numéros des profils, en y intercalant les profils fictifs, que l'on désigne par le symbole P. F. Dans la seconde colonne, on inscrit la longueur applicable à chaque profil, c'est-à-dire la demi-somme de ses distances aux deux profils voisins. Pour les surfaces de déblai ou de remblai, il y a trois colonnes (3, 4, 5 et 7, 8, 9). La première sert à inscrire les surfaces à gauche de l'axe; la seconde, les surfaces à droite; la troisième, le total. On verra plus loin que l'on est, en effet, conduit le plus souvent à calculer ou mesurer séparément les aires à gauche et les aires à droite de l'axe dans les profils en travers. Les colonnes 6 et 10 présentent les cubes de déblai ou de remblai, produits des surfaces par les longueurs.

On fait les totaux à la fin des colonnes 2, 6 et 10.

Quand les calculs sont terminés, il faut les vérifier avec soin. Pour la colonne 2, la vérification est très simple : le total doit être égal à la longueur du projet. C'est pour obtenir cette vérification, aussi bien que pour la symétrie des calculs, que l'on introduit dans le tableau les profils fictifs, bien qu'ils ne fournissent aucun cube.

180. Cas où il y a plusieurs natures de déblai. — Il peut arriver qu'il se présente, dans un projet de terrassements, des parties où il y ait des déblais en rocher plus ou moins dur à côté de terres plus ou moins résistantes. Les prix n'étant

pas les mêmes pour les diverses natures de déblai, il faut en
évaluer le volume séparément. A cet effet, on trace sur les
profils en travers les lignes MN de séparation entre les différentes catégories (fig. 59), et on calcule les aires des diverses
surfaces S, S',... déterminées par ces lignes de séparation. Le
volume total V qui répond à
ce profil est divisé proportionnellement à ces surfaces
en cubes partiels, qui s'inscrivent en face du cube total,
au recto du tableau de l'a-

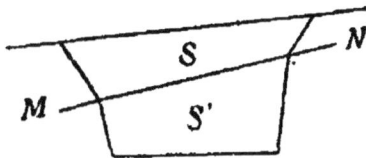

Fig. 59.

vant-métré, dans des colonnes réservées à cet effet.

121. Méthode de l'aire moyenne. — M. de Noël avait
proposé de substituer à la méthode de la moyenne des aires
celle de l'*aire moyenne*, consistant à multiplier la longueur de
l'entreprofil, non plus par la demi-somme des aires des profils
extrêmes, mais par l'aire du profil qui se trouve au milieu de
leur distance.

Il est facile d'obtenir les éléments de ce profil intermédiaire,
en remarquant que, dans un plan quelconque parallèle à l'axe,
toute cote y est une moyenne arithmétique entre celles des
deux profils extrêmes, l'une d'elles étant prise négativement
quand il y a un remblai en regard d'un déblai. On peut donc
facilement dessiner ce profil, ou même en calculer l'aire sans
le dessiner.

S'il y a des points de passage, on les détermine comme dans
la méthode de la moyenne des aires. Mais ici on est conduit
presque nécessairement à les prendre sur le profil en long ;
sans cela il faudrait calculer les aires des profils extrêmes,
rien que pour avoir les points de passage. Le profil moyen du
déblai se trouve alors au milieu de la distance entre le point
de passage et le profil extrême en déblai, et ses cotes sont la
moitié des cotes similaires de celui-ci : il en est de même pour
le remblai.

Cette méthode donne des résultats un peu plus exacts que la
précédente ; mais elle est plus compliquée et demande plus
d'attention. En outre, elle pèche par défaut et donne des cubes

moindres que les cubes réels. Aussi n'a-t-elle pas passé dans la pratique.

122. Comparaison des trois méthodes. — Pour donner une idée de la différence des résultats fournis par les trois méthodes, on va les appliquer à un cas simple.

Soient NS, N'S' (fig. 60). deux profils en travers, et l leur distance. Rabattus sur le plan, ces profils ont les contours ABQP, A'B'Q'P'. On suppose le terrain naturel PQ, P'Q' horizontal. et les talus à 3 de base pour 2 de hauteur. Si l'on désigne par a la largeur de la plate-forme, et par m, m' les cotes rouges sur l'axe, on trouve pour le volume de l'entreprofil :

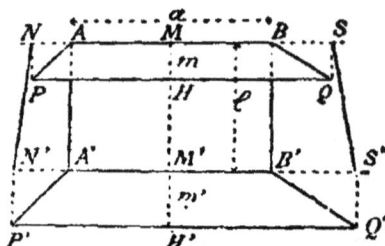

Fig. 60.

Par la méthode exacte : $V = \dfrac{l}{2}[a(m+m') + m^2 + mm' + m'^2]$

Par la méthode de la moyenne des aires :

$$'' = \frac{l}{2}\left[a(m+m') + \frac{3}{2}m^2 + m'^2\right]$$

Par la méthode de l'aire moyenne :

$$V'' = \frac{l}{2}\left[a(m+m') + \frac{3}{4}(m+m')^2\right]$$

On en déduit : $V' - V = \dfrac{l}{4}(m'-m)^2$ et $V - V'' = \dfrac{l}{8}(m'-m)^2$.

La seconde différence est moitié moindre que la première, et elle a lieu en sens contraire.

Quant aux erreurs relatives $\dfrac{V'-V}{V}$ et $\dfrac{V-V''}{V}$. elles varient suivant les valeurs de a, de m et de m'. Elles sont d'autant plus grandes que a est plus petit et que m' diffère plus de m.

Dans les cas ordinaires, ces erreurs sont peu importantes. Mais elles deviennent plus considérables quand le rapport $\dfrac{m}{m'}$ est petit.

§ 3

CALCUL DES PROFILS EN TRAVERS

123. Méthode géométrique. — Pour appliquer la méthode de la moyenne des aires, il faut savoir calculer les aires des profils en travers.

Ce calcul se fait de la manière suivante : Par tous les points où il y a un changement de pente, soit dans le gabarit du projet, soit dans le profil du terrain naturel, on mène une série de lignes verticales, qui déterminent dans la figure des trapèzes, des rectangles et des triangles, dont on calcule successivement les bases et les hauteurs.

Le calcul se fait séparément pour les figures partielles qui se trouvent à gauche de l'axe, et pour celles qui se trouvent à droite.

Les longueurs des verticales interceptées entre le projet

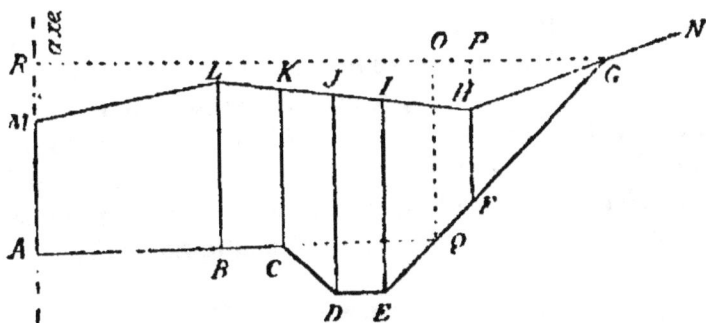

Fig. 61.

et le terrain naturel, lorsqu'elles ne sont pas donnés directement par le nivellement, se calculent comme les cotes rouges d'un profil en long, en raison de la pente des lignes dont elles font partie et de la distance de chaque point à l'origine de cette pente.

La dimension de chaque figure dans le sens horizontal peut se trouver donnée, comme AB ou DE (fig. 61) ou bien résulter de la différence entre deux longueurs données, comme BC. La seule qui donne lieu à un calcul plus compliqué est la largeur GP du triangle qui termine la figure. Pour l'obtenir, on divise la base FH de ce triangle par la différence entre la pente p du talus et la pente i du terrain naturel. En effet, on a :

$$p = \frac{FP}{GP} \text{ et } i = \frac{HP}{GP};$$

$$\text{D'où l'on tire GP} = \frac{FB - HP}{p - i} = \frac{HF}{p - i}.$$

Dans l'exemple choisi, les deux pentes sont de même sens. Si elles étaient de sens contraire, il faudrait mettre en dénominateur leur somme au lieu de leur différence.

Lorsque le fossé est complet, comme dans le cas pris pour exemple, on peut simplifier en faisant d'abord abstraction du fossé et prolongeant la plateforme AC jusqu'au talus en Q. Il y a ainsi deux surfaces partielles de moins à calculer. On ajoute ensuite au total obtenu la superficie du fossé, qui se détermine une fois pour toutes.

Habituellement, on ne fait pas de tableaux pour ces calculs. On inscrit seulement sur les profils en travers les dimensions de chaque figure partielle, et on écrit à côté, sur le cahier, les surfaces partielles qui s'en déduisent, avec leurs totaux.

Lorsque, dans un même profil, il y a à la fois du déblai et du remblai, on calcule les deux surfaces isolément d'après les mêmes règles. Il n'y a là aucune difficulté nouvelle.

124. Emprises et talus. — Il est souvent utile de connaître, sur chaque profil, la largeur d'emprise, c'est-à-dire la distance GR de l'axe au point extrême G, et quelquefois le développement des talus, c'est-à-dire la longueur de la ligne GQ.

13.

La largeur d'emprise se déduit immédiatement du calcul de la distance GP, à laquelle on ajoute la distance connue PR.

Quant au talus, il s'obtient en multipliant sa projection horizontale $GO = GR - AQ$ par un coefficient constant $\sqrt{1+p^2}$, la pente du talus étant p. Dans le cas du fossé, on y ajoute le contour CDEQ, si l'on en veut tenir compte.

125. Cas d'un terrain en pente uniforme. — Le plus souvent, la pente du terrain naturel n'est pas brisée dans l'étendue du profil en travers. La surface à calculer est alors

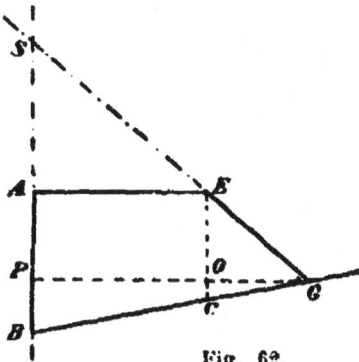

Fig. 62.

un simple quadrilatère(fig.62) : on le décompose en un trapèze ABCE et un triangle EGC, qui se calculent comme il vient d'être indiqué.

Le calcul, dans ce cas, peut même se faire plus simplement. Si on prolonge le talus EG jusqu'à la rencontre de l'axe en S, le quadrilatère peut être envisagé comme la différence de deux triangles SBG — SAE Or, le triangle SAE est constant pour tous les profils ayant même largeur de plateforme et même talus. On peut donc le calculer une fois pour toutes. Quant au triangle SBG, son aire est égale à $1/2$ SB.GP; or $GP = \dfrac{SB}{p \pm i}$, p étant la pente du talus et i celle du terrain, et $SB = AB + AS$, où AB est la cote rouge sur l'axe, qui est donnée, et AS une quantité constante pour tous les profils de même gabarit. Le calcul s'effectue promptement sous cette forme (Voir n° 134).

126. Méthodes expéditives. — Les calculs indiqués ci-dessus sont simples, mais ils sont encore assez longs. Lorsqu'on ne dispose que d'un temps limité et d'un personnel restreint, on a recours à des procédés plus expéditifs.

La première simplification consiste à prendre les dimen-

sions des figures à l'échelle sur les profils, au lieu de les calculer d'après les données.

On abrège encore les calculs en effectuant les divisions et
les multiplications au moyen d'un arithmomètre ou d'une règle à calcul.

On peut aussi diviser la figure totale en figures partielles
élémentaires faciles à sommer. Deux procédés, le canevas
quadrillé et la roulette Dupuit, conduisent à ce résultat.

127. Canevas quadrillé. — Les profils sont dessinés sur
du papier quadrillé (fig. 63),
dont les carreaux représentent,
à l'échelle, une superficie connue. Par exemple, si les traits
sont espacés de $0^m,005$ et que
le dessin soit à l'échelle de
$0,01$, chaque carreau y occupe
une surface de $0^{mt},25$. On compte
le nombre n de carreaux renfermés dans la figure, et l'aire
totale vaut $0^{mt},25 \times n$.

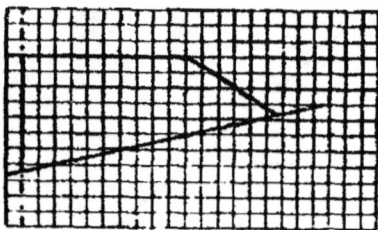

Fig. 63.

Le long du contour, il y a des fractions de carrés. On compte
celles qui semblent plus grandes que la moitié du carré, et on
néglige les autres.

Au lieu de dessiner les profils sur un papier quadrillé, on
les fait ordinairement sur papier blanc, et on y applique un
quadrillage tracé sur un papier transparent maintenu par un
cadre en carton.

Cette méthode est rapide, mais elle exige une assez grande
tension d'esprit, et n'est pas très exacte, à moins que les carreaux ne soient très petits.

128. Roulette Dupuit. — Au lieu de tracer sur la figure
des carrés, on la divise en une série de bandes par des droites
parallèles équidistantes (fig. 64). Chacune de ces bandes peut
être assimilée à un trapèze. Si l'on désigne par l la distance entre les parallèles, et par $h, h', h'', h'''\ldots$ leurs longueurs successives, ces trapèzes ont pour superficies

$l\dfrac{h+h'}{2}$, $l\dfrac{h'+h''}{2}$, $l\dfrac{h''+h'''}{2}$... La somme de tous ces trapèzes est

égale à $l\,(h + h' + h'' +$ $h''' + ...)$. Il suffit donc de faire le total de toutes les longueurs interceptées sur les parallèles et de le multiplier par leur intervalle commun, pour avoir la superficie de la figure, à l'é-

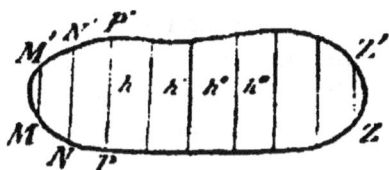

Fig. 64.

chelle où elle est dessinée. Le résultat est ensuite multiplié par l'inverse du carré de l'échelle.

Au lieu de tracer les parallèles, on applique, comme dans le cas précédent, un papier transparent maintenu dans un cadre. sur lequel sont tracées des lignes équidistantes.

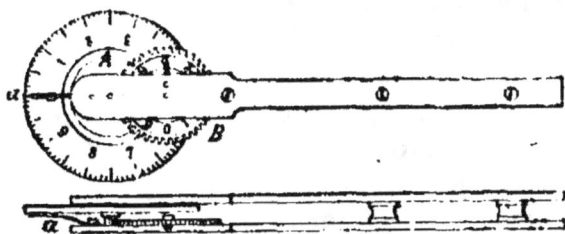

Fig. 65.

La roulette imaginée par M. Dupuit (fig. 65) sert à obtenir rapidement la somme des longueurs. Elle se compose d'un disque A, ayant $0^m,10$ de tour, divisé en millimètres, dont l'axe est supporté par un manche prolongé par une aiguille a. Un engrenage fait mouvoir une autre roulette B qui indique le nombre de tours faits par la roulette principale.

On met le zéro de la roulette sous l'aiguille, puis on l'applique sur le dessin à l'origine de la première parallèle, en tenant le manche bien perpendiculaire sur le papier. On fait rouler la roulette le long de la ligne MM', et quand l'aiguille est arrivé en M', on soulève l'instrument, et, sans faire aucune lecture, ni déranger la roulette, on la reporte à l'origine N de la seconde parallèle. On lui fait parcourir en roulant NN', puis

on la reporte en mettant l'aiguille sur P, et on lui fait suivre
PP'. On continue ainsi de suite, jusqu'à ce que l'on ait fait
parcourir à la roulette successivement toutes les parallèles.
Quand on est arrivé à l'extrémité Z' de la dernière ligne, une
seule lecture donne la somme de toutes les longueurs.

On trouve aussi dans le commerce, sous le nom de *curvimè-*
tres, des instruments qui peuvent servir au même usage.

189. Méthode de M. Garceau. — D'autres méthodes
sont basées sur la transformation graphique de la figure en
une figure plus simple et plus facile à mesurer. Telles sont
celles qui sont dues à M. Garceau et à M. Collignon.

Méthode de M. Garceau. —
Etant donné, par exemple, (fig.
66) le demi-profil ABCD ; on
joint BD, et par le point C on
mène une parallèle CE. Le triangle ABE est équivalent au quadrilatère ABCD. Si la figure
était un polygone de plus de
quatre côtés, on arriverait au
même résultat par les constructions simples que la géométrie indique pour transformer un polygone en un triangle équivalent de base donnée.

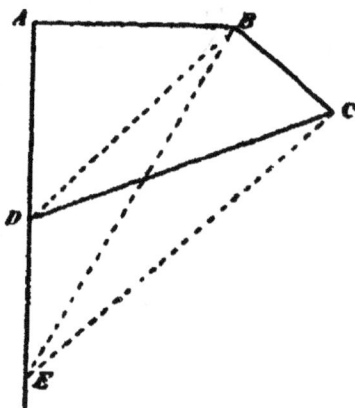

Fig. 66.

La base AB du triangle étant connue, il n'y a plus qu'à mesurer la hauteur AE et prendre la moitié du produit de ces
deux longueurs.

Mais on peut supprimer entièrement ce calcul, en mesurant
AE avec une échelle graduée, non suivant les divisions du
mètre, mais suivant le produit de ces divisions par la moitié
de AB. Ainsi, si AB = 6 mètres, les nombres inscrits sur les
divisions de l'échelle sont trois fois plus grands que les longueurs correspondantes. La simple lecture de la division qui
répond au point E donne la surface toute calculée.

190. Méthode de M. Collignon. — La méthode de M. Collignon se rapporte à une théorie générale de cubature graphique.

que ce savant a exposée dans les Annales des ponts et chaussées [1]. Elle consiste à transformer la figure en un trapèze
équivalent. Dans le cas des profils en travers, le trapèze a pour
base la demi-largeur AB de la plateforme (fig. 67), et pour
hauteur la ligne EF élevée sur le
milieu de AB, jusqu'à la rencontre de la ligne ML qui passe par
le milieu M du talus BC, et par
le milieu N de la ligne du terrain
CD. L'aire du profil est donc égale
à AB × FE.

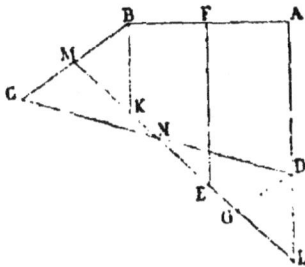

On peut démontrer sur la figure
que le trapèze ABKL est équivalent au quadrilatère ABCD. En ef-

Fig. 67.

fet, ils ont une partie commune ABKND, et, si l'on trace DG,
parallèle au talus, on voit que les surfaces à ajouter de part et
d'autre à la partie commune sont égales, comme composées
de triangles égaux : NDG = NMC, et DGL = KMB.

Comme dans la méthode de M. Garceau, il suffit de mesurer EF avec une échelle où les divisions sont numérotées suivant les produits de leurs longueurs réelle par AB, pour obtenir la surface par une simple lecture.

La construction est au moins aussi simple que dans la méthode de M. Garceau, mais elle présente sur elle des avantages sérieux : la longueur EF à mesurer étant deux fois plus
petite, le point F est moins exposé à sortir des limites assignées à la figure, et les deux lignes qui donnent par leur intersection le point E se coupent sur un angle moins aigu.

131. Planimètre d'Amsler. — Le planimètre d'Amsler,
très répandu aujourd'hui, est un instrument qui donne, par
une simple lecture sur une roulette graduée, la surface d'une
figure dont on a suivi le contour avec un traçoir.

Cet instrument se compose essentiellement (fig. 68) de deux
branches OM et OF articulées au point O comme un compas.
L'une d'elles porte à son extrémité F, perpendiculairement
au plan qu'elles forment, une pointe aiguë destinée à être

[1]. 1887, 1er Semestre.

enfoncée dans la planchette où est étendu le dessin. L'autre branche porte à son extrémité M une pointe semblable, mais mousse, qui sert de traçoir pour suivre le dessin. Cette dernière branche sert d'axe à une roulette très mobile ab, divisée en parties égales et munie d'un vernier et d'un compteur de tours.

Pour mesurer la surface d'une figure, on pose l'instrument sur la planchette, de façon qu'il y porte par les trois points B, F et M. On enfonce solidement la pointe F. Après avoir marqué un point A du

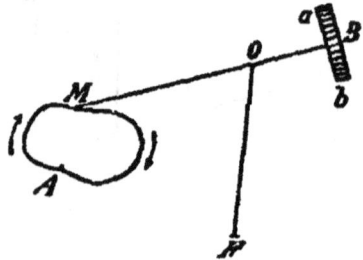

Fig. 68.

contour, on y met le traçoir M et on amène à la main la roulette au zéro ; puis on suit le contour avec le traçoir, en marchant dans le sens des aiguilles d'une montre, jusqu'à ce qu'on soit revenu au point de départ A. La lecture faite sur la roulette donne un nombre égal ou proportionnel à la superficie de la figure.

132. Méthode des pesées. — On citera encore, pour mémoire, un procédé ingénieux, consistant à découper les profils et à les peser avec une balance de précision. Les poids sont proportionnels aux surfaces, si les profils sont dessinés sur du papier homogène. Mais cette homogénéité est rare, et, en outre, le poids spécifique du papier varie avec l'état hygrométrique de l'atmosphère. Ce procédé offre donc peu de précision. Il entraîne d'ailleurs la destruction des profils, tandis qu'il y a intérêt à les conserver quand ils ont été dessinés. Le mesurage par les pesées n'est donc pas entré dans la pratique.

133. Remarque. — Toutes les méthodes indiquées ci-dessus exigent que les profils en travers aient été préalablement dessinés. Lorsque l'on a recours à la méthode géométrique (n° 123), le dessin peut être fait rapidement, et un simple croquis suffit. Mais, dans les méthodes expéditives, toutes basées sur le mesurage des lignes du dessin, il faut que celui-ci soit fait très exactement. Cela demande beaucoup de temps et compense en partie les avantages de ces méthodes.

Le planimètre exige, en outre, que les profils soient tendus sur une planchette.

On va s'occuper maintenant d'autres méthodes, dans lesquelles le dessin des profils n'est pas nécessaire, et où il suffit de connaître le type adopté pour les profils en travers et la pente tranversale du terrain naturel sur chacun d'eux.

Ces méthodes ne sont applicables que dans le cas où cette pente reste uniforme dans toute l'étendue du demi-profil. Si elle était variable, on serait obligé d'avoir recours aux procédés précédents et de dessiner le profil.

184. Méthode algébrique. — Un demi-profil en travers, dans le cas où la pente transversale du terrain naturel est uniforme, est déterminé quand on connaît :

1° Cette pente transversale x ;

2° La cote rouge sur l'axe y ;

3° La largeur de la demi-plateforme l ;

4° La pente du talus p.

La superficie z est donc une fonction de ces quatre données, dont deux, l et p, sont constantes pour toute une série de profils de type déterminé, et les deux autres, x et y, varient d'un profil à un autre.

On peut donc poser $z = f(x, y)$. Une fois la fonction exprimée, il suffit pour avoir la superficie de chaque profil, d'y remplacer x et y par les valeurs particulières à ce profil.

Formules générales. — Lorsque le demi-profil est en remblai (fig. 69), on exprime que la surface z est la différence des deux triangles SCD et SAB (n° 125), et on obtient :

$$z = \frac{(y + lp)^2}{2(p + x)} - \frac{1}{2} l^2 p.$$

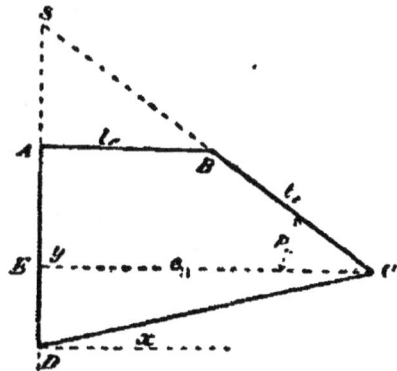

Fig. 69.

La déclivité du terrain est supposée ici en rampe à partir de l'axe. Si elle était en pente, il faudrait remplacer $p + x$ par $p - x$. Mais on peut faire la convention que x porte son signe, positif pour les rampes et négatif pour les pentes, et conserver la formule ci-dessus dans tous les cas.

L'emprise CE a pour expression :

$$e = \frac{y + lp}{p + x} \; ;$$

et le talus BC ou $t = (e - l) \sqrt{1 + p^2}$.

Dans le cas du déblai (fig. 70), la surface z se trouve de la même manière, mais il faut retrancher du triangle total SCD, non pas le triangle SAB, mais ce triangle diminué du fossé, c'est-à-dire le polygone SAFGH. En appelant F l'aire du fossé, on trouve :

$$z = \frac{(y + lp)^2}{2 (p - x)} - \left(\frac{1}{2} \, l^2 p - F \right).$$

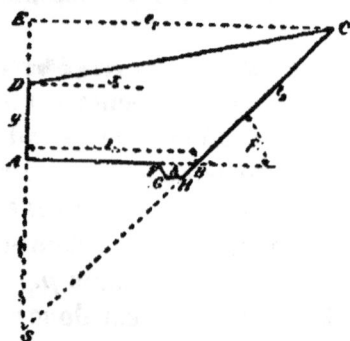

Fig. 70.

Cette formule s'applique aux deux cas où le terrain est en pente ou en rampe, si l'on convient que x porte son signe, comme dans la formule du remblai.

L'emprise CE a pour expression $e = \dfrac{y + lp}{p - x}$.

Le talus CB doit être complété par l'addition du contour $f = $ FGHB du fossé. Si on désigne par t la longueur totale CHGF, on trouve : $t = (e - l) \sqrt{1 + p^2} + f$.

135. Profils mixtes. — Si le demi-profil est mixte, on a deux surfaces à calculer, l'une de déblai D, l'autre de remblai R. La cote rouge sur l'axe peut être elle-même soit en remblai soit en déblai. Divers cas répondent à chacune de ces hypothèses.

1° Cote rouge en remblai sur l'axe (fig. 71) :
Le profil est mixte lorsque l'on a $y < l x$.

1er *Cas : La ligne du terrain naturel coupe la plate-forme ;*

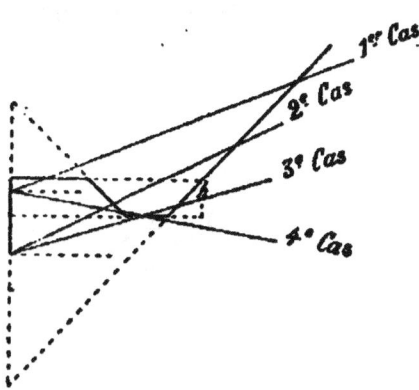

2e *Cas : La ligne du terrain naturel coupe les deux talus du fossé ;*

3e *Cas : La ligne du terrain naturel coupe le plafond et le talus extérieur du fossé ;*

4e *Cas : La ligne du terrain naturel coupe le talus intérieur et le fond du fossé.*

Fig. 71.

2° Cote rouge en déblai sur l'axe (fig. 72) :

Si l'on appelle h la profondeur du fossé, et si on suppose la largeur en plafond du fossé égale à sa profondeur, le profil est mixte lorsque l'on a : $y + h < - x(l + h)$.

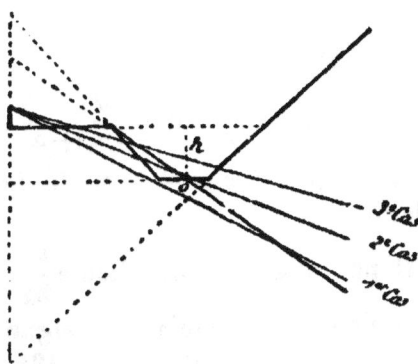

1er *Cas : La ligne du terrain naturel passe au-dessous du point O où le talus de remblai couperait le fossé ;*

2e *Cas : La ligne du terrain naturel passe au-dessus du point O et coupe le plafond du fossé ;*

Fig. 72.

3e *Cas : la ligne du terrain naturel passe au-dessus du point O et coupe le talus extérieur au fossé.*

On pourrait établir la formule algébrique qui convient à chacun de ces cas. Mais cette formule est assez compliquée, et il est préférable de ne pas s'en servir et d'effectuer les calculs sur un croquis par la méthode géométrique.

Toutefois, le premier cas de chacune des figures donne lieu à des résultats qui peuvent se mettre sous une forme simple et intéressante. Si l'on applique à ces cas la méthode de calcul du n° 134, en désignant par R ou R' la surface de remblai et

par **D** ou **D'** celle de déblai, suivant que la cote sur l'axe est
en remblai ou en déblai, on trouve les résultats suivants :

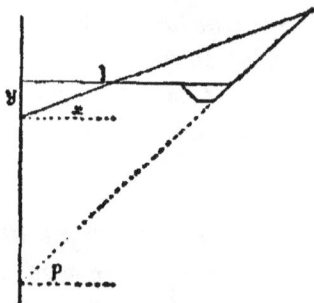

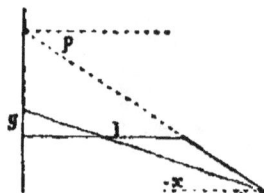

Fig. 73.   Fig. 74.

1° *Cote en remblai sur l'axe* (fig. 73) :

$$R = \frac{y^2}{2x} \quad D = \frac{(l_{\scriptscriptstyle D}p_{\scriptscriptstyle D} - y)^2}{2(p_{\scriptscriptstyle D} - x)} - \left(\frac{1}{2}l_{\scriptscriptstyle D}p_{\scriptscriptstyle D} - F\right) + \frac{y^2}{2x} \quad e = \frac{l_{\scriptscriptstyle D}p_{\scriptscriptstyle D} - y}{p_{\scriptscriptstyle D} - x}.$$

où $l_{\scriptscriptstyle D}$ et $p_{\scriptscriptstyle D}$ indiquent la largeur de plateforme et la pente de
talus qui conviennent au déblai.

2° *Cote en déblai sur l'axe* (fig. 74) :

$$D' = \frac{y^2}{-2x} \quad R' = \frac{(l_{\scriptscriptstyle R}p_{\scriptscriptstyle R} - y)^2}{2(p_{\scriptscriptstyle R} + x)} - \frac{1}{2}l_{\scriptscriptstyle R}p_{\scriptscriptstyle R} + \frac{y^2}{-2x} \quad e' = \frac{l_{\scriptscriptstyle R}p_{\scriptscriptstyle R} - y}{p_{\scriptscriptstyle R} + x}.$$

où $l_{\scriptscriptstyle R}$ et $p_{\scriptscriptstyle R}$ indiquent la largeur de plateforme et la pente de
talus qui conviennent au remblai.

On voit qu'on obtient **R** et **D'** par une formule simple $\frac{y^2}{2x}$;

e et e' par les mêmes formules qu'au n° 134, mais où le signe
de y a été changé ; enfin, **D** et **R'** par les formules du n° 134,
où le signe de y a été changé, et auxquelles on ajoute respectivement **R** et **D'**.

Si donc on généralise les formules du n° 134, en admettant
que y porte son signe et devient négatif dans les cas mixtes,
lorsqu'il s'agit de calculer une surface de nature opposée à celle
de la cote rouge, les formules relatives aux premiers cas
mixtes deviennent :

$$1° \quad R = \frac{y^2}{2x}, \quad D = z_{\scriptscriptstyle D} + R, \quad e = e_{\scriptscriptstyle D}$$

$$2° \quad D' = \frac{y^2}{-2x}, \quad R' = z_{\scriptscriptstyle R} + D, \quad e' = e_{\scriptscriptstyle R},$$

les indices D et R indiquant qu'il faut se servir des formules générales relatives au déblai ou au remblai.

136. Tables. — Au moyen des formules, on peut calculer les aires des profils en travers d'une route de profil déterminé, dans un cas quelconque, pourvu que la pente transversale du terrain naturel soit constante dans toute l'étendue du profil.

Mais ce calcul est assez long, surtout lorsqu'il se présente souvent des cas mixtes, et il n'offrirait pas grand avantage sur les méthodes où les profils doivent être dessinés.

On a eu l'idée d'exécuter les calculs une fois pour toutes, en appliquant les formules à une série de cas qui diffèrent très peu les uns des autres, et réunissant les résultats sous forme de tables, où l'on peut les rechercher.

On construit une table spéciale pour chaque type de profils en travers.

Ces tables sont de deux espèces, les *tables numériques* et les *tables graphiques*.

137. Tables de Coriolis. — Les premières tables numériques ont été construites par Coriolis. Elles s'appliquent à des profils en travers où la plateforme a 7, 8, 9 ou 10 mètres de largeur, où les fossés ont 0^m,50 de profondeur et de largeur au plafond, où les talus sont de 3 de base pour 2 de hauteur en remblai et à (45°) dans les déblais. Pour le cas d'une plateforme de 10 mètres, les constantes des formules sont donc :

$$l_R = 5,00 \quad l_D = 6,50 \quad p_R = \frac{2}{3} \quad p_D = 1,00 \quad F = 0,50.$$

Ces tables sont à double entrée, puisque la surface que l'on cherche est fonction de deux variables indépendantes.

On entre dans les tables par la cote sur l'axe. Les valeurs successives de cette cote sont inscrites en tête des pages.

Voici le modèle d'une des pages de ces tables :

DÉBLAI SUR L'AXE. 0m,35 REMBLAI SUR L'AXE

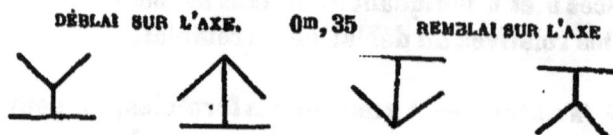

INCLINAISON par mètre.	RAMPE déblai.	PENTE		RAMPE		PENTE	
		Déblai.	Remblai.	Déblai.	Remblai.	Déblai.	Remblai.
	m².	m².		m².	m².	m².	m².
0,000	2,77	2,77	»	0,11	1,76	0,11	1,76
0,005	2,89	2,65	»	0,13	0,08	0,08	1,83
0,015	3,00	2,53	»	0,15	0,06	0,06	1,90

Chaque page est divisée en deux parties, dont l'une s'applique au cas où la cote rouge est en déblai, et l'autre au cas où elle est en remblai. Chacune de ces parties se subdivise en deux colonnes, applicables, l'une au cas où la déclivité du terrain naturel est en rampe, l'autre au cas où elle est en pente. De petits croquis placés en tête des colonnes permettent de choisir sans hésitation celle qui répond au profil dont on s'occupe. Les surfaces de déblai et de remblai sont inscrites dans les tables en regard des nombres d'une première colonne où figurent les déclivités successives du terrain naturel.

Lorsque les données sont intermédiaires entre celles de la table, on ne peut obtenir le résultat exact que par une double interpolation. Soit à calculer, par exemple, l'aire d'un profil en déblai où l'on aurait $y = 1^m,61$ et $x = 0,226$. On trouve d'abord, sur la table où $y = 1^m,60$, les deux nombres $21^{m²},98$ et $21^{m²},43$ qui répondent à $x = 0,23$ et $x = 0,22$. On prend les 6 dixièmes de la différence et on les ajoute au plus petit ; on trouve ainsi $21^{m²},70$. On recommence le même calcul sur la table où $y = 1^m,62$, et on trouve $21^{m²},97$. La surface définitive est la moyenne $21^{m²},83$.

Cette interpolation est assez longue et fait perdre aux tables une grande partie de leurs avantages. Souvent on se contente de faire les interpolations au jugé.

Les tables de Coriolis ne donnent pas les largeurs d'emprises, ni les développements des talus. Pour les calculer, il faut recourir aux formules algébriques.

138. Tables de M. Lefort. — M. Lefort a construit des tables qui s'appliquent à des types de profils de 10 mètres de largeur, analogues à ceux de Coriolis, mais où le fossé a des dimensions moindres et est séparé du talus de déblai par une petite banquette de $0^m,33$, complétant une largeur de $1^m,50$ entre le bord de la plateforme et le pied du talus (fig. 75). Les constantes sont donc les mêmes que celles de Coriolis, sauf que $F = 0,314$ seulement.

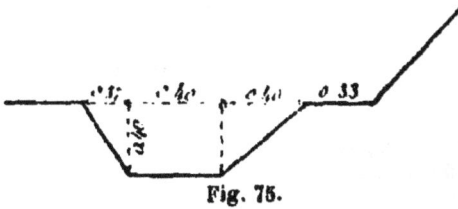

Fig. 75.

On entre dans ces tables par la déclivité du terrain naturel, qui est inscrite en tête et au milieu de la page. Chaque page est divisée en deux tableaux s'appliquant, l'un à une cote rouge en déblai, l'autre à une cote rouge en remblai. Chaque tableau est divisé en deux colonnes, l'une pour le cas où la déclivité est en rampe, l'autre pour le cas où elle est en pente. De petits croquis aident, comme dans les tables de Coriolis, à retrouver la colonne dont on a besoin. Les surfaces de déblai et de remblai sont inscrites dans ces colonnes en regard de la cote rouge à laquelle elles correspondent. Il y a, en outre, des colonnes où l'on trouve les largeurs d'emprises. Les tables sont complétées par des colonnes de parties proportionnelles destinées à faciliter les interpolations.

Ces tables se présentent sous la forme du modèle ci-après :

c   D   p   0m,09   c   R   p

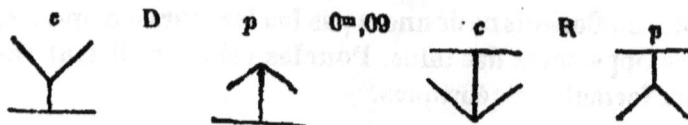

d	D	pp	L	D	pp	L	r	R	pp	L	R	pp	L	pp.	L
5,0	51,85	»	12,64	39,85	»	10,55	5,0	37,56	»	11,01	51,88	»	14,45		
1	53,12	13	12,75	40,91	11	10,64	1	38,67	12	11,15	53,33	15	14,62	1	01
2	54,40	26	12,86	41,98	22	10,73	2	39,79	23	11,28	54,84	31	14,80	2	02
3	55,69	40	12,97	43,06	33	10,82	3	40,92	35	11,48	56,29	46	14,77	3	03

Nota. — Le signe c représente les rampes et le signe p les pentes du terrain naturel ; L est la largeur d'emprise et pp signifie parties proportionnelles.

Une autre table spéciale, placée à la fin du volume, donne les longueurs de talus. Ces longueurs, comptées à partir de la banquette, ne comprennent pas les contours du fossé ni de la banquette. Cette table se compose de quatre colonnes principales, répondant aux quatre cas où la cote sur l'axe est en déblai où en remblai, et la déclivité du terrain naturel en pente ou en rampe. Chacune d'elles est subdivisée en une série de colonnes où l'on inscrit, pour chaque valeur de la déclivité transversale, la longueur correspondante du talus en regard des valeurs successives de la cote rouge. Les tableaux sont disposés comme il suit :

c   D   p   c   R   p

d	18	19	20	18	19	20	r	18	19	20	18	19	20	pp.
5,0	10,64	10,89	11,14	4,59	4,47	4,36	5,0	5,82	5,68	5,55	14,57	15,00	15,43	1 01
1	10,82	11,06	11,31	4,71	4,59	4,48	1	5,96	5,82	5,69	14,82	15,25	15,71	2 02
2	10,99	11,24	11,49	4,83	4,71	4,59	2	6,10	5,96	5,82	15,07	15,51	15,97	3 03

Dans les tables de M. Lefort, les pentes varient de 0,01 en 0,01 depuis 0 jusqu'à 0,25, et les cotes rouges sur l'axe varient de 0ᵐ,10 en 0ᵐ,10, depuis 0 jusqu'à 16 mètres. Elles sont donc beaucoup plus étendues que celles de Corioli -. Cela était nécessaire, parce qu'elles ont été établies pour des projets de chemins de fer.

Mais, comme les cotes rouges y figurent seulement à des intervalles de 0ᵐ,10, il est absolument nécessaire ici d'interpoler. Voilà pourquoi M. Lefort a inscrit à côté des nombres de la table des colonnes de parties proportionnelles. Ces parties représentent les nombres à ajouter à ceux de la table pour tenir compte des centimètres. On en fait usage comme dans les tables de logarithmes.

Cette obligations d'interpoler allonge singulièrement les opérations. On ne pourrait l'éviter qu'en rapprochant les intervalles entre les cas calculés, et en augmentant outre mesure le volume de tables.

159. Tables graphiques. — Les tables graphiques sont des épures où sont figurées, pour une série de cas particuliers, les constructions géométriques qu'on peut imaginer pour lier les grandeurs des inconnues z, e et l à celles des variables x et y. Les valeurs numériques de ces grandeurs sont inscrites sur l'épure, où l'on n'a qu'à les lire.

Un grand nombre de systèmes de tables graphiques ont été proposés, et c'est un des problèmes qui ont le plus exercé la sagacité des géomètres. Il ne peut entrer dans le cadre de cet ouvrage de les exposer tous. On trouvera, à la fin de ce volume (Annexe A), une analyse sommaire des principales méthodes qui ont été publiées.

Ici, on expliquera seulement celle de M. l'inspecteur général Lalanne. C'est la première qui ait revêtu un caractère pratique, et elle a servi de base à d'autres recherches sur le même sujet. Elle a d'ailleurs reçu, une sorte de sanction officielle de l'Admisnistration des Pont et Chaussées, qui a fait imprimer, en 1879, les tables préparées par M. Lalanne pour l'étude des avant-projets de chemins de fer, et a signalé les services qu'elles pourraient rendre

140. Table de M. Lalanne. — Le point de départ de ces tables est le principe suivant :

Une fonction de deux variables $z = f(x, y)$ est représentée par les ordonnées verticales d'une surface dont cette relation est l'équation. Toutes les ordonnées qui ont une même valeur z_1 appartiennent à une courbe plane, dont la projection sur le plan horizontal a pour équation $f(x, y) = z_1$. Si l'on donne à z successivement différentes valeurs z_1, z_2, z_3... on obtient une série de courbes analogues, que l'on peut projeter toutes sur le plan horizontal et distinguer les unes des autres en inscrivant à côté de chacune d'elles la valeur de z qui lui correspond. La surface $z = f(x, y)$ se trouve alors définie par cet ensemble de courbes ; c'est le mode de représentation adopté pour le sol sur les plans à courbes de niveau. Si l'on veut connaître la valeur z_a qui correspond à des valeurs données a et b des variables x et y, il suffit de chercher sur le plan l'intersection des coordonnées données a et b, et de voir sur quelle courbe tombe cette intersection.

Soit, par exemple, la fonction $z = x^2 + y^2$. Faisant succes-

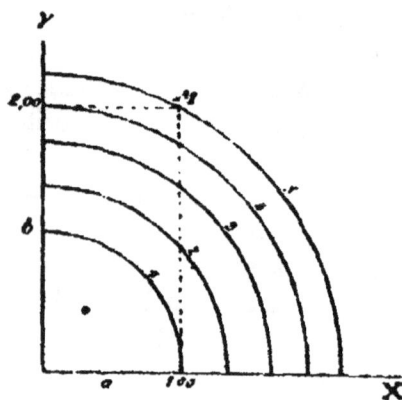

Fig. 76.

sivement z égal à 1, 2, 3, 4, 5...., on obtient une série de cercles, que l'on peut tracer et coter (fig. 76). Si maintenant on veut savoir quelle est la valeur de z qui répond au système $x = a$ et $y = b$, on porte a en abscisse, b en ordonnée, on cherche le point M d'intersection de ces deux coordonnées, et on lit la cote de la courbe où tombe le point M. Ainsi, en faisant $x = 1$ et $y = 2$, on trouve $z = 5$. Si le point M tombait entre deux des courbes tracées, on pourrait en tracer d'intermédiaires. Mais le plus souvent on se contente d'évaluer, en interpolant par estime, la fraction à ajouter à la cote inscrite.

Les surfaces de déblai et de remblai, ainsi que les largeurs

d'emprise et les longueurs de talus, sont de la forme $z = f(x,y)$,
et le principe ci-dessus leur est applicable.

Pour les emprises et les talus, les courbes se réduisent à des
lignes droites. Mais la formule des aires donne lieu à des
courbes du 2ᵉ degré.

La construction de ces courbes, qui ne peut se faire que par
points, est pénible et sujette à erreur. En outre, les courbes ne
se disposent pas toujours de la manière la plus commode sur
la feuille de dessin, et sont exposées à en sortir.

M. Lalanne a eu l'idée de transformer ces tables en d'autres
pouvant servir aux mêmes usages et ne présentant que des
lignes droites. Cette transformation a été le point de départ de
la géométrie anamorphique, dont il est nécessaire de dire
d'abord quelques mots.

Anamorphose. — Soit une fonction à trois variables $F (x,
y, z) = o$. On vient de voir qu'elle représente une surface
qui peut se figurer sur un plan, au moyen d'une série de
courbes cotées, obtenues en donnant à z différentes valeurs.
Au lieu de ces courbes, on pourrait en tracer d'autres différentes qui définiraient également bien la fonction, bien qu'au
moyen d'une surface différente. Il suffirait de donner aux
coordonnées de chaque courbe des valeurs qui ne seraient pas
celles de x et de y, mais qui auraient avec elles des relations
connues.

Pour préciser par un exemple simple, on pourrait convenir que les abscisses de la surface seraient doubles des
valeurs de x; on aurait alors des courbes déformées, mais où
la position de tous les points serait déterminée par les mêmes
coordonnées, sous réserve de se rappeler qu'il faut porter en
abscisses des longueurs doubles des valeurs réelles de x. Au
lieu de doubler les abscisses, on peut faire toute autre convention plus compliquée sur les coordonnées fictives que l'on veut
substituer aux coordonnées réelles; on obtient ainsi des
courbes très différentes des courbes primitives, mais qui représentent exactement la même chose. Si on appelle X et Y
les coordonnées courantes de la série des courbes trans-
formées, et qu'on fasse la convention qu'il y ait entre elles et

les coordonnées x et y des relations données, telles que $x =$ $f(X)$ et $y = \varphi(Y)$, l'équation de la surface devient $F[f(X), \varphi(Y),$ $z] = o$.

Les nouvelles courbes sont appellées *anamorphoses* des courbes primitives.

Si maintenant il est possible d'isoler les variables x et y dans deux termes distincts, et de mettre l'équation sous la forme $Mf(x) + N(y) + Q = o$, où M, N et Q sont des fonctions de z seulement, on peut poser $f(x) = X$ et $\varphi(y) = Y$; alors l'équation devient $MX + NY + Q = o$ et représente une droite.

Ainsi, dans l'exemple ci-dessus $z = x^2 + y^2$, on peut faire $X = x^2$ et $Y = y^2$, et on a $z = X + Y$. C'est l'équation d'une droite inclinée à 45° sur les deux axes. En faisant successivement z égal à 1, 2, 3.... on obtient une série de droites parallèles équidistantes (fig. 77). Pour trouver la valeur z qui répond au système $x = a$ et $y = b$, on n'a qu'à porter en abscisse une longueur a^2 et en ordonnée une valeur b^2, et la droite cotée sur laquelle tombe

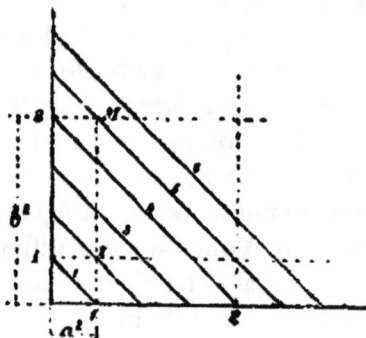

Fig. 77.

le point M, qui a ces deux coordonnées, donne la valeur de z.

Mais, s'il fallait faire, pour chaque application, le calcul de $X = f(a)$ et de $Y = \varphi(b)$, la méthode n'offrirait aucun avantage, et serait aussi longue que le calcul algébrique. Pour l'éviter, on calcule à l'avance une fois pour toutes une série de valeurs de X et de Y, par exemple $f(\alpha)$, $f(2\alpha)$, $f(3\alpha)$... et $\varphi(\beta)$, $\varphi(2\beta)$, $\varphi(3\beta)$....., et on marque sur les axes coordonnés des points qui répondent à ces longueurs. Par ces points, on mène des parallèles aux axes coordonnés; et on les numérote suivant les valeurs de α, 2α, 3α.... β, 2β, 3β.....

Ainsi, dans l'exemple ci-dessus, on tracerait des parallèles aux coordonnées à des distances égales aux carrés 1, 4, 9, 16... et on coterait ces parallèles suivant la série des nombres simples 1, 2, 3, 4.... Il n'y aurait plus qu'à choisir celles de ces lignes qui portent des numéros représentant a et b, et à les suivre de l'œil jusqu'à leur rencontre.

Si les nombres a et b ne figurent pas explicitement parmi ceux qui sont inscrits, on interpole, soit avec une règle divisée, soit par estime, et l'on suit des directions parallèles avec une règle ou simplement à l'œil. Le mieux est de suivre de l'œil les lignes tracées qui se rapprochent le plus des données a et b, et de faire ensuite la double interpolation à partir de leur point de rencontre.

Si le point définitif ainsi trouvé tombe entre deux droites, on apprécie de la même façon la fraction qui doit être ajoutée à la plus petite de leurs deux cotes.

Parmi les méthodes qui permettent d'isoler dans des termes distincts les coordonnées courantes x et y, il en est une qui mérite de fixer l'attention, parce qu'elle conduit directement à la construction des tables graphiques que M. Lalanne a imaginées pour les calculs de profils en travers. Elle s'applique au cas où des puissances de x et de y forment un produit ou un quotient. Si on a par exemple $z = \dfrac{y^m}{x^n}$, on peut poser log. $z = m$ log. $y - n$ log. x. En faisant : log. $y = Y$ et log. $x = X$, on obtient l'équation d'une droite $mY = nX +$ log. z, et toutes les droites qu'on obtient en donnant à z une série de valeurs sont parallèles entre elles.

Application aux profils en travers. — Les formules générales établies au n° 134 sont dans le cas précédent. Qu'elles soient relatives au cas du déblai ou à celui du remblai, elles peuvent s'écrire ensemble sous la forme :

$$z = \frac{(y + lp)^2}{2(p \pm x)} - K$$

où K représente une constante. On en déduit :

$$z + K = \frac{(y + lp)^2}{2(p \pm x)}.$$

et log. $(z + K) = 2$ log. $(y + lp) -$ log. $(p \pm x) -$ log 2.

Si on pose log. $(y + lp) = Y$ et log. $(p \pm x) = X$, et qu'on représente pour abréger, log. $(z+K)+$ log. 2 par Z, l'équation ci-dessus devient $Z = 2Y - X$.

D'autre part, l'emprise $e = \dfrac{y + lp}{p + x}$, et, si on pose $E =$ log. e, on a $E = Y - Z$.

L'équation en Z fournit une série de lignes droites parallèles dont le coefficient angulaire est $1/2$; l'équation en E fournit une autre série, dont le coefficient angulaire est 1. On peut tracer ces deux séries sur une même épure. Le point de rencontre des deux coordonnées qui répondent à un système de valeurs de x et de y tombe à la fois sur une droite de l'une et de l'autre série, où on lit les valeurs de la surface et de l'emprise.

Mais on peut remarquer que le système des valeurs simultanées que prennent quatre variables, Z, E, Y et X est toujours le même, quel que soit l'ordre dans lequel on les considère, et qu'elles se correspondront toujours, quelles que soient celles par où l'on entre dans la table. Pour construire la table, on peut donc choisir arbitrairement deux de ces quantités pour variables indépendantes. Si on prend Y et E, on trouve $Z = Y + E$ et $X = Y - E$. Ce sont les équations de deux systèmes de droites perpendiculaires entre elles et inclinées à 45° sur les axes coordonnés. La table se compose alors de quatre séries de droites faisant entre elles des angles à 45° (fig. 78).

Les dernières tables de M. Lalanne sont construites dans ce système. Elles donnent, en outre, les longueurs des talus qui se déduisent facilement des largeurs d'emprise, puisque $t = (e - l) \sqrt{1 + p^2}$.

Elles ne tiennent pas compte de la surface des fossés, dont le volume peut toujours être évalué à part, puisqu'il est le produit d'une section constante par la longueur de chaque tranchée.

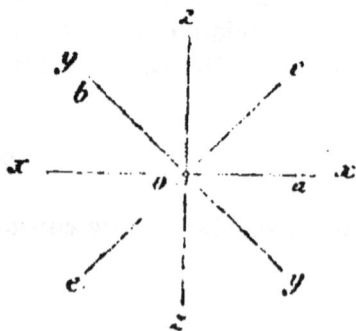

Fig. 78

Dans ce système de tables, l'axe des z est parallèle

au bord le plus long de l'épure, parce que Z est la quantité qui prend la plus grande valeur. On entre dans la table par les valeurs données $y = b$ et $x = a$, que l'on trouve inscrites sur les contours de l'épure. On suit la ligne inclinée à 45° qui part du nombre b, et la ligne horizontale qui part du nombre a. Leur rencontre a lieu en un point O où se coupent également la droite verticale qui donne la valeur z et la droite inclinée à 45° qui conduit à l'emprise. Les valeurs de z sont inscrites sur les lignes verticales elles-mêmes, au milieu de l'épure ; celles de e se trouvent en dehors de l'épure sur une ligne où sont inscrites également les longueurs de talus correspondantes.

Les figures 79 et 80 représentent des tables graphiques dessinées d'après la méthode de M. Lalanne, pour une route de 10 m. 00 de largeur, avec fossés de 1 m. 50 en gueule et de 0 m. 50 de profondeur. Les talus sont à 45° dans les déblais, et à 3 de base pour 2 de hauteur dans les remblais. Les tables sont limitées de 0 à 5 m. 00 pour les cotes rouges et de — 0,25 à + 0,25 pour les déclivités transversales. On y a fait, comme M. Lalanne, abstraction de la surface des fossés.

Profils mixtes. — Lorsqu'il se présente des profils mixtes, où il faut déterminer à la fois du déblai et du remblai, les tables ne sont pas applicables. M. Lalanne y a annexé, pour ces cas, d'autres petites tables graphiques, dont chacune répond à un des cas particuliers qui peuvent se présenter. Ces petites tables sont construites par points, les formules algébriques qui les concernent n'étant pas susceptibles d'anamorphose.

On s'aperçoit que le cas est mixte lorsque les points d'intersection que l'on cherche tombent en dehors des limites de l'épure.

En négligeant les fossés, on ramène tous les cas mixtes aux deux cas pour lesquels des formules ont été établies au n° 135, et les petites tables supplémentaires sont assez simples.

Lorsqu'il s'agit de projets de routes, cette simplification n'est guère possible. Il s'y présente de nombreux profils mixtes, où les fossés existent partiellement, et il faut tenir compte de ces fractions de fossés.

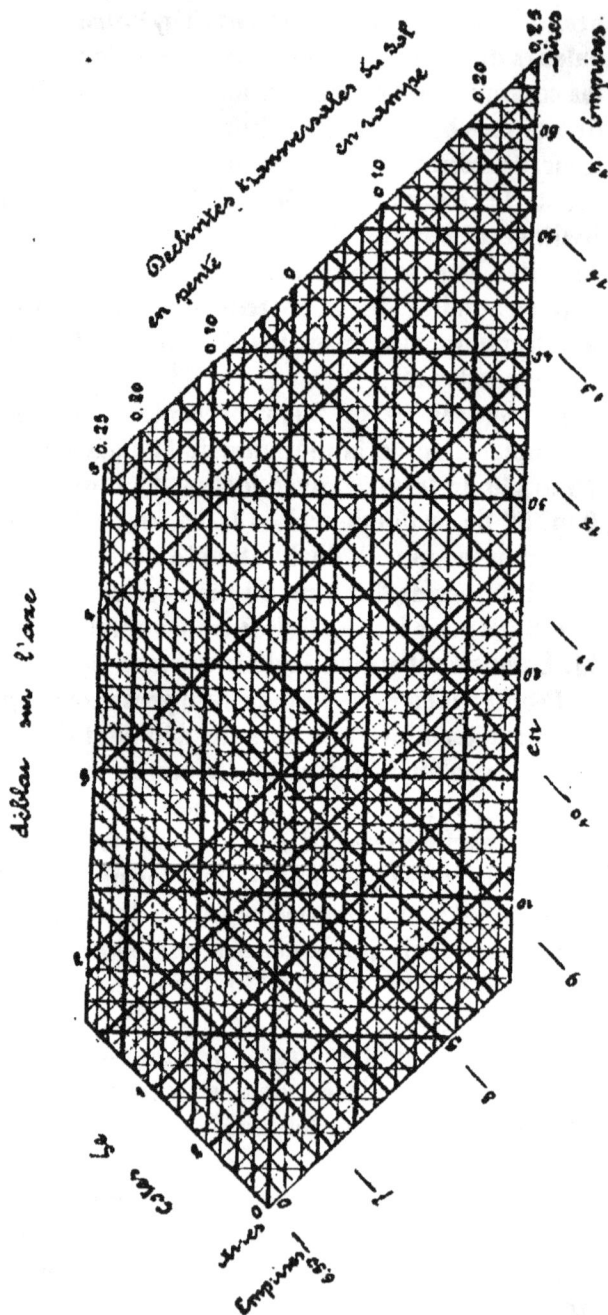

TABLE GRAPHIQUE pour la mesure des profils en travers.

DÉBLAIS.

(Profil de 10m,00 avec talus de 1 de base pour 1 de hauteur et fossés de 1m,50.)

Fig. 79.

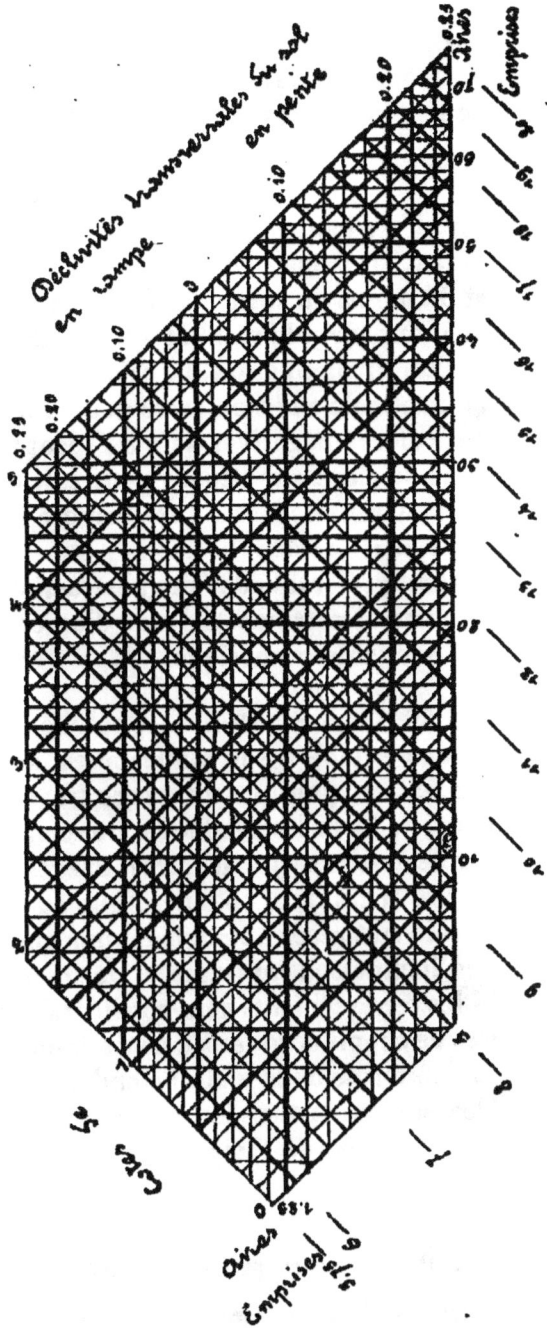

Fig. 80.

On peut le faire en profitant de la remarque faite au nº 135, si l'on complète la table en admettant des valeurs négatives pour y. Il n'y a plus besoin que d'une petite table supplémentaire pour le calcul de la quantité $\dfrac{y^{2\,1}}{2x}$. Cette quantité, susceptible d'anamorphose, est la seule que l'on ait besoin de connaître, en dehors des nombres fournis par la table principale, si du moins on introduit dans les cas mixtes quelques simplifications, dont le résultat est de négliger certaines fractions de surface insignifiantes. Le calcul des profils mixtes n'exige plus qu'une seule addition entre deux nombres. Mais l'introduction des valeurs négatives de y a l'inconvénient de prendre beaucoup de place sur l'épure pour calculer des quantités peu importantes, et de forcer à restreindre l'échelle ou l'étendue de la table pour le reste.

Il est préférable de faire abstraction des cas mixtes, et de les calculer directement à l'aide d'un croquis, ou de les prendre sur une table numérique.

141. Observation. — Quelque ingénieuse que soit la méthode des tables, soit numériques, soit graphiques, il n'en est pas fait en pratique un usage fréquent. Quand on a pris la peine de lever les profils en travers, on préfère les dessiner, car ce dessin sert à d'autres usages que la cubature des terrasses. Il est rare, en outre, que sur de grandes longueurs le terrain soit assez homogène pour que les talus de déblai aient une inclinaison constante et ne soient jamais en ligne brisée. Si les terrassements sont considérables, comme dans les projets de chemins de fer, la pente transversale du sol peut n'être pas uniforme dans toute l'étendue du profil. On utilise les tables surtout pour les avant-projets, afin d'avoir une idée approximative de l'importance des terrassements.

---

1. On pourrait se passer de la petite table supplémentaire, car $\dfrac{y^2}{2x}$ se trouve instantanément sur une règle à calcul.

§ 4.

AVANT-MÉTRÉ SOMMAIRE DES TERRASSEMENTS

142. Avant-métré sans profils en travers. — Une autre simplification plus radicale, qui abrège singulièrement le travail, consiste à ne pas lever de profils en travers, et à faire l'avant-métré sur le profil en long seul.

Ne connaissant pas la pente en travers du terrain naturel, on lui en suppose une.

On divise, à cet effet, le tracé en plusieurs sections, dans chacune desquelles on suppose que la pente transversale p reste constante.

L'aire totale de chaque profil en travers est la somme des deux valeurs que prend z quand on donne successivement à x le signe $+$ et le signe $-$ dans les formules du n° 134. On obtient alors pour cette aire $z = \dfrac{(y + lp)^2 p}{p^2 - x^2} - l^2 p$, en faisant abstraction du fossé.

On peut calculer des tables spéciales, par application de cette formule, pour les seules valeurs qu'on doit supposer à x.

143. Cas où le terrain est supposé horizontal. — Le plus souvent, pour abréger, on fait l'hypothèse la plus simple, en considérant le terrain comme horizontal. La surface du profil entier est alors $z = 2ly + \dfrac{y^2}{p}$. Dans le cas du déblai, on ajoute deux fossés 2 F.

Le calcul de z est assez rapide. Mais il est préférable de prendre sa valeur sur les tables, si on en possède, ou bien de calculer une table spéciale, qui se construit facilement, les différentes secondes étant constantes. On peut aussi construire la courbe $z = 2ly + \dfrac{y^2}{p}$ et y prendre les valeurs de z à l'échelle.

L'erreur commise par suite de cette hypothèse est en moins.

En effet, si l'on suppose un profil en remblai (fig. 81), où CD serait la ligne moyenne du terrain, et si l'on mène par le point E, pris sur l'axe, une horizontale GH, la surface z que l'on compte est celle du trapèze ABGH; la surface z' qu'il

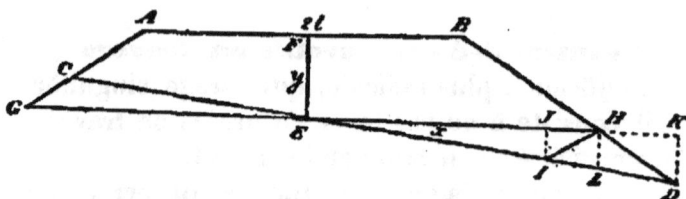

Fig. 81.

faudrait prendre est le quadrilatère ABCD. Or, la première est plus petite que la seconde, et la différence est égale au triangle HID déterminé par une parallèle HI au talus AC, les deux triangles GCE, EHI étant égaux.

On peut d'ailleurs calculer l'erreur relative. Soit S la surface réelle ABCD et S' la surface substituée ABHG. L'erreur relative est $\dfrac{S-S'}{S}$. Si l'on remplace S et S' par les expressions trouvées ci-dessus, savoir :

$$S = \frac{p(y+lp)^2}{p^2-x^2} - l^2 p$$

et

$$S' = \frac{2ply+y^2}{p}$$

et qu'on simplifie, après avoir posé :

$$m = \frac{lp+y}{l},$$

on trouve :

$$\frac{S-S'}{S} = \frac{m^2 x^2}{p^2(x^2+m^2-p^2)}.$$

Cette erreur varie dans le même sens que x et en sens inverse de m. Elle est donc d'autant plus grande que le terrain est plus incliné transversalement et que les cotes rouges sont plus petites par rapport à la largeur de la plateforme.

Quand des terrassements ont été calculés par cette méthode,

qui ne peut être appliquée qu'à des avant-métrés sommaires, il est bon de majorer les résultats dans une poportion dont on se rend un compte approximatif en introduisant diverses hypothèses dans la formule ci-dessus.

Si un profil en travers doit être mixte, cette méthode ne donne plus que des résultats sans rapport avec la réalité. Elle peut encore être appliquée à un avant-projet quand les profils mixtes sont des exceptions, mais non quand ils se présentent fréquemment, comme dans le cas d'un tracé de route à flanc de coteau.

144. Dernière simplification. — L'application de cette méthode se simplifie encore quand les profils en travers sont à égale distance les uns des autres. Si on appelle δ cette distance, et y_1, y_2... y_n les cotes rouges d'une série de n profils équidistants, faisant partie d'une même tranchée ou d'un même remblai, le volume de cette tranchée ou de ce remblai a pour expression :

$$V = \delta \left[2l \, (y_1 + y_2 + \ldots y_n) + \frac{1}{p} (y'_1 + y'_2 + \ldots y'_n) \right]$$

qu'on peut écrire, en remarquant que $n\delta$ représente précisément la longueur L de la tranchée ou du remblai :

$$V = L \left(2l \, \frac{y_1 + y_2 + \ldots y_n}{n} + \frac{1}{p} \times \frac{y'_1 + y'_2 + \ldots y'_n}{n} \right).$$

Cette formule donne des résultats d'autant plus exacts que n est plus grand et par suite δ plus petit.

Pour l'appliquer, on divise le profil en long par des verticales équidistantes, et on relève les valeurs correspondantes de y à l'échelle. On fait la moyenne des cotes rouges obtenues, et la moyenne de leurs carrés, et on les introduit dans la formule ci-dessus[1].

Cette dernière simplification permet d'obtenir les volumes par un calcul excessivement court, lorsqu'on a déterminé préalablement la surface jaune ou rouge de la masse de dé-

---

1. On peut aussi calculer d'avance une table ou construire une courbe qui donne la valeur de y^2 correspondant à chaque valeur de y.

blai ou de remblai sur le profil en long, et la position de son centre de gravité. En effet, si δ est supposé infiniment petit, et représenté par dx :

$$V = 2l \int_0^L y\,dx + \frac{1}{p} \int_0^L y^2\,dx.$$

Or la première intégrale est la surface jaune ou rouge; et $\int_0^L y^2\,dx$, qui peut s'écrire $2\int_0^L \frac{1}{2} y\,dx$, est le double de son moment par rapport à la ligne du projet. Si l'on représente par S la surface et par g la distance de son centre de gravité à la ligne rouge, on a donc

$$V = 2S \left(l + \frac{g}{p} \right).$$

Il se construit aujourd'hui, sous le nom d'intégromètres, des instruments, analogues au planimètre, qui donnent la quantité g ou le produit Sg par une seule lecture, après qu'on a simplement suivi le contour de la figure avec un traçoir, et qui permettent de se procurer rapidement les éléments S et g.

A défaut d'instrument de cette espèce, la position du centre de gravité peut s'obtenir par la méthode graphique qu'à indiquée M. Collignon [1].

145. Réduction à l'horizontale. — M. Boulangier a indiqué un procédé qui permet d'appliquer la formule simple ci-dessus au cas où la pente transversale du terrain n'est pas nulle, à condition toutefois que les profils soient dessinés. Il consiste à substituer à la ligne naturelle du terrain une ligne horizontale fictive, placée à une hauteur telle que l'aire qu'elle fournit sur le gabarit du profil soit égale à celle que détermine la ligne naturelle.

Soit, par exemple, ABCD (fig. 82) un profil en travers à pente uniforme de sur-

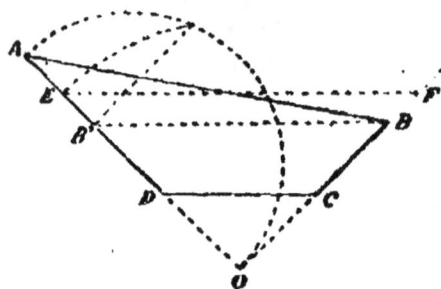

Fig. 82.

1. *Annales des Ponts et Chaussées*, 1887, 1er semestre, page 28.

face S : on trace une ligne EF telle que surf.EOF = surf. AOB. Il suffit pour cela que $AO \times OB = OE \times OF = OE^2$.

On marque sur OA un point B′ tel que OB′ = OB, et par une construction géométrique bien connue, on détermine le point D pour lequel OE est une moyenne proportionnelle entre OB et OA.

Dans le cas où le profil en travers du terrain est brisé, comme AFB (fig. 83), on commence par substituer à la ligne brisée une ligne droite AG qui remplace le polygone OAFB par un triangle équivalent OAG d'après les règles de la géométrie.

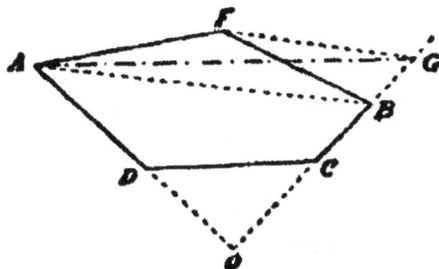

Pour les cas mixtes on fait une transformation analogue.

Fig. 83.

On porte alors sur le profil en long les cotes rouges fictives résultant de cette substitution, et on applique la formule du numéro précédent à ce profil en long fictif.

146. Approximation des calculs d'avant-métrés. — Les calculs des avant-métrés de terrassements sont très longs, et il importe de ne pas les allonger inutilement en cherchant à exprimer les résultats avec une approximation illusoire. L'approximation doit être d'autant plus large que la méthode est plus expéditive. Ainsi, dans l'évaluation des cubes, la méthode de la moyenne des aires, habituellement employée, laisse une incertitude qui porte non seulement sur les unités, mais le plus souvent sur les dizaines de mètres cubes. Il serait évidemment absurde de vouloir exprimer les volumes avec des décimales.

En général, on exprime les longueurs et les surfaces avec 2 décimales, et les cubes en nombres entiers.

Toute approximation plus grande, outre qu'elle est irrationnelle et illusoire, fait perdre inutilement le temps et complique singulièrement la vérification des calculs.

§ 5.

COMPENSATION DES TERRASSEMENTS

147. Définition et avantages de la compensation. —
Par l'une des méthodes qui viennent d'être expliquées, on arrive à connaître plus ou moins exactement les volumes de déblai et de remblai que comporte un projet. Lorsque ces volumes sont égaux, on dit que les terrassements sont *compensés*.

Les déblais sont enlevés des tranchées dans des véhicules, et transportés sur les remblais. S'il y a un excédent de déblai, il doit être déposé en dehors de la route. Habituellement, on fait ce dépôt au plus près, sur le bord même de la tranchée, et on accumule les terres en tas qu'on appelle *cavaliers de dépôt*. Si, au contraire, les déblais ne fournissent pas assez de terre pour les remblais, on complète ceux-ci au moyen de fouilles faites à leur pied. Ces fouilles se nomment *chambres d'emprunt*.

Il y a le plus souvent avantage à réaliser à peu près la compensation, bien qu'il ne faille pas lui sacrifier des considérations plus importantes.

En général, en effet, sauf lorsque la distance de transport est excessive, le plus économique est de s'arranger de façon que tous les déblais trouvent des remblais où ils puissent être portés, et réciproquement. En outre, les dépôts et les emprunts constituent un obstacle qui rend l'accès de la route plus difficile pour les riverains. Ils peuvent provoquer des éboulements dans les talus, qu'ils surchargent ou affaiblissent. Enfin, dans les chambres d'emprunt, l'eau peut n'avoir pas d'écoulement, maintenir une humidité peu favorable à la route et devenir malsaine par une stagnation prolongée.

148. Recherche de la compensation. — C'est lorsque l'avant-métré est entièrement terminé qu'on s'aperçoit si cette condition est remplie. Quand la différence des deux totaux est trop forte, on rectifie le profil en long, en relevant quelques parties, s'il y a trop de déblai, ou en les abaissant, s'il y a trop de remblai. Il convient de choisir de préférence les parties où les terrassements sont le plus considérables, afin que la modification porte sur une moindre longueur. Ce changement doit se faire en transportant, autant que possible, la ligne du projet parallèlement à elle-même, afin de ne pas altérer les pentes, qui ont été fixées par des considérations d'un ordre supérieur.

Puis on refait l'avant-métré des parties modifiées, et, si la compensation n'est pas encore satisfaisante, on recommence jusqu'à ce qu'on obtienne une différence qui semble négligeable.

Refaire plusieurs fois une partie de l'avant-métré est un travail long et fastidieux, qu'on hésite à entreprendre, surtout pour satisfaire à une condition qui, en somme, n'est qu'accessoire.

Il est donc important de savoir tracer du premier coup un profil qui donne à peu près la compensation. Un œil exercé y

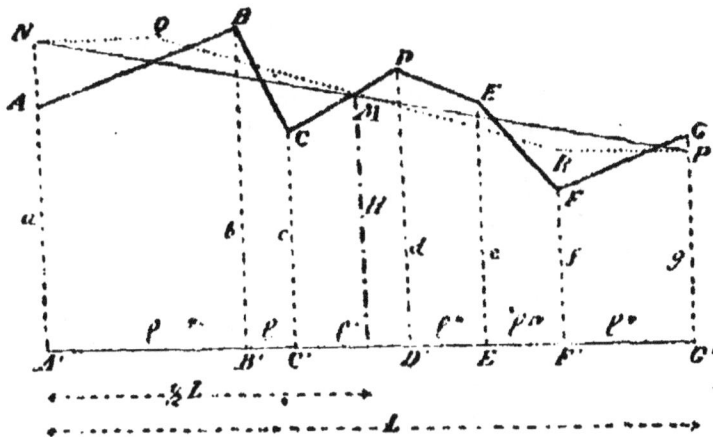

Fig. 84.

parvient assez convenablement, en traçant la ligne rouge NP (fig. 84) de façon à laisser au-dessus d'elle des surfaces jaunes ayant ensemble une aire totale à peu près équivalente à celle des surfaces rouges laissées en dessous.

Si l'œil n'est pas suffisamment exercé, le calcul permet d'obtenir la position de la ligne moyenne NP qui satisfait à cette condition dans l'étendue L d'une portion de route donnée, où la pente doit rester constante. En effet, l'équivalence cherchée sera obtenue, si le trapèze NPG'A', compris entre la ligne rouge et le plan de comparaison, a une surface égale à la somme des trapèzes ABA'B' + BCB'C'... Or cette somme S vaut

$$\frac{a+b}{2} l + \frac{b+c}{2} l + \frac{c+d}{2} l'' + \ldots.$$

Donc $L \times H = S$ et $H = \dfrac{S}{L}$, et il suffit de calculer ou de mesurer la surface S et de la diviser par L, pour avoir la cote à donner au point M, milieu de la longueur considérée.

La position du point M ne varie pas avec la pente. Donc toute ligne passant par ce point donne l'équivalence des surfaces rouges et des surfaces jaunes. C'est ce qu'on peut appeler le *centre de compensation*.

L'équivalence subsisterait encore si, au lieu d'une ligne droite NP, on adoptait une ligne brisée NQRP, qui fût symétrique par rapport au point M.

La position de ce point M peut d'ailleurs s'obtenir facilement par la construction graphique de M. Collignon dont il a déjà été question au n° 30 [1].

La construction est la suivante : Soit ABCDEFG (fig. 85) le profil en long du terrain ; on joint les milieux *a* et *b* des lignes

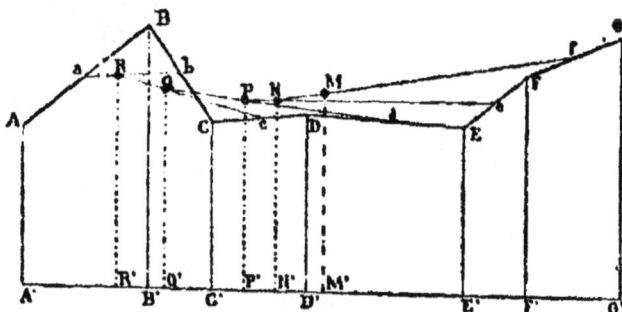

Fig. 85.

AB et BC, et l'on élève la perpendiculaire R'R sur le milieu de

1. *Annales des Ponts et Chaussées* ; 1887, 1er semestre.

A′C′ ; ces deux lignes se rencontrent en un point R. On joint
ce point au milieu c de CD, et l'on élève la perpendiculaire
Q′Q sur le milieu de A′D′ ; le point Q est joint au milieu d de
DE, et la perpendiculaire P′P sur le milieu de A′D′ fournit le
point P. Ainsi de suite, jusqu'à ce qu'on ait atteint le milieu f
du dernier côté FG. Le point M, intersection de la dernière ligne Nf avec la perpendiculaire élevée en M′ au milieu de A′G′,
est le centre de compensation.

A cette équivalence répondrait une compensation exacte
des terrassements, si les aires des profils en travers étaient
proportionnelles aux cotes rouges. Mais il n'en est pas ainsi
pour plusieurs motifs, savoir : 1° les aires sont des fonctions
du second degré des cotes rouges ; 2° l'inclinaison transversale du terrain change d'un profil à un autre ; 3° les talus de
déblai et de remblai n'ont pas la même déclivité ; 4° il y a un
fossé dans les déblais en dehors de la plateforme, et dans les
remblais il n'y en a pas. Pour une inclinaison transversale qui
serait la même, et à cote rouge égale, les aires de déblai sont
plus grandes que celles de remblai dans les petites cotes, et
moindres dans les grandes. Ainsi, pour un type de 10 mètres
entre fossés, la différence de l'aire du déblai à celle du remblai, à cote égale y, sur un terrain supposé horizontal, est
nulle quand $y = o$. Elle augmente d'abord jusqu'à un maximum qui répond à $y = 3$ mètres; puis elle diminue, passe par
zéro lorsque $y = 6^m 32$, et devient ensuite négative.

Pour les projets de routes, où les cotes de 6 mètres sont exceptionnelles, on aurait donc toujours un excès de déblai si on
s'en tenait à l'équivalence des surfaces rouges et jaunes sur le
profil en long. Il convient de tenir la ligne du projet un peu
plus haute, par exemple de $0^m 28$, si les cotes rouges se rapprochent en moyenne de 3 mètres, et de moins en moins, suivant qu'elles se rapprochent davantage de zéro ou de 6 mètres.

Quand le projet se trouve en tout ou en partie en terrain de
rocher, il n'en est plus de même. Le déblai donne moins longtemps des surfaces supérieures à celles du remblai, et, dans
la plupart des cas, la ligne doit être placée en dessous de celle
qui donne l'équivalence sur le profil en long ; mais il est difficile de prévoir de combien. On est donc conduit à des tâton-

nements inévitables, d'autant plus nécessaires ici que les déblais sont plus coûteux.

Lorsque l'on a calculé la surface d'emprise en même temps que les cubes, les tâtonnements peuvent se simplifier. Si l'on représente par x la hauteur dont il faut relever le projet, par S la surface d'emprise qui répond aux déblais de volume D, et par S' celle qui est couverte par les remblais de volume R, la différence, qui était $D - R$, devient $D - S x - (R + S' x)$ ou $D - R - (S + S') x$. Cette différence est nulle si on prend $x = \dfrac{D - R}{S + S'}$. Il n'y a donc qu'à diviser par la surface totale d'emprise l'excès des déblais sur les remblais, pour savoir de combien doit être remontée la ligne du projet.

§ 6

MOUVEMENT DES TERRES

149. Distance moyenne des transports. — Lorsque le volume des terrassements est connu, il faut encore savoir où et à quelle distance les déblais devront être transportés, soit pour remplir les remblais, soit pour être mis en dépôt. Cette recherche porte le nom de *mouvement des terres.*

Elle a surtout pour but de fixer la dépense des terrassements, dont le prix varie avec les distances de transport.

Pour ne pas multiplier les prix, on en applique un seul au transport de tous les déblais, que l'on suppose tous faits à une même distance moyenne générale.

Comme il s'emploie différents modes de transports, les uns à la brouette, les autres au tombereau ou en wagon, il faut calculer en réalité une distance moyenne spéciale pour les volumes à transporter par chacun de ces procédés.

A cet effet, on commence par diviser les déblais et les remblais en masses équivalentes. On détermine d'abord la distance moyenne partielle de chaque masse de déblai à la masse de remblai correspondante. Puis on cherche la moyenne générale de toutes ces distances partielles.

Cette recherche est simplifiée, dans les projets de routes, par la circonstance que les transports suivent le tracé, et sont par conséquent parallèles entre eux. Il en résulte immédiatement que la distance moyenne d'une masse de déblai au remblai correspondant est celle de leurs centres de gravité, et que la distance moyenne générale est la moyenne géométrique des distances partielles des diverses masses.

Si donc on représente par A un volume partiel de déblai et par *a* la distance de son centre de gravité à celui du remblai correspondant, par B, C,... d'autres volumes, qui doivent être transportés aux distances *b*, *c*,..., la distance moyenne générale cherchée est :

$$X = \frac{Aa + Bb + Cc + \dots}{A + B + C \dots}.$$

Il est facile de démontrer qu'il revient au même d'appliquer à chaque masse son prix de transport particulier, ou à toutes les masses celui qui résulterait de la distance unique X, car la formule qui sert à calculer le prix d'un transport peut se mettre, comme on le verra au chapitre suivant, sous la forme linéaire $P = K + K'D$, où D est la distance, et K et K' deux constantes qui varient seulement quand le mode de transport vient à changer. La dépense résultant des transports devant être la même dans les deux hypothèses, on doit avoir:

$$(A + B + C + \dots)(K + K'X) = A(K + K'a) + B(K + K'b) + C(K + K'c) + \dots$$

équation qui est satisfaite si on donne à X la valeur exprimée ci-dessus.

150. Épure du mouvement des terres : 1ʳᵉ Méthode. — La distance moyenne se recherche sur une épure ou dans un tableau de calculs, ou par la combinaison des deux procédés.

L'épure la plus parfaite (fig. 86) est celle qui utilise la représentation graphique indiquée au n° 118. Si l'on élève sur la ligne de terre, à des distances proportionnelles à celles des piquets, des perpendiculaires représentant à une échelle donnée les nombres qui expriment les aires des profils en travers, en ayant soin de les mettre au-dessus ou au-dessous de la ligne de terre, suivant que les surfaces sont en déblai ou en remblai, on obtient une figure où les volumes sont représentés par des surfaces. On peut la décomposer en une série de surfaces partielles, telles qu'une surface en déblai trouve toujours une surface en remblai équivalente.

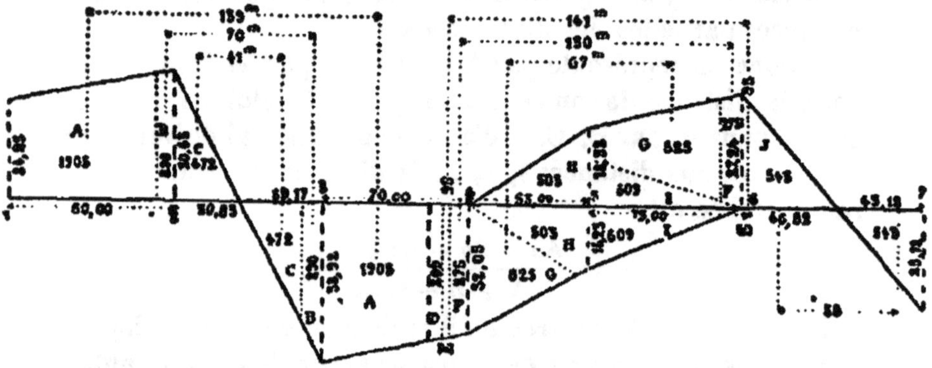

Fig. 86.

Ces surfaces partielles sont des polygones dont la géométrie apprend à trouver l'aire et le centre de gravité. On n'a plus qu'à multiplier l'aire de chaque surface de déblai par la distance horizontale de son centre de gravité à celui de la surface de remblai correspondante.

La somme de tous ces produits, divisée par la somme des cubes de déblai donne la distance moyenne.

Lorsqu'il n'y a pas compensation, il reste des portions de surfaces non utilisées qui représentent un volume équivalent de dépôts ou d'emprunts.

On multiplie ces surfaces par la distance à laquelle on suppose qu'auront lieu les dépôts ou les emprunts, et on introduit le produit dans les calculs.

Quand il se trouve un entreprofil mixte, on a des surfaces à la fois au-dessus et au-dessous de la ligne de terre. On détache dans la plus grande une surface partielle équivalente à la plus petite, et on opère seulement sur le reste. La surface partielle détachée représente un cube de déblai qui doit être

employé en remblai dans le même entreprofil et dont le transport ne s'effectue pas parallèlement, mais perpendiculairement
à l'axe du tracé. On note à part ce cube, qui n'intervient pas
dans le calcul de la distance moyenne.

La figure 86 représente une épure construite d'après cette
méthode. Le volume des déblais y est de 5.517 mètres cubes,
et celui des remblais de 4.726 mètres cubes. Il y a, par conséquent 209 mètres cubes de remblai à faire par emprunt. Ce
volume est représenté par la surface D. Il y a 1.112 mètres cubes à employer dans le même entreprofil (surfaces H et I). Le
reste se décompose en sept surfaces partielles équivalentes de
déblai et de remblai, dont la distance moyenne de transport
est 100 mètres.

Les distances partielles sont exprimées en nombres entiers,
ainsi que la distance moyenne. Il n'y aurait aucun intérêt à y
joindre des fractions.

151. 2ᵉ Méthode. — Au lieu de représenter les volumes de
terrassements par des trapèzes et des triangles correspondant à l'application directe de la méthode de la moyenne des
aires, on peut (n° 118) les représenter par des rectangles ayant
pour hauteur les aires des profils et pour bases les demi-sommes de leurs distances aux deux profils voisins. Dans cette seconde manière, l'épure se modifie et prend la forme de la fi

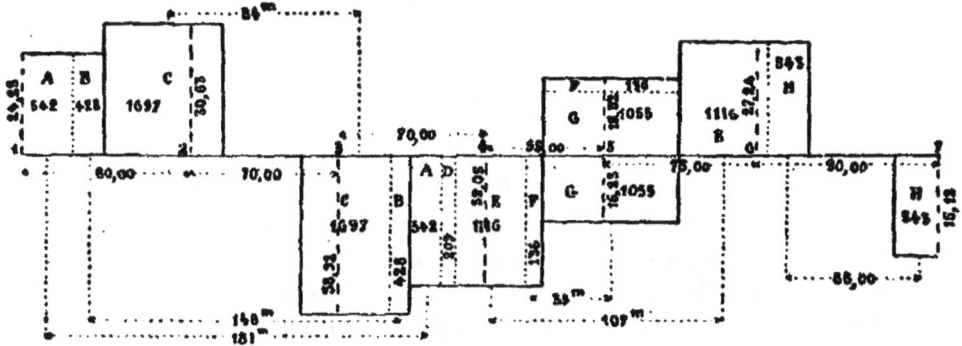

Fig. 87.

gure 87. Les distances des centres de gravité sont faciles à
trouver, car chacun d'eux est au milieu d'un rectangle.

En appliquant la méthode à l'exemple précédent, on trouve encore 209 mètres cubes à faire par emprunt (surface D), et il y a 1.055 mètres cubes (surface G) de déblai à employer dans le même entreprofil. Le reste est décomposé en 6 rectangles équivalents de déblai et de remblai, dont la distance moyenne de transport est 100 mètres, comme ci-dessus.

Au lieu de chercher le centre de gravité des divers rectangles, on admet le plus souvent, pour simplifier les calculs, qu'il se trouve précisément sur le profil lui-même. On sacrifie un peu d'exactitude, mais on abrège singulièrement la recherche de la distance moyenne, qu'il n'y a d'ailleurs pas grand intérêt à connaître avec précision. Dans l'exemple de la figure, elle deviendrait 112 mètres.

158. Méthode de M. Lalanne. — M. Lalanne a indiqué la méthode suivante, qui est une application simplifiée de la théorie de l'ingénieur Bavarois Brückner [1].

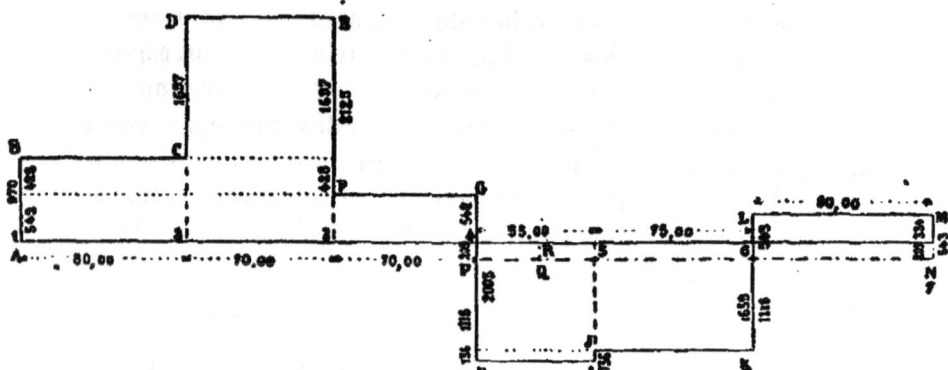

Fig. 88.

Les verticales portées sur la ligne de terre ne représentent plus les surfaces des profils en travers, mais les cubes correspondant à chaque profil, tels que les donne l'avant-métré, déduction faite des cubes à employer dans le même entreprofil. Au profil 1 on mène la verticale AB, d'une longueur représentant, à l'échelle, le cube de 970 mètres qui répond à ce profil.

1. Voir : *Théorie et pratique du mouvement des terres*, d'après le procédé Brückner, par Ernest Henry, inspecteur général des Ponts et Chaussées (Encyclopédie des travaux publics, 1893).

En B, on trace une horizontale jusqu'à la rencontre C du profil 2, et, à partir de C, on mène la verticale CD égale au cube de 1.697 mètres qui répond au profil 2. On continue ainsi de suite, en portant vers le haut des lignes qui représentent les déblais et vers le bas celles qui correspondent aux remblais.

On forme ainsi un polygone rectangulaire ABCDEF..., qui permet de faire immédiatement et sans hésitation la répartition des terrassements. Il suffit de prolonger les horizontales BC, FG, KJ à travers le polygone. Entre deux horizontales consécutives sont interceptées deux longueurs verticales égales, dont l'une appartient à la série ascendante et l'autre à la série descendante, et qui représentent par conséquent des volumes partiels équivalents de déblai et de remblai. Ainsi, les 970 mètres du profil n° 1 se subdivisent en deux volumes partiels de 428 et de 542 mètres cubes, qui doivent être portés respectivement aux profils 3 et 4.

Les rectangles successifs formés par les deux séries de lignes horizontales et verticales ont chacun pour hauteur un des volumes partiels, et pour base la distance de transport de ce volume. Leur surface représente donc le produit de ces deux quantités.

Pour avoir la distance moyenne, il suffit de faire la somme de ces surfaces et de la diviser par la somme de leurs hauteurs.

La somme des rectangles peut s'obtenir, soit par le calcul, soit par un des procédés de mesurage indiqués aux n°⁸ 128 à 132.

L'épure a été faite dans l'hypothèse où la masse de chaque déblai ou remblai est supposée concentrée au profil auquel elle répond. Lorsque la répartition est ainsi assurée, les côtés verticaux de chaque rectangle pourraient être reportés aux points qui répondent aux centres de gravité des masses que ces côtés représentent. L'exactitude serait un peu plus grande, mais l'épure serait plus confuse et de confection plus compliquée. Il est infiniment plus simple de s'en tenir à la marche indiquée ci-dessus.

Emprunts et dépôts. — S'il y a compensation des terrassements, l'extrémité N de la dernière ligne verticale tombe précisément sur la ligne de terre. S'il y a excès de déblai, elle reste en dessus ; s'il y a excès de remblai, elle descend en dessous. Il faut alors recourir à des dépôts ou des emprunts en quantité représentée par la longueur qui sépare le point N de la ligne de terre.

S'il s'agit d'un emprunt, comme dans la figure 88, on trouve l'endroit où il convient de le faire en menant par le point N une parallèle à la ligne de terre, et cherchant les points où elle coupe la série descendante. Dans l'exemple choisi, il n'y en a qu'un, P, au profil 4. On a donc le choix de faire l'emprunt, soit en P, soit en N. Si on choisit le point P, il faut déduire des 2.125 mètres cubes de remblai à effectuer au profil 4 les 209 mètres cubes qui vont s'exécuter par voie d'emprunt, et on conserve seulement le reste dans le calcul de la distance moyenne. Or, si on fait abstraction de ces 209 mètres, il faut amener le point P en 4 sur la ligne de terre, et remonter de cette quantité toute la figure PHIKLMN. Cela revient à prendre, à partir du profil 4, une nouvelle ligne de terre, qui soit précisément PN. C'est ce qu'on appelle une ligne de répartition auxiliaire.

La distance moyenne de transport s'obtient alors en faisant le total des surfaces des rectangles placés tant au-dessus qu'au-dessous de la ligne de terre primitive, depuis 1 jusqu'à 4, et de la ligne PN au-delà de 4 ; et en divisant ce total par la somme des hauteurs de ces rectangles.

S'il y avait dépôt, au lieu d'emprunt, on procéderait exactement de la même façon, la ligne de terre auxiliaire se trouvant au-dessus au lieu d'être au-dessous de la ligne de terre primitive.

Lorsqu'il y a choix entre plusieurs lieux d'emprunt ou de dépôt, l'épure permet de voir quel est celui qui convient le mieux. L'abaissement de la ligne de terre a pour résultat d'augmenter les surfaces des rectangles placés au-dessus, et de diminuer celles des rectangles placés au-dessous ; son relèvement aurait un effet contraire. Il faut donc chercher à placer le lieu d'emprunt en un profil à partir duquel les rectangles supérieurs aient ensemble une plus grande longueur que les rectangles inférieurs. C'est pour ce motif que, dans l'exemple de la figure, il vaut mieux placer l'emprunt au point

P qu'au point N. Dans le cas des dépôts, au contraire, il faut
chercher un point à partir duquel la longueur du polygone
rectangulaire supérieur soit plus grande que celle du polygone inférieur. Si plusieurs points sont dans ce cas, on choisira celui où la différence sera la plus grande.

Remarques. — 1º Dans un projet de quelque étendue, il est
le plus souvent avantageux de ne pas faire tous les dépôts ou
tous les emprunts au même endroit. On adopte alors plusieurs
lignes de répartition auxiliaires à des niveaux différents, de
façon que leur ensemble ait la plus grande longueur possible.

Tel est le cas de la figure 89 qui représente un tracé où il
y a un excès de remblai représenté par MN. La ligne de répar-

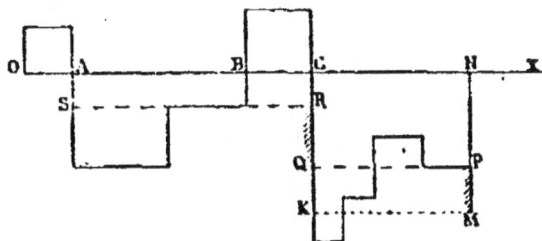

Fig. 89.

tition unique MK est moins avantageuse que la ligne PQ, et il
convient d'abord de faire un emprunt égal à PM au profil N,
et de reporter le reste au profil C. Là, on pourrait faire un emprunt égal à QC; mais il est préférable de ne prendre que QR,
et de mener en R une ligne de répartition auxiliaire RS, en reportant au profil A un emprunt égal à CR. Les emprunts se
trouvent ainsi répartis en trois points, A, C et N, à l'aide des
deux lignes de répartition auxiliaires SR et QP, et le mouvement des terres est réduit à son minimum.

2º Ordinairement, il n'est pas fait abstraction, comme on
vient de le supposer, des volumes de déblai à porter en dépôt,
mais on attribue à chacun d'eux une distance particulière de
transport, qui intervient dans le calcul de la distance moyenne.
On en tiendrait compte sur l'épure, en menant, à la distance
fixée, une verticale QR (fig. 88) formant avec P4 un rectangle
dont la surface doit être comptée dans la somme totale des
rectangles.

3° Il arrive quelquefois, comme il sera indiqué plus loin, qu'il est avantageux, au lieu de transporter un déblai en remblai, de le mettre en dépôt et d'exécuter le remblai correspondant au moyen d'emprunts. On s'en aperçoit lorsque la distance de transport dépasse une limite donnée. L'épure de M. Lalanne fait voir immédiatement quelles sont les parties où cette limite est dépassée.

153. Distinction des modes de transport. — Si l'on a recours à différents modes de transport, à la brouette et au tombereau par exemple, il faut calculer séparément la distance moyenne pour les cubes transportés par chacun d'eux. On verra plus loin que c'est la distance à laquelle le transport doit avoir lieu qui détermine le choix du mode à employer. Ainsi, les transports de moins de 90 mètres se font habituellement à la brouette, et ceux de plus de 90 mètres au tombereau.

L'épure du mouvement des terres, quelle que soit la méthode employée, fait voir immédiatement dans quel cas se trouve chaque volume partiel. On peut, pour éviter toute hésitation dans les calculs, teinter en couleurs différentes les portions de l'épure qui se rapportent aux divers modes de transport.

154. Tableau du mouvement des terres. — Le plus souvent, les distances moyennes se calculent sur un tableau, et non sur une épure. Néanmoins, la rédaction du tableau est singulièrement facilitée quand a été dressée préalablement une épure d'après la méthode de M. Lalanne, où se voit sans hésitation la répartition des terrassements. Réduite à cet objet, cet épure peut être faite à une échelle restreinte pour les distances, et n'occuper qu'une bande de papier de peu de longueur. Il ne faut pas hésiter à la dresser à l'appui du mouvement des terres.

Ce tableau reçoit la disposition suivante :

Numéros des profils.	Cubes des déblais pour chaque profil.	Foisonnement.	Cube définitif des déblais.	Cube des remblais pour chaque profil.	Cubes à employer dans la longueur répondant à chaque profil.	Excès des cubes des déblais sur les remblais		Excès des cubes des remblais sur les déblais		Déblais en excès		Empunts pour remblai.	Indication des lieux d'emploi ou de dépôt des déblais en excès, ou des lieux d'emprunt.	Distance de transport.	Transports			
															à la brouette.		au tomb.	
						par profil.	par suite non interrompue de profils.	par profil.	par suite non interrompue de profils.	à porter en remblai sur la route.	à porter en dépôt ou à réserver pour un autre usage.				Cubes.	Produits des cubes par les distances	Cubes.	Produits des cubes par les distances.
1	2	3	4	5	6	7	8	9	10	11	12	13	14	15	16	17	18	19

Les colonnes 1, 2 et 5 ne sont que la reproduction de trois colonnes du tableau de l'avant-métré des terrassements. Seulement, on supprime les profils fictifs, qui n'avaient été introduits que pour rendre la marche des opérations plus uniforme et pour faciliter la vérification des calculs.

Généralement un mètre cube de déblai remplit un mètre cube après son emploi en remblai. Toutefois, il peut n'en être pas ainsi dans certaines natures de terrain, notamment dans les rochers, qui donnent lieu à un foisonnement plus ou moins considérable. La proportion de ce foisonnement étant connue, on inscrit dans la colonne 3 l'augmentation de volume qui en résulte et qui doit être ajoutée aux chiffres de la colonne 2 pour former ceux de la colonne 4. Mais ce n'est que dans des circonstances assez rares qu'on agit ainsi : les colonnes 3 et 4 restent souvent en blanc.

Dans la colonne 6, on transcrit le plus petit des deux nombres qui figurent aux colonnes 4 et 5. La différence est portée dans la colonne 7 ou dans la colonne 9, suivant que c'est le déblai ou le remblai qui se trouve en excès.

Les colonnes 8 et 10 servent à grouper les terrassements par masses, ce qui permet de mieux saisir leurs rapports d'ensemble.

Dans les colonnes 11 et 12, on indique la répartition des déblais. On cherche, autant que possible, à les employer en remblai, et, à cet effet, on décompose chacun des nombres de la colonne 7 en volumes partiels correspondant à des volumes équivalents de remblai, de façon à compléter un à un ceux que présente la colonne 9. C'est surtout pour cette répartition que l'épure est très utile. Les déblais qui ne trouvent pas leur emploi en remblai sont portés dans la colonne 12. Quelquefois, lorsque par exemple les fouilles se font dans le rocher, on juge utile d'en mettre une partie en réserve, comme moellon pour les maçonneries, comme matériaux d'empierrement, ou pour tout autre usage spécial. On porte également ces réserves dans la colonne 12.

S'il n'y a pas assez de déblai pour parfaire tous les remblais, on a recours à des emprunts, dont le volume est indiqué dans la colonne 13.

La colonne 14 indique les numéros des profils où les déblais doivent être portés en remblai, ou bien les endroits où se feront les dépôts et les emprunts.

Dans la colonne 15, on inscrit en regard de chacun des cubes portés dans les colonnes 11, 12 et 13 la distance à laquelle ce cube doit être transporté. Cette distance est celle que fournit l'épure du mouvement des terres. A défaut d'épure, la distance se trouve sur le profil en long ; elle est égale à la somme des longueurs des entreprofils intermédiaires entre le déblai et le remblai, augmentée d'une fraction de la longueur des entreprofils de départ et d'arrivée, plus ou moins forte suivant la situation des masses partielles. Le plus souvent, on suppose toutes les masses concentrées sur les profils eux-mêmes, et on ne tient pas compte de fractions dont l'évaluation serait plus longue qu'utile.

La distance détermine le mode de transport qui devra être employé. On reproduit chacun des cubes partiels dans la colonne 16 ou la colonne 18, suivant que le transport doit être fait à la brouette ou au tombereau.

S'il y avait d'autres modes de transport, par exemple au wagon, on ouvrirait d'autres colonnes semblables pour chacun d'eux. Dans les projets de route, on se contente habituellement des deux qui figurent au tableau ci-dessus.

Enfin, on inscrit dans les colonnes 17 et 19 le produit de chaque cube partiel par sa distance de transport.

On pourrait être tenté de faire la répartition des excès de

déblais par masses, en se servant des nombres inscrits aux colonnes 8 et 10, au lieu de l'effectuer par parties. On aurait alors un tableau plus simple et renfermant moins de chiffres. Mais la distance à appliquer à chaque masse ne pourrait être connue que par un calcul qui serait précisément celui de la distance moyenne par parties appliqué aux cubes partiels dont la somme constitue cette masse. On n'y gagnerait donc rien, et, de plus, on ne conserverait pas la trace des calculs.

Totaux et vérifications. — Lorsque tous les calculs sont terminés, on fait les totaux des nombres de toutes les colonnes, sauf les colonnes 1, 14 et 15, et on vérifie avec soin toutes les additions.

Désignant en général par s_n le total relatif à la colonne numérotée n, on obtient les résultats suivants :

1° $s_2 + s_{13}$ est le volume total des déblais à effectuer.

2° s_6 est le cube des remblais à exécuter au moyen de déblais pris dans le même entreprofil, dont le transport est supposé fait transversalement, et habituellement au jet de la pelle.

3° s_{16} est le cube des remblais à exécuter à la brouette.

4° $\dfrac{s_{17}}{s_{16}}$ est la distance moyenne des transports à la brouette.

5° s_{18} est le cube des remblais à exécuter au tombereau.

6° $\dfrac{s_{19}}{s_{18}}$ est la distance moyenne des transports au tombereau.

Les trois modes de transport au jet de pelle, à la brouette et au tombereau s'appliquent à des volumes de déblais, mesurés avant la fouille, égaux respectivement aux sommes s_6, s_{16} et s_{18} diminuées du foisonnement correspondant.

Les différents totaux doivent d'ailleurs satisfaire à certaines relations qui résultent de la marche suivie, savoir :

$$s_8 = s_7 \text{ et } s_{10} = s_9 ;$$
$$s_4 = s_2 + s_3 = s_6 + s_8 ;$$
$$s_3 = s_6 + s_{10} = s_4 + s_{11} + s_{12} ;$$
$$s_{11} + s_{12} + s_{13} = s_{16} + s_{18}.$$

Il faut toujours vérifier qu'il est satisfait à ces relations, non seulement à la fin du tableau, mais pour chacune de ses pages. Sinon, on est certain qu'il existe des erreurs de calcul, qu'il faut rechercher et rectifier.

155. Transports en rampe. — Lorsque le centre de gravité de la masse de déblai est placé notablement plus bas que celui de la masse de remblai correspondante, le transport est plus coûteux que s'ils étaient de niveau : outre le travail nécessaire pour vaincre la résistance des véhicules au roulement, il faut encore élever le poids des terres.

C'est une circonstance qui arrive rarement dans la construction des routes, les déblais étant presque toujours plus élevés que les remblais correspondants. Toutefois, le cas se présente quand on fait des cavaliers de dépôt ou des chambres d'emprunt.

Pour tenir compte de cette difficulté spéciale, on substitue dans les calculs à la distance réelle, toujours comptée horizontalement, une distance fictive plus grande, qui s'obtient comme il suit :

On fixe une limite de pente h que l'on considère comme ne devant pas être dépassée par les moteurs sans qu'ils s'épuisent, et on observe les vitesses relatives qu'ils prennent, soit sur cette rampe, soit en palier. Soit $\frac{1}{n}$ le rapport des deux vitesses.

Si la ligne qui joint les deux centres de gravité avait précisément la pente h (fig. 90), en sorte que, la différence de niveau étant H, la distance L fût égale à $\frac{H}{h}$, le temps employé au transport, et par suite son prix, serait augmenté dans le rapport de 1 à n. Au lieu de compter une distance L, et d'augmenter le prix, il revient au même de conserver le même prix et de remplacer L par Ln. Mais, comme le véhicule descend au retour, et que la vitesse n'est pas alors diminuée, il n'y a lieu de faire cette augmentation que pour l'aller. Le chemin total parcouru, aller et retour, est donc équivalent à une distance L $(1+n)$; et la longueur qu'on substituera à la distance réelle sera L $\frac{(1+n)}{2}$.

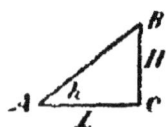

Fig. 90.

Si la ligne AB a une pente $i < h$ (fig. 91), on suppose que le parcours se fera d'abord horizontalement, puis avec la pente h à

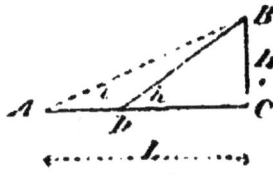

partir d'un point D tel que l'on ait $DC = \dfrac{H}{h}$.

La longueur à compter est alors :

$$L - \frac{H}{h} + \frac{H}{h}\left(\frac{1+n}{2}\right) = L + \frac{H}{h}\left(\frac{n-1}{2}\right).$$

Fig. 91.

Enfin, si la pente i de la ligne AB est $> h$, on admet que le transport ne se fait pas en ligne droite, et que les véhicules suivent des lacets dont la pente se réduise à h. Le chemin parcouru n'est pas alors L, mais $\dfrac{H}{h}$, et la distance à compter devient : $\dfrac{H}{h}\left(\dfrac{1+n}{2}\right)$.

Le plus habituellement, les transports effectués dans ces conditions sont à la brouette. On admet alors que $h = 1/12$ et $n = 3/2$, et les distances à compter sont, dans les trois cas indiqués, respectivement $1,25$ L, ou $L + 3$ H, ou 15 H.

Il n'y a guère lieu d'appliquer ces considérations pour les transports au tombereau dans la construction des routes. Le cas peut cependant se présenter quelquefois lorsqu'il s'agit de fouilles profondes pour l'établissement des grands ouvrages d'art ; on pourrait alors faire $n = 3/2$ et $h = 1/20$, et on obtiendrait, suivant les cas, des distances fictives égales à $1,25$ L, à $L + 5$ H ou à 25 H.

Dans les devis de travaux de terrassements, on substitue souvent une règle plus simple aux calculs qui viennent d'être indiqués. On admet, par exemple, que l'on ajoutera toujours à la distance réelle 10 fois la hauteur à gravir, en sorte que la distance fictive est toujours $L + 10$ H. Dans la plupart des cas, on tient compte ainsi de la difficulté plus largement que par les méthodes rationnelles exposées ci-dessus ; mais il n'y a pas grand inconvénient, les transports à faire en rampe étant exceptionnels et de peu d'importance.

CONSTRUCTION DES ROUTES

CHAPITRE VI

TERRASSEMENTS

SOMMAIRE :

§ 1er

FOUILLE

156. Préliminaires. — Lorsque les projets sont arrêtés, les travaux sont exécutés conformément aux prévisions de ces projets.

Ce n'est qu'exceptionnellement que les ingénieurs ont à gérer des chantiers. L'exécution des travaux est confiée à des entrepreneurs, qui s'engagent à les livrer achevés dans des conditions déterminées par le devis et le cahier des charges, et qui procèdent comme ils l'entendent, à leurs risques et périls. L'ingénieur n'intervient que pour contrôler les résultats obtenus et s'assurer si les ouvrages sont conformes aux conventions.

Quelquefois, néanmoins, les entrepreneurs font défaut, et les travaux doivent être exécutés en régie, c'est-à-dire au moyen de matériaux réunis et d'ouvriers embauchés directement par les ingénieurs.

Ceux-ci doivent donc connaître parfaitement les méthodes et les règles suivies dans l'exécution des travaux, soit pour les diriger au besoin, soit pour se rendre compte des malfaçons ou des retards qu'il peut y avoir à constater, et des moyens d'y porter remède dans la limite de leurs attributions.

Cette connaissance est d'ailleurs indispensable pour la rédaction des projets et notamment pour celle des devis et analyses de prix.

157. Ordre général des travaux. — Les travaux de construction d'une route se font habituellement dans l'ordre suivant.

On commence par les ouvrages d'art courants. Ce sont les murs de soutènement que l'on doit établir en certains points pour maintenir les remblais, et les ponceaux destinés à franchir les cours d'eau à travers lesquels le transport des terres doit se faire.

On exécute ensuite les terrassements, et on termine par la chaussée.

S'il y a des ouvrages d'art exceptionnels, on les mène de front avec les terrassements, de façon à les terminer en même temps.

158. Piquetage. — Tous les travaux doivent, avant d'être mis en train, être piquetés par les soins des ingénieurs. Le piquetage a pour objet de marquer sur le sol tous les points qui définissent les ouvrages.

On recherche d'abord les piquets mis pendant les études. Si on ne les retrouve pas, on en place d'autres aux mêmes points.

On dresse de tous ces piquets un état, où sont indiqués leurs numéros, leur position en plan par rapport à des repères déterminés, la hauteur du déblai ou du remblai à faire, ainsi que tous les renseignements utiles pour retrouver en tout temps le tracé, et vérifier la conformité entre les travaux qui s'exécutent et le projet.

Cet état de piquetage est remis à l'entrepreneur, qui doit le vérifier et l'accepter avant de commencer l'exécution. Pour faciliter cette vérification, les piquets sont enfoncés d'un nombre exact de décimètres au-dessus ou au-dessous du niveau de la plateforme des terrassements.

Sur chaque profil en travers, l'entrepreneur marque en outre, par d'autres piquets, les bords de la plateforme, le pied ou la crête des talus, la largeur des fossés, les limites de l'emprise.

Un piquetage spécial et très soigné est fait aussi pour chacun des ouvrages d'art.

159. Fouille. — Les travaux de terrassements se composent de cinq mains-d'œuvre auxquelles la terre est soumise successivement : 1° la fouille ; 2° le chargement ; 3° le transport ; 4° le déchargement ; 5° le régalage.

La fouille a pour objet d'ameublir les terres qui doivent être transportées, afin qu'elles puissent être enlevées par les pelles qui servent ordinairement à les charger.

Il y a des sols, comme certains sables, qui n'ont pas besoin d'être ameublis, parce qu'ils sont naturellement sans cohésion. Mais cette circonstance est exceptionnelle, et presque tous les déblais doivent être fouillés.

La fouille se fait avec divers engins, suivant le degré de dureté du sol.

160. Louchet. — Quant la terre est tendre, compacte et sans cailloux, de façon à se découper facilement en mottes, on emploie l'outil appelé louchet ou bêche (fig. 92). Cet instru-

Fig. 92.

ment convient dans les tourbes et certaines terres de bruyère. Le terrassier procède alors comme les jardiniers : il place son louchet verticalement, appuie avec le pied et détache une motte par abatage.

161. Pioche, pic, tournée. — Le plus souvent, les terres sont ameublées par la *pioche*. C'est une lame de fer plat (fig. 93), taillée en tranchant à l'une de ses extrémités et portant à l'autre extrémité un œil ou une douille où est fixé un manche de $0^m,80$ à $0^m,85$ de longueur. L'ouvrier lance contre le sol sa pioche, qui s'y enfonce plus ou

Fig. 93.

moins suivant la cohésion de la terre ; puis, en redressant le manche, il agit comme par un levier et détache une motte de terre. Le tranchant s'usant très vite, on a soin de le former d'une mise d'acier.

Lorsque la terre est mêlée de cailloux, ou qu'on attaque des roches tendres ou friables, la pioche ne pénétrerait pas assez dans le sol et serait exposée à s'ébrécher. On a recours alors au *pic.* C'est une tige de fer carré (fig. 94), terminée par une pointe en acier, et adaptée à un manche. On s'en sert comme de la pioche, mais il pénètre plus profondément. En outre, il glisse facilement contre la surface des cailloux qu'il rencontre, et n'est pas arrêté ni détérioré par cet obstacle.

Fig. 94.

Ordinairement la pioche et le pic sont réunis en un seul outil nommée *tournée* (fig. 95). C'est un morceau de fer portant en son milieu une douille où passe le manche, et terminé d'un côté par une pioche et de l'autre par un pic. L'ouvrier se sert de l'un ou de l'autre bout suivant les besoins.

Dans le langage vulgaire, les tournées reçoivent souvent le nom de pioches.

162. Abatage. — Dans les terres très compactes, on se sert quelquefois,

Fig. 95.

pour accélérer la fouille des déblais qui ont une certaine profondeur, du procédé de l'abata. .

On commence par dégager la masse suivant un front verti-

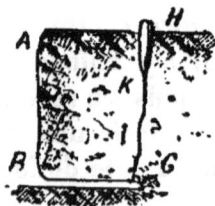

COUPE VERTICALE

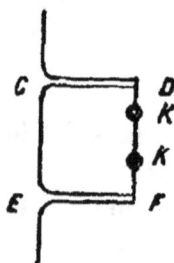

PLAN

Fig. 96

cal AB (fig. 96). Puis on fait, de chaque côté du bloc que l'on veut déblayer, des saignées verticales CD, EF, que l'on descend de haut en bas; ces saignées sont plus ou moins profondes et plus ou moins rapprochées suivant la compacité du sol. Cela fait, on sape la terre en dessous pour ouvrir une saignée horizontale BG. On a ainsi découpé un parallélipipède rectangle, qui ne tient plus que par la face postérieure FD, GH. Pour le détacher, on se sert de forts piquets en bois K de 0m,10 de diamètre environ armés d'une pointe en fer et d'une frette; on les place dans le plan du fond des saignées, et on les enfonce à coups de maillet. Une fente HG, qui se manifeste suivant la ligne FD, se propage bientôt jusqu'au fond, et toute la masse ainsi découpée tombe en avant et se brise.

Ce procédé est très expéditif et très économique. La terre se trouve ameublie par la chute, et ne demande plus que quelques coups de pioche. Malheureusement il est dangereux : il arrive souvent que le bloc n'attend pas les coups de maillet pour se détacher, et est entraîné par son simple poids pendant que les ouvriers sont encore occupés aux saignées. Ils reçoivent la masse de terre sur les bras ou les jambes, et ont les membres fracturés; s'ils sont penchés vers le sol, la tête peut être atteinte et même ensevelie, et l'accident devient mortel. Il ne faut recourir à l'abatage que dans des terres très fortes. Un surveillant spécial doit être chargé d'observer continuellement la surface du sol, et de donner l'alarme aussitôt que la moindre fissure se manifeste.

163. Temps employé à la fouille. — La fouille d'une terre est plus ou moins rapide, suivant son degré de cohésion, et aussi suivant la force des ouvriers. Le temps qu'un homme de force moyenne emploie pour déblayer un mètre cube est nul dans les sables mouvants, et peut s'élever à deux heures et même davantage dans les terres très compactes.

On peut admettre les moyennes approximatives suivantes :

	Temps nécessaire à un homme pour fouiller un mètre cube.	Volume fouillé par un homme en une heure.
Terres végétales, terres légères.	0ʰ,5 à 0ʰ,7	1ᵐᶜ,40 à 2ᵐᶜ,00
Terres franches.	0 ,8 à 0 ,9	1 ,10 à 1 ,25
Argiles compactes.	1 ,2 à 1 ,5	0 ,65 à 0 ,85
Tufs, graviers compactes. . .	1 ,8 à 2 ,0	0 ,50 à 0 ,55

164. Expériences de Gasparin. — Les dénominations dont on vient de faire usage sont assez vagues. On a cherché à spécifier la qualité des terres au point de vue de la fouille d'une manière plus précise, en leur attribuant par exemple un coefficient déduit d'expériences déterminées.

De Gasparin [1] a proposé divers modes d'essai, qui s'appliquent aux différentes phases de l'acte de la fouille.

Dans la première phase, l'ouvrier lance la pioche pour qu'elle pénètre dans le sol. Dans les essais de Gasparin, la faculté de pénétration était mesurée par l'enfoncement d'une bèche dite dynamométrique, ayant un poids de 2 kil. 75 et tombant bien verticalement d'une hauteur de 1 mètre.

Dans la seconde phase, l'ouvrier relève son manche, et la partie de la pioche qui a pénétré agit comme levier pour détacher une motte. Les résistances à cet effort sont de deux natures : il faut d'abord que la pioche se sépare de la terre, et ensuite que la terre se fende.

De Gasparin constatait le degré d'adhérence des terres aux outils, après les avoir délayées dans l'eau et laissées s'égoutter sur un tamis. Il y appliquait alors un disque métallique suspendu à l'un des plateaux d'une balance et chargeait l'autre plateau jusqu'à ce que le disque fût arraché. Le poids nécessaire donnait une mesure de l'adhérence aux outils.

La cohésion se déterminait à l'aide de briquettes prismatiques faites dans des moules au moyen de terre délayée et séchée. Ces briquettes étaient posées sur deux appuis de distance déterminée, et rompues par flexion au moyen d'une charge mise en leur milieu.

Ces expériences manquent de précision et sont trop déli-

1. *Cours d'agriculture*, t. I, p. 144.

cates pour être appliquées couramment sur les chantiers. Si elles peuvent donner une idée assez précise de la qualité des terres aux trois points de vue indiqués, elles n'établissent pas la proportion dans laquelle chacun des résultats obtenus doit concourir au coefficient moyen. Enfin, les propriétés physiques qu'il s'agit d'étudier sont essentiellement variables pour une même terre, suivant son état hygrométrique.

Il y a donc peu à espérer de cette méthode qui, en fait, n'a jamais été appliquée.

165. Méthode du génie militaire. — Dans le génie militaire, les terres sont classées suivant le travail qu'exige leur fouille comparée à leur enlèvement.

On dit qu'une terre est à 1 homme lorsqu'elle n'a pas besoin d'être fouillée ; l'atelier se compose alors d'un seul ouvrier, c'est celui qui enlève les terres. Si la terre doit être fouillée, il faut, en outre, un nombre de piocheurs d'autant plus grand que la terre est plus difficile. La terre est dite à 2, 3, 4..... hommes, suivant qu'il faut 1, 2, 3... piocheurs pour alimenter l'ouvrier qui enlève les fouilles.

On admet que l'enlèvement se fait avec des pelles, et que la terre est chargée dans des brouettes. C'est une main-d'œuvre qui varie peu avec les diverses natures de terres, et peut être considérée comme constante.

Si donc il faut un temps t pour piocher le volume de terre qu'un homme charge en brouette dans le temps θ, les nombres des piocheurs et des pelleteurs devront être entre eux dans le rapport $\dfrac{t}{\theta}$, et la terre est dite à $\dfrac{t}{\theta} + 1$ homme.

Il est facile d'obtenir le rapport $\dfrac{t}{\theta}$ par une expérience. Le même homme est mis successivement à la fouille et à la charge d'une même quantité de déblai, et on mesure les temps qu'il emploie à chacune de ces mains-d'œuvre.

Quand il s'agit de régler la valeur d'une terre contradictoirement avec un entrepreneur, l'officier du génie choisit l'homme qui fouille ; le chargement en brouette est fait par un autre ouvrier au choix de l'entrepreneur. Les résultats sont alors aléatoires, les deux hommes n'ayant pas la même force ni la même adresse, et étant toujours des ouvriers exceptionnels.

Toute séduisante qu'elle est, cette méthode n'est pas employée dans le service des ponts et chaussées, où l'on continue à caractériser les terrains par leurs dénominations vulgaires ou minéralogiques. On se guide, pour évaluer le degré de résistance des terres, sur la pratique des ouvriers du pays et sur les exemples donnés par les travaux analogues exécutés antérieurement. Il paraît inutile de préciser davantage une opération telle que la fouille, qui varie énormément d'un point à un autre d'un même massif, et, sur le même point, d'un jour à l'autre.

266. Déblai de rocher au pic ou à la pince. — Lorsque le sol est formé de rocher, les procédés de la fouille se compliquent.

Quelquefois, cependant, les roches sont assez tendres pour s'attaquer à la pioche ou au pic. Dans d'autres cas, elles sont fissurées, soit dans divers sens, soit suivant des plans de clivage parallèles, comme les schistes. On peut alors lancer la pointe du pic dans les fentes et détacher des blocs maniables. On se sert avec avantage de pics très forts et très courts (fig. 97).

Fig. 97.

D'autres roches présentent des fissures moins nombreuses, et les blocs que les fissures séparent sont trop volumineux pour être détachés au moyen du pic. On introduit alors dans les fentes le biseau d'une barre de fer d'environ 35 à 40 millimètres de diamètre et de 1^m,20 à 1^m,50 de longueur, nommée *pince*, dont l'extrémité est souvent retournée de façon à agir comme un levier coudé (fig. 98).

Fig. 98.

Lorsque les fissures sont trop étroites pour que la pince y puisse mordre, on en élargit l'orifice en y enfonçant à coups de masse des *ciseaux* (fig. 99) ou des *coins* (fig. 100) de diverses formes en fer aciéré.

Dans les roches peu élastiques, l'effort des coins est souvent suffisant pour provoquer la séparation des blocs, sans qu'il y ait lieu de recourir à la pince.

Fig. 99. Fig. 100.

167. Exploitation des roches à la trace. — Quand la roche à déblayer est compacte et sans fissures, on a recours à d'autres procédés.

Quelquefois cette roche est précieuse, et peut fournir des pierres d'appareil pour la construction. Si l'on n'est pas trop pressé d'exécuter le déblai, on l'exploite comme les carrières de pierre de taille par le procédé de la *trace,* connu de toute antiquité.

On exploite les roches à la trace, exactement comme on abat des terres (n° 162), en faisant autour des blocs à détacher des saignées plus ou moins larges.

Les saignées s'obtiennent avec divers outils, suivant la dureté et le grain de la pierre. Le plus employé est le pic. Le pic est souvent double, et alors il prend vulgairement le nom de pioche (fig. 101).

Les dimensions et la forme de ces outils varient suivant la nature de la roche. Les pointes sont d'autant plus fines que la pierre est plus dure.

Le point où l'outil retombe après avoir

Fig. 101.

été soulevé se désagrège. En frappant successivement tous
les points d'une ligne, on y détermine une rainure, qui est descendue de la même manière jusqu'à la profondeur voulue.

Ces outils ne peuvent être soulevés à une grande hauteur,
car il faut qu'ils retombent exactement en des points déterminés qui ne s'écartent pas de la ligne où doit être provoquée
la fente. Dans ces conditions, leur chute ne donne lieu qu'à
une force vive souvent insuffisante pour que la roche, si elle
est très dure, soit désagrégée. Dans ce cas, on divise l'outil
en deux, la *pointerolle* P et la *massette* M (fig. 102), qui sont
manœuvrés par deux ouvriers distincts, ou par les deux bras
d'un seul ouvrier. La pointerolle n'est pas soulevée et a constamment son tranchant appuyé sur la trace de la fente. La
massette se manie comme un marteau, et peut acquérir une
force vive considérable, qui se transmet à la roche par l'intermédiaire de la pointerolle. Les ouvriers sont munis de trousses
où sont réunies plusieurs pointerolles de rechange, car cet
outil s'émousse très vite.

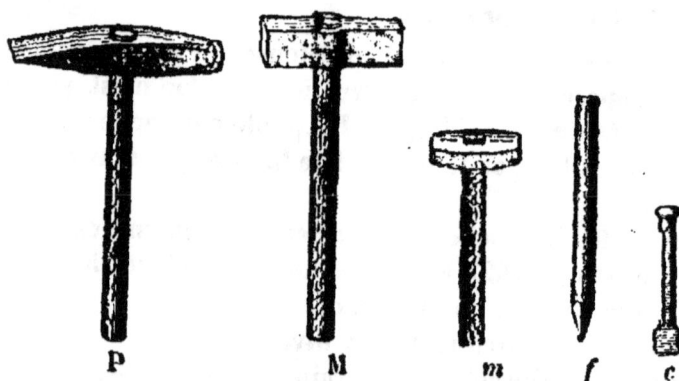

Fig. 102.

Dans certaines roches très dures, comme les marbres, la
pointerolle n'agit pas encore assez efficacement. On lui substitue alors un *ciseau* (c) ou un *fleuret* (f) d'acier affûté, sur
lequel on frappe à coups secs et vigoureux avec une massette
légère (m).

Quand les roches n'ont pas une cohésion excessive, il n'est pas
nécessaire que toutes les saignées soient poussées à fond. On
dégage entièrement le bloc par dessous et sur les côtés, mais

la saignée postérieure n'est creusée que sur une partie de la hauteur du bloc. On y engage alors des pinces ou des coins, et on fait ainsi éclater le reste.

On n'entrera pas dans de plus longs détails sur les procédés du débitage des roches à la trace, qui se rattachent à l'exploitation des carrières bien plus qu'à la construction des routes, où l'on est presque toujours trop pressé pour recourir à des moyens aussi lents.

168. Exploitation à la mine : Percement des trous. — Lorsqu'on veut aller vite et qu'on ne tient pas à obtenir des morceaux équarris, ce qui est le cas ordinaire, on a recours à la mine.

Ce procédé consiste à percer dans la roche des trous cylindriques profonds, nommés trous de mine, au fond desquels on met une substance explosive qui en éclatant provoque la rupture du massif.

Les trous sont percés au moyen d'un outil appelé, suivant sa longueur, *fleuret* s'il peut être manœuvré par un seul ouvrier (fig. 103), ou *barre à mines* s'il exige deux ou plusieurs hommes. Son diamètre varie de 0ᵐ,02 à 0ᵐ,04 et sa longueur de 0ᵐ,30 à 2 mètres. Il est terminé par un biseau tranchant

Fig. 103.

fortement aciéré, dont la largeur dépasse un peu le diamètre de la tige. Cette disposition a pour objet d'éviter le frottement considérable qui aurait lieu si le diamètre du trou n'était pas supérieur à celui de la barre, et qui rendrait la manœuvre impossible.

On commence par amorcer le trou avec des pointerolles ou des ciseaux, puis on continue avec le fleuret. Tant que la profondeur du trou est faible, et ne dépasse pas 0ᵐ,60 environ, il suffit d'un seul ouvrier. Il tient le fleuret d'une main, et de l'autre il frappe avec une masse de 1 à 2 kilog. Entre deux coups de marteau, il imprime au fleuret un mouvement de rotation sur son axe, d'environ un sixième de tour. Sans cette précaution, le biseau du fleuret, retombant toujours à la même place, s'engagerait dans une fente AB (fig. 104), où il refoulerait la matière sans produire aucun effet. S'il frappe CD après AB, il enlève au contraire les deux coins AOC et BOD sur toute l'épaisseur où son choc peut désagréger la roche. Quand le trou est plus profond ou la roche très dure, il faut deux ouvriers, dont l'un tient le fleuret, le soulève et le fait tourner sur son axe, et l'autre frappe avec une masse de 3 à 5 kilogrammes.

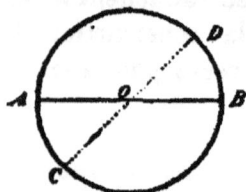

Fig. 104.

Pour les trous très profonds, on se sert de barres à mines qu'un ou plusieurs ouvriers soulèvent et laissent retomber dans le trou. Elles sont assez lourdes pour que leur chute provoque la désagrégation de la roche, sans qu'il soit nécessaire de les frapper avec des masses.

Pour empêcher le biseau des fleurets de se détremper en s'échauffant, et en même temps pour faciliter la désagrégation de la roche, on verse un peu d'eau dans les trous. Cette eau rend, en outre, l'extraction des détritus plus commode.

On donne aux trous de mine profonds un diamètre décroissant depuis l'orifice jusqu'au fond. On se sert à cet effet de fleurets ou de barres dont le diamètre diminue à mesure que les trous s'allongent.

L'enlèvement des détritus se fait au moyen d'une curette, outil dont la forme varie suivant leur nature. Habituellement c'est une simple cuiller plate emmanchée à une tige de fer (fig. 105); quelquefois c'est une cuiller à spirale (fig. 106) ou un petit seau avec soupape à charnière ou à boulet. On descend cet outil au fond du trou, et en le relevant on ramène une partie des détritus qui s'y trouvaient à l'état de boue. On le descend plusieurs fois, jusqu'à ce que trou soit vide.

Fig. 105.   Fig. 106.

Si l'explosif craint l'humidité, comme c'est le cas pour la

poudre, il faut dessécher le trou aussi complètement que possible. On y parvient en promenant au fond des étoupes fixées à une tige de fer.

169. Chargement et tir des mines. — Quand le trou est ainsi préparé, on place dans le fond une matière explosive, et on bourre le reste de façon à offrir à la pression des gaz développés par l'explosion une résistance plus grande que la roche elle-même. Il faut d'ailleurs ménager dans cette bourre un conduit rempli de substances combustibles, destinées à communiquer à la charge l'inflammation d'une mèche placée au dehors.

La matière explosive la plus anciennement employée est la poudre de mine.

Le chargement se fait encore souvent par les procédés en usage de temps immémorial. On verse au fond du trou la quantité voulue de poudre. Mais il est préférable d'envelopper cette poudre dans des cartouches : on ne risque pas de voir des grains de poudre rester adhérents aux parois du trou, ce qui constitue un déchet et un danger. L'emploi des cartouches est indispensable quand la roche est perméable et qu'il y a de l'eau dans les trous ; on emploie alors avec avantage du papier huilé, goudronné ou parcheminé. On se sert d'un *bourroir* (fig. 107), tige en fer ou en bois renflée à son extrémité, pour faire glisser la charge jusqu'au fond. La partie renflée du bourroir doit être en bois ou en cuivre, et non en fer, afin qu'au contact avec les parois dures du trou elle ne dégage pas d'étincelles, qui seraient la source de dangers.

On introduit dans la charge l'*épinglette* (fig. 108), tige métallique terminée en pointe à une de ses extrémités et portant un œil à l'autre bout. Cette épinglette doit également

Fig. 107. Fig. 108.   être en cuivre. Les mineurs ont une tendance à préférer les épinglettes en fer qui, à diamètre égal, of-

frent plus de rigidité ; mais elles doivent être proscrites rigoureusement, à cause du danger qu'elles présentent. L'épinglette est destinée à réserver une communication entre la charge et l'extérieur. Sa pointe doit pénétrer jusqu'au centre de la charge.

On bourre alors le trou, en y faisant glisser une pelotte d'argile que l'on enfonce avec le bourroir. Cet outil porte une échancrure qui lui permet d'aller et venir pendant que l'épinglette est en place. Au lieu d'argile, on emploie quelquefois des rondelles de carton ou du papier ; mais cette pratique est dangereuse, comme on le verra plus loin, et doit être proscrite.

On achève de bourrer le trou avec des détritus ou des débris de roche tendres, en préférant les matières calcaires et argileuses, moins sujettes que les quarts ou sables siliceux à donner des étincelles au contact des outils.

Fig. 109.

Le trou de mine est alors préparé comme le montre la figure 109.

On enlève l'épinglette avec précaution, de façon que la place qu'elle occupait présente un vide à parois parfaitement lisses.

On substitue à l'épinglette la *fusée*, petit tuyau de diamètre un peu inférieur, garni de poudre. Elle se compose d'étroits cornets de papier, nommés *canettes*, enfilés les uns dans les autres, et tapissés intérieurement d'une mince couche de poudre ; ou bien de chalumeaux de paille ou de sureau où l'on a versé de la poudre fine. Il faut prendre garde que la fusée ne se replie ou ne se sépare en plusieurs parties, et s'assurer qu'elle a une longueur suffisante pour atteindre le fond du trou de l'épinglette.

On coupe la fusée au niveau de l'orifice du trou de mine, et on y adapte une *mèche*, c'est-à-dire, un corps qui, allumé en un de ses points, brûle lentement de proche en proche. La mèche est ordinairement un bout de corde soufrée ou une bande d'amadou.

Tir des mines. — Après avoir chargé la mine, l'ouvrier al-

17

lume la mèche, et se retire à une distance suffisante pour être à l'abri des effets de l'explosion. La mèche doit avoir une longueur mesurée en conséquence.

Quand toute la mèche est consumée, le feu se communique à la fusée, qui brûle également de proche en proche mais rapidement, et arrive enfin à la charge de poudre.

Les effets de l'explosion sont variables suivant que la charge est plus ou moins bien calculée. Si elle est parfaitement en rapport avec la résistance du bloc à détacher, celui-ci tombe simplement en un ou plusieurs morceaux. Si la charge est trop forte, les fragments de rocher sont projetés plus ou moins loin. Enfin, avec une charge trop faible ou un bourrage mal fait, le trou est simplement débourré et les matières qu'il contenait sont projetées au loin comme les projectiles des armes à feu.

On tire ordinairement plusieurs mines à la fois ; la retraite des ouvriers au moment du tir est un temps perdu que l'on abrège le plus possible. Le mieux est de faire partir ensemble, au moment de quitter le chantier pour les repas ou parce que la journée est finie, toutes les mines qui ont été préparées dans une même reprise de travail. Outre qu'il n'y a pas de temps perdu, on évite les accidents, malheureusement trop fréquents, qui résultent d'un retour prématuré des ouvriers sur l'atelier. On s'arrange pour que les mines ne partent pas toutes à la fois, mais successivement, de façon qu'on puisse compter le nombre des explosions. L'ordre des explosions doit être méthodique, en sorte que les mines qui doivent dégager les autres éclatent les premières. On y parvient facilement au moyen de mèches de longueurs différentes.

Ratés. — Il arrive quelquefois que le nombre des explosions n'est pas égal à celui des mines que l'on a chargées. C'est qu'il y a eu des *ratés,* c'est-à-dire des mines où l'inflammation n'a pas atteint la charge.

Les ratés tiennent à diverses causes. Il peut arriver que la poudre de la charge ou de la fusée soit mouillée par les suintements de la roche ; ou bien que la fusée n'ait pas atteint le fond du trou de l'épinglette parce qu'elle était trop courte, ou qu'elle s'est repliée avant de l'atteindre. Il peut y avoir des solutions de continuité dans la fusée, ou au point d'attache de la fusée et de la mèche. Celle-ci peut avoir été projetée ou éteinte par les éclats provenant d'une explosion voisine.

Il arrive quelquefois que des mines éclatent après le moment qui leur était assigné, et font, comme l'on dit, *long feu*. C'est ce qui se produit lorsque la fusée n'est pas bien garnie : il y a une période où l'inflammation se transmet, non par la poudre, mais par son enveloppe, qui brûle très lentement, surtout dans une espace presque dépourvu d'air. De même, quand la fusée n'est pas bien à fond, et que l'on a bourré avec du papier, celui-ci peut s'enflammer seul et ne provoquer l'explosion qu'après s'être consumé lentement.

Lors donc que le nombre des explosions est inférieur à celui des mines, il ne faut pas s'empresser de conclure qu'il y a des ratés, et il faut attendre assez longtemps, au moins cinq minutes, avant de revenir auprès des mines, qui pourraient faire long feu. Un grand nombre d'accidents proviennent d'un retour précipité des ouvriers après le tir.

Quand une mine a raté, le même trou peut être utilisé : après l'avoir débourré, on modifie la charge ou on remplace la fusée. Les matières mises dans le trou sont enlevées avec des *débourroirs* en forme de tire-bouchons. Ces outils doivent être en cuivre, et il ne faut y recourir qu'après qu'on est absolument certain que le raté est bien définitif. Le plus prudent serait de ne jamais débourrer, car l'opération peut provoquer des étincelles ou un échauffement dangereux des outils.

170. Fusées de sûreté. — La plupart des accidents dans l'exploitation des roches à la mine proviennent d'une mauvaise installation ou d'un mauvais fonctionnement des fusées ou des mèches. On les évite en se servant des fusées perfectionnées, dites *fusées de sûreté*, inventées par l'ingénieur anglais Bickford. Elles se composent d'une corde en chanvre ou en coton, dont l'âme est formée par un filet continu de poudre, et qui est elle-même recouverte d'un ruban enroulé en hélice.

Toute cette enveloppe est imprégnée de goudron. Elle présente une grande résistance.

L'emploi d'une fusée de sûreté est très simple. On introduit cette corde rigide dans le trou de mine, au lieu de l'épinglette, en ayant soin de la faire pénétrer vers le centre de la charge. Puis on bourre autour de cette fusée comme on eût fait autour de l'épinglette. On adapte enfin à l'extrémité une mèche que l'on allume, ou simplement on met le feu directement à la fusée, que l'on a coupée en laissant passer hors du trou une longueur calculée en raison du délai que l'on veut ménager à l'explosion.

Les avantages de ce système de fusée sont évidents. On peut assigner presque mathématiquement le moment de l'explosion, car l'expérience indique la vitesse constante avec laquelle la combustion se propage dans la fusée. Cette vitesse oscille, dans d'étroites limites, autour d'une moyenne de $0^m,50$ par minute, suivant que le bourrage est plus ou moins serré ; pour le bout resté en dehors du trou, on peut compter $1^m,25$ par minute. Il y a là une grande garantie par la sécurité des ouvriers.

Les ratés deviennent très rares. Ils ne peuvent avoir lieu que si la fusée a été coupée pendant le bourrage par l'emploi de fragments anguleux de roches dures, ou si la mèche s'éteint avant d'avoir allumé la fusée. Mais on peut se passer complètement de mèches, et un bourrage défectueux peut toujours être évité. En tout cas, les longs feux n'existent plus.

Enfin, l'explosion est plus efficace. D'une part, on peut régler à volonté l'ordre dans lequel se succèdent les explosions d'une série de mines préparées en même temps. D'autre part, il y a moins de perte dans l'effet utile de la poudre. En effet, le trou cylindrique laissé par l'épinglette formant une lumière de dimension très notable, une partie des gaz s'échappe par la lumière au moment de l'explosion, et entraîne même souvent des grains de poudre intacts ; la pression intérieure se trouve donc affaiblie. Les fusées de sûreté ont un diamètre moindre que les épinglettes, et, en outre, leur enveloppe laisse, après combustion dans un espace à peu près clos, une sorte de coke qui obstrue complètement le canal.

A côté de ces avantages, les fusées de sûreté ont l'inconvénient de coûter cher, et de donner une fumée assez épaisse,
qui peut être une gêne dans certains travaux, comme ceux des
souterrains.

171. Disposition des trous et doses de poudre. —
Un trou de mine est un espace cylindrique, dont la poudre
occupe le fond sur une longueur qui varie entre le dixième et
le tiers de la profondeur totale ; le reste est garni de bourre.
Les gaz provenant de l'explosion exercent leur pression sur les
parois du cylindre dans l'espace occupé par la poudre, et leur
effort est égal à leur tension multipliée par le diamètre et par
la hauteur de cet espace.

Un trou de mine doit être disposé de façon que la section de
moindre résistance de la roche, à partir du fond du trou de
mine, présente une cohésion totale un peu inférieure, mais
presque égale, à l'effort des gaz. On ne peut établir de règles
pour le choix de la position des trous. L'expérience seule peut
guider, et une longue pratique est nécessaire : il faut connaître les effets habituels de la poudre et la nature des roches
qu'il s'agit de débiter. Il en est de même pour la profondeur à
donner à chaque trou.

Lorsqu'un trou est percé, la charge de poudre doit être
calculée de façon à vaincre la résistance que la roche présente en raison de la position et de la profondeur du trou. La
pratique seule encore peut guider à ce sujet. Dans les petits
trous faits par un seul homme, on emploie en général de 60 à
150 grammes de poudre. On en met davantage dans les trous
plus grands, et on va quelquefois jusqu'à 1 kilogramme et
plus.

On a proposé de diminuer la consommation de la poudre,
en introduisant au fond du trou un demi-cylindre en bois A
(fig. 110) de longueur égale à celle de la charge B de poudre. Le
volume de la poudre est alors moitié moindre, mais elle
produit le même effet, puisque, renfermés dans un espace moitié moindre, les gaz acquièrent la même tension, et agissent sur la même surface. Malgré cette
économie, cette disposition est peu employée, par
suite sans doute de la sujétion qu'elle occasionne.

Fig. 110

172. Débitage des blocs. — Après l'explosion, on détache du massif, à la pince et au pic, tous les fragments de roche qui ont été ébranlés.

Il arrive souvent que ces fragments sont encore trop volumineux pour être enlevés. On les débite alors en frappant dessus à coups de masses ; et même, lorsque les blocs sont très gros, en y pratiquant de petits trous de mine où l'on fait partir des pétards.

173. Prix des déblais à la mine. — La dépense des déblais à la mine est très variable. Elle dépend surtout de la dureté des roches, mais aussi de l'habileté des mineurs et de la qualité de la poudre.

Vical [1] cite des expériences d'où il résulte que, dans un calcaire compacte lithographique, il a fallu de 3 heures à 3 h. 45 de mineur pour extraire un mètre cube, non compris les manœuvres employés à l'enlèvement des déblais et aux travaux accessoires, et qu'on y a consommé de 100 à 160 grammes de poudre par mètre cube.

M. Ruelle a donné le relevé des frais de l'extraction à la mine des roches trachytiques et basaltiques rencontrées dans la percée du souterrain du Lioran dans le Cantal. Si l'on fait abstraction des travaux en galerie étroite, où il y a des sujétions qu'on ne rencontre pas dans les déblais, les résultats ont varié dans les limites suivantes, par mètre cube :

Journées de mineur, de 0,67 à 1,80 ; poudre, de 250 grammes à 1.200 grammes ; faux frais pour outils, mèches, etc., de 0 fr. 33 à 1 fr. 35 ; dépense, de 2 fr. 85 à 9 fr. 60.

Aux cours actuels, on peut admettre que le prix d'un mètre cube de déblai à la mine dans les roches varie de 2 à 12 francs. Dans les calcaires tendres, il peut descendre au-dessous et s'abaisser à 1 fr. 50 et même 1 fr.

174. Dynamite. — La poudre n'est pas le seul agent employé pour les mines. On a essayé les effets des diverses substances explosives qui ont été successivement découvertes depuis

---

1. *Annales des ponts et chaussées*, 1835, 2ᵉ semestre.

un demi-siècle. La plupart de ces essais n'ont pas eu de suite : les nouveaux explosifs donnaient lieu à des dépenses plus considérables que la poudre, et ils étaient la source de dangers plus grands, soit parce que le maniement en était peu familier aux ouvriers, soit parce que, comme le pyroxyle, ils étaient sujets à des altérations qui en provoquaient l'explosion spontanée.

Il en est autrement de la *nitroglycérine*, qui, à force égale, coûte moins cher que la poudre, et paraît parfaitement stable lorsqu'elle est neutre, résultat facile à atteindre avec un corps liquide. Aussi, la nitroglycérine se serait-elle répandue dans tous les travaux de mine si son transport n'avait donné lieu à des accidents épouvantables qui l'ont fait prohiber dans tous les pays. L'emploi de la nitroglycérine n'est autorisé que si elle est fabriquée sur place, et même alors les accidents sont à redouter, quoique sur une moindre échelle.

La cause de ces accidents réside dans la propriété qu'a cette substance de détoner par le choc lorsqu'elle est en couche mince. La moindre goutte exsudée du liquide devient une source de danger.

M. Nobel, ingénieur suédois, a eu l'idée, en 1867, de faire disparaître cet inconvénient en imbibant de nitroglycérine des substances solides, dans une proportion telle que l'exsudation en fût impossible. Le nouveau produit, nommé *dynamite*, donne des effets égaux à ceux de la nitroglycérine qu'il contient, sans présenter les mêmes dangers.

Il est nécessaire que la quantité de nitroglycérine incorporée dans la matière absorbante ne dépasse pas ce que celle-ci peut retenir, même sous les secousses : autrement le danger d'exsudation reparaîtrait. L'absorbant doit donc être choisi et étudié avec soin. M. Nobel a donné la préférence à certains sables siliceux très fins formés de carapaces ou enveloppes d'êtres organisés. Pendant longtemps il employait exclusivement la *kieselgühr*, que l'on trouve à Oberlake près Unterlass (Hollande), et qui consiste en débris des tubes d'une algue microscopique, appartenant à la famille des diatomées. Ces carapaces ont une telle résistance et une telle élasticité que le broyage ne les détruit pas. Le liquide y reste emprisonné, et le choc est sans effet sur cette nitroglycérine enfermée dans les tubes comme dans autant de flacons élastiques.

On peut faire absorber à la kieselgühr trois fois son poids de nitroglycérine sans que le liquide ait tendance à exsuder. La dynamite ainsi fabriquée ne graisse pas le papier, même après un contact prolongé.

Par économie, on emploie aussi d'autres absorbants, tels que des silices spéciales, notamment la randanite, que l'on trouve à Randan (Puy-de-Dôme), de la craie, de l'ocre, du carbonate de magnésie, du laitier de hauts fourneaux, mais il faut alors réduire la dose de nitroglycérine.

Le transport de la dynamite n'offre pas de danger, malgré les préjugés qui existent encore à cet égard. Une simple étincelle ne suffit pas pour la faire éclater, comme la poudre, et elle ne craint pas les chocs comme la nitroglycérine.

Le contact du feu ne suffit pas pour faire détonner la dynamite : il provoque simplement sa combustion, si elle est à l'air libre ou dans des enveloppes elles-mêmes combustibles. Enfermée dans des enveloppes solides où le feu ne peut être introduit que par des fusées, elle résiste encore à l'inflammation dans bien des cas.

Pour obtenir sûrement l'explosion de la dynamite, il faut y déterminer une détonation primordiale, au moyen d'une capsule fulminante ou d'une forte charge de poudre ordinaire ; elle éclate alors violemment, même lorsqu'elle n'est enveloppée que d'un corps mince et léger.

La dynamite est livrée au commerce sous forme de cartouches en papier parcheminé, préparées dans les usines. Ces cartouches ont de $0^m,10$ à $0^m,12$ de long et de $0^m,02$ à $0^m,03$ de diamètre ; elles renferment 100 grammes de dynamite. Pour provoquer l'explosion, on prépare des cartouches spéciales, dites cartouches amorces, qui contiennent seulement 25 grammes de dynamite, au centre de laquelle est placée une grosse capsule fulminante, de $0^m,02$ à $0^m,03$ de long et de $0^m,001$ de diamètre, renfermant de $0^{gr},15$ à $0^{gr},30$ de fulminate de mercure, ou bien 1 gramme au moins de bonne poudre noire.

Pour faire éclater une mine, on met une ou plusieurs cartouches au fond du trou, et par dessus une cartouche amorce où l'on a d'abord introduit l'extrémité d'une fusée. On bourre ensuite légèrement et on met le feu à la fusée.

La dynamite peut être employée pour exploiter des roches aquifères, car elle est insensible à l'humidité. On s'en sert également pour faire sauter des roches sous l'eau ou des blocs de glace.

Par les temps froids, la nitroglycérine gèle et la dynamite devient inerte. Cet effet se produit vers 6° au-dessus de 0°. Il faut alors la faire dégeler avant de l'employer, ou bien recourir à des amorces d'une puissance exceptionnelle. Des capsules renfermant de 1ᵉʳ à 1ᵉʳ,50 de fulminate de mercure sont nécessaires pour provoquer la détonation de la dynamite gelée. Le plus souvent on n'a pas de telles amorces sous la main, et on préfère faire dégeler la dynamite. Cette opération est une des causes d'accident les plus fréquentes. Les mineurs placent les cartouches sur un poêle ou devant le feu, et s'imaginent qu'ils ne courent aucun danger, parce qu'ils l'ont fait maintes fois impunément ; néanmoins l'explosion vient quelquefois à se produire par une circonstance fortuite, souvent inexpliquée. On leur recommande quelquefois de mettre les cartouches dans de l'eau chaude, loin du feu ; mais cette opération n'est pas elle-même à l'abri de tout péril, car il peut s'échapper des gouttes qui tombent au fond du vase et y restent adhérentes sous la forme dangereuse de couche mince. Le plus simple est peut-être de prescrire aux ouvriers de porter les cartouches dans les poches de leurs pantalons, où elles s'échauffent assez pour dégeler.

175. Détonation électrique. — Au lieu de porter l'inflammation à la substance explosive, poudre ou dynamite, au fond du trou de mine au moyen d'une fusée de poudre, on peut provoquer la détonation en produisant au centre de la charge un foyer de chaleur suffisante par un procédé électrique.

On peut placer dans la charge une petite spirale en fil métallique très mince faisant partie d'un circuit où l'on fait passer un courant électrique au moment voulu. On peut aussi provoquer une étincelle entre les extrémités de deux fils conducteurs, placées à très petite distance l'une de l'autre. On les entoure d'une gaîne de gutta-percha qui enveloppe un petit sachet de poudre ou mieux de fulminate de mercure.

Bréguet a fait construire pour cet usage un instrument portatif, nommé *coup de poing* (fig. 111), qui donne l'étincelle sans aucune pile. Un fort aimant en fer à cheval est neutralisé par

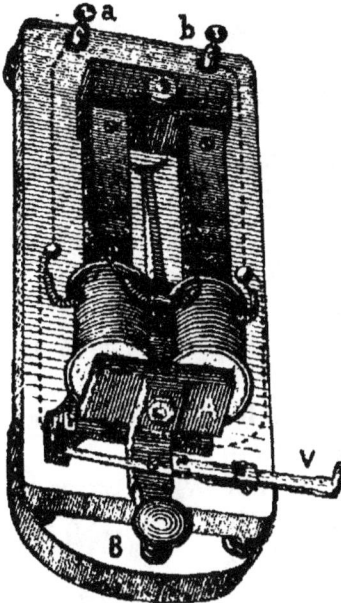

Fig. 111.

une barre A de fer doux, qu'un levier permet de séparer brusquement. A ce moment, l'aimant reprend ses propriétés et provoque, dans les bobines dont ses pôles sont entourés, un courant d'induction, qui se propage dans deux fils conducteurs attachés aux deux bornes *a* et *b*. Ces fils, enveloppés d'une gaîne isolante, se terminent à l'intérieur d'un petit sachet rempli de matière fulminante, où leurs extrémités sont presque en contact. La formation brusque du courant d'induction provoque une petite étincelle dans la très courte interruption de circuit qui existe entre les deux extrémités des fils.

La séparation brusque du fer doux s'obtient par un coup de poing donné sur un large bouton B ; de là vient le nom de l'instrument. Un verrou V l'empêche de fonctionner avant le moment voulu, même sous les chocs, tant qu'il n'est pas ouvert.

176. Mines à acide. — L'extraction des roches à la mine est lente et coûteuse. Les trous de mines n'étant chargés que sur une longueur variant du tiers au dixième de leur longueur, il faut, pour loger un volume déterminé de poudre, broyer de trois à dix fois le même volume de roche, travail qui demande beaucoup de temps à des ouvriers spéciaux.

On a cherché à rendre cette opération plus rapide et plus

avantageuse en concentrant une forte masse de poudre au fond d'un trou profond, disposé de façon à détacher un gros bloc d'un seul coup.

M. Courbebaisse a eu l'idée d'agrandir la poche où la poudre doit être logée tout en conservant à peu près au reste du trou de mine ses dimensions ordinaires. Ce résultat pourrait s'obtenir par des appareils mécaniques à ressort descendus au fond du trou et manœuvrés par des tiges sortant à l'extérieur. Mais dans ces conditions le forage de la poche serait très coûteux, et le système n'offrirait pas d'avantages sur les procédés ordinaires.

Dans les roches calcaires, l'agrandissement de la poche est obtenu par un procédé chimique. On fait parvenir au fond du trou de l'acide chlorhydrique : le calcaire est attaqué et transformé en une dissolution de chlorure de calcium que l'on peut facilement extraire par le trou de mine.

Tel est le principe sur lequel est basé le procédé de M. Courbebaisse.

Pour que l'acide fasse une poche au fond du trou de mine, il faut qu'il y soit amené par un tuyau qui l'isole des parois. On descend donc un tube AB de petit diamètre (fig. 112), qui s'arrête un peu au-dessus du fond de la poche à creuser, et qui est maintenu contre les parois par des mottes d'argile ou des étoupes. A la partie supérieure C, il s'ouvre en entonnoir, ou bien il communique avec un réservoir quelconque, muni de robinets permettant de régler l'écoulement.

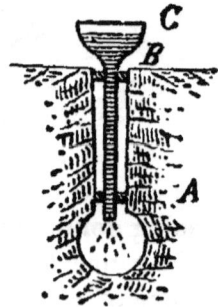

fig. 112.

Mais un appareil aussi simple fonctionne mal et lentement. L'acide carbonique se dégage en grande quantité, et cherche une issue qu'il ne trouve que par le tube lui-même. Il refoule donc le liquide, qui ne peut plus descendre que par intermittence. En outre, la plupart des calcaires, lorsqu'ils sont attaqués par l'acide chlorhydrique, donnent lieu à une mousse abondante et persistante, qui s'élève dans le tuyau, rend la descente du liquide plus pénible encore, et dépasse bientôt les bords du réservoir supérieur.

M. Courbebaisse a évité ces inconvénients en ménageant un

canal spécial pour la sortie de l'acide carbonique et de la mousse qu'il entraîne. Ce canal, comme le montre le croquis figuratif (fig. 113) est le vide laissé entre le tuyau de descente AB de l'acide chlorhydrique et un autre tuyau concentrique CDE. Le tuyau AB, qui est intérieur, sort du tuyau CDE en un point K et communique avec le réservoir R d'acide ; le tuyau extérieur CD se retourne au-dessus d'un autre réservoir S. L'acide carbonique qui se dégage en abondance sur les parois de la poche M, à mesure qu'elle se creuse, ainsi que la mousse formée, s'engagent dans l'espace annulaire CD. La mousse tombe dans le réservoir S, où elle se résout en liquide.

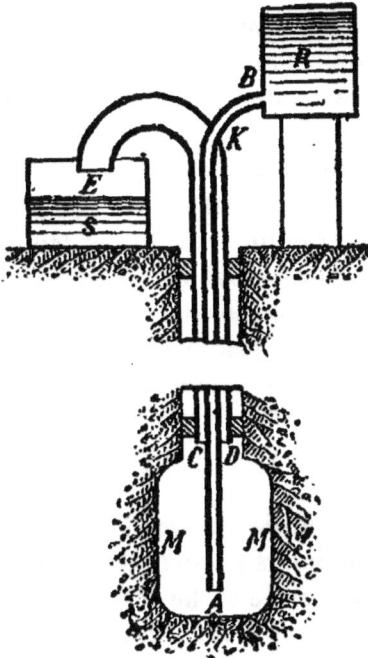

Fig. 113.

Ce liquide est encore loin d'être saturé de chaux, l'acide chlorhydrique n'ayant pu agir complètement avant son expulsion à l'état de mousse. Aussi le fait-on passer du vase S dans le réservoir R et descendre de nouveau dans la poche, et cela plusieurs fois au besoin, jusqu'à ce que la dissolution soit presque neutre.

Cette dernière main-d'œuvre se fait toute seule, dans la disposition des appareils à siphon imaginés par M. Courbebaisse. Avec ces appareils (fig. 114), il n'y a plus qu'un seul réservoir S, où l'on met l'acide, et où se déverse la mousse par un ajutage G. Le tube

Fig. 114.

intérieur AB, recourbé en siphon, plonge dans le réservoir ;
il suffit de l'amorcer pour faire descendre le liquide au fond
du trou. La mousse qui remonte entretient la constance du
niveau et la permanence de l'écoulement, jusqu'à ce qu'il ne
se dégage plus d'acide carbonique et que le siphon se désa-
morce [1].

Lorsque la roche est fissurée, l'acide se perd par les fentes
et ne remonte pas ; en outre la roche, n'est pas rongée sous
forme d'une poche régulière et se ramifie suivant les fentes.
Dans ce cas, on essaie de les boucher préalablement en introduisant dans le trou de l'eau tenant en suspension du plâtre ou
de l'argile que l'on comprime avec un piston d'étoupes ; ou
bien, on enlève le tube intérieur, et l'on verse l'acide goutte
à goutte, de façon qu'il produise son effet sur la roche avant
de pénétrer dans les fissures, qui ne reçoivent plus que du
chlorure de calcium neutre.

Une fois la poche suffisamment creusée, on vide le trou soit
avec de petits seaux, soit avec de longs paquets de chanvre
au bout d'une ficelle, on l'étanche et on le sèche bien avec des
paquets d'étoupes qu'on tourne au fond avec un tire-bourre
au bout d'une longue perche. Puis on charge, en versant d'abord
la moitié de la poudre, descendant une mèche Bickford, et versant ensuite le reste de la charge. Enfin, on bourre comme à
l'ordinaire, et on tire.

Avec de semblables mines on peut faire tomber d'un seul
coup des masses de plusieurs centaines de mètres cubes. La
partie détachée se sépare du massif général sans projection
de fragments et sans détonation ; à peine un peu de fumée
dans les décombres dénote-t-elle la cause de cet effondrement.

Dans sa chute, cette masse se sépare souvent en fragments
de grande dimension. On les divise avec des pétards mis dans
de petits trous de mine.

Il faut, en outre, détacher à la pince, et au besoin par des

1. Les deux tubes, dont les figures ci-dessus ne sont qu'une représentation démonstrative, sont en réalité minces et formées de cuivre protégé par
une couche de goudron ou de gutta-percha. Le diamètre du tube central
est ordinairement de 0m,015, celui du tube extérieur de 0m,03, et celui du
trou de mine de 0m,055.

pétards, les blocs simplement ébranlés qui entourent le trou de mine.

Le prix de revient des mines à acide est très peu élevé quand on opère sur de grandes masses, parce que la main-d'œuvre y entre pour une faible part. Il n'y a qu'un seul trou à percer pour plusieurs centaines de mètres cubes, et quoique ce trou soit profond, sa longueur n'est guère que de $0^m,015$ à $0^m,02$ par mètre cube ; c'est environ cent fois moins que par les procédés ordinaires.

Quant à la consommation de poudre, elle est à peu près la même. Théoriquement, elle devrait même être supérieure ; car l'effet de la poudre, étant dû à la pression des gaz sur la surface de la section verticale de la poche, varie, pour une même tension des gaz, proportionnellement au carré des dimensions, alors que son volume augmente suivant leur cube. La tension restant constante quel que soit le volume, pour des poches toujours entièrement remplies, il faudrait donc d'autant plus de poudre pour obtenir les mêmes résultats que la capacité des poches est plus grande. Mais, d'un autre côté, ces grandes mines sont mieux étudiées que les petites : on apporte plus de soin dans le choix de leur emplacement et dans leur établissement, on calcule plus exactement le volume de poudre nécessaire, on arrive à éviter les projections de matériaux et en somme la force de la poudre est mieux utilisée. Ces circonstances compensent l'augmentation théorique.

M. Courbebaisse évaluait, en 1855, la dépense de l'exploitation des roches calcaires par l'acide à 300 fr pour des masses de 4 à 500 mètres cubes, soit de 0 fr. 60 à 0 fr. 75 par mètre cube. La dépense se décomposait comme il suit :

7 mètres de trou à 4 fr.	28 fr.
360 kil. d'acide à 0 fr. 20.	72
70 kil. de poudre à 2 fr	140
Mains-d'œuvre diverses et faux frais . .	10
Enlèvement des blocs ébranlés	20
Débit des gros blocs	30
Total.	300 fr.

Aux cours actuels, ces prix seraient augmentés d'environ 20 pour 100.

Ces résultats sont confirmés par ceux que l'on obtient dans l'exploitation en grand des rochers des îles du Frioul pour les travaux du port de Marseille. La profondeur des trous y est ordinairement de 8 à 10 mètres; ses limites extrêmes, dont on se rapproche rarement, sont 2 mètres et 15 mètres. L'expérience indique qu'un kilogramme de poudre fait sauter en moyenne 5ᵐᶜ,88 de rocher, et qu'il faut 10 à 12 kilogrammes d'acide par kilogramme de poudre. Le prix moyen de l'extraction varie entre 0 fr. 66 et 0 fr. 75 par mètre cube. Mais il faut remarquer que, l'acide chlorhydrique étant à vil prix à Marseille, sa valeur au Frioul reste entre 6 et 10 fr. les 100 kilog., et que l'exploitation, faite en vue de travaux d'enrochement, recherche les gros blocs, qui devraient encore être débités s'il s'agissait de fouilles à transporter en remblai.

Malgré ses avantages, la méthode de M. Courbebaisse a été peu employée dans les travaux de construction des routes, parce qu'il est rare qu'on ait à fouiller des déblais de roche calcaire assez volumineux pour justifier l'installation d'appareils encombrants, et que l'économie diminue à mesure qu'on applique le procédé à de plus petites masses.

177. Mines en galerie. — On construit aussi quelquefois des mines de dimensions encore plus grandes, appelées *mines en galerie* ou *mines monstres*, qui peuvent recevoir des centaines et même des milliers de kilogrammes de poudre, et faire sauter d'un seul coup d'énormes masses dont les mètres cubes se comptent par milliers ou dizaines de mille. A cet effet, on perce dans le rocher des galeries en souterrain, assez grandes pour qu'un homme puisse s'y tenir et y travailler, ayant par exemple, 1ᵐ,75 de haut et 0ᵐ,80 de large. Ces galeries sont conduites soit verticalement, soit horizontalement, jusqu'au point où doit être mise la charge de poudre; elles ne sont pas tracées en ligne droite, mais en zig-zags, pour s'opposer au débourrage. On met au fond de la galerie la quantité de poudre voulue, dans des sacs bien serrés les uns contre les autres; puis on bourre après avoir placé une fusée disposée de façon que le raté en soit impossible. Le bourrage consiste à fermer hermétiquement la galerie, au moyen de murs en maçonnerie de ciment s'étendant sur plusieurs mètres à partir de la charge, et à remplir le reste de la galerie en maçonnerie à pierres sèches, en cailloux bien tassés ou en terre pilonnée.

On cite des mines de cette espèce qui ont fait sauter plus de 100.000 mètres cubes de rocher. Mais il ne semble pas qu'elles conduisent à une économie notable. En tenant compte de tous les frais, la dépense par mètre cube se rapproche beaucoup de celle des mines à acide.

Cela tient à ce que, la consommation de poudre restant proportionnellement la même, le percement de la galerie, qui représente le trou de mine, est très couteux par suite des grandes dimensions qu'il faut lui donner. En outre, la roche ne se trouve le plus souvent fractionnée qu'en bloc très considérables, qu'il faut encore débiter à grands frais.

Ces mines monstres n'ont évidemment pas d'application dans la construction des routes, ni même des chemins de fer. Mais on y a quelquefois essayé un procédé analogue pour les grandes tranchées en rocher. On creuse dans l'axe, au niveau de la plateforme, une galerie que l'on charge de poudre de distance en distance ou au moyen d'un boyau continu, et que l'on bourre ensuite comme dans le cas précédent. Au moment de l'explosion, la masse de rocher qui est au-dessus de la galerie se soulève et retombe sur place ; il n'y a plus qu'à débiter les fragments. Mais il est très difficile de régler la charge convenablement ; quelquefois on n'obtient qu'un simple débourrage de la galerie, tandis que le plus souvent la roche est désagrégée sur une largeur supérieure à celle de la tranchée. Le volume relatif des galeries est trop grand, et le travail revient très cher. Ce peut être une ressource toutefois, quand les travaux sont urgents et qu'on ne regarde pas à la dépense.

178. Excavateurs et perforateurs. — Dans les grands travaux de terrassements, tels que les canaux maritimes ou les longs souterrains, on fait usage, pour la fouille, d'instruments plus puissants et plus rapides, qui sont rarement employés dans la construction des routes, et dont il suffit d'indiquer le principe.

Dans la terre ordinaire, on a recours aux *excavateurs*. Ce

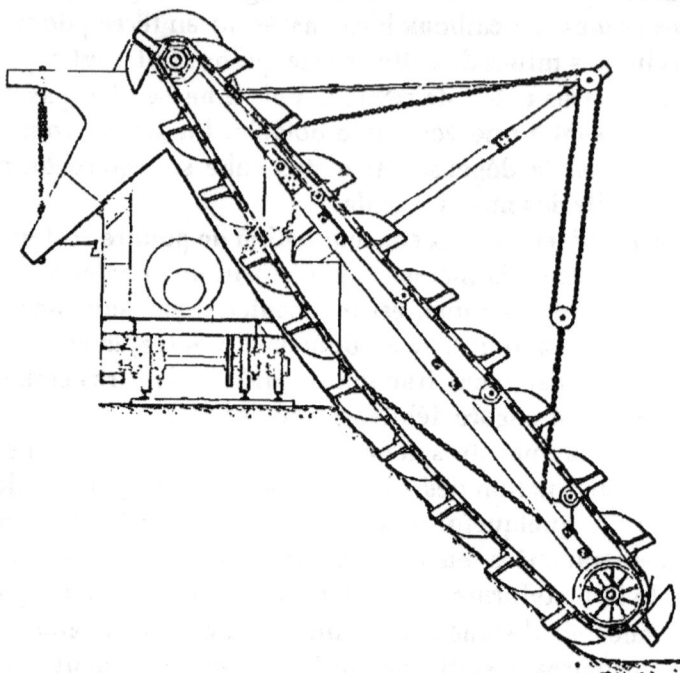

Fig. 115.

sont de grandes dragues, analogues à celles qui sont employées pour le travail sous l'eau. L'excavateur (fig. 115) est installé sur le bord de la fouille, et la chaîne de godets, mise en mouvement par une machine à vapeur, se promène sur le talus du terrain à déblayer, préalablement amorcé par les procédés ordinaires. Les lèvres des godets mordent dans le terrain, et les godets se remplissent de fouilles. Arrivés au haut de leur course, ils déversent leur contenu dans un couloir qui jette les fouilles en tas sur le sol, ou les conduit directement dans les wagons destinés à les transporter.

Les *perforateurs* sont des fleurets mécaniques à l'aide desquels on perce les trous de mine dans le rocher. Ils agissent comme les fleurets à la main, mais l'instrument est dirigé par le bâtis d'un appareil où arrive la conduite d'un réservoir

18

d'air comprimé. Les organes de cet appareil sont disposés de façon que la pression de l'air chasse violemment le fleuret à des intervalles égaux, de façon qu'il donne une série de coups rapides et énergiques sur la roche. Des dispositions de détail font tourner le fleuret sur lui-même d'un certain angle à chaque coup et l'enfoncent progressivement dans le trou.

§ 2

CHARGEMENT, TRANSPORT ET DÉCHARGEMENT

179. Différents modes de transport. — Lorsque les déblais sont fouillés, il faut les enlever pour les mettre en remblai ou en dépôt. Le transport se fait de différentes manières, suivant les circonstances, surtout suivant la distance à parcourir. Dans la construction des routes, on emploie presque exclusivement la pelle, la brouette ou le tombereau. Quelquefois on a recours au wagon ou au camion, et dans certaines contrées on se sert de corbeilles.

180. Jet de pelle. — La pelle de terrassier (fig. 116), est une plaque de tôle en forme d'ogive arrondie, munie d'une douille où se place un manche de bois recourbé.

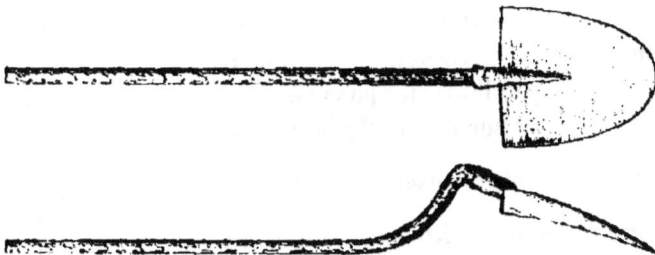

Fig. 116.

Pour faire un transport à la pelle, l'ouvrier enfonce son outil dans les fouilles et en prend un certain poids, qu'il lance avec force dans la direction du transport.

La distance à laquelle il jette la pelletée dépend évidemment de la quantité qu'il a prise : un simple caillou serait projeté à 15 ou 20 mètres, tandis qu'une énorme pelletée se déplacerait péniblement de quelques décimètres. Le travail produit dans ces deux cas par chaque jet de pelle serait très faible, et en outre demanderait beaucoup de temps.

Il y a donc, entre ces extrêmes, une moyenne qui procure le maximum de rendement utile du travail des ouvriers. Le maximum paraît répondre, pour des hommes de force ordinaire, à un poids d'environ 2 kilog. 75, lancé, toutes les 5 secondes, à 4 mètres.

Dans ces conditions, le pelleteur enlève à peu près 2.000 kil. de fouilles par heure. Cette quantité reste constante, mais elle représente des volumes variables de déblai, suivant la densité des terres, qui peut passer du simple au quadruple et atteint environ en moyenne par mètre cube :

800 à 1.100 kilogr. pour la tourbe sèche, le terreau, la terre de bruyère ;

1.100 à 1.400 kilogr. pour les terres végétales et les sables meubles ;

1.400 à 1.800 kilogr. pour la terre franche ou argileuse et les sables agglutinés :

1.800 à 2.000 kilogr. pour l'argile compacte ;

1.800 à 2.800 kilogr. pour les roches diverses.

On adopte fréquemment la moyenne de 1.600 kilog. pour l'ensemble des terrassements d'une route.

Le temps que l'ouvrier passe à lancer un mètre cube de fouilles à 4 mètres avec une pelle peut donc varier depuis $0^h.35$ jusqu'à $1^n,40$. Il est représenté d'une façon générale par $\dfrac{\Delta}{2.000}$, pour un déblai pesant Δ kilogr. au mètre cube. Si on fait $\Delta = 1.600$ kil., on trouve $0^h,80$.

Réciproquement, le volume de déblai enlevé à la pelle par un ouvrier en 1 heure, a pour expression $\dfrac{2.000}{\Delta}$; et, pour $\Delta = 1.600$, il est de $1^{mc},25$.

Si la distance du transport est notablement inférieure à 4 mètres, on charge davantage les pelles ; si elle est supérieure, on les charge au contraire moins, toujours de façon à obtenir le rendement le meilleur possible ; mais, dans un cas comme dans l'autre, on n'atteint pas le maximum indiqué ci-dessus.

Si la distance est grande, on la divise en relais, et, tous les 4 mètres, on place un pelleteur. Chacun d'eux lance les fouilles aux pieds du suivant, qui les reprend pour les lancer à son tour. Le jet de pelle est dit double ou triple, suivant qu'il y a deux ou trois relais de pelleteurs.

Quand il s'agit d'élever les terres, et non simplement de les transporter horizontalement, on peut encore se servir de pelles. Mais alors une partie de la force de l'homme est employée à animer le poids des fouilles d'une force vive verticale, et la distance du jet est diminuée. On admet que le même jet de pelle, qui servirait à lancer les fouilles à 4 mètres sur un sol de niveau, peut les élever à $1^m,60$ en les déplaçant seulement de $0^m,80$ horizontalement. Lorsqu'il y a des relais, les pelleteurs se placent, autant que possible, sur des gradins successifs ayant, en largeur et en hauteur, des dimensions qui se rapprochent de ces données.

Il résulte de là que, si les fouilles doivent être relevées d'une hauteur moyenne H et portées à une distance D, le temps employé sera le même que si le transport avait lieu de niveau à une distance $D + 2H$, puisque, si $H = 1^m60$ et $D = 0^m,80$, auquel cas $D + 2H = 4$ mètres, le travail est le même que pour un jet horizontal de 4 mètres.

181. Prix du jet de pelle. — On peut, d'après ces données, évaluer les frais du transport à la pelle d'un mètre cube de déblai à une distance D donnée. Si chaque ouvrier lance la terre à 4 mètres, il faut $\dfrac{D}{4}$ ouvriers ; et, si p est le prix qu'on paie pour 1 heure de travail, la dépense par heure est $p\,\dfrac{D}{4}$. Le volume des déblais transportés est $\dfrac{2.000}{\Delta}$. Donc le transport x d'un mètre cube coûte $x = \dfrac{pD\Delta}{4 \times 2.000}$.

Si on prend 1.600 kilogrammes pour le poids moyen des terres, la formule devient $x = \dfrac{pD}{5}$.

Bien que le travail se paie généralement aujourd'hui à l'heure, on le rapporte encore souvent à la journée. On suppose alors la journée de 10 heures en moyenne. Dans les formules ci-dessus, p représente $\dfrac{1}{10}$ de journée. Si l'on supposait que p représentât le prix de la journée, il faudrait diviser tous les résultats par 10.

Quand les fouilles doivent être relevées d'une hauteur H, on remplace dans la formule D par D + 2H.

182. Transport à la brouette. — La brouette (fig. 117) est une caisse en bois montée sur deux brancards et reposant sur le sol par deux pieds et une roue. L'ouvrier qui s'en sert est appelé *rouleur*. Il soulève les brancards, et alors la charge se répartit entre la roue et ses deux bras, suivant les lois de la statique.

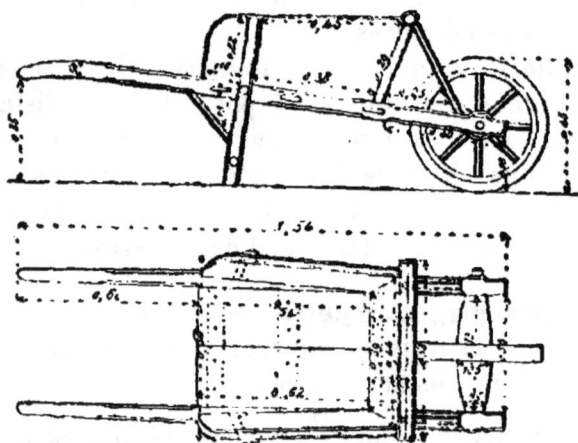

Fig. 117.

Les fouilles sont d'abord chargées dans la brouette au moyen de pelles. Le rouleur saisit les brancards, pousse la brouette chargée devant lui, et la renverse pour la décharger quand il est arrivé à destination. Il la ramène vide au point de départ, en la traînant derrière lui.

La résistance qu'il éprouve dépend de la charge qui porte sur la roue. Il peut la faire varier en saisissant les brancards plus ou moins près de la caisse, et reportant par suite sur ses bras une fraction plus ou moins grande du poids.

Elle dépend aussi de l'état du sol : sur la terre détrempée ou sur les remblais récents, elle est très grande. On la diminue en plaçant sur le chemin à parcourir des planches appelées *plats-bords.*

On diminue également l'effort de traction en adaptant à la brouette une roue de plus grand diamètre.

C'est ce qui a lieu dans le modèle des brouettes dites anglaises (fig. 118). En outre, dans ce modèle, les brancards ne

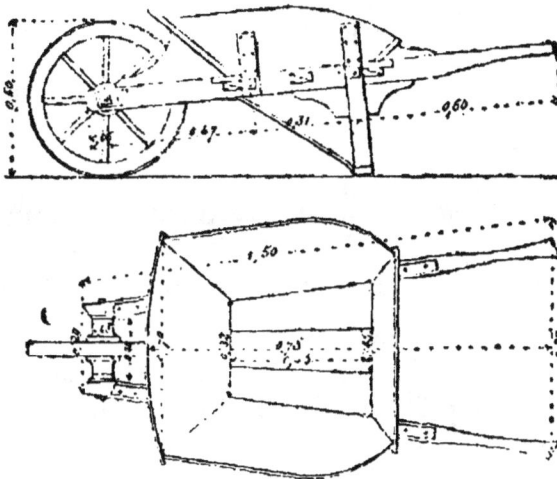

Fig. 118.

sont pas parallèles; ils se rapprochent près de la roue et s'écartent davantage sous les bras du rouleur ; la caisse est moins profonde et plus large, et ses parois sont évasées. Il en résulte une plus grande facilité dans le déchargement, qui n'exige pas un renversement complet de la caisse. Le centre de gravité de la charge se trouve moins haut par rapport aux mains, qui elles-mêmes sont plus écartées : la charge a donc une tendance moindre à se déverser, et le rouleur réagit plus facilement contre le balancement de l'appareil.

La brouette pèse environ 25 kilogrammes. Elle peut recevoir de 10 à 60 kilogrammes de fouilles, ce qui représente de $\frac{1}{20}$ à $\frac{1}{40}$, et, en moyenne, $\frac{1}{30}$ de mètre cube de déblai.

Le chemin que parcourt un rouleur, conduisant une brouette pleine et la ramenant vide, est évaluée à 3.000 mètres environ par heure, ce qui correspond à une vitesse moyenne de $0^m,83$ par seconde.

183. Prix du transport à la brouette. — Pour un transport à une distance D, le rouleur payé au prix p par heure, parcourt, aller et retour, une distance 2 D. Si sa vitesse par heure est L, il emploie à chaque voyage une fraction d'heure égale à $\frac{2D}{L}$, et la dépense qui en résulte est $\frac{2D}{L} p$. Pour une brouette de capacité C, le prix du transport d'un mètre cube est donc $x = \frac{2pD}{LC}$.

Si on admet que $C = \frac{1}{30}$ et $L = 3.000$, la formule devient $x = \frac{2pD}{100}$. C'est celle qui est habituellement employée.

Cette formule ne tient pas compte du temps que l'ouvrier perd à changer de brouette quand il revient au point de départ, ni de celui qu'il emploie à décharger. On néglige ce temps devant la durée de la marche, qui est d'ailleurs en réalité un peu plus rapide que ne le suppose la formule.

184. Chargement en brouette. — A cette dépense, il faut ajouter celle du chargement. Les terres sont jetées à la pelle dans la brouette à une distance horizontale qui ne dépasse pas un mètre et à une hauteur de $0^m,50$. C'est à peu près comme si on lançait les terres à deux mètres de distance, c'est-à-dire à un demi-jet de pelle. Mais ces conditions sont loin de celles où l'on utilise le mieux possible la force de l'homme, et, en fait, le chargement demande plus que moitié du temps d'un jet de pelle. On peut admettre qu'en moyenne un homme charge à peu près 1/4 en sus de ce qu'il lancerait au jet de pelle normal, soit environ 2.500 kilogrammes par heure.

Pour des déblais dont le mètre cube pèserait 1.600 kilogrammes, ce serait 1ᵐᶜ,56 par heure. Fait par des hommes
dont le travail est payé un prix p par heure, le chargement

coûte dans ces conditions $\frac{p}{1,56} = 0,64\ p$.

185. Transport au tombereau. —Le tombereau (fig. 119)
est une caisse analogue à la brouette, mais de plus grande dimension, ayant une capacité de 0ᵐᶜ,50 à 2ᵐᶜ,50. Il est porté
par une paire de roues de grand diamètre et traîné par un
cheval placé entre les brancards, auquel on ajoute un ou deux
autres chevaux en flèche si cela est nécessaire. On ne met
jamais plus de trois chevaux, parce qu'en plus grand nombre ils ne rendraient pas assez d'effet utile.

La caisse est portée par deux longerons articulés sur les

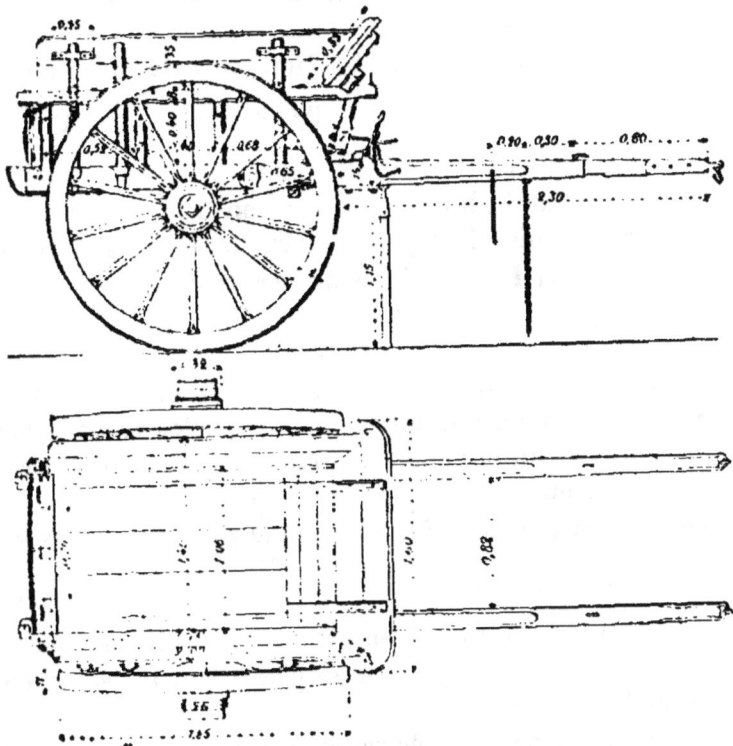

Fig. 119.

brancards. Elle est maintenue, à l'avant, par une barre de fer réunie aux brancards, qui s'appuie sur deux ergots formés par les extrémités des longerons. Cette barre de fer est articulée près des brancards, et peut être renversée au moyen d'une manette qui y est adaptée. Lorsqu'on la renverse, la caisse peut tourner sur son essieu et basculer en arrière, sans que le cheval cesse d'être attelé.

Le fond postérieur de la caisse est mobile et fixé par des clavettes.

186. Cube du chargement. — Le volume des terres à mettre dans un tombereau varie avec le nombre et la force des chevaux, le poids spécifique des déblais et l'état du sol. On peut le calculer comme il suit :

Soit p le poids d'un cheval, et n le nombre des chevaux. Si l'on impose à chacun d'eux un effort Ep, on dispose d'une force Epn. Si P est le poids brut du tombereau chargé, et f le coefficient de résistance à la traction sur le terrain où le tombereau circule, il faut que $Epn = Pf$, d'où $P = \dfrac{Epn}{f}$. Il faut retrancher de P le poids mort du tombereau, qui est généralement connu d'après les usages des constructeurs de voitures de la région. Soit K ce poids mort, le poids utile de terres transportées est P — K. Pour des terres de densité Δ, le volume correspondant $C = \dfrac{P - K}{\Delta}$.

Il ne faut pas perdre de vue que le volume C, comme la densité Δ, se rapportent aux terres compactes avant la fouille.

Dans le cas où le poids des tombereaux n'est pas connu, on peut l'estimer approximativement en se reportant à la formule (n° 36) : $P = a + bU$, où U est le poids utile, c'est-à-dire $C\Delta$ ou P — K. On en déduit : $K = \dfrac{P(b - 1) + a}{b}$. Les tombereaux étant des voitures lourdes, il convient de donner à a une assez grande et à b une assez petite valeur, par exemple, $a = 500^k$ et $b = 1,10$.

Quant au coefficient f de résistance au roulement, il est très grand, car les tombereaux circulent sur des terres fraîchement remuées; on peut admettre, par exemple, $f = 0,12$.

Enfin, comme les chevaux ont un repos relatif pendant leur
retour à vide et un repos absolu pendant le chargement du
tombereau, et que d'autre part les distances de transport ne dépassent pas quelques centaines de mètres, on peut leur imposer un vigoureux effort, allant jusqu'à $E = 0,3$.

A l'aide de ces données, si les chevaux sont supposés du
poids de 500 kil., et que la densité des terres $\Delta = 1.600$ kil.,
le chargement prend les valeurs suivantes pour :

Un tombereau à 1 cheval, $C_1 = 0^{mc},43$.

—   à 2 chevaux, $C_2 = 1^{mc},14$.

—   à 3 chevaux, $C_3 = 1^{mc},85$.

187. Main-d'œuvre de la charge. — Le tombereau est
chargé à la pelle. Il y a intérêt à mettre un 'grand nombre de
chargeurs à la fois, afin de diminuer la durée du chargement,
pendant lequel l'attelage ne travaille pas ; mais ce nombre est
limité par l'espace dont les pelleteurs ont besoin pour ne point
se gêner mutuellement. Ordinairement, le tombereau est acculé
au tas de fouilles, et on ne peut mettre plus de quatre chargeurs, deux de chaque côté.

Le conducteur des chevaux, qui reste disponible pendant
que l'attelage est au repos, doit prendre la pelle et aider les
autres chargeurs, dont le nombre est alors réduit à trois. Toutefois, on ne peut pas compter qu'il fasse le même travail
qu'un terrassier de profession, parce qu'il est obligé d'avoir
toujours l'œil sur les chevaux, et parce que cette main-d'œuvre
lui est peu familière et souvent lui répugne.

Quelquefois, au lieu de laisser les chevaux aux brancards
pendant le chargement, on les détèle aussitôt qu'ils reviennent d'un voyage, et on les attèle à un autre tombereau
préalablement chargé, qu'ils emmènent immédiatement. Il y
a moins de temps perdu par les chevaux, mais ils ne profitent
pas du repos qui leur est attribué dans l'autre système, et il
faut réduire le poids des chargements. En somme cette méthode ne semble pas présenter d'avantages.

Les ouvriers chargeurs se tiennent à moins de 1 mètre de
distance du tombereau et jettent les terres par dessus les bords
de la caisse, qui sont à peu près à 2 mètres au-dessus du sol.

C'est donc comme s'ils avaient à faire à peine un jet de pelle à 5 mètres (n°180). On peut admettre qu'il n'y emploient guère plus que les $\frac{5}{4}$ du temps que demande un jet de pelle normal, c'est-à-dire, une fraction d'heure égale à $\frac{\Delta}{1.600}$ pour un mètre cube. Pour $\Delta = 1.600$, ce serait 1 heure.

Si p est le prix de la journée du pelleteur, la charge en tombereau d'un mètre cube coûtera donc $\frac{p\Delta}{1.600}$. Toutefois, quand le conducteur se mêle aux chargeurs, comme son temps est payé avec celui de l'attelage qu'il conduit, son travail est gratuit. En appelant n le nombre des autres chargeurs, et $\frac{1}{k}$ la quantité de fouilles que le conducteur charge pendant qu'un terrassier de profession charge l'unité, l'on ne paie que n journées pour un travail qui en a utilisé $n + \frac{1}{k}$. Donc, le prix x du chargement du mètre cube se réduit à $x = \dfrac{n\Delta p}{\left(n + \frac{1}{k}\right) 1.600}$. Si l'on fait $n = 3$, $\frac{1}{k} = \frac{1}{2}$ et $\Delta = 1.600$, ce prix devient $0.86\,p$.

La durée du chargement d'un tombereau de capacité C est égale au temps qu'un homme emploie à charger 1 mètre cube divisé par le nombre de chargeurs et multiplié par la capacité C; si elle est représentée par θ, on a donc $\theta = \dfrac{\Delta C}{1.600 \left(n + \frac{1}{k}\right)}$.

Dans les hypothèses précédentes, ce serait $\theta = 0.285\,C$.

188. Transport et déchargement. — Le transport se fait à la surface de terres fraîchement déblayées, ou sur des remblais récents. Le tirage y est pénible et les chevaux y traînent lentement les tombereaux chargés; mais ils n'ont ensuite qu'à ramener le poids mort du véhicule vide, et leur vitesse s'accélère. On estime le plus souvent qu'ils parcourent, en moyenne entre l'aller et le retour, 3.000 mètres par heure.

Le déchargement se fait très simplement. La caisse des tombereaux est disposée de façon que le centre de gravité de la charge soit en arrière de l'essieu. Il suffit donc d'agir sur l'appareil qui maintient la caisse en avant pour que celle-ci bascule d'elle-même. On a soin d'enlever d'abord le panneau postérieur, et les terres glissent sur le plan incliné formé par le fond du tombereau. On fait avancer l'attelage d'un ou deux pas, pour que la totalité du chargement se dépose sur le sol, et l'on gratte les parois du tombereau à la pelle pour détacher les parties restées adhérentes. On relève ensuite la caisse et on remet en place le fond mobile et l'appareil de retenue. Cette manœuvre est très rapide, et ne demande pas plus de 2 à 3 minutes.

189. Prix du transport au tombereau. — Le temps qu'emploie un tombereau à faire un voyage à la distance D, aller et retour, avec une vitesse moyenne L, se compose de deux parties, le temps consacré à la marche $\frac{2D}{L}$, et celui qui est perdu pendant le chargement et le déchargement. Le temps du chargement a été indiqué ci-dessus (n° 187). Le temps du déchargement est indépendant du cube et vaut environ $0^h,04$ (n° 188). On peut représenter la somme de ces deux quantités par $\frac{d}{L}$, d étant le chemin qui eût été parcouru à la vitesse L pendant le temps perdu. Donc la durée d'un voyage est $\frac{2D+d}{L}$, et sa dépense est $\frac{P(2D+d)}{L}$, si on représente par P le prix d'une heure de tombereau, chevaux et conducteur compris. Pour cette somme, on transporte le volume C à une distance D, et le prix X du transport d'un mètre cube à la même distance vaut $X = \frac{P(2D+d)}{LC}$.

Cette expression, réduite en nombres, se met sous la forme d'un binôme $X = mD + n$, où $m = \frac{2P}{LC}$ et $n = \frac{dP}{LC}$. Comme $\frac{d}{C}$ est presque constant, le terme n augmente à peu près proportionnellement à P ; sa valeur est donc d'autant plus élevée que le nombre de chevaux est plus grand. Le facteur m au contraire est proportionnel à $\dfrac{P}{C}$; il diminue quand le nombre des chevaux augmente, parce que C varie plus vite et P moins vite que ce nombre.

190. Transport au wagon. — Il ne sera dit que quelques mots de ce mode de transport, qui ne s'applique qu'aux grands terrassements, comme ceux qu'exige la construction des chemins de fer, des canaux et de certains ouvrages maritimes ; il n'est employé qu'accidentellement dans celle des routes.

Dans ce système, le transport se fait dans des wagons roulant sur des rails et traînés par des chevaux ou par des locomotives.

On amorce d'abord la tranchée par les procédés ordinaires, de façon à pouvoir poser la voie de fer, qui s'allonge au fur et à mesure que les travaux avancent et qui finit par avoir une longueur égale, non à la distance moyenne des transports, mais à l'intervalle qui sépare les deux extrémités du déblai et du remblai.

Le chargement se fait à la pelle comme dans les tombereaux, et la voie est ripée lorsque les pelleteurs ne peuvent plus atteindre les wagons. Toutefois, pour éviter de déplacer constamment la voie, on fait souvent le chargement au double jet de pelle, ou même avec des brouettes que l'on amène au niveau des bords des wagons et que l'on y décharge directement. Tous les wagons d'un même train sont d'ailleurs mis en charge à la fois.

Le déchargement se fait facilement par le mouvement de bascule des wagons, dont les caisses sont disposées de façon à tourner autour de chevilles et à déverser leur contenu soit à droite, soit à gauche, soit en avant.

Le transport est très économique, grâce au faible coefficient du roulement sur rails. Les frais de transport d'un mètre cube à la distance D se calculent par la même formule que

pour le tombereau : $X = \dfrac{P(2D+d)}{LC}$, les quantités P, d, L et C
étant relatives au train.

Mais à cette dépense s'en ajoute une autre destinée à couvrir les frais généraux, savoir l'intérêt et l'amortissement du matériel, voie, wagons et, pour les transports à la vapeur, locomotives, pose, déplacements et dépose de la voie, salaire des gardiens et aiguilleurs, etc. Ces frais sont très considérables, et varient dans chaque cas particulier. Il n'est guère possible d'établir une formule générale pour les évaluer. On en fait le calcul du mieux qu'on peut, en tenant compte de la durée probable des travaux, et on divise la somme calculée par le volume total des déblais à transporter. On obtient ainsi une constante qui s'ajoute, pour chaque mètre cube, au prix du transport proprement dit. Cette constante est d'autant moindre, pour une longueur donnée de voie, que la masse des déblais est plus considérable, et a d'autant moins d'importance relative que la distance moyenne des transports est plus grande.

Il résulte de là que les terrassements ne se font avantageusement au wagon que pour les tranchées volumineuses et les grandes distances de transport.

Aujourd'hui, beaucoup d'entrepreneurs possèdent un matériel de transport au wagon. Ils s'en servent alors pour les terrassements ordinaires, et y trouvent avantage, parce que l'amortissement de ce matériel courrait quand même, s'ils ne l'utilisaient pas.

191. Transport au camion. — Le camion (fig. 120), est un petit tombereau traîné par des hommes. Il porte un seul brancard, avec une traverse contre laquelle pressent deux hommes placés de part et d'autre du brancard. Un troisième pousse par derrière. On y charge environ 300 à 350 kg. de terre, ou six fois au moins le poids que porte une brouette. Chaque homme traîne donc au camion le double de ce qu'il roule à la brouette.

Malgré cela le camion est peu employé. L'avantage qu'il présente n'est pas aussi grand qu'il peut paraître au premier abord.

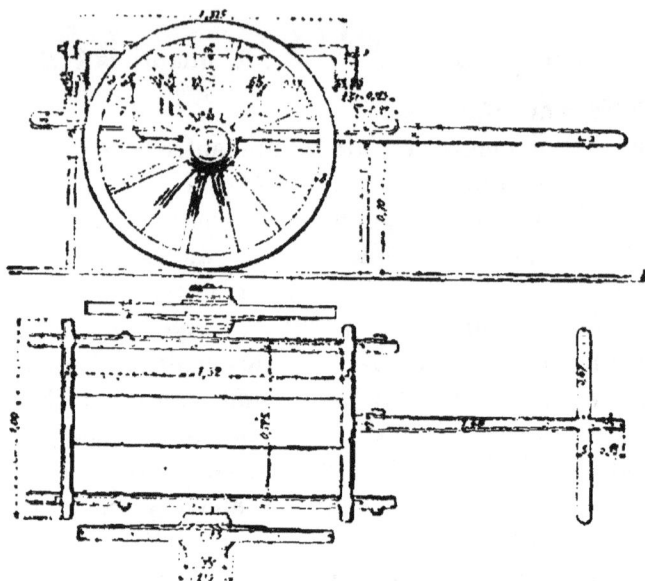

Fig. 120.

En effet, un temps relativement considérable est perdu au déchargement, qui se fait d'une façon analogue à celui du tombereau, sauf que le brancard n'est pas articulé, mais est lâché par les hommes au moment où la caisse bascule.

Au chargement, il y a aussi beaucoup de temps perdu si les hommes qui ramènent le camion vide attendent qu'il soit chargé pour l'emmener de nouveau. S'ils l'abandonnent pour en prendre immédiatement un autre qui a été chargé d'avance, la perte de temps diminue, mais il faut réduire le chargement sous peine d'épuiser les hommes.

Le camion est moins commode que la brouette, car il ne peut passer partout et a besoin d'un chemin praticable de largeur suffisante pour sa voie.

Enfin, quand le sol est mauvais, il ne peut profiter comme la brouette de la ressource des plats-bords.

107. Transports à la corbeille. — Dans le midi de la France et les pays avoisinants, les transports de terre se font encore quelquefois par des corbeilles portées sur l'épaule. Des corbeilles plates sans anses, nommées vulgairement *banastes* ou *couffins*, en osier, jonc, copeaux de châtaignier ou corps analogues, sont répandues en grand nombre sur le tas des fouilles. Des ouvriers armés de pelles les remplissent continuellement chacune de 10 à 20 kilogrammes de terre. Les manœuvres chargés du transport viennent les prendre sur place et les chargent sur leur épaule. Ils sont aidés par un ouvrier qui se tient exprès sur le tas ; ils soutiennent la corbeille d'une main sur l'épaule pendant la marche, puis ils la vident en la renversant.

Ils rapportent ensuite au lieu de chargement la corbeille vide, qu'ils laissent sur le tas pour en prendre une autre pleine.

Ce procédé peut être avantageux dans certaines circonstances, parce qu'il permet d'utiliser le travail des femmes, des vieillards et des enfants, qui, à résultat égal, se paie moins cher que celui des hommes. Il peut surtout s'employer lorsque l'on doit élever les fouilles suivant une rampe rapide, comme pour les remblais qui se font par voie d'emprunts latéraux : l'homme chargé sur l'épaule gravit la rampe sans difficulté, tandis qu'en poussant une brouette il ne peut sans s'épuiser dépasser une certaine limite au delà de laquelle il est obligé d'allonger le parcours au moyen de lacets.

§ 3

RÉGALAGE ET TALUTAGE

193. Régalage. — Les fouilles sont déchargées par tas successifs qui sont déposés les uns à côté des autres sous forme de cônes. Des ouvriers spéciaux sont chargés du régalage, qui consiste à étaler ces tas, à casser les mottes trop grosses et à donner aux surfaces de remblai les formes définitives qu'elles doivent avoir.

Ils sont guidés, dans cette dernière partie du travail, par des piquets et même par des gabarits en lattes clouées sur des pieux.

Le régalage n'est pas pénible, mais il demande du soin et de l'intelligence. Un ouvrier peut régaler de 5 à 6 mètres cubes par heure.

194. Foisonnement. — Les fouilles se présentent toujours sous forme de mottes plus ou moins grosses et plus ou moins régulières. Ces mottes se placent au hasard quand on les jette, s'arc-boutent et laissent entre elles des vides que le régalage ne fait disparaître qu'en partie.

Il en résulte que le volume d'un remblai est supérieur au cube des déblais qui l'ont fourni. La différence constitue ce qu'on appelle le *foisonnement.*

Le foisonnement varie, dans les remblais récents, depuis 1/5 environ pour les terres ordinaires, jusqu'à 2/5, pour le rocher.

Les effets du foisonnement s'effacent avec le temps. Un remblai qui est resté exposé à la pluie et aux intempéries se tasse ; les mottes se désagrègent, les vides se remplissent, et le volume est ramené à celui du déblai mesuré avant la fouille.

Le foisonnement reste persistant, toutefois, lorsque le remblai est en blocs de rocher, qui conservent des vides entre eux. Les menues pierrailles tombent dans les vides, mais le tassement est incomplet.

195. Pilonnage. — Pour obtenir un tassement immédiat, on a quelquefois recours au pilonnage à bras d'homme. Les pilons dont on se sert (fig. 121) sont de différents modèles. Ils sont en fonte ou en bois d'orme tortillard fretté et garni d'une semelle en tôle. Leur manche est lisse, ou garni de chevilles en bois formant poignées. Leur poids est ordinairement de 10 à 15 kilogrammes.

Le pilonnage doit être fait par couches de 0^m,08 à 0^m,10. Les ouvriers soulèvent le pilon et le laissent retomber successivement sur les différents points du remblai en recouvrant chaque coup environ d'un tiers par le coup suivant. Ces coups de pilon écrasent les mottes et remplissent les vides.

Mais cette main-d'œuvre est très coûteuse, et généralement mal faite. Le travail est fastidieux et les résultats n'en sont guère apparents. Les entrepreneurs n'ont aucun intérêt à ce qu'il soit bien exécuté. Il exige donc une surveillance extrê-

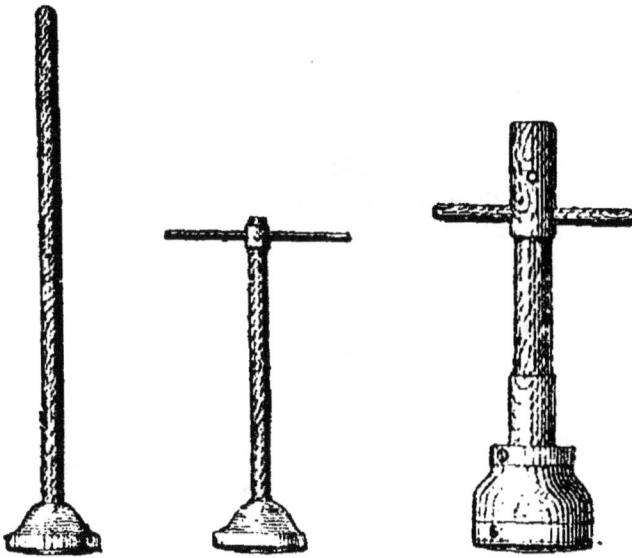

Fig. 121.

mement active, qu'on ne peut obtenir qu'à grands frais. Aussi est-il bien rare qu'on y ait recours.

196. Roulage. — Ordinairement, on obtient un tassement au moins partiel par la pression des roues des tombereaux et par le choc du pied des chevaux.

À cet effet, on fait exécuter les remblais, non sur toute leur hauteur à la fois, mais par couches minces de 0ᵐ,15 à 0ᵐ,20, qui s'étendent sur toute la longueur et la largeur du remblai. Les tombereaux parcourent cette couche successivement dans tous les sens et tassent ainsi la terre en tous les points. Lorsqu'une couche est terminée, on procède à l'exécution de la couche suivante, et ainsi de suite.

Ce mode de procéder, qui produit les mêmes effets que le pilonnage, est beaucoup plus économique. Il est indiqué dans tous les devis de construction de routes, et les ingénieurs doivent tenir la main à ce qu'il soit observé.

197. Surhaussement des remblais. — Malgré ces précautions, il subsiste toujours au premier moment un certain foisonnement, qui donne lieu, au bout d'un temps plus ou moins long, à un tassement équivalent. Lorsqu'on exécute les terrassements au wagon, il est d'ailleurs impossible de recourir au tassement par roulage, puisque les véhicules circulent sur une voie de fer.

On prévient alors les effets du tassement en surhaussant le remblai de la quantité dont il doit s'abaisser plus tard. On donne à la base AB (fig. 122) la largeur qu'elle doit avoir, et aux talus AC, BD une inclinaison un peu plus raide que celle des talus définitifs AE, BF, de telle sorte que la plateforme CD ait toujours la même largeur.

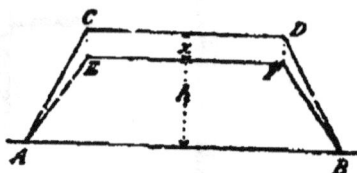

Fig. 122.

On peut d'ailleurs calculer la quantité x dont il faut surhausser la plateforme. Soit f le foisonnement que l'on obtient au moment de l'exécution, et f' le foisonnement définitif. Les deux trapèzes sont entre eux comme leurs hauteurs, puisqu'ils ont des bases égales, et ils sont le produit d'une même quantité de déblai D ayant subi des foisonnements différents.

$$\text{Donc} \quad \frac{D(1+f)}{D(1+f')} = \frac{x+h}{h} \; ; \text{d'où} \; \frac{x}{h} = \frac{f-f'}{1+f'}.$$

Si $f' = 0$, comme pour les terres ordinaires, $\frac{x}{h} = f$. Dans le cas du rocher, il y a lieu de tenir compte de f'.

198. Règlement des talus. — Quand les terrassements sont finis, il reste à régler les talus, c'est-à-dire à leur donner très exactement la forme prévue au projet.

Les talus de remblai se dressent à peu près convenablement pendant le régalage. Il ne reste qu'à les pilonner avec une dame plate ou à les ratisser pour en faire disparaître les rugosités. Si le régalage n'a pas bien suivi les gabarits, on rapporte ou on enlève un peu de terre en certains points.

Pour les talus de déblai, on a soin d'y laisser, au moment de la fouille, un peu de gras, en arrêtant la fouille à quelques centimètres de la surface définitive. Un taluteur habile fait, de distance en distance, des saignées de 0ᵐ,20 à 0ᵐ,25 de large, dont le fond est exactement dressé suivant le profil. Puis le gras resté entre les saignées successives est enlevé à la pioche.

Les bons taluteurs sont rares, et ne font guère plus de 4 à 5 mètres carrés par heure. Aussi le dressement des talus de déblai revient-il toujours fort cher.

Dans bien des cas, ce dressement est un luxe inutile, et il suffit d'éviter qu'il y ait sur les talus des bosses trop saillantes et surtout des creux où l'eau pourrait séjourner. On peut se contenter d'un dressement grossier, tel que le donne la fouille. Les végétations qui se développent rendent bientôt les inégalités invisibles.

On peut alors ne pas payer de main-d'œuvre spéciale pour cet objet, et admettre que ce talutage grossier est compris dans le prix de la fouille.

Si l'on veut un règlement soigné, il faut le compter à part, au mètre superficiel. Les entrepreneurs ont alors intérêt à le faire, et à le bien faire.

Les talus des déblais en rocher ne sont jamais dressés : ils conservent la forme donnée par la fouille, avec les saillies et les creux, qui sont alors sans inconvénients.

§ 4

ORGANISATION DES CHANTIERS

109. Conditions générales. — L'exécution des terrassements nécessite un matériel et un personnel d'ouvriers dont il faut savoir se rendre compte. L'organisation des chantiers varie dans les diverses phases de l'exécution. Elle doit toujours être telle que la dépense soit réduite autant que possible, mais aussi que les travaux avancent suffisamment pour être terminés dans les délais prescrits. Il y a là deux conditions générales auxquelles il faut satisfaire.

Ces deux conditions sont souvent contradictoires. Pour opérer rapidement, il faut beaucoup d'ouvriers, qui coûtent cher, étant demandés en grand nombre, et il faut aussi beaucoup de matériel, dont l'acquisition absorbe un capital important.

200. Choix du mode de transport. — Il n'est pas indifférent de recourir, à un moment donné des travaux, à un mode de transport plutôt qu'à un autre. Plus les moyens sont puissants, moins le transport proprement dit est coûteux; mais en même temps, plus sont importants les frais généraux ou ceux qui résultent de la manœuvre des appareils.

Le prix du transport d'un mètre cube de déblai à une distance D peut se mettre, d'une façon générale, sous la forme $X = c + mD + n$, c étant le prix du chargement, et m et n deux quantités numériques qui varient avec le mode de transport. Au jet de pelle, $c = o$ et $n = o$; à la brouette $n = o$. La dépense n'est donc pas la même selon que le transport est effectué avec tel ou tel engin. Il faut calculer, à chaque moment du travail, quel est le mode de transport le plus avantageux, d'après la distance où les terres doivent être portées. En général, le procédé le plus avantageux est d'autant plus simple que la distance est plus petite; ainsi, la pelle est plus économique pour les transports à quelques mètres, la brouette à quelques dizaines de mètres, le tombereau pour les centaines de mètres.

On peut calculer d'avance la distance à laquelle il convient d'abandonner un moyen de transport pour recourir à un autre plus puissant; c'est la valeur de D pour laquelle les prix calculés deviennent égaux. Posant : $c_1 + m_1 D + n_1 = c_2 + m_2 D + n_2$, on trouve :

$$D = \frac{c_1 - c_2 + n_1 - n_2}{m_1 - m_2}.$$

C'est de cette manière que dans le mouvement des terres se calculent les limites d'application des formules de transport au jet de pelle, à la brouette, au tombereau à 1, 2 ou 3 chevaux.

Quelquefois cependant on ne s'en tient pas aux limites indiquées par le calcul. Ainsi les formules conduiraient souvent à abandonner la pelle et prendre la brouette dès que l'on a plus d'un jet à faire. Mais le transport à la brouette à de très petites distances de 4 à 8 mètres, ne se fait pas en réalité dans les conditions que suppose la formule : les temps perdus que l'on avait négligés prennent une importance relative considérable, et une organisation économique des ateliers de rouleurs et de brouettes (nº 203) devient impossible à réaliser, par suite de l'encombrement qui résulterait d'un matériel exagéré.

On admet en général que les transports se font à la pelle jusqu'à la distance de deux jets, ou 8 mètres, et qu'au delà on se sert de brouettes. Jusqu'à 30 mètres, d'ailleurs, on suppose souvent que, quelle que soit la distance, la dépense est la même que pour 30 mètres, c'est-à-dire pour un relais.

Si l'on compare la brouette au tombereau à 1 cheval, on trouve une limite variable suivant le prix de la journée des ouvriers et des chevaux. Cette limite tend à s'abaisser avec les progrès de l'industrie, qui font que la main-d'œuvre augmente chaque jour de valeur plus que la force mécanique ou animale. Elle tombe presque toujours dans les environs de 60 à 70 mètres. Mais il y a la même observation à faire que ci-dessus, quant à l'embarras et à la difficulté d'organisation d'un chantier où les tombereaux seraient trop nombreux et se gêneraient mutuellement. Aussi le plus souvent les tombereaux ne sont ils pas employés pour les distances moindres que 90 ou 100 mètres.

Pour les diverses catégories de tombereaux, il n'y a pas lieu aux mêmes restrictions, et le calcul donne exactement les limites de distance où il convient de substituer l'une à l'autre.

201. Ordre des travaux. — On commence par fouiller les parties qui doivent être jetées à la pelle.

Ensuite, on attaque la tranchée, soit par un seul bout, si tout le déblai doit aller du même côté, soit par les deux bouts, s'il a son emploi partie à l'amont et partie à l'aval, ce dont rend compte le tableau du mouvement des terres.

Les piocheurs s'avancent en rang dans la tranchée, en l'abattant devant eux ; on en met un nombre en rapport avec la rapidité qu'on veut imprimer au travail. Ils abattent les terres du haut en bas, en sorte que les fouilles tombent sur la plateforme. Des pelleteurs les reprennent là pour les charger, d'abord dans des brouettes, puis, lorsque la distance de transport devient plus grande, dans des tombereaux.

202. Composition des ateliers. — Fouille et charge. — La composition des ateliers est déterminée par le volume de terrassements que l'on veut exécuter dans la journée.

On supposera dans ce qui suit, pour simplifier, que la journée de travail est de 10 heures, et que le poids moyen des terres est de 1.600 kilog. par mètre cube. Si les conditions sont différentes, la composition des chantiers ne sera plus exactement la même, mais la même marche devra être suivie pour la fixer.

L'unité sur laquelle se règlent les autres éléments du chantier est le pelleteur qui charge les terres. Cette main-d'œuvre est à peu près constante : un homme charge par heure environ 1 mètre cube de déblai en tombereau, et $1^{mc},50$ en brouette. Si donc V est le volume de terre à enlever par journée de 10 heures, il faut $\dfrac{V}{15}$ ou $\dfrac{V}{10}$ chargeurs, suivant qu'on opère les transports à la brouette ou au tombereau.

Quant aux fouilleurs, leur nombre se règle, en raison de celui des chargeurs, suivant la dureté de la fouille, de façon que les déblais soient enlevés en entier par les pelles à mesure qu'ils tombent sur la plate-forme, et qu'il y en ait toujours assez. La méthode du génie militaire (n° 165) détermine parfaitement le nombre des fouilleurs par rapport à celui des chargeurs dans les déblais de terre.

203. Rouleurs et brouettes. — Lorsque le transport se fait à la brouette, l'atelier des rouleurs doit être organisé de façon que chacun d'eux trouve toujours une brouette pleine à enlever au moment où il en ramène une vide, et que, d'autre part, les chargeurs aient toujours des brouettes non entièrement remplies où ils jettent le contenu de leur pelle. Ce double résultat s'obtient de la manière suivante :

On calcule le chemin que le rouleur parcourt pendant le chargement de la brouette. Dans les hypothèses moyennes admises précédemment (n° 184), ce serait $0,64 \times 3.000\,C$, pour une brouette de capacité C, et 64 mètres si $C = \dfrac{1}{30}$. La moitié de cette distance, 32 mètres, est la longueur de ce qu'on appelle le *relais*. Pour tenir compte des temps perdus, on fixe ordinairement le relais à 30 mètres.

On divise la distance de transport en plusieurs relais de 30 mètres, et sur chacun d'eux on installe un rouleur spécial avec une brouette.

Le premier rouleur prend au tas une brouette chargée et la porte au bout du premier relais, où il la quitte pour la livrer au second rouleur. Il prend en échange une brouette vide qu'il ramène au point de départ. Pendant ce double trajet, le pelleteur a eu juste le temps de charger une autre brouette, que le premier rouleur prend immédiatement et porte au bout du relais comme la précédente. En continuant ainsi de suite, le pelleteur et le premier rouleur s'alimentent mutuellement, sans interruption, de brouettes vides et de brouettes chargées.

Le second rouleur opère dans son relais exactement comme le premier dans le sien, et le troisième fait de même.

Quand la distance n'est pas un multiple de 30 mètres, on la divise encore par relais d'égale longueur, et le transport s'exécute de la même manière. Mais alors le temps du voyage du rouleur n'est pas égal à la durée du chargement d'une brouette. Le chargeur est en retard sur le rouleur, si le relais est de moins de 30 mètres; il est en avance dans le cas contraire. L'un ou l'autre des deux ouvriers est obligé d'attendre, et il y a du temps perdu. On le réduit, lorsqu'il y a plusieurs ateliers de rouleurs sur le même chantier, en réglant leur nombre, par rapport à celui des chargeurs, en raison de la longueur du relais. Soit $r = m \times 30$ cette longueur, et N le nombre des chargeurs : on organisera un nombre d'ateliers de rouleurs qui se rapproche le plus de mN ou N$\frac{r}{30}$. Par exemple, si la longueur du relais est de 40 mètres, $m = \frac{4}{3}$, et l'on mettra 4 ateliers de rouleurs pour 3 chargeurs.

Quant au nombre de brouettes à mettre sur le chantier, il est égal au nombre total des chargeurs et des rouleurs, puisque chacun de ces ouvriers a toujours une brouette devant lui ou entre les mains.

204. Tombereaux et chevaux. — Les tombereaux ne peuvent procéder par relais. Ils doivent aller chacun à distance entière. Au retour, ils faut qu'ils trouvent des chargeurs disponibles pour les remplir ; mais il faudrait aussi que ces chargeurs pussent utiliser leur travail pendant le voyage du tombereau, en chargeant d'autres tombereaux. Cette double condition ne peut être remplie qu'autant que la durée du voyage est un multiple exact de la durée du chargement ; mais ces deux nombres ne sont pas en général multiples l'un de l'autre. On peut se rapprocher plus ou moins de cette condition en faisant varier le nombre des chargeurs ; mais ceux-ci se gênent mutuellement s'ils sont trop nombreux, ou bien le tombereau perd trop de temps s'ils ne le sont pas assez.

On préfère le plus souvent attacher à chaque tombereau ou paire de tombereaux le nombre de pelleteurs convenable pour le chargement, trois par exemple, et les occuper, pendant l'absence des tombereaux, à la fouille, dont certaines parties leur sont réservées à cet effet.

Chaque tombereau conduit un volume C à la distance D en un temps $\dfrac{2D+d}{10\,L}$ exprimé en journées de 10 heures (n° 189).

Il enlève donc par jour un volume $\dfrac{10\,LC}{2D+d}$; et, pour enlever un volume V par jour, il faut $V\,\dfrac{2D+d}{10\,LC}$ tombereaux.

Le nombre de chevaux est égal à 1, 2 ou 3 fois celui des tombereaux, suivant la composition de l'attelage que l'on a dû choisir en raison de la distance.

205. Remarques. — 1° Il ne faut pas perdre de vue que, dans tous les calculs qui précèdent, la distance D n'est pas la distance moyenne, mais la distance réelle à l'instant considéré, modifiée s'il y a lieu pour les transports en rampe. Quand donc on veut se rendre compte du matériel qui sera nécessaire, il faut se baser sur la plus grande des distances partielles qui figurent au tableau du mouvement des terres pour chaque nature de transport.

2° On voit que le matériel est d'autant plus important que

les travaux sont menés plus activement, puisqu'il est proportionnel au volume V à enlever chaque jour. Il faut donc un capital d'autant plus grand que l'on veut aller plus vite.

206. Durée des travaux. — Le temps qu'exige l'exécution de travaux déterminés de terrassements dépend quelquefois de la difficulté de la fouille. Quand on exploite des roches dures, chaque mineur ne fournit qu'une quantité limitée de fouilles chaque jour, et une tranchée ne peut recevoir que le nombre de mineurs qui y travaillent sans se gêner.

Le plus souvent, la durée des travaux est subordonnée aux nécessités du transport. Le temps qu'ils exigent est proportionnel au plus grand volume M de terres qu'on ait à faire sortir d'une tranchée par une même extrémité de cette tranchée, et en raison inverse du volume V enlevé par jour. Il est donc égal à $\frac{M}{V}$.

Le volume M se trouve au tableau du mouvement des terres. Quant au volume V, il dépend de la quantité de matériel et de personnel que l'on emploie; mais il n'est pas indéfini. La majeure partie des terrassements, dans la construction des routes, se fait au moyen de tombereaux, qui viennent se faire charger de front sur une plateforme dont la largeur varie de 10 à 13 mètres, pour des routes de 7 à 10 mètres entre fossés. Ils ont besoin d'un certain champ pour se retourner, et il faut que les chargeurs aient les mouvements libres. Il en résulte qu'on peut à peine mettre 3 tombereaux en charge à la fois. Ces 3 tombereaux occupent au plus 12 pelleteurs, à supposer qu'on ne leur adjoigne pas les charretiers; ils ne peuvent enlever que 12 mètres cubes par heure, ou 120 mètres cubes par jour. La moindre durée du travail est donc $\frac{M}{120}$ jours.

Une activité de 120 mètres par jour donne 36.000 mètres en une année de 300 jours de travail effectif. Dans la construction des routes, on n'a jamais besoin d'aller au delà. C'est dans les traités de construction des chemins de fer que sont indiqués les moyens d'enlever rapidement les énormes tranchées que supposent des volumes plus considérables.

Le débit à la brouette est à peu près le même qu'au tombereau; car on ne peut guère mettre plus de 8 à 10 brouettes en charge de front sur la largeur de la plate-forme, et il se charge environ 15 mètres cubes par brouette en une journée de 10 heures.

207. Emprunts et dépôts. — On peut activer les terrassements en ne transportant pas les déblais en remblai, et les mettant en dépôt sur les bords de la tranchée, sauf à se procurer les remblais par des emprunts latéraux. On arrive à échelonner ainsi, tout le long des terrassements, un nombre pour ainsi dire indéfini d'ouvriers dont les uns font les fouilles et les autres les jettent à la pelle.

Mais ce système est rarement employé, parce qu'il est trop coûteux. Il faut fouiller deux mètres cubes de terre au lieu d'un seul, et payer des indemnités d'occupation de terrain. Le transport de chaque mètre cube a lieu à une petite distance, mais il s'applique à un volume double. La distance réelle doit d'ailleurs être augmentée (n° 155) de plusieurs fois la hauteur dont on élève les fouilles, hauteur qui est très grande pour les tranchées profondes et les remblais élevés.

Quelquefois cependant ce système est appliqué pour éviter des transports très lointains. Il est facile de calculer dans quel cas il faut y recourir : on fait l'analyse du prix d'un mètre cube de déblai porté en remblai par la méthode ordinaire, d'une part, et celle de la somme des prix du mètre cube de dépôt et du mètre cube d'emprunt, d'autre part, et on exécute de la façon qui revient le moins cher.

Toutefois à prix égal et même quelque peu supérieur, on préfère le moyen des transports, pour les raisons exposées au n° 147.

208. Analyse des prix de terrassements. — Les prix des terrassements sont faciles à établir, d'après les explications qui précèdent.

On fait un prix particulier, par mètre cube considéré dans le sol avant la fouille, pour chaque nature de déblai provenant des tranchées ou des emprunts, et pour chaque mode de transport.

Ce prix se compose, pour les déblais enlevés à la pelle, de la fouille, du jet de pelle simple ou double, et du régalage.

Pour ceux qui doivent être enlevés à la brouette ou au tombereau, il se compose de la fouille, de la charge, du transport, déchargement compris, et du régalage.

Les prix de transport se calculent par les formules établies ci-dessus (§ 2), en raison de la distance moyenne fournie par le tableau du mouvement des terres.

S'il y a plusieurs natures de déblai, terre et rocher par exemple, on fait des prix distincts pour chacune d'elles.

Remarque. — Les prix de chargement, de transport et de déchargement se trouvent calculés assez exactement. Mais l'évaluation de la fouille est délicate et souvent aléatoire, comme il a été expliqué au § 1er.

§ 5

CONSOLIDATION DES TALUS

1º Déblais.

209. Dégradations superficielles. — Les talus de déblai dressés suivant les règles établies au ch. II (§ 5), se maintiennent en équilibre, mais ils peuvent éprouver des dégradations dues à d'autres causes que la forme de leur profil.

Parmi ces causes, les unes sont extérieures au sol et produisent des dégradations superficielles, les autres sont internes et provoquent des éboulements.

Les dégradations superficielles sont dues le plus fréquemment au ravinement produit par la vitesse des eaux de pluie qui tombent sur les talus ou de celles qui y sont amenées par la pente des terres riveraines.

Quelquefois la surface du talus se sature d'eau et devient assez fluente pour couler ; c'est ce qui se produit, par exemple, pendant les dégels.

Un talus argileux peut aussi devenir friable par suite d'une succession de périodes alternativement humides et sèches. La terre se gonfle par l'humidité, éprouve en se desséchant un retrait qui la fendille et la divise en petits fragments formant une masse sans cohésion, et roule alors vers le fond de la tranchée.

Enfin, certains sables mouvants sont mis en marche par les vents; ils s'accumulent contre les obstacles qu'ils rencontrent, tandis qu'ils laissent des creux dans les points qu'ils ont abandonnés.

210. Défense contre les dégradations superficielles. — Les moyens de prévenir ce genre d'accidents sont simples et faciles à imaginer.

1° On fait sur le sol riverain, le long de la crête des tranchées, un fossé ABCD, dit *fossé de ceinture* (fig. 123), qui arrête les eaux tombées en dehors de la route, et les conduit aux lignes d'écoulement naturelles. Si le profil en long de ce fossé présente des points bas, on y ouvre une rigole transversale BE qui mène les eaux sur le talus. Celui-ci est alors garni, suivant sa plus grande pente EF, d'un caniveau pavé, sur lequel les eaux descendent et vont gagner le fossé de la route.

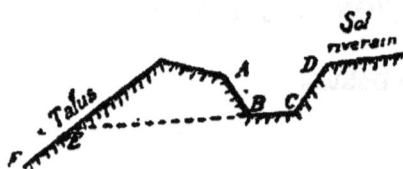

Fig. 123.

Le fossé de ceinture doit toujours être entretenu en parfait état. S'il venait à s'obstruer, l'eau y deviendrait stagnante et produirait les effets désastreux dus aux causes internes, dont il sera question plus loin.

Pour éviter ce danger, les parois du fossé sont quelquefois maçonnées.

2° Au lieu de dresser les talus à 45°, on diminue leur pente; on leur donne par exemple 4/3 ou 3/2 de base pour 1 de hauteur. Le mouvement des corps qui tendent à descendre sur les talus, et en particulier la vitesse de l'eau, se trouve ainsi amorti.

3° On divise le talus en plusieurs parties, au moyen de banquettes horizontales *ab*, *cd* (fig. 124), qui se disposent en

gradins. Ces banquettes ont de 0ᵐ,50 à 1 mètre de largeur, et on leur donne une pente transversale vers l'intérieur des terres.

Chacune d'elles reçoit et arrête les eaux tombées sur la zone dont elle occupe le pied. Les eaux se réunissent le long de l'arête rentrante *b*, *d*, comme au fond d'une rigole, et elles sont éva-

Fig. 124.

cuées par la pente longitudinale qu'on a soin de donner à cette rigole. On les fait descendre au besoin vers les fossés, s'il y a des points bas dans les banquettes, par un caniveau pavé, comme pour les fossés de ceinture.

Par suite de cet écoulement, les banquettes elles-mêmes sont souvent exposées à être affouillées : on les défend alors par un pavage.

Il est essentiel que ces banquettes soient constamment maintenues en bon état, afin que les eaux n'y séjournent pas.

4° On garnit la surface des talus de semis ou de plantations.

Le semis consiste à répandre des graines de plantes herbacées, qui poussent facilement et s'enracinent profondément. La luzerne et le chiendent conviennent en général très bien. Comme les terres tranchées manquent souvent des éléments nécessaires à la végétation, on recouvre les graines d'une légère couche de terre végétale, et le talus se garnit bientôt d'un tapis de verdure.

Les racines des plantes s'opposent au déplacement de la terre, en même temps que leurs tiges forment obstacle à l'écoulement des eaux, dont la vitesse se trouve diminuée.

On arrive au même résultat au moyen des plantations. On choisit des essences à croissance rapide et à racines pivotantes et touffues. Ces racines sont comme des chevilles qui fixent la surface au sous-sol. En outre, à l'abri de leur feuillage, la végétation herbacée, venue spontanément ou par semis, se conserve mieux qu'à l'air libre. Le robinia (faux acacia) est souvent employé.

5° On enlève à la surface du talus les mauvaises terres sur une épaisseur de 0^m,20 à 0^m,30 et on les remplace par de la terre de bonne qualité, que l'on a soin de damer fortement à mesure qu'on la rapporte. Il est bon d'ailleurs de défendre par un semis cette terre rapportée.

6° Au lieu de terre damée et semée, on peut faire le revêtement en mottes de gazon découpées à la bêche dans un pré, qui ont ordinairement 0^m,25 de long et 0^m,15 de large. On les arrache sur l'épaisseur occupée par les racines, qui est de 0^m,10 à 0^m,12.

Ces mottes sont posées sur le talus les unes à côté des autres, et l'herbe continue à pousser.

Elles peuvent être mises soit à plat, soit de champ. Dans le premier cas le revêtement n'a que 0^m,10 ou 0^m,12 ; cela suffit pour une simple défense contre l'action des eaux de pluie ou du vent. Dans le second cas, le revêtement a 0^m,15 ou 0^m,25, et le sous-sol est alors défendu contre l'action des gelées ; l'herbe, d'abord emprisonnée dans les joints, ne tarde pas à se faire jour.

7° On peut enfin remplacer les mottes de gazon par des moellons ; on a alors un perré, dont le mode de construction sera indiqué au chapitre VIII.

Par l'un quelconque de ces moyens simples et peu coûteux, on peut toujours préserver un talus de déblai des dégradations superficielles. Le plus souvent, on n'applique pas ces procédés préventivement. On attend que le mal se manifeste pour y porter remède.

211. Éboulements en masse. — Les éboulements en masse, qui sont dus à des causes internes, sont, au contraire, très coûteux à réparer lorsqu'ils se sont produits. Il y a donc grand intérêt à les prévenir. Malheureusement, cela n'est pas toujours facile, parce que les circonstances qui les provoquent ne sont pas toujours nettement apparentes au dehors.

Les accidents de cette catégorie se produisent presque toujours quand la tranchée est ouverte à travers des bancs plus ou moins puissants d'argile compacte ou glaise, et proviennent de la pénétration des eaux dans leur masse. Il est donc néces-

saire de rappeler d'abord sommairement les propriétés physiques de l'argile.

L'argile est essentiellement imperméable ; elle absorbe lentement l'eau, qui pénètre peu à peu de la surface au centre,
en se ramollissant et subissant un foisonnement notable, sans
se laisser traverser.

Soumise ensuite à la dessiccation, elle éprouve un retrait
correspondant et reprend son volume primitif, mais en se
fendillant.

L'argile sèche ou légèrement humide possède une très
grande cohésion : elle a l'aspect et la ténacité des roches tendres. Cette cohésion ne peut être détruite que par un effort de
traction considérable. La rupture a lieu de préférence suivant
certaines surfaces de séparation préexistantes, nommées *délits*,
qui présentent un aspect savonneux et où l'on voit souvent des
arborisations colorées.

Lorsque l'argile s'imprègne d'eau, sa cohésion diminue, et
elle finit par se transformer en une bouillie absolument molle.

Le talus naturel de l'argile compacte est presque vertical,
quand elle est sèche ou légèrement humide ; il devient très
adouci quand elle est imbibée, et nul quand elle est molle.

212. Causes des éboulements.— Il peut arriver, quoique
le cas soit assez rare, que, dans un terrain particulièrement
humide, où l'eau séjourne longtemps et en abondance à la surface, le sol argileux se détrempe assez pour devenir fluent, et
ne puisse plus se tenir sous le talus à 45°. Alors les terres s'étalent et coulent dans la tranchée.

Mais, le plus souvent, le banc argileux est recouvert à la
surface d'une couche plus ou moins épaisse de terrain perméable, comme la terre végétale.

Quand une couche perméable est superposée à une couche
d'argile, le talus de la tranchée peut s'ébouler par diverses
causes, dont les principales sont les trois suivantes :

1° Il peut arriver qu'il existe une fente AB (fig. 125) dans la
masse d'argile. L'eau qui a traversé la couche perméable s'arrête à la surface MN de la couche imperméable et pénètre dans
la fente. Elle exerce alors sur ses parois une pression hydro-

statique considérable, qui pousse au vide du côté de la tranchée, et finit par détruire la cohésion de l'argile suivant la surface BC de moindre résistance. Ce phénomène est favorisé par la présence des délits. Le prisme ABCM est projeté au dehors et tombe sur le talus, en-traînant la portion AMD du terrain perméable qui est au-dessus.

2° L'eau qui est parve-nue à la surface de sépara-tion MN a tendance à sor-tir en M et à s'écouler sur le talus ; mais, s'il y a en M une obstruction, elle ne

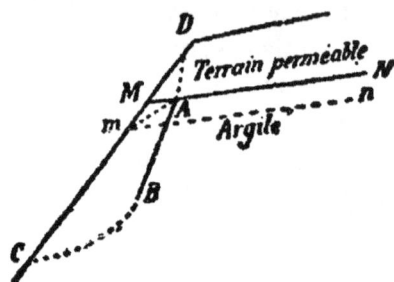

Fig. 125.

peut couler, et séjourne sur la surface MN. L'argile qui se trouve au-dessous se ramollit sur une épaisseur Mm Nn de plus en plus grande, et devient à la longue assez fluente pour ne plus tenir sous l'inclinaison adoptée. Alors un prisme mAM s'écroule sur le talus, entraînant dans sa chute une portion de la terre à qui l'argile sert de support.

3° Si la surface de l'argile est très inclinée, il peut arriver que la couche superposée vienne à glisser, lorsque l'argile est délavée (fig. 126). Soit P le poids de la terre superposée ; ce poids peut être décomposé en deux for-ces, l'une P cos. α normale à la surface MN, l'autre P sin. α qui lui est parallèle et tend à entraîner la masse vers le vide. Cette masse est retenue par le frottement fP

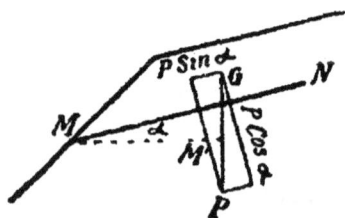

Fig. 126.

cos. α. Il peut y avoir glissement, si on a : fP cos. α $<$ P sin. α ou $f <$ tg. α.

Cette dernière circonstance ne se présente pas souvent. Le glissement des couches l'une sur l'autre, seule cause que l'on soupçonnât avant les remarquables études de Sazilly sur ce sujet, suppose à la surface MN une inclinaison ou un degré de ramollissement également rares. Dans la plupart des éboulements constatés, on a trouvé le banc de suintement de l'eau, non pas en dessous, mais vers le milieu de la partie écroulée. Il peut y avoir glissement toutefois, lorsqu'une couche très mince d'argile est interposée entre le terrain perméable et un sous-sol compacte non argileux, comme un banc de rocher ; alors cette couche mince se sursature d'eau et tombe en bouillie.

Quant au second cas, il se présente surtout pendant les gelées. L'humidité dont est imprégné le talus se congèle et en transforme la surface sur une certaine épaisseur en une masse dure et compacte, qui s'oppose à la sortie des eaux intérieures. Ces eaux sont d'ailleurs d'autant plus abondantes à ce moment que le sol est recouvert de neige. Lorsque le dégel arrive, la résistance disparaît, mais ce n'est plus seulement de l'eau, c'est de la boue argileuse qui descend sur le talus.

Les fentes internes, indiquées au premier cas, peuvent préexister sous forme de délits, ou provenir des alternatives d'humidité et de sécheresse, qui, après avoir fait gonfler l'argile, lui font éprouver un retrait avec fissures. Elles sont surtout à craindre dans le cas où l'écoulement de l'eau à la surface séparative est intermittent.

213. Prévision des éboulements. — Il est assez facile de prévenir ces accidents, comme on le verra plus loin, mais il est souvent difficile de les prévoir. Il faut observer avec soin les talus des tranchées où l'on a rencontré de l'argile, reconnaître s'ils sont dans le cas d'une couche perméable superposée à une couche argileuse, et si l'eau qui arrive à la ligne de séparation des deux couches a une tendance à sortir sur le talus.

Quand l'eau est abondante, et son écoulement continu, on voit se former là une source ou un suintement prononcé, et on est averti. Mais si l'eau est en très petite quantité, le suintement est à peine apparent ; il peut même être intermittent et échapper d'abord à l'observation la plus attentive. Or, d'une part, il faut bien peu d'eau pour remplir des fissures souvent imperceptibles, et produire cependant des pressions hydrostatiques considérables quand ces fissures sont profondes ; d'autre part, ce sont les suintements intermittents qui provoquent le plus ordinairement les fissures ou l'ouverture des délits.

La pente des couches peut d'ailleurs être en sens inverse et éloigner les eaux de la tranchée. Le danger des fissures ou délits n'en existe pas moins, mais il ne se manifeste par aucun signe extérieur.

214. Travaux préventifs. — Lorsqu'on est prévenu du danger, on peut y parer au moyen de travaux très simples, qui ont été indiqués par de Sazilly. Ces travaux ont pour objet d'assurer un écoulement interne aux eaux qui arrivent à la surface séparative de l'argile et du terrain perméable, et de les conduire souterrainement, soit aux fossés, soit aux points bas du terrain naturel. C'est exactement le procédé employé pour le drainage des terres.

Le drainage appliqué par de Sazilly (fig. 127) consiste en pierrées, dont on établit le fond un peu en contrebas de la surface séparative MN. On ouvre une tranchée ABCD, à parois

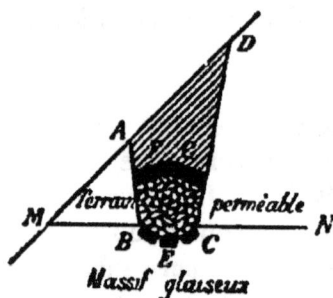

Fig. 127.

presque verticales, dans le terrain perméable. On lui donne de 0m,25 à 0m,30 de largeur et on la descend un peu au-dessous du banc de suintement. On place au fond de la tranchée trois cours de briques B, E, C, et par-dessus une couche de 0m,35 à 0m,40 de pierrailles. On recouvre les pierrailles avec des mottes de gazon F, G, dont l'herbe est en dessous, puis on achève de remplir la tranchée en terre ordinaire. L'eau du banc de suintement pénètre dans cette pierrée, à laquelle on a soin de donner une pente longitudinale, et elle s'écoule vers les issues ménagées à la rigole souterraine.

Lorsque ces issues sont sur le talus lui-même, ce qui est nécessaire si le banc de suintement présente des points bas, on fait transversalement une petite pierrée semblable, qui débouche sur le talus, et l'on place à la suite un caniveau pavé, sur lequel l'eau descend jusqu'au fossé, comme dans le cas des fossés de ceinture.

Au lieu de pierrées, on peut recourir aux tuyaux de poterie, comme dans le drainage agricole ; mais il convient toujours de garnir les tranchées en pierrailles ou en remblais très perméables, afin d'assurer la descente des eaux jusqu'aux tuyaux.

Le plus souvent, on complète la défense en appliquant aux talus un des moyens indiqués au n° 210 pour les préserver des dégradations superficielles, toujours à craindre dans les terrains glaiseux.

Quand les eaux sont très abondantes, on donne aux pierrées des dimensions plus grandes, surtout en hauteur.

On réussit habituellement, dans ce cas, en garnissant tout le talus d'une couche uniforme perméable en pierraille (fig. 128), qui descend jusqu'au fossé, recouverte de terre pilonnée et gazonnée, ou d'un perré à pierres sèches. L'eau qui imprègne l'argile est drainée par la couche perméable et descend au niveau du fossé où elle est introduite par des barbacanes ménagées de distance en distance. Il est bon que les parois du fossé soient maçonnées, afin que les dispositions adoptées se maintiennent correctement. Ces travaux sont très efficaces, mais coûteux.

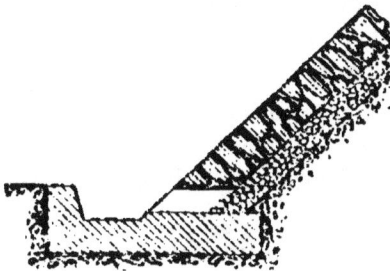

Fig. 128.

215. Réparation des éboulements. — Quand on n'a pas su prévoir les éboulements ou pu les prévenir, on est obligé de réparer ceux qui se produisent. Trois méthodes peuvent être employées.

Première méthode. — On enlève complètement les parties éboulées et on met à nu un nouveau talus solide, que l'on dresse convenablement et auquel on applique les moyens préventifs.

Deuxième méthode. — On enlève seulement les portions de terres éboulées qui sont gênantes pour la circulation, et on dresse le reste suivant un talus régulier. Puis on construit, au pied des parties ameublies, un mur de soutènement en maçonnerie, dont la masse s'oppose à ce que le mouvement continue.

Cette méthode n'est applicable que dans les cas où l'on trouve, pour établir le mur, un sol suffisamment résistant, un banc de rocher par exemple, cas qui est assez rare.

Troisième méthode. — On n'enlève également que les portions qui obstruent la route, et on assainit le reste, ainsi que le terrain resté intact, par un procédé qui rappelle sur une grande échelle le drainage indiqué au n° précédent.

Dans ce but, on fait, de distance en distance transversalement à l'axe du tracé, de grandes coupures verticales de haut en bas, à travers la masse éboulée, jusqu'à ce qu'on ait rencontré le sol resté fixe. On remplit ces coupures de moellons et de pierrailles que l'on recouvre de terre damée. On divise ainsi les terres ameublies en compartiments, séparés par de grandes cloisons filtrantes où se rendent les eaux dont les éboulis sont imbibés et celles qui se présentent de nouveau par les bancs de suintement. Les cloisons sont mises en communication avec les fossés.

Il peut d'ailleurs se présenter des circonstances spéciales qui motivent des dispositions particulières, et il est impossible d'indiquer ici tous les cas à prévoir.

Quel que soit le procédé employé, ces travaux de réparation sont toujours très coûteux, et il est bien préférable d'avoir recours aux moyens préventifs, dût-on même en exécuter quelques-uns d'inutiles.

2° Remblais.

216. Causes des dégradations. — Les talus de remblai sont exposés aux mêmes dégradations superficielles que les talus de déblai.

Des éboulements peuvent aussi s'y produire, lorsqu'on y a employé des terres argileuses.

Les causes de ces accidents pourraient être les mêmes que pour les déblais, si l'on faisait la partie inférieure du remblai en argile et qu'on la recouvrît de terre perméable. Mais il n'en est presque jamais ainsi, les différentes sortes de terres se trouvant mélangées dans l'exécution du remblai ; les talus s'éboulent par suite d'un ramollissement général ou partiel de la masse, provenant d'une imbibition excessive.

Les mottes de terre glaise que l'on jette pour former le remblai laissent entre elles des vides qui constituent le foisonnement. Ces vides sont considérables, et, s'il pleut abondamment, l'eau y pénètre, les remplit, fait gonfler l'argile et la ramollit.

D'un autre côté, à mesure que le foisonnement disparaît, le remblai se tasse, mais les tassements sont inégaux dans les divers points, et la surface des talus et de la plateforme se gondole. Il s'y forme des cavités où l'eau se réunit et séjourne. Ces sortes de petits étangs imbibent l'argile et la ramollissent sur certains points.

Il peut enfin se former des délits, par suite des alternatives d'humidité et de sécheresse.

217. Défense des talus. — On pare aux dégradations superficielles par les mêmes moyens que pour les talus de déblai, par des banquettes en gradins, des semis, des plantations, des chemises de bonne terre, des gazonnements à plat ou de champ, des perrés.

Quant aux éboulements, on les prévient en faisant pilonner les remblais à mesure qu'on les exécute. On y arrive facilement en y faisant circuler les brouettes et les tombereaux, ainsi qu'il a été expliqué plus haut (n° 196). On doit d'ailleurs surveiller les talus et la plateforme, et remplir immédiatement les creux qui s'y produisent pendant le tassement.

Lorsqu'on ne peut appliquer le roulage, comme pour les remblais faits au wagon, ou qu'il est insuffisant, on a recours à des travaux de drainage analogues à ceux que l'on fait sur les talus de déblai.

218. Réparation des éboulements. — Les accidents aux remblais ne peuvent que bien rarement être prévus. On ne s'en occupe habituellement qu'après qu'ils se sont produits.

Il s'agit alors de réparer le mal et non de le prévenir. La réparation se fait d'après les mêmes principes que pour les déblais. On arrête le mouvement en établissant des murs de soutènement au pied des talus ébranlés ; ou bien, on fait dans le remblai des coupures longitudinales ou transversales que l'on remplit de moellons, en assurant un écoulement vers le thalweg aux eaux ainsi drainées.

219. Emploi de l'argile. — Tous les accidents peuvent d'ailleurs être évités, si l'on a soin de n'employer en remblai que de bonne terre et de rejeter celle qui est argileuse.

Si l'on ne peut éviter l'emploi de l'argile, on l'accumule en un noyau central, que l'on recouvre d'une épaisse chemise de bonne terre. Ce travail demande à être exécuté avec grand soin ; car la terre mise en couverture ne doit pas du tout être mélangée d'argile, et la séparation complète des deux catégories de remblais est difficile à obtenir en exécution.

220. Remblais sur terrains compressibles. — Lorsqu'on établit un remblai sur un terrain marécageux, ou tout autre terrain compressible, les terres s'y enfoncent par leur poids, jusqu'à ce qu'il s'établisse un équilibre entre la charge et l'élasticité du sol. Un volume souvent considérable de terre se trouve englouti, et il s'ajoute au volume de remblai prévu suivant les profils.

Quelquefois, pour éviter ce déchet, on exécute sur l'emplacement des remblais une véritable fondation, comme pour un ouvrage d'art. On y fait des enceintes de pieux et de palplanches, on y bat des pilotis, ou bien on étend sur le sol des lits de fascines destinés à répartir la pression sur une plus grande surface.

Il suffit d'indiquer sommairement les procédés auxquels on a recours dans ce cas, qui ne se présente presque jamais dans la construction des routes, leur tracé pouvant presque toujours être détourné des terrains marécageux.

CHAPITRE VII

CHAUSSÉES

SOMMAIRE :

§ 1er

CONDITIONS AUXQUELLES DOIVENT SATISFAIRE LES CHAUSSÉES

231. Résistance au roulement. — Les voitures opposent aux moteurs une résistance qui varie suivant les conditions où se trouve la route, et suivant le mode de construction, l'attelage, le chargement et l'allure de la voiture.

Les causes qui influent sur la valeur de cette résistance sont donc très complexes. Quelques-unes peuvent être soumises à l'analyse ; les autres lui échappent. Presque toutes dépendent de coefficients numériques, qui ne peuvent être demandés qu'à l'expérience. Mais les essais de cette nature sont difficiles à réaliser ; car toutes les causes agissent simultanément, et il est très délicat de dégager de l'ensemble l'influence individuelle de chacune d'elles.

Deux savants, M. l'inspecteur général des ponts et chaussées Dupuit et M. le général Morin, ont essayé, de 1834 à 1851, de déterminer cette influence. Malgré leur haute compétence et les soins apportés à leurs essais, ils sont arrivés à des résultats souvent contradictoires quant aux effets partiels dus à chaque cause. Heureusement, ils sont tombés à peu près d'accord sur l'ensemble, c'est-à-dire sur la valeur moyenne de la résistance au roulement sur une route de nature déterminée.

Cette résistance se mesure habituellement par un coefficient que l'on considère comme constant pour un même chargement, toutes choses égales d'ailleurs. En d'autres termes, on admet que la résistance totale est proportionnelle au poids brut du véhicule et de sa charge.

On ne s'occupera pas ici de l'influence qu'a sur la traction la déclivité de la route. Cette question a été traitée au chapitre III (§ 5). Il suffit de rappeler qu'elle donne lieu à une résistance égale au produit du poids brut du véhicule par la déclivité de la route, positive ou négative suivant qu'elle est en rampe ou en pente.

Laissant de côté cette cause particulière, parfaitement déterminée et facile à calculer, on va passer en revue les autres circonstances qui agissent sur la résistance des véhicules à la traction.

Ces circonstances se rapportent, les unes à la chaussée, les autres à la voiture.

222. Influence de l'état de la chaussée. Aspérités. — La surface d'une chaussée présente toujours des aspérités. Elles sont quelquefois très marquées, par exemple sur les pavages ou sur certaines chaussées empierrées dont les matériaux s'usent inégalement. Sur celles qui paraissent unies, il existe encore des aspérités, quoique peu apparentes, ne fût-ce que par suite des rugosités de la surface des pierres qui les constituent. Sans ces rugosités, il n'y aurait pas de frottement faisant tourner les roues, et la voiture glisserait toute seule sur la chaussée après la moindre impulsion.

Il en résulte une résistance à la traction, qui obéit à une loi simple. Soit O (fig. 129) l'essieu d'une roue posée sur une

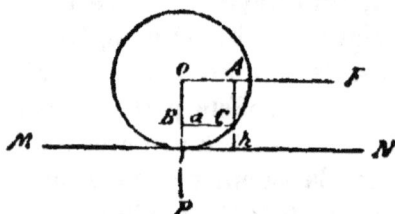

Fig. 129.

chaussée MN où se rencontre une aspérité C de hauteur h ; soit P le poids de la roue et de la charge qu'elle porte, et R son rayon, Pour surmonter l'obstacle, l'attelage doit élever le poids P d'une hauteur h et produire un travail équivalent à Ph, pendant qu'il avance d'une quantité a. L'effort qu'il exerce pour produire ce travail est variable, mais il vaut en moyenne $\dfrac{Ph}{a}$, ou, si l'on néglige h devant le rayon, $P\sqrt{\dfrac{h}{2R}}$.

Quand l'essieu O est arrivé sur la verticale du sommet C de l'obstacle, la roue retombe sur la chaussée en produisant sur la voiture un choc ou cahot. Il peut arriver aussi, quand la matière qui constitue la chaussée n'est pas très dure, que la pierre en saillie s'écrase et se réduise en fragments ou en poudre sous le poids qui la comprime.

Cette résistance s'exerce à des intervalles plus ou moins éloignés, et produit des cahots plus ou moins prononcés, suivant l'état de rugosité de la surface. Sur les chaussées unies, elle est continue, mais à peine marquée ; sur les surfaces uniformément rugueuses, elle est plus accentuée ; sur les pavages, surtout lorsqu'ils sont usés, elle se reproduit au passage de chaque pavé et donne lieu à des cahots continuels.

Si l'on considère un parcours l tel qu'il s'y présente n obstacles analogues, l'effet produit pourra être assimilé à une résistance continue dont l'intensité F serait $\dfrac{n\mathrm{P}}{l}\sqrt{\dfrac{h}{2\mathrm{R}}}$.

223. Mollesse de la chaussée. — Comme tous les corps de la nature, une chaussée n'est jamais absolument dure, et les roues chargées de poids s'y enfoncent.

Si l'on considère d'abord une roue en repos (fig. 130), portant un poids brut P, elle pénètre dans la chaussée et s'y incruste, en refoulant un volume de matière représenté par le produit sb, où b est

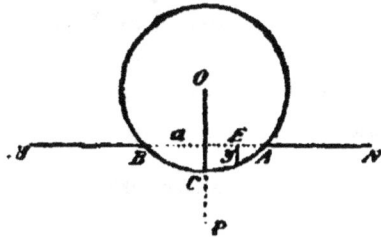

Fig. 130.

la largeur de la bande de la roue et s la surface du segment ABC.

De ce refoulement naissent des réactions du sol contre la roue, que l'on peut supposer en chaque point proportionnelles à l'enfoncement. La réaction, sur l'élément E, où l'enfoncement est y, est donc $mby\,dx$, m étant un coefficient qui varie comme la dureté de la chaussée. La résultante de toutes les réactions est $mb\displaystyle\int_{-a}^{+a} y\,dx$, la corde AB étant représentée par $2\,a$. Or cette intégrale vaut mbs. Elle est égale au poids brut P ; donc $mbs = \mathrm{P}$, et $s = \dfrac{\mathrm{P}}{mb}$.

D'un autre côté, si h est l'enfoncement au point C, on peut poser : $s = \frac{2}{3} 2\, a$, d'où $a = \frac{3P}{4\, mbh}$ en vertu de la relation précédente, avec $h = \frac{a^2}{2R}$. Ces deux relations permettent de calculer h et a, et on en déduit : $a = \sqrt[3]{\dfrac{3PR}{2mb}}$.

Quand la voiture est en marche, il reste, après le passage de la roue, un frayé qui provient du défaut d'élasticité des matériaux. Si l'on suppose que ce défaut soit absolu, le fond du frayé M'C (fig. 131) reste au-dessous de la chaussée primitive MN, à une profondeur h. La roue ne porte plus que sur la partie AC, et les réactions du sol ont une résultante appliquée en un point

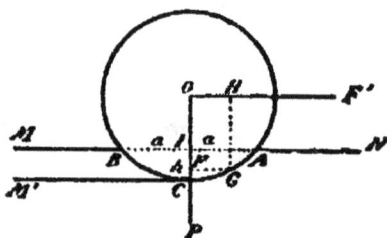

Fig. 131.

G compris entre A et C. Il s'ensuit que, pour maintenir la roue en équilibre, le cheval doit faire un effort F' qui satisfasse à l'équation des moments F'. GH = P. GF. Or, GH peut être remplacé par R, h étant toujours très petit, et GF est une fraction de la demi-corde que le calcul montre être égale à $\frac{3}{8}$.

$$\text{Donc } F' = \frac{3}{8} \frac{a}{R} P.$$

Pour éliminer a, on peut faire le même raisonnement que ci-dessus, mais en remarquant que la surface d'enfoncement s n'est ici que la moitié du segment ABC. On trouve alors : $a = \sqrt[3]{\dfrac{3PR}{mb}}$.

$$\text{Donc } F' = \frac{3P}{8R} \sqrt[3]{\frac{3PR}{mb}} = K \frac{P^{\frac{4}{3}}}{R^{\frac{2}{3}}}$$

K est une quantité constante pour une même chaussée. Elle est égale à $\frac{3}{8} \sqrt[3]{\dfrac{3}{mb}}$; elle diminue donc quand la largeur des roues et la dureté de la chaussée augmentent.

L'élasticité des matériaux n'est jamais absolument nulle, et quelquefois elle est très grande. Les éléments de la partie

BC du sol située en arrière de la verticale de l'essieu, tendent à remonter et à reprendre leur position primitive, lorsque la roue les quitte. Ils exercent donc également des réactions sur elle. Avec une élasticité qui serait parfaite, et où la vitesse de retour des molécules serait infinie, ces réactions seraient égales à celles qui se produisent sur AC. La résultante totale serait appliquée en C, et F' deviendrait nul. Mais en réalité l'élasticité de la matière n'est pas parfaite, et la vitesse de retour des molécules est finie ; une partie au moins d'entre elles ne reviennent pas à leur place, ou n'y reviennent qu'après que la roue s'en est déjà écartée. L'ensemble des réactions dans la partie BC, sans être nul, est donc moindre que l'ensemble de celles qui s'exercent en AC, et leur résultante totale s'applique encore entre A et C en un point G, mais ce point G est plus près de C que dans le cas précédent. Pour une chaussée donnée, on aura donc $FG = n\frac{3}{8}a$, n étant une fraction d'autant plus petite que la chaussée est plus élastique et plus dure. Alors $F' = nK\dfrac{P^{\frac{4}{3}}}{R^{\frac{2}{3}}}$.

224. Flaches. — On appelle flaches des dépressions plus ou moins prononcées qui se produisent à la surface des chaussées par suite de l'usure. Ces flaches s'observent très bien dans les temps de pluie, parce que l'eau y séjourne et y forme de petites mares.

Dans les routes bien entretenues, elles ont peu de profondeur, 2 ou 3 centimètres au plus. Leur largeur et leur longueur sont variables.

Elles ont quelquefois de grandes longueurs, quand ce sont des commencements d'ornières. Elles ont alors peu d'influence sur le tirage, du moins par suite de leur forme, et ne l'augmentent qu'à cause de la stagnation des eaux, qui y ramollit la chaussée.

Si les flaches sont courtes et successives, la chaussée prend la forme d'une sorte de sinusoïde ABC (fig. 132), que l'on peut considérer comme formée d'une série d'arcs de cercles LM, MN, NP.

La roue descend d'abord de A en B, puis remonte de B en C
L'effort pour la faire re-
monter est compensé par la
poussée à la descente Mais la
compensation n'est pas complète.

En effet, considérons la roue
dans les deux positions A, B.

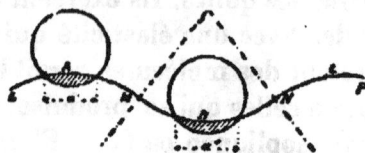

Fig. 132.

La surface déplacée par son enfoncement est la mème puisqu'elle est proportionnelle au poids brut (n° 223). Mais la résistance est proportionnelle à la corde, dont la valeur a' sur un
sommet une plus petite que la valeur a'' dans un creux. Or le
calcul démontre que la moyenne $\dfrac{a' + a''}{2}$ est supérieure à la
corde d'un segment rectiligne de même surface.

Les flaches ont donc pour effet d'augmenter le tirage du fait
même de leur forme ; cette influence est d'autant plus marquée
qu'elles sont plus courtes par rapport à leur profondeur.

225. Flexibilité. — Il résulte de ce qui précède qu'une
chaussée flexible, qui s'infléchit en masse au passage des
roues, parce que le sous-sol où
elle s'appuie est compressible,
donne lieu à une résistance supérieure à celle d'une chaussée rigide. Car chaque roue se
trouve alors (fig. 133) placée
continuellement dans la partie
concave d'une flache, dont le

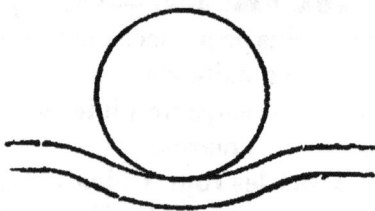

Fig. 133.

rayon de courbure est d'autant plus petit que la chaussée est
plus flexible.

226. Défaut de liaison des matériaux. — Si la chaussée est composée de matériaux sans liaison entre eux et pouvant
se déplacer sous les charges, le passage des roues a pour effet de creuser un frayé permanent et d'augmenter le tirage par
suite d'un enfoncement plus profond des roues (n° 223).

En outre, les matériaux éprouvent, en se déplaçant, un frottement mutuel et un soulèvement relatif, dont le travail est considérable et doit être équilibré par celui d'un effort du moteur.

227. Boue et poussière. — Lorsque la chaussée est garnie de détritus fluides, c'est-à-dire de boue ou de poussière, la roue s'y enfonce, et il en résulte une résistance non compensée par la réaction de ces détritus absolument dépourvus d'élasticité. Cette résistance s'ajoute à celle de la partie solide de la chaussée et agit de la même manière.

De plus ces détritus sont refoulés à droite et à gauche du frayé de la roue. Ce mouvement latéral donne lieu à un travail supplémentaire.

228. Influences dues à la voiture. — Les résistances qui proviennent du mode de construction ou de la conduite de la voiture ont moins d'intérêt pour l'ingénieur que les précédentes. Il n'a pas d'action sur elles, et doit seulement les connaître pour en tenir compte s'il y a lieu.

1° *Frottement à l'essieu.* — Pendant la marche de la voiture l'essieu roule sur la boîte du moyeu. Il en résulte un frottement dont on peut calculer le travail.

Soit O (fig. 134) l'axe de la fusée de l'essieu et C celui de la boîte du moyeu. Ces deux corps s'appuient l'un sur l'autre suivant une arête K, qui est dans le plan des deux axes. Ce plan, vertical au repos, prend pendant le mouvement une inclinaison, par suite de la traction, qui tend à faire monter la fusée sur la boîte du moyeu.

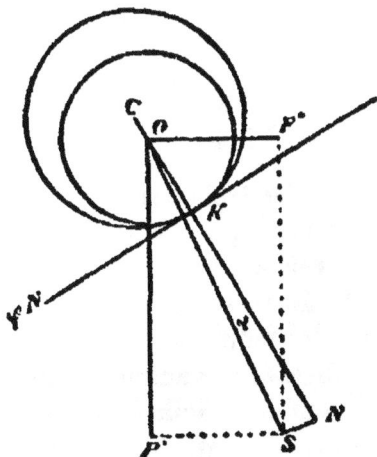

Fig. 134.

L'essieu étant fixe relativement à la roue qui tourne, il se produit un frottement dont le travail doit être équilibré par un effort de traction F''.

Pour un tour de roue, si N est la réaction de l'essieu contre la boîte du moyeu, r le rayon de la fusée, φ le coefficient de frottement, ce frottement développe un travail $2\pi r\varphi$N. Or N diffère très peu du poids P' que porte l'essieu. On peut donc dire que le travail du frottement est $2\pi r\varphi$P'. Pendant le même temps, la voiture parcourt un chemin 2πR, et le travail de la traction F'' est 2πRF''. Donc 2πRF'' $= 2\pi\varphi r$P' et F'' $=\varphi$P'$\dfrac{r}{R}$.

Il faut remarquer que P' ne comprend pas le poids de la roue elle-même, mais seulement celui de la caisse de la voiture et de sa charge.

Pour la fonte roulant sur le fer, le coefficient φ varie de 0,05 à 0,12 lorsque les surfaces sont lubrifiées. Le premier chiffre répond au cas de l'huile entre surfaces parfaitement propres, comme dans les machines ; le second, au cas du cambouis très ferme.

2° *Diamètre des roues.* — Il résulte de ce qui a été exposé ci-dessus que la traction diminue quand le diamètre des roues augmente. En effet, la somme des trois résistances indiquées aux n°ˢ 222, 223 et 228 (1°) divisée par P, en désignant par α, β et γ trois coefficients constants ; est :

$$\frac{F + F' + F''}{P} = \frac{\alpha}{\sqrt{R}} + \beta\,\frac{P'}{R} + \gamma\,\frac{P'}{P}\frac{1}{R}$$

et le rayon R est en dénominateur dans les trois termes.

M. Dupuit avait déduit de ses expériences que la résistance, toutes choses égales d'ailleurs, était en raison inverse de la racine carrée du diamètre des roues. M. Morin soutenait qu'elle était en raison inverse de ce diamètre lui-même. Cette divergence profonde, qui a donné lieu à des discussions animées, paraît inexplicable au premier abord : il semble difficile de ne pas reconnaître, même par des essais grossiers, si, lorsqu'une roue de 2 mètres donne lieu à la résistance 1, une roue de 1 mètre fournit une résistance 2 ou $\sqrt{2}$. La difficulté provient des variations auxquelles sont soumises les influences étrangères, à la dimension des roues, surtout l'état de la chaussée, qui change d'un jour à l'autre suivant les circonstances atmosphériques. Les expériences sur lesquelles on s'appuyait étaient

21

d'ailleurs rarement comparables quant à la nature des voies parcourues, la charge des voitures, leur mode d'attelage, la lubréfaction des surfaces tournantes, l'état de conservation des bandages des roues, les vitesses, etc. Aussi, bien qu'elle ait été soumise à l'Académie des sciences, la question est-elle restée indécise.

La formule trouvée ci-dessus semble indiquer que la vérité est entre les deux assertions. Elle montre d'ailleurs que l'on a sans doute eu tort de vouloir exprimer la loi par un seul terme proportionnel à une puissance du diamètre, et que la proportionnalité de la résistance au poids brut P n'est pas rigoureuse.

Quoi qu'il en soit, le seul point acquis, tant par la théorie que par les expériences, c'est que l'augmentation du rayon des roues favorise la traction. Mais, ainsi qu'on l'a déjà remarqué, la dimension des roues est limitée, d'une part, par l'augmentation de poids mort qui en résulte, et, d'autre part, par la nécessité de placer les points d'attelage à des hauteurs en rapport avec la taille des chevaux.

3° *Suspension.* — La suspension des voitures sur ressorts paraît sans influence sur la résistance lorsqu'elles marchent au pas. Au trot, il en est de même sur les chaussées unies, comme les bons empierrements, mais la traction diminue avec la suspension sur les chaussées raboteuses, dont les pavages sont le type, et d'autant plus que la vitesse est plus grande. Ces résultats s'expliquent facilement : la rencontre des aspérités produit, dans la masse de la voiture, une série de chocs, qui sont insensibles dans les faibles vitesses, et dont l'intensité augmente avec la rapidité de la marche. Ces chocs n'existent pas sur les chaussées dépourvues d'aspérités, et, sur les autres, ils sont amortis par le travail des ressorts.

4° *Largeur des bandes.* — Il semble rationnel que le tirage diminue lorsque la largeur des bandes augmente. La charge se répartissant sur une surface plus grande, l'enfoncement des roues dans la chaussée est moindre. On a vu (n° 223) que la résistance due à la mollesse de la chaussée variait en raison inverse de la racine cubique de la largeur des bandes. En outre, sur les chaussées uniformément raboteuses, plus une roue est large, plus elle a de chance, quand elle a été soulevée au sommet d'une aspérité, de rencontrer une nouvelle aspérité avant d'être descendue à son niveau primitif. Le travail à faire pour surmonter ce second obstacle est donc moindre avec des jantes plus larges.

On a observé, en effet, que le tirage diminue un peu, surtout sur les chaussées pavées, lorsque la largeur des bandes augmente, mais seulement pour les roues étroites. A partir de 0ᵐ,08 ou 0ᵐ,10, la largeur des bandes paraît sans influence sensible, et elle devient même nuisible, lorsqu'elle atteint de très grandes dimensions, comme celles de 0ᵐ,25 que l'on emploie pour le transport des très lourds fardeaux. Sur les mauvais chemins où il y a beaucoup de boue et de poussière, l'avantage des larges bandes disparaît même pour les dimensions moyennes. Enfin, il est d'autant moins marqué que la vitesse est plus grande.

Ces différents résultats se comprennent. Quand la marche est rapide, les voitures sautent d'une aspérité sur une autre, et possèdent une vitesse acquise qui, surtout si elles sont suspendues, ne laisse pas à leur poids le temps de descendre en entier. En second lieu, on a vu (n° 44) que, lorsque la voiture se détourne et décrit une courbe, il y a au pourtour des bandages un frottement de glissement, qui augmente avec leur largeur. Enfin, par suite de leur fluidité, la boue et la poussière forment en avant de la roue un bourrelet, qui doit être expulsé à droite et à gauche ; or, ce bourrelet est d'autant plus volumineux et son expulsion demande d'autant plus de travail que la bande est plus large et que la vitesse est plus grande.

L'influence de la largeur des bandages est, du reste, très difficile à constater, et ne pourrait l'être que sur des bandages neufs. Aussitôt qu'ils ont fait quelque service, ils s'usent, surtout en s'arrondissant par les bords, et ne portent plus réellement que sur une partie de leur largeur.

5° *Nombre de roues.* — On n'a pas observé que le nombre des roues eût une influence marquée sur la traction. En général, les voitures à quatre roues donnent plus de résistance que celles à deux roues, mais cela tient surtout à ce que les roues, celles au moins du train de devant, ont un diamètre moindre.

6° *Inclinaison du tirage.* — Les traits sont fixés, d'une part à un point invariablement lié à l'essieu, d'autre part au poitrail des chevaux limonniers. S'il y a d'autres files de chevaux, leurs traits sont attachés les uns aux autres, et partent de l'extrémité des brancards. On cherche à rendre les traits à peu près parallèles à la chaussée ; car, si le tirage était oblique, il en résulterait une composante verticale, qui exercerait sur le cheval une pression de bas en haut ou de haut en bas. Un effort de cette nature gêne l'animal, s'il est prononcé. Dans les voitures à deux roues, on s'arrange de façon que les traits restent à peu près horizontaux ; dans les voitures à quatre roues, on est obligé d'abaisser le point d'attache au niveau du train de devant, mais on l'élève le plus possible.

Entre les limites où elle est habituellement renfermée, l'inclinaison du tirage ne paraît pas avoir d'influence appréciable.

7° *Vitesse.* — Pour les voitures au pas, la vitesse de marche ne paraît pas faire varier sensiblement le tirage. Dans les transports au trot, elle n'a pas non plus d'influence si les chaussées sont unies, mais la résistance augmente avec elle quand les chaussées sont raboteuses. Cela s'explique par les chocs que les aspérités font subir à la voiture, et qui sont d'autant plus violents que la force vive est plus grande.

220. Conclusion. — Dans la construction des routes, on n'a pas à se préoccuper des résistances attribuables au mode d'établissement, d'attelage ou d'allure de la voiture, mais seulement de celles qui proviennent de la constitution de la chaussée.

Les conditions auxquelles doit satisfaire une chaussée sont donc les suivantes :

1° Elle doit être unie, et les aspérités qu'on ne peut éviter doivent être aussi peu saillantes que possible ;

2° Elle doit être dure et élastique ;

3° Elle ne doit pas présenter de flaches ;

4° Elle doit être établie sur un sol résistant et non compressible, afin de ne pas s'infléchir sous les charges ;

5° Les matériaux qui la composent doivent être parfaitement liés entre eux ;

6° Elle doit être exempte de boue et de poussière.

Il faut que ces principes soient toujours présents à l'esprit dans la construction et l'entretien des chaussées. Leur application est d'ailleurs subordonnée à la question de dépense. Le but que l'on ne doit pas perdre de vue, c'est d'assurer une circulation aussi économique que possible, en tenant compte tant des intérêts du Trésor que de ceux du public. Il y a là des conditions contradictoires, auxquelles on ne peut donner à la fois satisfaction entière, et un problème dont il est souvent délicat de trouver la solution la plus avantageuse.

320. Coefficient de traction. — En dehors de l'influence de la déclivité de la route, toutes les causes qui viennent d'être énumérées donnent lieu à une résistance à la traction, qui varie avec chacune d'elles, mais dépend surtout de l'état de la chaussée. Cette résistance est habituellement considérée comme proportionnelle au poids brut P des véhicules, et se représente par fP.

La valeur du coefficient f, d'après les essais de MM. Dupuit et Morin et de quelques autres expérimentateurs, varie à peu près entre les limites suivantes :

De 0,016 à 0,035 sur les chaussées pavées ;

De 0,025 à 0,045 sur les chaussées empierrées ;

De 0,07 à 0,12 sur les accotements détrempés, les chemins en terre non empierrés ou les empierrements mobiles.

Sur les pavages ordinaires, dans un état normal d'entretien, le coefficient peut être fixé à 0,02 ; il serait 0,025 sur un pavage boueux et raboteux. Il augmente avec la vitesse des voitures, et s'élève à 0,035 pour les voitures courant rapidement sur de très mauvais pavés.

Sur les chaussées empierrées, dans l'état actuel des routes, le coefficient f est fixé en moyenne à 0,03, quelle que soit la vitesse. Il descend quelquefois au-dessous, avec des matériaux de choix et un entretien exceptionnel ; il s'élève au contraire plus haut quand les chaussées sont molles, couvertes de boue, ou composées de matériaux sans liaison.

Sur les accotements en terre, parfaitement secs et solides, le tirage est presque le même que sur une chaussée, et on peut y faire $f = 0,035$. Mais il augmente rapidement avec l'humidité

§ 2

CHAUSSÉES D'EMPIERREMENT

1° Conditions d'établissement.

281. Conditions spéciales. — Les conditions énumérées au paragraphe précédent se réalisent de différentes manières. Le système de construction le plus répandu est celui des chaussées d'empierrement. Le caractère distinctif de ces chaussées, c'est d'être composées de pierres cassées ou de cailloux jetés pêle-mêle les uns sur les autres, et non rangés à la main.

En dehors des conditions générales communes à toutes les chaussées, les empierrements doivent satisfaire à certaines conditions particulières qui résultent de leur mode d'établissement.

Les pierres qui les composent s'appuient sur le sol naturel, dont la nature est variable. Il est quelquefois solide et résistant, mais souvent il se compose de terre plus ou moins argileuse, qui peut se détremper par l'humidité. Si c'était de l'argile pure, et que l'eau y eût accès, il suffirait du moindre effort pour y faire pénétrer les pierres de la chaussée. Le passage des voitures aurait donc pour résultat d'enfoncer ces pierres dans le sous-sol. En outre, ce sous-sol étant maintenu latéralement et ne pouvant se déplacer que de bas en haut, l'argile détrempée remonterait à la surface par les interstices des pierres. On aurait donc une chaussée boueuse et dont les matériaux disparaîtraient en s'enfouissant.

Ce cas extrême est rare, et le plus souvent le sol est formé d'un mélange variable de parties sableuses et de parties argileuses. Les phénomènes indiqués ci-dessus ne se produisent donc que partiellement, et leur intensité est proportionnelle à la plasticité de la terre.

Pour les empêcher, il faut s'attacher à deux choses : 1° détourner les eaux du terrain qui sert d'assiette à la chaussée, et, si on ne le peut complètement, faire qu'elles y séjournent le moins possible ; 2° répartir les charges reçues par les divers points de la surface de la chaussée sur la plus grande étendue possible du sol qui la supporte.

282. Encaissement. — L'empierrement est répandu dans un encaissement, appelé aussi forme, creusé au milieu de la plateforme des terrassements.

La largeur et la profondeur de l'encaissement sont déterminées par celles que l'on adopte pour la chaussée ; on s'arrange pour que les bords de la chaussée affleurent ceux des accotements.

Le fond de l'encaissement est réglé, soit suivant une surface plane, soit suivant une surface bombée, parallèle à celle de la chaussée ou ayant une flèche moindre.

La forme plane a l'avantage d'être plus simple à dresser et de donner lieu à une chaussée plus épaisse vers le milieu, là où l'usure est précisément le plus rapide.

La forme bombée conduit à une économie des matériaux d'empierrement et à une diminution dans la fouille nécessitée par l'ouverture de l'encaissement. L'eau de pluie qui a pu traverser la chaussée et séjourner sur le fond de l'encaissement est rejetée vers les bords, où le passage des voitures est moins fréquent qu'au milieu.

La forme bombée non parallèle à la surface réunit les avantages des deux autres, sauf la simplicité du dressement.

283. Consolidation de l'encaissement. — Il y a des cas où le fond de l'encaissement est formé d'un sol trop peu résistant pour supporter les pressions transmises par la chaussée, ou, s'il ne l'est pas habituellement, le devient dans certaines circonstances. Tels sont les terrains argileux, où se produisent les phénomènes indiqués au n° 231.

Dans ce cas, on est obligé de prévenir les effets dus à cette circonstance par des travaux de consolidation appropriés.

On peut recourir au drainage, comme pour la consolidation

des talus, afin de tenir le fond de l'encaissement constamment asséché. On y fait, de distance en distance, des saignées transversales, que l'on remplit de pierrailles. Ces rigoles débouchent dans les fossés, où sont conduites ainsi d'une façon continue toutes les eaux qui ont pu atteindre le sous-sol de la chaussée. Au lieu de pierrées, on peut employer des tuyaux, comme dans le drainage agricole.

On peut aussi interposer une couche de sable entre la chaussée et le fond de l'encaissement. Le sable, perméable à l'eau quand il est sec, devient compacte et à peu près imperméable quand il est imbibé ; il a en outre la propriété de répartir les pressions sur de grandes étendues : il empêche donc l'argile de se ramollir et les cailloux de s'y enfoncer. On creuse l'encaissement de $0^m,15$ ou $0^m,20$ en sus de l'épaisseur de la chaussée, et on remplace la fouille par du sable.

Ce dernier remède est encore applicable, quand le sol est formé de roches gélives, comme certaines craies, qui, sans être argileuses, se comportent comme l'argile et se transforment comme elle en une pâte plastique au moment des dégels. On évite cet effet, en creusant l'encaissement à une profondeur telle que les gelées n'en puissent atteindre le fond, et remplaçant la partie enlevée par du sable ou même simplement de la terre de bonne qualité. Dans nos climats, les gelées ne pénètrent guère à plus de $0^m,35$ à $0^m,45$; telle est l'épaisseur totale qu'il faut donner à l'ensemble de la chaussée et de la couche rapportée dans ce cas.

Dans les terrains marécageux, ces procédés peuvent être inefficaces, le drainage étant impuissant et le sable exposé à s'enfouir dans un terrain constamment mou et même fluide. On établit alors la chaussée sur une fondation composée d'un ou plusieurs rangs de grandes pierres plates, afin de répartir les pressions locales sur une base aussi large que possible. Si cette fondation paraît insuffisante, on la fait reposer elle-même sur un ou plusieurs lits de fascines, qui s'étendent sous la chaussée et même au delà. Mais il est préférable d'éviter de pareils sous-sols dans les tracés.

On n'a recours à ces consolidations que dans des cas tout à

fait exceptionnels. Il est bien rare que le sol de l'encaissement ne soit pas assez résistant pour supporter les chaussées.

On verra plus loin que les ingénieurs des siècles passés se préoccupaient beaucoup de cette consolidation de l'encaissement, même dans les terrains ordinaires, parce qu'ils ne savaient pas assez bien écarter les eaux.

334. Épaisseur des chaussées. — L'épaisseur d'une chaussée peut être réduite à une limite très faible. Il suffit de quelques centimètres d'une croûte solide pour supporter les roues des plus lourds chargements.

Beaucoup de chaussées se trouvent dans ces conditions.

D'après une statistique établie en 1891, sur 11 pour 100 de la longueur des routes nationales en France, les chaussées n'ont pas plus de $0^m,05$ d'épaisseur, et sur 34 pour 100, l'épaisseur varie entre $0^m,05$ et $0^m,10$. Ces chaussées font néanmoins un bon service.

Une épaisseur de $0^m,07$ à $0^m,08$ est donc rigoureusement suffisante.

Toutefois, il serait absurde, dans la construction d'une route, de s'en tenir à cette limite extrême. Les chaussées s'usent sous le passage des voitures, et, bien que cette usure soit restituée par des matériaux neufs que l'entretien y incorpore, il n'est pas possible de compter sur un entretien toujours parfait et constant. Les fonds qu'on y consacre sont limités, et les personnes qui les distribuent peuvent n'être pas parfaitement éclairées sur les besoins de chaque route. Tel crédit, qui, entre des mains habiles, suffirait pour maintenir par l'entretien l'épaisseur d'une chaussée, peut être moins bien utilisé par d'autres agents. Il se produit souvent, à la suite de l'ouverture des voies de communication nouvelles, des courants de circulation imprévus, auxquels la chaussée doit résister par elle-même avant qu'on se soit procuré les ressources nécessaires à son entretien complet. Enfin, il faut prévoir les calamités publiques, telles que les guerres, qui privent d'entretien certaines routes, alors précisément qu'elles peuvent être soumises à une circulation excessive.

Les chaussées sont donc exposées, dans certaines circonslances, à diminuer d'épaisseur, au moins temporairement. Il est prudent d'y subvenir en ne limitant pas cette épaisseur au strict nécessaire au moment de la construction.

Il serait fâcheux, d'autre part, d'incorporer à grands frais dans les chaussées des matériaux inutiles, qui enfouiraient dans le sol un capital improductif.

On reste entre les extrêmes, et on admet que les éventualités les plus fâcheuses sont conjurées, en doublant l'épaisseur considérée comme un minimum. Les chaussées de 0ᵐ,15 paraissent satisfaire à cette condition. Sur les routes importantes, on leur donne souvent quelques centimètres de plus. La limite extrême, qu'on ne doit pas dépasser, et qui est même exagérée, est 0ᵐ,25.

Quand le fond de l'encaissement est plat ou moins bombé que la surface de la chaussée, l'épaisseur sur les bords est moindre que sur l'axe, et les nombres qui viennent d'être indiqués s'appliquent à l'épaisseur moyenne.

335. Choix des matériaux. — Les matériaux à employer doivent présenter des qualités en rapport avec les conditions qu'une chaussée doit remplir. Ces qualités dépendent de leur nature et de la préparation qu'on leur a fait subir.

Les qualités naturelles sont le degré de dureté et l'espèce des détritus fournis par l'usure.

Les qualités obtenues par la préparation sont la grosseur des pierres, leur forme, leur propreté.

336. Dureté. — Les matériaux les plus durs sont presque toujours les meilleurs. Il y a lieu toutefois de distinguer entre ceux qui sont durs et élastiques, et ceux qui sont durs et cassants. Les uns et les autres satisfont à l'une des conditions principales des bonnes chaussées, la dureté. Mais les matériaux cassants s'usent beaucoup plus vite.

L'usure des pierres des chaussées se fait de trois manières, par *frottement*, par *écrasement* et par *choc*.

Le choc est produit par les fers des chevaux ou par la chute des roues qui tombent des sommets successifs des saillies que présentent les chaussées rugueuses.

L'écrasement se manifeste sous la pression excessive que certaines pierres ont à porter, lorsque la roue d'une voiture pesante vient à reposer isolément sur l'une d'elles.

Le frottement est le résultat du déplacement relatif des matériaux. Ce déplacement, très apparent dans les chaussées dont les matériaux sont mobiles, se produit encore dans celles qui sont bien liées. Sous le passage d'une roue lourdement chargée, les pierres successives qu'elle rencontre, lorsqu'elles ne s'écrasent pas, s'enfoncent plus ou moins, comme des coins, entre les pierres voisines, qu'elles déplacent un peu. De là résultent les frayés qui restent apparents après le passage des roues. Ces frayés disparaissent quand d'autres roues, en passant sur les bourrelets qui les bordent, renfoncent les pierres qui avaient été légèrement soulevées. Dans ce mouvement, les pierres frottent les unes sur les autres ou contre les grains de sable qui les séparent.

Le craquement continu qui s'entend au passage des lourdes voitures sur les chaussées d'empierrement est la manifestation extérieure de ces divers phénomènes.

Les meilleurs matériaux sont ceux qui résistent le mieux à ces trois modes d'usure, c'est-à-dire qui sont les plus durs et les moins aptes à se casser par choc ou par pression.

Certains matériaux très durs, s'usant peu par le frottement et présentant une grande résistance à l'écrasement, donnent des chaussées médiocres parce qu'ils se brisent facilement sous les chocs.

On ne choisit pas toujours beaucoup, et, par raison d'économie, on emploie les matériaux que l'on trouve à sa portée, pourvu qu'ils ne soient pas trop friables. Il y a lieu toutefois de se rendre compte s'il n'est pas avantageux de recourir à des matériaux plus coûteux, mais meilleurs. Il est clair par exemple que, si l'on peut se procurer, pour un prix double, des pierres qui doivent durer deux fois plus longtemps, il ne faut pas hésiter à les employer : la chaussée sera plus dure et meilleure pour la circulation, elle donnera moins de boue et de poussière et durera plus longtemps. Il y aura économie dans l'entretien, et cette économie compensera et au-delà les frais supplémentaires de premier établissement.

237. Nature des détritus. — A mesure que les pierres de la chaussée s'usent, elles se réduisent en détritus qui forment la boue et la poussière. Ces détritus remplissent les interstices que les pierres laissent entre elles, ou, du moins, se mélangent partiellement avec les détritus qu'on y a pu mettre artificiellement.

La nature de ces détritus a une certaine influence sur la qualité de la chaussée. Ils peuvent être plus ou moins liants, c'est-à-dire prendre une cohésion plus ou moins marquée, et avoir une adhérence plus ou moins forte aux pierres restées entières.

Les détritus sont liants, lorsque l'eau les transforme en boue plastique et collante, et que par la dessiccation ils deviennent durs et compacts. Ils sont maigres, lorsqu'ils présentent les propriétés contraires, c'est-à-dire se désagrègent par la sécheresse, et se tassent par l'humidité sans devenir plastiques ni adhérer aux matériaux.

On recherche l'une ou l'autre de ces qualités, ou des qualités intermédiaires, suivant les circonstances, et surtout suivant la nature du climat.

238. Grosseur des matériaux. — Les dimensions des pierres qui constituent un empierrement doivent être limitées. Si elles étaient très grosses, elles laisseraient entre elles des vides considérables, remplis seulement de détritus de dureté moindre que les pierres elles-mêmes ; les roues des voitures passeraient donc successivement sur une série de points de résistance variable, la traction serait inégale et la chaussée dure et cahotante.

En outre, les pressions locales reçues par la surface de la chaussée se répartiraient mal sur le fond. De grosses pierres rondes ou anguleuses s'enfonceraient dans le sol sous des charges que les matériaux fins supportent sans danger. On voit facilement, par exemple (fig. 135), la différence qu'il y aurait entre une chaussée composée

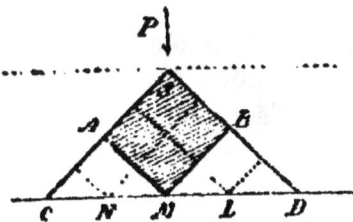

Fig. 135.

de cubes tels que AMBS, occupant toute son épaisseur, et une chaussée composée de cubes dont les arêtes seraient moitié moindres. Une charge P, appliquée au point S, se transmettrait en un seul point M dans le premier cas, tandis qu'elle se répartirait sur trois points N, M, L dans le second cas. Plus les matériaux sont fins, et mieux se fait la répartition des pressions.

D'autre part, des matériaux très petits sont exposés à s'écraser, il est difficile de les assujettir bien solidairement par les détritus, et ils frottent les uns sur les autres par des surfaces nombreuses ; ils s'usent donc rapidement. Si d'ailleurs ils ne se trouvent pas naturellement en menus fragments, il faut les casser, et le cassage est d'autant plus coûteux qu'il est plus fin.

Il y a donc une limite supérieure et une limite inférieure à la grosseur des matériaux.

La limite supérieure est fixée presque toujours à $0^m,06$; chaque pierre doit pouvoir passer dans tous les sens par un anneau dont le diamètre intérieur est $0^m.06$.

Il serait peut-être plus rationnel de faire varier la grosseur suivant la nature des matériaux. Les pierres tendres peuvent être employées plus grosses que les pierres dures, car il est naturel de donner de plus fortes dimensions aux corps qui résistent moins bien aux pressions. En outre, elles s'usent plus vite et s'égalisent mieux à la surface ; il y a moins de différence de dureté entre les pierres entières et les détritus, et les chaussées qu'elles constituent sont moins rugueuses. On pourrait donc prendre $0^m,07$ ou $0^m,08$ comme limite pour les matériaux très tendres, et $0^m,05$ seulement pour les pierres très dures.

Quant à la limite inférieure, les constructeurs la fixent, en général, à $0^m,02$ ou $0^m,03$.

Quelques ingénieurs pensent qu'il est désirable que tous les matériaux soient sensiblement de même taille. Ils offrent alors tous une même résistance à l'usure et à l'écrasement ; la chaussée est homogène, et elle s'use uniformément, sans présenter de pierres saillantes ni de flaches.

D'autres, au contraire, considèrent comme un avantage d'avoir des pierres de grosseur inégale : les plus petites se logent dans les interstices des plus grosses, et il reste moins de vides à garnir de détritus pulvérulents.

On n'est pas bien fixé sur les avantages respectifs de ces deux systèmes. En fait, il est impossible d'avoir une grosseur uniforme, sous peine de payer les matériaux à un prix excessif; car il faudrait recourir à un triage minutieux, et il y aurait un déchet énorme dans la préparation. On se contente donc d'imposer aux dimensions des pierres une limite supérieure et une limite inférieure.

239. Forme des matériaux. — La forme des pierres a de l'influence sur la solidité de la chaussée et sur l'usure des matériaux. Si elles sont terminées en pointe ou par des arêtes aiguës, elles s'épaufrent sous de faibles pressions. Si elles sont sphériques ou ellipsoïdales, elles roulent les unes sur les autres et la liaison en devient difficile, sinon impossible.

Les formes les meilleures sont celles qui s'éloignent de ces deux extrêmes, et qui présentent des arêtes rectangulaires. Le cube est d'ailleurs préférable à tout autre type, car il offre la même résistance dans tous les sens.

Les pierres plates, minces dans un sens et larges dans les deux autres, s'appellent *plaquettes*; on nomme *aiguilles* celles qui sont allongées et étroites suivant deux de leurs dimensions. Elles doivent être également rejetées, car elles présentent des résistances très inégales dans leur diverses positions. Les aiguilles et les plaquettes peuvent satisfaire à la condition de passer en tous sens par un anneau de 0^m,06 : il est donc nécessaire de stipuler dans les marchés qu'elles seront refusées, quelles que soient leurs dimension.

On est souvent conduit à accepter les formes arrondies. Tel est le cas où l'on trouve dans les rivières des cailloux roulés, dont les dimensions et la qualité sont d'ailleurs convenables. Ces matériaux n'ont pas besoin d'être cassés, et ils reviennent souvent à bas prix; ils sont en général durs, parce qu'ils ont été transportés par des phénomènes géologiques anciens ou actuels et qu'ils ont perdu dans ce transport leurs parties les plus tendres. Ces avantages peuvent compenser et au delà l'inconvénient de leur forme.

240. Netteté des matériaux. — Les matériaux destinés aux empierrements doivent être parfaitement propres et purgés de toute gangue adhérente, parce que cette gangue est toujours de nature plus ou moins argileuse.

Il semblerait qu'ils pussent sans inconvénient rester mélangés avec du sable ou avec les débris de leur cassage, pourvu qu'ils ne fussent pas souillés d'argile. Ces détritus serviraient à remplir une partie des vides entre les pierres de la chaussée, comme les matières d'agrégation qu'on y incorpore artificiellement. Mais les matières d'agrégation doivent être introduites avec des soins particuliers, qu'on ne peut donner à du sable préalablement mêlé aux matériaux. La proportion de ces détritus doit donc toujours rester très faible, quelque bonne que soit leur qualité.

241. Diverses espèces de matériaux. — Les espèces minéralogiques utilisées pour la confection des chaussées sont nombreuses. On pourrait en citer une cinquantaine, avec plusieurs variétés pour chacune.

On peut les classer de la manière suivante :

1° *Calcaires.* — Les *calcaires* présentent d'énormes différences dans leur dureté, depuis les marbres compactes jusqu'aux marnes proprement dites. Relativement aux autres espèces, ils sont tendres et donnent beaucoup de boue et de poussière. Leur boue est liante et leur poussière s'agrège sous la pression. Ils conviennent donc mieux aux climats secs qu'aux contrées humides.

2° *Silex.* — Les *silex* sont durs, mais cassants. Ils s'usent peu par le frottement, mais éclatent par les chocs. Ils se détruisent donc assez promptement. Leurs détritus ont des propriétés tout à fait opposées à celles des détritus fournis par les calcaires ; ils donnent une poussière siliceuse, qui ne se met pas en pâte, mais se tasse par l'humidité, et qui se désagrège par la sécheresse. Les silex conviennent donc aux pays pluvieux et se comportent mal dans les contrées méridionales.

Il y a, du reste, des qualités très variables dans cette espèce. Certains silex caverneux, que l'on trouve par rognons épars, s'écrasent avec une rapidité extrême, tandis que les meulières compactes et les silico-calcaires sont très résistants.

3° *Quartz.* — Les *quartz* sont analogues aux silex, mais ils sont moins cassants. Ils donnent un peu partout de bonnes chaussées, bien que leurs détritus manquent de liant.

4° *Grès.* — Les *grès* sonores et compactes sont d'excellents matériaux. Ils sont très durs et peu cassants. Leurs détritus sont encore assez maigres, mais plus liants que ceux des silex ou des quartz. Le grès doit toutefois être choisi avec soin ; les grès tendres sont friables et forment de très médiocres chaussées.

5° *Granites.* — Les *granites* et les roches composées analogues, telles que le *gneiss* et la *syénite*, sont en général de bons matériaux, durs, non cassants, et fournissant un détritus liant. Il y a cependant un choix, ces roches étant quelquefois assez friables ; dans ce cas, elles s'usent vite et fournissent beaucoup de boue en hiver.

6° *Porphyres.* — Les *porphyres* et les roches *feldspathiques* à peu près homogènes, comme le *pétrosilex* et les *eurites*, constituent des matériaux de première qualité. La dureté et l'élasticité relative de la pâte dont ils sont formés leur permet de résister très bien à l'usure et au choc, et ils donnent des détritus excellents. Malheureusement ils sont souvent très coûteux.

7° *Roches amphiboliques.* — Les *amphiboles, serpentines, ophites, diorites,* sont aussi parmi les meilleurs matériaux d'empierrement, et présentent des qualités analogues. Il y a cependant encore un choix à faire, leur degré de dureté étant variable.

8° *Roches volcaniques.* — Les *basaltes, trapps, laves* et autres roches volcaniques sont en général très résistants et ont un détritus liant. Le trapp des Vosges est peut-être ce que l'on connaît de meilleur pour la confection des chaussées. Il y a toutefois des basaltes et surtout des laves poreuses qui s'écrasent assez facilement et qui fournissent beaucoup de poussière.

9° *Matériaux divers.* — On emploie enfin quelques roches

de composition diverse, telles que les *schistes* et les *poudingues*, ou des matériaux artificiels, comme les *laitiers* de hauts fourneaux ou les *scories* de forges, dont la qualité est essentiellement variable.

10° *Mélanges.*—On est conduit quelquefois à recourir simultanément à des espèces différentes, soit qu'on les trouve naturellement mélangées, comme dans les graviers que l'on extrait de certaines rivières, soit qu'on ait jugé utile d'augmenter la dureté moyenne des chaussées en ajoutant des pierres plus résistantes à des matériaux tendres que l'on a sous la main. Ces mélanges peuvent donner de bonnes chaussées, mais un peu rugueuses, les pierres les plus dures s'usant moins vite que les autres, et formant bientôt des saillies ou têtes de chat, qui détruisent l'uni de la surface. On atténue cet inconvénient en n'admettant dans ces mélanges que des matériaux fins.

342. Nécessité de lier les matériaux. — Les interstices qui existent entre les pierres d'une chaussée sont considérables. L'expérience indique que, lorsque des matériaux fragmentaires sont jetés au hasard les uns sur les autres et amassés pêle-mêle, il reste entre eux des vides dont le volume atteint près de la moitié du volume total. Cette proportion varie suivant la forme et l'homogénéité des fragments et suivant leur rangement plus ou moins régulier. Lorsqu'on les tasse par secousses ou autrement, le volume du vide diminue.

M. Berthault-Ducreux, en 1834, fixait le vide à 0,46, et le considérait comme constant pour tous les matériaux, à de petites variations près. Des expériences faites en 1879 à l'École des ponts et chaussées, sur environ 650 échantillons de toute nature et de toute provenance, ont donné une moyenne de 0,48, les matériaux étant jetés à la pelle sans aucun tassement.

Lorsque les matériaux ont été préalablement tassés, les vides diminuent. Le tassement par secousses dans une caisse, dans les expériences précitées, a réduit les vides à 0,43 en moyenne.

Si le tassement est produit sous une pression énergique, les vides diminuent davantage, et peuvent être réduits à 0,30 et au-dessous.

Ces vides permettent aux pierres des déplacements relatifs lorsque les pressions qu'elles supportent changent de direction, ou que les pierres s'écrasent ou s'usent par le frottement. Ils sont donc une cause de mobilité des matériaux.

En second lieu, l'eau qui tombe sur cette espèce de crible traverse la chaussée immédiatement, et arrive en entier sur le fond de l'encaissement, malgré le bombement de la surface.

Enfin, les matériaux, tant qu'ils restent sans liaison, fuient sous les charges et sont constamment déplacés ; le travail produit par ces mouvements augmente dans une forte proportion la résistance à la traction.

Il est vrai qu'une chaussée livrée à la circulation ne reste pas très longtemps en cet état. Les détritus qui se forment par l'usure tombent dans les vides et les remplissent peu à peu. L'usure étant très rapide dans ces circonstances, le résultat ne se fait pas trop attendre. Chaque pierre se trouve alors encastrée dans une alvéole, et ne peut plus se déplacer. La chaussée devient compacte et à peu près imperméable.

Mais c'est là le résultat d'un travail considérable qui, en fait, se trouve payé par le public qui fait circuler les voitures. C'est une dépense très importante, dont on peut se faire une idée en songeant à ce qu'un manœuvre emploierait de temps pour triturer et réduire en poudre la même quantité de matériaux à la force de ses bras. Dans les expériences faites à l'École des ponts et chaussées, une machine d'un cheval-vapeur n'obtenait, en cinq heures de marche, qu'une moyenne d'un kilogramme de poussière sur des matériaux soumis au frottement par roulement les uns sur les autres, dans des conditions analogues à celles où ils se trouvent dans les chaussées.

Autrefois, on ne se préoccupait guère de cela. Les chaussées étaient livrées à la circulation aussitôt après le répandage des matériaux ; les voitures passaient sur cette sorte de tas continu de cailloux, et à la longue arrivaient à les broyer et à les comprimer suffisamment.

Aujourd'hui, l'on considère comme une nécessité d'opérer artificiellement la liaison des matériaux, et cette opération, qui porte le nom de *cylindrage*, est partie intégrante de la construction des routes.

Il est vrai que le cylindrage augmente les frais immédiats de construction, car il faut apporter certains soins dans l'incorporation des matières d'aggrégation La chaussée serait détestable si l'on se contentait de les mélanger avec les pierres et de répandre le mélange dans la forme; les matériaux resteraient longtemps mobiles et la prise de la chaussée coûterait encore beaucoup au public. Il faut d'abord serrer les pierres les unes contre les autres, afin qu'elles s'enchevêtrent dans une position aussi stable que possible ; puis ensuite, faire pénétrer les matières d'agrégation dans les vides.

Malgré cela, on n'hésite pas à faire cette dépense, qui est incomparablement inférieure à celle que l'on épargne à la circulation et qui se trouve d'ailleurs compensée par une usure beaucoup moins rapide dans les premiers temps.

243. Matières d'agrégation. — Les substances que l'on emploie pour remplir les vides portent le nom de *matières d'agrégation*. Ce sont des sables ou des terres pulvérulentes, qu'on va chercher dans le voisinage de la route. mais qui doivent être choisis judicieusement.

Ces matières sont destinées à former une gangue dans laquelle les pierres de la chaussée seront enchassées. Il importe que cette gangue, une fois comprimée, ne se désagrège ni ne se ramollisse. Or, elle peut être altérée, soit par les circonstances atmosphériques, soit par le mélange des détritus que les pierres fournissent par l'usure. Il y a donc à tenir compte à la fois du climat et de la nature des matériaux.

Dans les climats chauds, il faut des matières liantes, qui ne se désagrègent pas par la sécheresse. Elles ont en général le défaut de se ramollir par l'humidité ; mais, dans ces contrées, le temps humide dure peu, tandis que la sécheresse est persistante. Les sables secs, comme les sables siliceux, conviennent au contraire aux climats humides.

D'un autre côté, les qualités de la matière d'agrégation doivent être, de préférence, opposées à celles des détritus provenant de l'usure des matériaux, afin d'en corriger les défauts. Avec des détritus trop liants, il faut une agrégation sèche, et inversement.

Quelquefois, c'est la forme des pierres qui guide dans le
choix des matières d'agrégation. Les matériaux roulés, de
forme ronde, ne se cylindrent bien que si la matière d'agrégation est un peu grasse, comme la marne.

En règle générale, toutefois, il faut éviter avec soin l'emploi des substances argileuses, que l'humidité tend à réduire
en bouillie.

244. Anciennes chaussées. — Le système actuel de
construction des chaussées s'est généralisé sous l'influence des
idées de l'ingénieur anglais Mac-Adam. Auparavant, il sem-
blait indispensable d'établir toute chaussée sur une fondation
en grosses pierres.

Autrefois, on mettait au fond de l'encaissement une ou deux
rangées de pierres plates AB (fig. 136). Puis on limitait la

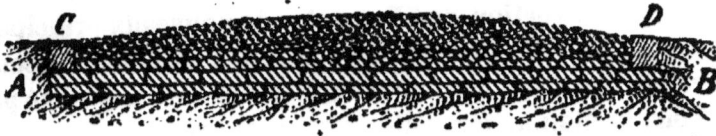

Fig. 136.

chaussée par de grosses pierres C, D, appelées bordures, dont
la face supérieure restait apparente ; ces bordures marquaient
à la fois l'alignement du bord de la chaussée et le niveau de
sa surface. Cette espèce de longue caisse était remplie de pierrailles triées en diverses grosseurs, les plus grosses dans le
fond, et les plus fines à la surface. Tout cet ensemble avait
une épaisseur de 0ᵐ,50 à 0ᵐ,60, et souvent davantage.

Malgré cette épaisseur et leurs fondations, ces chaussées
étaient ordinairement détestables.

L'ornière y était permanente, car les roues qui s'engageaient
sur ces énormes tas de cailloux marquaient un frayé que suivaient toutes les voitures. De temps à autre les corvées venaient
remplir ces ornières ; mais les roues évitaient les matériaux
neufs, passaient à côté et avaient bientôt formé une nouvelle
ornière.

D'un autre côté, dans les premiers temps, l'eau de pluie
traversait comme un crible ces matériaux sans liaison. Les

pierres plates, à supposer même qu'elles eussent été posées avec beaucoup de soin, s'enfonçaient en basculant dans un sous-sol détrempé, en sorte que la chaussée était bientôt bouleversée.

Les ornières permanentes qui se formaient bientôt retenaient d'ailleurs l'eau comme dans des canaux, et aggravaient la situation.

Cet état de choses était encore empiré par la présence des bordures qui, s'usant moins que la chaussée elle-même, faisaient saillie sur la surface et s'opposaient aussi bien à l'écoulement transversal des eaux qu'au passage des voitures de la chaussée à l'accotement ou réciproquement.

245. Méthode de Trésaguet. — Vers le milieu du siècle dernier, l'ingénieur de la généralité de Limoges, Trésaguet, chercha et réussit à améliorer cet état de choses, en appliquant à la construction des chaussées de nouveaux principes, qui sont résumés dans un mémoire présenté en 1775 à l'assemblée (conseil général) des ponts et chaussées et approuvé par elle. Voici la citation textuelle de ce mémoire :

« Le fond de l'encaissement (fig. 137) sera réglé parallèlement à la forme superficielle de la chaussée : la profondeur de

Fig. 137.

l'encaissement sera de 10 pouces (0^m,27), les côtés seront coupés en talus sous un angle d'environ 20°.

« L'encaissement préparé de la sorte, les bordures seront posées par des paveurs, de manière que leur surface soit recouverte par la pierraille et qu'il n'y ait que leur arête supérieure d'apparente.

« La première couche, dans le fond de l'encaissement, sera posée de champ et non à plat, en forme de pavé de blocage, et affermie et battue à la masse, sans cependant qu'il soit nécessaire que les pierres ne se surpassent pas les unes des autres.

« Le surplus de la pierre (la 2ᵉ couche) sera également arrangée à la main, couche par couche, et battue et cassée grossièrement à la masse pour que les pierres s'enchevêtrent les unes dans les autres et qu'il ne reste aucun vide.

« Enfin, la dernière couche de 3 pouces (0ᵐ,08) d'épaisseur, sera cassée de la grosseur d'une noix environ au petit marteau, à part et sur une espèce d'enclume, pour être ensuite jetée à la pelle sur la chaussée et former le bombement. On devra apporter la plus grande attention à choisir la pierre la plus dure pour cette dernière couche, fût-on même obligé d'aller dans des carrières plus éloignées que celles qui auront fourni la pierre du corps de la chaussée ; la solidité de l'empierrement dépendant de cette dernière couche, on ne pourra être trop scrupuleux sur la qualité des matériaux qui y seront employés. »

Les améliorations introduites par Trésaguet sont les suivantes :

1° La fondation, au lieu d'être en pierres plates sans solidarité, qui peuvent se déplacer isolément, est composée de pierres de champ fortement assujetties les unes contre les autres, en forme de voûte ;

2° L'épaisseur totale de la chaussée est notablement diminuée, ce qui produit une économie dans la construction ;

3° Les bordures sont recouvertes par la pierre et ne présentent plus au niveau du sol qu'une simple arête qui s'use presque aussi facilement que les pierres de la chaussée. Leurs inconvénients sont donc atténués.

Il faut ajouter que Trésaguet, à la suite de la suppression des corvées dans la généralité de Limoges, avait organisé un système d'entretien régulier, qui seul peut assurer la conservation des routes.

Il obtint des chaussées très solides et sut les maintenir dans un état de viabilité excellent pour l'époque.

La méthode de Trésaguet fut suivie en France pendant plus d'un demi-siècle. Elle donna de très bonnes chaussées, dont une partie a été conservée jusqu'à nos jours.

Elle ne réussissait toutefois qu'à la condition d'être appliquée avec beaucoup de soin. Elle exigeait une surveillance minutieuse pendant la construction. Il fallait que les pierres des deux premières couches fussent rangées à la main avec précaution, bien serrées les unes contre les autres, affermies et battues à la masse. La moindre négligence permettait aux pierres de la fondation de se déplacer, et les exposait à se perdre en s'enfonçant dans le sous-sol et faisant remonter la terre à la surface, ou à être soulevées jusqu'à la surface, où elles formaient des têtes de chat, par les pierrailles qui s'enfonçaient dans leurs interstices.

Il fallait, en outre, que l'épaisseur de la couche supérieure fût constamment maintenue. Si cette épaisseur venait à se réduire, les pierres de la couche intermédiaire, formées de matériaux plus tendres, recevaient directement les charges, et, comme elles reposaient immédiatement sur les moellons de fondation, elles étaient écrasées comme entre une enclume et un marteau. La chaussée s'usait alors avec une rapidité extrême.

Bien que la méthode de Trésaguet fût la règle générale, les ingénieurs s'en écartaient dans certains cas. Sur un sol argileux ou mouvant, ils en revenaient aux anciens errements, en plaçant une fondation en pierres plates sous la fondation en pierres de champ. Au contraire, sur un fond solide et résistant par lui-même, comme les terrains pierreux, ils supprimaient quelquefois la fondation et faisaient la chaussée, comme aujourd'hui, d'une seule couche de matériaux homogènes. Cette dernière méthode, par exemple, a été appliquée dans la construction de la route du Simplon, au commencement de ce siècle.

346. Méthode de Mac-Adam. — Vers 1820 a commencé à se répandre, en Angleterre d'abord, puis bientôt dans toute l'Europe, la méthode de construction et d'entretien des chaussées appliquée alors aux environs de Bristol par l'éminent ingénieur Mac-Adam, qui a eu le talent d'amener les routes à un degré de perfection inconnu avant lui, et la bonne fortune de laisser son nom aux chaussées d'empierrement telles qu'on les construit aujourd'hui partout. Dans quelques contrées même les matériaux d'empierrement s'appellent *macadam*, et leur emploi a donné lieu au verbe *macadamiser*.

Le mérite de Mac-Adam a été contesté, et les principes théoriques sur lesquels il basait sa pratique ont été souvent reconnus faux. Mais il n'en est pas moins vrai que, tant par son exemple que par les discussions qu'il a provoquées, il est l'initiateur du régime nouveau, sous lequel les ornières ont fait place à des chaussées constamment solides et roulantes. Ce sont les idées de Mac-Adam qui, corrigées en ce qu'elles avaient d'excessif, ont servi de base à la doctrine moderne de la construction et de l'entretien des routes.

La principale réforme de Mac-Adam a été de condamner en principe le système des fondations et d'en généraliser la suppression, qui auparavant était une rare exception.

Il a fait voir que la fondation était inutile, pourvu que les matériaux fussent assez fins pour répartir convenablement la pression sur le fond de l'encaissement, et que la chaussée fût assez imperméable pour rejeter sur les accotements la majeure partie de l'eau tombée à sa surface. Il a fait voir, en même temps, que, ces conditions remplies, on pouvait réduire à très peu l'épaisseur de la chaussée.

Le nouveau système eut un grand succès, parce qu'il réunissait la simplicité à l'économie.

Il est très simple, car la construction de la chaussée se réduit au répandage des matériaux dans la forme et à leur régalage, et peut être confiée aux premiers manœuvres venus, tandis que celle des chaussées à la Trésaguet demandait des ouvriers exercés et une grande surveillance.

L'économie est moins évidente ; car, s'il faut moins de matériaux, ces matériaux doivent être mieux choisis et entièrement cassés. Mais si l'on tient compte de la simplicité de la construction, il est bien rare que l'économie ne soit pas considérable.

Le seul reproche sérieux que l'on ait fait à cette méthode, c'est qu'elle exige impérieusement un entretien continu. Dans l'ancien système, une chaussée pouvait à la rigueur avoir des ornières profondes, ou s'user sur une grande épaisseur, les deux couches supérieures pouvaient même disparaître entièrement, sans que la circulation fût absolument arrêtée. Les voitures pouvaient passer, tant bien que mal, sur la fondation, dont la solidité eût résisté encore longtemps à toutes les causes de destruction. Sur les routes à la Mac-Adam, l'usure totale ou partielle ne peut dépasser une certaine limite, très étroite lorsque les chaussées ont une faible épaisseur.

Mais cette circonstance, loin d'être un inconvénient, s'est trouvée un des principaux avantages de la nouvelle méthode, en forçant à organiser partout un entretien régulier et continu, sans lequel il n'y a pas de bonne chaussée durable.

La suppression des fondations a entraîné celle des bordures. Ces grosses pierres que l'on plaçait sur les bords de la chaussée pour la limiter en largeur et en hauteur servaient à guider les ingénieurs lors des rechargements. Mais, ainsi qu'on l'a vu plus haut, elles formaient obstacle à la fois à la circulation et à l'écoulement des eaux. Dans le nouveau système, la limite entre la chaussée et l'accotement n'est plus nettement marquée, et la transition entre les deux parties de la route est pour ainsi dire insensible. Les eaux s'écoulent transversalement sans difficulté, et les voitures passent sans effort de la chaussée à l'accotement, ou réciproquement.

247. Méthode de Polonceau. — L'ingénieur français Polonceau eut le premier l'idée d'incorporer artificiellement aux chaussées les matières d'agrégation, que l'on demandait, avant lui, uniquement aux détritus provenant de l'usure des pierres. C'est en 1834 qu'il publia ses idées à ce sujet. Ces idées si rationnelles eurent toutefois peine à se faire jour; elles semblaient en contradiction avec les prescriptions de Mac-Adam, alors servilement suivies. « Il ne faut, disait celui-ci, répandre aucune matière sur la chaussée sous prétexte d'unir les matériaux ; les pierres cassées se rangent, s'entremêlent de manière à former une surface unie et solide, qui ne peut être altérée par les vicissitudes du temps ni par l'action des roues. »

Polonceau demandait les détritus destinés à remplir les vides à des matériaux très tendres qu'il mélangeait avec les matériaux durs. Puis il faisait passer sur la chaussée ainsi composée de lourds chargements qui écrasaient la matière

tendre et respectaient la pierre dure. Il faisait porter ces chargements sur des cylindres ou rouleaux compresseurs, sortes
de très larges roues que l'on faisait circuler plusieurs fois sur la
chaussée. Il obtenait ainsi immédiatement des chaussées
constituées comme si elles avaient eu un long usage, et il livrait
à la circulation des surfaces unies et roulantes dès le premier
jour.

Le procédé de Polonceau est appliqué généralement aujour-
d'hui par le cylindrage. La seule modification que l'on ait apportée à sa pratique, c'est de substituer aux matériaux tendres des détritus pulvérulents ou friables, pour économiser
les frais de l'écrasement, et de ne les introduire qu'après
avoir fixé les matériaux fortement serrés dans un équilibre
stable.

2° Exécution des travaux.

218. Ouverture de la forme. — L'encaissement s'exécute
par les procédés ordinaires de la fouille. Les terres qui en
proviennent sont jetées à la pelle sur les accotements, régalée
et dressées suivant la pente voulue.

Dans les parties en remblai, il convient de ne creuser la
forme qu'après le tassement complet des terres. On laisse
donc s'écouler le plus de temps possible avant d'entreprendre
l'exécution de la chaussée. Toutefois l'avantage d'avancer
l'époque où la route sera livrée à la circulation fait souvent
renoncer à cette précaution, et on se contente de parer aux tassements prévus par un surhaussement du remblai (n° 197).

Le fond de l'encaissement est ensuite dressé avec soin suivant la forme plane ou courbe qui lui est assignée. Ce travail
s'exécute comme le règlement des talus (n° 198). Des cerces
droites ou courbes permettent de vérifier à chaque instant si le
règlement est exact.

Le volume de terre sorti de la plateforme pour creuser la
forme n'est pas toujours égal à celui qui est nécessaire pour dresser les accotements. Ainsi, soit AM (fig. 138) la plateforme des
terrassements et AB l'accotement. On donne à celui-ci une pente,

généralement de 0,04, en sorte que BC = 0,04 AC. Cette dimension règle la profondeur CD de la fouille, car BD est égal à l'épaisseur que doit avoir la chaus-

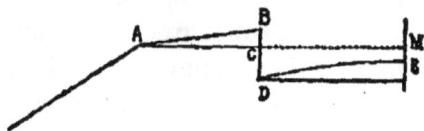

Fig. 138.

sée sur le bord. La section de la fouille est donc CDEM, tandis que la section de l'accotement est le triangle ABC. Cette seconde surface est le plus souvent plus petite que la première. Il y a donc des fouilles de reste, quand on a réglé l'accotement. Ce reste est utilisé pour relever les remblais là où ils ont tassé, ou bien est jeté sur leurs talus.

249. Approvisionnement d es matériaux : Extraction. — Les matériaux destinés à la confection de la chaussée sont alors apportés par des tombereaux et déchargés dans l'encaissement.

Ces matériaux proviennent des carrières qui ont été indiquées au devis.

Souvent on trouve dans les champs voisins des cailloux qui, à l'état naturel ou après avoir été cassés, sont propres à constituer un bon empierrement. Ils sont ramassés et fournissent ainsi des matériaux à bon compte. En général, s'ils sont ramassés en saison convenable, non seulement les propriétaires ne sont pas exigeants pour les indemnités à réclamer, mais ils sont satisfaits de voir épierrer leurs terres sans qu'il leur en coûte. Il n'y a donc à payer que la main-d'œuvre du ramassage, quelquefois un cassage partiel, et un transport à petite distance.

Quand on est à proximité d'un cours d'eau qui roule des galets ou de gros graviers, on les enlève à la pelle, et, après avoir cassé ceux qui seraient trop gros, et on les charge dans des tombereaux. Ces matériaux sont souvent très économiques.

Si ces ressources ne s'offrent pas, il faut recourir aux carrières ouvertes artificiellement. Elles sont de plusieurs natures.

Quelquefois, ce sont des terres excessivement pierreuses

que l'on fouille pour les rendre meubles, et que l'on jette à la pelle sur une claie inclinée. La terre passe par les mailles, et le caillou roule au pied de la claie. La dépense consiste dans la fouille de la terre pierreuse et dans le jet de pelle de cette terre ; elle varie selon sa richesse de la terre en cailloux. Cette opération doit être faite par un temps sec, afin que la terre se détache bien par le choc et le frottement contre la claie. Si les cailloux ne sont pas assez propres, on achève de les nettoyer en les remuant au rateau, ou même en les lavant.

Le plus souvent, on ne dispose que de roches compactes. On commence par en opérer l'extraction comme pour les déblais, puis on les casse à la grosseur voulue. Comme il y a, dans les pierres cassées (nᵒ 242), de 0,46 à 0,48 de vide, il suffit pour avoir un mètre cube de matériaux, d'extraire de 0,^{mc}54 à 0^{mc}52 de roche. Mais il se produit pendant le cassage un déchet dont il faut tenir compte. S'il est de 10 pour 100, par exemple, il faut en réalité compter sur environ 0^{mc},60 de pierre compacte pour 1 mètre de pierre cassée.

250. Cassage. — Le cassage est une opération importante et qui demande des soins et de l'intelligence. Les pierres doivent être de dimension égale autant que possible, et renfermée entre d'assez étroites limites ; elles doivent avoir des formes régulières ; les aiguilles et les plaquettes doivent être évitées.

Le cassage se fait au moyen de masses en fer adaptées à des manches en bois.

Pour briser les gros blocs de plus de 0^m,15 à 0^m,20, on se sert de masses de 4 à 6 kilogr. qu'on laisse retomber après les avoir soulevées.

Les blocs sont ensuite réduits à leur état définitif avec des marteaux de 1 à 2 kilogr. Le casseur se tient sur les jambes courbé vers la terre, et frappe sur le tas. C'est un travail très fatigant.

Quelquefois, il place devant lui une large pierre plate, sur laquelle il pose les blocs, et qui lui sert d'enclume. Le cassage se fait ainsi très bien ; mais il y a une main-d'œuvre supplémentaire, car il faut apporter chaque bloc sur l'enclume.

Quelques casseurs travaillent assis. Ils ont entre les jambes une enclume, et se servent d'un marteau court, assez semblable, quant aux dimensions, à ceux des menuisiers. Ce mode de travail paraît convenir aux vieillards, aux enfants, aux femmes et aux complexions faibles. Mais il n'est pas avantageux pour les hommes robustes.

On se contente souvent, pour casser sur le tas, d'une massette formée d'un cylindre en fer d'un demi-kilogramme à peine, ayant de 0,08 à 0,10 de long et 0,03 de diamètre environ, aux extrémités duquel sont soudées deux fortes têtes de clous en acier. Le manche en est très flexible, et son élasticité permet d'imprimer à cette faible masse une force vive considérable.

Le cassage n'est pas toujours sans danger avec les matériaux durs que l'on emploie habituellement, et surtout avec les quartz et les silex. Les éclats de pierre qui sautent peuvent blesser les jambes ou la figure. Les casseurs se garantissent la figure au moyen de masques ou simplement de lunettes en fil de fer, et les jambes au moyen de bottes de paille, de guêtres ou de tabliers en cuir.

Le cassage doit avoir lieu à la carrière ou dans des chantiers spéciaux, hors de la route. Les pierres se saliraient si on les cassait sur des terres fraîchement remuées, et d'ailleurs les ateliers de matériaux doivent fonctionner en même temps que ceux de terrassement, et non postérieurement.

Le prix du cassage varie suivant la grosseur et la dureté des blocs. Il est nul quand on extrait du gravier ayant naturellement la grosseur voulue. Il exige quelquefois, au contraire, une journée entière d'ouvrier, et même davantage, par mètre cube.

251. Cassage mécanique. — Le cassage est une opération minutieuse et pénible. On a cherché à substituer les machines à la main de l'homme pour ce travail.

Ces machines sont de divers modèles.

On emploie dans quelques carrières, des machines formées de deux forts rouleaux (fig. 139),dans les parois desquels sont implantées des dents. Ces rou-

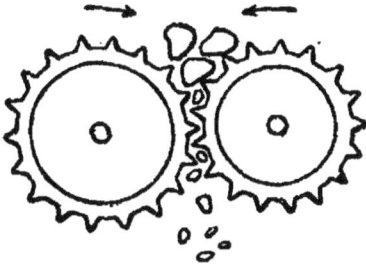

Fig. 139.

leaux sont de diamètre diffé-rent, et tournent en sens in-verse. Les blocs de pierre brute placés au-dessus de l'intervalle qui sépare les rouleaux sont en-traînés par les dents et obligés de passer entre les rouleaux, où ils sont broyés par la pression, et déchirés par le mouvement rotatif des deux cylindres.

Fig. 140.

Le concasseur le plus employé (fig. 140) se compose de deux fortes mâchoires en fonte, l'une A fixe, l'autre B mobile autour d'une charnière C. Une bielle D, mise en mouvement par un excentrique, et animée d'un mouvement alternatif, appuie la mâchoire mobile contre la mâ-choire fixe, et la laisse ensuite retomber partiellement. Dans la première position, la pierre est écrasée ; dans la seconde, les produits de l'écrasement tombent. Les mâchoires sont garnies de plaques striées pour empêcher le glissement des blocs.

Ces machines doivent avoir une grande force. Elles sont mises en mouvement par des moteurs à vapeur.

Elles donnent un cassage très rapide, mais toujours impar-fait. Les fragments obtenus par compression sont de forme et de dimension très variables. Il y a beaucoup de plaquettes et d'aiguilles, beaucoup de pierres à angles aigus. Si la com-pression est trop forte, une partie des blocs est broyée et ré-duite à l'état de détritus ; si elle est trop faible, il reste des fragments trop gros. Il y a donc lieu de procéder à un triage minutieux, malgré lequel les matériaux sont loin d'avoir un aspect aussi satisfaisant que par le cassage à la main.

On a fait des expériences et des calculs pour démontrer que le cassage à la machine est très économique. Les frais spéciaux par mètre cube de pierre brute cassée sont en effet peu élevés. Mais il y a presque toujours un déchet considérable, qui oblige à extraire plus de roche que dans la méthode ordinaire, pour obtenir un même volume de pierre cassée. La forme des matériaux étant imparfaite, ils sont de qualité inférieure. Enfin, les frais généraux sont très importants : les machines coûtent cher et sont sujettes à de fréquentes réparations, en sorte qu'il faut presque toujours en avoir une de rechange ; il faut avoir une machine locomobile. Ce matériel coûteux doit être amorti rapidement, car il s'use très vite, surtout dans les organes tournants, constamment exposés à une poussière, le plus souvent siliceuse, qui ronge le fer. Les machines ne rendent de services réels que dans les grandes carrières où l'on exploite chaque jour, pendant toute l'année, de fortes masses de matériaux qui s'expédient au loin et se débitent sur une vaste échelle. On en fait usage, par exemple, dans les carrières de Belgique qui exportent des pierres cassées jusqu'à Paris.

Mais, dans la construction et l'entretien des routes ordinaires, elles seraient plus onéreuses qu'économiques. Les frais généraux se répartiraient sur un cube trop faible. Le débit de chaque carrière étant d'ailleurs très limité, il faudrait, soit déplacer à chaque instant la machine et son moteur, soit transporter les pierres brutes de la carrière à l'atelier de cassage où la machine serait fixe. De là résulteraient des frais de transport considérables et des pertes de temps. Aussi, les machines à casser sont-elles encore peu répandues.

352. Triage et nettoyage. — Une fois la pierre cassée, il faut en séparer les pierres trop grosses et les détritus.

Les concasseurs mécaniques sont toujours accompagnés de plusieurs cribles inclinés, à mailles de dimensions décroissantes, qui reçoivent un mouvement de secousses, et classent les produits du cassage en catégories de diverses grosseurs.

Dans l'exploitation ordinaire, on se sert de claies sur lesquelles on jette à la pelle le produit brut du cassage, ou d'un simple rateau, en ayant soin d'opérer par un temps sec s'il y a de la terre adhérente. Les morceaux qui paraissent trop gros sont essayés à un anneau de fer ayant intérieurement le diamètre prescrit, 0,06 par exemple, et mis de côté pour être cassés de nouveau, s'ils n'y peuvent passer dans tous les sens.

253. Transport. — La pierre cassée est chargée à la pelle dans des tombereaux et transportée sur la route.

Le prix de transport s'obtient par la même formule que pour les terrassements $X = \dfrac{P(2D + d)}{LC}$ (Nº 189). La valeur de la distance moyenne D se calcule de la manière suivante. Soit (fig. 141) C la carrière, AB la route, et D le point de jonction du chemin CD qui conduit de la carrière à la route ; et soient a, b, c les distances des points A, B et C au point D. Le volume à approvisionner sur la section

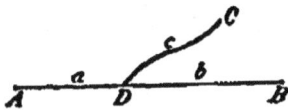

Fig. 141.

AD, si l'on désigne par K le cube demandé par mètre courant, sera Ka et aura son centre de gravité au milieu de AD. Le parcours moyen correspondant est donc $c + \dfrac{a}{2}$. De même, sur BD sera porté un volume Kb à une distance moyenne $c + \dfrac{b}{2}$. La distance moyenne de transport (Nº 152) est donc ;

$$D = \frac{Ka\left(c + \dfrac{a}{2}\right) + Kb\left(c + \dfrac{b}{2}\right)}{Ka + Kb} = c + \frac{a^2 + b^2}{2(a + b)}.$$

Lorsqu'il y a plusieurs carrières, chacunes d'elles approvisionne une section de la route : la limite entre deux sections consécutives est au point où il n'est pas plus avantageux de recourir à une carrière qu'à une autre.

Soient C et C' (fig. 142) deux carrières, A et A' les points où aboutissent les chemins qui les joignent à la route. Si les frais d'extraction sont les mêmes, le point M qui sert de limite aux deux sections est évidemment le milieu du trajet CAA'C'. Mais si les frais d'extraction du mètre cube sont différents, et qu'on les représente

Fig. 142.

respectivement par E et par E', il faut choisir le point M de telle façon que le prix de la pierre y soit le même de quelque côté qu'elle arrive.

La formule de transport pouvant se représenter par le binôme $mD + n$, il faudra donc satisfaire à la relation :

$$E + m(c + x) + n = E' + m(c' + l - x) + n$$

d'où se tire la valeur de x.

Il peut arriver que les distances CM et C'M soient assez inégales pour que le transport n'ait pas à se faire par la même nature de tombereau, que, par exemple, le tombereau à 1 cheval convienne à la première et le tombereau à 2 chevaux à la seconde. Dans ce cas, les coefficients m et n ne sont pas les mêmes, et il faut recommencer le calcul, en posant :

$$E + m(c + x) + n = E' + m'(c' + l - x) + n'.$$

Mais le choix ne doit pas se guider uniquement sur la question de dépense : il faut aussi tenir compte de la qualité des matériaux. On a vu (N° 236) qu'il est souvent avantageux de recourir à des matériaux plus chers, s'ils sont plus résistants. Il convient donc de fixer la limite M des carrières de façon que les dépenses soient proportionnelles aux qualités. Désignant par q et q' les valeurs numériques des qualités (Voir chapitre XIII), on doit donc poser, en fin de compte :

$$\frac{E + m(c + x) + n}{q} = \frac{E' + m'(c' + l - x) + n'}{q'}$$

Ce calcul peut conduire à éliminer une carrière que l'on avait choisie d'abord, si x est $< o$ ou $> l$.

251. Emmétrage. — Les tombereaux sont déchargés sur le milieu de la forme, et la pierre est ensuite soumise à l'emmétrage, opération qui a pour objet de constater que le volume fourni est bien celui qui est nécessaire.

Les pierres sont ramassées sur le milieu de l'encaissement (fig. 143) et mises en tas sous forme d'un prisme continu appelé *cordon*, dont les talus sont réglés à 45°, et auquel on donne une hauteur telle que l'aire de sa section soit égale à celle de la chaussée.

Fig. 143.

Il ne faut pas oublier que le cube à approvisionnement est supérieur à celui de la chaussée que l'on veut obtenir, parce que les vides entre les pierres, qui sont d'abord d'environ 0,46, se réduisent par le cylindrage. Cette compression est variable suivant la proportion de matières d'agrégation que l'on doit incorporer à la chaussée. Elle peut être poussée d'autant plus loin que les matériaux sont plus durs, et dans les conditions normales, elle atteint entre le tiers et le cinquième du volume primitif. La section du cordon doit donc dépasser celle de la chaussée dans la proportion correspondante. C'est là une condition qu'il ne faut pas perdre de vue dans l'établissement des devis.

Un ouvrier emploie environ un quart d'heure pour emméttrer un mètre cube de matériaux.

355. Réception. — Quand le cordon est préparé, l'ingénieur procède à la *réception* des matériaux. La réception porte sur la quantité et sur la qualité.

On s'assure d'abord que le cordon a partout les dimensions prescrites, en y appliquant un gabarit, formé de triangles en menuiserie, qui présente en creux le profil en travers du cordon.

Pour vérifier la qualité de la fourniture, on fait démolir le cordon, de distance en distance, suivant des longueurs d'arêtes bien déterminées, afin de connaître exactement le volume V sur lequel on opère à chaque coupure.

On reconnaît, par une simple inspection, si la pierre est bien purgée de terre. Si elle en a conservé, on ordonne un nouveau passage à la claie de toute la fourniture. Quelquefois, cette mesure serait rigoureuse, et, si la quantité de terre n'est pas suffisante pour compromettre la chaussée, on l'admet alors telle quelle, sous réserve d'un rabais équivalent à la main-d'œuvre qui n'a pas été faite.

On recueille ensuite les plus grosses pierres, et on les essaye à l'anneau de fer. Celles qui n'y passent pas sont mises de côté, et on en constate le volume G.

On jette ensuite le reste sur une claie dont les mailles aient un écartement égal à la plus petite dimension que tolère le devis. On met de côté le détritus qui a passé, et on en mesure le volume D.

Le reste se compose de la pierre saine, dont on détermine également le volume S.

On a ainsi séparé les matériaux de la coupure en trois lots, dont le volume total G+D+S est en général supérieur au volume V, parce que les détritus remplissaient une partie des vides.

On fait les moyennes des résultats obtenus sur les diverses coupures, et on applique ces moyennes à l'ensemble de la fourniture.

S'il y a trop de grosses pierres ou de détritus, et qu'il y ait inconvénient à employer les matériaux en cet état, on refuse la fourniture et on exige qu'elle soit repassée tout entière, que le cassage soit complété et que les matériaux soient nettoyés.

Si l'on juge que les matériaux peuvent servir tels qu'ils sont, on les reçoit, mais en réduisant le prix alloué pour le cassage d'une fraction égale à $\dfrac{G}{V}$. On ne tient pas compte des détritus, à moins qu'ils ne puissent être utilisés comme matières d'agrégation ; on paie alors une fraction $\dfrac{D}{V}$ de la fourniture au prix de ces matières. Enfin, on réduit le volume total à recevoir dans le rapport de G + S à V, si ce rapport est moindre que l'unité.

Le mesurage des volumes se fait ordinairement dans des caisses en bois rectangulaires et sans fond, ayant $0^{mc},10$ de capacité. Sur l'une des faces intérieures, on implante neuf clous, qui divisent la hauteur en dix parties égales. Pour faire un mesurage, on place la caisse sur le sol, et on y jette les cailloux ou les détritus, en les régalant au fur et à mesure. Quand la caisse est pleine, on la soulève, puis on la replace à côté. On continue ainsi de suite, jusqu'à ce qu'on ait épuisé le tas à mesurer. A la fin, il n'y a qu'une partie de la caisse qui soit remplie : on observe à quel clou s'arrête le niveau des matériaux, et ce clou indique le nombre de centièmes de mètre cube qu'il faut ajouter aux dixièmes représentés par le nombre de caisses remplies entièrement. On obtient ainsi les volumes à 0^{mc},01 près.

256. Répandage. — Quand les matériaux ont été reçus, on procède au répandage, qui consiste à étaler le cordon à droite et à gauche avec des pelles et à le régaler en lui donnant la forme voulue. Le bombement se règle avec des cerces.

Le répandage est une opération très simple, mais exige cependant des soins. Il faut que la pierre soit régalée bien uniformément, de façon qu'elle ne soit pas plus serrée ici que là. Autrement, le défaut d'homogénéité donnerait lieu à des tassements inégaux pendant le cylindrage.

257. Approvisionnement des matières d'agrégation. — Avant de procéder au cylindrage, on approvisionne sur un des accotements les matières d'agrégation, qui sont emmétrées sous forme d'un cordon ou de tas isolés à formes géométriques.

Le volume des matières d'agrégation est variable suivant la manière dont le cylindrage est conduit. Soit m le volume du vide dans 1 mètre cube de matériaux emmétrés sans tassement, et V le volume de chaussée cylindrée correspondant. Le volume du plein est $1 - m$ dans les deux cas. Les vides, dans le volume V de chaussée, s'élèvent donc à $V - (1 - m)$; ce nombre représente le rapport de la quantité de matières d'agrégation qu'il faut approvisionner au nombre des mètres cubes de pierre cassée. Par exemple, si $m = 0,46$ et $V = 0^{mc}$,75, il faut 21 mètres cubes de matières d'agrégation pour 100 mètres cubes de pierre cassée.

Cette proportion est toutefois exagérée, et, en pratique, il faut rester notablement au-dessous, parce que le cylindrage a pour effet d'épaufrer une partie des matériaux et de fournir ainsi du détritus. En général, il ne faut pas plus de 12 à 15 mètres cubes de matières d'agrégation pour 100 mètres cubes de matériaux, et il est préférable de se rapprocher de la limite inférieure.

258. Cylindrage. — La dernière opération de la construction des chaussées est le cylindrage. Elle se conduit comme il suit :

On divise la chaussée en sections qui ne soient pas trop longues, car il est bon que les chevaux puissent souffler souvent. Les pièces ne doivent pas avoir plus de 500 mètres. Quand l'une d'elles est complètement cylindrée, on passe à la suivante.

On fait d'abord passer le rouleau compresseur sur l'une des rives de la chaussée. Quand il est parvenu à l'extrémité de la pièce, on retourne l'attelage, qui revient par l'autre rive. Puis on recommence en suivant toujours les mêmes zones dans le même sens, jusqu'à ce que les deux rives soient suffisamment affermies. On attaque ensuite les zones contiguës et on termine par l'axe.

Aux premiers passages, le rouleau s'enfonce dans les matériaux mobiles, soulève devant lui un bourrelet qu'il aplatit en avançant, et laisse par derrière un large frayé uni. Il se forme aussi un bourrelet latéral, qu'un ouvrier a soin de régaler immédiatement.

Ces bourrelets s'accentuent de moins en moins sous les passages suivants du rouleau, et la première phase de l'opération est terminée quand ils ne sont plus sensibles.

On achève la compression, en effectuant de nouveaux passages dans le même ordre, après avoir ajouté au rouleau des charges successivement croissantes.

Ces charges ne doivent toutefois pas dépasser le point où commence la rupture et l'écrasement des pierres.

Si, par suite du tassement du fond ou d'inégalités dans le répandage, il se produit des flaches sous l'action du rouleau, elles sont immédiatement remplies en matériaux de moyenne grosseur.

On obtient ainsi un serrage aussi complet que possible des pierres les unes contre les autres.

En même temps qu'on fait passer le rouleau, on a soin, si le temps n'est pas très-pluvieux, d'arroser les pierres, afin de lubréfier leurs surfaces et de faciliter leur déplacement relatif. On accélère ainsi le tassement, et l'équilibre que prennent les pierres est plus stable.

Il reste encore à remplir les vides avec les matières d'agrégation.

Ces matières sont répandues à la surface au jet de pelle en couche mince. Une faible partie seulement pénétrerait dans les interstices des pierres, si on ne les y forçait. On se sert quelquefois pour cela de balais que l'on promène sur la chaussée. Mais ce procédé est peu efficace et ne remplit les vides que sur une couche superficielle peu épaisse. La matière n'achève de descendre que par les secousses dues à l'ébranlement des matériaux pendant le cylindrage consécutif.

On réussit beaucoup mieux par l'arrosage. L'eau projetée par un tonneau muni d'un tube à trous tombe sur le sable et l'entraîne vers le fond de l'empierrement, dont les vides se garnissent progressivement de bas en haut.

En même temps qu'on arrose, on fait passer de nouveau le rouleau compresseur pour empêcher les pierres de se déplacer sous l'action de l'eau et du sable mouillé, et pour comprimer ce sable lui-même.

Une fois la matière d'agrégation incorporée, on fait encore passer le rouleau une ou plusieurs fois si cela est nécessaire, jusqu'à ce que la prise complète de la chaussée soit obtenue.

Son état doit alors être tel que les voitures chargées n'y produisent pas de dépression sensible. On en juge souvent en projetant sous le rouleau un caillou, qui doit s'écraser sans s'enfoncer.

259. Divers modèles de rouleaux. — Les rouleaux compresseurs sont de différents modèles. Ils ont tous pour organe principal un cylindre en fonte, et quelquefois en forte tôle, dont l'axe tourne sur des paliers fixés à un brancard. A ce brancard sont adaptées des caisses, dans lesquelles on peut mettre du gravier ou des moellons pour augmenter à volonté le poids de l'appareil.

La figure 144 représente le type des rouleaux compresseurs construits par la maison Bouilliant. Cet appareil est entièrement en fonte et en fer ; les brancards seuls sont en bois. Il pèse environ 3,200 kilog. lorsqu'il est vide, et 6,400 kilog.

quand les caisses sont garnies de graviers. Le diamètre de son cylindre est de 1ᵐ,20, et sa largeur de 1ᵐ,10. Son prix est de 2000 francs.

La pression qu'il exerce sur la chaussée est, par centimètre de largeur, de 29 kilog. à vide, et de 58 kilog. à charge complète.

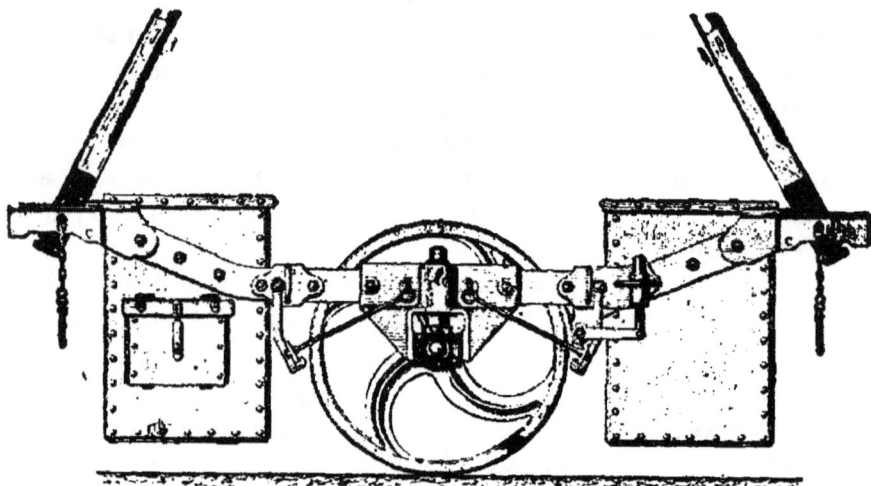

Fig. 144.

On construit encore d'autres types, les uns plus légers, les autres plus lourds ; mais celui-là peut être considéré comme dans des conditions moyennes.

Dans l'un de ces types, désigné sous le nom de rouleau mixte (fig. 145) le cylindre, porte à l'intérieur une caisse en tôle, avec trou d'homme, dans laquelle on peut introduire du gravier ou mieux de l'eau comme surcharge. Son diamètre est de 1ᵐ,60 et sa largeur de 1ᵐ,20. Le poids de l'appareil vide est de 5.300 kil. environ, et se trouve porté à 10.000 kil. par la surcharge. La pression qu'il exerce varie donc de 54 à 83 kil. par centimètre de largeur.

Lorsqu'on emploie ce type de rouleau, il faut avoir soin de remplir complètement la caisse cylindrique, afin que le centre de gravité de la charge qu'elle renferme soit sur l'axe. Sans cela, le vide restant toujours à la partie supérieure, il y aurait une élévation inutile et constamment renouvelée de la masse, et un travail considérable serait dépensé sans profit pour la compression. En outre, si cette surcharge incomplète se composait de pierres, ces pierres rouleraient les unes sur les autres, et se réduiraient en poudre.

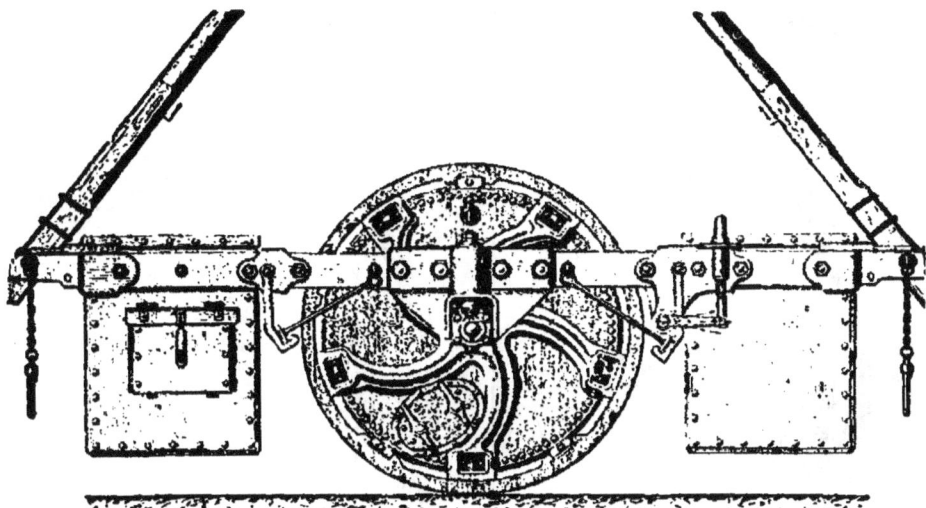

Fig. 145.

Les rouleaux, ne pouvant tourner, portent un brancard à chaque bout. Lorsque l'on est parvenu à l'extrémité de la pièce et qu'il faut revenir sur ses pas, on dételle les chevaux et on les attelle à l'autre brancard.

On évite cet inconvénient par différentes dispositions, comme celle qui a été imaginée par M. Houyeau (fig. 146). Le brancard est adapté à un cercle en fer qui tourne autour d'une couronne en fonte placée au-dessus du cylindre. Dans les appareils de ce type, construits aujourd'hui par la maison Bauquin, à Nantes, le cylindre a une largeur de 1^m,24 et un diamètre de 1^m,31. L'appareil vide pèse de 3.000 à 3.500 kil., et il reçoit une surcharge de 3.500 à 4.000 kil. ; sa pression, par centimètre de largeur, varie donc de 24 à 60 kil. Son prix est d'environ 2.000 francs.

La résistance au roulement étant en sens inverse du diamètre des cylindres, il y a intérêt à augmenter ce diamètre. Mais cette dimension est limitée par les difficultés de construction, et par la nécessité de ne pas placer la surcharge trop

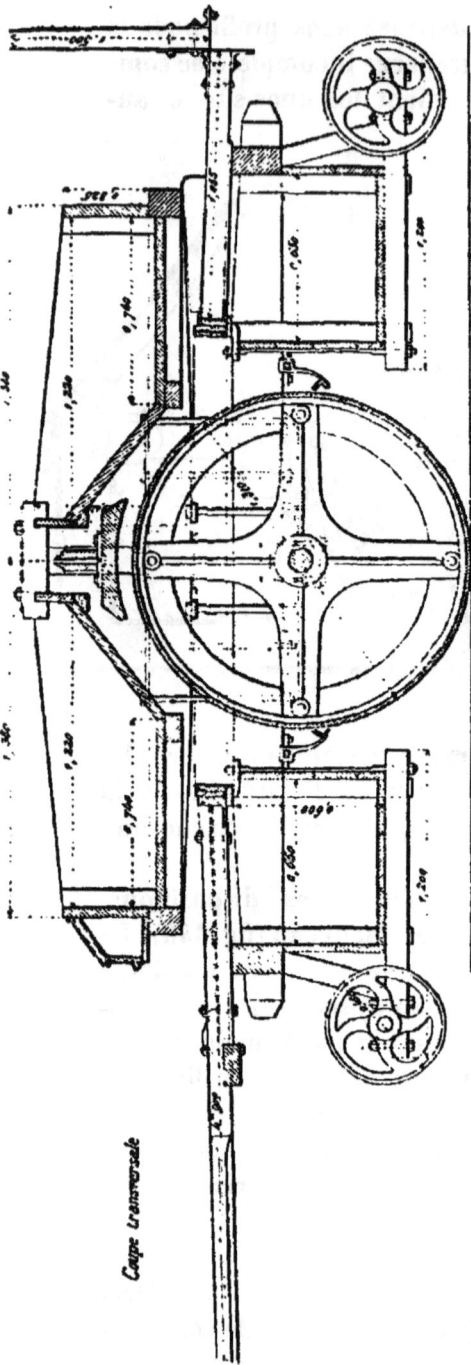

Coupe transversale

ROULEAU COMPRESSEUR
Système Ilouyau.

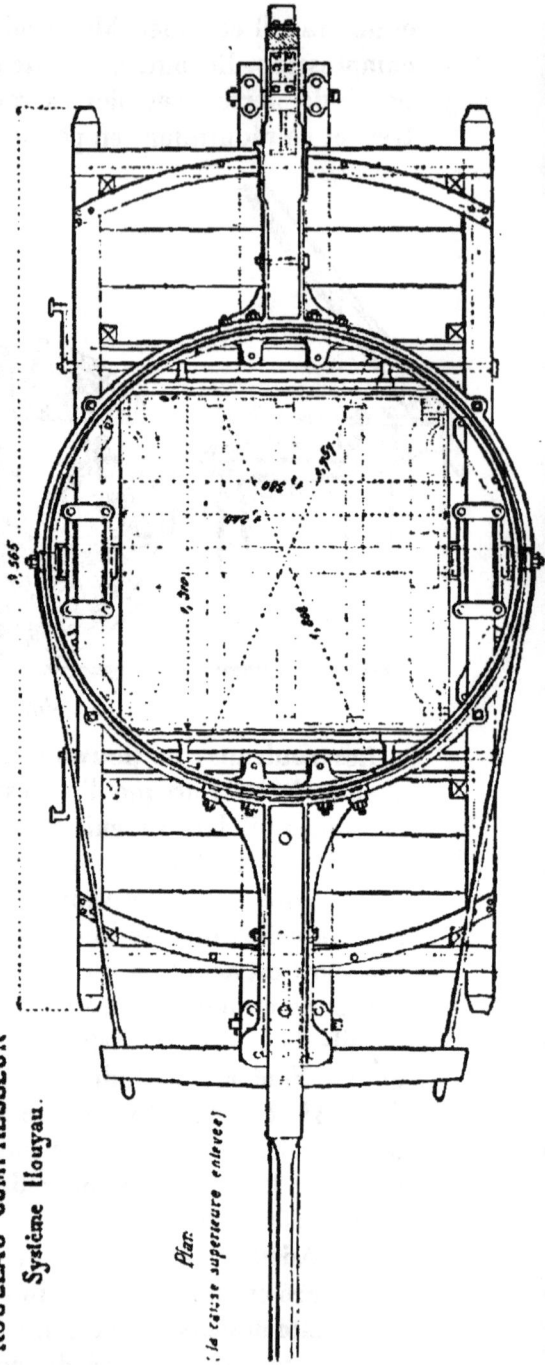

Plan.
(la caisse supérieure enlevée)

Fig. 146.

haut, afin d'en assurer la stabilité. Après avoir adopté des cylindres de 2 mètres, on en est revenu aux diamètres plus petits qui viennent d'être indiqués.

On a reconnu que le rouleau agit d'autant plus efficacement, à charge égale, que sa largeur est moins grande. Il faut aussi que la génératrice, qui est rectiligne, porte à peu près également en tous les points sur la surface de la chaussée, ce qui serait incompatible avec le bombement qu'on donne à celle-ci, pour les cylindres trop allongés. On a donc été conduit à diminuer la largeur autant que possible ; mais on est limité par la stabilité nécessaire à l'appareil, par la résistance des pierres à l'écrasement et par la pression que le sous-sol est en état de supporter sans se défoncer. On s'en tient donc à des génératrices de 1ᵐ,10 à 1ᵐ,30.

Pour les cylindrages qui se font dans des contrées accidentées, les rouleaux sont munis de freins, que l'on serre à la descente.

260. Composition d'un atelier de cylindrage. — Un atelier de cylindrage se compose, outre le rouleau, des chevaux nécessaires à la traction, des conducteurs de ces chevaux, des manœuvres pour les mains-d'œuvre accessoires et du service de l'arrosage.

Le nombre des chevaux peut se régler comme il suit. Au début, la résistance à la traction est très considérable ; on ne possède pas d'expériences à ce sujet, mais on peut admettre que son coefficient est au moins 0,15. Il diminue à mesure que le cylindrage avance, et. vers la fin, il se réduit à 0,05 environ. On peut donc admettre qu'il passe du triple au simple. La surcharge doit être réglée progressivement, de façon que l'effort de traction reste à peu près constant. Dans ce cas, il faut un nombre de chevaux tel que chacun d'eux n'ait à faire qu'un travail modéré, mais continu.

On préfère, comme il a été vu ci-dessus, doubler seulement la charge au lieu de la tripler. Les chevaux peuvent faire un effort plus grand en commençant, parce que, vers la fin, ils auront moins à tirer et trouveront ainsi un repos relatif. Or, il y a un grand intérêt à ce que la traction diminue à mesure que le cylindrage avance. **Les pieds des chevaux s'impriment** dans la chaussée, tant qu'elle n'est pas définitivement prise, et bouleversent plus ou moins l'empierrement. Cet effet est d'autant plus redoutable que l'effort des chevaux est plus énergique, et d'autant moins fâcheux que la chaussée est plus loin de sa prise.

A la résistance due au roulement du cylindre, il faut ajouter celle qui résulte de la déclivité de la route.

Si donc on représente par f le coefficient de résistance à la traction à un moment donné, par r la déclivité de la route, par p le poids des chevaux et par n leur nombre, par M le coefficient de l'effort qu'on veut leur imposer, et par P le poids du rouleau, on a la relation $Mpn = P(f + r)$, et on en tire $n = \dfrac{P(f + r)}{Mp}$. On prendra pour le nombre de chevaux le nombre entier qui se rapproche le plus de cette fraction.

Si, par exemple, on suppose $f = 0,15$, $r = 0,03$, $M = 0,18$, $P = 3.000$ et $p = 500$, on trouvera $n = 6$.

Les chevaux, lorsque leur nombre dépasse 4, sont habituellement guidés par deux conducteurs.

Il faut, en outre, des manœuvres pour régaler les pierres sous le passage du rouleau, pour répandre les matières d'agrégation, pour mettre la surcharge dans les caisses et pour l'en retirer. Ces manœuvres sont au nombre de 4 à 8, suivant les circonstances ; il en faut d'autant moins que le cylindrage est plus difficile et que le nombre des passages est plus grand.

Enfin, l'atelier d'arrosage comprend deux tonneaux, dont l'un sur la chaussée et un au remplissage, et un plus grand nombre si l'eau est plus loin. Chaque tonneau a son cheval et son conducteur, qui doit puiser l'eau, le cheval étant au repos pendant le remplissage. Quand les circonstances l'exigent, on lui adjoint un manœuvre pour ce puisage.

361. Nombre de passages du rouleau. — Pour produire un cylindrage convenable, le rouleau doit passer plusieurs fois sur chaque point de la chaussée. Si n est le nombre de ces passages, a la largeur du cylindre et A celle de la chaussée, l'appareil devra circuler sur la pièce un nombre de fois représenté par $N = n\dfrac{A}{a}$.

Le nombre n est très variable ; il peut descendre à 8 et s'élève quelquefois à 30.

Ce nombre dépend des dimensions et du poids de l'appareil, et de la perfection du travail obtenu. Il varie aussi un peu avec la résistance du sous-sol, le cylindrage étant évidemment plus long quand le sous-sol est mou, et qu'une partie du travail est inutilement employée à le comprimer.

Mais ce sont surtout la nature et la forme des matériaux et l'épaisseur de la chaussée qui influent sur le nombre des passages.

Les matériaux très durs s'épaufrent moins que les tendres, et se coincent plus difficilement. Les matériaux ronds roulent les uns sur les autres, et s'arc-boutent moins facilement que s'ils sont anguleux. Les petites pierres demandent, pour se mettre chacune en équilibre stable, presque autant de déplacements successifs que les grosses ; et, comme dans une même chaussée elles sont plus nombreuses, elles exigent un cylindrage plus prolongé. Enfin, les pierres dont la surface est polie se rangent plus facilement que celles dont les frottements sont très durs.

Une chaussée est d'autant plus longue à cylindrer qu'elle est plus épaisse. Mais la durée du cylindrage n'est pas proportionnelle à l'épaisseur. Elle augmente d'abord moins vite qu'elle, puis ensuite plus rapidement, à partir d'une certaine limite, qui varie, suivant les matériaux, entre l'épaisseur de $0^m,08$ et celles de $0^m,12$ environ. Aussi prescrit-on souvent de faire la chaussée en deux couches, qui sont exécutées successivement.

262. Durée du cylindrage. — La durée du cylindrage dépend du nombre de passages et de la rapidité de chacun d'eux.

Soit L la vitesse de marche du rouleau, et l la longueur de la pièce, chaque passage demande un temps $\dfrac{l}{L}$. Il faut y ajouter le temps perdu à l'extrémité de la pièce. Si on le représente par $\dfrac{d}{L}$, chaque passage prend un temps $t = \dfrac{l+d}{L}$, et la durée du cylindrage d'une pièce est égale à Nt (N° 261).

Avec les efforts qu'on exige des chevaux, la vitesse L est de 2.000 à 2.500 mètres par heure. Il importe d'ailleurs qu'elle ne dépasse pas cette limite. Plus la marche est lente, mieux se fait la compression.

Quant au temps perdu, il peut être évalué approximativement à deux minutes quand on dételle. Avec les appareils à retournement, comme les rouleaux Houyeau, il est beaucoup plus court; néanmoins, il faut toujours prendre le temps de faire souffler les chevaux, et de mettre la surcharge dans les caisses, en sorte que le bénéfice n'est pas aussi grand qu'on pourrait le supposer.

Dans ces hypothèses, le passage d'un rouleau sur une pièce de 500 mètres de longueur demande environ un quart d'heure.

263. Prix du cylindrage. — Si P est le prix de l'heure de l'atelier de cylindrage, le prix d'un passage sur une pièce sera $x = \dfrac{P(l + d)}{L}$.

Mais il faut tenir compte, en outre, des dépenses de graissage et d'entretien, et des frais généraux.

Le graissage et l'entretien courant donnent lieu à une dépense proportionnelle à la durée du travail. De grosses réparations, notamment le remplacement du cylindre en fonte, deviennent nécessaires de temps en temps, après quelques années de service par exemple; mais elles proviennent d'une usure qui est également proportionnelle à la durée du travail. C'est donc, pour tous ces frais, une somme fixe P′ à ajouter à P dans la formule.

Quant aux frais généraux, ils se composent de l'intérêt et de l'amortissement de l'appareil. Si le rouleau représente un capital d'acquisition C, et que ce capital doive être amorti en n années au taux r, on sait qu'il faut lui appliquer une annuité $a = Cr\,\dfrac{(1 + r)^n}{(1 + r)^n - 1}$. Cette annuité doit être répartie sur le nombre T d'heures pendant lesquelles l'appareil travaille chaque année, et il faut ajouter à la dépense P une somme $P'' = \dfrac{a}{T}$.

Le prix d'un passage est alors : $x = \dfrac{(P + P' + P'')(l + d)}{L.}$.

On estime assez souvent $P' + P''$ à 0 fr. 40 ou 0 fr. 50.

201. Cylindrage à la vapeur. — Les cylindrages coûtent cher, en raison de la main-d'œuvre nombreuse et de la grande force animale qu'ils emploient, et cette dépense devient excessive sur les chaussées en forte rampe. Aussi a-t-on cherché depuis longtemps à substituer la vapeur aux chevaux pour la traction des rouleaux.

On a d'abord placé sur un rouleau ordinaire une machine à vapeur dont le piston mettait en mouvement l'arbre du cylindre. Mais cet appareil manquait de stabilité, et la chaudière penchait tantôt en avant et tantôt en arrière. Bien qu'on y eût adapté deux petits rouleaux qui limitaient ces mouvements alternatifs, il en résultait des variations continuelles dans la résistance, qui se traduisaient par des variations en sens inverse dans la tension de la vapeur et par des soubresauts dans la marche. En outre, cet appareil était trop lourd et s'enfonçait quelquefois avec les cailloux dans le sous-sol.

La première machine qui ait fonctionné pratiquement a été construite en 1860 par M. Ballaison. Elle a servi de type à celles dont on s'est servi presque exclusivement à Paris jusqu'à ces dernières années. Cet appareil se compose de deux rouleaux ordinaires d'égal diamètre, portant un bâti sur lequel est installé une machine à vapeur locomobile qui les met en mouvement. La charge se répartit à peu près également sur les deux rouleaux. Celui de derrière circule sur une chaussée déjà préparée par celui de devant ; la résistance qu'éprouve la machine est donc assez régulière, et ne présente pas ces variations énormes qui avaient fait échouer les premiers essais avec un seul rouleau. Un changement de marche, semblable à celui des locomotives, permet à la machine de revenir sur ses pas sans se retourner, lorsqu'elle est au bout de la pièce à cylindrer. Enfin, les axes des deux rouleaux sont disposés de façon à converger, au moyen d'une crémaillère à la main du mécanicien ; on peut ainsi faire décrire à l'appareil des courbes, même de très petit rayon, suivant les besoins.

On emploie presque généralement aujourd'hui un modèle un peu différent, inventé par MM. Aveling et Porter, de Rochester. Dans cet appareil (fig. 147), la locomobile est portée par

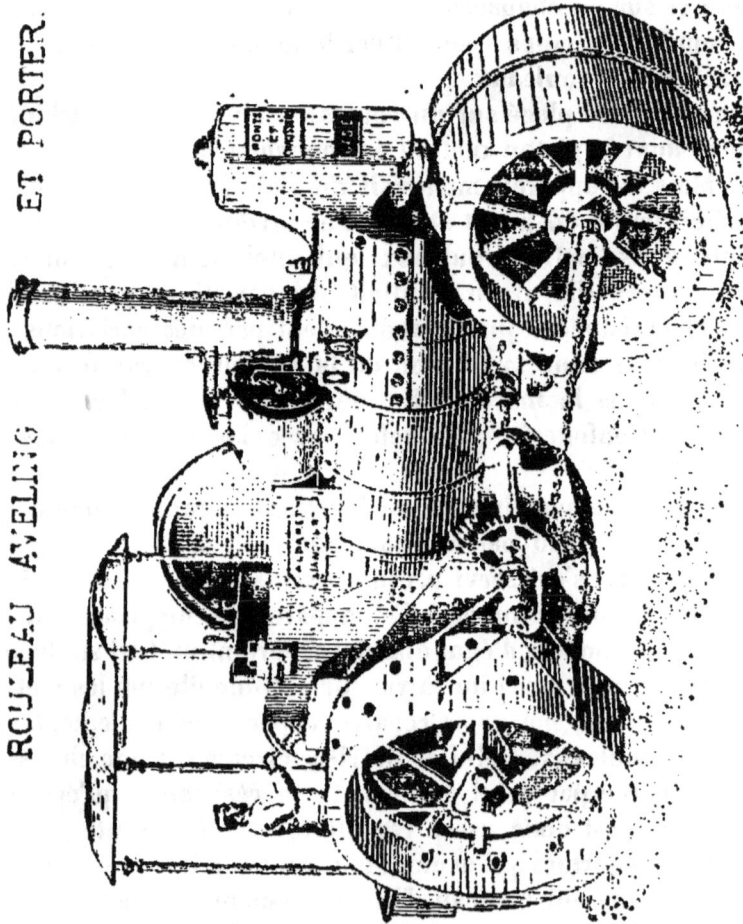

ROULEAU AVELING ET PORTER.

Fig. 147.

quatre larges roues, servant de rouleaux ; les deux roues de derrière sont motrices, et celles de devant, pouvant tourner autour d'une cheville ouvrière, sont directrices. La largeur de chacune de ces roues et de $0^m,40$ à $0^m,60$. Les pistes des roues ne se recouvrent pas, ou du moins se recouvrent très peu ; mais la résistance est répartie sur quatre points, et, en somme, ne varie pas de manière à rendre la marche de la vapeur irrégulière. La zone cylindrée se trouve ainsi divisée en quatre parties où passent quatre petits rouleaux indépendants ; chacun d'eux peut s'adapter parfaitement à l'inclinaison transversale qui résulte du bombement de la chaussée. On a pu donner ainsi 2 mètres de largeur de voie totale au rouleau, sans qu'il cesse d'exercer partout une pression uniforme. Un levier de changement de marche permet à cette machine d'aller indifféremment dans les deux sens.

Le cylindrage à la vapeur présente de nombreux avantages. Il supprime les dérangements produits par les pas des chevaux et permet ainsi de diminuer le nombre des passages en chaque point. Il se prête facilement à l'ascension des rampes ; en augmentant le débit de la vapeur et diminuant la vitesse, on arrive à surmonter à peu près tous les obstacles. Mais son principal mérite, c'est qu'il supprime les temps perdus, le retournement ayant lieu par la simple action d'un levier de changement de marche.

On a objecté que, dans certaines contrées, il peut y avoir difficulté à se procurer l'eau destinée à l'alimentation de la chaudière. Mais il faut remarquer que, dans ce cas, il faudrait renoncer au cylindrage par chevaux, car il ne peut guère se faire convenablement sans arrosage.

Les rouleaux à vapeur représentent, il est vrai, un gros capital ; les plus simples reviennent à 12 ou 15.000 francs. Ils donnent lieu à des réparations coûteuses parce qu'il faut renvoyer l'appareil chez le constructeur, ou faire venir de loin des pièces de rechange. Ils ont besoin d'abris pour être remisés la nuit ou quand ils ne fonctionnent pas. La conduite d'une machine à vapeur ne peut être confiée au premier ouvrier venu, et il faut un mécanicien à l'année, dont le salaire coûte cher et court lors même qu'il n'est pas utilisé.

Il résulte de là des frais généraux considérables, qui demandent à être répartis sur une grande masse de cylindrages. Ce système n'est donc avantageux que si la machine trouve un emploi presque continu pendant toute l'année.

265. Pilonnage. — Quand on ne dispose pas de rouleaux compresseurs ou que ceux-ci ne peuvent fonctionner, comme sur des pentes trop fortes, on peut y substituer le pilonnage (n° 195).

Le répandage ne doit alors être fait que par couches de 0^m,05 à 0^m,06. On pilonne chaque couche, jusqu'à ce que le serrage des pierres soit obtenu. Puis on introduit la matière d'agrégation par petites parties, en arrosant chaque fois, et on continue de pilonner, jusqu'à ce que la chaussée ait fait prise.

Le pilonnage ne donne jamais d'aussi bons résultats que le cylindrage, et il coûte beaucoup plus cher. On y a rarement recours dans la construction des chaussées ; sur les fortes rampes, on préfère des rouleaux légers auxquels ont fait faire un grand nombre de passages.

§ 3

CHAUSSÉES PAVÉES

1° Conditions d'établissement.

266. Définitions. — On appelle chaussées pavées toutes celles qui sont formées de pièces posées à la main et assujetties les unes contre les autres. Chaque pièce porte le nom de *pavé*.

Il y a un grand nombre de systèmes de pavages. Les uns, comme les mosaïques ou les carreaux céramiques, ne sont, employés qu'à l'intérieur ou pour les chaussées de luxe, dans les cours des maisons par exemple, ou sous les passages de portes cochères. Les autres servent à l'établissement des chaussées des routes ou des rues. Parmi ces derniers, il en est qui ne sont employés qu'exceptionnellement : il en sera question au § 4 ci-après. Il sera traité ici seulement du pavage proprement dit, qui est composé de pavés en pierre équarris régulièrement.

24

267. Conditions spéciales. — Les pavés, étant juxtaposés et recevant isolément les uns après les autres les charges qui circulent sur la chaussée, transmettent intégralement ces charges au sous-sol dans l'espace que chacun d'eux occupe. De là résulte la nécessité d'interposer entre les pavés et le sous-sol naturel un matelas susceptible de répartir les pressions.

Si le sous-sol était très dur, par exemple en rocher, le pavé se trouverait placé comme sur une enclume, et, par suite des charges et des chocs qu'il reçoit, serait exposé à se fendre d'abord, puis à s'écraser. Il constituerait d'ailleurs une chaussée tellement dure que les véhicules seraient soumis à des trépidations et à des cahots insupportables.

Si le sous-sol était composé de terre argileuse, se détrempant et devenant plastique par l'humidité, le pavé s'y enfoncerait et ferait remonter la terre par les joints, sous forme de boue. Il arriverait surtout que, le degré de plasticité de la terre étant variable d'un point à un autre, l'enfoncement des pavés serait irrégulier, et le profil de la chaussée, bientôt couverte de flaches nombreuses et profondes, serait complètement bouleversé.

268. Fondation. — Il est donc nécessaire, dans tous les cas, de mettre les pavés sur une couche de fondation, qui doit présenter les qualités suivantes :

1° Répartir les pressions locales sur la plus grande étendue possible ;

2° Présenter une compressibilité faible et égale en tous ses points ;

3° Conserver une résistance uniforme par tous les temps, humidité comme sécheresse ;

4° La conserver partout, alors même que celle du sous-sol serait variable.

269. Propriétés du sable. — Le sable bien pur présente précisément ces diverses propriétés.

1° On a déjà vu (nᵒ 238), que tous les matériaux fragmentaires entassés répartissent les pressions reçues en un point de leur surface sur une base d'autant plus large qu'ils sont plus fins. Le sable est donc essentiellement propre à produire cet effet.

2° Quand le sable a été bien tassé par une compression préalable, il devient très peu compressible, et les variations de résistance qu'il peut présenter en ses divers points sont à peu près insensibles.

3° Quand le sable est mouillé, il se durcit et se tasse, au lieu de se ramollir. Il conserve donc la même résistance que le sable sec, soumis à un tassement préalable comme il vient d'être dit.

4° Le sable ne cède pas aux pressions, et conserve à la surface une résistance uniforme, alors même que la résistance du sous-sol vient à varier.

Cette dernière propriété, extrêmement remarquable, a été mise en lumière par des expériences dues à MM. Moreau et Niel, officiers du génie. Dans une caisse ABCD (fig. 148), ils ont mis une couche de sable bien tassé. Une partie EF du fond de la caisse était mobile, et maintenue en place par une force P, qui mesurait la pression supportée isolément par cette partie.

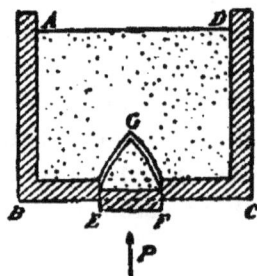

Fig. 148.

Cette force était, à l'origine, égale au poids du cylindre de sable superposé au plateau mobile. Si on diminuait progressivement la force P, on ne voyait se produire aucun mouvement à la surface du sable. Puis, à un moment donné, la force P restait constante, et il se détachait de la masse un solide ogival EFG qui descendait avec le plateau. Cette expérience réussissait aussi bien lorsque la surface du sable était surchargée de poids, même très considérables.

Il résulte de là que les grains de sable, en s'arc-boutant, sont susceptibles de former, au-dessus des parties de la base qui viennent à céder, des sortes de voûtes, où les pressions se reportent sur les parties restées fixes, qui leur servent de culées.

Le sous-sol d'une chaussée pavée peut être considéré comme le fond de la caisse ci-dessus, et les parties ramollies correspondent au plateau mobile. La pression y diminue, et la charge placée à la surface, composée des pavés et des poids qu'ils supportent, ne subit ni mouvement ni enfoncement.

Le sable ne satisfait aux conditions ci-dessus que s'il est bien pur. Lorsqu'il est mélangé de terre argileuse, il perd en partie ses propriétés, pour prendre celles de l'argile, qui sont précisément opposées.

Un sable dont les grains sont anguleux est préférable au sable à grains ronds, car l'arc-boutement y est plus solide.

La grosseur des grains paraît d'ailleurs indifférente.

270. Épaisseur de la fondation. — L'épaisseur de la couche de fondation varie suivant la nature du sable et suivant l'homogénéité du sous-sol. Il faut que le sommet G de l'ogive qui tend à se détacher, lorsqu'une portion EF du fond vient à céder, n'atteigne pas la surface AD. La couche sera donc d'autant plus épaisse que les parties du sous-sol susceptibles de se ramollir auront plus de superficie, et que la forme de l'ogive sera plus surhaussée.

Il est difficile d'indiquer des règles rationnelles à cet égard. On se guide sur l'usage, fruit de l'expérience. On considère ordinairement $0^m,10$ et $0^m.30$ comme des limites extrêmes, qui sont rarement atteintes, et le plus souvent l'épaisseur est comprise entre $0^m,15$ et $0^m,25$. Le sable ayant en général peu de valeur, il ne faut pas craindre de pécher par excès.

271. Fondation en béton. — Pour les voies très fréquentées des grandes villes, comme à Londres et à Paris, les fondations en sable présentent une résistance quelquefois insuffisante. Par suite de la rapidité avec laquelle les travaux doivent être conduits, il est rare que le sable ait été soumis à une compression préalable assez énergique, et il en résulte des inégalités de tassement qui à la longue déforment la surface et produisent des flaches. En outre, la boue de la chaussée, chargée de matières organiques, filtre à travers les joints et mélange une partie de ces matières avec le sable de fondation, qui se transforme en une vase noire fétide, et perd toutes ses qualités.

Pour remédier à ces inconvénients, on a essayé d'établir les pavages sur une fondation rigide, en substituant au sable une couche de béton de 0^m,15 à 0^{m}20 d'épaisseur. A Londres, où ce système est assez répandu, le béton est recouvert d'une légère couche de sable, de 0^m,02 à 0^m,03 d'épaisseur, sur laquelle sont posés des pavés de granit ; puis on fait arriver par les joints un coulis de chaux ou de ciment, qui transforme le sable en mortier.

Les essais faits à Paris n'ont pas été très satisfaisants. Les pavés en grès, qui sont principalement employés, n'ont pas une résistance suffisante, et se brisent sous le passage des roues, se trouvant placés comme entre une enclume et un marteau. En outre, ces chaussées sont très sonores. On est obligé, pour éviter ces défauts, d'interposer entre le béton et les pavés une couche de sable assez forte pour amortir les chocs, 0^m,08 à 0^m,10 par exemple. C'est alors presque revenir aux pavages simplement posés sur sable, mais avec une dépense beaucoup plus considérable.

Une fondation rigide n'est d'ailleurs guère admissible dans les rues où les chaussées sont exposées à des remaniements fréquents pour les fouilles des égouts, du gaz, des eaux, etc. Il faut qu'au préalable des dispositions aient été prises pour que ces remaniements ne soient plus nécessaires qu'accidentellement.

272. Joints. — Les pavés sont juxtaposés, mais, comme ils ne sont jamais parfaitement taillés, ils ne s'appuient l'un contre l'autre que par les bosses qu'ils présentent. Il reste donc entre eux des intervalles vides, qu'on appelle des *joints*.

Ces joints doivent être remplis de sable. Sans cela, les saillies par lesquelles les pavés se touchent serait bientôt émoussées par suite des chocs, et les pavés se trouveraient isolés et sans stabilité.

Des joints qui seraient laissés vides se rempliraient d'ailleurs d'eau pendant les pluies, et l'évaporation en serait très lente. Cette eau, chargée des détritus de la route, en partie de nature organique, les déposerait à la surface de la couche de fondation, qui se transformerait en vase et perdrait toute sa

qualité. C'est un effet qui se produit toujours à la longue, surtout dans les chaussées des villes où la circulation est très active, malgré le soin que l'on prend de garnir les joints de sable.

Le sable joue encore un rôle important dans les joints : il
a pour effet de répartir les pressions sur une plus grande étendue de la couche de fondation. Les expériences déjà citées
ont montré, en effet, que, dans un espace limité, comme une
caisse dont le fond vient à céder sur toute sa surface, la
pression supportée par ce fond est moindre que le poids du sable superposé. Par suite de l'arc-boutement des grains, une
portion de la charge est soutenue par les parois de la caisse. Un
pavé dont les joints sont garnis de sable se trouve dans les
mêmes conditions : il est partiellement soutenu par les pavés
voisins, et ne peut s'enfoncer sans les entraîner.

Le sable pour les joints doit présenter les mêmes qualités
que pour la fondation ; il doit être en outre assez fin pour tenir
dans la largeur du joint.

La transformation progressive en vase des joints de sable,
et par suite de la fondation elle-même, est un inconvénient
grave, et altère profondément les meilleurs pavages. On a
cherché à y remédier en substituant au sable des substances
compactes et imperméables.

On peut avoir recours au mortier de sable et de chaux hydraulique ou de ciment. Mais ce système ne réussit que si la
fondation est elle-même en mortier ou en béton, ou pour des
passages peu fréquentés comme les cours et les portes cochères. Autrement, sous les trépidations qui se produisent, le mortier se désagrège ou se détache du pavé, surtout quand celui-
ci est en grès, et laisse passer l'eau de la chaussée, qui va
transformer en vase le sable de la fondation.

On maçonne toutefois habituellement dans les villes une largeur de pavage de 0ᵐ.50 le long des bordures des trottoirs, où
l'eau coule continuellement. Mais il est prudent d'asseoir cette
largeur sur une fondation elle-même consolidée, et de n'y employer que des pavés en granit, qui adhèrent mieux au mortier
que le grès.

On a fait aussi quelquefois les joints en bitume. Mais cette
substance adhère mal aux pavés, et l'eau pénètre par les fis-

sures qui se produisent. On ne réussit à les éviter que si on dessèche absolument les pavés en les chauffant dans du goudron ou du bitume fondu. Ce mode de pavage devient alors une chaussée de luxe et n'est pas applicable aux voies publiques.

On a encore eu l'idée d'enfoncer à la partie supérieure des joints de petites tringles de bois. Mais ce procédé manquait complètement son objet : les tringles étaient promptement amincies par les vibrations, et fournissaient par leur altération des détritus organiques.

273. Choix des pavés. — Les pavés eux-mêmes doivent satisfaire à certaines conditions. Il faut que chacun d'eux soit assez résistant pour ne pas s'écraser sous les charges qu'il doit recevoir, et pour ne pas s'user rapidement sous le passage fréquemment renouvelé de ces charges. Il faut, en outre, que la surface de la chaussée soit unie, ce qui exige que chaque pavé présente le moins possible d'aspérités, et que tous les pavés occupent et conservent les uns par rapport aux autres le niveau qui leur est assigné par le profil de la chaussée.

Les qualités des pavés résultent de leur nature, de leur mode de préparation et de leurs dimensions.

274. Nature des pavés. — On recherche les pierres les plus résistantes parmi celles dont on peut disposer. Quelquefois on emploie les calcaires durs ; le plus souvent, on choisit du grès, du granit ou du porphyre.

Quelle que soit la pierre adoptée, on doit se préoccuper avant tout de l'homogénéité de sa qualité. Mieux valent des pavés plus tendres, mais d'égale dureté, qu'un mélange de pavés plus durs, mais de résistance inégale. Car, si l'usure n'est pas la même pour tous, il se forme bientôt sur les chaussées des flaches qui les rendent détestables.

Les pavés calcaires sont trop tendres pour les circulations un peu actives ; on ne les emploie avec succès que dans les rues peu fréquentées. Certains calcaires très durs, comme les marbres, font un meilleur usage ; mais ils ont l'inconvénient de se polir et de devenir glissants, ce qui provoque des chutes de chevaux ; ils sont d'ailleurs très coûteux. Il est rare enfin que les pavés calcaires soient suffisamment homogènes.

Le grès est excellent, lorsqu'il est choisi avec soin. Il résiste bien aux chocs, il s'use peu et ne se polit pas.

Le granit et le porphyre ont une résistance supérieure à celle du grès, tant à l'usure qu'à la rupture, et ils n'absorbent pas l'humidité. Ils conviennent sous ce rapport aux chaussées où la circulation est très importante. Le plus souvent toutefois, et c'est le cas de ceux dont on dispose à Paris, ils ont le grave défaut de se polir et de donner des chaussées glissantes, où les chutes de chevaux sont plus fréquentes que sur les chaussées de grès. On y remédie dans une certaine mesure en n'employant que des pavés de petit échantillon, et multipliant ainsi les joints qui servent de points d'arrêt aux fers des chevaux.

On peut remarquer, d'ailleurs, que cet inconvénient n'a d'importance réelle que si ces pavés sont une exception, et parce que les animaux n'en ont pas l'habitude. S'ils y circulaient constamment, ils y adapteraient facilement leur marche. C'est ce qui se produit à Londres, à Nantes et dans d'autres villes où le granit est exclusivement employé.

275. Taille des pavés. — Les pavés, préparés par la brisure de bancs de roches amorcés à la trace, présentent au sortir de la carrière des bosses et des flaches qu'il faut faire disparaître, ou tout au moins réduire, car elles donnent lieu à de graves inconvénients.

En premier lieu, ces bosses forment des aspérités qui augmentent la résistance des véhicules à la traction.

En second lieu, lorsqu'à une bosse A (fig. 149) succède une arête B, les roues, en tombant, épaufrent cette arête et celle du pavé contigu B', en sorte que le joint BB' se creuse. Si le joint considéré est parallèle à la marche des voitures, les roues parvenues à la saillie

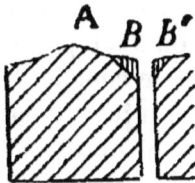

Fig. 149.

A n'y restent pas et tombent dans le joint en glissant sur la pente AB. La circulation est donc plus fréquente sur le joint que sur le milieu du pavé, qui s'use ainsi en se bombant de plus

en plus, et dont la surface tend ainsi à prendre la forme
d'une calotte sphérique.

Enfin, la présence des bosses oblige à laisser des joints au
moins égaux à leur saillie. Or, les grands joints exagèrent les
inconvénients signalés ci-dessus.

Une chaussée où les pavés deviennent sphériques est détestable pour la circulation, surtout pour celle des voyageurs,
qu'elle soumet à des cahots fatigants. Elle offre plus de
résistance à la traction que les chaussées unies. Enfin, elle est
difficile et même dangereuse pour les chevaux, dont les pieds
ont peine à se tenir sur une surface bombée, surtout si cette
surface est glissante, soit par suite du poli qu'elle aurait pris
sous le frottement des roues, soit par l'interposition d'un peu
de boue grasse.

On évite ces inconvénients, ou du moins on les atténue, en
employant des pavés dont on a fait disparaître les bosses. Cette
préparation peut être plus ou moins parfaite. On appelle pavés *smillés* ceux où les faces sont planes.

Toutefois, il ne semble pas qu'il y ait intérêt à pousser cette
taille trop loin. Pour smiller un pavé, on emploie des outils
qui agissent par percussion, et la surface se trouve attendrie
sur une certaine profondeur, en sorte que l'usure en est plus
rapide.

Les joints ne doivent d'ailleurs jamais être supprimés ni réduits à une trop petite largeur. Autrement, les pieds des chevaux qui auraient glissé sur un pavé ne trouveraient plus rien
pour les arrêter. En outre, dans l'entretien, ainsi qu'on le verra
plus loin, on est conduit à soulever des pavés isolés, opération qui deviendrait impossible sans un joint où l'on puisse
faire pénétrer un outil. Enfin, il faut la place de la couche de
sable qu'il convient d'interposer entre les pavés. Un joint d'environ 0^m,01 est donc toujours nécessaire, et il est inutile de
tailler les faces des pavés plus finement qu'en vue de ce résultat.

276. Forme des pavés. — Les pavés sont des cubes ou des
parallélipipèdes rectangles dont la hauteur est intermédiaire en
tre les deux dimensions transversales ou égale à la plus petite.

Si la dimension verticale était relativement trop petite, le pavé serait exposé à se fendre par flexion; si elle était trop grande, il manquerait de stabilité et aurait tendance à se renverser.

Dans quelques contrées, on emploie des pavés démaigris, ayant la forme de troncs de pyramides dont la plus grande base est à la surface. Lorsque le démaigrissement est exagéré, ces pavés manquent de stabilité. Une charge P (fig. 150), qui porte sur une arête B, tend à faire basculer le pavé autour de l'arête A. En outre, à mesure que les pavés s'usent, les joints qui les séparent s'élargissent.

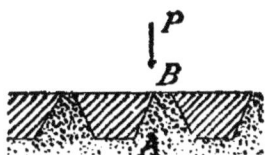

Fig. 150.

On reproche aussi à ces pavés de ne pouvoir être retournés sur différentes faces, comme les pavés rectangulaires, lorsque la surface est usée. Mais on verra que cette objection n'est pas sérieuse, car ce retournement des pavés est un mode vicieux d'entretien.

D'autre part, cette tolérance diminue notablement le prix des fournitures, en réduisant les déchets de carrière, et cette forme de pavés se prête beaucoup mieux à la main-d'œuvre de l'entretien. Si le démaigrissement est peu prononcé, s'il ne dépasse pas 1/10ᵉ par exemple, les inconvénients signalés ci-dessus sont peu sensibles : la stabilité des pavés ne paraît pas compromise, et l'élargissement du joint est peu prononcé pour une usure déjà très grande.

Les pavés cubiques étaient exclusivement employés autrefois. L'usage des pavés oblongs, où l'une des dimensions horizontales est plus longue que l'autre, essayé à Paris il y a une soixantaine d'années, tend à se généraliser. Si l'on a soin de mettre leur longueur transversalement à la marche des voitures, il y a, dans le sens de cette marche, un moins grand nombre de joints dans chaque rangée de pavés que s'ils étaient cubiques. Or, c'est surtout dans ce sens que l'usure se produit le plus rapidement sur les arêtes, et que le bombement de la tête des pavés tend à se prononcer.

Pour un même creusement de joints, les pavés oblongs au-

ront encore des parties planes, alors que les pavés cubiques seraient devenus sphériques. La figure 151, qui représente un pavage usé en
pavés oblongs, fait ressortir cet avantage.

Il est à remarquer d'ailleurs, qu'en dehors des arêtes
placées dans les joints longitudinaux, ce qui s'use le
plus dans un pavé, c'est la
partie M placée à la suite d'un
de ces joints. Il y a donc tout
intérêt à diminuer le nombre
de ces points M.

Les pavés oblongs coûtent

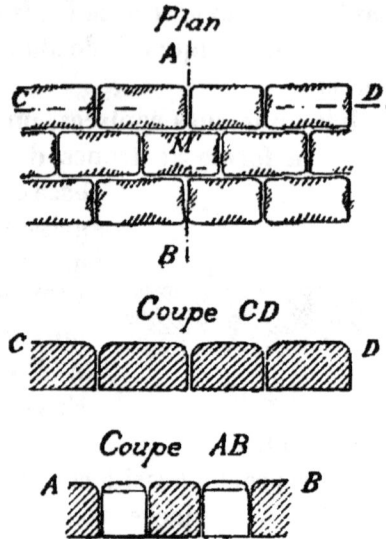

Fig. 151.

un peu plus cher que les pavés cubiques, parce que, à volume
égal, ils présentent plus de surface, et que la main-d'œuvre de
la préparation est surtout en raison de la surface.

On leur reproche aussi de ne pouvoir être réemployés sans
retaille que sur quatre faces, tandis que les pavés cubiques
peuvent être retournés six fois. Mais cette objection est sans
portée, ainsi qu'on l'a fait remarquer au sujet des pavés démaigris.

277. Échantillon. — L'échantillon d'un pavé est l'expression de ses dimensions dans les trois sens.

Quand l'échantillon est gros, les pavés offrent beaucoup de
résistance à la rupture et de stabilité individuelle. Mais, si
quelques-uns d'entre-eux viennent à s'enfoncer, et lorsque
par suite de l'usure leurs têtes prennent du bombement, la
chaussée devient très cahotante. En outre, les roues, qui ont
une tendance à glisser sur ces surfaces sphériques pour descendre dans les joints, éprouvent à chaque instant des déplacements latéraux très notables. La circulation y devient donc
mauvaise.

Les petits échantillons évitent ces inconvénients; mais ils ne sont admissibles que pour des matériaux durs et posés avec soin.

L'échantillon des pavés de Paris, fixé à 6 ou 7 pouces (de $0^m,16$ à $0^m,19$) en 1420, a été augmenté de 1 pouce en 1667, et porté en 1730 à 8 ou 9 pouces (de $0^m,22$ à $0^m,24$). Ce dernier modèle a été employé pendant un siècle, et ce n'est qu'en 1835 qu'on a essayé des échantillons réduits, en même temps que la forme oblongue.

Les résultats ont été excellents, et depuis lors on a renoncé aux gros pavés cubiques de $0^m,23$. Les dimensions habituelles se tiennent entre $0^m,15$ et $0^m,20$ pour les pavés cubiques. Les pavés oblongs n'ont que de $0^m,10$ à $0^m,14$ de largeur, et leur longueur va jusqu'à $0^m,24$. Leur queue est de $0^m,12$ à $0^m,16$.

Les petits pavés, à volume égal, coûtent plus cher que les gros, parce qu'ils doivent être faits en matériaux plus durs, et parce que leur préparation est plus longue, la main-d'œuvre étant en grande partie proportionnelle à l'étendue des faces, et non aux volumes; leur emploi est également plus coûteux, le travail de la pose d'un pavé croissant peu avec l'échantillon. Aussi, quoiqu'ils exigent un moindre cube de pierre, les pavages de petit échantillon reviennent en général à un prix un peu plus élevé ; mais ils donnent des chaussées incomparablement meilleures.

Quel que soit l'échantillon adopté, il est essentiel qu'il reste homogène dans toute l'étendue d'un même pavage.

En effet, les pavés se plaçant par rangées juxtaposées, on voit immédiatement que tous ceux d'une même rangée ont nécessairement la même largeur.

Il faut encore qu'ils aient même longueur, afin de présenter la même surface. L'incompressibilité du sable n'est pas absolue, et il se tasse toujours un peu, d'une quantité proportionnelle à la plus forte pression qu'il ait à supporter. Or, pour une même charge maxima, cette pression varie avec la surface du pavé qui la transmet. Les pavés les plus larges s'enfoncent donc moins que les plus petits, et la surface de la chaussée devient inégale si la condition n'est pas remplie.

La hauteur doit aussi être la même pour tous les pavés. Le tassement total du sable, pour une même pression, est proportionnel à son épaisseur. Or, sous un pavé plus haut, il y a moins de sable, et l'enfoncement est moindre.

Les mêmes considérations font voir que les pavés des ranges successives doivent être d'échantillon identique.

Cette condition est une des plus essentielles. Lorsqu'on dispose de pavés de dimensions variables, il faut, avant de les employer, les *échantillonner*, c'est-à-dire les trier et les séparer en plusieurs lots homogènes, dont on fait des portions successives de chaussées, en ayant soin que l'échantillon progresse toujours dans le même sens de l'une à l'autre.

278. Appareil. — Les pavés se disposent par lignes continues de largeur constante, que l'on nomme des *ranges* (fig. 152).

La direction des ranges doit être normale à celle de la marche des voitures. Si elle lui était parallèle, une roue, une fois engagée dans un joint continu, n'en sortirait plus, n'ayant pas de motif pour remonter la surface convexe des pavés. Chaque joint formerait bientôt une ornière et la chaussée ne serait qu'une série de sillons parallèles.

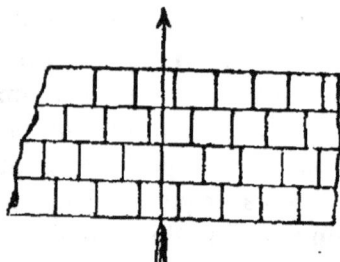

Fig. 152.

Par les mêmes raisons, les joints qui séparent les pavés des ranges successives doivent se découper, c'est-à-dire, ne pas se présenter en prolongement les uns des autres. Un joint, dans une range, doit tomber vers le milieu d'un pavé de la range contiguë. S'il ne tombe pas exactement au milieu, il ne doit pas s'en écarter de plus d'un tiers à droite ou à gauche.

Si les pavés sont oblongs, les ranges ont pour largeur leur plus petite dimension, la plus grande étant perpendiculaire à l'axe. On a vu (n° 276) que l'avantage des pavés oblongs provenait précisément du moindre développement des joints longitudinaux.

La tendance des roues à tomber dans les joints parallèles à leur marche étant la cause principale à laquelle est dû le bom-

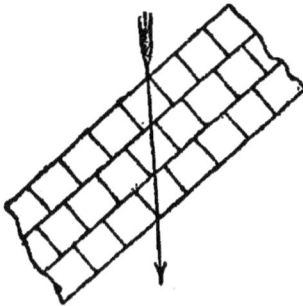

Fig. 153.

bement de la tête des pavés, on a eu l'idée de supprimer complètement cette espèce de joints, en plaçant les ranges obliquement par rapport à l'axe de la chaussée (fig. 153). Mais le succès n'a pas justifié cet essai. Les roues attaquaient les angles trièdres des pavés, et le bombement ne se produisait ni plus ni moins que dans le système ordinaire. On a donc renoncé à cet appareil, dont la pose donnait lieu à des sujétions particulières.

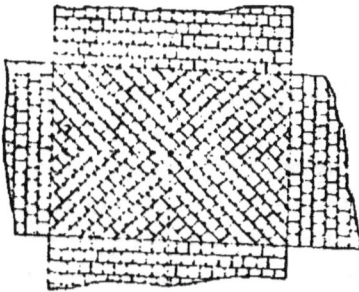

Fig. 154.

Lorsque deux chaussées se croisent, il y a circulation dans le sens de chacune d'elles, et, en outre, pour passer de l'une à l'autre. Pour éviter que des joints continus s'offrent à aucun de ces courants, on dispose les ranges, dans la partie commune aux deux chaussées, parallèlement aux bissectrices des angles que font leurs axes, ou à une ligne qui s'en rapproche (fig. 154).

Bordures. Lorsque la chaussée est limitée longitudinalement par une ligne droite, trottoir ou accotement, il devient impossible de conserver à la fois la découpe et l'égalité d'échantillon. Car, si les ranges M (fig. 155) partent de la rive avec des pavés égaux, le dernier joint de la range intermédiaire N appareillée en découpe sera nécessairement à une distance de la rive égale à la moitié (*a*) d'une longueur de pavé, ou à une fois et demie (*b*) cette longueur.

C'est à ce dernier parti que l'on

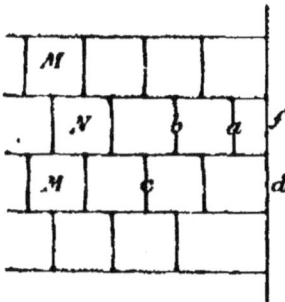

Fig. 155.

s'arrête. Ces pavés plus longs que les autres s'appellent *boutisses*.

L'ensemble des boutisses et des autres pavés contigus à la rive forme la *bordure*.

Lorsque la bordure s'appuie sur un trottoir solide, elle a la même hauteur que le reste du pavage. Si elle n'est limitée que par un accotement sans résistance, on donne quelquefois aux pavés qui la constituent une hauteur un peu plus grande, afin qu'ils présentent plus de masse et soient moins sujets à se déplacer latéralement. Il ne faut pas toutefois que cet excédent dépasse la moitié de l'épaisseur courante, car les pavés trop hauts sont exposés à se renverser. Il paraît préférable, lorsqu'on veut renfoncer la bordure, de ne pas en augmenter la hauteur, mais de placer à toutes les ranges des boutisses, ayant alternativement 1 fois 1/2 et 2 fois (*bf* et *cd*) la longueur d'un pavé.

Autrefois, on donnait aux bordures, dans les trois sens, des dimensions considérables (fig. 156), qui n'avaient souvent aucun rapport avec celles des ranges ; on ne pouvait les raccorder qu'au moyen de fausses coupes, qui rendaient la pose compliquée et détruisaient l'homogénéité du pavage sur les bords. Leur but n'était pas simplement d'obtenir une rive rectiligne, mais de maintenir la solidité du pavage : une chaussée bombée forme une sorte de voûte dont ces bordures étaient les culées. Mais elles présentaient de graves inconvénients : elles tassaient moins que les pavés plus petits, s'usaient moins qu'eux et moins que l'accotement ; elles faisaient donc saillie des deux côtés, retenaient les eaux sur la chaussée et formaient obstacle au passage des voitures de la chaussée à l'accotement ou réciproquement. Elles étaient donc la source d'entraves à la circulation et de dégradations continuelles.

Caniveau. — Lorsque l'eau doit suivre ou traverser une chaussée, on la dirige au moyen

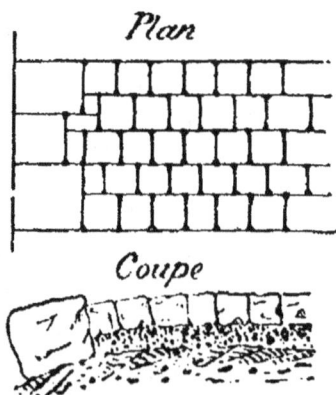

Plan

Coupe

Fig. 156.

d'un caniveau, en inclinant le pavage à droite et à gauche d'un axe creux. Cette disposition, fréquente lorsque l'on plaçait les ruisseaux dans l'axe des chaussées, est plus rare depuis qu'on fait les chaussées bombées et que l'eau suit les bordures de trottoirs. On a cependant encore à faire traverser les chaussées par des caniveaux, au croisement des rues dépourvues d'égouts.

L'appareil des pavages dans les canivaux présente une certaine difficulté. L'inclinaison du pavage de part et d'autre de l'axe ne peut avoir lieu, dans chaque rangée, qu'à la rencontre de deux pavés, c'est-à-dire, suivant un joint. Pour avoir une ligne droite continue au fond du caniveau, il faudrait donc y placer un joint continu (fig. 157) dont les inconvénients seraient aggravés par la présence constante de l'eau.

Fig. 157.

Pour l'éviter, on met alternativement au point bas des ranges successives un joint comme ci-dessus et le milieu d'un pavé, qui est alors posé horizontalement (fig. 158). Mais cette disposition forme une série de petites cuvettes barrées par les pavés horizontaux, d'où l'eau ne peut jamais sortir, et qui donnent lieu à des cahots pour les voitures.

Fig. 158.

On prend un parti intermédiaire, en choisissant pour axe du caniveau une ligne AB (fig. 159) moyenne entre les files de joints transversaux. Le point bas de chaque range est alternativement à droite et à gauche de cet axe, et offre à l'écoulement de l'eau une ligne sinueuse où la stagnation de l'eau et les cahots sont beaucoup moins prononcés.

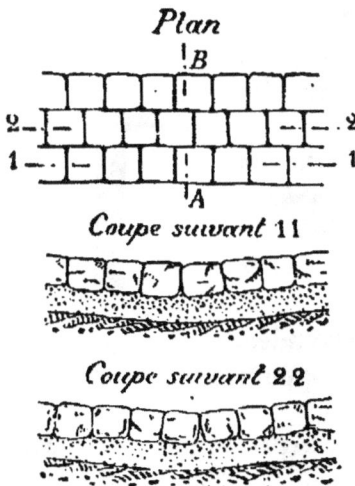

Plan

Coupe suivant 1 1

Coupe suivant 2 2

Fig. 159.

Ces difficultés d'appareil s'aplanissent d'ailleurs beaucoup avec les pavés de petit échantillon.

2° Exécution des travaux.

379. Extraction et préparation des pavés. — Les carrières qui fournissent les pavés sont formées, soit de bancs, soit de blocs isolés. Les blocs ne sont pas toujours apparents et sont quelquefois enfouis au sein de la terre. Pour en reconnaître la présence, on peut se servir d'une sonde formée d'une tige de fer, avec un manche transversal en bois, que l'on enfonce dans le sol jusqu'à ce qu'on éprouve une résistance. La pointe en est terminée en forme d'olive, et, en essayant de la faire pénétrer dans le bloc, on peut juger jusqu'à un certain point s'il est de bonne qualité.

Quand on a trouvé des bancs ou des blocs convenables, on en fait le découvert, en enlevant la terre superposée par les procédés ordinaires de la fouille.

La roche mise à nu est d'abord débitée en gros blocs rectangulaires, ayant une épaisseur égale à l'une des dimensions des pavés, et dans les autres sens un multiple des autres dimensions. On laisse toutefois un peu de gras, pour tenir compte du déchet résultant des opérations suivantes.

Cette extraction se fait à la trace, au moyen de rainures marquées sur la roche avec le *mortaisoir* (fig. 160), gros marteau de 4 kil. dont les deux têtes se terminent en coins de 60° environ.

Fig. 160.

Quand les rainures sont assez profondes, on y place des coins en fer que l'on frappe avec une masse de 10 kil.

Ces blocs sont ensuite débités à la grosseur des pavés par le *briseur*, armé d'un lourd marteau de 9 à 14 kil. tranchant par les deux bouts (fig. 161). Il marque sur le bloc, en s'aidant d'une règle, des lignes qui limitent les dimensions des pavés.

25

Puis avec son marteau, il frappe à petits coups pour étonner la roche jusque vers le centre. Il fait la même chose sur chacune des deux faces. Un coup sec et fort, appliqué ensuite sur le bloc, suffit pour le faire fendre suivant les lignes étonnées.

Les petits blocs ainsi obtenus ont quelquefois encore les dimensions de deux pavés. Ils sont alors passés au *recoupeur* qui les sépare en deux par un procédé analogue, mais avec un marteau un peu moins lourd, de 4 à 8 kil. seulement, les émonde et leur donne la forme et les dimensions d'un pavé.

Fig. 161.

Une dernière main-d'œuvre est donnée par l'*épinceur*, qui se sert d'un marteau léger, de 1 à 3 kil. nommé *épincette*. Il avive les arêtes, achève l'émondage et fait disparaître toutes les bosses qui dépassent la limite tolérée.

Le pavé passe quelquefois dans les mains d'un *smilleur* qui, avec une pointe semblable à celle dont font usage les tailleurs de pierre, dresse les faces de manière à les rendre exactement planes. On est allé même jusqu'à les tailler, comme des moellons piqués, au ciseau et à la boucharde. Mais cette façon, qui est coûteuse, se fait rarement, par les motifs qui ont été indiqués (nᵒ 275).

280. Transport des pavés. — Les pavés sont chargés dans des tombereaux, qui les transportent sur la route en construction. Ils sont déchargés sur l'accotement et rangés en lignes régulières, dans lesquelles ils sont assez espacés pour pouvoir être examinés un à un.

Le chargement et le déchargement doivent se faire avec précaution, afin de ne pas épaufrer les angles ou les arêtes. Il convient d'y mettre deux ouvriers, dont l'un se tient sur le tombereau, et qui se passent les pavés à la main. Ils n'en peuvent guère manipuler plus de 2 à 300 par heure, suivant l'échantillon.

Le mètre cube de grès dur ou de granit pèse environ 2.500 kil.; le mètre cube de porphyre, environ 2.700 kil. D'après l'échantillon, on peut calculer le poids d'un nombre donné de pavés, et en déduire la quantité que peut transporter le tombereau, suivant l'état des chemins.

281. Réception. — La réception des pavés est préparée par le conducteur des travaux et faite par l'ingénieur. Elle porte sur le nombre, sur les dimensions et la qualité.

Le nombre se constate facilement, les pavés étant espacés régulièrement dans des lignes régulières.

On mesure ensuite au mètre les dimensions de ceux qui paraissent différer des pavés voisins.

La qualité se reconnaît de différentes manières, savoir :

1° *Par l'aspect de la matière :* Le grain doit être fin et serré, la cassure cristalline et brillante.

2° *Par la densité :* En général la dureté est proportionnelle à la densité pour une même nature de matériaux. On pèse un certain nombre de pavés sur une bascule, lorsqu'on en dispose.

3° *Par la porosité :* Les pavés sont d'autant plus tendres qu'ils sont plus poreux et absorbent plus d'eau. On plonge les pavés dans l'eau, après les avoir pesés, et on les pèse de nouveau après l'immersion ; souvent quand on n'a pas de moyens de les peser, on se contente de les arroser et de voir combien de te. la surface met à s'assécher.

4° *Par la sonorité :* C'est le caractère le plus habituellement consulté. On frappe le pavé avec un marteau, et le son est d'autant plus sec et vibrant que le pavé est plus dur et plus homogène ; les fils et les moyes qu'il peut renfermer sont parfaitement décelés par ce signe ; la nature du son éclaire immédiatement les personnes qui ont quelque habitude des réceptions.

Il importe que les pavés présentent ces qualités au plus haut degré ; mais ce qui importe encore davantage, c'est qu'ils les présentent au même degré. L'homogénéité est la condition primordiale d'un bon pavage.

Quand on a examiné ainsi tous les pavés, on marque, à la couleur, d'un signe particulier tous ceux qui sont reçus, et d'un autre signe tous ceux qui sont refusés. On ne laisse commencer le pavage qu'après que ceux-ci ont été enlevés et remplacés par d'autres pavés reconnus de bonne qualité.

Cet examen doit être fait sévèrement : la qualité de la chaussée en dépend essentiellement. L'entretien pourrait, à la rigueur, corriger des défauts de pose ; mais si la qualité des pavés est mauvaise, et surtout variable, la chaussée sera et restera toujours mauvaise.

282. Ouverture de la forme. — La forme doit avoir été ouverte et dressée avant l'apport des matériaux. Elle se prépare comme pour les empierrements (nº 248). Il faut remarquer que, l'encaissement étant beaucoup plus profond que dans le cas des empierrements, la totalité des fouilles ne trouve pas toujours place sur les accotements, et qu'une partie en doit être enlevée au tombereau pour être portée en dépôt.

Quant au fond de l'encaissement, il convient de le faire parallèle au bombement de la chaussée, afin que le tassement du sable soit le même partout.

283. Fourniture et réception du sable. — Le sable, dont l'extraction et le transport se font comme pour les terrassements, est déchargé sur le milieu de la forme et emmétré en cordons. Quelquefois, lorsqu'on n'a pas le temps ou la place pour faire les cordons, on se contente de compter le nombre de tombereaux de capacité connue qui apportent le sable ; mais c'est moins exact et moins sûr.

Si le sable, bon pour la fondation, est trop gros pour les joints, on en fait passer à la claie une certaine quantité, qui est emmétrée à part sur l'accotement.

Enfin, on met en réserve une certaine quantité de sable destiné à être répandu à la surface.

Avant son emploi, le sable est soumis à une réception rigoureuse. La quantité est constatée par les dimensions des cordons. Quant à la qualité, qui consiste essentiellement dans l'absence de parties argileuses, on la constate, soit en mettant du sable en suspension dans l'eau, où il doit tomber immédiatement sans laisser de trouble, soit en le frottant entre les mains, qui ne doivent pas se salir. Lorsqu'il s'agit de sable fin, le toucher, et au besoin la loupe, font reconnaître si les grains sont ronds ou anguleux.

384. Répandage du sable. — Le sable est régalé dans l'encaissement, suivant une épaisseur uniforme, qui doit dépasser celle de la fondation de la quantité nécessaire pour garnir les joints, c'est-à-dire de $0^m,02$ à $0^m,04$ environ, suivant l'échantillon et la largeur des joints. S'il est nécessaire d'avoir pour les joints du sable tamisé, il se répand à la surface du sable brut, préalablement régalé ; l'épaisseur de cette couche doit dépasser de 2 à 3 centimètres celle qui est nécessaire pour garnir les joints ; elle est donc de $0^m,04$ à $0^m,07$.

Pour obtenir un bon pavage, il est indispensable de tasser le sable de fondation avant la pose des pavés. On peut le faire avec un rouleau compresseur, ou au moyen de pilons ; mais il est beaucoup mieux d'arroser le sable à grande eau. On a soin de recharger les flaches qui ont pu se produire pendant ce tassement.

Dans ce cas, la couche supérieure destinée au remplissage des joints, qui doit rester meuble, n'est répandue qu'après la compression de la couche de fondation.

Ce tassement préalable n'est pas toujours pratiqué, au grand détriment de la qualité des pavages. On compte souvent, pour obtenir le même résultat, sur le dressage (n° 287), qui est loin cependant d'avoir la même efficacité. Beaucoup de pavages sont mal réussis, uniquement par suite de cette négligence.

385. Tracé et marche du pavage. — Pour diriger les paveurs, on tend des cordeaux fixés à des fiches de fer enfoncées dans le sable.

Une première série de cordeaux est placée parallèlement à l'axe, à la hauteur que doit avoir la surface de la chaussée. On en met un au milieu, un sur chaque bord, et deux ou plusieurs autres intermédiaires, de façon à figurer parfaitement le profil de la chaussée.

On dispose ensuite d'autres cordeaux transversaux qui indiquent la direction des ranges, et qui sont espacés de façon qu'ils séparent un nombre déterminé de ces ranges, dix ou vingt par exemple.

Un premier compagnon paveur met en place les boutisses et carreaux de bordure, ce qui achève le tracé de l'ouvrage.

Deux autres compagnons attaquent le pavage en partant des bordures opposées, et complètent d'abord chaque range, en allant l'un vers l'autre. Lorsqu'ils se rejoignent, ils posent un pavé central, appelé *clausoir*, qui doit remplir exactement la place restée libre. Si l'échantillonnage des pavés est parfait ainsi que leur pose, cela se fait tout naturellement. Mais il y a dans les fournitures et dans la main-d'œuvre de petites irrégularités, d'où il résulte que le dernier vide n'est pas toujours absolument de même dimension, et que le clausoir doit être choisi spécialement parmi les pavés disponibles.

266. Pose des pavés. — La main-d'œuvre du pavage se fait au moyen du marteau de paveur (fig. 162), qui a d'un côté la forme d'une spatule ogivale, et de l'autre celle d'une masse prismatique. Le compagnon creuse dans le sable avec la spatule la place d'un pavé, puis en présente un, qu'il a pris dans le tas mis à sa portée ou que lui passe un servant. Il l'assujettit en frappant avec la masse prismatique de son marteau les faces apparentes, tant sur la fondation que contre les pavés voisins.

Si le pavé s'enfonce trop, ou reste en saillie, il le déplace et

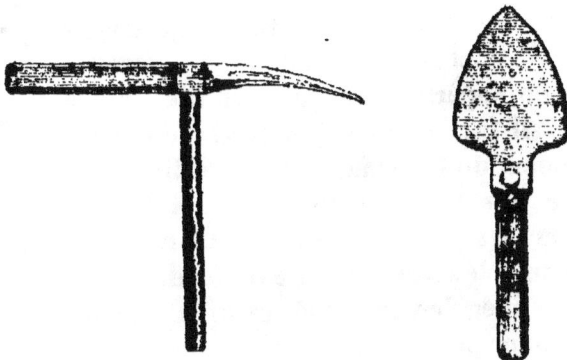

Fig. 162.

ajoute ou enlève du sable dans l'emplacement préparé ; puis il présente de nouveau le pavé et l'assujettit définitivement.

Il prend alors une certaine quantité de sable dans la spatule et en garnit les joints.

Il se présente parfois des pavés que leurs bosses ne permettent pas d'asseoir convenablement. Les paveurs peuvent recouper eux-mêmes ces bosses au moyen d'un petit marteau d'épinçage mis à leur disposition. Mais c'est un travail qu'ils font mal le plus souvent, et ils rendent le pavé irrégulier. Il vaut mieux leur interdire le recoupage, et leur prescrire de rejeter les pavés qui ne s'adapteraient pas bien, sauf à les employer ailleurs, ou à les rebuter définitivement s'ils ne trouvent place nulle part.

887. Dressage. — Une fois posés, les pavés sont soumis au *dressage*. Le dresseur est armé d'un lourd pilon en bois, nommé *hie* ou *demoiselle* (fig. 163), qui est armé de fer à sa partie inférieure et muni de deux manches courbes. Il soulève cet outil d'une quantité déterminée et le laisse retomber sur le pavé. Le choc doit être égal ou supérieur au plus fort des chocs auxquels les chaussées sont normalement soumises par suite de la circulation. Il est répété trois ou quatre fois sur chaque pavé, et on admet qu'il produit sur le sable un tassement définitif, qui ne sera pas augmenté par le passage des plus lourds chargements.

Le dressage est une opération fort simple, mais cependant délicate. Elle n'a pas pour but, comme on le croit trop souvent, de régulariser la surface de la chaussée, mais de la soumettre à une action supérieure à celle qu'elle aura à supporter. Il faut que chaque pavé soit battu identiquement de la même façon, tandis que le dresseur a une tendance instinctive à frapper plus fort sur les pavés en saillie, et à ménager ceux qui sont plus bas. Le sable de fondation se trouve alors inégalement tassé, et le pavage devient irrégulier par l'usage.

Fig. 163.

Après le dressage, le paveur repasse ; s'il y a des pavés restés en creux ou en saillie, il les enlève, en se servant de deux petites pinces en fer qu'il introduit dans les joints, et il ôte ou ajoute du sable, puis remet le pavé en place.

Le dressage fait descendre dans le fond une partie du sable mis dans les joints, et il faut achever de les remplir. On le fait au moyen de petits tas de sable apportés à la pelle sur place et poussés au dessus des joints avec le pied ou autrement. On l'y fait pénétrer avec une fiche (fig. 164), bâton ferré terminé par une lame plate.

Fig. 164.

Lorsqu'on a de l'eau à sa disposition, il est bien préférable d'en lancer en abondance à la surface de la chaussée ; le sable se trouve entraîné et tassé dans les joints beaucoup mieux que par le fichage.

Quand le pavage est fini, on y répand une couche uniforme de sable de 1 à 3 centimètres d'épaisseur, et c'est en cet état qu'on le livre à la circulation. La pression des roues achève de remplir parfaitement les joints et corrige les imperfections du fichage. Il semblerait même que cette précaution rendît le fichage inutile ; mais ce sable superficiel, broyé par les roues, se transforme en poussière et en boue, à laquelle se mélangent des détritus organiques, et ne présente pas les qualités requises.

248. Analyse des prix. — Un atelier complet de paveurs se compose de 4 à 5 compagnons, servis par autant de manœuvres, et d'un dresseur. Un chef d'atelier fait le tracé et dirige les opérations ; il peut facilement surveiller deux ateliers à la fois.

Chaque atelier, ainsi constitué, peut faire de 4 à 10 mètres carrés de pavage par heure, suivant l'échantillon. On peut admettre, comme règle approximative, que si a représente le côté moyen, exprimé en centimètres, d'un cube équivalent au volume de chaque pavé, il faut à un paveur pour poser un mètre carré, un nombre d'heures représenté par $\dfrac{10}{a}$.

Le prix des chaussées pavées s'établit, soit au mètre carré, soit au mètre courant lorsqu'il s'agit d'une chaussée de largeur constante.

Les éléments de ce prix sont :

1° La fourniture du sable nécessaire pour la fondation, les joints et la couche superficielle à répandre après le dressage ;

2° La fourniture des pavés, dont on évalue le nombre d'après l'échantillon, en tenant compte de la largeur des joints ;

3° La main-d'œuvre, comprenant environ $\frac{10}{a}$ heures de paveur et de manœuvre, a étant le nombre de centimètres de l'arête du pavé supposé cubique, un temps de dresseur 4 ou 5 fois moindre, et le temps du chef d'atelier égal à celui du dresseur ou moitié moindre.

Le détail d'un mètre cube de sable se compose d'ailleurs, comme pour les matières d'agrégation, de l'extraction, du chargement, du transport et de l'emmétrage.

Quant aux pavés, on les évalue habituellement au millier, dont il est facile de calculer le volume d'après l'échantillon. Le prix du mille de pavés comprend d'abord les frais de carrière, savoir : la découverte des bancs, le mortaisage, le brisage, la recoupe et l'épinçage ; il ne faut pas oublier qu'il se produit un déchet, d'autant plus grand que la réception est plus sévère quant à la forme et à l'uniformité de l'échantillon. Le temps consacré par les ouvriers à ces diverses mains-d'œuvre est variable, suivant la nature de la roche et suivant le fini du travail. Des observations faites dans une carrière du Pas-de-Calais ont montré, par exemple, qu'un atelier composé de 4 ouvriers avait pu y préparer par heure environ 20 pavés de dimension moyenne répondant à peu près à l'échantillon de 0^m,16 en cube.

Les pavés sont ensuite chargés en tombereau, transportés à pied d'œuvre, déchargés et rangés en ligne ; il y a, en outre, à tenir compte des menus frais de la réception.

La formule du prix de transport est, comme pour les terres (n° 189), $X = \dfrac{P (2D + d)}{L.C}$, dans laquelle $\dfrac{d}{L}$ représente le temps employé au chargement et au déchargement des pavés mis dans le tombereau, et C leur nombre divisé par 1.000.

289. Comparaison entre les pavages et les empierrements. — Lorsqu'il s'agit d'établir une chaussée, on peut se demander s'il est préférable de la faire en pavage ou en empierrement. C'est une question qui a été très controversée, vers 1850, lorsqu'on a commencé à introduire à Paris les chaussées macadamisées, qui y étaient inconnues antérieurement.

Cette question n'est pas susceptible d'une solution générale. Elle doit être discutée dans chaque cas particulier, suivant les circonstances. On ne peut qu'indiquer les éléments de la discussion, qui se trouvent dans les caractères propres à chaque nature de chaussée.

Les frais de premier établissement sont incomparablement moindres pour les empierrements que pour les pavages.

La résistance à la traction est notablement plus grande sur les empierrements que sur les pavés pour les voitures marchant au pas. Pour les voitures au trot, la différence diminue, et s'efface d'autant plus que l'allure est plus rapide.

Les chaussées pavées donnent lieu à des cahots continus, à un bruit assourdissant, et à des trépidations qui se transmettent dans les habitations qui les bordent. Les chaussées empierrées échappent à ces inconvénients.

En revanche, les empierrements fournissent beaucoup de boue et de poussière, tandis que les pavés en donnent peu. Ces détritus s'enlèvent facilement sur les routes à fréquentation moyenne ; mais on ne peut s'en débarrasser qu'en gênant la circulation, lorsque celle-ci est très active.

Le pied des chevaux est bien mieux assuré sur l'empierrement que sur le pavage, et les chutes y sont moins fréquentes.

L'entretien ne peut être fait sur les pavages que par des compagnons paveurs, tandis que celui des empierrements ne réclame pas des ouvriers d'état spéciaux ; mais il doit être continu, tandis qu'un pavage ne demande que des réparations peu fréquentes. Toutefois, la gêne apportée à la circulation est moindre dans le premier cas que dans le second. Dans les grandes villes, on a presque renoncé à entretenir couramment

les chaussées pavées, et on n'y fait que les réparations strictement indispensables jusqu'à ce qu'elles se détériorent au
point qu'il faille les refaire entièrement ; il en résulte que la
plupart des chaussées pavées y laissent presque constamment
à désirer.

Les frais annuels d'entretien sont moindres pour les pavages
que pour les empierrements. Mais, il faut tenir compte de
l'amortissement, et mettre en réserve le capital nécessaire
pour procéder à un renouvellement total au moment où les pavés seront hors de service. L'avantage reste alors aux empierrements. Cependant quand la fréquentation est très grande
l'entretien des empierrements devient excessivement coûteux, et on a dû y renoncer dans certaines rues des grandes
villes par motif d'économie.

On se décide pour un système ou pour l'autre, suivant que
telle ou telle considération paraît prépondérante.

Ainsi, dans les villes, on macadamise les voies fréquentées
surtout par les voitures de luxe : l'uni de la surface, l'absence
de cahots, de bruit et de trépidations, la sécurité pour les chevaux, importent plus que l'économie réalisée sur les frais d'entretien.

Dans les rues fréquentées par le roulage et les transports
au pas, on conserve le pavage, parce que la résistance à la
traction y est moindre, et que c'est là le point capital. Il en est
de même dans les rues à circulation mixte, où les avantages et
les inconvénients des deux systèmes se compensent et où la
fréquentation n'est pas assez considérable pour justifier le personnel permanent que l'entretien du macadam exige.

Sur les routes en rase campagne, il n'y a guère à envisager
que la question de dépense. Pour comparer les deux systèmes,
il faut calculer l'intérêt et l'amortissement du capital d'établissement et les frais annuels d'entretien, et y ajouter la dépense que fera le public pour se servir de la route (n° 32). Cette
dépense est moindre sur les pavés que sur les empierrements,
et, comme elle est en général l'élément le plus important des
frais annuels, il en résulte que cette comparaison donne le plus
souvent l'avantage aux chaussées pavées.

Néanmoins on préfère presque toujours les chaussées em-

pierrées, qui coûtent beaucoup moins cher à établir, par deux
motifs, dont l'un est bon et l'autre mauvais.

La mauvaise raison, c'est que celui qui a fait construire la
route, État, département ou commune, ne voit que son intérêt particulier, qui est de dépenser le moins possible, et ne
porte pas en ligne de compte l'intérêt pourtant prédominant du
public, qui est d'avoir une chaussée où les frais de traction se
réduisent au minimum.

La bonne raison, c'est que les capitaux dont on dispose,
dans une période déterminée, ne sont pas indéfinis, mais limités à une somme donnée, en sorte que, si les routes coûtent plus cher, on en fait un moins grand nombre et on rend
moins de services à la société.

La question, en effet, n'est pas tant de faire des routes où la
circulation soit aussi économique que possible, que de tirer la
plus grande utilité du capital disponible. Or, si cette utilité
est en raison inverse du prix de transport des choses qui circulent sur les routes, elle est aussi proportionnelle à la quantité de ces choses. Il est donc souvent préférable de donner
des débouchés dans un plus grand nombre de directions, sauf
à grever la circulation de quelques frais.

Cette considération peut même se vérifier par le calcul. Les
services rendus par les routes sont proportionnels à leur développement et en raison inverse de la dépense que leur constitution entraîne pour le roulage. Or, si A est le prix d'un kilomètre de route dans un système de construction, et A′ le prix
dans un autre système, les longueurs à construire, avec un
même capital C, seront $\frac{C}{A}$ dans un cas, et $\frac{C}{A'}$ dans l'autre. Les
prix du transport de l'unité de poids à un kilomètre seront P
dans le premier système et P′ dans le second. L'utilité tirée du
capital C sera donc proportionnelle à $\frac{C}{A.P}$ d'un côté, et à $\frac{C}{A'.P'}$
de l'autre côté ; et le premier système sera plus avantageux
que le second si A.P est plus petit que A′.P′.

Ce calcul conduira presque toujours à donner la préférence
aux empierrements, comme on le fait habituellement.

390. Convertissement des pavages en empierrements. — Lorsque des chaussées anciennes sont pavées, on a été tenté souvent de les transformer en chaussées empierrées. L'avantage de ce convertissement est au moins douteux, et dans bien des cas l'opération est onéreuse. On dépense de l'argent pour faire la transformation ; les frais d'entretien annuels sont presque toujours augmentés ; et on offre au roulage une chaussée dont la résistance à la traction est plus grande. Il y a donc perte de tous les côtés. Ce n'est que lorsque le pavage est entièrement usé, et que la chaussée doit être refaite de toutes pièces, que le convertissement doit être discuté.

391. Chaussées mixtes. — Les chaussées pavées convenant mieux au gros roulage et à la circulation au pas, et les chaussées empierrées aux voitures légères et rapides, on a eu l'idée, sur les routes qui ont une grande largeur et dans les rues des villes, d'offrir à la fois les deux systèmes sur une même voie.

On doit se demander quelle est la partie de la largeur qu'il convient de paver.

La disposition qui vient la première à l'esprit, c'est de mettre le pavage au milieu, et les empierrements de part et d'autre ; cela revient simplement à empierrer en tout ou en partie les accotements d'une chaussée pavée. Ce système est usité pour les routes en rase campagne, où la chaussée pavée est quelquefois bordée de bandes latérales empierrées.

Mais il est défectueux dans les villes où la chaussée est bordée d'un trottoir nécessairement accompagné d'un caniveau pavé. L'empierrement s'use plus vite que les pavés, et bientôt il forme une cuvette où l'eau séjourne. Si l'on veut prévenir cet inconvénient en donnant à la chaussée empierrée une saillie sur les pavages, cette saillie intercepte l'écoulement latéral des eaux de la chaussée centrale. En outre, si les bandes empierrées n'ont pas la largeur d'une voie double, les voitures qui les suivent ne peuvent s'y croiser ; il faut qu'elles s'astreignent à marcher sur la chaussée de droite, ce qui n'est pas toujours possible, car ce sont surtout des voitures légères, qui ont à stationner tantôt à droite et tantôt à gauche.

Il est préférable, dans ce cas, de placer l'empierrement au milieu et les pavages sur les côtés. On peut alors sans inconvénient mettre la chaussée empierrée en saillie sur la surface pavée, et l'écoulement des eaux est assuré tant que cette saillie subsiste. Les voitures qui suivent les pavages sont des voitures lourdes, qui n'ont que rarement à stationner et qui peuvent tenir constamment leur droite ; les voitures légères, qui suivent alors le milieu, se détachent facilement du côté où elles ont besoin de se rendre.

On peut aussi paver une moitié de la chaussée à partir de l'axe, et empierrer l'autre moitié. C'est un système que l'on adopte souvent dans les parties où sont établies des voies ferrées pour tramways.

§ 4

CHAUSSÉES DIVERSES

909. Blocages. — Les pavés de blocage (fig. 165) sont formés de pierres brutes que l'on place les unes à côté des autres, sans les assujettir à former des rangées régulières. On choisit de préférence des roches qui donnent facilement des moellons plats, comme les schistes. Ces moellons sont posés sur une forme de sable. Pour en assurer la stabilité, on met en dessous celle des faces transversales qui paraît la plus plane. La surface de la chaussée présente une série d'aspérités qui la rendent excessivement rugueuse, cahotante et très pénible aux pieds des hommes et des animaux. Ce système vraiment barbare a aujourd'hui à peu près complètement disparu, sauf dans les ruelles de quelques villes. Il est employé encore quelquefois pour les caniveaux de $0^m,40$ à $0^m,50$ de largeur qui bordent les trottoirs des chaussées en empierrement.

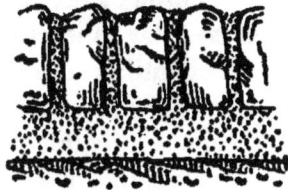

Fig. 165.

898. Cailloux roulés. — Dans beaucoup de contrées, où les grès sont rares, on utilise pour les pavages les cailloux roulés que l'on trouve en abondance dans le lit des fleuves ou sur les plages de la mer. On en fait un blocage, qui est très économique, et qui offre une résistance pour ainsi dire indéfinie à l'usure, les cailloux roulés étant en silex ou en matériaux analogues extrêmement durs. Les cailloux sont

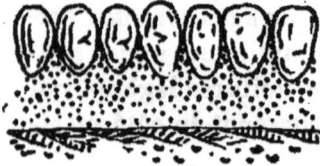

Fig. 166.

placés debout sur une forme de sable (fig. 166) et bien serrés les uns contre les autres. Ces chaussées se comportent assez bien, mais la circulation y est très désagréable, car elle se fait sur la tête des cailloux, qui ont une forme ovoïde. Si les cailloux sont de gros échantillon, la surface de la chaussée n'est qu'une série de têtes de chat, et ressemble à un vieux pavage usé outre mesure : la circulation des voitures ne peut s'y faire qu'avec des cahots intolérables. Si l'échantillon est petit, les cahots disparaissent et font place à une simple trépidation ; mais les pieds des chevaux, qui glissent continuellement sur ses surfaces dures et polies, ne trouvent pas des joints assez larges et assez profonds pour les retenir, et les têtes des cailloux sont tellement pointues que les piétons n'y peuvent circuler sans gêne et même sans douleur. On emploie donc un échantillon moyen, qui est, dans les moins mauvaises de ces chaussées, de 0^m,07 à 0^m,08 de diamètre.

On a soin, d'ailleurs, pour atténuer les désagréments de ce genre de pavage, de placer le petit bout en dessous, et de mettre le gros bout à la surface, aux dépens de la stabilité des matériaux.

894. Cailloux étêtés. — On obtient aujourd'hui de très bonnes chaussées en faisant usage de cailloux étêtés. Ce sont des cailloux roulés de gros échantillon dont on a fait sauter la tête au marteau, de façon à lui substituer une surface plane. On enlève également deux éclats sur la hauteur pour obtenir deux faces planes parallèles. On a ainsi des sortes des pavés très durs qui s'appareillent facilement (fig. 167), les faces pla-

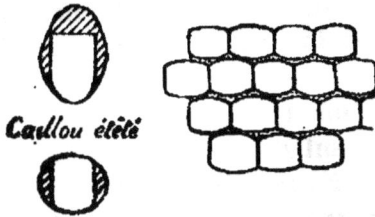

Caillou étêté

Fig. 167.

nes latérales se juxtaposant dans le sens de la marche des voitures, et les faces rondes se plaçant dans les creux les unes des autres.

Ce système de chaussées est très répandu dans beaucoup de villes, surtout dans le midi de la France, où il a remplacé avec grand avantage les anciens blocages en cailloux roulés non étêtés.

395. Chaussées dallées. — Dans certains pays, notamment en Italie, on se sert de dalles au lieu de pavés. Les dalles sont des pierres dont les dimensions transversales sont beaucoup plus grandes que l'épaisseur. Celles que l'on emploie pour les chaussées ont de $0^m,12$ à $0^m,16$ d'épaisseur, et des dimensions transversales de $0^m,40$ à $0^m,50$. Quelquefois elles sont de forme irrégulière et s'assemblent à joints incertains. Le plus souvent, elles sont de forme régulière et se disposent par ranges de largeur constante ; on a soin, dans ce cas, d'incliner les ranges à 45° sur l'axe, afin de ne pas avoir de joints longitudinaux de longueur excessive.

Ces chaussées sont très roulantes ; mais le pied des chevaux n'y est pas assuré. Pour éviter qu'ils n'y glissent trop facilement, on creuse dans les dalles, à des intervalles de $0^m,15$ ou $0^m,20$, des stries, qui imitent les joints des pavés ordinaires, mais dont l'efficacité laisse à désirer.

Ce système de chaussée est agréable pour les voyageurs, mais il est très coûteux, car le choix, la préparation et la pose des dalles demandent des soins minutieux. Elles doivent être faites en matériaux très durs, parce que leurs larges dimensions les exposent à porter à faux, et aussi parce qu'on doit chercher à ce qu'elles n'aient besoin que de rares réparations, ces réparations étant difficiles et gênantes pour la circulation. L'homogénéité de nature et de dimensions est encore plus nécessaire pour les dalles que pour les pavés ; car le moindre enfoncement d'une d'entre elles donne lieu à une flache importante. La taille de leurs faces doit être presque aussi soignée que celle des pierres de taille dans les constructions. Enfin la pose doit être faite avec assez de perfection pour que chaque dalle porte également en tous ses points sur le sable, et pour que le sable soit uniformément tassé. Quand une dalle est usée ou avariée, son enlèvement et son remplacement par une dalle identique donnent lieu à des difficultés et à des sujétions qui rendent l'entretien de ce genre de chaussées très coûteux, en même temps qu'il entrave beaucoup la circulation.

396. Trams. — Dans d'autres villes, on emploie un système mixte, qui participe du pavage et du dallage ; il a été essayé sans succès à Paris et à Londres, où il était connu sous le nom de *tram*. C'est une chaussée dans laquelle la piste des chevaux et celles des roues sont marquées à l'avance et appropriées chacune à leur destination. Le centre, où marchent les chevaux, est formé d'un pavage ordinaire en pavés ou cailloux roulés, de 0^m,60 à 0^m,75 de large ; les côtés, destinés aux roues, sont des bandes de 0^m,40 à 0^m,60 en dalles. On conserve ainsi les avantages des dallages, et on évite leur principal inconvénient qui est le glissement des chevaux. Ce système est d'ailleurs moins coûteux et d'un entretien plus facile que les dallages proprement dits.

Dans les rues étroites, on n'établit qu'une seule piste. Habituellement on en met deux, qui sont séparées par un pavage ordinaire. Dans les voies très larges, on ajoute une troisième et même une quatrième piste.

Ces chaussées sont très favorables aux voitures à une seule file de chevaux, mais beaucoup moins à celles qui sont attelées de deux chevaux de front, car ces animaux ont alors chacun deux pieds sur les dalles. Excellentes dans les rues étroites à une seule voie et à très faible circulation, elles perdent en partie leurs avantages quand il y a plusieurs voies, par suite de la nécessité où se trouvent les voitures de faire place à d'autres ou de les dépasser. On a constaté que, à Turin et à Milan, où ce système est usité, quatre voitures sur dix, et les plus rapides, ne peuvent pas suivre les trams. A Londres et à Paris, où la circulation est plus active, où les allures sont très diverses, depuis le pas jusqu'au grand trot, où une partie des voitures stationnent le long des trottoirs, très peu d'entre elles s'assujettissaient à suivre le tram, et le rôle des deux parties se trouvait continuellement interverti. Aussi les voitures évitaient les trams, lorsque des chaussées ordinaires se présentaient à côté. On y a donc complètement renoncé.

297. Chaussées en briques. Dans d'autres contrées où les pierres sont rares, comme en Hollande, on construit des chaussées pavées en briques. On pose les briques de champ sur une fondation de sable ou de béton, et on garnit les joints de mortier. Mais la brique est très peu résistante ; elle se brise et s'écrase sous les charges les plus modérées, et s'use avec une rapidité excessive. Les chaussées en briques deviennent promptement flacheuses, et résistent fort mal même à la faible circulation de voitures légères qui a lieu dans un pays où, comme en Hollande, tous les gros transports se font par eau. Aussi, dans les principales villes, on construit maintenant en pierre le milieu des rues les plus fréquentées par les voitures.

298. Chaussées en ciment. — On construit, dans certaines régions, des chaussées en ciment. Sur une fondation en béton, de $0^m,15$ à $0^m,20$ d'épaisseur, on coule une couche de ciment, ou pl tôt de mortier riche de ciment, ayant de $0^m,04$ à $0^m,06$ d'épaisseur.

La surface obtenue est très roulante et unie comme celle des chaussées en asphalte comprimé. Elle a l'inconvénient d'être un peu plus glissante.

Les chaussées en ciment résistent bien à une circulation moyenne ; mais, dans les parties très fréquentées, elles sont exposées à se détruire par écrasement. En outre, le ciment est sensible aux variations de température ; son coefficient de dilatabilité est presque le même que celui des métaux. Dans les climats où les hivers sont rigoureux, il se contracte et les fentes qui s'y produisent l'exposent à une dégradation rapide. Ces chaussées ne sont guère en usage que dans les climats méridionaux.

299. Chaussées en asphalte. — Dans les rues des villes à grande circulation, le passage des voitures sur les pavages donne lieu à un bruit quelquefois assourdissant, et à des trépidations fâcheuses dans les maisons en bordure. L'empierrement pare à ces inconvénients, mais il produit beaucoup de poussière et de boue, qui sont un désagrément pour les piétons et même pour les voitures, et qui projettent aux égouts une masse considérable de détritus sableux.

On a cherché depuis longtemps à substituer aux types ordinaires, dans ces circonstances, des chaussées qui fussent à l'abri de ces divers inconvénients. On y est parvenu de deux manières : par les dallages en asphalte et par les pavages en bois.

L'asphalte est une roche calcaire, imprégnée d'une hydrocarbure, nommé bitume, que l'on trouve dans diverses contrées, principalement sur les confins de la Suisse et de la France, dans les départements de l'Ain et de la Savoie, à Seyssel, dans le val de Travers. Le bitume est une substance combustible, de composition variable, formée de deux éléments distincts, l'un fixe et solide, l'autre liquide et volatil, que l'on peut séparer par distillation. Il est plus ou moins visqueux, à une température donnée, suivant la proportion de ces deux éléments. L'huile de pétrole et la houille sont des sortes de bitumes qui occupent les extrémités de l'échelle.

Le bitume se rencontre aussi en dehors de l'asphalte. Il est quelquefois en liberté, comme sur le lac Asphaltique (Judée) ; mais, le plus souvent, il imprègne des substances minérales, de la terre par exemple, comme à l'île de la Trinité (Antilles), ou du sable, comme à Bastennes, dans les Landes.

Par le froid, le bitume est sec et cassant ; à la température ordinaire, il est solide ; il devient malléable par les très fortes chaleurs. Lorsqu'on le chauffe il se ramollit, et devient liquide au-dessus de 100°. Si on le chauffe à l'air libre à plus de 140°, il s'altère : une partie se volatilise ou se résout en gaz, et il reste un résidu noir charbonneux. Enfin, si on l'enflamme, il brûle avec une fumée intense.

Lorsque le bitume imprègne des terres ou des sables, il est facile de l'en extraire ; il suffit de jeter le tout dans l'eau bouillante ; le bitume se ramollit et laisse glisser la terre, qui tombe au fond de l'eau, tandis que lui-même vient nager à la surface.

Dans l'asphalte, les molécules calcaires, qui se trouvent agglomérées par le bitume, restent sans liaison lorsque celui-ci devient liquide, c'est-à-dire à une température d'environ 100°. L'asphalte tombe alors en poudre, mais il n'entre pas en fusion.

Pour certaines applications, il est nécessaire d'avoir de l'asphalte fondu, que l'on puisse couler dans une forme. On y parvient en incorporant à l'asphalte naturel un excès de bitume qui le rend fusible à une température de 100° à 120°. Ce résultat s'obtient lorsque la matière renferme 16 pour 100 de bitume. Or, les roches naturelles les plus riches n'en contiennent pas plus de 12 pour 100. On les enrichit en brassant de l'asphalte en poudre avec du bitume fondu. Le produit est coulé dans des moules de dix litres environ de capacité, où il se solidifie en refroidissant, et porte le nom de *mastic d'asphalte* ou *mastic bitumineux*.

Les premiers essais de chaussées en asphalte, à Paris, remontent à 1837 ; mais on a longtemps tâtonné avant de trouver la meilleure forme sous laquelle le bitume doit être employé.

On a d'abord préparé des pavés artificiels composés de cailloux agglutinés par du mastic d'asphalte. Les joints étaient remplis de mastic coulé au moment de la pose. On a aussi essayé de faire des empierrements en versant dans la forme un mélange de pierre cassée et de mastic en fusion. Ces deux systèmes, qui ont une grande analogie, ont également échoué. En hiver, le bitume trop sec était broyé entre les cailloux. En été, ils se ramollissait et devenait plastique : une partie des pierres s'y enfonçait, tandis que les autres remontaient à la surface où elles formaient des rugosités et étaient bientôt broyées. On n'avait, dans tous les cas, que des chaussées détestables.

Vers 1840, on obtint des chaussées beaucoup meilleures, en coulant une couche de mastic fondu sur une fondation de béton. C'est le système encore usité pour les trottoirs et pour les passages et cours de maisons. Ces chaussées se comportent bien, à la condition que le béton de fondation soit parfaitement sec ; autrement, l'eau, en se vaporisant, soulève le bitume quand il est visqueux, et forme des cloches qui s'écrasent sous la moindre pression. Toutefois ce système ne résiste qu'à des circulations modérées. Essayé dans les rues de Paris, en 1848, il a échoué ; les dégradations prenaient rapidement un développement extrême pendant l'hiver, les réparations ne pouvant se faire qu'en temps sec.

On a eu aussi l'idée d'employer la roche asphaltique à l'état naturel, comme une roche quelconque, sous forme d'empierrements concassés et jetés pêle-mêle avec ou sans matières d'agrégation. On obtenait ainsi de bonnes chaussées, qui se comportaient à peu près comme les chaussées ordinaires et s'usaient presque aussi vite. On y a renoncé, à cause de la dépense excessive qui en résultait.

Ce n'est que vers 1855 qu'on est parvenu à des résultats pratiques par le procédé connu sous le nom *d'asphalte comprimé*. Il consiste à reconstituer la roche bitumineuse naturelle, préalablement désagrégée, après l'avoir étendue en couche mince sur un sol résistant. La fondation est formée d'une couche de 0m,15 à 0m,20, en béton recouvert d'un enduit de mortier de portland, de 0m,01 d'épaisseur, parfaitement réglé au bombement voulu. On prend aussi quelquefois pour fondation une chaussée d'empierrement bien solide, dont la surface nettoyée à vif est régularisée par un enduit en mortier de portland. La roche naturelle, réduite en poudre par des procédés mécaniques et portée ensuite à une température de 120° environ, est transportée dans des voitures fermées jusqu'à pied d'œuvre. Elle est répandue encore chaude sur la fondation, en quantité suffisante pour donner une couche de 4 à 5 centimètres ; il faut pour cela que la poudre ait une épaisseur de 6 à 7 centimètres. Cette poudre est étalée avec une spatule, et régalée suivant le profil voulu. Puis des ouvriers armés de pilons en fer chauffés compriment avec précaution la poudre, de façon à recoller les molécules désagrégées de la roche. On achève de régaler la surface par un lissage obtenu au moyen de sortes de gros fers à repasser légèrement cour-

bés, que l'on a également fait chauffer ; on pilonne de nouveau, cette fois très énergiquement, et on saupoudre de sable
fin. On fait enfin passer un petit rouleau pesant de 4 à 500
kilogr. et ayant de 0ᵐ,70 à 0ᵐ,80 de largeur. La chaussée
peut être livrée à la circulation au bout de quelques heures.

Les chaussées en asphalte comprimé sont excellentes, à la
condition d'avoir été posées sur une fondation parfaitement
sèche. Si le béton sur lequel on répand l'asphalte est humide,
son eau se vaporise au contact de la roche chaude, et la vapeur ne peut s'échapper qu'en se frayant des issues à travers
la croûte bitumineuse. Il se forme ainsi une série de fentes
verticales, qui transforment cette croûte en une sorte de mo-
saïque dont les éléments s'écrasent, loin de se ressouder, sous
le passage des voitures. Un sous-sol compressible produit le
même résultat. Il faut aussi que l'épaisseur de la couche soit
bien uniforme, et que la fondation ne présente aucune flache,
et ne soit pas susceptible de devenir flacheuse.

Les soins apportés dans les travaux d'établissement, aussi
bien que le choix des matières, sont une condition essentielle
de succès.

Ces chaussées sont exemptes de boue et de poussière, car
leur usure est très lente, et on estime qu'elles ne perdent pas
annuellement plus de 0ᵐ,001 d'épaisseur par millier de colliers
quotidiens ; elles ne sont guère salies que par les déjections des
chevaux. Elles procurent aux voitures un parcours doux, sans
bruit, sans cahots, et débarrassent les maisons de toute trépidation. Pendant l'hiver, le tirage y est moindre que sur le
pavé ; en été, il ne dépasse guère celui des empierrements,
sauf lorsque la chaussée reste exposée à un soleil ardent ; car
alors l'asphalte se ramollit au point de conserver la marque
du frayé des roues. Enfin l'asphalte comprimé n'a pas de joints ;
il est donc complètement imperméable, et ne permet pas la
formation de cette boue dont s'imprègne le sous-sol des chaussées pavées.

A côté de ces avantages, précieux dans les grandes villes,
l'asphalte a l'inconvénient de ne pouvoir être construit et convenablement réparé que par les jours secs, qui, dans certains climats, sont rares et de courte durée ; s'il survient

des avaries en hiver, elles prennent quelquefois des proportions considérables. Les fortes gelées, les neiges persistantes, les pluies continues, ont été l'origine de dégradations d'autant plus désastreuses qu'elles ne sont pas bien expliquées. Il en résulte que l'entretien de ces chaussées est difficile et coûteux.

On a craint aussi, dans l'origine, qu'elles ne fussent dangereuses pour les chevaux, à cause de l'absence de joints pour retenir leurs pieds s'ils venaient à glisser. Mais on a constaté que l'asphalte n'est pas glissant par lui-même, car il ne se polit jamais. Il ne devient glissant que par la superposition, à la surface, d'une couche mince de substances étrangères plastiques ou glissantes, comme le verglas ou la boue provenant des chaussées voisines, d'où elle est apportée par les roues. La boue est sans inconvénient, si elle est très molle, mais devient glissante, si elle est grasse ; dans ce cas, comme en temps de verglas, il suffit de jeter un peu de sable sur la chaussée pour faire cesser tout danger. Les déjections des chevaux causent aussi des chutes, qu'il est difficile de prévenir, mais qui ne paraissent pas toutefois assez nombreuses pour faire renoncer aux avantages que présentent les chaussées bitumineuses dans les villes.

L'importance des frais de construction et d'entretien est le principal obstacle à ce qu'elles s'y répandent davantage.

Quant aux routes en rase campagne, elles ne supporteraient pas de semblables frais. Les réparations y deviendraient même à peu près impossibles, par suite de l'outillage spécial qu'elles exigent.

300. Chaussées en bois. — Les pavages en bois sont depuis longtemps répandus en Amérique, où le bois est abondant et les pierres dures relativement rares. Les premiers essais qui en ont été faits en Europe remontent déjà loin. Dès 1843, M. Devilliers, signalant un système de pavage en bois employé à Londres, lui attribuait des avantages marqués sur d'autres systèmes antérieurement appliqués. Ces essais ont été renouvelés à diverses reprises, tant en Angleterre qu'en

France, et ils ont dû être successivement abandonnés. En 1850, M. Darcy considérait le bois comme définitivement condamné. Cette matière présente néanmoins de tels avantages, pour la circulation dans les villes, que les constructeurs ne se sont pas découragés ; après quelques tentatives infructueuses faites vers 1865, on est parvenu enfin à établir les pavages en bois dans des conditions telles qu'on n'hésite pas à les substituer presque partout aux empierrements.

Les reproches que l'on a longtemps adressés à ce système de pavage peuvent se résumer comme il suit :

1° Le bois n'est pas très résistant, et il s'écrase facilement. On avait donc cru d'abord devoir n'employer que des bois très durs, le cœur de chêne par exemple ; mais il arrivait que ces bois très durs n'étaient pas suffisamment homogènes, et que les chaussées devenaient promptement inégales.

2° Afin de répartir les pressions par la plus grande surface possible sur la couche de fondation, qui n'était que du sable ou du béton médiocre, on assurait la solidarité des pièces par des assemblages quelquefois compliqués, et on posait même souvent le pavage proprement dit sur des planchers en charpente. Par les temps humides, le bois se gonflait, et comme, par suite du bombement de la chaussée, il formait une sorte de voûte dont les bordures des trottoirs étaient les culées, il exerçait sur elles une poussée assez forte pour les déplacer. Quand les bordures résistaient, la chaussée se soulevait, se séparait de sa fondation et risquait de se défoncer.

3° Le bois dur que l'on employait devenait très glissant quand il était mouillé, et comme les chaussées ne présentaient pas de joints ou n'en avaient que de peu profonds, les chutes de chevaux étaient fréquentes.

4° On faisait remarquer que les eaux qui séjournent sur les chaussées sont chargées de détritus organiques, dont le bois s'imprègne et qui, en fermentant, donnent lieu à des exhalaisons fétides et malsaines.

5° On craignait qu'en cas d'incendie le bois de la chaussée ne vînt à s'échauffer et à prendre feu lui-même, ainsi qu'on en a vu des exemples en Amérique, où, non seulement la voie charretière, mais les trottoirs eux-mêmes sont en bois.

6° Enfin, la poussière provenant de l'usure de cette nature de chaussées est formée de petites écharpes qui, en voltigeant, peuvent fatiguer et blesser les yeux des passants, ainsi que cela a été constaté en Amérique.

Le système de pavage en usage aujourd'hui (fig. 168) remédie à un certain nombre de ces inconvénients ; ceux qui subsistent sont sans importance sous nos climats, ou sont prévenus par les soins donnés aux chaussées.

Au lieu de bois dur, on emploie au contraire du bois assez tendre, que l'on met debout et qui présente une grande homogénéité dans ce sens. On se rappelle que l'homogénéité est la qualité primordiale de tout pavage, et surtout de ceux qui, comme le bois, ne peuvent être régularisés par l'entretien. Le sapin rouge de Suède et le pin des Landes de Gascogne possèdent cette qualité à un haut degré ; ils ont en outre l'avantage d'être parmi les bois les moins chers. La chaussée s'use alors uniformément et ne devient inégale qu'après la disparition du tiers ou de la moitié de l'épaisseur du pavage.

La fondation est en béton avec mortier de portland, qui offre une grande solidité. Ils n'est plus besoin d'assurer la solidarité des pièces de bois, qui reposent isolément sur cette fondation et ont la forme et la disposition des pavés ordinaires.

Le bois reste, il est vrai, toujours glissant lorsqu'il est mouillé ; mais, avec une essence tendre et à fibres debout, le glissement est moins prononcé. Les joints s'y opposent, quoiqu'imparfaitement, car il disparaissent presque complètement par l'usage et ne se creusent pas : mais il suffit de répandre à la surface de la chaussée, quand les circonstances l'exigent, un peu de menus graviers qui s'incrustent dans le bois et lui donnent une rugosité suffisante.

Le danger d'incendie n'existe guère sous le climat de Paris ou de Londres, et avec les moyens de secours dont on y dispose.

Il n'y pas non plus à s'y préoccuper de l'effet de la poussière, les chaussées étant balayées tous les jours et arrosées pendant les sécheresses

Quant aux émanations insalubres, on les pallie en impré-

CHAUSSÉES EN BOIS.

Profil en travers Chaussée de 15ᵐ00 (1/50)

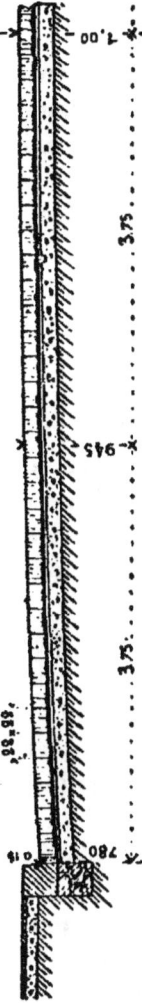

Plan

Coupe sᵗ AB. (1/10)

Joint de 0.03 en sable

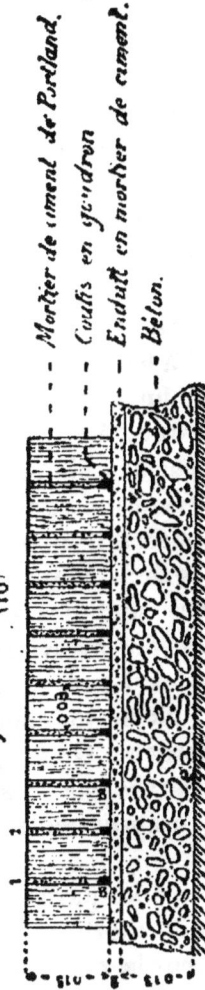

Mortier de ciment de Portland.
Coulis en goudron
Enduit en mortier de ciment.
Béton.

Fig. 168.

gnant la surface des pavés de substances créosotées dont l'odeur, quoique subsistant assez longtemps, ne paraît pas incommoder sensiblement le public ni les habitants des maisons riveraines. On cherche en outre à s'opposer à la pourriture et à la fermentation du bois en garnissant les joints, sur une certaine hauteur à partir de la base, par un bain de goudron ou de créosote pour empêcher l'humidité de pénétrer sous les pavés. Mais l'expérience a prouvé que les craintes à ce sujet étaient peu fondées, et dans les pavages récents le bain de goudron est souvent supprimé.

Les pavages en bois demandent à être construits avec beaucoup de soin et de régularité.

On les établit sur une fondation en béton de ciment, composé de 200 kil. de portland pour un mètre cube d'un mélange formé de 1/3 de sable et 2/3 de cailloux. Cette fondation a de 0^m,15 à 0^m,20 d'épaisseur ; on la recouvre d'une couche de mortier fin, que l'on dresse très exactement suivant le profil de la chaussée. A cet effet, le profil est tracé de distance en distance par des piquets, sur lesquels on cloue des planches flexibles, servant de gabarits ; des règles promenées sur deux gabarits consécutifs nivellent le mortier, que l'on a soin de faire très mou, exactement suivant le profil voulu.

Les pavés sont des parallélipipèdes rectangles égaux découpés dans des madriers bien sains de sapin rouge de Suède ou de pin des Landes. Leurs dimensions sont environ : de 0^m,17 à 0^m,22 de longueur, 0^m,15 de hauteur, et de 0^m,07 à 0^m,08 de largeur. On les pose directement sur la fondation en rangées séparées par des joints égaux, dont la largeur uniforme est assurée au moyen de tringles placées entre ces rangées.

Quand tous les pavés sont présentés, on remplit les joints au moyen de mortier de ciment à consistance de coulis, que l'on verse sur la chaussée et que l'on fait pénétrer au moyen de balais.

Quand le pavage est terminé, on répand sur la chaussée une couche de menus graviers aigus, qui s'incrustent dans le bois et consolident la surface.

Le pavage en bois est très apprécié du public, par suite de la suppression de la boue, de la poussière et du bruit. Il n'exige, pour ainsi dire, aucune réparation, et son nettoiement est plus facile est moins coûteux que celui du pavage et surtout des empierrements. Il n'envoie pas, comme ceux-ci, dans les égouts, des masses de sable qu'il faut enlever à grand frais.

Le seul inconvénient que présente le pavage en bois, c'est que le bois se gonfle par l'humidité, et que les ranges, perpendiculaires à l'axe de la chaussée, exercent, par suite de ce gonflement, une poussée énergique contre les bordures de trottoirs qu'elles déplacent.

Pour parer dans une certaine mesure à cet inconvénient,

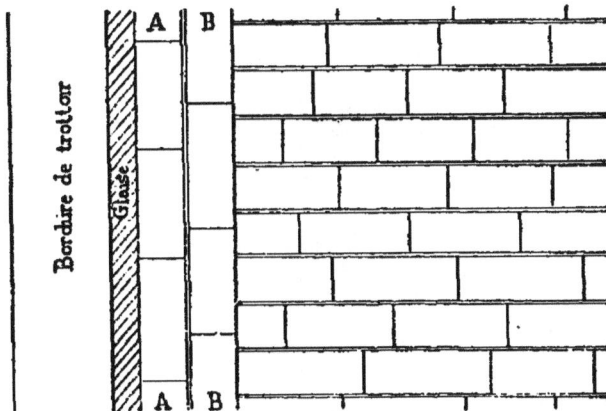

Fig. 169.

les ranges ne se prolongent pas jusqu'à la bordure elle-même. Elles s'arrêtent à 0ᵐ,20 environ de la bordure. L'intervalle est rempli (fig 169) par deux rangées, A, B, de pavés posés parallèlement à la bordure, qui reçoivent l'about des ranges de pavés, mais ne touchent pas la bordure, et laissent une espace vide de 0ᵐ,04 à 0ᵐ,06. Ce vide est garni d'une matière plastique, par exemple de glaise, qui amortit la poussée en se comprimant. Mais cette glaise, à laquelle se mêlent les détritus de la chaussée et les débris des cailloux que l'on y répand de temps en temps, perd bientôt sa plasticité, et elle doit être renouvelée souvent pour que les bordures de trottoirs échappent au renversement. Il est, en outre, nécessaire de recouper quelquefois les abouts des ranges de pavés, pour supprimer l'allongement qu'elles ont subi.

CHAPITRE VIII

OUVRAGES ACCESSOIRES

§ 1er

AQUEDUCS ET PONCEAUX

301. Préliminaires et définitions. — Outre les terrassements et la chaussée, la construction d'une route comporte d'autres travaux, qui prennent le nom d'ouvrages d'art lorsqu'ils sont exécutés en maçonnerie ou en métal. Ces travaux peuvent avoir un grande importance ; tels sont les ponts et les viaducs au moyen desquels on fait franchir à la route les rivières et les vallées profondes. La construction des ponts et des viaducs fait l'objet de volumes spéciaux [1]. Il n'en sera donc pas question ici.

Quand la route traverse un thalweg où l'eau ne coule qu'exceptionnellement ou en faible quantité, l'ouvrage nécessaire pour permettre à cette eau de passer d'un côté à l'autre du remblai s'appelle *ponceau*. Il devient un pont quand son ouverture dépasse une certaine limite, fixée habituellement à 4 mètres.

Un ponceau prend le nom d'*aqueduc* lorsque ses dimensions transversales sont petites relativement à sa longueur.

Le remblai interrompu au passage du thalweg est soutenu, de part et d'autre, par un mur nommé *piédroit*.

L'intervalle entre les deux piédroits est l'*ouverture* de l'ouvrage. On le désigne quelquefois sous le nom de *débouché linéaire*. Le *débouché* proprement dit est la section mouillée, ou le produit de l'ouverture par la hauteur de l'eau qui passe entre les piédroits.

La continuité de la chaussée est assurée par une construction qui s'appuie sur les piédroits et couvre leur intervalle. C'est un *tablier*, quand elle est en bois ou en métal. C'est un *couverceau*, quand elle est formée de pierres plates ou dalles simplement posées sur les piédroits. Elle se nomme *voûte*, quand elle est composée d'une série de pièces appuyées les unes contre les autres et se soutenant au-dessus du vide par leur pression mutuelle.

Les ponceaux ou aqueducs dallés prennent quelquefois le nom de *dalots*.

Il ne sera pas traité ici de la construction des tabliers en bois, qui ne sont plus employés que pour des passerelles provisoires. On ne s'occupera pas non plus des tabliers métalliques, rarement adoptés pour d'aussi petits ouvrages ; on trouverait, au besoin, les renseignements nécessaires dans le *Traité des ponts métalliques*.

---

1. Encyclopédie des travaux publics : *Ponts en maçonnerie*, par Degrand et Résal ; *Ponts métalliques*, par Résal.

302. Ouverture. — Quel que soit le mode de construction d'un ponceau, on doit se rendre compte, avant tout, de l'ouverture qu'il convient de lui donner.

L'économie conseille de faire l'ouverture aussi petite que possible, afin de diminuer le volume et par suite la dépense de la construction. Mais, d'un autre côté, il importe qu'elle soit assez large pour que l'eau s'écoule librement, à peu près avec la même vitesse et dans les mêmes conditions que si l'ouvrage n'existait pas. Le rétrécissement du lit, s'il était exagéré, aurait pour effet de faire refluer les eaux à l'amont et de les faire déborder quand elles sont abondantes, en produisant sous le ponceau une vitesse de courant qui serait capable d'affouiller le sol sur lequel il est établi et d'en compromettre l'existence.

Il faudrait donc savoir la quantité d'eau qui peut, à un moment donné, affluer au point où l'ouvrage doit être établi, ainsi que de la hauteur et de la vitesse qu'elle y peut prendre en raison des dimensions et de la pente du lit. Cette quantité d'eau dépend d'une foule de circonstances, dont les principales sont : l'étendue du bassin qui verse ses eaux à l'amont du point considéré, la largeur de la vallée, l'intensité et la répartition des pluies, la perméabilité du sol, la déclivité des versants. Cette simple énumération suffit pour faire comprendre la complication et la difficulté d'une semblable étude. On l'entreprend pour les grands ponts, mais pour les simples ponceaux, on se réfère à des règles pratiques appropriées aux circonstances locales.

Quand il se rencontre à proximité un autre ponceau sur le même cours d'eau, il est en général facile de reconnaître, en observant les lieux et interrogeant les témoins, comment il se comporte et si son débouché est suffisant. Le nouvel ouvrage recevra dans ce cas le même débouché, ou bien un débouché plus grand ou plus petit, suivant les résultats de l'enquête.

S'il n'y a d'ouvrage préexistant qu'à une assez grande distance, après avoir déterminé l'ouverture l qui conviendrait à un ponceau placé au même point, on calcule l'ouverture x de l'ouvrage projeté, en se basant sur la loi présumée de progression du débit avec le parcours du cours d'eau. Une règle qui conduit en général à des résultats satisfaisants, et qui repose d'ailleurs sur des considérations rationnelles, consiste à faire varier l'ouverture proportionnellement à la racine carrée de la surface versante des eaux qui se rendent en chacun des points du cours d'eau. Si on la représente par s_l pour le point où l'ouverture doit être égale à l, et par s_x pour l'emplacement du ponceau à établir, la formule à appliquer est donc : $x = l \sqrt{\dfrac{s_x}{s_l}}$.

A défaut d'indications fournies par des ouvrages existants, on a recours à des règles empiriques, comme par exemple la suivante : on donne à l'ouvrage une ouverture qui varie de $0^m,40$ à $1^m,50$ par millier d'hectares de surface versante, suivant la perméabilité du sol et la déclivité de ses pentes, et suivant les renseignements qu'on possède sur l'intensité des pluies torrentielles de la contrée.

303. Hauteur. — Les ponceaux doivent être disposés de façon que la hauteur libre sous la voûte ou les couverceaux soit supérieure à celle que les eaux peuvent atteindre. Dans les aqueducs dallés, il suffit que le dessous des dalles soit à $0^m,20$ ou $0^m,30$ au-dessus du niveau des plus hautes eaux. Dans les ponceaux voûtés, il convient de laisser davantage, soit $0^m,50$ ou $0^m,60$, entre le point culminant du dessous de la voûte et les hautes eaux, parce que les retombées de la voûte diminuent le débouché et donnent lieu à un certain remous.

D'autre part, le dessus des dalles ou de la voûte ne doit pas dépasser le fond de l'encaissement de la chaussée de la route et doit même rester en contrebas, car il y aurait inconvénient à faire porter directement les matériaux sur des corps durs, où ils seraient écrasés comme sur des enclumes. On laisse sous la chaussée un matelas de terre de $0^m,15$ à $0^m,20$.

Quand la hauteur du remblai n'est pas commandée par d'autres considérations, on fixe la montée de l'ouvrage d'art d'après la première de ces deux conditions, et le niveau de la chaussée d'après la seconde.

Si les exigences du tracé obligent à maintenir la chaussée plus élevée, la hauteur de l'ouvrage est indéterminée, et on a le choix entre plusieurs solutions, comprises entre deux limites extrêmes, savoir : 1° celle où l'on ne donne au pon-

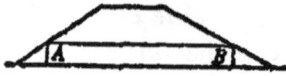

Fig. 170.

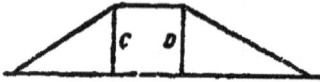

Fig. 171.

ceau que la montée strictement nécessaire pour le passage des eaux (fig. 170) ; 2° celle où on élève sa partie culminante jusqu'à la chaussée (fig. 171).

Dans le premier cas, l'ouvrage est plus long, puisqu'il s'étend entre les pieds du remblai. Dans le second, il est plus élevé. On choisit l'une ou l'autre des dispositions, ou bien un parti intermédiaire, de manière à faire la moindre dépense. Le plus souvent, il y a avantage à ne pas élever l'ouvrage au niveau de la chaussée.

304. Construction des ponceaux voûtés. — Dans les ponceaux voûtés, le vide entre les piédroits est recouvert par une voûte en berceau cylindrique.

La surface inférieure, qui reste apparente, est la *douelle* ou l'*intrados* de la voûte ; la surface supérieure, qui est recouverte par le remblai, est l'*extrados*.

Les pierres qui constituent la voûte se nomment *voussoirs*. Le voussoir supérieur, placé dans l'axe de la voûte, est la *clef*. Les plans qui séparent les voussoirs sont les *joints*.

Les piédroits envisagés par rapport à la voûte se nomment *culées*.

Les joints suivant lesquels la voûte repose sur les culées sont les *naissances*.

On appelle *montée* de la voûte la hauteur verticale du berceau, depuis les naissances jusqu'au-dessous de la clef.

La voûte est *surbaissée* lorsque la montée est moindre que la moitié de l'ouverture. Elle serait *surhaussée* dans le cas contraire ; mais on ne construit plus de voûtes surhaussées pour les ponts.

On distingue le corps de l'ouvrage, qui en est la partie courante, et les *têtes*, par lesquelles ses formes se raccordent avec celles du remblai, de façon à soutenir les terres et à les tenir écartées de l'ouverture en la laissant entièrement libre.

305. Formes de l'intrados et de l'extrados. — La seule courbe usitée pour l'intrados et pour l'extrados des ponceaux est le cercle.

Si la montée est la moitié de l'ouverture, l'intrados forme un demi-cercle entier, et la voûte est dite en *plein-cintre*. Dans les voûtes surbaissées, on trace l'intrados suivant un arc de cercle passant par les naissances et le dessous de la clef.

Le poids des voussoirs détermine dans la voûte une *poussée* horizontale qui tend à renverser les culées, et qui est d'autant plus grande pour une même ouverture que la voûte est plus surbaissée. Aussi, sous peine de donner aux culées une dimension excessive, doit-on réduire le surbaissement des voûtes à une limite, qui, dans les ponceaux, ne descend pas au-dessous de $\frac{1}{5}$ ou $\frac{1}{6}$ de l'ouverture tout au plus. Cette condition limite

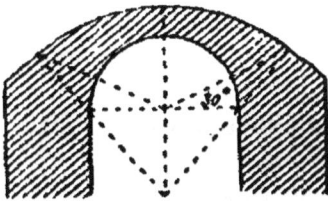

Fig. 172.

le rayon de l'arc de cercle à une fois et demie au plus l'ouverture.

L'extrados est tracé suivant un arc de cercle (fig. 172) de rayon tel que l'épaisseur de la voûte aille en augmentant à partir de la clef. Cette disposition a pour résultat d'offrir des surfaces de joints de plus en plus larges à mesure que les pressions mutuelles des voussoirs augmentent.

A partir des joints inclinés à 30° sur l'horizon, ou à partir des joints des naissances quand ils ont une inclinaison supérieure, l'extrados se continue ordinairement suivant une ligne droite tangente à l'arc de cercle.

206. Épaisseur des voûtes et des culées. — L'épaisseur des voûtes doit être en rapport avec la pression que les matériaux éprouvent par suite de la poussée ; les culées doivent être assez fortes pour supporter le poids de la voûte et résister à la poussée sans se renverser. La théorie de la résistance des matériaux apprend à calculer les dimensions qui sont nécessaires, et à vérifier si celles qu'on a provisoirement adoptées sont suffisantes. C'est une étude qu'on ne manque jamais d'entreprendre pour les ponts.

Quant aux ponceaux, il est inutile et il serait bien long de prendre cette peine, et l'expérience acquise par la pratique permet de leur donner immédiatement des dimensions convenables. Il suffit de se guider sur l'exemple des nombreux ouvrages de cette nature dont on trouve facilement les modèles.

On peut aussi se référer à des règles empiriques qui résument les moyennes des ouvrages existants.

Pour l'épaisseur des voûtes à la clef, on la calcule par exemple, en raison de l'ouverture d de la voûte, par une formule telle que : $e = 0^m,30 + \dfrac{d}{20}$.

L'épaisseur des culées doit être plus grande pour les voûtes surbaissées que pour celles en plein-cintre, parce que la poussée y est plus forte. Quand leur hauteur dépasse un mètre à peu près, il faut en outre que la base soit plus large que le sommet, c'est-à-dire que le parement, du côté des terres, ait un fruit obtenu, soit par une surface inclinée sur la verticale, soit par des redans successifs en échelons.

Pour le plein-cintre, on peut calculer l'épaisseur des culées, à la naissance de la voûte, par une formule telle que : $l = 0^m,50 + \dfrac{d}{5}$. L'épaisseur à la base sera la même si la hauteur ne dépasse pas 1 mètre. Pour des hauteurs plus grandes, on donnera un fruit de $\dfrac{d}{20}$ par mètre.

Si la voûte est surbaissée, on pourra faire $l = 0,60 + \dfrac{d}{4}$; et calculer le fruit d'après le rayon R d'intrados, à raison de $\dfrac{R}{10}$ par mètre.

307. Radier. — Quand le terrain solide se trouve à une petite profondeur, on y établit directement les piédroits, après l'avoir simplement dérasé, de manière qu'il présente une assiette horizontale. Mais si le fond est en terre qui ne résisterait pas bien aux pressions et aux affouillements, on l'enlève sur une épaisseur de $0^m,20$ à $0^m,60$, et on le remplace par une maçonnerie qui s'appelle *radier* (fig. 173). Le radier s'étend sous le vide de la voûte comme sous les piédroits, et on lui

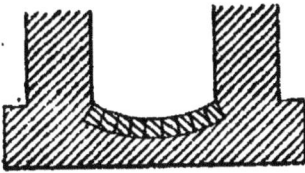

Fig. 173.

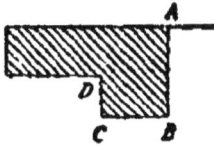

Fig. 174.

donne en largeur et en longueur des dimensions qui débordent l'ouvrage de 0ᵐ,05 à 0ᵐ,15 tout au pourtour. Souvent il affecte sous la voûte une forme concave, dont la flèche est de 0ᵐ10 à 0ᵐ20 suivant l'ouverture.

Quand le terrain sur lequel repose le radier est encore affouillable, et qu'on redoute qu'il puisse être bouleversé par les eaux qui s'infiltreraient par-dessous, on consolide les deux têtes du radier au moyen d'un *garde-radier*. C'est un mur transversal en maçonnerie ou en béton, semblable au radier, mais qui est implanté à une plus grande profondeur, comme ABCD sur la figure 174, qui est le croquis d'une coupe verticale faite sur la tête du radier suivant l'axe de l'ouvrage.

308. Nature des matériaux. — Les voussoirs des voûtes ont des joints qui concourent au centre de la courbe d'intrados. Ils doivent donc être taillés ; on les fait ordinairement en moellon smillé. Pour les très petites ouvertures, celles, par exemple, qui ne dépassent pas 1 mètre, on peut se dispenser de la taille et faire la voûte en maçonnerie ordinaire. On se contente de régulariser au têtu le parement des moellons qui doivent paraître en douelle.

Les piédroits se font en maçonnerie ordinaire, avec parements en moellons têtués, quelquefois smillés et rarement piqués. Il importe que les parements tant de la douelle que des piédroits soient rejointoyés avec beaucoup de soin lors de la construction, surtout dans les très petits ouvrages, car les réparations y sont difficiles.

Le radier se fait en maçonnerie ordinaire ou en béton. Si l'on craint que le béton ne résiste pas suffisamment à l'action du courant, on garnit le radier, sous le vide de la voûte, en maçonnerie de moellons têtués, en pierres d'appareil ou en pavés posés avec mortier (fig. 175).

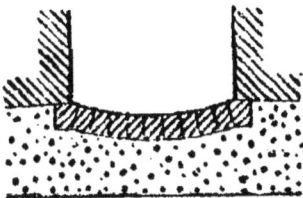

Fig. 175.

PONCEAU DE 1 MÈTRE D'OUVERTURE AVEC MURS EN AILES

Elévation

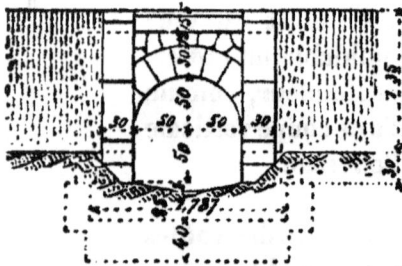

Coupe en long.

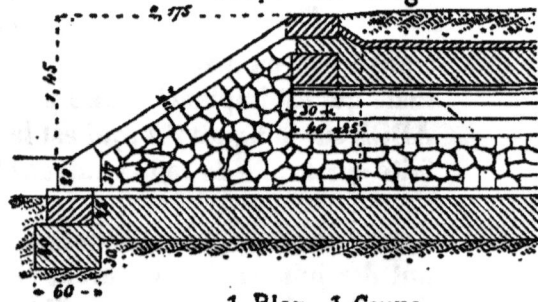

Coupe en travers.

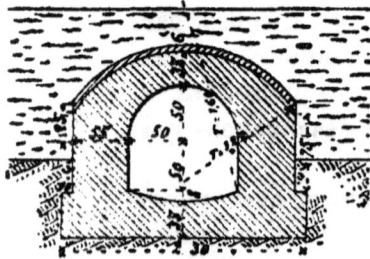

½ Plan. ½ Coupe.

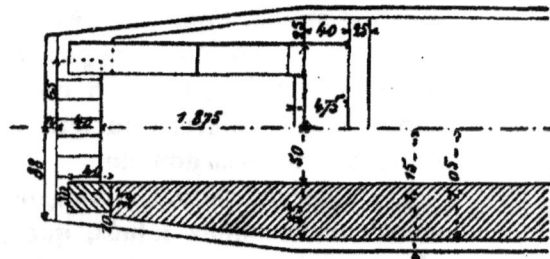

Fig. 176.

Coupe en long

Elévation

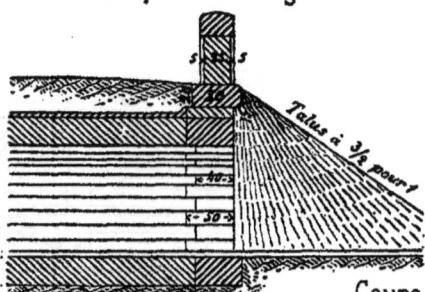

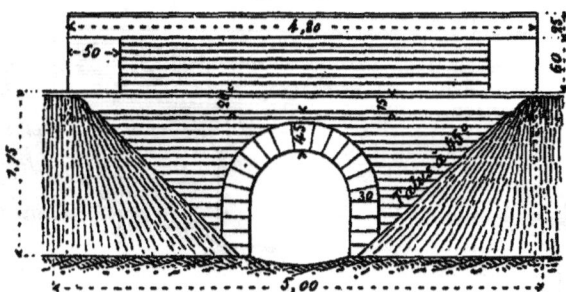

Coupe transversale.

Coupe d'un mur en retour.

Plan au niveau des naissances.

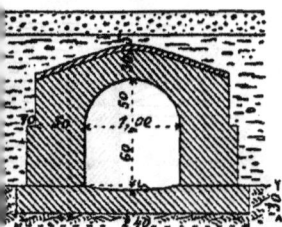

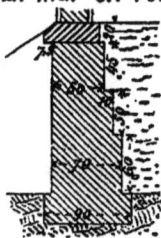

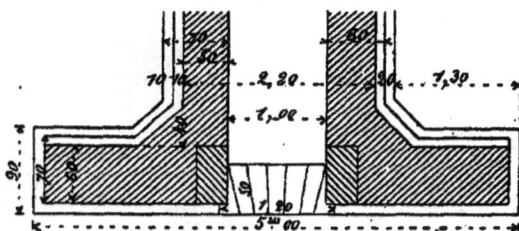

Fig. 177.

PONCEAU DE 2 MÈTRES D'OUVERTURE

Élévation

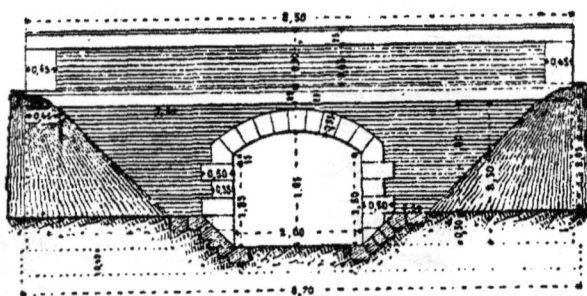

Coupe longitudinale

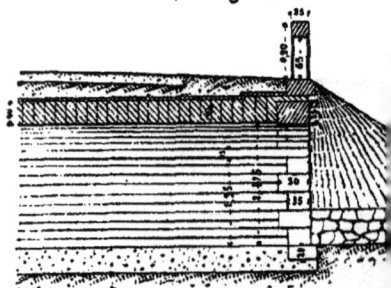

Plan

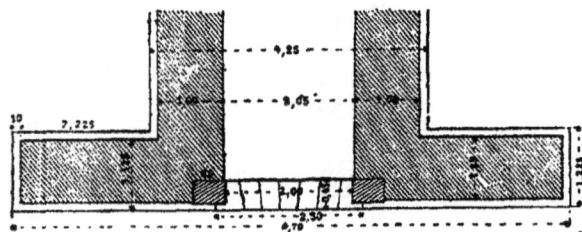

Coupe en travers

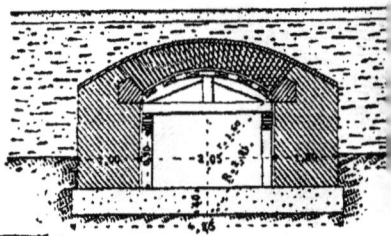

Fig. 178.

PONCEAU DE 4 MÈTRES D'OUVERTURE

Elévation d'une tête.

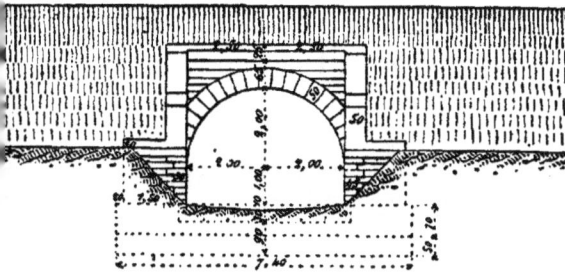

Coupe suivant l'axe du Ponceau

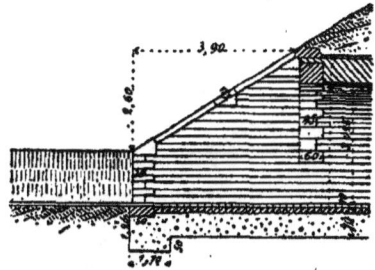

½ Plan   ½ Coupe.

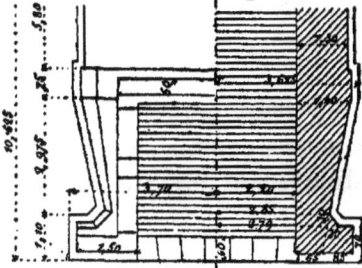

Coupe en travers

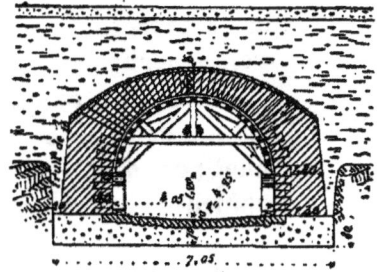

Fig. 179.

309. Chape. — L'extrados de la voûte est garni d'un enduit imperméable, nommé *chape*, destiné à empêcher l'eau de s'infiltrer dans les joints des voussoirs, et de descendre sur la douelle après avoir délavé la chaux du mortier.

Les chapes se font en mortier fin de chaux hydraulique ou de ciment. On leur donne une épaisseur variable de façon à garnir les irrégularités des maçonneries à l'extrados, et à présenter une surface lisse recouvrant les parties saillantes de 2 à 3 centimètres. Sur les voûtes où les inégalités sont trop prononcées, on commence par les régulariser par une couche de béton de 5 à 6 centimètres.

Le mortier des chapes doit être très serré et fortement appliqué. On le comprime vigoureusement, au moment de l'emploi, avec des spatules ou des pilons en bois ; mais il ne faut pas en lisser la surface.

310. Exemples. — La construction qui vient d'être expliquée règne sous tout le remblai jusqu'aux têtes.

Des exemples en sont données sur les figures 176, 177, 178 et 179, qui représentent les projets de divers ponceaux ayant 1, 2 et 4 mètres d'ouverture. Les coupes en travers de ces dessins font voir les dispositions et les dimensions des diverses parties du corps de l'ouvrage.

Les autres coupes et les élévations indiquent comment seront construites les têtes, dont on va s'occuper maintenant ; ce sont les parties les plus compliquées et les plus coûteuses des ouvrages.

311. Murs en retour. — Les têtes peuvent recevoir des dispositions variables. On les classe en deux grandes catégories, suivant que les murs sont placés *en retour* ou *en ailes*.

Dans le système des murs en retour (fig. 177 et 178), on arrête la voûte au point où elle émerge du talus, et on la coupe verticalement ainsi que les piédroits. Puis on construit perpendiculairement à l'axe de l'ouvrage, sur une fondation semblable au radier et faisant corps avec lui, un mur de soutènement dont le parement extérieur est dans le plan de la tête de la voûte.

Ce mur s'élève jusqu'au dessus de la chape ; il s'étend sur la voûte et sur les piédroits, et se prolonge à droite et à gauche de la quantité nécessaire.

Il intercepte le remblai, et permet d'en supprimer la partie inférieure sur toute son étendue.

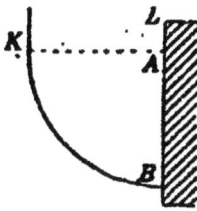

Les terres que l'on jette pour achever le remblai, au point A (fig. 180) où finit le mur, tombent à la fois suivant la pente AK du talus, et le long du mur AB, en prenant leur talus naturel. Elles forment ainsi un quart de cône droit circulaire dont le sommet se projette en A. On est donc conduit à donner au mur en retour une longueur AB égale au rayon de la base de ce cône, c'est-à-dire à une fois et demie la hauteur du remblai, dont le talus est à $\frac{3}{2}$.

Fig. 180.

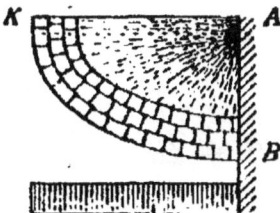

A cette longueur, il faut en ajouter une autre égale à la profondeur du lit du cours d'eau, si l'on suppose les berges réglées à 45°(fig. 181), et une banquette de 0^m,30 à 0^m,50, qu'on laisse entre la crête de la berge et le pied du quart de cône. Il faut enfin enraciner le mur dans les terres d'une certaine quantité AL, qui est le plus souvent de 0^m,20 à 0^m,30.

Fig. 181.

Ces dispositions fixent la longueur du mur.

312. Quarts de cône. — Cette longueur est très grande, et on cherche à la réduire. A cet effet, en ne laisse pas les terres prendre leur talus naturel, mais on donne au quart de cône une base elliptique (fig. 182), de façon que son talus le long du mur soit à 45° seulement. Pour soutenir les terres, on garnit la surface du quart de cône de plaques de gazon ou même de perrés.

Fig. 182.

Sur les cours d'eau sujets aux inondations, on défend en tout cas le pied du quart de cône par des perrés, jusqu'à 0^m,50 ou 0^m,60 au-dessus des plus hautes eaux prévues.

313. Plinthes. — Les terres que maintiennent les murs en retour viendraient s'y appuyer en siflet et seraient exposées à s'ébouler, si des dispositions spéciales n'étaient prises pour les soutenir. A cet effet, le couronnement du mur est refouillé (fig. 183) de façon que sa face supérieure se retourne perpendiculairement au parement du talus. Ce couronnement est ordinairement formé de pierres de taille et porte le nom de *plinthe*.

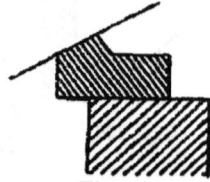

Fig. 183.

La plinthe fait saillie sur le parement du mur, qu'elle abrite ainsi contre les eaux de pluie.Elle est découpée en chanfrein,suivant la pente du talus.

La plinthe règne sur toute la longueur du mur, dont elle augmente beaucoup la dépense d'établissement.

Quand le mur s'élève jusqu'au niveau de la plate-forme de la route, la plinthe existe encore, mais elle n'est pas refouillée (fig. 184). On dresse sa face supérieure suivant un plan qui affleure les accotements ou les trottoirs.

Fig. 184.

314. Murs en ailes. — Dans le système des murs en ailes (fig. 176 et 179), les murs de soutènement qui retiennent le remblai sont dirigés obliquement (ABCD) (fig. 185), ou parallèlement (ABEF) à l'axe. Dans ce dernier cas on les nomme *murs en ailes droits* ou *murs en prolongement* des culées.

La face supérieure du mur est alors dérasée dans le plan des talus, en sorte que sa hauteur est variable, depuis son enracinement sur la culée, où elle doit dépasser le dessus de la chape, jusqu'au pied du talus, où elle est nulle.

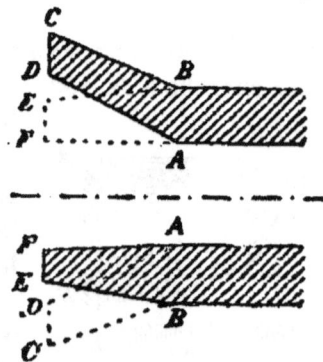

Fig. 185.

Le volume des maçonneries, dans ce système, est donc notablement moindre que dans celui des murs en retour. En outre, la plinthe ne règne plus qu'au-dessus de la voûte et sur la largeur des murs, de B en B. Il résulte de là que les murs en ailes sont généralement plus économiques que les murs en retour, surtout lorsque les murs doivent être garnis de parapets.

Cette économie se marque principalement pour les murs en ailes droits, dont la construction est en même temps plus simple. Aussi cette dernière disposition est-elle la plus fréquemment employée.

315. Dimensions des murs en ailes ou en retour. — Quelle que soit la disposition à laquelle on s'arrête, les dimensions de ces murs se calculent comme celles des murs de soutènement (§ 3).

On leur donne, en chaque point, une épaisseur moyenne comprise entre le quart et le tiers de la hauteur, sans toutefois jamais descendre au-dessous de 0m,35. Les murs en ailes ont, par conséquent, une épaisseur décroissante à partir de leur enracinement dans les culées. Les murs en retour ont, au contraire, un profil constant sur toute leur longueur ; quelquefois, cependant, on leur donne aussi une épaisseur décroissante, parce qu'on tient compte de la contre-poussée que le quart de cône exerce sur le parement extérieur, et aussi parce qu'on les considère comme des solides encastrés.

316. Fruit. — On donne souvent à ces murs un fruit intérieur qui s'obtient par redans, comme dans les murs de soutènement ordinaires. Quant au parement extérieur, il est habituellement vertical et sans fruit. On évite ainsi d'inutiles embarras d'appareil dans la coupe des pierres et, dans certains cas, des dispositions de détail compliquées.

317. Appareil : Sommier. — On a déjà vu (n° 308), que l'appareil de la section courante d'un ponceau voûté se compose de voussoirs dont les joints concourent au centre de l'intrados.

Lorsque la voûte est surbaissée, elle s'appuie, aux naissances, sur une pierre d'appareil nommée *sommier*, qui a une face suivant le joint de naissance et une autre face horizontale (fig. 178). Les directions de ces faces faisant un angle aigu, qui doit toujours être évité dans l'appareil des pierres, on descend le joint horizontal en contre-bas des naissances, et l'angle aigu se trouve remplacé par un pan coupé.

318. Bandeaux de tête. — Sur la tête, la voûte se termine par une partie en pierre de taille ou moellon piqué, qu'on appelle le *bandeau* de tête.

Dans les ponceaux, le bandeau de tête a une largeur uniforme, qui est généralement égale à l'épaisseur à la clef de la voûte courante.

Mais les voussoirs ont des longueurs, dans le sens de l'axe, alternativement plus grandes et plus petites, de façon à présenter la disposition dite *en harpe*.

Cette disposition a pour but d'assurer la liaison du bandeau avec le corps de la voûte. Elle n'est pas particulière aux têtes de voûtes, et se reproduit constamment, chaque fois que des maçonneries de nature différente doivent se réunir en un seul corps.

319. Chaînes d'angle. — Le parement des piédroits et celui des murs en retour forment un angle saillant exposé aux dégradations ; on le fait en pierres de taille appareillées en harpes. Ces pierres constituent les *chaînes d'angle*.

Dans le système des murs en ailes, le plan de la tête fait avec le parement du mur, dans la partie supérieure aux naissances, un angle rentrant, que l'on consolide quelquefois en y plaçant une chaîne d'angle formée de pierres évidées, qui s'engagent à la fois dans les deux parties de la construction ; on assure ainsi la solidarité des deux murs. Mais ces chaînes en pierres de taille évidées sont coûteuses ; le plus souvent, on s'en dispense, et on se contente d'enchevêtrer le mieux possible les moellons de la maçonnerie dans les angles.

320. Rampants. — La face supérieure des murs en ailes, dérasée suivant le plan des talus, doit être protégée contre les intempéries et les chocs. On la garnit d'un couronnement en pierre de taille nommé *rampant*.

Le rampant est souvent formé de simples *dalles* posées sur le mur (fig. 186). Pour prévenir tout glissement, on place au pied du rampant un bloc D, nommé *dé*, qui repose sur la fondation et y est même quelquefois encastré.

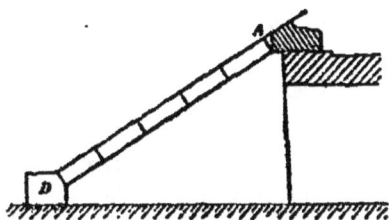

Fig. 186.

Le rampant se raccorde avec la plinthe, au moyen d'une saillie triangulaire A, qui fait corps avec la plinthe prolongée sur l'étendue du rampant.

Le rampant peut aussi être formé d'une série de pierres disposées en escalier (fig. 187) et reposant chacune isolément sur une base horizontale. Ces pierres ont une section pentagonale, dont deux des côtés sont normaux au talus. Le dé n'est plus alors nécessaire. Ce système est plus coûteux que le précédent.

Fig. 187.

La largeur du rampant ne varie pas comme celle du mur en aile. On la fait uniforme, et on recouvre de terre la partie de ce mur qui déborde le rampant.

321. Appareil du radier. — Lorsque le radier est appareillé, (fig. 179) on lui donne la forme d'une voûte renversée (n° 307). Cette disposition a pour objet, d'abord, de diriger le courant vers l'axe, lorsqu'il y a peu d'eau ; ensuite, de prévenir les affouillements, c'est-à-dire le bouleversement du radier, quand le courant est assez violent pour dégrader les joints et pénétrer sous le radier. En outre, si le sol vient à tasser un peu sous la charge de l'ouvrage, ce tassement a lieu surtout sous les culées, et le radier se trouve encore soumis à une poussée de bas en haut, dans la partie qui se trouve sous le vide du ponceau. La forme de voûte renversée lui permet de résister à ces efforts.

Par des raisons analogues, la tête du radier, c'est-à-dire le bandeau de pierre qui le limite à chacune de ses extrémités, est appareillée en plate-bande résistant du dedans en dehors (fig. 177, 178 et 179).

On n'a recours à ces appareils que si les courants violents et les affouillements sont à redouter. Quant le courant doit rester tranquille, on se contente d'un radier en béton ou en maçonnerie ordinaire, ou même on supprime le radier.

332. Saillie de la pierre de taille. — Lorsque la pierre de taille se présente en parement à côté de la maçonnerie ordinaire ou du moellon smillé, on a soin de lui donner une petite saillie sur les parements moins soignés, dont elle masque ainsi les petites irrégularités.

Pour des ouvrages de peu d'importance comme les ponceaux, cette saillie est seulement de 0^m,02 à 0^m,03. Elle peut être supprimée dans les acqueducs dont l'ouverture ne dépasse pas 1 mètre.

333. Garde-corps. — Lorsque la plinthe est au niveau des accotements, le mur de tête du ponceau forme un précipice à pic, qui peut être la source d'accidents. Ce danger n'est pas très sérieux pour les ponceaux de petit débouché, pourvus de murs en ailes, car la longueur du précipice se réduit à l'ouverture même de l'ouvrage. Mais quand l'ouverture est large, ou que les murs sont en retour, il faut mettre des défenses sur les plinthes.

Ce sont quelquefois de simples banquettes de sûreté en terre, comme celle que l'on place sur la crête du talus des remblais élevés.

D'autres fois, on pose, de distance en distance, des bornes dont la souche fait partie de la plinthe. Pour plus de sécurité, on peut réunir la tête de ces bornes par une barre de fer, passée dans des anneaux en fer ou des sphères creuses en fonte, scellés dans les bornes.

Le plus souvent, on construit un parapet en maçonnerie. Le parapet se compose d'une murette de 0^m,30 à 0^m,40 de largeur, couronnée par une pierre de taille nommée *bahut*.

Le bahut a de 0^m,25 à 0^m,35 d'épaisseur, et il est taillé en courbe à sa partie supérieure, afin de faciliter l'écoulement des eaux de pluie. Lorsque la murette n'est pas elle-même en

28

pierre de taille, on la met en retraite sur les bahuts, qui ont ainsi quelques centimètres de largeur en sus.

La murette se fait ordinairement en moellon smillé, quelquefois en maçonnerie ordinaire simplement têtuée. On peut aussi la construire en briques ; elle n'a alors qu'une épaisseur égale à la longueur des briques, qui est généralement de 0ᵐ,22.

Les parapets sont terminés, à leurs extrémités, par des dés en pierre de taille, qui en occupent toute la hauteur, sur une longueur de 0ᵐ,40 à 0ᵐ,60.

La hauteur totale des parapets, depuis la plinthe jusqu'au sommet du bahut, est de 0ᵐ,80 à 1 mètre.

Ces parapets sont très coûteux, parce qu'ils emploient beaucoup de pierre de taille. D'un autre côté, ils rétrécissent la largeur de la route.

Les garde-corps métalliques n'ont pas le même inconvénient. Sur les grands ouvrages, ils se font en fonte moulée, qui peut recevoir la forme que l'on veut. Pour les simples ponceaux, on se contente de sceller dans les plinthes des barres de fer carré de 0ᵐ,02 à 0ᵐ,03 de côté, que l'on coiffe d'un autre barre semblable, appelée *lisse*, et que l'on consolide au moyen de barres en croix de Saint-André.

Les fers apparents sont toujours recouverts d'une peinture à l'huile à trois couches, dont la première est une couche d'impression au minium.

384. Cintres. — Une voûte se construit par la pose successive de voussoirs, à partir des naissances jusqu'à la clef. Les premiers voussoirs se maintiennent tout seuls, tant que l'inclinaison du joint ne dépasse pas le coefficient de frottement des pierres contre le mortier mis sur le joint, c'est-à-dire, à peu près jusqu'à 30°. Mais les autres ne peuvent rester en équilibre que lorsque la clef est en place. Il faut donc pendant la contruction, soutenir la voûte par une échafaudage, qui prend le nom de *cintre*.

Le cintre doit présenter un surface extérieure unie, pareille à l'intrados de la voûte c'est-à-dire dressée suivant un cylindre circulaire droit. On obtient cette surface au moyen de voliges minces flexibles, dont l'ensemble forme le *platelage* (fig. 188). Ces voliges sont clouées sur des madriers longitudinaux M, qui portent le nom de *couchis*.

Les couchis reposent sur des fermes transversales en charpente espacées de 1ᵐ,20 à 1ᵐ,80 les unes des autres, et y sont fixés par de fortes pointes.

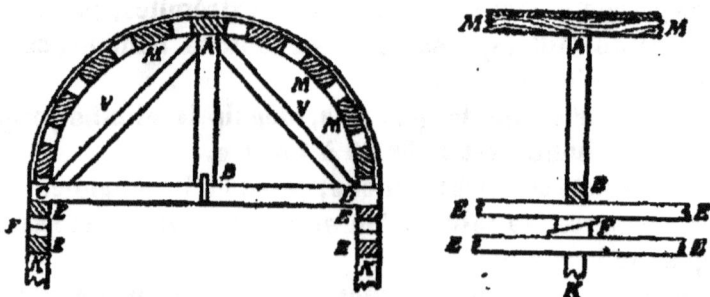

Fig. 188.

La composition des fermes est la suivante :

Des *vaux* V, extradossés suivant la forme circulaire voulue, portent directement les couchis. Ils sont posés sur deux *arbalétriers* AC, AD, inclinés à 45° environ sur l'horizon. Quand l'ouverture est un peu grande, les vaux auraient de trop fortes dimensions. On les divise en deux morceaux distincts qui s'appuient sur un potelet établi sur le milieu de l'arbalétrier (fig. 179, coupe en travers).

Les arbalétriers sont appuyés, à leur pied, sur une pièce horizontale CD nommée *entrait* ou *tirant*, et à leur partie supérieure contre un poteau vertical AB, appelé *poinçon* ; ils s'y assemblent à tenon et à mortaise avec ou sans embrèvement. Le poinçon repose sur l'entrait ; il ne le charge pas, mais le soulage au contraire pendant la construction, car il est maintenu en équilibre par la poussée des arbalétriers ; on réunit ces deux pièces par une frette de fer B.

Les bois des fermes ont de 0ᵐ,15 à 0ᵐ,20 d'équarrissage. Les couchis sont des madriers de 0ᵐ,05 à 0ᵐ,10 d'épaisseur. Le platelage est en voliges de peuplier de 0ᵐ,015 à 0ᵐ,02.

Les fermes du cintre reposent sur des paires de semelles longitudinales EE, séparées par des *coins* F posés au-dessous de chaque ferme. Les semelles sont supportées par des *poteaux* verticaux K qui s'appuient sur le radier.

Les coins placés entre les semelles ont pour objet d'assurer un décintrement sans secousses. Quand la voûte est clavée, il faut enlever le cintre avec de grandes précautions. Si on le jetait brusquement à bas, en faisant par exemple tomber les poteaux, les pressions mutuelles des voussoirs se modifieraient brusquement ; les voussoirs seraient soumis à des chocs qui pourraient les briser et provoquer l'écroulement de la voûte. Il est donc nécessaire d'enlever doucement le cintre en le laissant descendre très lentement. C'est l'objet des coins : on les fait glisser peu à peu l'un sur l'autre, par de petits coups de marteau, et les semelles se rapprochent aussi lentement qu'il est nécessaire.

Les cintres peuvent être simplifiés pour les petites ouvertures. Néanmoins, il est préférable de faire des cintres complets, pour obtenir des voûtes plus régulières. Le bois n'étant payé qu'en location, la dépense supplémentaire qui en résulte est le plus souvent insignifiante.

335. Aqueducs dallés ou dalots. — On trouve dans certaines carrières, comme à Lourdes, dans les Hautes-Pyrénées, des bancs schisteux qui fournissent à bas prix des dalles de grande longueur, pouvant atteindre 3 ou 4 mètres, avec l'épaisseur correspondante.

Ces dalles permettent d'établir des ponceaux dallés de grande ouverture. Mais l'emploi de ces grandes dalles est limité à une région peu étendue, à cause des difficultés auxquelles donne lieu leur transport.

Les dalles que l'on rencontre couramment n'ont que de 0m,70 à 1m,20 de longueur. Elles ne peuvent couvrir que des intervalles de moins de 1 mètre. Aussi les ouvrages dallés sont-ils le plus souvent désignés comme acqueducs, leurs dimensions transversales étant faibles par rapport à leur longueur.

Les dalles doivent être débitées sur une épaisseur de 0m15 à 0m,20. Elles sont posées sur les deux piédroits (fig. 189), et

AQUEDUC DALLÉ, DE 0ᵐ,60 D'OUVERTURE

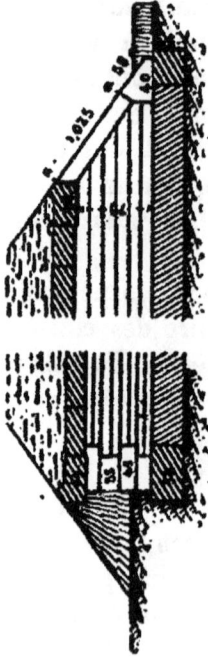

Tête avec murs en ailes droits.

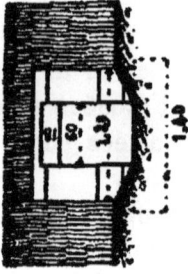

Plan de la tête

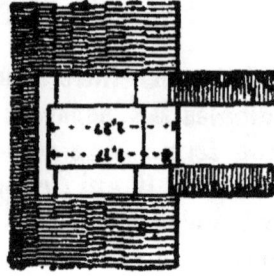

Coupe en long avec murs en ailes

Plan au niveau des fondations.

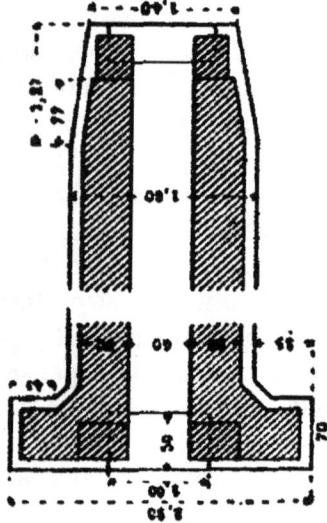

avec murs en retour.

Tête avec murs en retour Élévation

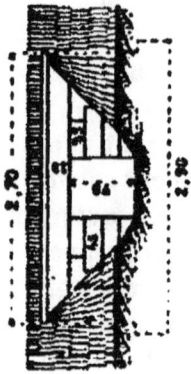

Coupe en travers

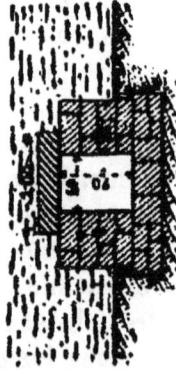

Coupe d'un mur en retour

Fig. 189.

portent sur chacun d'eux d'une longueur à peu près égale à leur épaisseur.

L'épaisseur des piédroits varie de 0ᵐ,35 à 0ᵐ,60, suivant l'ouverture. Néanmoins, elle ne descend pas au-dessous de 0ᵐ,50 lorsque les matériaux ne sont pas très résistants.

Les dalles sont des libages bruts ou simplement dégrossis; il est absolument inutile de tailler des pierres qui sont constamment cachées.

Les têtes des dalots se font comme celles des ponceaux voûtés. La plinte ne repose plus sur un mur continu : elle couvre directement le vide, et n'est elle-même qu'une dalle spéciale ; elle doit avoir une longueur égale à l'ouverture de l'ouvrage, augmentée de la largeur des deux rampants, quand les murs sont en ailes.

Les couverceaux des dalots ne sont pas garnis de chapes ; ils ne présentent d'autres joints que leurs surfaces d'appui sur les piédroits, qui sont horizontales et peu exposées à un délavage des mortiers, d'ailleurs sans inconvénient. Si les dalles sont brutes, et que les joints qu'elles laissent entre elles soient trop larges, on recouvre ces joints de pierres plates qui empêchent la terre du remblai de passer au travers.

Il est rare que l'on garnisse de garde-corps les plinthes des aqueducs dallés, qui n'offrent qu'un précipice de peu de hauteur et de peu de longueur.

336. Dalots accolés. — Quand la hauteur est insuffisante pour établir une voûte, on peut construire des dalots qui fournissent le débouché nécessaire, en divisant l'ouverture en deux ou plusieurs parties égales qui ne dépassent pas la largeur convenable en raison des dalles dont on dispose (fig. 190).

Fig. 190.

On les appuie sur des murs intermédiaires, formant piles, où reposent les extrémités d'autant de cours de dalles qu'il y a de divisions.

337. Avant-Métré. — Quant le projet d'un ponceau est arrêté, il faut en faire l'avant-métré, pour se rendre compte des quantités de maçonneries et de mains-d'œuvre de chaque nature que sa construction exigera.

Il est difficile de donner des règles générales sur la manière de faire les avant-métrés. Il s'agit de volumes et de surfaces à déterminer géométriquement. Chacun suit un peu ses inspirations personnelles dans ce travail.

Une première recommandation, c'est de coter le dessin avec beaucoup de soin et d'exactitude. Il faut y inscrire toutes les cotes nécessaires aux calculs, soit d'avance, soit au fur et à mesure qu'on en a besoin. Cela est indispensable pour qu'il n'y ait pas d'hésitation sur les données, et pour que les vérifications puissent se faire facilement.

On procède ensuite par grandes masses géométriques bien déterminées, comprenant chacune l'ensemble ou une portion définie de l'ouvrage. Puis on rattache les détails à chaque masse, par addition ou par soustraction.

On peut, par exemple, considérer isolément les fondations, les têtes avec leurs murs en ailes ou en retour, les piédroits, le corps de la voûte. On peut, au contraire, calculer le volume d'un parallélipipède rectangle circonscrit à l'ouvrage et ayant même hauteur totale, même longueur et même largeur ; puis en retrancher les vides existants entre les faces de ce parallélipipède et les parements de l'ouvrage.

Veut-on, par exemple, déterminer la section transversale et le volume d'une voûte conforme au croquis de la figure 191. On calcule la surface du rectangle ACCA, et celle du trapèze CCDD ; on ajoute la surface du segment DED. Puis on retranche du total la superficie du demi-cercle BFB. Le volume de la voûte sera le produit du résultat par sa longueur.

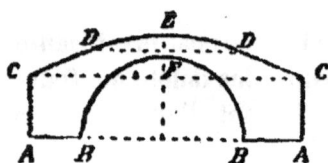
Fig. 191.

Les calculs de l'avant-métré se font sur un tableau qui présente les dispositions ci-dessous, ou des dispositions analogues :

DÉSIGNATION des ouvrages	NOMBRE DE PARTIES semblables	DIMENSIONS réduites			SURFACES ou cubes			POIDS	OBSERVATIONS, et CROQUIS
		LONGUEUR	LARGEUR	HAUTEUR ou épaisseur	AUXILIAIRES	PARTIELS	DÉFINITIFS		
1	2	3	4	5	6	7	8	9	10

Dans la colonne 1, après avoir écrit en gros caractères le titre de l'ouvrage, on inscrit successivement les diverses parties
que l'on considère ; il est essentiel que cette désignation soit
faite avec clarté, afin qu'il soit facile de voir la marche suivie
dans les calculs.

L'orsqu'une désignation s'applique à plusieurs parties semblables, et qu'on ne donne les éléments que d'une seule,
on en met le nombre dans la colonnne 2 ; ce nombre concourt
alors au produit à effectuer.

Les colonnes 3, 4 et 5 donnent les dimensions des diverses
parties que l'on calcule successivement. On dit qu'une dimension est *réduite*, lorsqu'elle ne se trouve pas directement sur
le dessin, et qu'elle résulte d'un calcul, comme la largeur
moyenne d'un trapèze, la demi-base d'un triangle, la surface
d'un cercle ou segment de cercle, le développement d'un arc.
Il est utile d'indiquer dans la colonne d'observations les éléments du calcul qui a conduit à cette dimension réduite, lorsqu'elle ne ressort pas immédiatement de l'inspection de la
figure. Les surfaces ou cubes qui résultent du produit des
quatre colonnes précédentes s'inscrivent à la suite.

Il est plus utile d'avoir une colonne d'observations que des
colonnes distinctes pour les cubes et pour les surfaces, car il
ne saurait y avoir de confusion à cet égard. La colonne des
surfaces ou cubes se subdivise en trois (6, 7 et 8), parce que
le résultat cherché provient souvent de l'addition ou de la
soustraction de résultats partiels calculés précédemment, ou
de la multiplication d'un de ces résultats partiels par un élément nouveau. Ainsi, dans l'exemple ci-dessus, il a fallu calculer plusieurs surfaces, les ajouter, en retrancher une autre,

puis multiplier le reste par une longueur. Il y aurait confusion, si on inscrivait les surfaces ou cubes auxiliaires. ou partiels dans une même colonne avec ceux qui sont définitifs.

Quand les quantités sont très petites et de forme compliquée, on se dispense quelquefois de donner le détail de leur calcul ; on inscrit seulement le résultat en mettant en observation cette mention : surface ou volume calculé.

La 9ᵉ colonne est réservée aux matières qui, comme les métaux, se paient au poids et non au volume ou à la surface. On en calcule le volume, puis on le multiplie par la densité du métal, qui est inscrite dans la colonne d'observations.

L'avant-métré se divise en plusieurs articles, qui font connaître séparément la quantité de chaque nature de travail différente.

On commence par évaluer le volume des fouilles qu'il faudra faire dans le sol pour établir l'ouvrage. A cet effet, sur le dessin des profils qu'on a levés, on trace un déblai de dimensions suffisantes pour l'assiette de l'ouvrage, avec le talus que comporte le terrain, et on calcule le volume des terrassements par les méthodes ordinaires.

On fait ensuite le calcul du volume général des maçonneries, sans se préoccuper de la nature des matériaux à employer.

Puis on fait la répartition de ce volume, en calculant séparément le cube de la pierre de taille, celui du moellon piqué ou smillé, celui du béton. En retranchant leur somme du volume général, on obtient la maçonnerie ordinaire.

Enfin, on évalue les parements vus de chaque nature, qui se paient à part et à des prix différents, à cause de la taille particulière, du ragrément et du rejointoiement qu'ils exigent. On a ainsi les surfaces vues de pierre de taille, de moellon piqué, de moellon smillé, de maçonnerie brute ou têtuée. On calcule aussi la surface de la chape, qui se paie ordinairement au mètre carré.

On détermine enfin le volume du bois affecté au cintre, ainsi que le poids des fers qui entrent dans ce cintre pour les clous, les frettes et pour les boulons, quand les chevilles en bois ne paraissent pas suffisantes.

Si le garde-corps est en fer, on en fait le volume et on en calcule le poids d'après la densité du fer. On calcule aussi la surface apparente des fers, pour connaître la dépense en peinture, si l'on juge utile de payer cette peinture à part. Enfin, on compte les trous de scellement, qui se paient généralement à la pièce.

Un avant-métré est difficile à réussir, même pour les ouvrages les plus simples. Il faut beaucoup d'attention et beaucoup de méthode pour ne pas se tromper et pour ne rien omettre.

L'annexe B donne un exemple d'avant-métré. C'est celui du ponceau surbaissé de 2 m. d'ouverture représenté par la fig. 178.

§ 2

PLANTATIONS

228. Utilité des plantations. — La plupart des routes sont aujourd'hui garnies de rangées d'arbres ; mais on n'a pas toujours été d'accord sur l'utilité des plantations, qui ont en effet des avantages, mais aussi des inconvénients, au moins sur certaines parties de routes.

Les arbres sont un ornement, et, à ce point de vue, ils constituent pour les voyageurs une distraction qui abrège la durée apparente du trajet. Ils jalonnent la route, et la font apercevoir de loin par les personnes qui s'y rendent. En temps de neige, lorsque les fossés ne sont plus visibles, ils délimitent la route et empêchent les accidents. En été, ils donnent de l'ombre qui procure de la fraîcheur aux passants, et s'opposent à une dessiccation trop profonde de la chaussée. Enfin, ils constituent un capital qui n'est pas sans importance, et rendent productives des parties de routes qui ne sont pas utilisées directement par la circulation [1].

A côté de cela, les arbres ont le défaut de donner ou de main-

1. On peut estimer à 250.000 kilomètres la longueur des routes, chemins et canaux susceptibles d'être plantés, ce qui, à raison de 200 pieds par kilomètre, fait 50.000.000 de pieds. C'est la valeur d'au moins 120.000 hectares de forêt de haute futaie.

tenir l'humidité là où elle est nuisible, et de salir les chaussées par les feuilles mortes qu'ils laissent tomber en automne.

Ces inconvénients étaient très redoutés à l'époque où les routes étaient mal entretenues, où la boue étaient permanente, et où l'on cherchait avant tout à ouvrir un large accès à l'air et au soleil. Ils subsistent encore, par des motifs analogues, dans les tranchées profondes et partout où la fraîcheur est à redouter. Mais ces cas sont rares sur les routes modernes, où il y a plutôt intérêt à combattre les effets de la sécheresse en été. En automne, il est vrai, les feuilles mortes tombent en abondance sur la chaussée ; cette chute coïncide avec l'humidité naturelle, et la favorise. Mais le balayage qui a lieu sur toute route bien entretenue, enlève ces feuilles et atténue beaucoup le mal.

389. Historique des plantations. — Les différents points de vue qui viennent d'être exposés ont tour à tour prédominé, et il en est résulté une grande variation dans les prescriptions administratives au sujet des plantations.

Sous la féodalité, les seigneurs et les administrateurs provinciaux faisaient à leur fantaisie. Les premières ordonnances royales sur les plantations des routes remontent à Henri II (1552). Elles avaient surtout pour objet d'assurer la construction du matériel de l'artillerie, et ordonnaient la plantation, exclusivement en ormeaux, des bords des routes royales.

Une ordonnance de Henri III (1579), voulait que, « pour empêcher à l'avenir toute entreprise ou anticipation sur les routes, elles soient plantées et bordées d'arbres. »

Un arrêt du conseil du r.. de 1720, enjoignait aux propriétaires de planter des lignes d'arbres à une toise du bord extérieur des fossés des grands chemins.

Une loi du 9 ventôse an XIII (28 février 1805), ordonnait que les routes seraient plantées et que les plantations seraient faites sur le sol même des routes.

Quelques années plus tard, le décret du 16 décembre 1811 revenait à l'ancien système, et obligeait les propriétaires riverains à planter sur leurs propres fonds, à un mètre du bord extérieur des fossés.

Cette disposition n'empêcha pas l'administration de faire planter des arbres à ses frais et sur le sol des routes, lorsqu'elle le jugeait utile, et ces plantations se multiplièrent à mesure que l'entretien se perfectionna.

Enfin, le 9 août 1850, une circulaire ministérielle décida que toutes les routes nationales ayant au moins 10 mètres de large seraient plantées d'arbres, sur le sol même du domaine public et aux frais de l'administration.

380. Alignements. — La circulaire du 9 août 1850 et une instruction du 17 juin 1851 sur la rédaction des projets de plantations, ont fixé les règles qui doivent être observées dans ce genre de travaux.

La plantation consiste en une rangée d'arbres de chaque côté, pour les routes de 10 à 16 mètres de large, et en deux rangées, pour celles qui ont 16 mètres ou plus. Toutefois, il faut observer les prescriptions de l'article 671 du code civil, et tenir les arbres à la distance de 2 mètres au moins de la limite des propriétés riveraines.

Les lignes d'arbres sont placées sur la route à 0^m,50 de l'arête intérieure des fossés ou des talus de remblai, et à 4^m,50 au moins de l'axe. Cela exclut les plantations des routes de moins de 10 mètres entre fossés, et laisse un certain jeu pour celles qui ont davantage. Toutefois, les routes de moins de 10 mètres sont souvent aussi plantées, par exemple dans les pays montueux où les arbres servent de défense contre les accidents, ou dans les contrées très sèches où soufflent des vents violents.

La distance d'un arbre à l'autre, dans chaque rangée, est de 10 mètres, quelquefois de 5 mètres seulement. L'adoption de ce nombre rond facilite le bornage kilométrique des routes.

Lorsqu'il y a deux rangées, les arbres sont plantés en quinconces, et les rangées sont à 3 mètres au moins l'une de l'autre.

Dans les traverses des bourgs et des villes, les lignes d'arbres sont interrompues, à moins que la traverse ne soit assez large pour former boulevard. Dans ce cas, il faut au moins 3 mètres entre la ligne d'arbres et la façade des maisons.

331. Choix des essences. — On choisit les essences qui sont le mieux appropriées au sol de la route et au climat de la région, et qui sont aptes à fournir, lors de l'abatage des arbres, du bois d'œuvre de bonne qualité. Les arbres fruitiers, exposés à être dégradés par les passants au moment de la maturité des fruits, ne sont adoptés qu'exceptionnellement.

Quelquefois, surtout lorsque l'espacement des arbres n'est que de 5 mètres, on fait alterner les essences de prompte venue avec celles dont la croissance est plus lente, afin qu'au moment des abatages la route ne soit pas dépourvue de feuillage.

Souvent on signale chaque kilomètre et chaque hectomètre de la route par un arbre d'essence différente de celle qui a été adoptée pour la plantation courante.

Les essences les plus employées sont les suivantes :

1° L'*orme*, qui réussit dans presque tous les terrains, surtout si le climat est tempéré, et fournit un bois recherché ; il est malheureusement sujet aux attaques d'insectes qui le font périr, et il ne doit être adopté que si cette chance d'accident n'est pas à prévoir ; l'orme a un feuillage peu fourni et peu étendu, et il est une source d'ombre peu abondante ;

2° Le *frêne*, qui présente des qualités analogues à l'orme, mais n'est pas exposé aux attaques des insectes ; il se plaît surtout dans les terrains frais ;

3° Le *hêtre*, très bel arbre, qui vient dans les terrains secs et pierreux et dans les climats un peu frais ;

4° Le *chêne*, qui pousse très lentement, mais devient vigoureux, surtout dans les contrées septentrionales, et donne un bois d'une grande valeur ;

5° Le *châtaigner*, dont la croissance est rapide, et qui fournit un bois de construction recherché ; son feuillage épais donne beaucoup d'ombre, mais répand, en automne, des feuilles mortes en abondance ; c'est d'ailleurs un arbre fruitier, très exposé aux atteintes des passants au moment de la maturité des châtaignes ;

6° Le *peuplier*, dont la croissance est très rapide, car il peut s'abattre avantageusement au bout de vingt-cinq à trente ans, et dont le bois se vend partout facilement comme bois

blanc ; il convient très bien pour alterner avec des arbres à
bois dur et à croissance lente ; il croît facilement à peu près
dans tous les terrains ; le peuplier d'Italie, qui peut être planté
serré, est excellent comme défense au bord des cours d'eau et
des précipices ; l'inconvénient des peupliers est de répandre
sur les routes, en automne, des feuilles à parenchyme épais et
persistant ;

7° Le *platane*, très employé dans le midi, où il pousse facilement à peu près dans tous les sols ; il a un beau port et un
feuillage épais qui donne beaucoup d'ombre ; son bois, utilisé
pour le charronnage, n'a pas une grande valeur, et la chute
de ses feuilles salit beaucoup les routes, ainsi que le rejet de
son écorce ;

8° Le *sycomore* et *l'érable*, qui ont une grande analogie avec
le platane ;

9° L'*acacia*, qui réussit partout et demande peu de soins,
mais a le défaut d'être cassant et de fournir peu d'ombre ; son
bois est très dur, mais a peu d'applications ;

10° L'*ailante* ou *vernis du Japon*, qui vient très bien dans
tous les sols, surtout les sols légers, et porte un beau feuillage, mais a l'inconvénient de lancer des rejets au loin et d'envahir les propriétés riveraines.

Quelques autres essences sont utilisées dans des conditions
exceptionnelles, comme le *bouleau*, qui peut remplacer l'a-
cacia dans les climats froids et les terrains exposés aux vents
violents ; le *cyprès*, employé en rideau contre les vents dans
le sud-est de la France ; l'*eucalyptus*, dans les climats très-
chauds.

Les arbres résineux sont peu employés, parce que leur croissance se trouve arrêtée tout court, s'ils viennent à perdre leur
flèche ; beaucoup d'entre eux d'ailleurs s'élargissent à la base
et encombrent le sol.

Les arbres de pur agrément et d'un mauvais produit, comme
le tilleul et le marronnier, ne sont pas admis sur les routes.

332. Main-d'œuvre de la plantation. — Les sujets à
planter sont choisis dans les meilleures pépinières de la con-

trée, et surtout dans celles où le sol ressemble le plus à celui de la route.

Les plants doivent avoir, à 1 mètre du collet de la racine, de 0^m,12 à 0^m,16 de circonférence. La hauteur du fût, depuis le collet jusqu'à la couronne, doit être de 1^m,80 à 2^m,40, et la hauteur totale de l'arbre, de 2^m,30 à 3^m,50. L'âge des sujets varie de trois à cinq ans pour les essences à bois tendre, et de cinq à sept ans pour les arbres à croissance lente.

La plantation se fait dans la saison morte, entre l'automne et le printemps, de préférence avant l'époque où les fortes gelées sont à craindre, afin que les plants ne soient pas exposés à être gelés avant d'être mis en place.

Les arbres sont arrachés dans les pépinières avec tous les soins voulus; leurs racines sont empaillées pour le transport et jusqu'à leur mise en place, qui se fait de la façon suivante :

On ouvre une fosse, d'un mètre cube environ de capacité, à laquelle on donne d'autant plus de profondeur que les racines sont plus pivotantes. Le plant est dressé sur l'alignement, et maintenu bien vertical pendant qu'on rejette les terres dans la fosse.

Quelquefois ces terres sont de mauvaise qualité; elles doivent alors être remplacées, en tout ou en partie, par de la terre végétale que l'on va chercher au plus près possible.

Les jeunes plants sont entourés d'une défense d'épines, pour les garantir contre la main des hommes et la dent des animaux. On emploie habituellement des tiges d'aubépine; à défaut d'aubépine, on a recours à l'églantier. Une douzaine de brins sont mis autour de l'arbre, et attachés avec quatre ou cinq fils de fer.

Enfin, quelques jeunes plants n'ont pas assez de consistance pour se tenir droits et ont une tendance à se courber ou à se renverser. On les soutient par des *tuteurs*, perches de 2^m,60 à 3^m,10 de long, et de 0^m,05 à 0^m,07 de diamètre, qu'on enfonce de 0^m,60 au moins dans le sol. Le tuteur doit être planté en même temps que l'arbre; mis après coup, il pourrait écorcher les racines. L'arbre y est attaché par trois liens en osier ou en fil de fer. On interpose des tampons en paille ou en mousse, afin de garantir l'arbre des effets du frottement contre le tuteur ou les liens.

333. Analyse des prix des plantations.— Le prix d'un pied d'arbre est généralement compris entre 2 et 3 francs. Il se compose des éléments suivants :

1° Fouille d'un mètre cube de terre, et enlèvement de cette terre si elle est de mauvaise qualité ;

2° Fourniture et apport d'un mètre cube de terre végétale, dans le cas où celle de la fouille n'est pas réemployée.

3° Fourniture du plant, y compris soins d'arrachage et empaillage des racines, et transport à pied d'œuvre ;

4° Fourniture d'un tuteur, s'il y a lieu ;

5° Main-d'œuvre de la plantation, demandant d'une heure à une heure et quart d'ouvrier ;

6° Fourniture et pose des tiges épineuses ; cet épinage coûte en moyenne entre 0 fr. 10 et 0 fr. 20 c.

Dans les devis pour les plantations, on ajoute au prix, calculé d'après ces bases, un cinquième pour les chances de mortalité, qui restent pendant deux ans à la charge des entrepreneurs ; puis, comme dans tous les projets, un vingtième pour faux frais et un dixième pour bénéfice.

§ 3

MURS DE SOUTÈNEMENT

334. — Il est quelquefois impossible de prolonger un talus de remblai jusqu'au sol. C'est ce qui arrive dans le cas où la pente transversale du terrain naturel AD (fig. 192) est la même que celle du talus BC, ou, du moins, en diffère assez peu pour que le point de rencontre soit rejeté excessivement loin. Il se pourrait aussi que le pied du talus vînt à tomber dans un cours d'eau, sur

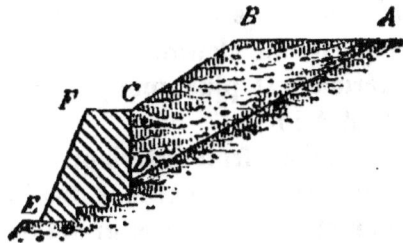

Fig. 192.

un chemin existant, ou en tout autre endroit qu'il convient de laisser libre.

Dans ce cas, on interrompt le remblai, et on y substitue un mur en maçonnerie CDEF, que l'on appelle mur de soutènement.

Les murs de soutènement sont fréquemment employés dans les contrées montueuses, lorsque les tracés circulent à flanc de coteau.

Le plus souvent, le mur de soutènement s'élève jusqu'au niveau de la plateforme des terrassements. Dans ce cas, il est couronné d'un garde-corps en maçonnerie (fig. 193), auquel on donne de $0^m,35$ à $0^m,50$ de largeur, et de $0^m,70$ à 1 mètre de hauteur.

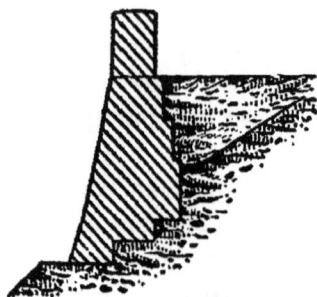

Fig. 193.

Les murs de soutènement se font, soit en maçonnerie à pierres sèches, soit en maçonnerie à bain de mortier. Le parapet est rarement en pierres sèches, parce qu'il n'offrirait pas une résistance suffisante aux chocs.

Quand le mur est maçonné à bain de mortier, on ménage de distance en distance, surtout vers le pied, des ouvertures verticales nommées *barbacanes*, de $0^m,05$ à $0^m,10$ de largeur, et de $0^m,30$ à 1 mètre de hauteur, afin d'assurer l'écoulement de l'humidité qui pourrait s'accumuler par derrière.

Les parois des murs de soutènement peuvent être verticales ou inclinées. On appelle *fruit* le talus de la paroi.

On donne toujours du fruit à la paroi extérieure. La théorie et l'expérience indiquent qu'un même volume de maçonnerie supporte une charge de terre d'autant plus grande que le fruit extérieur est plus marqué. On le fixe ordinairement entre 1/5 et 1/10.

Quand au fruit intérieur du côté des terres, les avis semblent partagés; quelques ingénieurs le font vertical, d'autres donnent au mur le plus grand empatement possible. La théorie de la résistance des matériaux permet de résoudre la question dans les cas qui se présentent. Il faut que le mur résiste au

renversement auquel le poussent les remblais, et en même
temps qu'il ne s'enfonce pas dans le terrain où il est fondé, ou
du moins y produise un tassement uniforme. On est ainsi conduit à élargir la base d'autant plus que le sol de fondation est
plus compressible, et à tenir, au contraire, la paroi intérieure
verticale si l'on fonde sur le rocher.

Le fruit intérieur s'obtient en général par redans, comme
on le voit dans la figure 193, c'est-à-dire, par une succession
de parois verticales réunies en escalier. La construction en est
plus facile que celle des faces inclinées.

L'épaisseur moyenne des murs de soutènement se calcule
d'après les règles exposées dans les traités de résistance de
matériaux. Son rapport à la hauteur diminue en sens inverse
de celle-ci, et reste compris environ entre 1/3 et 1/4 pour les
murs en maçonnerie pleine, et entre 2/3 et 1/2 pour les murs
à pierres sèches. L'épaisseur doit être d'autant plus grande que
les terres à soutenir sont plus grasses, et que leur talus naturel, lorsqu'elles sont imbibées, est plus aplati.

§ 4.

PERRÉS

335. — Lorsqu'un talus est menacé de dégradations superficielles par les eaux, on le consolide souvent en le recouvrant
d'un perré (Chap. VI, § 5).

C'est un revêtement à pierres sèches, qui diffère du mur de
soutènement en ce que ses deux faces sont parallèles et
suivent la pente du talus au lieu de l'intercepter (fig. 194).

Les perrés ont une épaisseur uniforme qui varie de 0ᵐ,30 à
0ᵐ,50, mais est le plus souvent fixée à 0ᵐ,35. Quelquefois l'é-
paisseur augmente du sommet à la base, commençant par
exemple à 0ᵐ,30, et s'élargissant de 0ᵐ,05 par mètre.

Les perrés se construisent en moellons, dont la plus grande

dimension est perpendiculaire au talus. Ces moellons n'ont pas tous la
même queue ; les uns, plus longs que
l'épaisseur moyenne du perré, doivent être enfoncés dans la terre ; les
autres, plus courts, s'appuient sur de
petites pierres et des éclats qui garnissent le fond de l'encaissement. On
assujettit les moellons les uns contre
les autres en enfonçant à la masse
des éclats de pierres dans les joints.

Fig. 194.

On fait quelquefois les perrés en moellons smillés ou équarris, posés par assises régulières, mais il est préférable de se
servir de moellons bruts ou simplement têtués, et de les appa-
reiller en joints de hasard. Cela est moins coûteux et les tassements qui peuvent se produire après coup sont moins apparents. Les lignes qui limitent le perré sur les côtés ou vers le
haut doivent néanmoins être régulièrement dressées, et les
moellons qui les composent sont taillés en conséquence.

Quand le perré s'appuie sur de la terre exposée à être
délayée par l'eau qui aurait pénétré dans les joints, on le
pose sur une couche de sable.

On a soin, d'ailleurs, de garnir les joints en terre végétale,
où l'on sème du gazon. L'eau y pénètre alors difficilement.

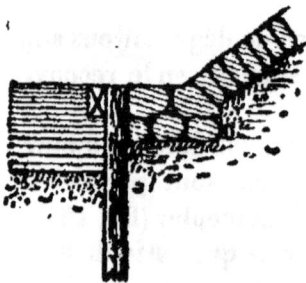

Le pied du perré doit reposer
sur une base solide. Lorsqu'elle
n'existe pas naturellement, comme
cela se présente le plus souvent
pour les perrés qui baignent dans
les cours d'eau, on établit une fondation artificielle.

Il suffit souvent de creuser au
pied du perré une rigole que l'on
garnit en forts enrochements. Si

Fig. 195.

les enrochements eux-mêmes sont exposés à l'affouillement,
on les défend par des lignes de pieux, et, au besoin, de palplanches (fig. 195).

§ 5.

SOUTERRAINS

336. — On est quelquefois conduit à exécuter certaines parties de routes en souterrain.

On n'entrera ici dans aucun détail sur le mode d'exécution des souterrains, qui se rattache plutôt à la construction des chemins de fer[1].

Il suffit de rappeler que, ces ouvrages étant très coûteux, la route y est réduite à ses plus petites dimensions : elle n'a que de 4 à 5 mètres de chaussée, avec trottoirs de 0 m. 80 à 1 mètre. Il suffit de 4 mètres de hauteur libre le long du trottoir, ce qui porte à 5 ou 6 mètres la hauteur sous clef, suivant la forme de la voûte.

La solution par souterrain est rarement adoptée dans la construction des routes, où elle peut presque toujours être évitée par des lacets convenables. Elle ne se justifie que dans les gorges profondes et abruptes, sur les versants exposés aux avalanches, comme dans certaines parties des Alpes, ou pour éviter les plateaux exposés aux neiges abondantes pendant une partie de l'année, comme au Lioran.

Coûteux de construction, les souterrains sont d'un entretien difficile, la chaussée y restant constamment humide. Mais leur principal inconvénient est l'obscurité ; les chevaux et les bestiaux s'y effrayent ; les conducteurs des voitures ne voient pas nettement celles qu'ils croisent ni les bordures des trottoirs, et ne peuvent avancer que lentement et avec précaution ; les bestiaux montent sur les trottoirs et deviennent un danger pour les piétons, qui ne les voient pas.

Il paraît facile de remédier à cela en éclairant le souterrain ; mais c'est souvent une illusion. Si le souterrain est court, s'il n'a pas plus de 2 ou 300 mètres, les têtes laissent entrer à l'in-

[1] Voir Encyclopédie des travaux publics : *Travaux de terrassement, tunnels, dragages et déroctements,* par Pontzen, et : *Cours de chemins de fer,* par Bricka.

térieur une lumière diffuse supérieure à celle des lampes, mais qui ne suffit pas pour éclairer, parce que l'œil du voyageur, sortant du plein jour, n'a pas le temps de s'adapter à cette clarté plus douce. L'éclairage n'est efficace que la nuit, ou pour les souterrains très longs, où l'œil a le temps de se faire à cette faible lumière, et où la ligne des lampes dirige la circulation dans l'obscurité.

§ 6

TROTTOIRS

837. Bordures . — On a vu (n° 17) qu'il est commode et avantageux de mettre les accotements en saillie, quand on dispose d'une largeur de chaussée suffisante.

Sur les points où la circulation est active, le bord de ces accotements doit être protégé contre les roues des voitures ; on y place des mottes de gazon.

Quand on dispose de vieux pavés de rebut, on peut les utiliser pour le même objet. Ces pavés forment alors une bordure, et l'accotement devient un véritable trottoir.

A défaut de vieux pavés, on emploie des pierres brutes. On peut en général se les procurer à bas prix ; mais elles constituent une bordure irrégulière, exposée à être déchaussée par le choc des roues, qui s'y détériorent elles-mêmes en frottant contre les rugosités des pierres.

Pour les véritables trottoirs, on fait les bordures en pierres taillées (fig. 196), ayant de 0^m,30 à 0^m,50 de hauteur et de 0^m,15 à 0^m,25 de largeur, que l'on enfonce de 0^m,15 à 0^m,30 dans le sol. La taille est poussée plus ou moins loin, suivant la perfection que l'on veut atteindre. Ce sont quelquefois des libages à peine dégrossis ; d'autres fois, ce sont des pierres de taille bouchardées et ciselées.

Fig. 196.

Le parement extérieur, du côté de la chaussée, doit avoir un fruit afin que les roues ne viennent pas porter sur l'arête.

Ce fruit est au moins égal à la pente transversale de la chaussée, augmentée de l'inclinaison des roues des voitures sur les essieux.

Quand le sol est mauvais, la bordure est établie sur une fondation en sable, en pierres sèches, en béton ou en maçonnerie. Cette fondation a de 0^m,30 à 0^m,50 de large, et descend jusqu'à une couche du sol suffisamment solide.

La nature des matériaux qui constituent les bordures est variable. Elle est la même que celle des pierres de taille dures en usage dans chaque contrée. Quand la circulation est extrêmement active, comme dans les rues des grandes villes, on n'hésite pas à faire des sacrifices pour avoir des bordures résistantes. C'est ainsi qu'à Paris elles sont toutes en granit.

328. Chaussée des trottoirs. — La chaussée des trottoirs est aussi très variable, suivant l'importance de la circulation et les matériaux dont on dispose.

En rase campagne, le trottoir reste en terre, et se garnit de gazon. Aux abords des villes, on y répand du sable ou du gravier battu à la dame, ou même on y fait un véritable empierrement.

Dans les villes, les trottoirs sont pavés.

Dans le midi, on se sert de petits cailloux roulés plats, que l'on pose de champ. Ils forment souvent des dessins à dispositions régulières, grâce à l'emploi de cailloux de couleurs différentes. Ce genre de trottoir, quoiqu'un peu dur aux pieds, est assez agréable à la vue comme à la circulation.

Souvent, on emploie de petits pavés refendus de 0^m,05 à 0^m,10 d'épaisseur, que l'on pose à bain de mortier sur une aire en sable ou en béton.

On a exécuté des trottoirs en briques posées de champ à bain de mortier ; mais les briques s'usent promptement et le trottoir devient promptement flacheux et inégal.

Très souvent, la chaussée du trottoir se fait en dalles, grandes pierres plates de quelques centimètres d'épaisseur, parfaitement taillées et posées sur une forme de sable ou de béton. A Paris, la plupart des trottoirs sont en dalles de granit.

On a fait aussi des trottoirs solides et élégants avec les carreaux céramiques.

Dans beaucoup de villes, les trottoirs se font aujourd'hui en ciment. On répand sur le sol une couche de $0^m,08$ à 0^m10, de béton, sur laquelle s'applique une couche de $0^m,02$ à $0^m,03$ de ciment, ou mieux de mortier de ciment, gâché serré. On donne à la surface l'apparence d'une pierre bouchardée entre ciselures, en y appuyant des planches ou des rouleaux gravés, pendant que le ciment est encore mou. Ce bouchardage artificiel a pour objet de maintenir le pied, qui, autrement, serait exposé à glisser sur une surface lisse. Les variations de température produisent dans le ciment des dilatations et des contractions, d'où résultent des fissures ; on les prévient, en laissant dans l'enduit, de distance en distance, des joints réels qui se perdent dans l'ensemble des joints artificiels.

Enfin, beaucoup de trottoirs sont établis en mastic de bitume, coulé à chaud sur une fondation de béton de $0^m,05$ à $0^m,10$ d'épaisseur recouverte d'un enduit de mortier de chaux hydraulique de $0^m,01$ au moins.

Le béton doit être très sec avant qu'on y verse le bitume ; s'il est humide, l'eau, saisie subitement par une température très élevée, se volatilise, et la vapeur emprisonnée forme des cloches sous la couche de bitume, qui alors repose inégalement sur le béton. Sous les charges de la circulation, les parties soulevées s'affaissent et la chaussée se désagrège.

Le bitume employé est le mastic en pains. On le fait fondre dans une chaudière, à 120° environ, et on y ajoute un peu de sable, environ les deux tiers de son poids. Il se forme une sorte de mortier, qui est moins cher que le bitume pur et au moins aussi résistant, et qui est moins exposé à se fendre par les variations de température. Pendant toute la fusion, on brasse bien la matière, afin d'empêcher les parties en contact avec les parois de la chaudière de se surchauffer et de s'altérer.

La pose du mastic bitumeux se fait comme il suit : Un ouvrier prend du mastic fondu dans une poche et le verse sur le béton ; l'applicateur l'étale avec une spatule en bois, en lui donnant l'épaisseur voulue, qui varie entre $0^m,015$ et $0^m,025$, et qui lui est marquée par des règles posées à plat sur le béton. Pendant que la matière est encore molle, on y répand, avec un tamis, du petit gravier que l'on enfonce en frappant avec une batte. Ce gravier augmente la résistance de la surface a l'usure, et le battage applique parfaitement la chape en mastic sur le béton. Aussitôt refroidi, le trottoir est livré à la circulation.

On a essayé de substituer au mastic d'asphalte divers produits artificiels connus sous le nom de *bitumes factices*. Il semble bien simple d'imiter l'asphalte en mélangeant du calcaire broyé ou de la chaux en poudre avec le goudron qui se forme en abondance pendant la distillation du bois ou de la houille. Mais ces produits ne donnent pas en général de bons résultats ; le mélange de deux substances aussi hétérogènes que la chaux et le goudron se fait imparfaitement, la cohésion de la matière est insuffisante, et la chaussée ne résiste pas; outre qu'il est impossible d'arriver, comme l'a fait la nature par des procédés inconnus, et sous des pressions sans doute gigantesques, à faire que chaque atome de calcaire soit entouré de bitume, le goudron renferme des parties volatiles, qui, en se dégageant à la longue, diminuent encore la cohésion. Toutefois, le brai de gaz s'emploie avec quelque succès ; c'est le résidu qui reste quand la distillation du goudron obtenu dans la fabrication du gaz en a extrait toutes les huiles légères ou lourdes. Le brai fond à peu près comme le bitume ; avec de la craie broyée très fin, il constitue un mastic factice qui résiste assez bien dans les endroits peu fréquentés, tels que cours de maisons ou passages de portes cochères, dans les caves, dans les enduits de réservoirs, etc., mais qui doit être proscrit de toutes les voies publiques.

339. Profil en travers. — La chaussée des trottoirs reçoit une pente transversale d'environ 0,04, pour que l'eau n'y séjourne pas. Cette pente descend vers le fossé ou le talus du remblai sur les parties de route en rase campagne. Dans les villes, où le trottoir est extérieurement bordé de maisons, la pente est dirigée vers la bordure et rejette les eaux dans le caniveau.

§ 7

ÉGOUTS

340. Utilité des égouts. — L'eau qui se réunit dans les caniveaux le long des bordures de trottoirs, dans les villes, ne peut être évacuée au dehors, et elle s'accumule en suivant leur pente jusqu'à ce qu'elle tombe dans un cours d'eau naturel. Il en résulte que, pendant les grandes pluies, et surtout au moment des forts orages, les parties basses des villes reçoivent une quantité d'eau énorme, qui parfois envahit toute la chaussée ; cette masse d'eau, ayant quelquefois une grande vitesse, ravine les caniveaux et les chaussées elles-mêmes. Les caniveaux qui bordent les trottoirs charrient les eaux ménagères, auxquelles s'ajoutent souvent les produits du balayage de la chaussée, chargés des déjections des chevaux ; les joints des pavés de ces caniveaux et leur fondation s'imprègnent alors de substances organiques, qui, pendant les journées sèches, s'altèrent, dégagent des odeurs fétides et maintiennent une infection permanente. Enfin, pour que l'eau puisse arriver aux lignes d'écoulement naturelles, il faut que tous les caniveaux successifs soient disposés en pente continue, et que les rues ne présentent aucune contrepente, ce qui ne se réalise pas le plus souvent.

On remédie à ces divers inconvénients en construisant des *égouts*. Ce sont des canaux couverts qui sont établis au-dessous de la surface des voies publiques, à une profondeur suffisante pour que la pente puisse être réglée à volonté, et dirigée vers les cours d'eau naturels, alors même que la rue aurait une pente en sens inverse.

De distance en distance, les caniveaux sont mis en communication avec les égouts, au moyen de bouches.

341. Mode de construction des égouts. — Un égout n'est autre chose qu'un aqueduc sans têtes et de longueur indéfinie. Il se construit de la même façon, et se compose, comme tout aqueduc, d'un radier, de deux piédroits et d'une voûte.

Le radier a une pente longitudinale, nécessaire pour l'écoulement de l'eau. Cette pente est variable, suivant la disposition des rues et la profondeur du thalweg où les eaux sont dirigées. Les villes étant souvent sur le bord des rivières, la pente des égoûts y est alors très faible.

Connaissant la pente du radier et la quantité d'eau qui afflue dans l'égout pendant les forts orages, on peut calculer le débouché nécessaire. Ce débouché, très faible à l'origine des rues les plus hautes, où un simple tuyau suffirait, prend une importance croissante, à mesure que les branches se réunissent, et que l'égout s'approche de son embouchure. C'est ainsi qu'à Paris les égouts collecteurs sont de petites rivières de $3^m,50$ de largeur et de 2 mètres de profondeur. L'hydraulique enseigne à calculer ce débouché.

Mais, en général, ce n'est pas le débit qui détermine les dispositions des égouts ; c'est la nécessité de ménager des moyens de circulation aux hommes chargés de leur nettoyage. Les eaux qui arrivent aux égoûts sont troubles ; elles sont salies par les eaux ménagères et les boues des chaussées. Comme la pente, et, par suite, la vitesse du courant, est faible, les matières en suspension se déposent, et le canal serait bientôt obstrué s'il n'était souvent dégagé. Il faut donc qu'un homme au moins puisse pénétrer dans l'égout, y circuler et y travailler.

Or, pour qu'un homme puisse circuler, il faut au moins $0^m,50$ de largeur au radier ; pour qu'il se tienne debout, il faut 2 mètres de hauteur ; la largeur, au droit des épaules, ne peut être

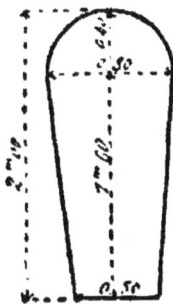

Fig. 197.

moindre que $0^m,80$. Tel était, en effet, le type primitivement adopté (fig. 197). Mais avec ces dimensions, l'ouvrier a juste la place pour passer et ne peut presque pas faire de mouvements ; il éprouve donc une grande gêne pour exécuter son travail, et il le fait mal.

Dans les égouts plus récents, on a porté à $1^m,20$ la largeur aux naissances de la voûte ; et, au lieu de réunir les naissances au radier par des murs à fruit rectiligne, on les rac-

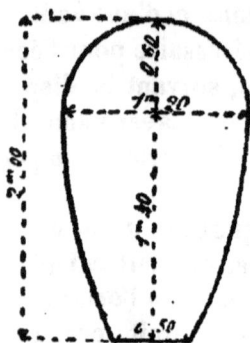

Fig. 198.

corde par des parois courbes, tangentes à l'intrados de la voûte et verticales au niveau des naissances. La section a alors la forme d'un œuf (fig. 198).

Mais les égouts ne servent pas seulement à l'écoulement des eaux ; dans les villes, on y installe les conduits d'eau, les fils électriques, etc. Il est donc nécessaire alors de leur donner une section plus grande et suffisante pour recevoir ces installations, sans que le travail du curage soit gêné.

Les ouvriers égoutiers circulent, en marchant sur le radier, munis de grandes bottes imperméables, et leur travail se fait sans difficulté si la couche d'eau n'est pas très haute.

Mais quand le débit est considérable, on fait couler l'eau dans une cuvette spéciale, à laquelle on peut donner de la profondeur, et l'on établit, à droite et à gauche, ou d'un côté seulement, une banquette que l'eau n'atteint pas et où se fait la circulation.

Les égouts arrivent quelquefois à des dimensions analogues à celle des tunnels de chemins de fer. La figure 199 montre les dimensions de l'égout collecteur général de Paris à Clichy.

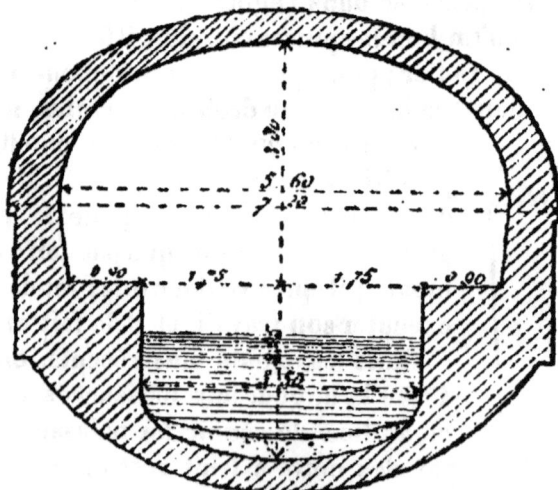

Fig. 199.

Les égouts reçoivent un revêtement en maçonnerie qui a d'autant plus d'épaisseur que l'ouverture est plus grande. Les règles données à ce sujet pour les aqueducs peuvent être appliquées à peu près exactement aux égouts.

342. Exécution des travaux. — On commence par exécuter la fouille nécessaire à l'établissement de l'égout. Cette fouille ne peut pas, comme en rase campagne, être descendue avec des talus à 45°; la largeur des rues ne le permettrait pas. Il faut tenir les talus à peu près verticaux, et les étrésillonner pour prévenir les éboulements, d'autant plus à redouter que le sol des villes est souvent composé de terres rapportées. L'étrésillonnement doit donc être fait avec beaucoup de soin et continuellement surveillé. Il se compose de planches ou madriers placés longitudinalement sur la paroi mise à nu, et soutenus à leurs extrémités, et au besoin en leur milieu, par des poteaux verticaux en charpente, dont l'écartement est maintenu par des pièces de bois transversales fortement coincées. La force des madriers et leur espacement, ainsi que les intervalles des poteaux, se règlent suivant le degré de consistance des terres remuées. Mais il faut toujours exagérer les précautions, les éboulements pouvant avoir les conséquences les plus graves, tant pour les ouvriers que pour les maisons riveraines.

On construit ensuite successivement le radier, les piédroits et la voûte, comme à l'ordinaire. Le cintre employé pour la voûte est très simple et très léger; il n'a qu'une petite longueur, et se transporte à mesure qu'une partie de voûte est terminée.

Quand l'ouvrage est achevé, on laisse au mortier le temps de se solidifier, puis on rejette dans la fouille une partie de la terre qu'on en avait extraite; enfin on refait la chaussée qui avait été démontée.

Cette construction demande un certain temps, pendant lequel la circulation est interrompue. Dans les rues fréquentées, il faut diminuer la durée de cette interruption par tous les moyens possibles. A cet effet, on installe d'abord un grand nombre d'ouvriers à la fouille; leur nombre n'est pour ainsi dire pas limité, car il s'agit de terres à jeter à la pelle. Mais la majeure partie de ces terres doivent être enlevées au tombereau, et il faut que l'atelier des tombereaux puisse circuler, ce qui limite la rapidité de la fouille.

Quant à la maçonnerie, elle peut être attaquée sur plusieurs points à la fois. Mais la rapidité du travail est encore limitée ici par l'atelier des voitures qui apportent les matériaux, moellons, chaux, sable, eau, etc. Or toutes ces sujétions sont proportionnelles au cube des maçonneries; il importe donc de réduire autant que possible ce cube, ce qui ne peut être obtenu qu'avec des matériaux très résistants. On emploie, dans ce cas, de la pierre très dure et du mortier de ciment. Avec la meulière et le ciment romain, le revêtement des égouts de Paris se réduit à un anneau de $0^m,30$ d'épaisseur, qui s'augmente seulement un peu vers le radier; le radier lui-même n'a que $0^m,20$ ou $0^m,25$ d'épaisseur.

Le ciment durcit très vite, en sorte que les fouilles peuvent être remplies et les voûtes recouvertes dès le lendemain de leur construction. Avec les mortiers ordinaires, il faudrait attendre plusieurs jours, et même des semaines, suivant la qualité de la chaux.

La surface intérieure des égouts doit être garnie d'un enduit lisse, autant que possible en ciment, afin que l'eau ne pénètre pas dans les joints, et qu'il ne se présente aucune rugosité de nature à retenir les corps en suspension.

343. Bouches. — Les *bouches*, par où l'eau passe de la chaussée à l'égout, sont des ouvertures ménagées sous les trottoirs et servant d'orifice à des puits qui communiquent

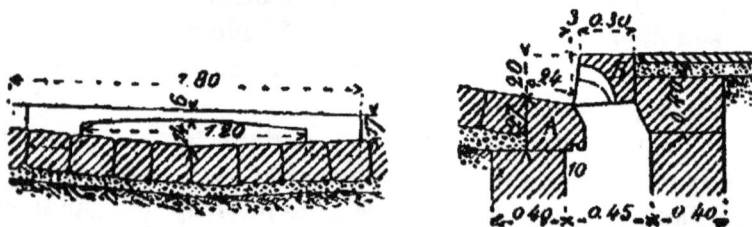

Fig. 200.

avec les égouts. La bavette A (fig. 200), engagée dans le pavage

et légèrement concave, avance un peu au-dessus de l'orifice
du puits où elle déverse l'eau du ruisseau. Le couronnement B
recouvre le reste de l'orifice ; c'est une forte pierre qui affleure
la bordure du trottoir, et est évidée à la partie inférieure.

Quelquefois le couronnement est formé d'une plaque de

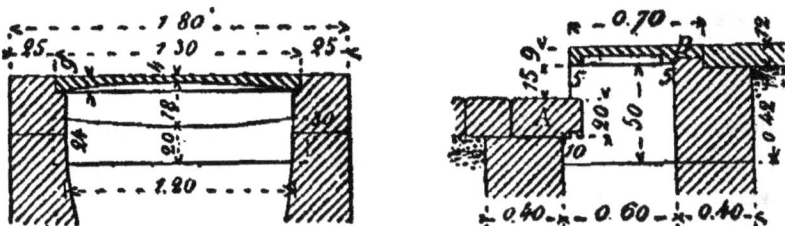

Fig. 201.

fonte, posée sur des dés (fig. 201). Mais la fonte se polit, devient glissante et provoque des accidents.

Comme la bouche est sous le trottoir, et l'égout dans l'axe de
la rue, la cheminée qui les réunit devrait être oblique. On
préfère des cheminées verticales, dont le fond est réuni à
l'égout au moyen d'un *branchement*, c'est-à-dire d'un bout
d'égout transversal et semblable à l'égout principal.

Autrefois, surtout lorsque le ruisseau était au milieu de la
rue, l'orifice du puits de descente, placé verticalement sur l'axe
de l'égout, aboutissait à la chaussée et non au trottoir. On
le recouvrait d'une simple grille en fonte, qui laissait tomber l'eau. Ce système est dangereux, parce que la fonte se
polit et devient glissante. Il est d'ailleurs difficile de régler
l'écartement des barreaux de façon que, d'une part, ils n'offrent pas un vide dangereux pour le pied, et, d'autre part, ils
présentent une issue suffisante à l'eau, malgré les pailles et
autres immondices qui parfois s'y accumulent.

Il faut mettre une bouche d'égout dans tous les points bas
des chaussées où une rampe succède à une pente. En outre, si
l'on ne veut pas faire traverser les rues par des caniveaux, il
faut une bouche pour chaque pâté de maisons.

344. Regards. — Des cheminées verticales, appelées *re-*

gards, analogues aux cheminées pour bouches, mais de plus grandes dimensions, sont établies de distance en distance pour la descente des hommes qui vont travailler dans les égouts. Ces puits sont carrés et ont $0^m,80$ de côté. On y descend par des échelles scellées dans les parois. Leur orifice est formé par une plaque en fonte, pleine ou à claire-voie.

Les regards se faisaient autrefois sur l'axe des égouts, et les plaques de fonte affleuraient la chaussée ; elles étaient une source de danger pour les chevaux, qui y glissaient, et d'embarras pour la circulation lorsqu'elles étaient ouvertes. Aujourd'hui les regards sont mis sous les trottoirs, et raccordés avec l'égout par des branchements transversaux. Les inconvénients de la plaque subsistent pour les piétons ; mais on atténue beaucoup le danger en se servant de plaques pleines, évidées sur une certaine épaisseur où est coulée une couche d'asphalte.

345. Branchements particuliers. — Dans les villes où je système des égouts est perfectionné, comme à Paris, on ne laisse arriver aux ruisseaux que l'eau tombée sur la chaussée elle-même ou sur les trottoirs. Les eaux reçues par les toits des maisons et par les pavés de leurs cours, les eaux ménagères et même les eaux-vannes, sont dirigées par des tuyaux dans des branchements particuliers, sans passer par la voie publique. Ces branchements sont exactement semblables aux égouts. Ils se terminent aux murs de fondation des maisons.

§ 8

BORNES KILOMÉTRIQUES

ET TABLEAUX INDICATEURS.

346. Bornes kilométriques. — Le long des routes sont placées des bornes qui déterminent la position de chacun de leurs points.

Ce bornage offre une certaine utilité pour les voyageurs auxquels il fournit des renseignements sur leur marche et sur les distances qu'ils parcourent entre les villes traversées par les routes. Mais il est surtout indispensable pour le service, où il est nécessaire à tout moment de désigner des points précis pour la division des cantons, la police de la route, les approvisionnements de matériaux, les renseignements statistiques, en un mot, tous les détails de l'administration.

La forme des bornes des routes nationales et la méthode à suivre dans leur établissement ont été réglées par une circulaire du 21 juin 1853, dont voici les principales dispositions.

Le numérotage des bornes kilométriques a lieu par département. La première borne se trouve à 1 kilomètre du point où la route entre dans le département, et reçoit le nᵒ 1 ; la borne nᵒ 2 est au kilomètre suivant, et ainsi de suite. Si la route traverse des enclaves appartenant à d'autres départements, le kilométrage les enjambe sans en tenir compte, de façon à n'indiquer que le parcours réel de la route sur le territoire du même département. Toutefois, il y a encore beaucoup de départements où le kilométrage, antérieur à 1853, est rapporté à un grand centre d'où se détache la route, comme Paris ou Lyon.

Le nom du département est inscrit au-dessus du numéro du kilomètre.

Sur chacune des faces latérales, on met le nom de la localité voisine la plus importante à laquelle conduit la route, avec la distance.

Enfin, un nombre mis au bas de la borne représente l'altitude approximative du socle au-dessus du niveau de la mer.

La forme des bornes kilométriques est un dé rectangulaire surmonté d'un demi-cylindre (fig. 202). La largeur du dé, qui est en même temps le diamètre du cylindre, est de $0^m,35$, et l'épaisseur de la borne, de $0^m,25$. Elle pose sur un socle, qui fait une saillie de $0^m,02$, sauf postérieurement ; ce socle a donc $0^m,39$ de face et $0^m,27$ de côté. Sa hauteur est de $0^m,10$, en sorte que la hauteur totale de la borne, socle compris, est de $0^m,65$.

La borne se prolonge au-dessous du sol par une souche

non taillée, qui doit avoir au moins une longueur égale, afin d'en assurer la stabilité.

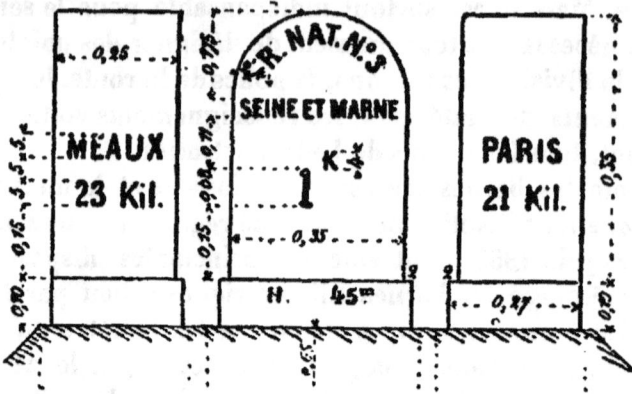

Fig. 202.

Les bornes sont toujours du côté gauche de la route, et autant que possible sur la crête extérieure de l'accotement. Sur les routes très étroites, elles sont mises en dehors du fossé ou sur les banquettes de sûreté.

Ces bornes se font en pierre dure. Les inscriptions y sont gravées et rechampies en noir ; celles dont on n'est pas certain et qui peuvent varier sont simplement peintes sur les faces. On emploie aussi des bornes en bois ou en fonte.

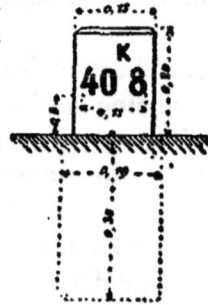

347. Bornes hectométriques. — En outre des bornes kilométriques, on place une petite borne à chaque hectomètre. C'est un simple dé de 0ᵐ,20 de hauteur et de 0ᵐ,15 de côté (fig. 203).

On se contente d'inscrire sur la face le numéro du kilomètre dont il fait partie, et à côté celui de l'hectomètre.

Fig. 203.

La souche doit s'enfoncer dans le sol d'au moins 0ᵐ,30.

348. Bornes départementales. — Enfin, à la limite des départements, on place une borne analogue aux bornes kilométriques, mais plus étroite (fig. 204), où sont

30

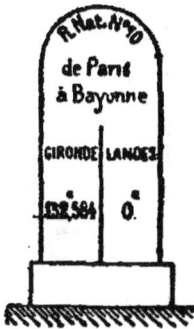

Fig. 204.

inscrits le numéro de la route, les noms des deux départements limitrophes et la longueur que la route a parcourue dans le département qu'elle abandonne.

349. Tableaux et poteaux indicateurs. — Lorsque deux routes s'embranchent, le voyageur peut être incertain sur celle qu'il doit suivre. On place, à l'intersection, des *tableaux indicateurs*, où se détachent en blanc, sur un fond bleu de ciel foncé, le nom du département, le numéro de la route, l'indication d'une ou deux des localités les plus importantes auxquelles elle conduit, et des flèches marquant le côté où ces localités se trouvent.

S'il y a des habitations à l'embranchement, les tableaux sont posés sur les murs. Si l'intersection des routes est en rase campagne, les tableaux sont adaptés, sous forme de plaques en fonte, à des poteaux, dits *poteaux indicateurs*, également ment en fonte.

Des tableaux indicateurs semblables sont placés à l'entrée et à la sortie des villes, bourgs et villages que traversent les routes.

§ 9

ITINÉRAIRES ET PLANS D'ALIGNEMENT

350. Itinéraires. — Lorsqu'une route est livrée à la circulation, on a souvent besoin de renseignements sur ses dispositions générales ou de détail, soit pour l'organisation du service, soit pour les devis de fournitures, soit pour les permissions à donner et les servitudes à autoriser.

Afin que l'ingénieur et ses employés ne soient pas obligés de se déplacer à chaque instant, on prépare et on conserve

Calcaire jurassique

Sol sablonneux

Pont de

25 k

L = 550 m
p. 3.02

L = 400 m
r. 0.05

L = 150 m
r. 0.04

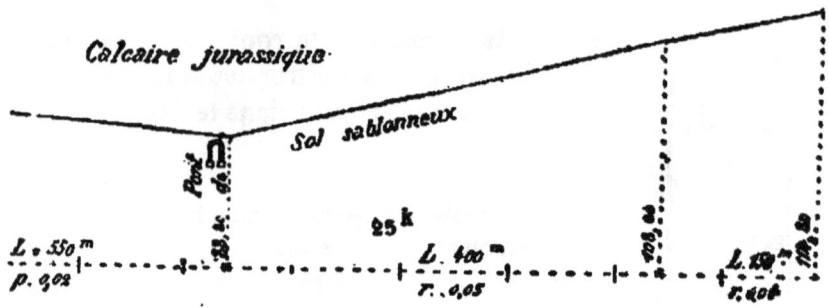

Profil sur le milieu du pont de   au point 24830 m

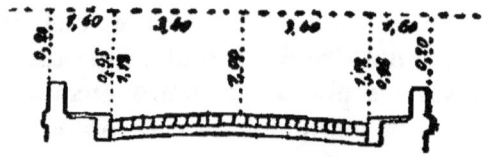

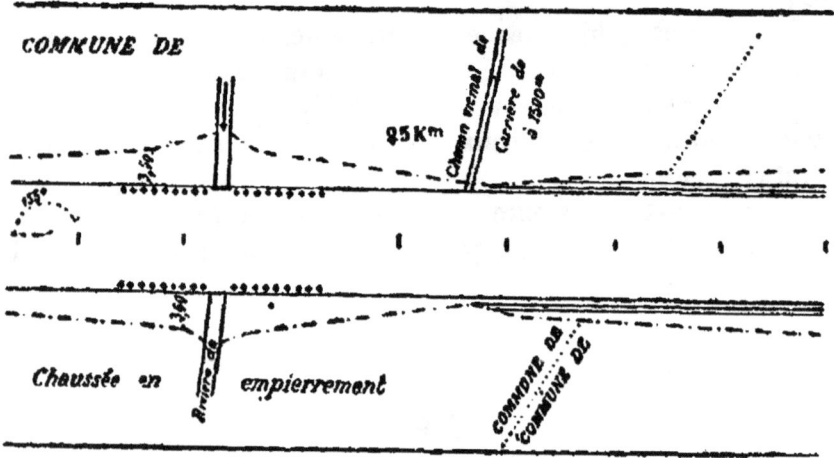

7.60   3.40   3.60   7.60

COMMUNE DE

25 Km

Chemin vicinal de Carrière de à 1500 m

Chaussée en   empierrement

COMMUNE DE
COMMUNE DE

Pont de   en plein cintre au point 24 830 m

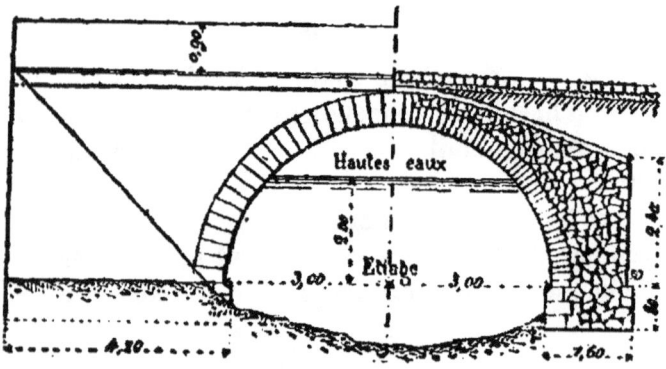

Hautes eaux

Étiage

3.00   3.00

4.30

7.60

Fig. 205.

dans les bureaux des plans itinéraires, où sont relatés tous les détails de chaque route et les faits qui s'y rattachent.

L'itinéraire est tracé sur une bande de dessin de $0^m,31$ de hauteur, pliée par plis alternatifs de $0^m,21$ de largeur.

Il est divisé, dans sa hauteur, par deux traits, en trois zones distinctes (fig. 205) réservées, savoir :

Celle du haut, aux profils en long et en travers ;

Celle du milieu, au plan ;

Celle du bas, aux ouvrages d'art.

Dans la première zone, est figuré le profil en long à l'échelle de 0,0002 pour les longueurs, et de 0,001 pour les hauteurs ; on y inscrit les longueurs des pentes et rampes, leurs cotes extrêmes, leur déclivité, la position et la désignation des ouvrages d'art. On y donne quelques renseignements minéralogiques et géologiques sur les terrains où la route est assise. Enfin, on figure un type de profil en travers de la route, sur chacune des parties où ce type varie, et aux points, comme sur les ponts, où il présente des dispositions particulières.

Sur la bande centrale, l'axe de la route est développé en ligne droite. On trace de part et d'autre les arêtes des accotements, des talus et des fossés ; on indique la nature de la chaussée, les ouvrages d'art, les plantations, les traverses, les constructions isolées, les chemins croisés par la route, la séparation des communes, la nature et la date des autorisations accordées, etc. L'échelle des longueurs est 0,0002, et celle des largeurs 0,002.

Sur la bande inférieure, sont représentés des plans, coupes et élévations cotés des ouvrages d'art, et on inscrit à côté une note sommaire sur l'époque de leur construction, leur mode de fondation, le niveau des hautes et des basses eaux, les matériaux qui y ont été employés, etc. L'échelle est de 0,01 pour les ouvrages de moins de 10 mètres d'ouverture, et choisie suivant les circonstances pour les ouvrages de plus grande dimension.

351. Plans d'alignement. — Lorsqu'une route traverse une ville ou une agglomération d'habitations, il est nécessaire d'en dresser le plan.

C'est sur le plan de traverse que les ingénieurs étudient le projet des alignements qui doivent être imposés aux constructions riveraines nouvelles ou à celles qu'il y aurait lieu de refaire après démolition. Leur projet est examiné par les autorités compétentes, et soumis à des enquêtes publiques. Un décret, rendu sur l'avis du Conseil d'État, arrête définitivement le plan d'alignement.

Les maisons qui bordent la voie publique et sont en saillie sur l'alignement, ne peuvent recevoir de travaux confortatifs, ce qui constitue pour leurs propriétaires une lourde servitude. Il importe donc que le plan de traverse soit dressé avec le plus grand soin et rapporté avec la plus grande exactitude.

Ce plan (fig. 206) est dressé à l'échelle de $0^m,005$ par mètre, sur une bande de $0^m,35$ de hauteur, et est accompagné du profil en long de la traverse et de profils en travers. Toutes les lignes d'opération sont rapportées et cotées sur le plan, qui comprend des amorces de la route en rase campagne, sur une longueur de 50 mètres au moins de part et d'autre de la traverse.

La position de chaque maison est déterminée par le nu de la façade, et toutes les saillies fixes, telles que marches et perrons, sont figurées ; les avant-corps mobiles, comme les devantures en menuiserie, sont tracés en pointillé.

Chaque parcelle porte le nom du propriétaire et des annotations, par initiales, indiquant l'état de la construction, par exemple :

B. construction en bois ;

P. construction en pierre ;

0E. maison à simple rez-de-chaussée ;

1E. maison à 1 étage ;

S, M, V, construction solide, médiocre, en état de vétusté.

Les plans sont pliés par plis égaux alternatifs de $0^m,23$ de largeur.

Les alignements proposés sont tracés à l'encre rouge, et leurs extrémités sont numérotées par des chiffres pairs sur la droite et impairs sur la gauche. Sur les places et promenades publiques et à la rencontre des rues, on se contente de tracer par une ligne ponctuée les limites de la grande voirie.

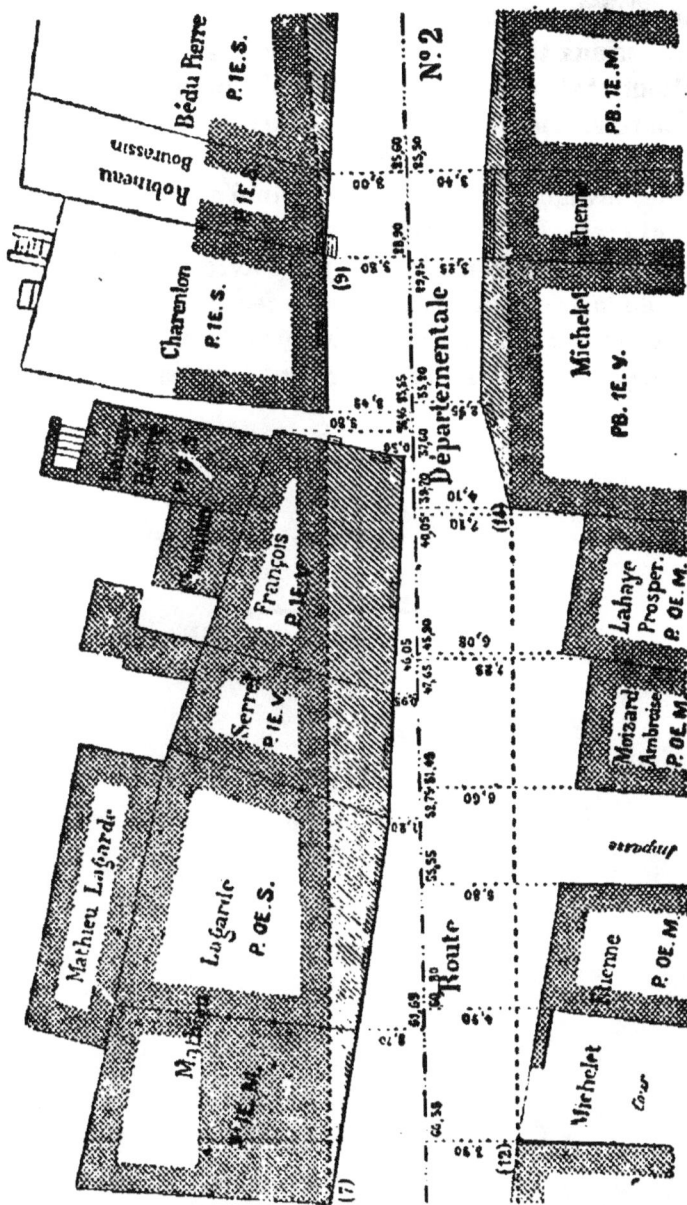

Fig. 206.

Le tracé des alignements doit être fait de façon à ne pas aggraver la servitude des propriétés riveraines, et les reculements doivent être proposés avec beaucoup de réserve. Il faut donner aux traverses la largeur qu'exige la facilité de la circulation, mais non chercher des embellissements pour les villes. L'élargissement doit être pris du côté où le dommage est le moindre pour les propriétaires. On maintient, autant que possible, les façades établies en vertu d'autorisations antérieures régulières. Les alignements ne sont jamais curvilignes, et leurs sommets coïncident toujours avec des limites de propriétés, de façon à ne briser aucune façade. Enfin, il ne faut pas s'assujettir à faire les deux côtés exactement parallèles, quand on ne peut l'obtenir en se refermant dans les règles précédentes.

QUATRIÈME PARTIE

ENTRETIEN DES ROUTES

CHAPITRE IX

GÉNÉRALITÉS SUR L'ENTRETIEN

SOMMAIRE:

352. Importance du sujet. — 353. Principe du point à temps. — 354. Organisation du personnel. — 355. Ingénieurs. — 356. Conducteurs. — 357. Commis. — 358. Cantonniers et chefs cantonniers.

352. Importance du sujet. — L'entretien des routes fait l'objet spécial du service ordinaire des ponts et chaussées, auquel la plupart des ingénieurs sont attachés. Il constitue un art dont l'étude et l'application souvent difficile présentent un intérêt imprévu. Bien des personnes s'étonnent qu'on ait recours à un personnel savant, comme celui des ponts et chaussées, pour diriger un travail aussi simple que de jeter, comme on dit, des cailloux sur les routes. Elles ne réfléchissent pas qu'on jette des cailloux sur les routes depuis des siècles, mais qu'il n'y a guère qu'un demi-siècle que les routes sont couramment praticables, moins encore qu'elles sont bonnes. C'est un résultat qui n'a été acquis qu'à la suite de recherches nombreuses et savantes et de discussions approfondies, parfois passionnées, qui ont fait de l'entretien des routes une science basée sur un corps de doctrines et sur des principes rationnels.

L'entretien des routes se rattache, d'ailleurs, aux questions les plus importantes de l'économie politique. Les frais de transport entrent pour une part considérable dans le prix de revient des produits, et la richesse publique profite en entier de toutes les économies réalisées sur ces frais.

Or, l'élément principal de la dépense des transports, c'est la traction, qui est proportionnelle à la résistance opposée au roulement par l'état de viabilité de la chaussée. Plus celle-ci est

médiocre, et plus il faut de chevaux pour traîner une même
charge. Si le coefficient de résistance à la traction, qui vaut à
peine 0,03 sur les chaussées modernes, était, par défaut d'entretien, ramené à 0,045, comme dans le premier quart du siècle, il faudrait trois chevaux au lieu de deux sur les paliers,
cinq au lieu de quatre sur les rampes de 0,03. Les frais de
traction augmenteraient de moitié dans le premier cas, et d'un
quart dans le second ; et, comme c'est rester sans doute au-
dessous de la réalité que d'estimer à 0 fr. 16 la part de la traction dans la dépense moyenne du transport d'une tonne de produits ou de marchandises à un kilomètre, cette dépense serait
majorée de 0 fr. 04 à 0 fr. 08.

Sans pousser la négligence aussi loin, il suffirait que la qualité des chaussées fût amoindrie d'un dixième et passât de 0,03
à 0,033, pour qu'il y eût une perte moyenne de 0 fr. 01 sur le
transport d'une tonne à 1 kilomètre.

Ce centime s'appliquerait à des quantités énormes. Bien que
tous les transports à longue distance s'effectuent par les chemins de fer et par les canaux, les voies de terre ont à pourvoir aux petits parcours, et il n'est guère de personne ou d'objet qui n'ait à faire un trajet en voiture, d'abord pour se rendre à la gare ou au port, ensuite pour aller au lieu de destination. La circulation sur les routes a donc changé de caractère
depuis l'ouverture des chemins de fer, mais elle n'a pas perdu
de son importance.

Sur les routes nationales, les seules pour lesquelles existent
des statistiques complètes, le mouvement annuel du tonnage
utile, c'est-à-dire des produits et marchandises, est de 1700
millions de tonnes supposées portées à 1 kilomètre. Une économie de 0 fr. 01 se traduirait donc par un bénéfice annuel de 17
millions. Si l'on considère que le tonnage kilométrique total
des routes départementales et des chemins vicinaux est vrai-
semblablement très supérieur au double de celui des routes
nationales, c'est être bien prudent que d'évaluer à 50 millions
seulement le produit de ce modeste centime.

Si l'on tient compte, en outre, des avantages de toute sorte
qui résultent du bon état des routes pour les personnes qui se

transportent en voiture, l'esprit reste vivement frappé de l'importance qui s'attache à l'entretien.

« Lorsqu'on envisage à ce point de vue la question, a dit excellemment M. l'ingénieur en chef Vallès, on ne trouve pas qu'il y ait dans la science de l'entretien des détails trop infimes. L'humble pierre cassée que nous voyons sur les tas d'approvisionnement de nos routes va devenir bientôt un des éléments de la richesse du pays. »

353. Principe du point à temps. — L'objet de l'entretien est de maintenir les routes en tel état que les voitures s'y trouvent toujours dans les meilleures conditions possibles. Il faut donc qu'il soit dirigé de façon à écarter à chaque moment tout obstacle ou toute source de résistance à la circulation, et à prévenir ou arrêter dès leur naissance toutes les dégradations auxquelles les routes sont sujettes.

Ce résultat ne peut être obtenu qu'au moyen d'une surveillance continue et par l'organisation de ressources constamment disponibles en matériaux et en main-d'œuvre.

Trésaguet avait senti cette nécessité et la signalait le premier, dans un mémoire publié en 1775. Il proposait d'organiser un système d'entretien régulier par cantonniers, assez analogue à celui qui a été adopté depuis. Mais ces idées, quelque justes et simples qu'elles fussent, ne se répandirent pas jusqu'au moment où les innovations de Mac Adam les mirent à l'ordre du jour. En réduisant l'épaisseur des chaussées et supprimant leurs fondations, Mac Adam construisait des routes qui ne pouvaient vivre et rester bonnes que par un entretien suivi. Il a donc été conduit à rechercher et à mettre en pratique les vrais principes de l'entretien, et c'est aux succès qu'il a obtenus dans cette voie, plus encore qu'à ses méthodes de construction, qu'est due la célébrité qui s'attache à son nom. Mac Adam avait de bonnes routes, alors que les autres ingénieurs en étaient encore aux ornières. Il transformait, par le simple entretien, les plus mauvaises chaussées, et faisait voir que les meilleures se perdent immédiatement si on les abandonne.

Dans l'enquête ouverte devant le parlement anglais, en 1818,

sur les procédés de Mac Adam, M. Valker, insistant sur la nécessité de saisir les moindres dégradations à leur début et d'y
porter immédiatement remède, afin d'empêcher le mal de s'aggraver par le retard, faisait remarquer que « *faire un point à
temps était l'axiome des bonnes ménagères*. » Cette heureuse
comparaison résume, en effet, d'une manière saisissante toute
la théorie de l'entretien des routes. Elle a passé dans le langage usuel, et caractérise ce qu'on appelle le *principe du point
à temps*.

354. Organisation du personnel. — L'application du
principe du point à temps exige qu'il y ait constamment sur
les routes un personnel spécial occupé à leur donner les soins
nécessaires.

Trésaguet proposait de diviser les routes en cantons, sur
chacun desquels l'entrepreneur chargé de l'entretien maintien-
drait un ouvrier, qui devrait « parcourir le canton toutes les
semaines, et plus souvent dans les mauvais temps, et réparer
à lui seul les petites dégradations qui auraient pu se former
en si peu de temps et en arrêter les progrès. »

Cette idée est la base de l'organisation moderne. Attribuer
un canton déterminé à un ouvrier, toujours le même et seul
chargé de l'entretien, c'est mettre en jeu le principe de la responsabilité, base de toute bonne administration. Seulement, il
a paru que cette responsabilité serait plus effective si elle ne
passait pas par l'intermédiaire d'un entrepreneur. On enrôle
donc directement les cantonniers, et on les investit d'une sorte
de fonction publique à laquelle ils sont appelés par des nomi-
nations officielles.

Les cantonniers, dans le service des routes nationales, agissent sous les ordres des ingénieurs et des conducteurs des
ponts et chaussées. Dans le service des chemins vicinaux, l'organisation est la même ; seulement les ingénieurs et les conducteurs portent le nom d'agents-voyers.

355. Ingénieurs. — A la tête de chaque *département* est
placé un *ingénieur en chef*, qui a la direction et la responsabilité de l'entretien de l'ensemble des routes du département.

Sous ses ordres, plusieurs *ingénieurs ordinaires* s'occupent plus spécialement d'une circonscription, nommée *arrondissement*, où ils dirigent l'entretien suivant les vues de l'ingénieur en chef, mais aussi d'après leurs inspirations personnelles, surtout dans les détails dont ils ont plus particulièrement la responsabilité.

Les ingénieurs ordinaires doivent visiter avec soin toutes les routes qui leur sont confiées au moins quatre fois par an, et plus souvent si cela est utile.

356. Conducteurs. — Les ingénieurs sont aidés dans leur tâche par des *conducteurs*, qui sont comme leurs lieutenants.

Le conducteur a la surveillance d'une *subdivision*, comprenant une longueur de routes telle qu'il puisse les visiter en détail au moins deux fois par mois, tout en se réservant assez de temps pour les autres exigences du service. La subdivision se compose, en général, de 40 à 80 kilomètres de routes, suivant leur distribution et la complexité de leur entretien et des affaires qui s'y rapportent.

Le conducteur donne les ordres généraux aux chefs-cantonniers, examine le travail des cantonniers, rend compte de leur conduite, et propose les punitions et les récompenses. Il parcourt les routes à pied et non en voiture, afin d'en voir à fond tous les détails, et de donner posément à ses subordonnés les explications nécessaires. Il rend compte de ses tournées par des procès-verbaux qu'il adresse deux fois par mois à l'ingénieur ordinaire.

Le conducteur prépare, en outre, le travail administratif des ingénieurs. Il tient la comptabilité de toutes les dépenses qui se font dans la subdivision. Si une pétition ou affaire quelconque est soumise à l'ingénieur ordinaire, celui-ci, avant de répondre, consulte le conducteur, en lui demandant les renseignements nécessaires, et même le plus souvent son avis.

S'il y a des études à faire sur le terrain, c'est le conducteur qui en est chargé. C'est lui qui examine en détail, avant la réception, les matériaux d'entretien fournis par les entrepreneurs. C'est lui qui surveille l'exécution des travaux neufs.

Pour assurer l'autorité qui s'attache à ses fonctions, les in-

génieurs ne doivent donner aucun ordre direct aux cantonniers, ni traiter aucune affaire, sans la faire passer par le
conducteur.

357. Commis. — Dans les subdivisions très chargées, le
conducteur est quelquefois aidé par un agent, qui s'est appelé
successivement *piqueur*, puis *agent-secondaire* et enfin
commis.

Un certain nombre de commis sont en outre, occupés aux
écritures et aux dessins dans les bureaux des ingénieurs.
C'est parmi eux que se recrute la majeure partie du corps des
conducteurs.

358. Cantonniers. — Les *cantonniers* sont chargés de la
main-d'œuvre de l'entretien. Chacun d'eux est affecté à un
canton, dont la longueur, variable suivant l'état des routes,
les méthodes d'entretien et l'importance de la circulation, est
généralement comprise entre 3 et 4 kilomètres.

A certains moments, quand il y a beaucoup de main-d'œuvre à faire à la fois, on adjoint au cantonnier un ou plusieurs
ouvriers à la journée, que l'on nomme *auxiliaires*. Il faut s'efforcer d'en réduire le nombre autant que possible, et d'organiser le service de façon qu'il puisse s'en passer. Les auxiliaires
coûtent plus cher que les cantonniers, et travaillent moins bien ;
la surveillance en est difficile et peut donner lieu à des abus.
On ne doit avoir recours à eux qu'en cas de nécessité absolue.

Les cantons sont groupés par *brigades* ; chaque brigade comprend cinq ou six cantonniers. L'un d'entre eux prend le titre
de *chef*, et est chargé de surveiller et de diriger les autres.

Le cantonnier-chef a un canton plus court que celui des simples cantonniers, afin qu'il lui reste un temps suffisant pour la
surveillance. Dans quelques départements, on l'a même déchargé
de tout travail manuel. Ce dernier système avait reçu une con-
sécration officielle, à une certaine époque, où l'on autorisait
l'emploi d'agents, nommés *ambulants*, uniquement chargés de
tournées sur les routes ; mais on a supprimé cette nature d'emploi, et on a jugé préférable de s'en tenir au règlement, qui
donne au chef-cantonnier une partie de route à soigner. Il s'y

entretient la main et ne perd pas toute pratique des travaux. Son canton, qui doit être le mieux tenu de la brigade, sert de modèle aux autres et affirme sa supériorité, ce qui contribue à lui donner l'autorité nécessaire. Enfin, la nécessité pour lui d'être un ouvrier spécial et exercé coupe court à toutes les demandes des personnes étrangères à l'art de l'entretien qui seraient bien aises, en captant la faveur du préfet ou de l'ingénieur en chef, d'obtenir un petit emploi et de gagner quelques centaines de francs au moyen de promenades sur les routes. Il est très important que ces places soient réservées aux cantonniers, dont elles entretiennent l'émulation, et que des cantonniers seuls y puissent aspirer.

Les cantonniers-chefs visitent leur brigade au moins une fois par semaine. Ils rendent compte de ces visites sur des feuilles de tournée, qu'ils remettent au conducteur, après avoir indiqué la date de chaque tournée, les noms des cantonniers rencontrés, le lieu et l'heure de la rencontre, l'occupation du cantonnier, la manière dont il a exécuté les ordres antérieurs et les instructions données pour les jours suivants.

Les qualités d'un bon chef-cantonnier sont nombreuses et difficiles à réunir. Il faut qu'il soit assez intelligent et assez exercé pour diriger chaque jour le travail de la brigade, d'après les ordres généraux donnés par le conducteur, mais en les interprétant et les modifiant, au besoin, sous sa responsabilité, suivant l'état de l'atmosphère ou d'autres circonstances. Il faut qu'il soit plein de zèle et d'activité ; qu'il ne recule pas devant une tournée supplémentaire, s'il faut compléter ou modifier les instructions données la veille ; qu'il s'assure, par des visites imprévues et hors de tour, de l'assiduité des cantonniers ; qu'il n'hésite pas à se mettre en route la nuit pour arriver au point du jour à l'extrémité de la brigade ; qu'il se présente à l'improviste, en passant, s'il le faut, par des chemins détournés ; en un mot, qu'il soit toujours attendu, sans jamais l'être. Enfin il faut que le cantonnier-chef ait de l'autorité sur ses subordonnés ; il doit avoir un caractère respectable, et se faire respecter par sa conduite et son jugement.

Règlement des cantonniers. — Un règlement du 20 février

1882 [1], reproduisant avec quelques modifications celui qui était en vigueur depuis 1835, fixe les conditions auxquelles est assujetti le travail des cantonniers des routes nationales. On va en résumer les dispositions les plus essentielles.

Les cantonniers sont nommés par le préfet du département sur la présentation de l'ingénieur en chef. Ils doivent offrir certaines garanties et satisfaire aux conditions suivantes :

1° Être âgés de moins de quarante ans et de plus de vingt et un ans ;

2° N'être atteints d'aucune infirmité s'opposant à un travail journalier ;

3° Avoir déjà travaillé dans des ateliers de construction ou de réparation des routes ;

4° Être porteurs d'un certificat de moralité ;

5° Savoir lire et écrire.

Dans quelques départements où l'instruction est arriérée, il n'est pas toujours possible de trouver des candidats satisfaisant à cette dernière condition, et, dans ce cas, on n'y tient pas la main.

Les cantonniers sont congédiés par le préfet, sur la proposition de l'ingénieur en chef.

Ils portent à leur coiffure un signe distinctif, qui empêche de les confondre avec d'autres ouvriers. Ils ont, en outre, un signal ou guidon, formé d'une plaque numérotée au bout d'un jalon, qui doit être toujours planté à moins de 100 mètres de l'endroit où ils travaillent.

Ils sont assujettis à rester sur les routes, sans désemparer, depuis le lever jusqu'au coucher du soleil en hiver, et, en été, de cinq heures du matin à sept heures du soir. Ils ne doivent pas s'éloigner en temps de pluie, de neige ou autres intempéries ; c'est même à ce moment qu'ils ont à redoubler de vigilance. Toutefois, ils sont autorisés à se faire des abris fixes ou portatifs, où ils se réfugient pour laisser passer le gros des tourmentes.

Ils doivent aide et assistance aux passants, mais gratuitement et seulement en cas d'accidents.

1. Voir annexe C.

Ils sont pourvus, à leurs frais, d'une partie des outils dont ils ont besoin. Ils doivent les entretenir en bon état, ainsi que divers objets et outils qui leur sont remis par l'administration, notamment la tournée et le pilon.

On leur donne, en outre, un *livret* destiné à recevoir les observations des agents qui les visitent dans leurs tournées. Le livret est divisé en colonnes où s'inscrivent la date et l'heure de la rencontre, le nom et la qualité des agents, les notes sur le travail et la conduite du cantonnier, les ordres et les instructions qui lui sont donnés. Le plus souvent, le travail fait ou à faire s'exprime à la fois en nature et en quantité, c'est-à-dire sous forme de tâches remplies ou à remplir.

L'ingénieur trouve dans les livrets, lorsqu'il visite les routes, un moyen de contrôle facile et efficace, non seulement sur les cantonniers, mais aussi sur les agents chargés de les surveiller. Il y trouve, en outre, une série de documents très précieux sur le temps passé à chaque catégorie de main-d'œuvre. Enfin, les agents de tout ordre ne peuvent remplir convenablement les feuilles des livrets qu'en analysant sérieusement les besoins des routes et observant tout ce qui s'y passe.

Aussi, le livret est-il un des éléments essentiels du service. Le cantonnier doit l'avoir constamment sur lui, et ne s'en dessaisir que sur un ordre de ses chefs ; l'oubli ou la perte du livret sont gravement punis.

Néanmoins, les renseignements sur le travail des cantonniers ne sont fournis que d'une manière générale par le livret, dont le format ne se prête pas à des détails nombreux ni précis. On le complète par une *feuille de travail*, qui est renouvelée tous les mois, où le cantonnier inscrit, chaque jour, la nature des travaux auxquels il s'est livré, et le temps qu'il y a passé. A la fin du mois, le conducteur récapitule ces renseignements et les envoie à l'ingénieur, qui peut suivre ainsi régulièrement la marche de l'entretien de toutes les routes de son service.

Le zèle des cantonniers est entretenu par un système de punitions et de récompenses. Si le livret ne peut être présenté par le cantonnier, il subit une retenue d'une demi-journée de salaire. Un cantonnier qui n'est pas trouvé à son poste est passible d'une retenue de deux journées pour la première fois, de trois pour la seconde, et d'un renvoi définitif pour la troisième. S'il n'a pas suffisamment travaillé, on lui inflige une amende égale aux dépenses nécessaires pour compléter son travail ; s'il a négligé une partie de son service, on lui retient une somme équivalente aux frais nécessaires pour réparer les dégradations qui sont le fruit de sa négligence. Tout ou partie de ces amendes est distribué aux cantonniers qui se sont le plus distingués par leur zèle et par leur travail. En outre, tous les ans, il est accordé au cantonnier le plus méritant de chaque arrondissement, et au cantonnier-chef qui a rendu les meilleurs services dans le département, une gratification égale à un mois de salaire.

Les cantonniers sont enfin divisés en trois classes, et les cantonniers-chefs en deux classes, égales en nombre, mais dont le salaire est différent. Ce classement, qui est renouvelé tous les ans, n'est pas fait seulement d'après l'ancienneté ; on tient compte surtout, pour les avancements, des services rendus pendant l'année précédente. Un cantonnier négligent peut même descendre de classe, et être remplacé par un cantonnier moins ancien dont le travail est meilleur ; mais c'est une faculté dont on n'use qu'avec réserve.

CHAPITRE X

ENTRETIEN DES CHAUSSÉES EMPIERRÉES

SOMMAIRE :

§ 1er

PRINCIPES GÉNÉRAUX

Les dégradations se produisent sur toutes les parties des routes, mais c'est surtout sur la chaussée qu'il faut les empêcher ou y porter remède. L'entretien des parties accessoires, accotements, fossés, talus, etc., n'a pour objet que d'assurer le maintien du bon état de la chaussée elle-même. On va donc s'occuper d'abord des méthodes d'entretien des chaussées, en commençant par les empierrements, qui sont de beaucoup les plus répandus.

359. Mode de dégradation des chaussées. — Les chaussées empierrées se dégradent de trois manières, par l'usure des matériaux, par l'altération de la qualité de la chaussée et par l'altération de la forme de la surface.

Quand un véhicule roule sur une chaussée, ou qu'un cheval y applique son fer, ils rencontrent de petites aspérités qu'ils écrasent. S'ils portent sur une pierre de trop petite dimension, ils la rompent en plusieurs fragments, qui s'écrasent à leur tour et se transforment en détritus. Enfin, ils tendent à enfoncer les pierres dans la chaussée, et provoquent ainsi des frottements intérieurs, d'autant plus marqués que les matériaux sont plus mobiles. Ces frottements produisent de la poudre, qui s'ajoute à celle qui provient de l'écrasement. Toutes ces causes détruisent petit à petit la substance même de la chaussée, et en déterminent *l'usure*.

Quand l'eau séjourne longtemps sur une chaussée, elle en ramollit la gangue et rend les matériaux mobiles ; une sécheresse prolongée peut produire le même effet, en désagrégeant la matière d'agrégation. D'autre part, les détritus formés par l'usure restent en partie dans le corps de la chaussée, et le reste forme à sa surface la poussière, qui par l'humidité se transforme en boue ; au lieu d'offrir aux roues une surface dure et roulante, la chaussée leur présente une couche de matière molle et provoque une résistance à la traction d'autant plus marquée que la couche de détritus est plus épaisse. La présence de la neige sur une chaussée produit le même effet, et peut même parfois rendre la circulation impossible. Ces différentes circonstances altèrent la *qualité* de la chaussée.

Si les matériaux ne sont pas bien homogènes, ou que la chaussée ne soit pas partout dans des conditions identiques, certaines parties s'usent plus que les autres, et il se produit des *flaches*, signe de la déformation de la surface. Au lieu de flaches, on a des *frayés*, et même des *ornières*, lorsque certaines pistes sont fréquentées par les voitures à l'exclusion du reste de la chaussée. Ces frayés se produisent infailliblement sur les chaussées couvertes de boue ou de poussière. Après qu'une voiture y a passé, la piste qu'elle a marquée présente un fond plus net et plus résistant que les parties avoisinantes, et toutes les voitures qui surviennent y placent instinctivement leurs roues. Un bombement exagéré de la chaussée produit le même effet, en incitant toutes les voitures à circuler sur l'axe.

360. Objet de l'entretien. — L'entretien a pour but de s'opposer à toutes ces causes de dégradation ou de réparer les dégradations qu'il ne peut empêcher.

Parmi ces dernières, la principale est l'usure des matériaux; elle est inévitable, et on ne peut que la réparer en remplaçant les matériaux usés.

Les déformations de la surface se réparent, au besoin, lorsqu'elles se sont produites, par l'introduction de matériaux neufs dans les parties qui se sont enfoncées. Mais on peut les prévenir en s'attachant à n'employer que des matériaux bien homogènes, en évitant tout ce qui peut ramollir partiellement certains points de la chaussée, enfin surtout en dépistant les voitures, c'est-à-dire en faisant disparaître toute trace des voitures précédentes.

Quant à l'altération de la qualité de la chaussée, on l'évite en empêchant l'eau d'y séjourner, en s'opposant aux sécheresses excessives, en enlevant la neige, la boue et la poussière.

361. Distinction entre l'entretien proprement dit et les emplois. — On voit, d'après ce qui précède, qu'une chaussée peut être maintenue en parfait état pour la circulation, presque sans qu'il y soit fait usage de matériaux neufs. Les matériaux ne sont guère utiles que pour remplacer ceux qui sont usés.

Il faut donc distinguer *l'entretien proprement dit*, composé de mains-d'œuvre qui ont seulement pour but de maintenir la chaussée en bon état, et *l'emploi des matériaux*, qui a pour objet de conserver l'épaisseur de la chaussée, en lui restituant l'équivalent de l'usure.

§ 2

ENTRETIEN PROPREMENT DIT

362. Époudrement. — La poussière s'enlève au balai.
Les balais doivent être manœuvrés avec la plus grande légèreté ; ils ne doivent qu'effleurer la surface et non pénétrer dans
la chaussée, d'où ils feraient sauter les menues pierrailles.
On se sert ordinairement de balais ronds de bouleau, à brins
très flexibles placés circulairement au bout d'un long manche
de 2 à 3 mètres ; des branches de jeune bouleau encore garnies de leurs feuilles sont excellentes. Le cantonnier chemine
à reculons sur l'axe de la route, le dos tourné au vent, en tenant le manche très peu incliné sur l'horizon, et il promène
légèrement le balai à la surface de la chaussée, en chassant
la poussière alternativement à droite et à gauche. Pour éviter
la pression due au poids du balai sur la chaussée, on l'équilibre
quelquefois en plaçant un contrepoids à l'autre extrémité du
manche ; le cantonnier peut alors suspendre l'appareil à son
épaule au moyen d'un baudrier, et exécuter la manœuvre sans
fatigue.

Quand la couche de poussière est épaisse, on peut se servir
d'un balai carré, dit anglais (fig. 207), à brins de jonc flexible,
habituellement de piazzava, implantés dans une traverse en

Fig. 207.

bois, à laquelle le manche est fixé obliquement. On pousse
alors la poussière devant soi, en s'efforçant d'agir aussi légèrement que possible pour ne pas désagréger la surface de la
chaussée.

363. Ébouage. — Lorsque la boue est liquide, on l'enlève également avec le balai ; on peut se servir du balai de bouleau, mais le balai anglais est préférable. L'ébouement se fait successivement par moitié de la chaussée à partir de l'axe, et l'ouvrier pousse la boue devant lui jusqu'aux bords de la chaussée.

Lorsque la boue est trop compacte, on l'enlève avec un rabot (fig. 208). C'est une plaque rectangulaire, de 0m30 de large et

Fig. 208.

de 0m,15 de haut, en bois ou en tôle, placée perpendiculairement au bout d'un manche. On s'en sert comme du balai anglais, sauf qu'on attire la boue à soi, au lieu de la repousser.

Quand la boue est très grasse et collante, elle s'attache aux roues et enlève les pierrailles des chaussées ; l'ébouement ne peut alors se faire sans dégradations profondes, et pourtant il serait alors très essentiel. Si l'on peut se procurer de l'eau, on arrose la chaussée pour rendre la boue plus fluide, et alors on peut ébouer.

Les produit de l'ébouage et de l'époudrement sont mis en tas sur les accotements, et sont conservés pour servir d'agrégation dans les emplois de matériaux. Quand ils sont trop abondants ou de mauvaise qualité pour cet usage, ils sont utilisés pour recharger les parties basses des accotements, ou pour obtenir des accotements en saillie sur la chaussée, si ce type est admissible sur la route. A défaut d'emploi direct, ils sont mis à la disposition des propriétaires voisins, qui y trouvent un engrais et un amendement précieux. Le plus souvent, ce sont les cantonniers qui les jettent sur les terres riveraines, avec le consentement de leurs propriétaires. Si les propriétaires s'y opposent, et qu'on n'ait pas l'emploi de ces détritus sur la route, on les fait enlever par des tombereaux ; mais c'est là une dépense considérable, qu'il est presque toujours possible d'éviter.

Dans les villes, sur les surfaces unies, telles que les trottoirs

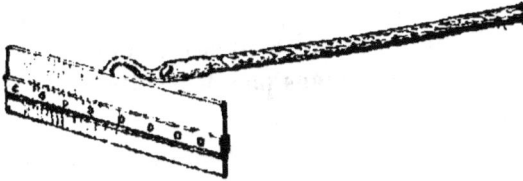

Fig. 209.

ou les dallages en asphalte, on se sert aussi d'un balai spécial, formé d'une feuille de caoutchouc, saisie entre deux lames de bois réunies par des écrous (fig. 209).

364. Ébouage et époudrement mécaniques. — On a essayé de substituer les machines aux simples outils indiqués ci-dessus, pour obtenir un enlèvement plus prompt et plus économique de la boue et de la poussière.

Une première série d'essais avait pour but de mettre entre les mains du cantonnier un outil plus puissant que le balai ou le rabot ordinaire. On attachait une série de balais ou de racloirs étroits à une traverse fixée sur une brouette à une ou deux roues. On mettait cinq ou six balais ou racloirs à côté les uns des autres, en sorte que le cantonnier, en poussant cet appareil devant lui, nettoyait d'un seul coup une largeur de 0^m,80 à 1 mètre.

Mais ces instruments coûtaient cher ; ils étaient relativement lourds, difficiles à manier par un seul homme, qui ne pouvait alors les employer avec la légèreté nécessaire ; ils étaient donc une cause d'usure des chaussées. En outre, ils étaient encombrants et devaient être transportés au canton par le cantonnier, sans préjudice de la brouette où il place ordinairement tous ses outils ; il lui fallait faire deux voyages au lieu d'un, et il perdait ainsi le temps qu'il pouvait gagner sur le balayage ou le raclage.

On a donc renoncé à ces appareils, et on a reconnu que, pour les rendre pratiques, il fallait les simplifier au point d'en revenir aux outils ordinaires à manche.

Dans une autre série d'essais, on a cherché à substituer la force des chevaux à celle de l'homme pour manœuvrer des engins analogues, mais plus puissants. C'étaient toujours des séries de balais ou de racloirs fixées à des traverses, seulement celles-ci étaient portées par des voitures et traînées par des chevaux.

Il est inutile de faire la description de ces appareils, qui ont tous disparu, sauf les balayeuses mécaniques telles que celle du

Fig. 210.

système Tailfert (fig. 210), employée avec succès à Paris et dans quelques villes. Le balai est cylindrique, et formé de brins implantés normalement dans un arbre en bois, tournant sur des paliers et mis en mouvement, au moyen d'engrenages, par la rotation même des roues de la charrette qui le supporte. L'axe de cet arbre est oblique par rapport à la piste de la voiture, et, par suite, par rapport à l'axe de la chaussée. La boue se trouve ainsi conduite, sous forme d'un bourrelet longitudinal, dans les ruisseaux, d'où on la fait couler aux bouches d'égout. La charrette est traînée par un cheval, et dirigée par un conducteur assis sur un siège, qui a sous la main des leviers propres à régler la pression du balai sur la chaussée.

Cette machine est bonne pour enlever beaucoup de boue en peu de temps, et elle fonctionne avec succès dans les rues des villes. Sur les routes, elle ne rendrait que de mauvais et coûteux services. En effet, plus les dimensions des appareils augmentent, et plus leurs défauts s'exagèrent. D'abord, ils représentent un capital important, dont l'amortissement doit entrer en ligne de compte. Ensuite, ils ne peuvent être manœuvrés par de simples cantonniers, et ils exigent un cheval et son conducteur ; or, dans la campagne, on ne trouve pas souvent de telles ressources disponibles au moment où il en serait besoin, et, si l'on veut se les assurer par des locations à l'année, la dépense devient excessive. Enfin ces appareils ne font que de médiocre besogne ; leur action est toute mécanique et sans intelligence : une fois réglés, ils balaient toujours et partout de la même manière, tandis qu'un cantonnier sait bien qu'il faut appuyer plus sur certains points que sur d'autres, qu'il faut ménager les parties creuses, forcer sur les parties saillantes. La balayeuse mécanique nettoie imparfaitement, si elle est réglée pour un travail trop léger ; elle déchausse les cailloux et produit une usure rapide, si elle est réglée de façon à agir vigoureusement.

L'emploi de ces appareils suppose d'ailleurs les chaussées dans un état de saleté qu'elle ne doivent jamais présenter sur les routes.

On y a donc renoncé pour s'en tenir aux balais et aux rabots ordinaires.

365. Évacuation des eaux. — Au moment de la fonte des neiges et par les pluies abondantes, le cantonnier parcourt son canton, armé du balai et de la pioche, afin d'assurer un écoulement immédiat à toutes les eaux stagnantes. Avec le balai, il chasse l'eau des flaches existant sur la chaussée ; avec la pioche, il désobstrue toutes les issues par où elle peut s'écouler, et ouvre au besoin des saignées spéciales.

366. Effacement des frayés. — Lorsqu'un frayé se ma-

nifeste, par suite du passage successif d'une série de voitures
sur la même piste, le cantonnier le fait disparaître simplement
en balayant la chaussée, lors même que la quantité de boue ou
de poussière ne serait pas notable.

On a eu quelquefois recours à des obstacles placés sur les
frayés pour dépister les chevaux, en y mettant des pierres
brutes, des pavés ou de petits tas de cailloux ; mais ces obstacles constituent une gêne et même un danger pour la circulation, et ce procédé barbare doit être condamné.

Si le balayage ne suffit pas, on peut faire de distance en
distance de petits emplois de matériaux, comme il sera expliqué au § 3.

367. Suppressions des flaches. — Les flaches qu'offre
la surface de la chaussée peuvent s'amoindrir peu à peu et
disparaître tout à fait par un emploi intelligent des procédés
de curage. En balayant ou rabotant plus énergiquement les
parties qui paraissent en saillie, en ne curant que légèrement les flaches et en y amenant les grains les plus grossiers
des détritus enlevés, ont peut arriver à rétablir le profil normal de la chaussée.

Si ces procédés ne suffisent pas, et que la flache s'accentue
au lieu de diminuer, on la repique et on y fait un emploi de
matériaux (§ 3).

Cet emploi devient nécessaire également lorsque des trous
ou ornières profondes se produisent subitement sur la route,
comme cela arrive parfois à la suite de dégels, de pluies abondantes ou d'un roulage extraordinaire, sur les chaussées peu
solides ou assises sur un mauvais sous-sol.

368. Ramassage des feuilles mortes. — En automne,
les routes plantées se couvrent de feuilles mortes, qui ont l'inconvénient d'entretenir l'humidité sur la chaussée. Elles sont
enlevées, soit au rabot avec la boue, soit au balai de bouleau,
qui doit être, pour cet usage, assez dur. Ce travail est délicat,
et il faut de l'adresse pour ne pas détériorer en même temps
la chaussée.

Les feuilles sont mises en tas, puis jetées sur les terrains

riverains, s'il n'y a pas d'opposition, ou enlevées au tombereau pour être déposées dans quelque creux, où elles pour-
rissent et se transforment en terreau, utilisé ensuite dans les
pépinières.

369. Déblaiement des neiges. — Quand la route est couverte de neige, la circulation devient difficile ; elle est même
impossible aussitôt que la neige atteint une certaine épaisseur. La neige doit donc être enlevée au plus vite. Cette opération s'exécute avec le balai, si la neige est pulvérulente et
peu épaisse ; le cantonnier procède comme pour l'époudrement, mais en se contentant d'abord de mettre à nu une largeur d'environ 2ᵐ,50, afin de rendre promptement praticable
une plus grande longueur. Si la couche de neige est trop
épaisse ou trop compacte, il emploie le rabot en bois ou en fer,
en se plaçant sur le côté de la chaussée et tirant à lui à partir
de l'axe.

Dans les contrées où les neiges sont abondantes, ces méthodes ne permettraient pas de les déblayer assez vite ; on a
alors recours aux *charrues à neige*. Ce sont des châssis triangulaires formés de pièces assemblées en forme de V. On traîne
la charrue sur le sol, la pointe en avant, en sorte que la neige
est chassée à droite et à gauche par les ailes, et se rassemble,
sous forme de bourrelets, de part et d'autre d'une voie qui
a la largeur de l'écartement des ailes. On charge le châssis de
pierres ou de pavés en nombre suffisant pour qu'il s'enfonce
constamment dans la neige et ne se soulève pas, sans toutefois risquer de dégrader la chaussée.

Il y a des charrues de différents modèles ; les unes peuvent
être traînées par un ou plusieurs hommes, les autres demandent des chevaux.

370. Sablage. — Dans les temps de verglas, ou lorsque
le déblaiement a laissé à la surface de la chaussée une petite
couche de neige tassée, les chevaux sont exposés à glisser,
surtout sur les pentes. On s'y oppose en répandant à la volée
avec la pelle une petite quantité de sable. Les détritus mis en
réserve à la suite du balayage ou de l'ébouage sont très bons

pour cet usage. On emploie aussi de la cendre, de la sciure de bois, du tan ou les autres matières analogues que l'on peut avoir sous la main.

371. Arrosage. — Dans la saison sèche, certaines chaussées se désagrègent, parce que les pierres sont enchâssées dans une matière d'agrégation friable, comme le sable siliceux. On y remédie, quand on le peut, en arrosant. Les traverses des villes sont aussi arrosées au point de vue de l'agrément et de la salubrité.

L'arrosage se fait, soit au moyen d'arrosoirs, soit par des tonneaux montés sur roues, auxquels sont adaptés des tubes percés de trous par où l'eau s'échappe en filets. Dans les villes où l'eau est en pression, l'arrosage se fait aussi à la lance.

Sur les routes, on ne peut guère avoir recours qu'à l'arrosoir ou à de petits tonneaux qu'un homme puisse traîner sur une brouette. Les tonneaux à cheval constitueraient un matériel trop coûteux et dont l'emploi serait subordonné à la possibilité de trouver disponibles en temps utile les chevaux et les conducteurs.

Pour que l'arrosage soit efficace, il faut qu'il soit renouvelé souvent, au moins deux fois par jour, matin et soir, pendant toute la durée de la sécheresse. Il est rare d'ailleurs que les cantonniers aient de l'eau à leur disposition à proximité de tous les points de leur canton, et ils perdent beaucoup de temps à l'aller puiser. C'est donc une main-d'œuvre très coûteuse, et, malgré son utilité, elle est rarement pratiquée.

Sur certains points, néanmoins, on peut économiquement utiliser les eaux d'irrigation qui empruntent parfois les fossés.

On peut aussi multiplier les ressources en eau, en creusant, en des points où le sol n'est pas perméable, des puisards où l'on dirige l'eau des fossés.

On a essayé de maintenir dans les chaussées une fraîcheur permanente, en y introduisant pendant l'été des sels déliquescents, absorbant l'humidité de l'atmosphère ; les plus communs sont le chlorure de magnésium et le chlorure de calcium. Dans le département de la Seine-Inférieure, où ce système a été appliqué en grand par M. Lechalas, le chlorure de calcium était dissous dans l'eau, et la dissolution était ré-

pandue sur la chaussée, à l'arrosoir ou au tonneau, en quantité
suffisante pour mettre environ 1 kilog. de sel par mètre courant de route. On arrosait 3 fois en juin, 2 fois en juillet et
1 fois en août : cela suffisait pour que la chaussée conservât
un degré convenable d'humidité. Malgré le prix peu élevé du
chlorure de calcium (environ 2 centimes par kilog.), la dépense
s'élevait à 120 fr. par kilomètre sans compter le transport et
la main-d'œuvre du répandage. C'est beaucoup trop pour
le simple arrosage, aussi ce procédé ingénieux ne s'est-il pas
répandu.

Dans les villes, où la dépense serait abordable, les sels déliquescents ont l'inconvénient de dessécher l'atmosphère au
lieu de la rafraîchir.

372. Pilonnage et soins divers. — Il y a des chaussées
qui se soulèvent et se désagrègent à la suite de certaines intempéries ; telles sont celles qui reposent sur un sol crayeux,
au moment des dégels. On leur rend leur assiette en les comprimant avec des pilons. Le pilonnage se fait avec un pilon
de 10 à 11 kilogr. de l'un des modèles indiqués au n° 195,
que l'on soulève d'environ 0 m. 30 et qu'on laisse retomber
de son propre poids bien d'aplomb. Les coups de pilon doivent
se succéder en se recouvrant du tiers ou de la moitié. Quand
toute la surface a été parcourue, on recommence si cela est
nécessaire.

En dehors de ces travaux, les chaussées réclament encore
parfois d'autres soins. Ainsi, pendant les gelées, il faut s'assurer qu'il n'y a nulle part des flaches où la glace serait prise,
et, si le fait se produit, il faut casser et enlever cette glace.
Ainsi encore, il se présente quelquefois à la surface des pierres
saillantes, ou têtes de chat, provenant, soit d'une fondation, soit
de l'incorporation par mégarde d'une pierre trop grosse pendant la construction ou l'entretien ; il faut briser ces saillies à
coups de masse.

§3

EMPLOI DES MATÉRIAUX

373. Nécessité des emplois. — Au moyen des mains-d'œuvre bien simples qui viennent d'être indiquées, et qui se réduisent, pour ainsi dire, à l'usage du balai, du rabot et du pilon, on maintient les chaussées en très bon état, et la circulation y trouve une surface constamment propre et roulante.

Cet entretien n'exige pas de matériaux neufs, ou du moins n'en demande que des quantités extrêmement faibles dans les cas prévus aux n° 366 et 367.

Mais une chaussée s'use nécessairement au passage des voitures. Les détritus qu'enlève le balai ou le rabot sont formés aux dépens de la substance de la chaussée. Cette substance disparaît peu à peu, et, si elle n'est renouvelée, la chaussée disparaît à son tour.

Quelques ingénieurs avaient fait la remarque que, plus une chaussée est belle et roulante et moins l'effort de traction y est considérable, moins aussi la chaussée doit s'user ; car la majeure partie du travail fait par les moteurs pour vaincre la résistance au roulement est employée à écraser et user les matériaux. Ils en avaient conclu que les routes pouvaient s'entretenir pour ainsi dire sans matériaux, ou du moins avec une très petite consommation, en sorte qu'on aurait des routes excellentes avec une dépense modérée. Ils énon-çaient cette idée sous forme d'un axiome paradoxal, en disant : *maximum de beauté, minimum de dépense.* L'expérience a bientôt prouvé que c'était là en effet un paradoxe. Sans doute, sur une chaussée bien nette, où le tirage est faible, les voitures détruisent moins de matériaux que sur une chaussée mal tenue ; mais l'économie n'est pas équivalente à l'augmentation des frais de main-d'œuvre, et, d'un autre côté, un nettoyage trop fréquent, avec quelque soin qu'il se fasse, produit

32

à la surface une usure qui compense, et au delà, l'économie réalisée d'autre part. Les chaussées où l'on avait exagéré la main-d'œuvre de l'entretien se sont trouvées réduites à des épaisseurs insuffisantes, et il a fallu les refaire à neuf à grands frais.

En somme, l'usure est inévitable, et il faut la réparer en incorporant à la chaussée des matériaux neufs.

874. Méthodes d'emploi. — On arrive à ce résultat par deux méthodes distinctes. Dans la méthode ancienne, on applique le principe du point à temps, et on remplace l'usure par des matériaux neufs d'une façon continue et par petites portions. On répand, pour ainsi dire chaque jour, une quantité de matériaux égale à celle qui s'use. Ce répandage se fait par pièces isolées de peu d'étendue, que l'on appelle des *emplois partiels*

L'autre méthode, plus moderne, est celle des *rechargements généraux cylindrés*. Dans ce système, on laisse la chaussée s'user jusqu'à ce qu'elle soit réduite à une faible épaisseur, puis on reconstruit de toutes pièces une chaussée neuve sur la chaussée usée.

875. Emplois partiels. — Dans la première méthode, les matériaux approvisionnés par tas le long de la route sont répandus par petites parties, pendant toute la durée de l'hiver, à la surface de la chaussée.

On choisit, pour le répandage, la saison humide, où la surface est toujours un peu ramollie, afin d'obtenir une liaison entre les emplois et la chaussée. Par les temps secs, la surface étant trop dure, les pierres nouvelles formeraient une croûte isolée et seraient exposées à s'écraser sous la pression des roues.

On choisit de préférence, pour y faire des emplois, les points où la chaussée est déprimée ; les flaches sont faciles à constater après la pluie, parce que l'eau y séjourne.

On commence par piquer avec la pioche le pourtour de la partie où l'on veut faire un emploi ; on fait ainsi une rigole continue qui doit avoir de quatre à six centimètres de profondeur. Puis on pique grossièrement, en hachures irrégulières, tout l'intérieur de la pièce, surtout sur les parties les plus élevées. Les matériaux provenant de cette préparation sont ramassés au rabot et au balai, et mis de côté pour être réemployés.

Le cantonnier va alors chercher des matériaux neufs au tas le plus voisin, dans sa brouette ou avec une vannette, et il les dépose dans la flache qu'il a piquée. Il les étale ensuite au râteau, en s'efforçant d'amener les plus grosses pierres au centre, et de laisser les plus petites vers les bords. Puis il achève de garnir le pourtour avec les menus matériaux provenant du piquage, de manière à bien relier l'emploi avec la partie conservée de la chaussée.

Autrefois on abandonnait l'emploi ainsi préparé et on laissait aux voitures le soin de la prise. Mais, outre la gêne imposée ainsi à la circulation, les pierres encore sans liaison étaient dérangées par le passage des roues et surtout sous le pas des chevaux, et une partie d'entre elles s'écartaient et étaient écrasées en pure perte.

Le pilonnage des emplois remédie à cet inconvénient. On pilonne d'abord faiblement, puis plus fort, en ayant soin de commencer par les bords et de terminer par le centre. Des matières d'agrégation sont répandues à la surface quand elle est bien comprimée, et on les fait pénétrer entre les interstices à l'aide du pilon, ou en les arrosant si on a de l'eau. On continue de pilonner jusqu'à ce que la pièce ait fait prise.

Il peut arriver que le temps reste sec à l'époque où les emplois doivent se faire ; on procède alors de la même façon, mais en ayant soin d'arroser la flache avant le piquage et après le répandage des matériaux.

Le choix des flaches qui doivent être successivement rechargées doit être fait avec art. Il ne faut pas que les emplois gênent par trop la circulation, et, en même temps, il ne faut pas qu'ils favorisent la création des frayés. Les parties de routes rechargées sont toujours moins roulantes que la vieille chaussée : aussi les voitures les évitent-elles avec soin. Si tous les emplois se présentaient à la suite les uns des autres, sur un même alignement, toutes les voitures passeraient à côté, et bientôt des frayés se prononceraient. Il faut donc placer les emplois les uns à droite, les autres à gauche ou au milieu, de telle façon qu'une voiture n'en puisse éviter un sans se jeter sur un autre. Il arrive quelquefois qu'on ne réussit pas, et que les chevaux trouvent une piste; il ne faut pas hésiter, dans ce cas, soit à défaire une partie de ce qu'on a fait, soit à barrer le passage par un emploi supplémentaire.

Les emplois doivent s'échelonner partout pendant tout l'hiver. Il ne faut pas entreprendre le répandage complet des matériaux en commençant à une extrémité du canton pour finir à l'autre. On comble d'abord les flaches les plus importantes sur toute l'étendue du canton; et, quand ces emplois sont bien incorporés à la chaussée, on recommence sur les flaches voisines, et ainsi de suite, de façon à répandre partout chaque mois environ le cinquième ou le sixième de l'approvisionnement.

376. Entretien des emplois. — Les emplois, composés de matériaux encore relativement mobiles, se dégradent facilement et doivent être surveillés attentivement pendant les premiers temps.

Il faut profiter de la pluie pour les pilonner de nouveau; quand ils se désagrègent par la sécheresse, il faut les arroser et les pilonner encore.

Si le pied des chevaux dérange les pierres, on les remet en place, et on les assujettit au pilon, après avoir arrosé si l'on peut.

Quand les roues des voitures marquent un frayé sur l'emploi, il faut le faire disparaître, ainsi que les bourrelets qui l'accompagnent, avec le pilon, quelquefois même en ajoutant un peu de matériaux neufs; mais on ne doit jamais rabattre les bourrelets avec le râteau ou la griffe.

Un emploi ne doit être abandonné que lorsqu'il n'est plus apparent et qu'il a fait corps avec la vieille chaussée.

377. Emplois-béton. — Les matériaux répandus sur les chaussées sont une gêne considérable pour la circulation, tant qu'ils ne sont pas parfaitement incorporés; cette gène se manifeste par le soin avec lequel les voitures cherchent à les éviter. Les emplois ne peuvent avoir lieu que pendant l'hiver, car ils font difficilement prise dans la saison sèche.

Le procédé connu sous le nom d'emplois-béton, qui a été appliqué avec succès, à une certaine époque, dans le Jura, remédie à cela.

Les matériaux provenant des fournitures ou du piquage des pièces sont séparés, au crible ou au râteau, en trois catégories, savoir : 1° les pierres de 0^m,03 et au-dessus ; 2° les pierres de 0^m,015 à 0^m,03 ; 3° les pierrailles de moins de 0^m,015.

On prend 4 à 5 parties de la 1re catégorie, et on les mélange avec une partie de détritus un peu gras, provenant de préférence des curages de la route, que l'on a eu soin d'arroser au préalable et de gâcher sous forme d'une pâte liante ; puis on mélange la pierre et la boue avec des griffes et des pelles, exactement comme on fait du béton. Le travail est poussé jusqu'à ce que chaque pierre soit entourée de boue. La proportion de pierre et de détritus n'est pas absolue et varie suivant la nature de ceux-ci.

Ce béton est jeté dans la forme de la pièce, préalablement piquée à fond et bien arrosée ; le béton est régalé à la pelle, puis fortement tassé avec des pilons.

On répand immédiatement sur ce béton comprimé des pierres de la deuxième catégorie, simplement arrosées, mais non mises en béton, et on les enfonce au pilon dans la première couche.

Enfin on garnit cette seconde couche de la même façon avec la pierraille n° 3, et on achève de glacer l'emploi en le saupoudrant de détritus et le pilonnant.

Ces emplois résistent immédiatement au pied des chevaux et aux roues des voitures. Ils ont besoin d'être surveillés seulement un ou deux jours, pendant lesquels on répare au pilon, avec l'aide au besoin d'un peu de détritus, les gerçures, frayés et autres traces d'altération qui peuvent se produire. Au bout de ce temps, la liaison est complète, et la pièce se confond avec la chaussée ancienne.

Ces emplois peuvent se faire par toutes les saisons, sauf en temps de gelée ; par la pluie, on diminue la quantité d'eau, par les temps secs on l'augmente. Ils peuvent donc être répartis toute l'année, et non uniquement sur les mois d'hiver, où les cantonniers conservent ainsi plus de liberté pour les curages.

Ce système est évidemment très perfectionné, et il impose à la circulation la moindre gêne possible. Mais il absorbe une main-d'œuvre énorme, et ne permet pas toujours, avec les crédits dont on dispose, d'approvisionner une quantité de matériaux en rapport avec l'usure de la route, bien que cette usure soit amoindrie par suite des soins dont sont entourés les matériaux. Il exige qu'on ait à sa disposition beaucoup d'eau, tandis qu'il n'est pas toujours facile de s'en procurer. Enfin, il demande une grande intelligence chez les agents de tout ordre ; les proportions d'eau et de détritus à mêler à la pierre doivent être réglées très exactement et varier suivant les circonstances atmosphériques, et leur mise en œuvre exige une habileté particulière de la part du cantonier.

Le procédé ne réussit pas d'ailleurs aussi bien avec tous les matériaux. Quand ils sont de nature siliceuse et que leurs détritus sont maigres, on ne peut constituer le béton que par l'addition de sables gras ou marneux, qu'il faut souvent chercher au loin, ce qui augmente encore la dépense.

Ce procédé doit être réservé pour les petites réparations exceptionnelles à faire pendant l'été, mais ne peut être généralisé.

878. Rechargements généraux cylindrés. — Dans la méthode des rechargements généraux cylindrés, on laisse la chaussée s'user, sans lui fournir de matériaux pour réparer l'usure, sauf les quelques emplois partiels qui sont nécessaires pour combler les flaches trop profondes, ou pour conserver le bombement de la chaussée lorsqu'il se forme des frayés sur l'axe. Quand l'épaisseur est devenue trop faible, on recharge la chaussée, c'est-à-dire qu'on construit par dessus une chaussée neuve de toutes pièces. Celle-ci est abandonnée à son tour jusqu'à ce que son épaisseur soit redevenue insuffisante, puis rechargée de nouveau. L'intervalle de deux rechargements successifs, qui est en général de plusieurs années, est ce qu'on appelle la *période d'aménagement*.

Ce système abandonne le principe du point à temps, puisque les réparations ne sont pas continues, mais intermittentes. Il n'y a là aucun inconvénient, car il ne s'agit pas d'enrayer des dégradations rendant la route mauvaise, mais de remplacer un capital qui a disparu. Peu importe que ce remplacement se fasse à un moment plutôt qu'à un autre, ni surtout qu'il se fasse tous les jours.

Les rechargements généraux se conduisent de la manière suivante :

Approvisionnement. — Avant de procéder au rechargement, on approvisionne d'avance les matériaux nécessaires. Ces matériaux se composent de cailloux ou de pierre cassée et de matières d'agrégation.

Les matériaux sont généralement approvisionnés sur les accotements sous forme de cordons continus. La section de ces cordons a pour mesure le volume de pierres que l'on doit répandre par mètre courant.

Ici se pose la question de savoir quel doit être ce volume. Sur les chaussées à forte circulation, où le rechargement se renouvelle tous les deux ou trois ans, on calcule le volume en conséquence ; sur les routes peu fréquentées, où il est préférable que les rechargements successifs en un même point ne soient pas trop espacés, on restreint le volume au minimum, et l'épaisseur moyenne de la couche à incorporer ne dépasse pas 0^m,05 à 0^m,06 avant cylindrage. Les bords des chaussées étant généralement peu usés, tandis que l'épaisseur sur l'axe a diminué beaucoup plus, la couche est plus épaisse vers le milieu, où elle peut atteindre 0^m,10 à 0^m,12, tandis qu'elle se réduit presque à rien sur les bords, de façon à rétablir le bombement normal, et même à l'exagérer un peu. On paraît d'accord pour porter à 1/40 le bombement des rechargements.

Pour la largeur, il n'est pas nécessaire qu'elle soit égale à celle de la chaussée ; comme les bords s'usent peu, ils n'ont besoin d'être renforcés qu'à de rares intervalles. La plupart des rechargements d'entretien ne doivent donc s'étendre que

sur une zone moins large que la chaussée. On estime généralement qu'on peut se dispenser de recharger $0^m,50$ environ de
chaque côté, ce qui réduit d'un mètre la largeur des rechargements. Ils n'ont alors que 4 à 5 mètres pour des chaussées de
5 à 6 mètres. Le volume de pierres à approvisionner peut
se réduire, dans ces conditions, à 200 ou 300 mètres cubes par
kilomètre.

Quant à la matière d'agrégation, on la demande le plus
souvent aux détritus provenant du nettoyage de la chaussée
ou des fossés, que l'on a soin de mettre en réserve pour cet
objet dans l'entretien courant. A défaut de ces détritus, ou
s'ils sont de mauvaise qualité, on va chercher du sable dans les
carrières voisines.

Le volume de la matière d'agrégation doit être limité au
strict nécessaire ; lorsqu'on exagère la matière d'agrégation,
elle ne peut pénétrer dans la chaussée qu'en écartant les pierres les unes des autres, ce qui compromet sa solidité. Il y a
donc intérêt à n'en mettre que ce qu'il faut pour garnir les
vides, et encore seulement sur une certaine épaisseur à partir
de la surface, les vides du fond se garnissant à la longue par
suite de l'usure des matériaux. La proportion ne doit pas dépasser $1/10^o$ ou au plus $1/8^e$ du volume des matériaux.

Au surplus, cette proportion doit être réglée en raison plutôt de la surperficie des rechargements que de leur volume, car
il suffit d'obtenir une chaussée compacte et sans vides à la
surface. Le vide étant environ $1/4$ après cylindrage, une couche de $0^m,01$ à $0^m,015$ de matière d'agrégation suffit pour
faire prendre complètement la chaussée sur une épaisseur de
$0^m,04$ à $0^m,06$.

Il est d'ailleurs démontré que les matériaux tendres exigent
moins de matière d'agrégation que les matériaux durs. Cela
s'explique facilement ; les premiers s'épaufrent et s'écrasent
plus facilement que les seconds, et doivent présenter moins de
vides.

Époque. — Les cylindrages peuvent se faire dans toutes
les saisons, mais ils sont plus coûteux en été que dans la saison humide, parce qu'ils exigent un arrosage plus énergique
précisément au moment où l'eau est plus rare. Ils ne peuvent

avoir lieu non plus pendant les gelées ; on choisit donc de préférence l'automne et le printemps. Il faut remarquer toutefois que pendant l'été, les jours étant plus longs, la main-d'œuvre payée à la journée est moins chère, et que l'opération dure moins longtemps.

Quand on se sert de rouleaux compresseurs à vapeur, il faut d'ailleurs tenir compte de l'amortissement du matériel et du salaire d'un mécanicien à l'année, et il y a grand intérêt à utiliser l'appareil dans toutes les saisons.

Préparation de la chaussée. — La chaussée qu'il s'agit de recharger reçoit une préparation préliminaire, qui a pour objet de permettre de loger les matériaux neufs et d'en assurer la liaison avec la vieille chaussée.

Pour loger les matériaux neufs, comme le rechargement ne doit avoir qu'une épaisseur nulle ou très faible sur les bords, on creuse sur chacune des rives, à droite et à gauche, une petite rigole de 4 à 5 centimètres de profondeur, dont la largeur est d'environ 0m,50, pouvant recevoir une couche de pierres cassées à l'anneau de 0m,06.

Les matériaux provenant des rigoles sont rejetés sur les accotements, où ils sont séparés à la claie en deux lots, pierres entières et détritus. Les pierres sont ajoutées aux approvisionnements de matériaux, et les détritus à la matière d'agrégation.

Pour assurer la liaison de la couche neuve avec l'ancienne chaussée, on peut repiquer toute la surface de celle-ci ; mais cette main-d'œuvre est coûteuse, et le plus souvent on se contente de ramollir la vieille chaussée par un arrosage abondant.

Dans tous les cas, on balaye à vif la vieille chaussée, afin qu'il n'y reste pas de boue ou de poussière pouvant déterminer un lit entre les deux couches d'empierrement.

Répandage des matériaux. — Une fois la chaussée préparée, on procède au répandage des matériaux ; cette opération très simple se fait soit à la pelle, soit à la vannette.

Les pierres, une fois répandues, sont régalées, et leur surface est dressée à la cerce. Le régalage demande à être exécuté avec soin et intelligence. Il est très essentiel que les matériaux ne soient pas plus serrés en un point qu'en un autre ; sinon, il se produit pendant le cylindrage des tassements inégaux qui donnent lieu à des flaches, et la chaussée, dépourvue d'homogénéité, aura plus de tendance ensuite à se déformer sous le passage des voitures.

Pour diminuer la gêne locale que le rechargement impose à la circulation, il est bon de ne répandre d'abord les matériaux que sur la moitié de la chaussée, l'autre moitié restant ainsi disponible.

Quand les sections à recharger sont longues, on les fait en plusieurs pièces. La longueur d'une pièce doit être aussi courte que possible, afin de rendre moins sensible l'embarras causé aux voitures, et d'éviter que celles-ci ne passent sur le rechargement avant sa prise complète. D'un autre côté, quand on n'emploie pas la vapeur, le rouleau compresseur perd un temps notable à chaque passe qu'il fait, par suite du retournement de l'attelage. Ce temps perdu est relativement d'autant plus grand que les pièces sont plus courtes ; l'économie conduirait donc à adopter d'assez grandes longueurs. On tient compte de ces deux conditions contradictoires en adoptant pour les pièces à recharger une longueur qui varie entre 200 et 500 mètres.

Quand on se sert d'un rouleau à vapeur, on peut réduire la longueur des pièces à volonté, car alors le temps perdu est insignifiant, le tournage étant remplacé par la manœuvre d'un levier de changement de marche. On opère alors sur 80 ou 100 mètres seulement à la fois, et l'on choisit cette longueur de façon que tout le rechargement puisse être terminé en une journée.

Cylindrage. — Le répandage étant terminé, on procède au cylindrage, qui s'exécute comme il a été expliqué aux n°⁵ 258 et suivants.

L'organisation de l'atelier présente quelques difficultés ; le nombre des ouvriers doit être réglé de façon que le travail soit mené aussi vivement que possible, mais qu'une partie du personnel ne reste pas inoccupé pendant certaines phases de l'opération.

Le répandage des matériaux doit se faire rapidement pour diminuer la durée des entraves apportées à la circulation. Mais, une fois le répandage terminé, les autres mains-d'œuvre, qui consistent dans le rabatage des bourrelets, le garnissage des flaches, le répandage de la matière d'agrégation, sont subordonnées à la marche du rouleau. Il faut alors d'autant moins d'ouvriers que le rouleau circule plus lentement et que l'on est obligé de faire plus de passages pour assurer la prise de la chaussée. L'atelier, réglé en vue de cette seconde période, peut ne pas assurer un répandage assez rapide des matériaux. Les 4 ou 5 ouvriers qui suffisent pour suivre le rouleau n'auraient pu répandre peut-être que 60 mètres cubes dans une journée, et une pièce comportant 120 mètres cubes de matériaux n'aurait pu être garnie qu'en deux jours. Il faut avoir recours, si l'on veut diminuer ce délai, à des ouvriers supplémentaires, que l'on ne trouve pas toujours à embaucher pour une seule journée. On tourne quelquefois la difficulté en n'approvisionnant pas d'avance la matière d'agrégation, que l'on fait réunir pendant le cylindrage par les ouvriers restés sans besogne après le répandage ; ou bien l'on fait exécuter une partie du répandage par des cantonniers, que l'on renvoie ensuite dans leurs cantons. La bonne organisation de l'atelier a une grande influence sur le prix de revient de l'opération.

L'atelier d'arrosage est organisé de façon à fournir l'eau nécessaire. Il faut au moins deux tonneaux, dont l'un va chercher l'eau pendant que l'autre se vide sur la chaussée ; il en faut davantage lorsque l'eau est loin, et que la durée du parcours et du remplissage est plus grande que celle de la vidange. Chaque tonneau a son conducteur, et on lui adjoint un manœuvre pour l'aider au puisage ; on peut toutefois se passer de ce manœuvre si le tonneau est muni d'une pompe.

Les rouleaux à vapeur commencent à être assez répandus pour être appliqués aux cylindrages d'entretien. Ils sont en général plus économiques que les rouleaux à traction de chevaux, et ils ont le très grand avantage de permettre de faire les pièces aussi courtes que l'on veut, en réduisant ainsi au minimum la gêne du public. Aussi, tous les ingénieurs qui ont employé la vapeur paraissent disposés à en étendre l'emploi.

379. Avantages de la méthode d'emploi par rechargements cylindrés. — La méthode des rechargements généraux cylindrés a des avantages marqués sur celle des emplois partiels.

La circulation est affranchie de la gêne considérable qui résulte pour elle des emplois partiels. La résistance à la traction n'est plus aussi grande dans la saison des emplois, et il y a là, en même temps qu'une plus grande facilité, une économie importante pour le public, qui se montre très satisfait.

Les chaussées sont mieux liées et plus résistantes, d'où résulte, même dans la belle saison, un moindre effort de traction pour les chevaux et une nouvelle économie pour le public.

Le profil en travers de la chaussée est plus régulier et se conserve mieux, l'évacuation de l'eau se fait mieux et le balayage est plus facile.

Il y a moins de boue et de poussière, d'où un nouvel avantage pour la circulation, et économie dans la main-d'œuvre de l'entretien proprement dit.

On évite le déchet considérable dû à l'écrasement en pure perte des pierres éparpillées, et le déchet de mise en œuvre est moins important que par les emplois partiels.

Il y a une adhérence plus complète entre les emplois récents et la vieille chaussée.

La chaussée est moins sensible aux intempéries, et même au dégel dans les terrains crayeux.

Les matériaux sont employés méthodiquement, par une opération d'ensemble qui a les avantages des grands ateliers, au lieu d'être laissée à l'initiative des cantonniers.

La main-d'œuvre permanente est réduite dans une forte proportion, et le nombre des cantonniers diminue.

L'économie n'est pas aussi évidente, parce que l'emploi d'un mètre cube de matériaux coûte quelquefois plus en rechargement cylindré qu'en emplois partiels, et que les matériaux reviennent plus cher, étant réunis en grande quantité sur un même point; mais elle n'est pas douteuse, si l'on tient compte de la différence de déchet et de la suppression d'une partie de la main-d'œuvre permanente. Les statistiques officielles le démontrent d'ailleurs péremptoirement.

380. Objections. — Quelques ingénieurs se refusent encore à appliquer à l'entretien la méthode des rechargements généraux, tout en reconnaissant sa supériorité. Leurs objections peuvent se résumer comme il suit.

Dans quelques cas, on s'est heurté à la routine et à l'indifférence du personnel chargé de l'entretien ; on s'est déclaré impuissant à vaincre la résistance opposée à l'introduction de nouvelles méthodes, qui ne peuvent se substituer aux anciennes sans des études spéciales et un travail supplémentaire. Il ne paraît pas nécessaire de discuter ce motif.

Faut-il rappeler pour mémoire l'objection tirée des entraves énormes apportées à la circulation ? Le public se déclare au contraire satisfait, et le temps n'est plus où un voyageur pouvait se plaindre qu'un rechargement général eût forcé la diligence où il se trouvait à sortir de la route pour passer dans les champs.

On a aussi argué de quelques difficultés techniques, comme la rareté et l'éloignement de l'eau, la pauvreté des carrières, l'absence de chevaux disponibles sur place, le peu de résistance des matériaux, les déclivités des routes, la nature du climat. Il peut résulter de ces circonstances quelques sujétions particulières et une certaine augmentation sur le prix des rechargements, mais non une impossibilité de les faire. L'expérience est là pour prouver qu'ils s'exécutent avec succès dans toutes les contrées, sous les climats secs comme sous les climats humides, dans les pays accidentés comme dans les pays plats, avec les matériaux tendres comme avec les matériaux durs.

Les grandes pluies, les alternatives de gel et de dégel, a-t-on dit quelquefois, obligent à des réparations répétées qui consomment en emplois partiels la totalité des approvisionnements dont on dispose. Il serait à examiner si ce genre de dégradations ne peuvent être plus efficacement combattues qu'en jetant des pierres sur les chaussées. Il semble, au contraire, que la surface unie des rechargements généraux et la compacité des chaussées qu'ils fournissent sont de nature à écarter l'eau du sous-sol et à amoindrir les fâcheux effets des grandes pluies et des gelées.

Toutes ces objections, d'ordre moral ou technique, ne paraissent donc pas fondées, et ne se prêtent pas à une longue discussion.

Restent deux objections théoriques plus sérieuses, résultant de l'état initial des chaussées, au moment où il faut substituer la nouvelle méthode à l'ancienne.

La première, c'est que les chaussées du réseau à aménager n'ont pas toujours une épaisseur suffisante pour que celles qui doivent être rechargées les dernières puissent attendre leur tour. Il y a une limite au-dessous de laquelle il serait dangereux de laisser descendre l'épaisseur d'une chaussée ; cette limite est variable avec la qualité des matériaux et la nature du sous-sol : telle chaussé se maintiendra encore avec une épaisseur de $0^m,05$ si les matériaux sont durs et le sous-sol sablonneux, tandis qu'à telle autre, dont les matériaux sont tendres et le sous-sol argileux, il faudra $0^m,10$ au moins. Pendant qu'on recharge les premières sections, les autres ne reçoivent que peu ou point de matériaux, et, si leur épaisseur primitive n'est pas pas suffisante, elles arrivent au minimum avant d'être rechargées à leur tour. Que, pour aller à l'extrême, l'on suppose que sur tout le réseau toutes les chaussées aient seulement le minimum d'épaisseur admissible, il est clair qu'il faut fournir partout à la fois de quoi remplacer l'usure, et qu'il est impossible de recharger nulle part.

Cette objection a été présentée sous une autre forme plus abstraite ; on a fait remarquer que la méthode des rechargements généraux exige un capital primitif plus grand que celle des emplois partiels, et qu'elle est inapplicable quand le capital primitif est insuffisant.

La seconde objection est tirée du trop faible approvisionnement de matériaux qu'exigent certaines routes en raison de la faible usure qui s'y produit. Un rechargement général ne peut se faire sur une épaisseur moindre qu'une certaine limite, fixée généralement à une couche de cailloux de $0^m,06$ avant cylindrage ; si l'usure est très faible, il se passe un grand nom-

bre d'années avant que l'emploi ait disparu et appelle un nouveau rechargement. Ce nombre d'années, qui [constitue la
période d'aménagement, est trop grand pour que la chaussée
reste jusqu'à la fin unie sans emploi ou avec un emploi insignifiant de matériaux. Le système d'aménagement par rechargements généraux ne serait donc applicable que sur des chaussées
qui s'usent assez vite pour que le renouvellement des rechargements y devienne nécessaire à des intervalles suffisamment
rapprochés, ne dépassant pas la durée pendant laquelle la
chaussée peut se maintenir bonne par elle-même.

On a aussi présenté cette objection sous d'autres formes qui
se ramènent à la précédente. Au lieu de la faiblesse de l'usure,
on a signalé la faiblesse de la circulation, ce qui revient au
même pour une chaussée donnée, l'usure étant à peu près
proportionnelle à la fréquentation ; toutefois, avec des matériaux très tendres, une circulation modérée peut produire une
usure rapide, et l'objection se rapporte mieux à la consommation qu'à la fréquentation. On s'en est pris aussi à l'insuffisance des crédits d'entretien, qui ne permettent pas d'acheter
une assez grande quantité de matériaux ; mais cette considération est étrangère à la question, le volume des matériaux
employés par rechargements cylindrés étant le même que
celui des emplois partiels, et devant être même inférieur, si
l'on tient compte du moindre déchet qui se produit. On doit
seulement comprendre que sur certaines routes les crédits d'entretien sont peu élevés parce qu'il faut peu de matériaux pour
réparer une faible usure.

881. Discussion des objections. — Ces deux objections
peuvent être fondées dans certaines circonstances, qui vont
être examinées maintenant, mais qui ne justifient que de rares
exceptions.

1re *objection.* Si l'on désigne par :

e l'épaisseur de la chaussée avant le rechargement ;

r l'épaisseur du rechargement après cylindrage ;

m l'épaisseur moyenne de la chaussée pendant la durée de la
  période ;

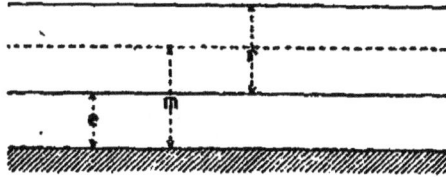

Fig. 211.

L'inspection de la figure 211 montre que l'on a :

$$m = e + \frac{r}{2} \quad \text{ou} \quad r = 2(m - e).$$

Les quantités e et r sont soumises à une condition de minimum. On a vu que l'épaisseur des chaussés ne devait pas descendre au-dessous d'une limite qui peut, suivant les circonstances, varier à peu près de $0^m,05$ à $0^m,10$. D'autre part la couche de
matériaux à mettre en rechargement ne peut pas non plus
descendre au-dessous d'une limite, que l'on peut fixer à $0^m,06$
avant tassement et qui diminue du quart ou du cinquième
par le cylindrage ; on ne peut donc adopter pour r moins de
$0^m,045$ à $0^m,048$.

Puisque $m = e + \frac{r}{2}$, cette quantité est donc elle-même soumise à une condition de minimum, qui sera de $0^m,07$ à $0^m,13$
environ suivant les circonstances.

L'objection est donc fondée dans le cas où les chaussées à
soumettre à l'aménagement ont une épaisseur moyenne inférieure à cette limite. Si l'on envisage un réseau, comme celui
d'un département, où cette condition n'est pas remplie, il faut
nécessairement laisser de côté les sections dont l'épaisseur est
la plus faible, en les entretenant par emplois partiels, et ne
conserver pour les rechargements généraux réguliers que
celles qui, dans leur ensemble, ont une épaisseur moyenne
suffisante.

Quand l'épaisseur moyenne dépasse le minimum nécessaire,
l'aménagement peut d'ailleurs se régler d'après trois systèmes
différents, savoir : 1° faire les rechargements aussi épais que
possible ; 2° les faire aussi minces que possible ; 3° prendre
un parti intermédiaire.

1° On laisse la chaussée s'user jusqu'au minimum d'épais-

seur qu'on veut tolérer, et on recharge sur une épaisseur
$r = 2 (m-e)$. Si l'on désigne par :

u, l'usure annuelle exprimée en épaisseur de chaussée ;

θ, le nombre d'années de la période d'aménagement ;

L, la longueur du réseau ;

l, la longueur à recharger chaque année ;

et si l'on remarque qu'il y a entre ces quantités les relations
$r = \theta u$ et $l = \dfrac{L}{\theta}$.

On voit que dans ce cas θ est aussi long et l aussi court que
possible. Ce système est le plus économique, la dépense du cylindrage d'un rechargement étant loin de croître proportionnellement à son épaisseur, et l'emploi d'un mètre cube de matériaux étant par conséquent moins cher quand l'épaisseur du
rechargement augmente. Il a l'avantage de gêner le moins
possible la circulation. qui ne rencontre les ateliers de réparations que sur la moindre longueur. Mais la durée de la période d'aménagement est longue, et les routes, soumises à des
rechargements moins fréquents, sont moins bonnes.

2° On ne laisse pas la chaussée s'user jusqu'au bout, et on
la recharge dès que le rechargement antérieur a diminué d'une
quantité égale au minimum de la couche de matériaux que
comporte un rechargement, $0^m,045$ par exemple après tassement. Puisque r descend à son minimum, θ est aussi minimum, et l maximum. Les routes sont meilleures par le double
motif que leur épaisseur reste toujours au-dessus du strict nécessaire et que la période d'aménagement est moins longue.
D'un autre côté, il y a plus de gêne pour le public, la longueur rechargée chaque année étant plus grande ; et la dépense d'emploi d'un mètre cube de matériaux est plus forte,
puisqu'il en coûte presque autant de cylindrer une couche
mince qu'une couche plus épaisse.

3° On obtient des résultats intermédiaires, en adoptant pour
les rechargements une épaisseur comprise entre le minimum
et le maximum. Dans ce cas, c'est généralement la durée θ
de l'aménagement qui se fixe *a priori*, et les autres éléments
s'en déduisent d'après les relations indiquées ci-dessus.

2° *objection.* — La durée que l'on peut assigner à la période d'aménagement est appréciée très diversement. Les ingénieurs qui se refusent à l'adoption de la méthode se basent le plus souvent sur l'impossibilité de maintenir une route en bon état sans emploi de matériaux, sauf pendant un petit nombre d'années, qu'ils fixent à trois ou quatre, oubliant d'ailleurs qu'il ne s'agit pas de ne faire aucun emploi, mais de réduire les emplois à ce qui est nécessaire pour maintenir l'uni et un bombement suffisant de la surface de la chaussée. Les partisans des rechargements généraux sont beaucoup plus hardis, et il y en a qui envisagent sans sourciller des périodes de quatorze à quinze ans et même davantage. Il est certain que cette limite ne peut être la même dans toutes les circonstances ; tels matériaux sont moins homogènes et plus exposés aux flaches que d'autres ; le climat, la qualité du sous-sol, la nature de la circulation peuvent déterminer des détériorations plus rapides ici que là. Mais le maintien des profils paraît surtout subordonné au soin apporté dans la confection des rechargements et dans l'entretien courant des chaussées.

Quand, en effet, lors du rechargement, les matériaux ont été bien uniformément régalés dans la forme, quand ils ont été comprimés au refus sous une charge convenable, quand la matière d'agrégation a été répandue uniformément et avec réserve, quand le bombement n'a pas été exagéré de manière à appeler des frayés sur l'axe, la chaussée s'use parallèlement et sans flaches. Si le cantonnier est habile dans son art, s'il sait, par un balayage intelligent, prévenir les frayés, déplacer les pistes, reporter l'usure sur les parties hautes et empêcher de s'approfondir les flaches qui menacent d'apparaître, il peut maintenir l'uni de la surface fort longtemps, sans pour ainsi dire avoir besoin de matériaux neufs. Si, au contraire, les rechargements sont faits maladroitement et l'entretien courant sans intelligence, la chaussée devient défectueuse en peu de temps.

Mais il ne faut pas confondre la durée de la période d'aménagement, comprise entre deux rechargements consécutifs, avec la durée du temps pendant lequel une chaussée peut s'entretenir avec un volume de matériaux inférieur à l'usure qui se produit ; ces deux périodes sont indépendantes l'une de l'autre. Une chaussé rechargée ne demande d'abord aucun emploi de matériaux pour son entretien, mais, à mesure qu'elle devient plus ancienne, elle réclame des emplois partiels de plus en plus fréquents, et, si le rechargement n'est pas renouvelé, il arrive un moment où ces emplois absorbent l'approvisionnement normal en entier. A ce moment là, la chaussée se trouverait ramenée à la méthode d'entretien par pièces isolées, s'il n'avait pas été procédé à un nouveau rechargement. La durée θ' du temps qui s'écoule depuis l'origine jusqu'à ce retour à la consommation totale en emplois partiels, n'a pas de rapport nécessaire avec la période d'aménagement θ.

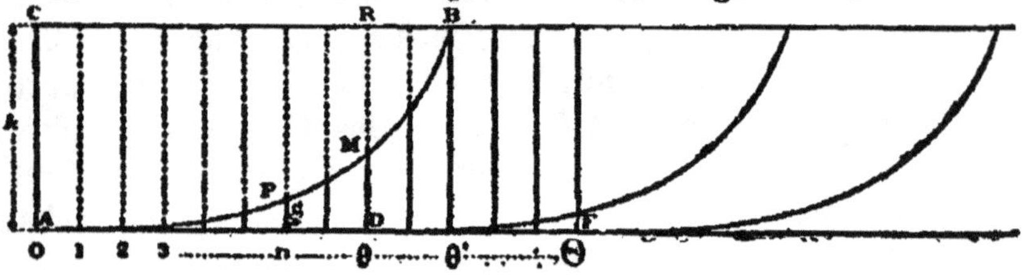

Fig. 212.

Portons en abscisses sur une épure (fig. 212) les années 0, 1, 2, 3..., n..., à partir d'un rechargement, et représentons par une ordonnée A C le volume annuel k de la consommation des matériaux. En attendant le rechargement ultérieur, l'entretien courant exige, pour les emplois partiels, un volume annuel, qui est presque nul dans les premiers temps, puis va en augmentant. Dans la n^e année, il sera V_n et au bout du temps θ' il sera égal à k. Si l'on porte les valeurs successives de V_n en ordonnée, on obtient une courbe telle que APMB.

La période d'aménagement peut être, soit $\theta < \theta'$, soit $\Theta > \theta'$.

Dans le premier cas, la courbe des emplois partiels s'arrête en M pour reprendre en D. Dans le second cas, elle reprend seulement en F, et, pendant la période qui s'étend de θ' à Θ, les emplois partiels absorbent la totalité de la fourniture annuelle moyenne k.

Le volume consommé pendant une période de N années est égal à Nk. Il se trouve représenté sur l'épure par un rectangle de longueur N et de hauteur k. Pour la période θ, ce sera le rectangle ADRC. Mais, pendant cette période, on aura mis sur la chaussée, en emplois partiels, un volume représenté par l'aire AMD. Il ne restera donc à pourvoir qu'à une consommation représentée par l'aire AMRC. Tel sera le volume du rechargement à effectuer.

Dans le cas où la période d'aménagement serait Θ, le volume de l'usure à réparer serait représenté par l'aire totale ABC.

L'application de la méthode ne serait impossible que si cette aire totale était inférieure au volume minimum que comporte un rechargement général, volume qui peut descendre, comme il a été dit plus haut, à 200 mètres cubes par kilomètre.

382. Conclusion. — La méthode d'entretien des chaussées à l'aide des rechargements généraux cylindrés tend à se répandre de plus en plus. Elle a donné, partout où elle a été employée, de bons résultats, très appréciés du public. Appliquée avec soin et méthode, elle conduit à une économie dans les frais d'entretien des routes, ou tout au moins à une amélioration des routes à dépense égale d'entretien. Elle est susceptible de s'étendre encore davantage, et ce n'est que dans quelques cas exceptionnels qu'il serait impossible d'y recourir.

§ 4.

APPROVISIONNEMENT DES MATÉRIAUX

383. Nature des matériaux. — Les matériaux destinés à l'entretien doivent satisfaire aux mêmes conditions que ceux qui ont servi à la construction des chaussées. Ils doivent être durs, être cassés à une grosseur qui ne dépasse en aucun sens $0^m,06$ ou telle autre dimension qui aurait paru préférable, être nettoyés et dépourvus de toute matière terreuse. Ils peuvent renfermer des détritus provenant du cassage, mais en très petite quantité. Les pierres cassées sont préférables aux cailloux roulés.

Lorsqu'il n'est pas fait usage dans les emplois d'autres matières d'agrégation que les produits du curage, on recherche de préférence les matériaux qui ont du liant, c'est-à-dire dont les détritus se mettent facilement en pâte compacte et adhèrent fortement aux pierres. On est même tenté quelquefois de sacrifier la dureté à cette qualité spéciale ; mais il ne faut pas aller trop loin dans cette voie ; le liant est ordinairement l'indice d'une qualité inférieure quant à la résistance, et, si l'on calculait bien, il y aurait le plus souvent avantage à faire usage de matières d'agrégation spéciales pour obtenir la liaison.

Quelques ingénieurs n'attachent à tort qu'une importance secondaire au choix des matériaux d'entretien. Ils font remarquer qu'on peut obtenir d'excellentes chaussées avec toutes les qualités ; il suffit, pour cela, de soigner tous les détails de l'entretien. Mais ils oublient que les matériaux tendres s'usent plus vite que les matériaux durs, et que, si le mètre cube coûte moins cher, il faut en mettre chaque année davantage ou renouveler plus souvent les rechargements, en sorte que l'avantage, au point de vue de la dépense, reste presque toujours aux matériaux durs.

Quand on dispose de plusieurs carrières fournissant des matériaux de diverses espèces, on peut se rendre compte exactement de celle qu'il faut préférer, en attribuant à chaque espèce un coefficient numérique de qualité, suivant sa résistance à l'usure dans les conditions où il doit être employé, comme il sera indiqué au chapitre XIII. Soit V le volume de l'usure qui se produit pour une espèce dans une période déterminée, par exemple entre deux rechargements, et P le prix du mètre cube. En représentant par m les frais de la main-d'œuvre nécessitée par l'emploi du mètre cube et par l'enlèvement des produits de l'usure, on voit que la dépense faite pendant cette période sera $V (P + m)$. Pour une seconde espèce, ce serait $V' (P' + m)$, m restant le même, car les frais de main-d'œuvre sont sensiblement constants, quelle que soit la qualité. La première espèce sera donc préférable à la seconde si l'on trouve $V (P + m) < V' (P' + m)$. Mais, si les qualités relatives à l'usure sont respectivement q et q', on a $\frac{V'}{V} = \frac{q}{q'}$. L'inégalité ci-dessus revient donc à $\dfrac{P+m}{q} < \dfrac{P'+m}{q'}$.

Il faut donc choisir l'espèce pour laquelle $\dfrac{P+m}{q}$ est le plus petit, et cette expression peut être considérée comme la caractéristique de la valeur économique des matériaux d'entretien.

On peut réunir les deux qualités, liant et dureté, en mélangeant deux ou plusieurs espèces qui les possèdent séparément. Ces mélanges, comme il a déjà été remarqué (n° 242), donnent quelquefois lieu à des chaussées rugueuses, parce que les pierres tendres s'usent plus que les durs ; mais on évite cet inconvénient si l'on a soin de faire casser les matériaux très fin, et si le mélange est bien homogène.

364. Pierres brutes. — En dehors de la pierre cassée, on fait approvisionner sur les routes une certaine quantité de pierre brute, sous forme de moellons tels qu'ils sortent des carrières. Ces pierres sont destinées à être cassées par les cantonniers, à leurs moments perdus, dans la saison d'été, pendant les gelées ou au moment des grandes pluies. Dans certains départements, les cantonniers sont munis d'abris portatifs sous lesquels ils se mettent pour ce cassage, pour se garantir de la pluie ou du soleil.

365. Forme des tas. — Les pierres brutes sont mises sur les accotements par tas rectangulaires, habituellement d'un mètre cube.

La pierre cassée est emmétrée sur les accotements, soit en cordons continus dont la section est un triangle ou un trapèze, lorsqu'il s'agit d'un rechargement, soit, pour les emplois partiels, par tas prismatique quadrangulaires, dont les arêtes sont horizontales et les faces latérales inclinées à 45° sur l'horizon.

Le plus souvent, le rectangle qui repose sur le sol a 2ᵐ,50 de long et 1ᵐ,50 de large, et la hauteur du tas est de 0ᵐ,50 (fig. 213); la base supérieure a alors 1ᵐ,50 sur 0ᵐ,50. La hauteur étant 0ᵐ,50, et la section moyenne, au milieu de la hauteur, 2 mè-

tres carrés, on compte ce tas pour un mètre cube. Mais son volume exact est $1^{mc},0417$.

Fig. 213.

Lorsque la largeur des accotements est insuffisante, on diminue la largeur du tas, en augmentant sa longueur. Ainsi,
on réduit la surface supérieure à une simple arête, de $3^m,35$ de
longueur, et le prisme devient triangulaire ; le rectangle placé
sur le sol a $4^m,35$ sur 1 mètre. Le volume exact de ce tas est
$1^{mc},0042$.

Sur les routes peu fréquentées, où les approvisionnements
sont peu considérables, on divise la fourniture en tas d'un
demi-mètre cube. On leur donne alors une forme semblable à
celle du tas précédent, sauf que l'on réduit l'arête supérieure
à $1^m,333$ et les dimensions de la base à $2^m,333$ sur 1 mètre.
Le volume de ce tas est $0^{mc},50$ exactement.

356. Obligations des entrepreneurs. — Les matériaux
d'entretien des routes nationales sont approvisionnés par des
entrepreneurs, qui prennent à bail chacun la fourniture d'un
lot pour un nombre déterminé d'années, à la suite d'adjudications publiques. Ces lots sont de peu d'étendue, et échoient
ainsi, non à de grands entrepreneurs, qui ne feraient que sous-
traiter leurs marchés par parties en se réservant de gros
avantages, mais à de petits tâcherons qui se contentent d'un
modeste bénéfice, ou même à des propriétaires ou fermiers
riverains, trop heureux d'utiliser ainsi leur matériel de transport au moment où il n'est pas employé dans les travaux
agricoles, tout en débarrassant leurs champs de la pierre qui
les gêne.

Les entrepreneurs doivent fournir chaque année les quantités de matériaux qui leur sont demandées, et les déposer
sur les points indiqués. Ces matériaux doivent provenir des
carrières désignées aux devis, être cassés hors de la route, et

présenter toutes les qualités requises quant au cassage et au nettoyage.

Les matériaux sont déchargés sur les accotements et ne doivent pas empiéter sur la chaussée. Ils sont ensuite emmétrés comme il a été expliqué ci-dessus (nº 385).

Tous les approvisionnements d'une même année sont placés sur un même accotement, et on change de côté chaque année, De cette façon, il ne peut y avoir de confusion entre les matériaux non encore reçus et ceux qui proviennent de la fourniture précédente.

387. États d'indication. — Les quantités de matériaux à approvisionner sur les différents points des routes sont fixées par l'ingénieur à l'entrepreneur par un ordre de service nommé *état d'indication*.

Cet état ne peut être arrêté que lorque l'ingénieur connaît exactement les fonds qui sont mis à sa disposition pour chaque route. Or, il n'est généralement fixé à ce sujet qu'assez tardivement et postérieurement à l'époque où l'entrepreneur doit se mettre à l'œuvre. Les crédits affectés à l'entretien des routes nationales, par exemple, sont votés chaque année par les Chambres, et répartis ensuite par les soins du ministre des travaux publics entre les divers départements. L'ingénieur en chef étudie alors la sous-répartition du crédit attribué à son département entre les divers arrondissements, et, dans chaque arrondissement, entre les diverses routes et sections de route, et soumet cette sous-répartition au préfet. Ce n'est qu'après l'approbation du préfet qu'il la notifie à l'ingénieur ordinaire. Toutes ces formalités demandent du temps et l'on n'attend pas qu'elles soient remplies pour donner des ordres aux entrepreneurs. Dès l'origine de la campagne, aussitôt après la réception de la fourniture antérieure, c'est-à-dire à la fin du mois de septembre de l'exercice précédent, on leur remet des états d'indication provisoires, qui indiquent approximativement les quantités qui seront probablement demandées, en se tenant toujours un peu au-dessous de la réalité, afin de ne pas être exposé à réduire la commande. L'état d'indication définitif est remis lorsque la sous-répartition des crédits est arrêtée.

De cette façon, l'entrepreneur peut profiter de toute la campagne pour faire son travail, et il est sans excuse s'il se met en retard.

388. Réception des matériaux. — Les matériaux sont reçus par l'ingénieur ordinaire assisté du conducteur aussitôt que l'approvisionnement est terminé.

La réception est préalablement préparée par le conducteur. L'ingénieur désigne au hasard un certain nombre de tas sur lesquels on opère une vérification semblable à celle qui a été expliquée au n° 235. Les dimensions des tas sont vérifiées d'abord avec un gabarit en menuiserie ; puis on éventre les tas désignés, et on constate leur qualité au point de vue du cassage et du nettoyage.

L'ingénieur convoque l'entrepreneur à la réception ; il constate en sa présence l'exactitude des opérations faites par le conducteur, et de celles qu'il juge utile de faire lui-même ; puis il en dresse procès-verbal. Les résultats obtenus sur les tas désignés sont étendus à l'ensemble de la fourniture, sur laquelle on opère, s'il y a lieu, les retenues motivées par les imperfections qu'elle présente.

389. Régies. — Lorsqu'un entrepreneur ne satisfait pas aux conditions de son marché, qu'il n'a pas présenté, par exemple, une portion suffisante de ses fournitures aux époques qui lui ont été prescrites, et qu'il ne paraît pas en mesure de rattraper le temps perdu, on le fait *mettre en demeure*, par un arrêté du préfet, d'avoir, dans un délai donné, organisé les ateliers sur un pied suffisant pour terminer son marché en temps utile; il lui est habituellement prescrit d'avoir à apporter, chaque semaine, un cube déterminé de matériaux sur la route. Si cet arrêté reste sans effet, le préfet prend, sur le rapport des ingénieurs, un autre arrêté qui ordonne la *mise en régie* de l'entreprise. A partir de ce moment, l'entrepreneur est tenu de quitter la direction des chantiers, et les travaux s'exécutent sous les ordres directs des agents de l'administration, qui opèrent aux frais et risques de l'entrepreneur.

Ces régies sont presque toujours onéreuses pour lui. D'abord, elles sont menées par des conducteurs, qui sont des fonctionnaires publics, plus rompus à l'administration qu'à la pratique des affaires. Ensuite, les fournitures faites par la régie se trouvent toujours dans les conditions de travaux urgents, faits avec précipitation et par suite coûteux. En effet, ce n'est jamais qu'à la dernière extrémité et après avoir perdu tout espoir d'activer l'entrepreneur, que l'ingénieur propose la mise en régie, dont les formalités demandent un délai qui aggrave la situation. Le conducteur qui prend en main la régie se trouve donc conduit à recourir à des mesures extraordinaires, tout en ne disposant que de chantiers mal organisés à l'origine.

Il faut tâcher d'éviter le plus possible ces régies ; si, dans un service, on y a souvent recours, on éloigne des adjudications les bons entrepreneurs, qui craignent avec raison que cette situation provienne plutôt de la faute de l'administration que de l'impéritie des fournisseurs précédents. Or, un des meilleurs moyens de les éviter, c'est de remettre les états d'indication provisoires dès le commencement de l'automne, et de tenir la main à ce que la préparation des fournitures commence immédiatement.

CHAPITRE XI

ENTRETIEN DES CHAUSSÉES PAVÉES

390. Causes de dégradation des pavages. — Les chaussées pavées se dégradent par suite de diverses causes, dont les effets principaux sont les trois suivants :

1° Certains pavés isolés s'enfoncent (fig. 214), soit que la fondation ait cédé en un point, soit que le pavé, plus tendre que les autres, se soit usé plus vite ou ait été brisé. Il se forme là un creux qui retient l'eau s'il vient à pleuvoir, et où les roues tombent avec choc. Ces chocs, outre les cahots qui en résultent pour les voitures, ébranlent et dégradent les six pavés contigus à celui qui s'est enfoncé.

Fig. 214.

2° Le sable de fondation ou le sous-sol qui le supporte se tasse sur une certaine étendue, et produit une flache à la surface. Les flaches, outre qu'elles sont défavorables à la circulation, retiennent l'eau des pluies, qui s'infiltre dans les joints, ramollit la fondation et rend les pavés mobiles.

3° Les pavés s'usent plus sur les joints que sur le milieu ; il en résulte que leur surface s'arrondit et prend une forme bombée. Le bombement s'accentue principalement dans le sens longitudinal. Lorsqu'il est très prononcé, surtout avec

les pavés de gros échantillon, la circulation devient détestable, par suite des cahots qui en résultent, et le tirage des
voitures, surtout des voitures rapides, augmente dans une
forte proportion.

On remédie à ces dégradations par trois procédés, le *soufflage*, le *repiquage* et le *relevé à bout*.

391. Soufflage. — Lorsqu'un pavé isolé s'est enfoncé, on
le ramène à son niveau par le procédé du soufflage.

Grattoir.

Pince.

Fig. 216

Fig. 215.

On dégarnit les joints sur $0^m,03$ de profondeur, au moyen de la fiche aiguë ou grattoir
(fig. 215), bâton terminé par une longue pointe
en fer. La boue qui en provient est soigneuse-
ment écartée, de façon à ne pas retomber dans
les joints et se mélanger au sable.

Le pavé est alors soulevé de quelques centimètres au moyen de deux petites pinces (fig.
216), que l'on introduit dans les joints ; on
le maintient dans cette position, en s'aidant au
au besoin d'un petit coin en fer ou d'un éclat de
pavé.

On achève de rendre meuble tout le sable des
joints en le fouillant avec le grattoir ou avec la
fiche plate (fig. 164), et on le force à descendre
sous le pavé. Du sable neuf, apporté à cet effet,
est ensuite introduit dans les joints en quantité
suffisante pour les regarnir complétement. Ce
sable est poussé avec le pied, et descend dans
les joints par son poids ou à l'aide de la fiche
plate.

On dresse ensuite le pavé, en le damant vigoureusement à la hie.

Le soufflage est singulièrement facilité si l'on
dispose d'eau que l'on verse dans les joints
pour entraîner le sable. C'est même le seul
moyen d'être assuré que la base du pavé est partout garnie de
sable.

Le soufflage ne réussit pas aussi bien sur tous les pavages.

Il est très facile avec des pavés démaigris (fig. 217) qui s'enlèvent facilement de leur alvéole, démasquant immédiatement
leurs quatre faces et offrant ainsi un chemin facile au sable qui
doit descendre au fond ; il n'est pas même nécessaire d'ameublir le vieux sable des joints, si l'on fait
le soufflage à l'eau. Avec les pavés rectangulaires, il faut dégrader les joints
sur toute leur profondeur ; s'ils sont de
gros échantillon, ils sont difficiles à soule-   Fig. 217.
ver et à maintenir pendant l'introduction du sable ; enfin
lorsque les joints sont très étroits, les pinces ont peine à
mordre et on ne réussit quelquefois qu'à briser le pavé en
essayant de le soulever.

Quand le pavé est brisé préalablement ou pendant l'opération, on l'enlève entièrement, et, après avoir garni le fond de
sable, on remet à la place un pavé neuf de même qualité et de
même échantillon que le reste du pavage. On se sert de préférence pour cet usage de vieux pavés retaillés, provenant
de repiquages ou de relevés à bout.

392. Application du soufflage aux flaches. — On peut
relever par le même procédé des flaches qui n'ont pas une
trop grande étendue. On commence par dégarnir tous les
joints sur 0^m,03 de profondeur, et on enlève au balai la boue
qui en provient ; puis on soulève successivement les pavés un
à un, en les garnisant de sable et les ramenant au niveau
voulu par le procédé qui vient d'être indiqué.

Toutes les flaches peuvent être réparées ainsi ; mais quand
elles comprennent un grand nombre de pavés, la dépense
devient excessive et il est préférable d'avoir recours au repiquage.

393. Repiquage. — Le repiquage consiste à démonter
entièrement la flache et à la reconstruire.

On commence par nettoyer parfaitement toute la flache au
balai ; puis on soulève avec des pinces un pavé vers le milieu,
comme pour le soufflage, mais on l'extrait entièrement. Les
autres pavés sont ensuite facilement démontés par de simples

coups de pince ; les pavés de pourtour sont laissés en place.

Quand la flache est dégarnie, on enlève le sable altéré qui forme la couche supérieure de la fondation ; l'altération est due à la boue qui s'est mélangée au sable, boue qui a souvent l'aspect d'une vase noire et fétide par suite de la corruption des matières organiques, telles que feuilles mortes et déjections des animaux. Mais il faut avoir grand soin de n'ôter que le sable altéré et de ne pas piocher le sable de bonne qualité resté en dessous, qui forme une excellente fondation bien tassée.

On verse ensuite dans la flache le sable neuf nécessaire, et l'on refait le pavage. On commence d'abord par bourrer le dessous des pavés du pourtour, qui n'ont pas été enlevés, puis, on rapporte les autres pavés et on les remet en place, en procédant comme pour un pavage neuf.

391. Remplacement des pavés usés. — Il peut se trouver dans la flache des pavés hors de service, par exemple des pavés brisés ou désagrégés. Ils sont remplacés par des pavés neufs ou provenant de la retaille de ceux qu'on a enlevés dans les repiquages précédents ou dans les relevés à bout.

S'il se trouve des pavés dont la tête est arrondie, il n'est pas à propos de les remettre en place tels quels. On peut être tenté d'utiliser les mêmes pavés, en les renversant et mettant la face arrondie soit sur la forme, soit dans les joints ; mais il est préférable de ne pas se servir de ces vieux pavés, et de les rejeter hors du chantier, en les remplaçant par des pavés neufs ou provenant de retaille.

En effet (fig. 218), si la tête bombée est mise en dessous, cette surface arrondie tend à rouler sur la forme, lorsque le pavé reçoit une pression qui ne s'exerce pas en son centre ; si la vieille tête est placée latéralement, le joint est trop large et la chaussée est mauvaise. Il est préférable de faire sauter la partie bombée et de réemployer le pavé ramené ainsi à la forme rectangulaire.

Fig. 218.

Cette recoupe des têtes arrondies peut être faite sur place

par les paveurs eux-mêmes ; mais ils la font assez mal, par défaut d'habitude. En outre, ces pavés recoupés n'ont plus les mêmes dimensions que les autres, et, de quelque manière qu'on les pose, on n'a plus une chaussée homogène ; la condition essentielle d'un bon pavage n'est donc pas remplie.

Il est préférable de faire enlever ces pavés de l'atelier, et de les porter à un chantier spécial où des piqueurs de grès les retaillent. Ils peuvent alors être échantillonnés, et employés en repiquages ou en relevés à bout comme des pavés neufs.

Les pavés nouveaux que l'on introduit dans les repiquages doivent être du même échantillon, non seulement en plan, mais aussi en hauteur, que les pavés conservés. Si ceux-ci sont usés, ce n'est pas leur hauteur primitive, mais celle qu'ils ont au moment de la réparation qui doit guider ; autrement, la chaussée ne satisfait plus à la condition d'homogénéité.

395. Relevés à bout. — Lorsque l'ensemble d'une chaussée pavée est en mauvais état, on la refait entièrement ; cette opération s'appelle un relevé à bout.

Le relevé à bout n'est qu'un repiquage sur une grande échelle, et il se fait de la même façon.

Quand les relevés à bout deviennent nécessaires, la plupart des pavés ont une tête sphérique dont le bombement est trop prononcé. Il faut donc enlever les pavés démontés et les remplacer presque tous par des pavés neufs ou retaillés. Dans ce cas, on doit échantillonner avec soin ces pavés, et n'employer ensemble que ceux de même échantillon, sauf à diviser le relevé en sections sur lesquelles cet échantillon varie successivement par degrés peu marqués.

396. Ébouage et soins divers. — Les chaussées pavées, en dehors des réparations qui viennent d'être indiquées, demandent peu de soins journaliers.

Elles donnent lieu à peu de poussière et de boue, car les pavés s'usent très lentement ; la boue qu'elles présentent provient quelquefois du sable qui s'échappe des joints, mais est

presque tout entière apportée du dehors, soit des accotements,
soit des chemins voisins, par les voitures ; on l'enlève facilement au balai. Ce balayage ne demande pas les mêmes précautions que celui des chaussées empierrées, et il peut être
fait vigoureusement ; les balayeuses mécaniques peuvent y
être appliquées avec succès.

Quand les joints se sont dégarnis de sable, à la suite des
pluies, par tassement du sous-sol ou par un ébranlement des
pavés, on les regarnit avec du sable neuf.

397. Fourniture des matériaux.—Les pavés et le sable
nécessaires à l'entretien des chaussées pavées sont fournis
par des entrepreneurs, à qui l'on remet, comme pour les pierres
cassées, des états d'indication faisant connaître les quantités
à fournir et les points où les approvisionnements doivent être
déposés.

Les délais de fourniture sont indiqués dans les devis ; ils
sont généralement fixés à la fin d'avril, parce que les réparations des pavages se font surtout en été.

Avant leur emploi, les pavés et le sable sont soumis à une
réception minutieuse, comme celle qui a lieu pour les pavages
neufs (nᵒˢ 281 et 283). Tous les pavés refusés doivent être enlevés immédiatement et portés hors de la route.

Les mêmes entrepreneurs sont aussi chargés, le plus souvent, de la retaille des vieux pavés, qu'ils doivent échantillonner et porter aux endroits qui leur sont indiqués.

398. Organisation des ateliers. — Les travaux d'entretien des pavages ne peuvent guère être faits, comme pour
les empierrements, par des cantonniers ayant chacun un canton à maintenir en bon état sous sa responsabilité ; sauf les
soufflages, ils exigent le concours de plusieurs ouvriers. Aussi
les fait-on pour la plupart à l'entreprise.

L'entrepreneur met sur la route un atelier de paveurs, au
commencement de mai. Cet atelier se compose d'un arra-
cheur, d'un dresseur et de deux ou trois paveurs suivis de
leurs aides. L'atelier commence les repiquages à une extrémité de la route ou section de route qu'il doit réparer, puis

les continue en avançant vers l'autre extrémité, de façon à avoir tout terminé au mois d'octobre.

L'administration fait suivre l'atelier par un surveillant, généralement le chef cantonnier, qui marque et mesure le travail. Armé d'une fiche pointue, il dessine, en dégradant un peu les joints, les limites de chaque flache. Il est porteur d'une *feuille de repiquage*, où il inscrit le nombre des pavés compris dans la flache et leur échantillon. On en conclut la superficie de la flache, dont la réparation se paie au mètre carré. Il inscrit aussi le nombre de pavés réemployés, de pavés enlevés comme ne pouvant être utilisés, et de pavés neufs mis dans la flache. Il fait accepter ces résultats par le chef d'atelier de l'entreprise.

L'exactitude des renseignements relatés sur la feuille de repiquage repose entièrement sur le soin et la probité du surveillant. Il faut donc qu'il soit contrôlé de près par ses chefs. Le conducteur et l'ingénieur doivent se rendre souvent sur les lieux, se faire présenter la feuille de repiquage, et en comparer les indications avec l'aspect des flaches où la réparation est encore apparente. Il y a là une difficulté assez sérieuse, dont on ne vient à bout que grâce au zèle et à la conscience des agents de tout ordre.

Ce système d'entretien présente en outre d'autres inconvénients.

Il abandonne le principe du point à temps. On commence les repiquages à un bout de la route, pour les terminer à l'autre bout ; on ne passe donc qu'une fois par an sur chaque point de la chaussée, dont les dégradations sont ainsi sujettes à attendre longtemps les soins nécessaires.

Il est difficile d'obtenir de l'entrepreneur un travail bien fait. La trace des réparations disparaît en peu de jours, et les malfaçons échappent si elles n'ont été constatées immédiatement. L'entrepreneur a intérêt à faire vite plutôt que bien. Il a une tendance à réparer les larges flaches et à laisser de côté les petites, parce que le plus long et le plus coûteux c'est l'arrachage du premier pavé. Or, l'autorité d'un simple surveillant n'est pas toujours assez grande pour l'obliger à faire les choses comme il convient.

Aussi a-t-on cherché à remplacer les entrepreneurs par des cantonniers stationnaires, au moins pour les réparations courantes. On leur confie le soufflage des pavés isolés, et les petits repiquages qui peuvent se faire par voie de soufflage. En réunissant deux cantonniers paveurs et leur adjoignant des auxiliaires, on peut même leur faire exécuter les repiquages et ne laisser à l'entreprise que les grands relevés à bout, auxquels les inconvénients signalés ne s'appliquent pas.

Le travail des cantonniers revient plus cher que celui des ouvriers d'entrepreneur, parce qu'il se fait plus lentement, mais il est plus soigné. Il est, en outre, continu et réglé d'après le principe du point à temps. Les dégradations peuvent être saisies dès leur début et réparées immédiatement, sans prendre les proportions qu'un long abandon leur fait atteindre.

Dans quelques services, il y a des ateliers de paveurs en régie, qui fonctionnent comme les ateliers d'entrepreneurs, parcourant de mai en octobre les routes du département. Pendant la mauvaise saison, ils s'occupent à la retaille des vieux pavés et même à l'épinçage d'une certaine quantité de pavés neufs, que l'on approvisionne spécialement à cet objet à l'état brut.

Il y a d'ailleurs toujours sur les routes pavées des cantonniers pour l'entretien des parties accessoires, telles que les accotements et fossés, et des zones empierrées qui existent quelquefois entre la chaussée et l'accotement.

CHAPITRE XII

ENTRETIEN DES PARTIES ACCESSOIRES

SOMMAIRE :

399. Accotements. — Une chaussée ne peut se maintenir en bon état qu'autant qu'on prévient ou répare les dégradations qui peuvent se produire dans les parties accessoires de la route, parmi lesquelles se présentent en premier lieu les accotements.

Lorsque les accotements sont en saillie sur la chaussée, ils ne réclament, pour ainsi dire, aucun entretien. Il faut seulement veiller à ce que les coupures, faites dans ces accotements pour écouler l'eau de la chaussée, ne s'obstruent pas, soient toujours au niveau ou au-dessous des bords de la chaussée et présentent une pente suffisante vers les fossés ou les talus de remblai. On enlève de temps en temps à la pelle les dépôts qui se forment dans ces rigoles, et on rétablit avec soin leur profil. Ces dépôts sont habituellement des sables provenant de l'usure de la route, et sont mis en réserve comme matières d'agrégation pour l'entretien de la chaussée.

Quand les accotements ne sont pas en saillie, ils exigent beaucoup plus de soins.

Pour assurer l'écoulement des eaux de la chaussée, il faut qu'ils se raccordent avec elle, en conservant leur pente transversale ; on est donc obligé de les décaper, lorsque le niveau de la chaussée varie.

Il faut aussi que rien ne gêne l'écoulement de l'eau à leur surface, et, dans les climats humides, l'herbe qui y pousse doit être enlevée à mesure qu'elle se montre.

Enfin, il faut rabattre les ornières et les marques de pas qui se produisent dans l'accotement lorsqu'une voiture y a passé au moment où il est détrempé.

On voit que la mise en saillie des accotements donne lieu à une économie notable dans l'entretien.

400. Fossés. — Les fossés sont quelquefois exposés à se raviner par l'écoulement des eaux d'orage. On les protège par les moyens indiqués au n° 20.

En outre, les fossés s'obstruent par le dépôt des matières entraînées par les eaux qui s'y rendent ; ces dépôts proviennent de la boue de la chaussée ou de la surface des talus de déblai. Le cantonnier rétablit de temps en temps le profil normal des fossés, en se guidant au moyen de cordeaux pour les arêtes et de nivelettes pour les pentes. Les produits de ce curage sont souvent placés sur les accotements qui ont besoin d'être rechargés ou qu'on veut mettre en saillie sur la chaussée. Autrement, ils sont rejetés sur les terres riveraines qui les refusent rarement.

401. Talus et banquettes. — Les talus donnent lieu à peu de travaux courants. On a vu (chap. VI, § 5) que les talus sont exposés à des accidents plus ou moins graves, dont la réparation ne rentre pas dans l'entretien. Les seuls soins que les cantonniers aient à y donner, c'est de veiller à ce qu'il ne s'y forme pas de trous ou de cuvettes où l'eau puisse séjourner, et de boucher ceux qui s'y seraient produits.

L'entretien des banquettes de sûreté dont les talus sont gazonnés consiste à arracher les chardons et autres mauvaises herbes, à tondre l'herbe trop haute, à remplacer les gazons morts ou détruits, à faire disparaître les taupinières, à arroser en été, à maintenir les issues ménagées à l'eau sous les banquettes.

402. Ouvrages d'art. — Il se produit, à la surface des ouvrages d'art, et surtout sur les joints, des mousses et des herbes qu'on enlève en grattant avec un couteau les parties qui en sont infestées.

Les mortiers des joints se dégradent par suite de ces végétations, par les chocs et par les gelées. On achève de vider au moyen d'un crochet les joints dégradés, et on les garnit de mortier neuf.

Il arrive que des pierres se brisent ou s'épaufrent par suite de chocs ou par l'effet de la gelée. On peut quelquefois se contenter de garnir la partie détruite de mortier de ciment. Le plus souvent, il faut enlever la pierre avariée et la remplacer par une neuve ; c'est un travail que les cantonniers sont rarement en état de faire, et qui doit être confié à un entrepreneur.

Enfin, il peut se produire dans les ouvrages des tassements qui en altèrent les formes et compromettent leur existence. Il ne s'agit plus alors d'entretien courant, mais de grosses réparations qui donnent lieu à des études spéciales.

Les peintures des bornes hectométriques ou kilométriques et des tableaux indicateurs doivent être surveillées, et rechampies toutes les fois que les caractères ne s'y lisent plus avec netteté.

408. Plantations. — Les plantations demandent des soins nombreux, surtout pendant les premières années.

La terre qui entoure le pied des arbres doit être rendue meuble par un *binage*, afin que l'air arrive aux racines et que l'humidité y descende mieux ; le binage a lieu deux fois, au printemps et à l'automne, pendant trois ou quatre ans après la plantation, et une seule fois, au printemps, pendant les six ou sept années suivantes. Le binage devient inutile pour les sujets plantés depuis dix ans, et quelquefois auparavant dans les terrains suffisamment humides.

Dans les climats secs, il est indispensable d'arroser les jeunes plants.

On a toujours soin d'ailleurs d'entourer les arbres d'une petite rigole formant cuvette autour de leur pied, où l'on dirige les eaux provenant de la chaussée, qui apportent non seulement la fraîcheur, mais aussi la fertilité.

Tous les ans, vers la fin de février, on procède à l'*échenillage* des arbres, ainsi que des haies et de toutes les plantations

existant sur les dépendances des routes. On enlève au séca-
teur les portions de branches qui portent des bourses, bourro-
lets, anneaux ou autres nids d'insectes. Ces bouts de branches
sont mis en tas et brûlés. Il est bon de renouveler cette recherche au moment de la poussée des feuilles.

Deux fois par an, en mai et en août, on procède à *l'ébour-
geonnement*, qui consiste à couper au ras du tronc les pous-
ses qui se montrent au-dessous de la première couronne de
branches.

A la fin de l'automne ou pendant l'hiver, a lieu la *taille*, qui
a pour objet de supprimer les branches dont la direction ne
serait pas en harmonie avec la forme de l'arbre, de raccourcir
celles qui sont trop longues, de supprimer une des cimes, lorsqu'il s'en manifeste deux, de rendre une flèche à un arbre
étêté en redressant une branche, d'enlever les bois morts ou
viciés.

Enfin de temps en temps, tous les trois ans par exemple,
on fait un *élagage*, qui consiste à enlever la couronne de
branches inférieures, et à supprimer quelques branches dans
les couronnes supérieures où elles seraient trop abondantes et
nuiraient ainsi au développement de la cime.

Les plantations demandent encore divers soins de détail,
qui n'ont pas lieu à une époque déterminée. Ainsi, il arrive
souvent que l'écorce des arbres est meurtrie ; on enlève toute
la partie écorchée, et l'on met à nu le bois, en avivant les
bords de la plaie jusqu'à l'écorce non altérée, puis on couvre
la plaie de terre glaise ou de bouse de vache, maintenue, au
besoin, par une toile, pour éviter la dessiccation. Certains insectes viennent se loger entre le bois et l'écorce et provoquent
ainsi le dépérissement des arbres ; il faut détruire ces insectes quand on les voit circuler, et ne pas hésiter à mettre le
bois à nu en enlevant l'écorce sous laquelle ils sont venus se
placer.

Il faut enfin, dans les plantations nouvelles, redresser les
arbres qui, par le tassement des terres ou l'action du vent, ont
dévié de leur position primitive, remplacer les épines qui auraient disparu, redresser et remplacer au besoin les tuteurs,
rétablir les liens qui se seraient détachés, en un mot ne

négliger aucun des menus soins que réclament les jeunes plants.

Pépinières. — Les arbres qui viennent à périr sur les routes sont remplacés par des arbres nouveaux. Ces arbres sont choisis dans les meilleures pépinières de la contrée; mais ces pépinières sont souvent éloignées, et le transport, à de grandes distances, des sujets alors en petit nombre, donne lieu à des difficultés et à des dépenses excessives.

Dans beaucoup de départements, on a organisé pour cet objet, aux frais de l'État, des pépinières, qui peuvent même au besoin fournir les sujets pour les plantations neuves. On affecte à ces pépinières de petites parcelles de terrain faisant partie du domaine public, qui se trouvent sur le bord des routes et ne sont utilisées ni pour la circulation, ni pour le service. Ces parcelles sont cultivées par les cantonniers à peu de frais, et offrent pour le remplacement des plantations des ressources pour ainsi dire à pied d'œuvre.

On a aussi organisé en quelques points des pépinières spéciales plus importantes, qui sont confiées à des cantonniers en retraite.

CHAPITRE XIII

ÉVALUATION ET RÉPARTITION

DES

DÉPENSES D'ENTRETIEN

---

404. Préliminaires. — L'entretien des routes donne lieu à des dépenses considérables, dont le montant est fixé chaque année par les pouvoirs publics ou locaux.

Les crédits affectés à l'entretien des routes nationales, qui s'élèvent annuellement à environ 30 millions, sont votés en bloc par les Chambres pour l'ensemble du réseau. Le Ministre des travaux publics les répartit entre les départements, et le préfet entre les routes du département.

Pour les routes départementales et les chemins vicinaux, les conseils généraux ou municipaux votent la dépense qui sera faite sur chacun d'eux.

Les crédits sont fixés et répartis sur la proposition des ingénieurs ou des agents-voyers. Ceux-ci ont donc à se rendre un compte exact des besoins des routes qui leur sont confiées.

Cette appréciation est délicate. Il ne s'agit pas simplement d'avoir de bonnes routes en appliquant des sommes illimitées aux méthodes les plus perfectionnées ; il faut employer de la manière la plus utile les fonds limités qui sont affectés à l'entretien.

L'entretien comporte une série de dépenses de diverses natures. Son principal objet est la conservation des chaussées et le maintien de la viabilité à leur surface ; mais on a vu dans les chapitres précédents que les parties accessoires des routes, accotements, fossés, talus, banquettes, ainsi que les ouvrages d'art, les trottoirs, les plantations, réclament aussi des soins qui donnent lieu à des dépenses. Il faut acheter et réparer le matériel confié aux cantonniers et celui qui est nécessaire pour les cylindrages. Enfin, l'administration des services donne lieu à des frais généraux, traitements du personnel, frais de tournée, indemnités et secours, loyers, frais de bureau, etc.

Toutes ces dépenses sont nécessaires, mais elles sont susceptibles d'être plus ou moins développées. Il serait simple, en n'assignant de limites à aucune d'elles, d'avoir toujours de bonnes routes en superbe état ; mais il y aurait luxe et gaspillage de la fortune publique, qui eût trouvé ailleurs un emploi plus utile de ses fonds. Il faut s'arrêter à ce qui est nécessaire pour assurer en tout temps à la circulation des conditions convenables, sans chercher à lui offrir une perfection qui serait payée au-dessus de sa valeur. Les crédits doivent être réglés en conséquence.

Avec un crédit limité, on ne peut développer certaines catégories de dépenses qu'en restreignant les autres. Il faut donc se préoccuper, et c'est là une des grandes difficultés du problème de l'entretien, d'assigner à chaque catégorie de dépense la part qui doit lui revenir pour que toutes concourent au résultat le plus profitable à la société.

Mais, en même temps, l'ingénieur ne doit jamais perdre de vue que les routes qui lui sont confiées constituent un capital, qu'il a mission de conserver intact, mais sans l'augmenter ; c'est le sens précis du mot entretien. Si, par négligence ou par des soins mal répartis, on laisse amoindrir ce capital, la dépréciation qu'il subit, bien qu'elle ne se paye pas sur le fait, n'en constitue pas moins une dépense supplémentaire, qui peut rester occulte pendant quelque temps, mais à laquelle il faudra pourvoir un jour ou l'autre par des réparations extraordinaires. Si, au contraire, la valeur de ce capital s'augmente, par exemple parce qu'on s'est procuré des ressources au-dessus des besoins, les fonds n'ont pas reçu l'application à laquelle ils étaient destinés, et on a emprunté, pour enrichir certaines routes, une partie du fonds commun de l'entretien, aux dépens d'autres routes qui ne sont plus assez dotées et sont exposées à dépérir.

Il y a là un ensemble de considérations très délicates sur lesquelles l'attention ne saurait trop se porter, et qui rendent fort difficiles la préparation des budgets et la répartition des crédits.

405. Dépenses sur les chaussées : Pavages. — La partie d'une route qui est la plus exposée à dépérir est la chaussée ; elle s'use constamment sous le passage des voitures, et il est nécessaire de remplacer les matériaux usés par une quantité équivalente de matériaux neufs.

Les chaussées pavées, dont on va s'occuper d'abord, ne sont pas dans les mêmes conditions sous ce rapport que les chaussées empierrées. C'est surtout par l'altération de la forme des pavés qu'elles se détériorent. Le capital qu'elles représentent se conserve pour ainsi dire indéfiniment en quantité, mais il perd de sa qualité peu à peu, et il arrive un moment où cette qualité est devenue tellement mauvaise qu'il faut renouveler le pavage et débourser alors un capital nouveau.

Les besoins d'une chaussée pavée sont donc irréguliers. Chaque année, il faut faire de petites réparations au moyen des soufflages et des repiquages, et assurer les soins de propreté ; il y a là une dépense constante, qui dépend un peu de l'intensité de la circulation, mais surtout de la nature du sous-sol et de la qualité primitive de la chaussée, au point de vue du choix et de l'homogénéité des pavés et du sable, et de la correction de la pose. Puis, à des intervalles plus ou moins éloignés, il faut démonter la chaussée par un relevé à bout, et la refaire, généralement en matériaux neufs.

L'entretien courant donne lieu à une dépense annuelle qui varie peu et sur laquelle on est fixé d'avance. Il suffit donc de porter au budget la moyenne de la dépense constatée dans les années précédentes.

Quant aux relevés à bout, entraînant la fourniture de matériaux neufs, on peut les échelonner sur le réseau à entretenir, de façon à ce qu'ils constituent une charge annuelle régulière. Il suffit de diviser le réseau en autant de sections qu'il y a d'années dans la période qui sépare deux relevés à bout consécutifs sur le même point. Si, par exemple, les pavages doivent durer en moyenne 30 ans, on refera chaque année $1/30^e$ environ de la longueur du réseau.

On arrive ainsi à fixer la somme à peu près invariable qui est annuellement nécessaire pour l'entretien des chaussées pavées.

Il est à remarquer que les besoins de ces chaussées ne sont pas absolus. S'il est difficile de faire des économies sur les soufflages et les repiquages annuels, il n'en est pas de même des relevés à bout. On peut les espacer davantage, sauf à laisser plus longtemps la circulation se faire dans des conditions médiocres. Le budget des pavages est donc susceptible d'une certaine élasticité, mais il ne peut être réduit qu'aux dépens des intérêts de la circulation.

408. Empierrements ; usure et consommation. — Les chaussées empierrées se détruisent par l'émiettement et la disparition progressive de leur substance, qui doit être constamment renouvelée.

L'*usure* est le volume de chaussée qui disparaît. La *consommation* est la quantité de matériaux neufs qui corrrespond à l'usure. La consommation s'évalue en mètres cubes de matériaux mesurés en tas, avec les vides que les tas comportent. On a vu que, par suite de la compression obtenue par le cylindrage ou produite par le passage des voitures, il se produit dans les chaussées un tassement, en sorte que le mètre cube de matériaux ne produit guère que de $0^{mc},75$ à $0^{mc},80$ de chaussée compacte.

L'usure provient principalement du passage des voitures ; elle provient aussi des intempéries et d'autres causes accessoires de dégradation ; elle est plus ou moins rapide, selon les circonstances. Les principales influences qui la font varier peuvent se résumer ainsi :

Intensité et nature de la circulation. — Il est évident que l'usure se produit d'autant plus vite qu'il passe plus de voitures. L'action des voitures varie d'ailleurs suivant le poids de leur chargement et suivant leur allure, leur mode de construction ou d'attelage, etc.

Qualité des matériaux. — Les matériaux tendres se détruisent plus vite que des matériaux plus durs.

Climat. — Dans les régions humides, les chaussées ont tendance à se ramollir ; elles se désagrègent sous les climats secs. Certaines espèces de matériaux résistent mieux à l'action de la sécheresse, d'autres à l'action de l'humidité.

Intempéries. — Les fortes pluies détrempent les chaussées et les ravinent ; les vents violents les dépouillent de leurs menus grains.

Déclivités. — Sur les fortes pentes, l'effet de ravinement des fortes pluies s'exagère ; souvent aussi les voitures qui les descendent serrent le frein jusqu'à l'enrayage et les roues glissent au lieu de tourner.

Méthodes d'entretien. — Le déchet de mise en œuvre des matériaux n'est pas le même selon qu'on les emploie en pièces partielles ou par rechargements généraux cylindrés. Les soins de l'entretien font varier la conson_ation, suivant que le cantonnier sait plus ou moins bien maintenir l'uni de la surface de la chaussée, balayer avec précaution, recueillir les matériaux dispersés, assurer la liaison des emplois par le pilonnage.

L'ingénieur n'est pas libre d'atténuer certaines influences, comme la fréquentation et la déclivité du profil en long. Il peut au contraire exercer une action efficace sur certains autres, comme le choix des matériaux, le mode d'emploi, les soins donnés à l'entretien.

La consommation, dans des circonstances données, peut donc varier entre certaines limites, et la consommation *effective* qui se réalise peut différer de la consommation *normale* qui se produirait si l'ingénieur avait combattu toutes les causes d'usure dans les limites du possible, eu égard aux crédits dont il dispose.

D'un autre côté, la consommation varie quand les circonstances changent, notamment lorsque la fréquentation de la route augmente ou diminue, ou lorsqu'on a recours à des matériaux de qualité nouvelle.

407. Influence de la fréquentation. — Quand la fréquentation varie, la consommation varie dans le même sens.

On admet généralement que, toutes choses égales d'ailleurs, la consommation est proportionnelle à la fréquentation, en sorte que, si l'on représente la première par C et la seconde par F, on aurait la loi C=aF, a étant une constante.

Cette loi a été souvent contestée. On a fait remarquer avec raison qu'il y a dans la consommation une partie indépendante de la circulation, celle par exemple qui est due aux intempéries. Il faudrait donc ajouter une constante au terme proportionnel et poser $C = aF + b$. Le rapport $\dfrac{C}{F}$, serait alors égal à $a + \dfrac{b}{F}$, et irait en augmentant à mesure que F serait plus petit et b plus grand. Cette considération est fondée, mais elle n'a de valeur notable que dans certaines régions montagneuses, où se réalisent les deux conditions que b soit grand et F petit.

D'autres, au contraire, et parmi eux des auteurs éminents, ont soutenu que la consommation croissait plus vite que la circulation, sans d'ailleurs indiquer suivant quelle loi. Cette remarque a été faite surtout sur des routes très fréquentées, et à une époque où l'entretien se faisait par la méthode des emplois partiels. Il est à présumer que, dans ce cas, les comparaisons n'avaient pas lieu toutes choses égales d'ailleurs, et que les matériaux, répandus à foison sur des chaussées où les voitures se suivaient sans discontinuité, n'étaient pas l'objet des mêmes soins que sur les routes à circulation moyenne.

Quoi qu'il en soit, la question n'a pas une grande importance pratique. Il s'agit seulement de savoir comment la consommation varie quand la fréquentation varie, et on s'éloigne certainement peu de la vérité en admettant que la différence des consommations est proportionnelle à la différence des fréquentations. Si, par exemple, on appliquait la loi ci-dessus : $C = aF + b$, et que la fréquentation devînt F', en sorte qu'on eût $C' = aF' + b$, on trouverait rigoureusement $\dfrac{C - C'}{F - F'} = a$.

408. Unité de fréquentation. — Quelle que soit la loi adoptée, elle n'a de sens qu'autant que la fréquentation est exprimée numériquement, et que ses éléments sont rapportés à une même unité.

Or, la circulation sur les routes est hétérogène. Il y passe des voitures lourdement chargées, marchant au pas : ce sont les voitures de roulage et d'agriculture. D'autres, lourdes aussi, sont conduites au trot : ce sont les voitures de messagerie, les diligences, les omnibus. Les voitures au pas peuvent être légères, lorsqu'elles vont ou reviennent à vide. Les calèches, tilburys, carrioles, sont des voitures légères qui circulent au trot. Les voitures peuvent avoir 2 ou 4 roues, être suspendues ou non, avoir des jantes larges ou étroites, être attelées d'un ou de plusieurs chevaux. La traction peut être faite par des chevaux, des mulets, des bœufs, des ânes ; elle peut se faire sur des rails ; elle peut être mécanique. Il y a enfin des cavaliers, des piétons, des bêtes de somme, des bestiaux et du menu bétail allant au marché ou au pâturage.

Tout cela use les chaussées, mais dans des proportions très différentes. Pour exprimer la fréquentation par un nombre, il faut rapporter chaque élément de la circulation à une même unité. Deux unités sont en usage, le *tonnage* et le *collier*.

Le tonnage est le poids des objets. Cette unité est la plus rationnelle, car il est assez plausible d'admettre qu'il y a un rapport assez constant entre le poids des matériaux usés et celui des choses qui produisent l'usure. Mais le tonnage est très difficile à constater ; on ne peut peser tout ce qui circule sur les routes, et l'on est réduit à se baser sur des hypothèses qui ôtent aux nombres énoncés toute valeur authentique.

Le collier est un cheval de trait attelé. Il est facile de compter le nombre de chevaux attelés qui ont passé. Mais tous les colliers n'usent pas autant. les uns que les autres, et l'usure est due en partie à des animaux qui ne sont pas des colliers. Pour en tenir compte, on constate tout ce qui passe, mais en le classant en plusieurs catégories, dans chacune desquelles on porte ce qui doit produire une usure à peu près égale; puis on affecte chaque catégorie d'un coefficient en rapport avec le degré probable de l'usure produite par chacune des unités de cette catégorie. Ainsi, on met ensemble toutes les grosses voitures chargées marchant au pas ; une autre catégorie comprend les mêmes voitures quand elles sont vides, et on ne les compte plus que pour moitié, etc. On se base surtout, dans cette classification, sur les poids présumés, et cette méthode se rattache de cette manière à celle du tonnage. La somme des nombres portés dans les diverses catégories après qu'elles ont été affectées de leurs coefficients, donne le nombre *réduit* des colliers, et se désigne souvent sous le nom de *fréquentation réduite*. C'est cette fréquentation réduite qui a été représentée par F au n° 407, et qui est habituellement supposée proportionnelle à la consommation.

409. Recensements de la circulation. — La fréquentation se détermine au moyen de recensements qui, sur les routes nationales, se renouvellent tous les six ans. On installe des observateurs chargés de noter les colliers qui passent sur des points où la circulation est moyenne par rapport à la section de route où ils se trouvent. La meilleure division est celle où les sections ont pour limites des chemins affluents; entre deux de ces chemins, la circulation ne varie pas beaucoup. On met un poste d'observation vers le milieu de la section, et on applique à la section entière les résultats constatés au poste central unique.

Le choix de ces postes est délicat; il est souvent difficile de savoir le point de chaque section où la circulation doit être constatée. Il y a une tendance instinctive à choisir des points où la fréquentation est plus grande que la moyenne, afin de faire ressortir l'importance de la route, et il faut une certaine énergie de conscience pour réagir contre cette tendance. La réaction peut d'un autre côté être exagérée, et alors on fait les observations en des points qui donnent moins que la moyenne.

Les résultats sont d'autant plus exacts que les postes sont plus nombreux; mais, sous peine d'une dépense excessive, on ne peut les multiplier outre mesure. Il convient de les rapprocher quand la circulation est active et irrégulière, comme à l'intérieur ou aux abords des villes et à proximité des gares; en rase campagne, les sections peuvent être plus longues.

Dans le dernier recensement de la circulation sur les routes nationales dont les résultats ont été publiés, celui de 1888, les postes d'observation étaient distants, en moyenne, de 7^k,24.

Le recensement dure, chaque fois, pendant une année. Mais on n'observe pas tous les jours ; ce serait beaucoup trop coûteux. D'après les règles actuelles, les comptages sont espacés à des intervalles de 13 jours, de façon a en obtenir 7 par trimestre et 28 dans l'année. On fait ainsi varier chaque fois le jour de la semaine, afin de faire disparaître, dans la moyenne, les influences dues aux habitudes locales, telles que les marchés réguliers et le repos ou les déplacements du dimanche.

Le relevé est confié à des cantonniers consciencieux et instruits, qui sont à cet effet munis d'une feuille de pointage partagée en colonnes et en cases, où ils piquent un trou d'épingle chaque fois qu'une voiture passe.

La journée de comptage commence à 6 heures du matin en hiver et à 5 heures en été ; elle se termine à 9 heures du soir. Pour connaître la circulation de nuit, on fait des comptages spéciaux, qui, sur un grand nombre de routes peu fréquentées la nuit, n'ont lieu que plus rarement, par exemple une ou deux fois par saison.

On fait la moyenne de toutes les observations de jour et la moyenne des observations de nuit, et on admet que la somme de ces deux moyennes représente la circulation quotidienne au point considéré.

Les colliers sont divisés en plusieurs catégories, ainsi qu'il a été expliqué au n° 408. Le classement demande, de la part des observateurs, une grande attention et beaucoup de discernement, et il serait mal fait s'il était trop compliqué. Aussi le simplifie-t-on le plus possible. Les voitures sont rangées dans trois catégories, savoir : 1° Les voitures chargées de produits et de marchandises de toute nature ; 2° les voitures publiques de transport pour voyageurs, chargées ou vides ; 3° les voitures vides et les voitures particulières pour voyageurs. Malgré cette simplification, bien des observateurs se trouvent encore dans l'embarras, surtout pour discerner si une voiture dont la charge est incomplète doit être comptée comme chargée ou comme vide.

Des colonnes spéciales sont affectées sur la feuille de pointage à chaque catégorie de voitures, et d'autres cases sont réservées pour le recensement des cavaliers, des bêtes de somme et des bestiaux.

En même temps qu'on relève le nombre des colliers, on se rend compte, le mieux que l'on peut, des charges brutes et utiles traînées par chaque catégorie de colliers. En les appliquant aux nombres trouvés par le comptage, on a une idée du tonnage, c'est-à-dire des poids qui circulent sur les routes. La détermination de ces charges est délicate, et les résultats qu'on en déduit quelque peu incertains. Mais le tonnage est constaté dans un intérêt de statistique générale plutôt qu'en vue de l'entretien des routes.

410. Résultats du recensement de 1888. — Le recensement de 1888, outre les trois catégories de voitures indiquées ci-dessus, comprend deux catégories d'animaux, l'une pour les bêtes de selle ou de somme et le gros bétail, comme les bœufs, l'autre pour le menu bétail, moutons, chèvres, porcs.

Voici les résultats généraux de ce recensement pour l'ensemble des routes nationales de la France :

On a trouvé qu'il y a passé chaque jour en moyenne :

1° Colliers attelés. 1re catégorie. Voitures chargées. . 109,2
    —   2e catégorie. Voitures publiques. 13,7
    —   3e catégorie. Voitures vides ou
                      particulières. 117,6
                        Total. . . 240,5

2° Bêtes non attelées 42,3
3° Têtes de menu bétail 87,3

Pour ramener ces nombres à une même unité, au point de vue de l'usure des routes, on a adopté les coefficients suivants :

Le collier attelé à une voiture chargée ou à une voiture publique a été pris pour unité. Les colliers attelés aux voitures vides et aux voitures particulières ont été comptés pour moitié de leur nombre. Une bête non attelée a été estimée comme équivalant à un cinquième de collier ; une tête de menu bétail, à un trentième.

La circulation réduite calculée sur ces bases se trouve ainsi, en moyenne générale pour l'ensemble de la France, ramenée à :

1° Colliers attelés. 1ʳᵉ catégorie. Voitures chargées. . 109,2
— 2° catégorie. Voitures publiques. 13,7
— 3° catégorie. Voitures vides ou particulières 58,8
2° Bêtes non attelées 8,4
3° Têtes de menu bétail. 2,9
                                    Total. . . . 193,0

Le poids brut traîné par un collier a été évalué en moyenne à 1 tonne, 48 par collier de voiture chargée ; 0 tonne, 95 par collier de voiture publique ; 0 tonne, 49 par collier de voiture vide ou particulière.

Les poids utiles correspondants, non compris les personnes transportées, ont été évalués à 0 tonne, 80 par collier de voiture chargée ; 0 tonne, 15 par collier de voiture publique ; et négligés comme insignifiants pour les voitures vides ou particulières.

Les tonnages qui en résultent sont les suivants :

Tonnage quotidien :

A distance entières : brut, 250 tonnes ; utile, 125 tonnes.
Tonnage kilométrique : brut, 9.400.000 tonnes ; utile, 4.700.000.

Tonnage annuel :

A distance entière : brut, 78.500 tonnes ; utile, 39.400.

Tonnage kilométrique : brut, 3.400.000.000 de tonnes ; utile, 1.700.000.000.

111. Influence de la qualité des matériaux. — L'usure des chaussées varie avec la qualité des matériaux ; elle est d'autant plus rapide qu'ils sont plus friables et plus tendres.

La qualité peut s'envisager à divers points de vue. Le seul point de vue dont on ait à s'occuper, quand il s'agit de la consommation, c'est la rapidité plus ou moins grande avec laquelle les matériaux s'usent dans les circonstances où ils sont employés.

Le mot *qualité* est une expression abstraite, qui ne peut se représenter numériquement qu'à l'aide d'une convention. Cette convention consiste à admettre que, en ce qui concerne la rapidité de l'usure, la qualité est en raison inverse de la consommation. Ainsi, lorsque certains matériaux, mis sur une chaussée déterminée, s'usent deux fois plus vite que d'autres matériaux, on dit que leur qualité est deux fois moindre.

La qualité peut s'exprimer par un coefficient ou un nombre rapporté à une échelle conventionnelle. L'échelle adoptée est celle de 0 à 20. On a remarqué qu'il y a bien peu de chaussées, quelle que soit la supériorité des matériaux employés, où la consommation annuelle reste au-dessous de 15 mètres cubes par kilomètre pour une circulation réduite de 100 colliers. On attribue le coefficient maximum à ces matériaux, et ce maximum est fixé au nombre 20. Si d'autres matériaux donnent lieu à une consommation C par kilomètre et par 100 colliers, on admet que, par définition, la qualité q de ces matériaux est donnée par la proportion $q : 20 : : 15 : C$,

et que la qualité a un coefficient $q = \dfrac{300}{C}$.

La loi de la proportionnalité inverse de la qualité à la consommation a été contestée. On a remarqué que des matériaux identiques ne s'usaient pas autant ici que là. Si la loi n'a pas à être discutée pour des matériaux employés au même point, puisqu'il s'agit d'une simple définition, il est certain que les mêmes matériaux n'ont pas les mêmes propriétés suivant les circonstances où il sont employés. Les grès qui donnent d'excellents résultats en Normandie seraient détestables en Provence; des meulières bonnes sur des routes peu fréquentées ont donné de médiocres résultats dans certaines rues de Paris; il y a des calcaires qui réussissent bien en rechargements cylindrés et non en emplois partiels. La qualité au point de vue de la consommation n'est donc pas une propriété absolue, intrinsèque, comme la densité ou la couleur : elle est essentiellement relative.

Il ne serait donc pas permis de dire que, sur deux sections de route différentes, la consommation est en raison inverse de la qualité, s'il n'était bien entendu que, dans l'évaluation du coefficient de qualité, il est tenu compte des circonstances variables de l'emploi, de façon à satisfaire le mieux possible à cette condition.

112. Détermination des coefficients de qualité. — D'après ce qui précède, le coefficient de qualité d'une espèce de matériaux ne peut être exactement fixé que si l'on connaît la consommation et la circulation sur le point où il sont employés. Lorsqu'il s'agit de matériaux d'espèce nouvelle ou à l'égard desquels on ne possède pas de données suffisantes, on peut essayer d'en déterminer la valeur par une expérience.

La méthode qui se présente le plus naturellement à l'esprit, et qui a été mise en pratique dans tous les départements en 1879, consiste à construire une certaine longueur de chaussée avec les matériaux à essayer, et à observer avec soin la circulation qui se produit en cet endroit. De temps à autre, on mesure l'usure qui s'est produite, par un des procédés qui sont indiqués plus loin. On peut se procurer ainsi l'élément C et calculer $q = \dfrac{300}{C}$.

Ces expériences n'ont pas réussi. Appliquées à des matériaux de qualité connue, elles ont fourni presque partout des résultats en désaccord avec les faits acquis par la pratique. Cet insuccès est dû à diverses causes, parmi lesquelles il faut placer en première ligne la difficulté de mesurer l'usure, l'erreur dans les procédés employés étant du même ordre que la quantité à mesurer. Dans beaucoup de départements, d'autre part, on a reculé devant la dépense de comptages spéciaux et on a admis la circulation donnée par les comptages généraux effectués à une époque antérieure. Enfin, il faut observer que ce n'est pas en deux ou trois ans, mais après un délai bien plus long, qu'on pourrait espérer tirer quelques conclusions de ce genre d'essais, car une chaussée neuve ne se trouve pas dans les mêmes conditions qu'une chaussée ancienne ; elle ne renferme que des matériaux entiers et de la matière d'agrégation, tandis que plus tard elle aura des parties de toutes grosseurs. Ce n'est qu'après sa transformation qu'il est réellement possible d'en observer l'usure normale, et non dans la période de transition, qui peut durer plusieurs années.

Ces expériences demanderaient, pour être bien faites, un temps relativement considérable au personnel chargé de les suivre, et il est à craindre qu'elles ne puissent pas être suffisamment surveillées. Aussi, avait-on eu la pensée de faire apporter les matériaux à essayer sur des sections à proximité de la résidence des ingénieurs eux-mêmes ; mais alors les matériaux ne se trouvent nullement dans les conditions ordinaires de leur emploi, et le principe même de la méthode est en défaut.

On a essayé d'obtenir la qualité des matériaux plus rapidement et à moins de frais par des essais de laboratoire. Mais l'usure sur les routes se produit par des causes complexes, et le laboratoire ne peut que tâcher d'en dégager quelques-unes, sans assigner la proportion dans laquelle chacune d'elles produit son effet.

Les trois principales causes de destruction des matériaux sont leur écrasement sous la pression des roues, leur usure par le frottement, et leur rupture sous les chocs que produisent les pieds des chevaux ou la chute des roues qui tombent après avoir surmonté une aspérité.

La résistance à l'écrasement se constate de la manière suivante : De petits cubes découpés dans la pierre sont dressés parfaitement, puis placés entre les plateaux d'une presse hydraulique ou de tout autre appareil pouvant fournir de fortes pressions ; on note la charge sous laquelle les cubes se rompent, et on calcule leur résistance à l'écrasement par centimètre carré, en divisant la charge par la surface portante.

On peu mesurer la résistance à l'usure, en appliquant un cube semblable sur une meule qui tourne, et mesurant le poids de matière qui a disparu après un nombre déterminé de tours. Si l'on a soin d'employer des cubes de même dimension toujours également pressés, et d'arrêter l'essai après le même nombre de tours de la meule tournant avec la même vitesse, les résultats obtenus fournissent une échelle du degré de résistance des pierres à l'usure.

Ces essais sont coûteux, car la taille de matériaux aussi durs que ceux qu'on emploie sur les routes est difficile. Aussi ne peut-on opérer que sur un très petit nombre d'échantillons, qui souvent ne représentent pas la moyenne des pierres de la même origine, si elles ne sont pas parfaitement homogènes.

On peut opérer à la fois sur un grand nombre de pierres cassées, sans prendre la peine de les tailler, en se servant de l'appareil imaginé par M. Deval, conducteur des ponts et

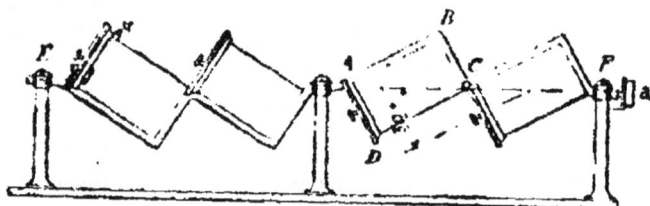

Fig. 219.

chaussées (fig. 219). Cet appareil donne à la fois l'usure des pierres par frottement et celle qui résulte des chocs modérés. Il se compose essentiellement de caisses cylindriques ABCD adaptées à une arbre EF, autour duquel elles tournent ; l'axe de chaque cylindre est oblique par rapport à l'axe de rotation. On enferme dans chacune des caisses, dont un des fonds est mobile, un poids donné de matériaux cassés, puis on fait tourner. Dans ce mouvement, les pierres roulent les unes sur les autres et s'usent par frottement. En même temps, le centre de gravité étant constamment déplacé, elles tombent les unes sur les autres et s'entrechoquent. Si l'on a soin de mettre dans la caisse toujours la même quantité de matériaux et de faire faire à l'appareil le même nombre de tours avec la même vitesse, les usures sont comparables. On les constate en recueillant et pesant la poussière formée.

Des essais nombreux ont été faits avec cet appareil au laboratoire de l'école des ponts et chaussées. On mettait chaque fois 5 kil. de matériaux dans le cylindre, et on lui faisait faire 10.000 tours en 5 heures. La machine employée, que représente la figure ci-dessus, porte huit caisses semblables, montées sur deux arbres qu'un petit moteur d'un cheval-vapeur fait tourner simultanément. On peut donc essayer huit échantillons de pierres à la fois.

Les résultats obtenus ainsi sont toutefois entachés d'assez nombreuses erreurs. Le frottement n'a lieu qu'à la surface des pierres ; or, il y a quelquefois au pourtour une croûte qui n'est pas de même qualité que le cœur, et on obtient alors, non la résistance des matériaux eux-mêmes, mais seulement celle de la croûte. En outre, l'usure des pierres cassées se fait dans l'appareil par les angles surtout ; en sorte que si elles sont arrondies ou si leurs angles sont préalablement émoussés, le résultat n'est plus du tout le même qu'avec des angles vifs. Ce procédé ne donne absolument rien avec les cailloux roulés, tels que ceux qu'on extrait du lit des rivières.

En somme, les essais de laboratoire ne fournissent pas de résultats bien précis. Ils peuvent toutefois rendre des services sérieux pour le classement provisoire de matériaux non encore connus, et surtout pour comparer entre elles les qualités de matériaux de même nature.

Il est à remarquer que ces essais de laboratoire ne tiennent aucun compte des circonstances de l'emploi, et s'écartent, encore plus que les essais directs sur route, des principes suivant lesquels doit s'évaluer la qualité.

Le plus souvent, quand il s'agit de matériaux pour lesquels la consommation par kilomètre et par 100 colliers n'est pas connue, comme lorsqu'on a recours à des carrières nouvelles, les ingénieurs en fixent provisoirement la qualité d'après leur estime personnelle, corroborée au besoin à l'aide de quelques essais de laboratoire, par comparaison avec d'autres matériaux bien déterminés ; s'ils ont de la pratique et du coup d'œil, ils ne se trompent pas beaucoup, et l'avenir est là pour rectifier leur appréciation, s'il y a lieu.

413. Mesure de l'usure des chaussées. — On a proposé diverses méthodes pour déterminer l'usure des chaussées. L'une des plus répandues consiste à lever de temps à autre un profil en travers de la chaussée au point voulu, et de rapporter ce profil à un repère de niveau bien fixe. On voit ainsi quelle est la variation de la section de la chaussée, et par suite du volume correspondant.

On peut abréger le lever des profils en se servant de l'appareil imaginé par M. Mary (fig. 220). Il consiste en une règle en bois bien dressée, un peu plus longue que la moitié de la largeur de la route. Cette règle est portée à une de ses extrémités par un pied *a* que l'on fait reposer sur une borne préalablement scellée dans l'accotement. L'autre extrémité est soutenue par une tige filetée *d* qui porte sur l'axe de la chaussée.

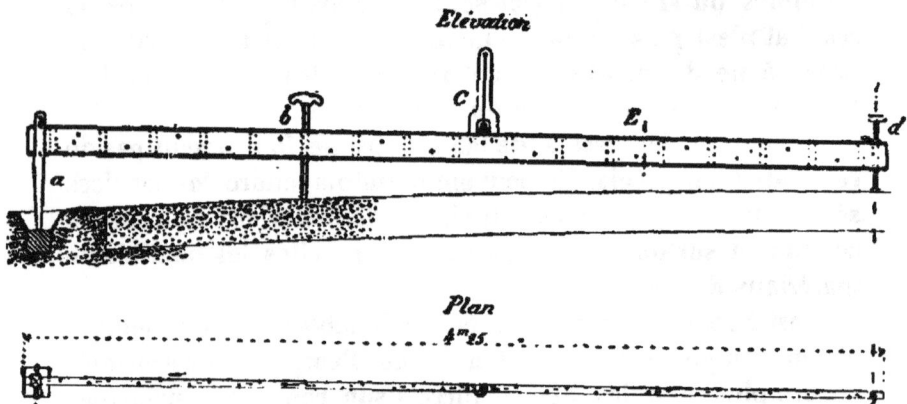

Élévation

Plan
4ᵐ25

Fig. 220

Un fil à plomb *c*, ou tout autre système de niveau, permet de vérifier si la règle est horizontale. Si elle ne l'est pas, on la rend horizontale en manœuvrant la vis *d*. A des intervalles égaux, de 0ᵐ25 par exemple, la règle est percée d'une ouverture destinée au passage d'une réglette divisée, habituellement en cuivre. La face supérieure sert de lignes d'abscisses, et les divisions de la réglette lues en *b* donnent les ordonnées.

Une autre méthode grossière a été proposée ; elle consiste à mesurer le volume des détritus que l'on enlève par l'ébouage et l'époudrement. Mais elle donne des résultats complètement incertains, car il est impossible de recueillir tous les détritus, notamment lorsqu'il y a eu de la pluie et du vent, et les détritus ne proviennent pas toujours de la chaussée, ayant pu être amenés, par les roues, des accotements ou des chemins voisins.

Le plus souvent, l'usure se constate par la comparaison de la richesse de la chaussée à diverses époques. Cette richesse se détermine par une opération que l'on appelle *sondage*.

414. Sondages. — Les sondages ont pour objet de connaître le volume des chaussées en mesurant leurs trois dimensions, longueur, largeur et épaisseur.

La longueur des routes est connue par le kilométrage (n° 346).

La largeur se mesure à la surface. Elle n'est pas toujours facile à constater, sauf lorsqu'elle est limitée par des trottoirs, par des caniveaux pavés ou par des accotements en saillie ; dans la plupart des cas, il faut chercher la ligne qui sépare les accotements de la chaussée, et cette ligne est rarement bien apparente. Pour la trouver, on fait dans l'accotement une petite fouille de 0 m. 15 à 0 m. 20 de profondeur, et on pousse latéralement cette fouille vers la chaussée jusqu'à ce qu'on rencontre la couche de pierre.

Quant à l'épaisseur, elle se mesure dans la coupe verticale de rigoles que l'on creuse dans la chaussée transversalement à son axe. Comme elle n'est pas bien régulière, on prend dans la coupe plusieurs mesures dont on fait la moyenne.

Quand il s'agit d'étudier, non un seul point, mais une route ou un réseau de routes, la mesure des largeurs et celle des épaisseurs se fait à des intervalles plus ou moins espacés, suivant qu'on veut plus ou moins d'exactitude. D'après les règles actuellement suivies pour les routes nationales, l'intervalle entre deux sondages consécutifs est de 200 mètres, en sorte que le volume correspondant à chacun d'eux est le produit par 200 de la section résultant de la largeur et de l'épaisseur moyenne.

Pour ne pas interrompre la circulation, les coupures ne sont pas pratiquées sur toute la largeur de la chaussée, mais seulement à partir de l'axe, alternativement à droite et à gauche. On admet que la section totale est le double de celle que l'on a obtenue sur la moitié de la largeur.

On profite de cette opération pour déterminer la richesse et la qualité de la chaussée. Une chaussée en service n'a plus la même composition qu'à son origine, où il n'y avait que de la pierre cassée neuve et de la matière d'agrégation. On y trouve des matériaux de toute dimension, depuis les pierres restées entières jusqu'à la fine poussière. Si un peu de détritus est nécessaire pour assurer la liaison des matériaux, il nuit à la solidité de la chaussée quand il est en excès, et d'autre part sa valeur est à peu près nulle et ne concourt pas à la richesse de la chaussée ; il y a donc intérêt à en déterminer la proportion.

Pour connaître la composition de la chaussée, on sépare les fouilles provenant des coupures en lots de diverses grosseurs ; à cet effet on les jette successivement sur des claies dont les jours sont de largeur variable. Il conviendrait de faire cinq ou six lots ; mais, par économie, on se contente souvent, ainsi que cela a eu lieu lors des sondages généraux exécutés en 1891 dans les chaussées des routes nationales, de diviser la fouille en deux lots comprenant, l'un la pierre ne passant pas par les mailles d'une claie à jours de $0^m,02$, l'autre la pierraille et le détritus traversant ces jours.

Chacun des lots est mesuré à l'aide d'une caisse sans fond (n° 255). Comme la fouille et le triage produisent un foisonnement, la somme des volumes des lots est plus grande que le volume de la fouille elle-même.

La proportion relative des divers lots détermine la composition de la chaussée.

Pour connaître sa richesse absolue, il faut évaluer le volume de la coupure en mesurant sa largeur en outre de la longueur et de l'épaisseur, afin d'y rapporter le volume de l'un des lots, de la pierre entière par exemple. Dans les sondages de 1891, les coupures avaient $0^m,50$ de largeur.

Dans l'étude de la constitution d'une chaussée, il est assez difficile de pousser très exactement la fouille jusqu'au fond de l'encaissement sans le dépasser, et il est à craindre que parfois des terres ameublies s'ajoutent au volume du détritus réel et en exagèrent la proportion.

Les sondages sont une opération délicate, et les résultats n'en sont souvent qu'approximatifs. Si le doute sur la largeur de la chaussée est assez limité, il n'en est pas de même pour l'épaisseur ; l'erreur à craindre sur la mesure est souvent une fraction notable de la grandeur à mesurer. En effet, les chaussées n'ont qu'une épaisseur variant de $0^m,05$ à $0^m,25$, et dans bien des cas l'erreur peut atteindre et dépasser un ou deux centimètres, le fond de l'encaissement ne présentant pas une ligne de démarcation bien définie, soit que la chaussée soit posée sur une fondation du système Trésaguet en blocages irréguliers (nº 245), soit que le sous-sol soit caillouteux, soit qu'une partie des pierres se soient enfoncées dans la terre. On rencontre aussi quelquefois, sous la couche de matériaux formant la chaussée proprement dite, une couche de matériaux d'autre nature, cailloux roulés, mêlés ou non de sable, pierres calcaires grossièrement concassées, qui ont été mis là comme un matelas entre la chaussée et le sous-sol ; suivant l'idée qu'ils s'en font, les uns comptent cette épaisseur dans celle de la chaussée, les autres estiment que c'est une fondation et qu'elle doit rester en dehors.

L'erreur sur la mesure des épaisseurs étant de celles qu'on appelle fortuites, l'erreur sur la moyenne des résultats est d'autant moindre que les observations sont plus nombreuses. Les moyennes obtenues sur un réseau de quelque étendue, comme celui d'un département, où se font plusieurs milliers de sondages, doivent déjà se rapprocher de la vérité. Pour l'ensemble de la France, on peut admettre que les erreurs sont absolument compensées.

Les sondages généraux faits dans les chaussées des routes nationales en 1891 ont donné lieu à environ 175.000 coupures, et l'épaisseur des chaussées s'est trouvée mesurée sur 525.000 points. Les moyennes obtenues, qui peuvent donc être considérées comme rigoureusement exactes, sont les suivantes :

Largeur moyenne des chaussées. .   5^m,29

Épaisseur   —   —   . .   0^m,131

Section moyenne (ou volume par mètre courant). . . . .   0^{mq},693

Longueur totale des routes em-pierrées . . . .•. . .   35.294 kilomètres

Surface totale des chaussées . . . .   18.654 hectares

Volume total   —   . . . 24.462.500 mètres cub.

Les épaisseurs se répartissent d'ailleurs comme il suit sur la longueur totale :

Long. sur laquelle la chaussée a moins de 0^m,05 d'épais. 11 0/0

    —   —   de 0^m,05 à 0^m,10   —   31

    —   —   de 0^m,10 à 0^m,15   —   27

    —   —   de 0^m,15 à 0^m,20   —   17

    —   —   de 0^m,20 à 0^m,30   —   11

    —   —   plus de 0^m,30   —   3

                                                    100

Un mètre cube de chaussée compacte a fourni, après démontage, 1^{mc},39 de fouilles ainsi réparties :

Pierre de plus de 0^m,02 . . . .   0^{mc},58

Détritus et pierraille de moins de 0^{m}02 . . . . . .   0^{mc},81

Le rapport du détritus à la pierre est donc $\dfrac{81}{58} = 1,40$;

mais ce résultat est évidemment exagéré, parce que la pioche qui fait le sondage casse et émiette une partie des matériaux, et il est difficile de ne pas entamer un peu le sous-sol au fond des coupures.

415. Détermination de l'usure par les sondages. — L'usure d'une chaussée peut se déterminer par la comparaison des résultats de deux sondages faits à un intervalle déterminé, si l'on a soin de noter le volume des matériaux que l'on y a incorporés par l'entretien. Soit V le volume de la chaussée lors du premier sondage, E le volume de chaussée compacte qu'ont formé les matériaux d'entretien, et V' le volume trouvé lors du second sondage. S'il n'y avait pas eu d'usure, le volume lors du second sondage devrait être égal à V + E. L'usure ayant réduit ce volume à V', elle est égale à la différence, et, en la désignant par U, on a $U = V + E - V'$.

Si l'on veut calculer l'usure moyenne annuelle u, il faut diviser U par le nombre n d'années qui se sont écoulées entre les deux sondages, et $u = \dfrac{V + E - V'}{n}$.

Il est à remarquer que la chaussée a pu gagner au lieu de perdre et que V' peut être $> V$, si les matériaux d'entretien ont été mis en excès.

Cette méthode ne donne encore malheureusement que des résultats assez incertains. D'une part, la différence entre V et V', sur une route convenablement entretenue, est assez faible, et sa grandeur est de même ordre que l'incertitude des mesures prises dans les sondages. D'autre part, si l'on peut savoir très exactement le volume des matériaux incorporés à la chaussée par l'entretien, on ne connaît qu'imparfaitement le volume E de chaussée compacte qu'ils ont formé. Le rapport de ces deux volumes n'est pas bien déterminé, et il faut le choisir arbitrairement, en se fiant à l'hypothèse habituellement admise qu'un mètre cube de chaussée compacte absorbe de $1^m,25$ à $1^{mc},33$ de matériaux en tas.

En somme, on ne connaît pas de moyen très précis pour mesurer l'usure. Sur les routes convenablement entretenues, où l'épaisseur des chaussées varie peu d'une époque à l'autre, l'usure annuelle ne s'écarte pas beaucoup de la quantité $\dfrac{E}{n}$, parce que $\dfrac{V - V'}{n}$ est à peu près négligeable.

Pour un ensemble considérable, comme celui des routes nationales de la France, l'usure peut être calculée assez exactement. Dans les 5 années qui se sont écoulées entre les sondages de 1886 et ceux de 1891, l'épaisseur moyenne des chaussées de ces routes a perdu $0^m,003$, ce qui, pour une surface de 18,600 hectares, représente à peu près un volume total de 560.000 mètres cubes. Pendant la même période, il a été incorporé dans les chaussées par l'entretien 7.500.000 mètres cubes de matériaux mesurés en tas, qui ont pu fournir environ 6.000.000

de mètres cubes de chaussée compacte. L'usure a donc été à peu près de 1.300.000 mètres cubes par an, qui correspondent à une épaisseur de 7 millimètres.

416. Dépenses sur les parties accessoires des routes. —Outre les chaussées, on doit entretenir les fossés, les acotements, les talus, les ouvrages d'art, les trottoirs, les plantations, etc.

La dépense pour les fossés consiste surtout dans le curage qui doit en être fait de temps à autre. Elle dépend dans une certaine mesure de la fréquentation et de la qualité des matériaux, parce que les fossés se comblent d'autant plus rapidement qu'il se forme plus de détritus à la surface de la chaussée, mais elle est subordonnée beaucoup plus au climat et aux intempéries, notamment à la fréquence et à l'intensité des pluies qui entraînent et déposent dans les fossés de la terre provenant des talus et des terres riveraines. Aussi considère-t-on cette dépense comme sensiblement constante sur une même section de route, et variant peu d'une année à l'autre. Elle est proportionnelle à la longueur des fossés et ne comporte que de la main d'œuvre.

Les accotements sont dans un cas analogue. Ils exigent un travail qui varie beaucoup suivant les circonstances. Si les accotements sont inaccessibles aux voitures, la dépense se réduit au curage des rigoles transversales. Dans le cas contraire, les frayés sont la cause de dégradations dont la réparation continuelle est assez coûteuse, surtout dans les fortes côtes, où les roues utilisent à la descente la mollesse relative du sol comme frein ; il est nécessaire d'ailleurs de décaper les accotements de temps en temps. Il y a donc là, dans ce cas, une main-d'œuvre très variable d'un point à un autre, est à peu près constante sur un même point ; elle est proportionnelle à la superficie des accotements.

Les avaries qui dégradent les talus sont en général le résultat des intempéries, sans avoir de relation avec la circulation des voitures ; dans certaines contrées elles sont continuelles, dans d'autres elles ne se produisent jamais. Il y a donc encore là une dépense locale de main-d'œuvre, variable d'un point à un autre, mais à peu près constante sur un même point.

On admet en conséquence que pour les talus, les accotements et les fossés, il y a lieu de consacrer à leur entretien à peu près la même quantité de main-d'œuvre chaque année. On se rend compte une fois pour toutes, pour l'ensemble du réseau qu'il s'agit d'entretenir, du nombre total de journées d'ouvrier que cette main-d'œuvre absorbe, et on multiplie ce nombre par le prix p de la journée. Afin de pouvoir établir des comparaisons entre les diverses régions, il est d'usage de rapporter cette dépense à une même unité de longueur, et on calcule le nombre moyen N des journées par kilomètre. La dépense est donc exprimée par le produit Np L, où L est la longueur du réseau.

L'entretien des ouvrages d'art courants est généralement peu coûteux ; mais il y a de grands ponts qui donnent lieu à des frais annuels considérables, pour remplacer des enrochements de fondation entraînés par les courants, pour renouveler des pièces de charpente avariées, pour assurer les assemblages des pièces métalliques. Ces frais échappent à l'analyse, et il faut seulement réserver chaque année pour y pourvoir une somme sensiblement égale à celles qui ont été consacrées en moyenne au même objet dans les années précédentes.

Il en est de même des plantations et des autres ouvrages accessoires, tels que les trottoirs, les égouts, etc.

117. Dépenses diverses et frais généraux. — Les dépenses diverses sont celles qui sont destinées à l'entretien des routes, sans que leur affectation spéciale soit déterminée d'avance ; telle est la fourniture et l'entretien du matériel, comme les rouleaux compresseurs et les outils des cantonniers ; tel est encore l'enlèvement des neiges, ou bien l'arrosage des chaussées. Ces dépenses sont essentiellement variables et quelques-unes aléatoires ; ainsi, on ne peut prévoir combien il tombera de neige dans l'hiver ; ainsi encore, l'acquisition d'un rouleau compresseur est une grosse dépense qui ne se renouvelle pas souvent. Il est d'usage de réserver pour les dépenses diverses une somme à peu près constante chaque année, sauf à prélever, si les circonstances l'exigent, sur les autres articles une avance qui leur sera restituée plus tard.

Quand aux frais généraux, qui comprennent le traitement et les indemnités du personnel, les frais de tournée, les frais de bureau, les études des projets, les recherches statistiques, ils peuvent être évalués assez bien, car les éléments en sont à peu près exactement connus. La plupart de ces éléments ne varient guère d'une année à l'autre ; mais il y en a quelques-uns qui ne se reproduisent qu'à des intervalles éloignés, comme les sondages des chaussées et les recensements de la circulation. Dans les années où ces opérations statistiques doivent avoir lieu, il serait rationnel d'augmenter les crédits en conséquence. Mais, comme le budget reste fixe, on est conduit à prélever la somme nécessaire sur d'autres articles, sur les dépenses diverses ou le curage des fossés par exemple, sauf à la restituer ensuite en dotant davantage ces articles dans les intervalles.

418. Projets de budget. — Chaque année, les ingénieurs ont à préparer un projet de budget, pour faire connaître à l'administration le crédit qu'ils estiment nécessaire pour assurer l'entretien du réseau de routes qui leur est confié. Ils ont à s'inspirer, pour ce travail, des considérations qui viennent d'être indiquées, et à suivre les règles qui s'en déduisent.

A cet effet, ils doivent d'abord se rendre compte de la consommation de matériaux qui se fait dans les chaussées. Cette consommation s'indique habituellement d'après le nombre moyen de mètres cubes par kilomètre et par 100 colliers.

Ils recherchent le prix moyen P du mètre cube, qui s'établit facilement en divisant la dépense totale d'achat des années précédentes par le volume approvisionné.

Ils se rendent compte de la dépense de main-d'œuvre *m* qu'exige l'emploi d'un mètre cube de matériaux et l'enlèvement des détritus produits par leur usure, en divisant la dépense totale de main-d'œuvre faite dans les années précédentes par le volume employé.

La longueur des routes étant connue, et la fréquentation réduite étant fournie par le plus récent recensement de la circulation, on en déduit les prévisions pour l'entretien des

36

chaussées, en multipliant le volume C par le centième F de la
fréquentation réduite et par la longueur L du réseau, et
appliquant au produit la dépense P + m.

Pour les fossés, accotements et talus, on prévoit, comme il
a été indiqué ci-dessus, un nombre N de journées par kilomètre, payées au prix p, et on multiplie le produit par la longueur L. Le prix p s'obtient en divisant la somme totale payée
aux cantonniers et aux auxiliaires par le nombre de journées
qu'ils ont faites dans les années antérieures.

Le projet de budget pour les chaussées et leurs parties accessoires se résume alors dans la formule :

$$[CF (P + m) + Np]L.$$

Il faut y ajouter une quantité fixe pour les ouvrages d'art,
plantations, etc., pour les dépenses diverses et les frais généraux. Cette quantité est assez indécise, comme on l'a vu, mais
on admet qu'elle ne varie pas beaucoup d'une année à
l'autre, et l'on s'en rapporte, pour les prévisions, à la moyenne
de ce qui s'est réalisé dans les années précédentes.

On a vu que la consommation C par kilomètre et par 100
colliers était liée à la qualité q des matériaux, et que cette
qualité se définissait, au point de vue de l'usure, par la relation $Cq = 300$. Comme il peut arriver que l'on améliore l'entretien par un choix plus judicieux des matériaux, la consommation C doit varier en conséquence ; si q augmente, C diminue. Il est donc utile de rappeler à quelle qualité correspond
la consommation prévue. A cet effet, on a soin, dans les projets de budget, de rappeler la qualité moyenne des matériaux
à approvisionner sur le réseau, et de calculer le quotient $\dfrac{300}{q}$,
qui doit être égal à la consommation C prévue.

449. Discussion. — Il y a dans l'entretien des dépenses
auxquelles il faut obligatoirement pourvoir, sous peine de
compromettre le capital des routes : ce sont celles qui ont pour
objet l'approvisionnement et l'emploi des matériaux ; aucune
réduction ne peut être consentie là-dessus.

Mais il n'en faut pas conclure que cette partie du budget est
toujours irréductible. On a vu que des économies peuvent être

obtenues par des améliorations dans la marche de l'entretien, soit par le choix des carrières de matériaux, soit par l'adoption des méthodes perfectionnées, notamment par l'extension des rechargements généraux cylindrés. La consommation *effective* s'éloigne souvent de la consommation *normale* qui aurait lieu si toutes choses étaient au mieux, et il en est de même de la main-d'œuvre.

L'urgence des autres dépenses est moins impérieuse, sauf pour les ouvrages d'art, qu'on ne peut laisser péricliter sans compromettre le gros capital qu'ils représentent. On peut curer moins souvent les fossés, négliger un peu les accotements et autres parties accessoires des routes, diminuer les frais généraux en réduisant le personnel, faisant moins de tournées, moins d'études et de constatations statistiques. Les routes seront moins belles, et l'on aura moins de renseignements utiles à leur sujet, mais le capital ne sera pas amoindri sensiblement. On peut donc faire de ce côté certains sacrifices, mais à la condition de ne pas aller jusqu'à nuire à l'état des chaussées elles-mêmes, et à se priver des moyens d'en constater les besoins.

490. Répartition des crédits. — Les projets de budget où sont calculés les besoins auxquels il faudrait satisfaire pour que l'entretien eût lieu dans des conditions aussi complètes que possible, forment toujours par leur ensemble un total supérieur au crédit alloué pour le réseau auquel ils s'appliquent. Ce crédit doit être réparti équitablement entre les différents services, en imposant à chacun d'eux une certaine réduction sur les demandes qu'ils ont produites.

Cette répartition est délicate, et les personnes qui en sont chargées se trouvent dans un grand embarras, car, si les considérations développées ci-dessus peuvent les guider, elles n'y trouvent pas toujours la base des règles précises qui seraient nécessaires.

Le problème qui se pose est d'arriver à la péréquation des crédits, c'est-à-dire à mettre tous les services sur le même pied quant à l'insuffisance du crédit qui leur est attribué par rapport aux besoins constatés par les projets de budget. Le crédit total étaut généralement invariable, ou variant peu d'une année à l'autre, la péréquation ne peut être poursuivie qu'en augmentant chaque année la dotation de certains services et diminuant celle des autres.

Une méthode qui a été souvent appliquée est la suivante : On établit pour chaque service le montant de ses besoins, en adoptant. après les avoir discutées et modifiées s'il y a lieu, les propositions formulées dans les projets de budget. On compare ce montant au crédit alloué l'année précédente, et l'on constate qu'il lui est presque toujours supérieur. La différence constitue l'insuffisance du crédit. L'insuffisance varie dans une mesure différente pour les différents services, qu'il s'agit de ramener tous à la même situation. A cet effet, on opère sur les crédits de l'année précédente, pour chaque service, un prélèvement d'une fraction déterminée, de 2 à 5 pour 100 par exemple, et on constitue avec les prélèvements une masse que l'on partage entre les services, proportionnellement aux insuffisances présumées.

D'autres systèmes plus ou moins analogues peuvent être suivis. Dans tous les cas, il importe de ne procéder qu'en faisant subir aux crédits antérieurs des variations peu sensibles ; il faut éviter d'atteindre brusquement des situations établies et de compromettre ainsi la marche des services.

421. États de décomposition des dépenses d'entretien. — Chaque année les ingénieurs font un relevé des dépenses faites sur les routes nationales dont l'entretien leur est confié, et ils décomposent ces dépenses en leurs éléments. Les résultats de ces calculs sont réunis par l'Administration qui y trouve des renseignements précieux, tant pour comparer la marche des différents services que pour établir la répartition des crédits d'entretien.

Le dernier état connu est celui de 1892. Il a fourni, en moyenne pour l'ensemble des routes nationales, les principaux résultats suivants ;

	DÉPENSE totale	DÉPENSE par kilomètre	DÉPENSE par kilomèt. et par 100 colliers
1° CHAUSSÉES EMPIERRÉES			
Longueur : 35.379 kil. (1). — Fréquentation : 170 colliers (2).			
	fr.	fr.	fr.
Matériaux	11.001.138	311	182
Main-d'œuvre	5.847.812	165	97
Dépense totale	16.848.950	476	279
2° CHAUSSÉES PAVÉES			
Longueur : 2.455 kil. (3). — Fréquentation : 515 colliers (2).			
Fournitures (pavés et sable)	1.870.180	763	148
Main-d'œuvre	1.135.614	463	90
Dépense totale	3.005.784	1.226	238
3° ENSEMBLE			
Longueur : 37.834 kil. (1). — Fréquentation : 193 colliers (2).			
Chaussées	19.854.824	525	272
Accotements, fossés et talus	2.939.492	78	»
Ouvrages d'art, plantations, etc	2.127.196	»	»
Frais généraux et divers	2.512.744	»	»
Dépense totale	27.438.256	725	376

Renseignements divers :

Prix moyen de la journée d'ouvrier, 2 fr. 74.

Coefficient moyen de qualité des matériaux d'empierrement, 10,81.

Prix moyen du mètre cube de matériaux, 7 fr. 63.

Approvisionnement total de matériaux, 1.410.556mc.

— par kilomètre, 39mc,87.

— par kilomètre et par 100 colliers,
25mc,26.

1. Cette longueur est la longueur officielle des routes au 1er janvier 1892.
2. Nombre réduit des colliers, d'après le recensement de 1883.
3. Longueur officielle au 1er janvier 1892. Cette longueur comprend, outre les chaussées proprement dites, les autres chaussées non empierrées, telles que dallages en asphalte, tabliers de ponts en charpente, etc.

Dépense d'emploi des matériaux et d'entretien sur les chaussées empierrées par mètre cube, 4 fr. 08, répondant à 1 journée 49 d'ouvrier.

Nombre moyen de journées employées, par kilomètre, aux fossés, accotements et talus, 28 j. 29.

Remarque — Une circulation de 100 colliers par jour représente 36.500 colliers par an. La dépense correspondante étant 376 fr., le passage d'un collier sur un kilomètre coûte à l'État, pour l'entretien des routes, environ 0 fr. 011.

ANNEXES

A. Tables graphiques pour le calcul de l'aire des profils en travers.

B. Avant-métré d'un ponceau.

C. Règlement pour le service des cantonniers.

ANNEXE A

TABLES GRAPHIQUES POUR LE CALCUL DE L'AIRE DES PROFILS EN TRAVERS

Parmi les tables graphiques qui ont été proposées, il en est un certain nombre qui dérivent des mêmes principes que celles de M. Lalanne ; on s'occupera d'abord de celles-là. On exposera ensuite les plus intéressantes parmi celles qui sont fondées sur des principes différents.

422. Règle à calcul de M. Toulon. — M. l'ingénieur Toulon a eu l'idée de substituer des règles à calcul, analogues à celles en usage pour les opérations ordinaires de l'arithmétique, aux épures qui constituent les tables graphiques de M. Lalanne.

D'après les explications données au n° 140, les quatre variables X, Y, Z et E, qui représentent :

$$X = \log (p \pm x)$$
$$Y = \log (y + lp)$$
$$Z = \log (z + k) + \log 2$$
$$E = \log e$$

sont liées par les deux relations :

$$Z = 2Y - X \text{ et } E = Y - X$$

Ces deux relations peuvent d'ailleurs se combiner par addition ou soustraction pour être remplacées par deux autres équivalentes, comme par exemple celles qui ont été utilisées dans la construction des tables de M. Lalanne, savoir $Z = Y + E$ et $X = Y - E$, et donner lieu à diverses combinaisons.

Pour établir une règle à calcul de ce genre, on trace sur les bords de la réglette mobile et sur ceux de la rainure où

elle se meut, des échelles graduées suivant les valeurs successives des quatre variables, en ayant soin de placer les origines des échelles de telle façon que, dans une position déterminée de la réglette mobile, les valeurs simultanées des variables qui répondent à un cas donné se trouvent en regard.

Pour obtenir la solution $z = m$ et $e = n$ qui correspond
aux valeurs données $x = a$ et $y = b$, on met a et b en regard
l'un de l'autre par un coup de réglette, et on lit m et n en
regard de repères déterminés.

Les variables ne suivant pas la même loi pour les déblais
que pour les remblais, il est nécessaire d'avoir deux règles
distinctes. Elles peuvent être réunies dans un même bloc
ayant deux rainures et deux réglettes mobiles.

La figure 221 représente une règle à calcul construite dans
ce système pour le même type de profils en travers qui a été
supposé sur les figures 79 et 80 (pages 207 et 208). Les deux
réglettes y sont figurées dans la position qu'elles doivent
occuper pour le cas où $y = 1,00$ et $x = -0,10$. La division
1,00 de l'échelle Y tracée sur le bord de la réglette est mise en
regard de la division 0,1 (pente) de l'échelle X. La valeur de
l'aire du profil en travers se trouve sur la réglette mobile en
regard du chiffre 1,00 de la seconde échelle Y tracée sur la
partie fixe ; la valeur de l'emprise est sur l'échelle E en regard
du trait de repère R. Les nombres qu'on peut estimer en
examinant la position des traits diffèrent peu des quantités
que le calcul donne exactement, $z = 8,24$ et $e = 7,65$ pour le
remblai. $z = 4,95$ et $e = 6,82$ pour le déblai.

On peut adopter une autre disposition, en construisant une
règle spéciale pour les aires et une autre pour les emprises,
comprenant chacune les déblais et les remblais. Cette disposition est avantageuse quand on ne cherche que les aires, et
qu'on n'a pas besoin des emprises. La figure 222 en représente une application au même type que précédemment. Il
suffit de placer le repère R sur la valeur donnée de x, et la
valeur de z se trouve contre le point qui correspond à la
donnée y.

Les règles à calcul pour terrassements ne se trouvent pas
dans le commerce, qui n'en aurait pas un débit suffisant ;

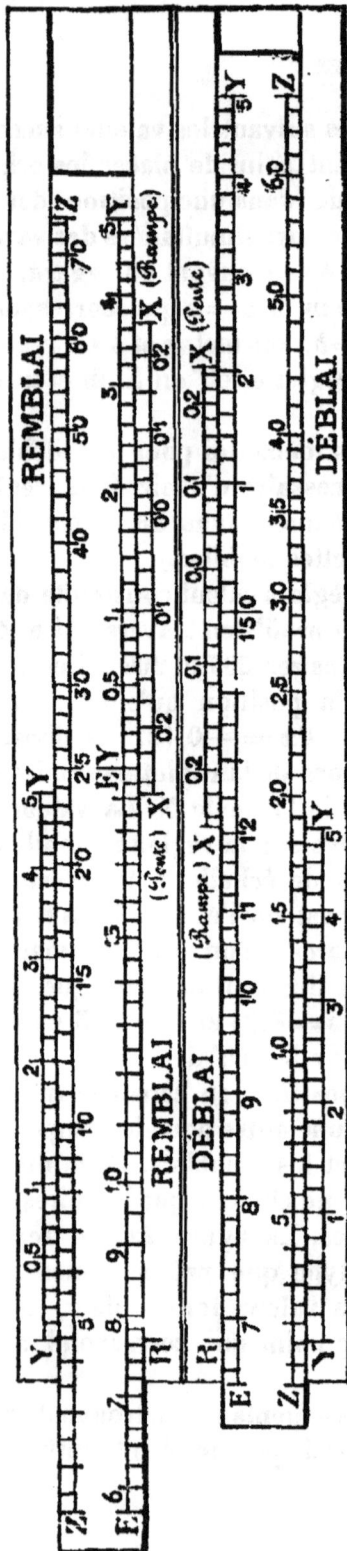

Fig. 221.

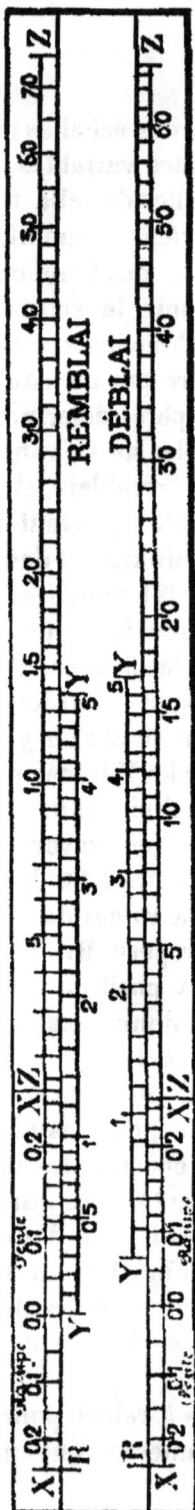

Fig. 222.

mais il est facile de dessiner les graduations sur des bandes de papier que l'on colle sur une règle à calcul ordinaire, ou de construire en carton une règle même assez grossière, qui donne une approximation suffisante dans la plupart des cas.

La disposition de la figure 222 permet au besoin de se passer de règle, et de prendre la solution sur l'épure, à l'aide d'un compas. On place une des pointes du compas sur le repère R et l'autre sur le point de l'échelle Y qui correspond à la donnée y ; puis on reporte la première pointe sur le point de l'échelle X qui correspond à la donnée x : la seconde pointe tombe sur l'échelle Z en un point qui donne la valeur de z. Si l'on craint de gâter la figure par de nombreux coups de compas, on peut mesurer au kutsch, ou marquer par deux traits sur une bande de papier, la longueur qu'il s'agit de reporter.

483. Abaques hexagonaux de M. Lallemand. — Le principe de ces abaques est le suivant : si trois quantités a, b, c sont telles que l'une d'elles c soit la somme $a + b$ des deux autres, la valeur de cette somme peut s'obtenir graphiquement par la construction géométrique ci-contre. On trace trois axes coordonnés OX, OY, OZ (fig. 223) faisant entre eux deux angles de 60° ; on marque sur l'axe OX le point A tel que $OA = a$, et sur l'axe OY le point B tel que $OB = b$, et on y élève des perpendiculaires sur les axes ; de leur point de rencontre M, on abaisse MC perpendiculaire sur OZ, et le point C est tel que $OC = c = a + b$.

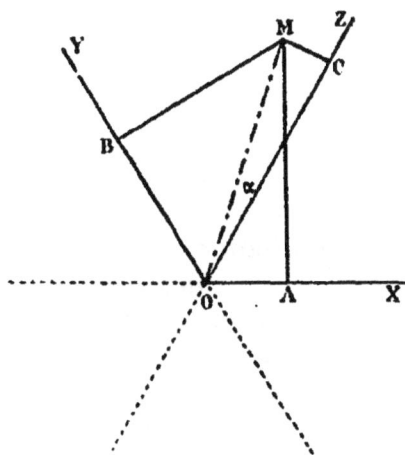

Fig. 223

En effet, $OC = OM \cos \alpha$, $OA = OM \cos (60° + \alpha)$ et $OB = OM \cos (60° - \alpha)$. Donc $OA + AB = OM [\cos (60° + \alpha) + \cos (60° - \alpha)]$

$= 2 \, OM \cos 60° \cos \alpha$. Or, $\cos 60° \dfrac{1}{2}$; donc $OA + OB =$

OM cos $\alpha =$ OC. Cette propriété subsiste même pour des valeurs négatives, pourvu qu'on porte ces valeurs sur le prolongement des axes au-delà du centre O, dans la partie pointillée des lignes de la figure, et qu'il soit convenu que $a + b$ est une somme algébrique.

Les relations $Z = 2Y - X$ et $E = Y - X$ sont dans ce cas. La méthode de M. Lallemand consiste à construire une épure où les valeurs successives des trois variables Z, Y et X ou E, Y et X sont marquées sur trois axes inclinés à 60° les uns sur les autres, en choisissant les origines des échelles de façon que si l'on élève des perpendiculaires sur les axes aux points qui correspondent à deux données $x = a$ et $y = b$, pour lesquelles $z = c$, la perpendiculaire abaissée du point de rencontre M tombe sur le point de la troisième échelle qui répond à c. Pour trouver une autre solution quelconque, il suffira de faire une construction semblable en partant des nouvelles données.

Il faut remarquer que la graduation des échelles est la même que pour l'abaque de M. Lalanne ou pour la règle à calcul.

Pour éviter de faire, à chaque application, la construction des perpendiculaires, on pourrait tracer à l'avance sur l'épure un réseau de lignes parallèles qu'il suffirait de suivre de l'œil; mais il y aurait de la confusion, et la lecture serait pénible. Pour l'éviter, M. Lallemand se sert d'un transparent en papier

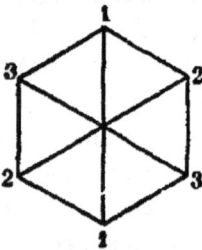

Fig. 224.

calque, en verre, en gélatine ou en celluloïd (fig. 224), qu'il a appelé indicateur, et sur lequel est tracé le réseau des lignes parallèles. Cet indicateur a une forme hexagonale, et il doit être toujours appliqué dans la même orientation. On s'en assure à l'aide de traits parallèles tracés sur les parties libres de l'épure, auxquels l'un des systèmes de lignes doit toujours être parallèle, ce dont l'œil juge facilement sans hésitation (1).

1. Voir pour plus de détails la brochure intitulée : *Nomographie*, publiée par M. d'Ocagne (Gauthier-Villars, 1891).

494. Méthode de M. d'Ocagne. — M. d'Ocagne a remarqué que, lorsqu'il y a entre trois quantités a, b, c, une relation telle que $a + b + c = o$, l'une de ces quantités peut être considérée comme la moyenne arithmétique des deux autres anamorphosées en leur double changé de signe. Si l'on pose par exemple $a' = -2\,a$ et $b' = -2\,b$, la relation devient $c = \dfrac{a' + b'}{2}$. Si donc on trace trois droites équidistantes MM',

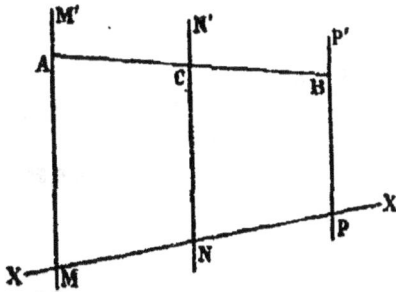

Fig. 225

NN', PP' (fig. 225) ; si, à partir d'un axe quelconque X X, on porte sur MM' une longueur $MA = a' = -2a$ et sur PP' une longueur $PB = b' = -2\,b$, et que l'on joigne A à B par une droite, le point C où la droite coupe N N' est tel que $NC = c$.

Ainsi, la relation $Z = 2\,Y - X$ peut s'écrire $Z = \dfrac{4\,Y + (-2\,X)}{2}$. Pour construire une table graphique, on trace trois parallèles équidistantes, et l'on gradue celle de gauche suivant les valeurs de 4 Y, celle de droite suivant les valeurs de — 2 X et celle du milieu suivant les valeurs de Z, en ayant soin de placer l'origine des échelles de façon que les trois valeurs simultanées des variables, pour un cas déterminé, se trouvent sur une même ligne droite. Pour obtenir la valeur de z qui correspond à un cas donné où $x = m$ et $y = n$, on trace sur l'épure la ligne droite qui joint les points correspondant à m sur l'échelle de droite et à n sur l'échelle de gauche, et on lit la valeur de z au point où la ligne coupe l'échelle du milieu.

L'épure serait bientôt hors d'état, si à chaque application on y traçait une ligne au crayon. Pour l'éviter, on applique sur le dessin un trait tracé sur un transparent, ou bien un fil noir tendu.

La fig. 226 donne les tables graphiques du système de M. d'Ocagne pour les mêmes types de profils qui ont fait l'objet de la règle à calcul (fig. 221). On y a supposé un fil noir tendu pour le cas où $y = 1,00$ et $x = -0,1$.

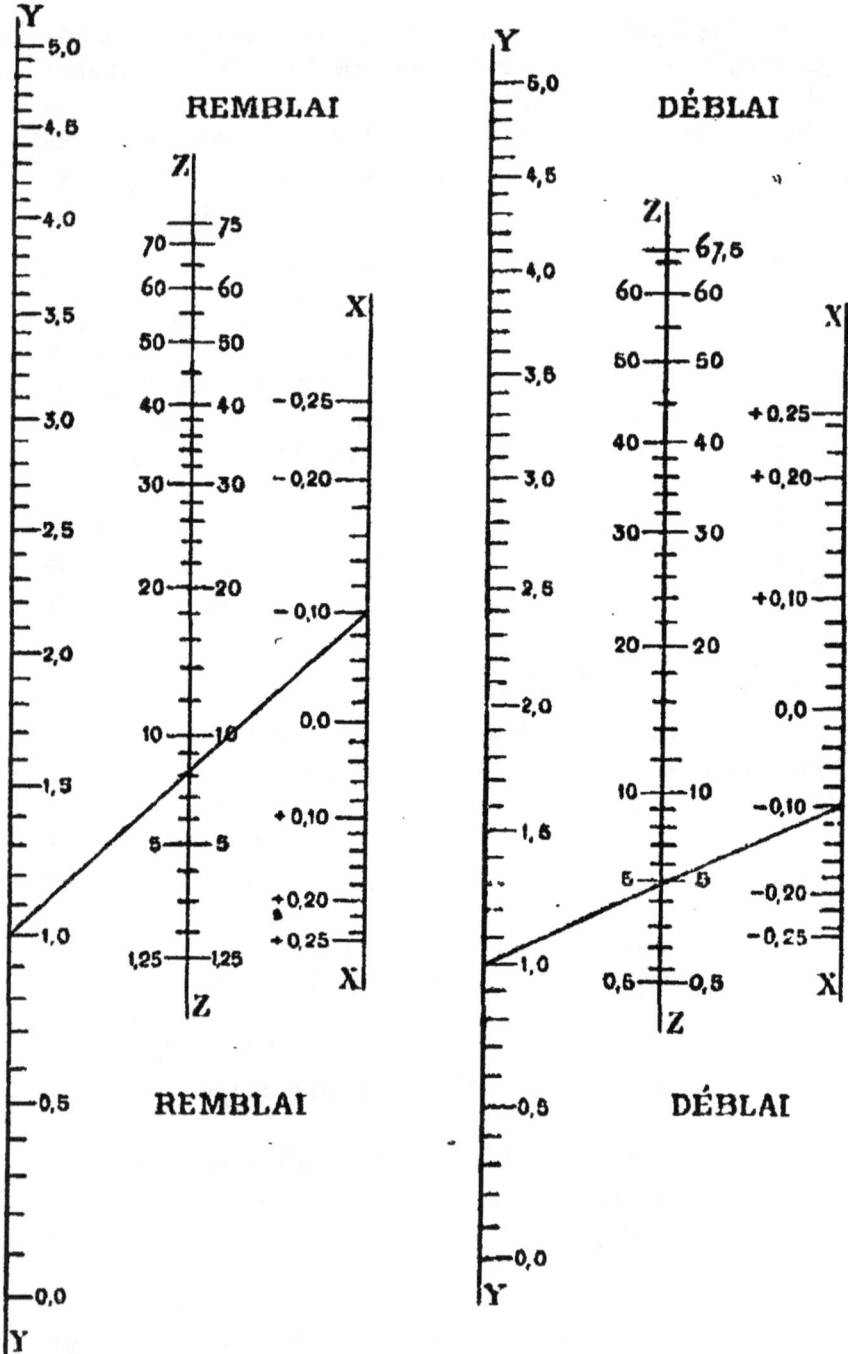

REMBLAI

DÉBLAI

REMBLAI

DÉBLAI

Fig. 226.

Les tables graphiques basées sur les principes de la méthode M. Lalanne exigent une préparation assez laborieuse, car il
faut se procurer les logarithmes successifs d'une série de nombres ; les longueurs de ces logarithmes doivent ensuite être re-
portées sur les épures, ce qui donne lieu à un travail minutieux
et sujet à erreur. Les tables dont il va être question maintenant
ont surtout en vue des simplifications qui consistent à tracer
sur les échelles des traits équidistants.

485. Méthode de M. Willote. — Étant donnée un demi-
profil en travers ABCD, on cherche l'enveloppe MPN de toutes les

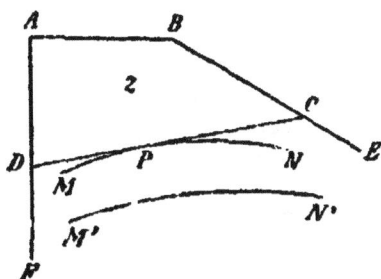

Fig. 227

positions de la ligne de terrain
naturel qui donneraient lieu à
la même surface z que la ligne
CD. Dans toutes ces positions,
la ligne du terrain reste tangente à l'enveloppe. Pour une
autre valeur de z, on aurait
une autre enveloppe M'N', dont
toutes les tangentes représente-
raient de même des dispositions du terrain naturel découpant
des surfaces égales dans le gabarit du demi-profil en travers.

Pour appliquer cette méthode, on trace un gabarit FABE,
et on y dessine, par points, les courbes enveloppes MN, M'N',
ce qui est facile, lorsqu'on a l'une d'elles, car elles sont semblables et semblablement placées. On y inscrit les aires
auxquelles chacune d'elles répond.

L'axe vertical est gradué à l'échelle. Pour mesurer l'aire
d'un demi-profil en travers, on se sert d'une règle dont un des
bords est gradué suivant les tangentes trigonométriques, et
dont l'autre bord porte un repère. On applique le repère sur
l'axe vertical à la cote donnée, et on incline la règle à la
pente voulue, en se servant de la graduation de l'autre bord.
La règle ainsi disposée permet de tracer ou de suivre de l'œil
la ligne DC du terrain. On voit à laquelle des courbes semblables elle est tangente, et la graduation de cette courbe
donne la surface cherchée. Les emprises et les talus se lisent
sur la ligne BE, graduée à cet effet.

426. Profilomètre de M. Siégler.—Sous le nom de pro-filomètre, M. Siégler a imaginé des tables graphiques très simples, qui ont l'avantage sur les précédentes de pouvoir s'établir très rapidement.

Les formules du n° 134 pouvant se mettre (page 204) sous la forme $2(z + K) = \dfrac{(y + lp)^2}{p \pm x}$, si l'on désigne $2(z + K)$ par z',

$y + lp$ par y', et $p \pm x$ par x', on a : $z' = \dfrac{y'^2}{x'}$. Donc y' est moyenne proportionnelle entre z' et x'.

Pour établir une table graphique sur cette remarque, M. Siégler trace deux axes coordonnés perpendiculaires OY et XOZ, (fig. 228), et divise OY suivant les valeur de y', OX suivant les valeurs de x' et OZ suivant celles de z'.

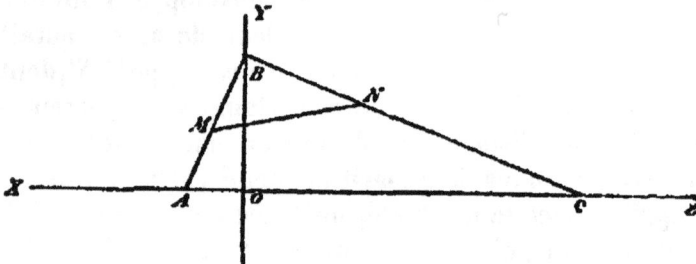

Fig. 228.

Étant donné un système de valeurs $x' = a$ et $y' = b$, on prend OA = a et OB = b. On joint AB et on élève une perpendiculaire BC. D'après la construction, OB est moyenne proportionnelle entre OA et OC. Donc OC représente z'.

Les graduations sont fort simples, puisqu'elles varient proportionnellement aux variations des données.

L'application de cette méthode est aussi fort simple ; il suffit d'employer un cadre de carton avec papier transparent sur lequel on a tracé deux traits perpendiculaires, et de mettre le sommet de l'angle droit au point B en faisant passer une des branches par le point A. On lit la surface cherchée au point C où passe l'autre branche.

Pour les emprises, on les lit sur une traverse MN tracée sur l'équerre. La valeur de l'emprise est donnée par la divi-

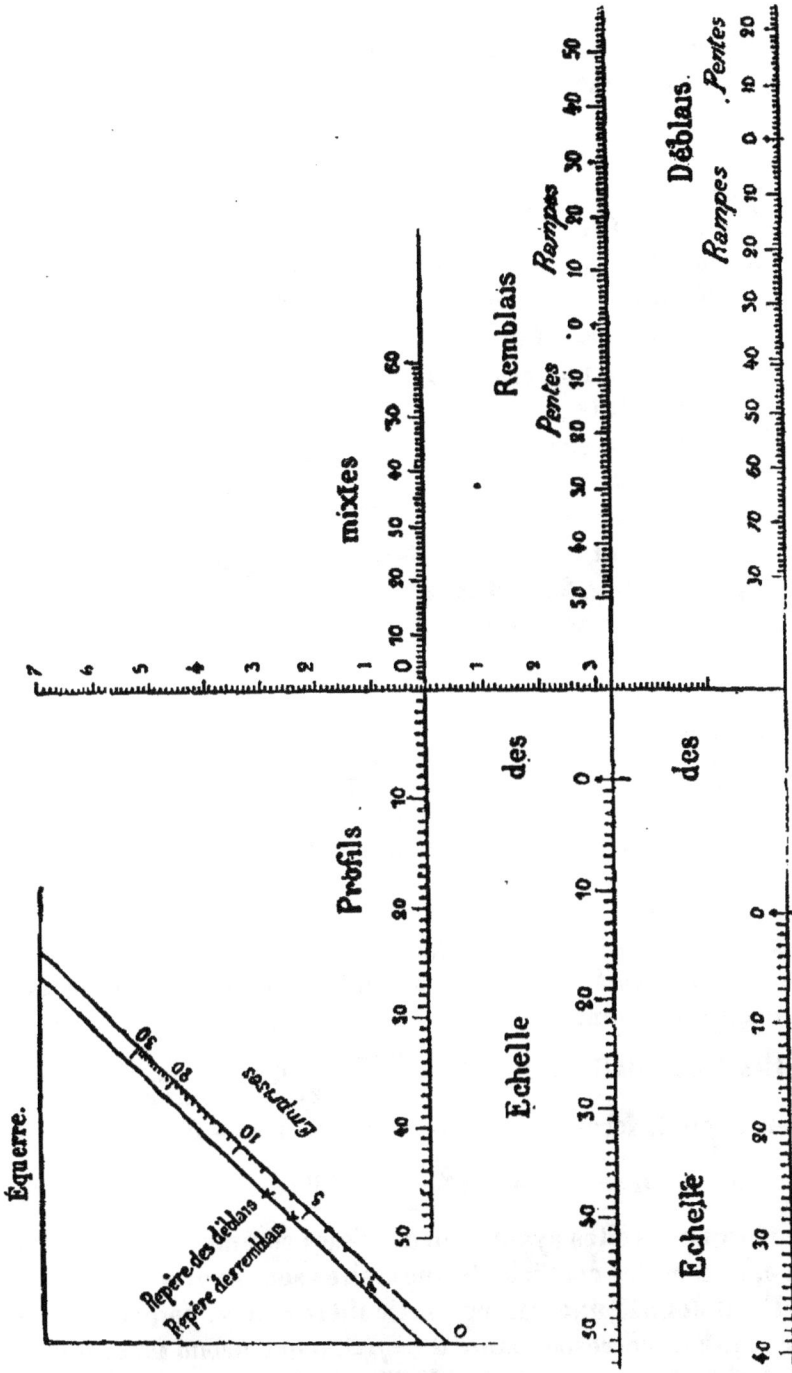

Fig. 229.

sion de la traverse qui se trouve sur l'axe vertical. Les talus se trouvent de la même façon, sur une autre traverse ou sur la même.

La figure 229 représente l'épure d'un profilomètre, avec un dessin d'équerre qu'il suffit de calquer pour pouvoir faire usage de la méthode. Elle s'applique au même gabarit que les épures précédentes, et s'étend aux cas mixtes.

M. d'Ocagne à eu l'idée d'améliorer cette méthode, en substituant au tracé d'une perpendiculaire celui d'une parallèle, bien moins sujet à erreur.

L'échelle des Y est reproduite une seconde fois en prolongement de celle des X en OY', (fig. 230) et celle des Z est portée en prolongement de OY perpendiculairement à celle

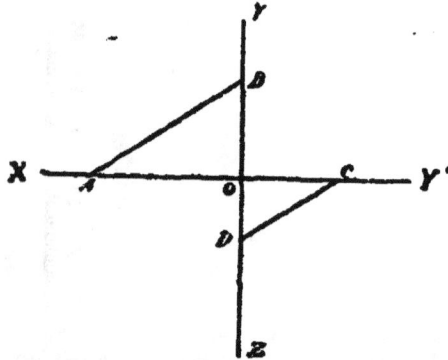

Fig. 230.

des X. Si on prend OC=OB, et qu'on mène CD parallèle à AB, on à OD = z'. Car $OD = \dfrac{OC.OB}{OA} = \dfrac{y'^2}{x'}$. La parallèle peut se tracer avec l'équerre ordinaire du dessinateur ou au moyen d'un transparent à lignes parallèles.

427. Méthode de M. Honoré Paulin. — M. Honoré Paulin a imaginé un système de tables qui peut s'exposer de la manière suivante :

Les deux relations $z + K = \dfrac{(y + lp)^2}{2(p \pm x)}$ et $e = \dfrac{y + lp}{p \pm x}$ peuvent mettre sous la forme $y = me - n$ et $z = m'e - K$, si l'on pose $m = p \pm x$, $n = lp$ et $m' = \dfrac{y + lp}{2}$. Elles représentent alors deux lignes droites ayant pour abscisses communes les valeurs de e, et dont les coefficients angulaires sont m et m'.

Etant donnée une valeur particulière a de x, on peut calculer la valeur correspondante $\alpha = p \pm a$ que prend m, et tracer la droite $y = \alpha e - n$. Soit AB (fig. 231) cette droite. Si l'on porte en ordonnée une longueur OC égale à la valeur donnée

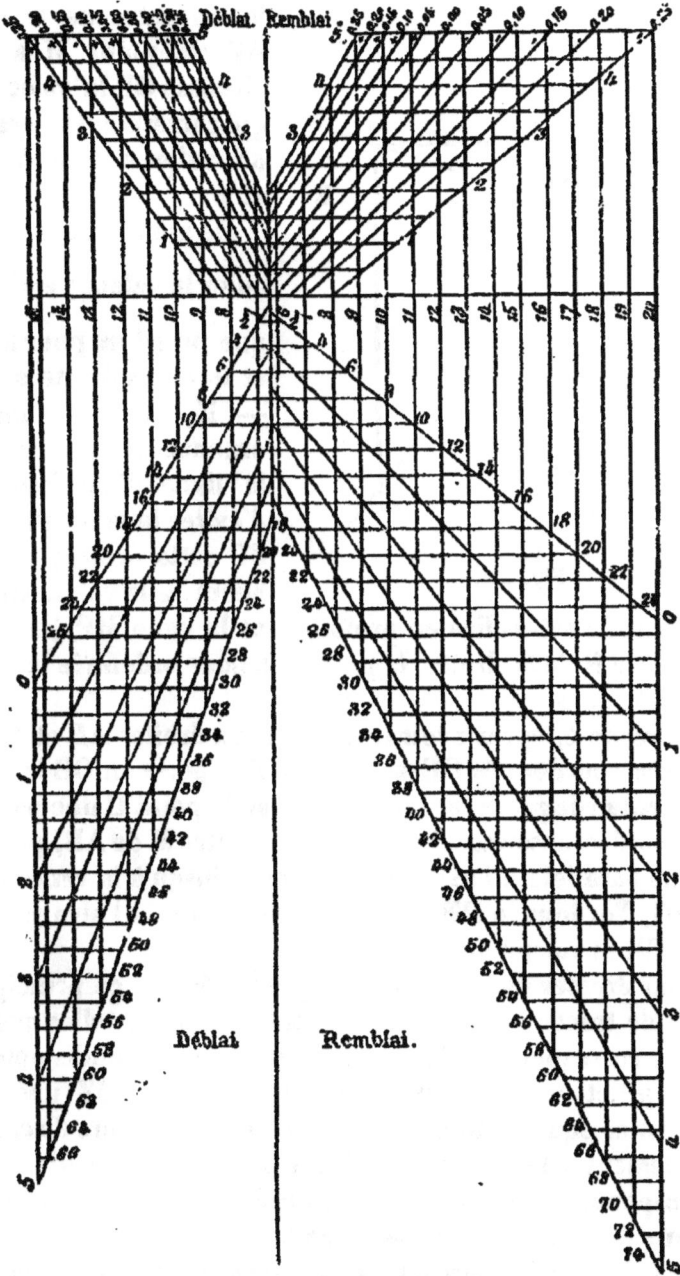

Déblai Remblai.

Fig. 232.

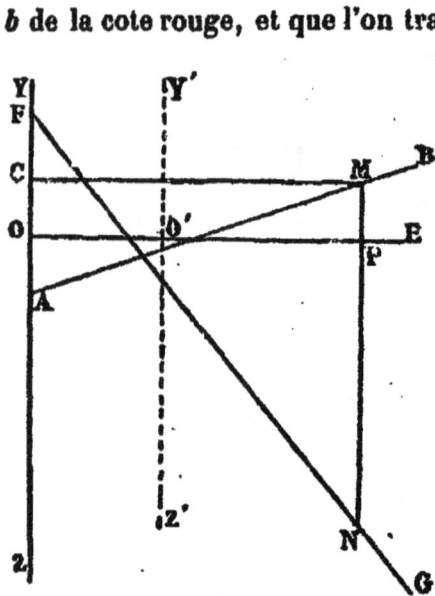

b de la cote rouge, et que l'on trace l'horizontale MC jusqu'à la rencontre de la droite AB, le point M a pour abscisse OP la valeur de *e* qui correspond au système de valeurs *a* et *b* de *x* et *y*.

De même, on peut calculer la valeur $\beta = \dfrac{b + lp}{2}$ que prend *m'* pour *y* = *b*, et tracer la droite *z* = β*e* — K, en comptant les ordonnées en dessous de la ligne d'abscisses afin d'éviter la confusion. Soit FG cette droite ; en attribuant à *e* la valeur trouvée ci-dessus, c'est-à-dire en prolongeant la ligne MP jusqu'à la rencontre N de la droite, le point N a pour ordonnée la valeur cherchée de *z*.

Fig. 231.

En résumé, après avoir tracé les deux droites AB et FG sur les axes coordonnés OE et YOZ, si l'on porte en OC la valeur de la cote rouge, et si l'on mène par le point C une parallèle à l'axe des abscisses jusqu'à la rencontre M de AB, puis par M une parallèle à l'axe des ordonnées jusqu'à la rencontre N de FG, l'ordonnée PN représente la valeur de l'aire et l'abscisse CM la valeur de l'emprise.

Pour dresser une table graphique basée sur ce principe, il suffit de tracer deux séries de lignes inclinées, telles que AB et FG, correspondant à des séries de valeurs équidistantes de *x* et *y*, et de mener parallèlement à l'axe YOZ une série de droites équidistantes correspondant aux valeurs de *c*, et parallèlement à l'axe OE deux séries de droites équidistantes correspondant aux valeurs de *y* au-dessus de l'axe OE et aux valeurs de *z* au-dessous de cet axe.

La valeur de l'emprise ne pouvant pas descendre au-dessous d'une certaine limite qui varie suivant le type de profil adopté, on peut d'ailleurs supprimer les parties inutiles de l'épure en déplaçant l'axe YOZ d'une quantité OO' égale à cette limite.

La figure 232 donne une table graphique basée sur ces principes, applicable aux mêmes types de profils en travers qui ont été supposés dans les exemples précédents.

ANNEXE B

AVANT MÉTRÉ D'UN PONCEAU

Nota. — Cet avant métré se rapporte au ponceau de 2 mètres d'ouverture représenté par la figure 178.

On lui a supposé une longueur suivant l'axe de 10 mètres entre les têtes.

DÉSIGNATION DES OUVRAGES ET PARTIES D'OUVRAGES	NOMBRE de parties semblables	DIMENSIONS RÉDUITES		
		Longueur	Largeur	Hauteur ou Épaisseur
PONCEAU N° 5, DE 2ᵐ,00 D'OUVERTURE				
I. Fouilles.				
Radier....................................	»	11,10	5,15	0,90
Murs en retour..........................	4	2,23	2,13	0,90
Total..............................	»	»	»	»
II. Cube général des maçonneries.				
a. Fondations :				
Radier....................................	»	10,20	4,25	0,40
Murs en retour..........................	4	2,225	1,225	0,40
Total..............................	»	»	»	»
b. Massif général sous plinthes..............	»	10,00	6,50	2,80
c. Plinthes...............................	2	8,50	0,45	0,25
d. Parapets..............................	2	8,50	0,25	0,90
Total..............................	»	»	»	»
e. A déduire les vides :				
1. Entre les piédroits....................	»	10,00	2,00	1,50
2. Entre les murs en retour..............	2	7,95	2,225	2,30
3. Sous la voûte (1) :				
Secteur OAMB	»	»	2,160	0,802
Triangle OAB.........................	»	»	1,00	1,254
Différence des deux surfaces et cube....	»	10,00	»	»
4. Sur la voûte (2) :				
Rectangle KMNI.......................	»	»	2,025	0,889
Triangle KPO..........................	»	»	0,674	2,511
Triangle PIL...........................	»	»	0,677	0,189
Surface totale de la figure.............	»	»	»	»
Secteur HPQ à retrancher..............	»	»	0,702	2,65
Surface restante et cube...............	2	7,95	»	»
Total des vides à déduire..........	»	»	»	»
Reste pour le cube des maçonneries.....	»	»	»	»
f. A déduire, en outre, les retraites des parements sur la saillie des pierres de taille :				
1. Murs de tête : Surface totale d'un mur.	»	»	8,50	2,80
dont à retrancher :				
Vide entre piédroits et chaînes d'angle.	»	»	2,85	1,95

| SURFACES OU CUBES | | | POIDS |
auxiliaires	partiels	définitifs	
»	51,45	»	
»	17,02	»	
»	»	68,47	
»	17,84	»	
»	4,86	»	
»	»	21,70	
»	»	195,50	
»	»	1,01	
»	»	3,83	
»	»	222,04	
»	30,00	»	
»	31,87	»	
1,732	»	»	
1,254	»	»	
0,478	4,78	»	
0,788	»	»	
1,692	»	»	
0,124	»	»	
2,604	»	»	
2,001	»	»	
0,603	0,59	»	
»	»	125,94	
»	»	97,20	
»	19,53	»	
3,847	»	»	

OBSERVATIONS ET CROQUIS

NATURE DES MATÉRIAUX :

Pierre de taille :
Têtes du radier ;
Chaînes d'angles ;
Bandeaux de la voûte ;
Plinthes, bahuts et dés.

Briques :
Parapets ;
Voûte.

Béton :
Radier.

Le reste en maçonnerie ordinaire, avec parements vus en moellon têtué.

La pierre de taille est en saillie de 0m,025 sur les parements du moellon.

(1)

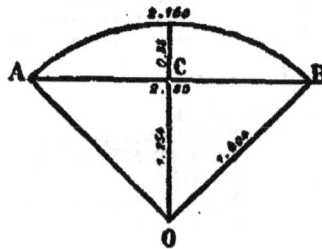

Angle COB = 38°.34'.48"

(2)

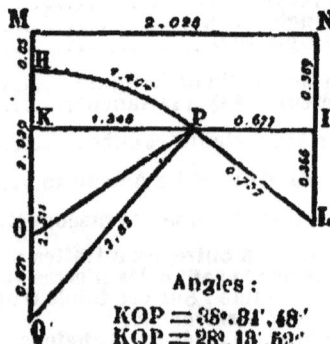

Angles :
KOP = 36°.34'.68'
KQP = 28°.13'.62"

DESIGNATION DES OUVRAGES ET PARTIES D'OUVRAGES	NOMBRE de parties semblables	DIMENSIONS PRODUITES		
		Longueur	Largeur	Hauteur ou Epaisseur
Vide entre sommiers et partie correspondante des sommiers (3)	»	»	2,70	0,15
Reste des sommiers pour 2 ensemble (4)	»	»	»	»
Segment sous voûte (4)................	»	»	»	»
Bandeaux de tête (5)...................	»	»	2,396	0,85
Total à retrancher................	»	»	»	»
Surface restante.................	»	»	»	»
Pour un autre mur semblable..........	»	»	»	»
2. Piédroits	2	9,15	»	1,85
3. Douelle	8	9,15	2,160	»
4. Parapets	4	7,60	»	0,65
Surface totale et cube à déduire	»	»	»	0,025
Reste pour le cube général des maçonneries.	»	»	»	»
III. Répartition des maçonneries.				
1° Béton :				
Fondations, comme ci-dessus (II *a*)	»	»	»	»
Têtes du radier, à déduire....................	2	2,30	0,45	0,20
Reste pour le béton	»	»	»	»
2° Pierre de taille :				
Tête du radier, comme ci-dessus (1°).........	»	»	»	»
Chaînes d'angles..........................	4	0,50	0,85	1,85
Sommiers, surface calculée, (fig.3).........	2	10,00	»	»
Bandeaux de tête, comme ci-dessus, (fig.5)...	2	»	0,425	»
Plinthes, comme ci-dessus (II *d*)	»	»	»	»
Dés	4	0,45	0,25	0,65
Bahuts	2	8,50	0,25	0,25
Total pour la pierre de taille...........	»	»	»	»
3° Briques.				
a. Voûte (6) :				
Secteur ABC................................	»	»	1,404	2,85
à retrancher :				
Secteur ODE...............................	»	»	1,092	1,699
Triangles OCA, OCB.......................	2	»	0,674	0,821
Total à retrancher................	»	»	»	»
Surface restante et cube	»	9,15	»	»
b. Parapets	2	7,60	0,22	0,65
Total pour la maçonnerie de briques..	»	»	»	»
4° Maçonnerie ordinaire.				
Cube général..........................	»	»	»	»
à retrancher :				
Béton (1°)...............................	»	»	»	»
Pierre de taille (2°)	»	»	»	»
Briques (3°)...............................	»	»	»	»
Total à retrancher....................	»	»	»	»
Reste pour la maçonnerie ordinaire..........	»	»	»	»

SURFACES OU CUBES			POIDS	OBSERVATIONS ET CROQUIS
Auxiliaires	Partiels	Définitifs		
0,405	»	»		(3) Surface calculée :
0,104	»	»		
0,478	»	»		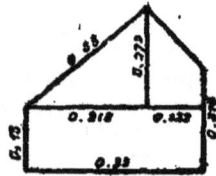
0,839	»	»		
»	5,67	»		
»	18,88	»		
»	18,88	»		
»	24,71	»		
»	19,78	»		
»	19,78	»		
»	91,99	2,40		(4) Comme ci dessus (c. 3).
»	»	94,80		
»	21,70	»		(5)
»	0,41	»		
»	»	21,29		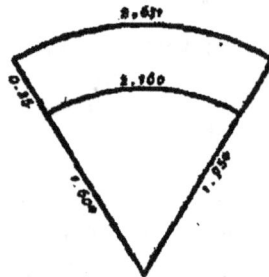
»	0,41	»		
»	0,95	»		
0,111	2,22	»		
0,889	0,75	»		
»	1,91	»		
»	0,29	»		
»	1,06	»		
»	»	7,59		
»	4,001	»		
1,779	»	»		(6)
1,107	»	»		
»	2,886	»		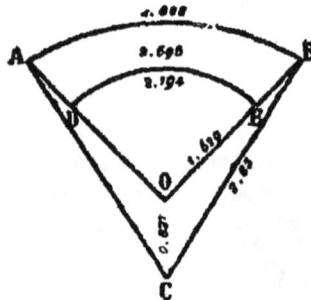
»	1,115	10,16		
»	»	2,17		
»	»	12,33		
»	94,80	»		
21,29	»	»		
7,59	»	»		
12,33	»	»		
»	41,21	»		
»	»	53,59		

DÉSIGNATION DES OUVRAGES ET PARTIES D'OUVRAGES	NOMBRE de parties semblables	DIMENSIONS RÉDUITES		
		Longueur	Largeur	Hauteur ou Épaisseur
IV. Parements vus.				
1° Pierre de taille.				
Têtes du radier........................	2	2,80	0,45	»
Chaînes d'angles........................	4	»	0,85	1,85
Sommiers sur les têtes, surface calculée (fig. 3).	4	»	?	»
Bandeaux des sommiers sur les piédroits....	2	10,00	»	0,15
Bandeaux de la voûte sur les têtes (II, f. 1, fig. 5).	2	»	»	»
Douelles des bandeaux de la voûte	2	2,160	0,425	»
Plinthes développées (7).....................	2	8,50	»	0,29
Dés développés........................	4	»	1,15	0,65
Babuts développés........................	2	8,50	0,75	»
Abouts des babuts	4	»	0,25	0,25
Surface totale des parements vus de pierre de taille........................	»	»	»	»
2° Briques.				
Douelle de la voûte.....................	»	9,13	2,808	»
Parapets........................	4	7,60	»	0,65
Total.....................	»	»	»	»
3° Moellon tétué.				
a. Murs de tête :				
Surface totale (II, f. 1)	»	»	»	»
Surface cachée par les quarts du cône....	2	»	1,85	1,80
— par les berges.............	2	»	0,75	0,50
Total des parties cachées..............	»	»	»	»
Reste et surface vue pour les murs de tête.	2	»	»	»
b. Piédroits	2	9,15	»	1,85
c. Radier........................	»	9,30	2,05	»
Parement vu total de moellon tétué.......	»	»	»	»
V. Chape.	2	7,95	2,171 (8)	»
VI. Perrés.				
Berges développées.......................	4	10,00	»	1,50
VII. Gazonnages.				
Quarts de cône........................	4	»	»	»
Talus........................	4	»	1,00	8,25
Total.....................	»	»	»	»
VIII. Cintre.				
Poteaux........................	14	0,15	0,15	0,00
Semelles........................	4	10 00	0,15	0,10
Coins........................	28	0,35	0,15	0,13
Entraits........................	7	2,00	0,15	0,15
Poinçons	7	0,43	0,15	0,15
Vaux........................	14	1,00	0,15	0,15
Couchis........................	6	10,00	0,20	0,07
Platelage	»	40,00	2,16	0,025
Cube total du bois.....................	»	»	»	»

DIMENSIONS RÉDUITES			POIDS	OBSERVATIONS ET CROQUIS
Auxiliaires	Partiels	Définitifs		
»	2,07	»		
»	4,59	»		
0,111	0,44	»		
»	8,00	»	(7)
0,839	1,08	»		
»	1,84	»		
»	6,68	»		
»	2,99	»		
»	12,76	»		
»	0,25	»		
»	»	86,24		
»	25,69	»		
»	19,76	»		
»	»	45,45		
»	18,88	»		
4,86	»	»		
0,75	»	»		
»	5,61	»		
»	8,27	16,54		
»	»	24,71		
»	»	19,07		
»	»	60,82		
»	»	84,52		(8) Voir croquis 2.
»	»	60,00		(9) Surface calculée : $\overline{1,80}^2 \times 1,55$.
(9) 5,02	20,08	»		
»	12,96	»		
»	»	83,04		
»	0,284	»		
»	0,600	»		
»	0,178	»		
»	0,815	»		
»	0,068	»		
»	0,815	»		
»	0,840	»		
»	0,540	»		
»	»	8,14		

ANNEXE C

RÈGLEMENT DU 20 FÉVRIER 1882
POUR LE SERVICE DES CANTONNIERS

Art. 1er. *Définition du service des cantonniers.* — Les cantonniers sont chargés des travaux de main-d'œuvre relatifs à l'entretien journalier des routes, chacun sur une certaine étendue de route, qui prend le nom de *canton*.

Ils doivent obéissance, pour tout ce qui a rapport à leur service, aux ingénieurs, conducteurs et autres agents de l'Administration des ponts et chaussées.

Art. 2. *Nomination des cantonniers.* — Les cantonniers sont nommés par le préfet, sur une liste de proposition présentée par l'ingénieur en chef et contenant, autant que possible, un nombre de candidats double du nombre d'emplois à remplir.

Ils sont congédiés par le préfet sur la proposition ou l'avis de l'ingénieur en chef.

Tout cantonnier qui abandonne le service sans avoir prévenu son chef immédiat, huit jours à l'avance, subit une retenue égale à quatre jours de salaire.

La date à laquelle les cantonniers avisent de leur départ le cantonnier-chef est inscrite immédiatement par cet agent sur leur livret.

Art. 3. *Conditions d'admission.* — Pour être nommé cantonnier, il faut :

1° Être âgé de plus de 21 ans et de moins de 40 ans ;

2° N'être atteint d'aucune infirmité qui puisse s'opposer à un travail journalier et assidu ;

3° Avoir travaillé dans les ateliers de construction ou de réparation des routes ;

4° Être porteur d'un certificat de moralité délivré par le maire de la commune ou le sous-préfet de l'arrondissement ;

5° Sauf exception motivée par des circonstances locales, savoir lire et écrire.

Art. 4. *Cantonniers-chefs.* — Tous les cantons de route d'un département sont répartis en circonscriptions contenant chacune au moins six cantons ; les six cantonniers forment entre eux une brigade ; l'un d'eux, désigné à cet effet par l'ingénieur en chef sur la proposition de l'ingénieur ordinaire, est cantonnier-chef ; il doit savoir lire et écrire et il est choisi parmi les cantonniers qui se sont distingués par leur zèle, leur bonne conduite et leur intelligence.

Les cantonniers-chefs ont un canton plus court que celui des autres cantonniers, pour qu'il leur soit possible de vaquer aux devoirs spéciaux qui leur sont imposés.

Ils accompagnent les conducteurs et les employés secondaires des ponts et chaussées dans leurs tournées.

Ils prennent connaissance des ordres qui sont donnés par ces agents aux cantonniers de leur brigade, et ils veillent à ce que ces ordres reçoivent leur exécution.

Ils parcourent en conséquence toute l'étendue de leur circonscription au moins une fois par semaine suivant des itinéraires, à des jours et heures variables, fixés par le conducteur de la subdivision, pour s'assurer de la présence des cantonniers ; ils guident ces derniers dans leur travail ; ils rendent compte de la marche du service, notamment au moyen de la feuille hebdomadaire de tournée (circulaire ministérielle du 31 août 1852), aux agents de l'Administration sous les ordres desquels ils sont plus spécialement placés ; enfin, ils fournissent aux ingénieurs tous les renseignements qui leur sont demandés.

Les cantonniers-chefs peuvent être momentanément employés à surveiller l'exécution et à tenir les attachements des travaux de repiquage des chaussées pavées, et à diriger des ateliers ambulants.

Ils concourent à la constatation des délits de grande voirie et des contraventions aux règlements sur la police du roulage, après avoir été dûment assermentés à cet effet.

Ils peuvent également être commissionnés pour la constatation des délits de pêche.

ART. 5. *Signes distinctifs des cantonniers.* — Les canton-
tonniers portent à leur coiffure un ruban avec le mot *cantonnier.*

Les cantonniers-chefs portent en outre au bras gauche un
brassard conforme u modèle arrêté par l'administration.

Il est remis à chacun d'eux un guidon formé d'une tige ou
jalon divisé en décimètres, garni par le haut d'une plaque indiquant le numéro du canton en chiffres de 8 centimètres de
hauteur.

Ce guidon est toujours planté sur la route à moins de cent
mètres de distance de l'endroit où travaille le cantonnier.

ART. 6. *Du travail des cantonniers.* — Les cantonniers
doivent se conformer aux ordres qui leur sont donnés pour
la succession des travaux à faire et pour la manière de les
exécuter.

ART. 7. *Feuille de travail.* — Chaque cantonnier tient une
feuille mensuelle de travail dans laquelle il rend compte, jour
par jour, de la quantité de travail qu'il a exécutée.

ART. 8. *Tâches à remplir.* — Pour exciter et soutenir l'activité des cantonniers, les ingénieurs, les conducteurs ou les
employés secondaires leur assignent des tâches à remplir
dans un temps donné toutes les fois que les circonstances
locales le permettent.

L'indication sommaire de ces tâches est inscrite sur la
partie du livret réservée aux ordres de service.

Les travaux ainsi prescrits seront un des principaux objets
de la surveillance tant des chefs immédiats des cantonniers
que de MM. les Maires.

ART. 9. *Fixation des heures de travail.* — Du 1er mai au
1er septembre, les cantonniers sont sur les routes, sans désemparer, depuis 5 heures du matin jusqu'à 7 heures du soir.
Le reste de l'année ils y sont depuis le lever jusqu'au coucher du soleil.

Ils prennent leurs repas sur la route, aux heures qui sont
fixées par l'ingénieur en chef. La durée totale des repas n'excède pas deux heures ; toutefois, durant les grandes chaleurs,
elle peut être portée à trois heures.

ART. 10. *Déplacement des cantonniers.* — Les cantonniers

38

peuvent être déplacés, soit isolément, soit en brigades, lorsque les besoins du service l'exigent impérieusement, pour être dirigés sur les points qui leur sont indiqués.

Ces déplacements ne doivent jamais avoir lieu que sur l'ordre de l'ingénieur ou du conducteur. Le carnet reçoit l'indication du commencement et de la fin de chaque déplacement et précise le travail auquel le cantonnier a été occupé.

ART. 11. *Présence obligée des cantonniers en temps de pluie, de neige, etc.* — Les pluies, les neiges et autres intempéries ne peuvent être un prétexte d'absence pour les cantonniers ; ils doivent même, dans ces cas, redoubler de zèle et d'activité pour prévenir les dégradations et assurer une viabilité constante dans toute l'étendue de leur canton ; ils sont autorisés néanmoins à se faire des abris fixes ou portatifs qui n'embarrassent ni la voie publique, ni les propriétés riveraines, et qui soient en vue de la route, à moins de dix mètres de distance.

ART. 12. *Assistance gratuite aux voyageurs.* — Les cantonniers doivent porter gratuitement aide et assistance aux voituriers et voyageurs, mais seulement dans les cas d'accidents.

ART. 13. *Surveillance en matière de contraventions de grande voirie.* — Pour prévenir autant que possible les délits de grande voirie, les cantonniers doivent avertir les riverains des routes qui, par des dispositions quelconques, feraient présumer qu'ils pourraient se mettre en contravention. Ils ont l'œil, en conséquence, sur les réparations, constructions, dépôts, anticipations et plantations qui auraient lieu sans autorisation sur la voie publique, dans l'étendue de leur canton. Ils doivent signaler ces contraventions aux agents de l'Administration, lors des tournées de ces agents, ou même les leur faire connaître immédiatement, soit par correspondance, soit par l'intermédiaire des cantonniers-chefs.

ART. 14. *Outils dont les cantonniers doivent être pourvus.* — Chaque cantonnier est pourvu à ses frais :

1° D'une brouette ;

2° D'une pelle en fer ;

3° D'une pelle en bois ;

4° D'un rabot de fer ;

5° D'un rabot de bois ;

6° D'un rateau de fer ;

7° D'une masse en fer ;

8° Enfin d'un cordeau de vingt mètres.

Les cantonniers-chefs doivent être pourvus, en outre de trois nivelettes, d'une roulette ou ruban décamétrique et d'une canne graduée conforme au modèle arrêté.

Art. 15. *Outils d'espèce particulière à fournir par l'Administration.* — Il est remis à chaque cantonnier un anneau en fer de six centimètres de diamètre, pour qu'il puisse reconnaître si le cassage de la pierre qu'il aura à répandre sur la route est fait conformément aux prescriptions du devis.

Il reçoit un outil dit *tournée* formant pioche d'un côté et pic de l'autre. Il lui est remis en outre un pilon du poids de 10 à 11 kilogrammes pour comprimer les pierres après leur répandage, et, s'il y a lieu, d'autres outils dont la liste est inscrite au livret.

Le cantonnier est responsable de la conservation de ces divers objets.

Les cantonniers-chefs reçoivent une gibecière destinée au transport des papiers.

Art. 16. *Fourniture d'outils aux cantonniers à titre d'avance.* — Il peut être fourni, à titre d'avance, aux cantonniers qui n'auraient pas les moyens de se les procurer, les outils qui leur manqueraient. Le remboursement de la valeur de ces outils est assuré à l'Administration par des retenues successives, qui, sauf le cas de renvoi d'un cantonnier, ne peuvent excéder le sixième du salaire mensuel.

Art. 17. *Entretien des outils.* — Les cantonniers maintiennent constamment leurs outils dans un bon état d'entretien. S'ils se rendent coupables de négligence à cet égard, il y sera pourvu d'office par l'Administration, qui se remboursera de ses frais, comme il est dit à l'article 16.

Les outils ne doivent être portés à la réparation que dans les intervalles des heures de travail. Les excuses d'absence motivées par la nécessité de remettre les outils en état ne sont point admises.

Art. 18. *Livrets de cantonniers.* — Chaque cantonnier est

pourvu d'un livret conforme au modèle joint au présent règlement. Ce livret est destiné à recevoir les notes sur le travail
et la conduite de ces ouvriers, les ordres et instructions qui
leur sont données et l'indication des tâches qui peuvent leur
être assignées. Il doit être représenté par eux aux agents
chargés de la surveillance des routes, toutes les fois qu'ils en
sont requis, sous peine d'une retenue d'une demi-journée de
salaire pour chaque fois qu'ils ont négligé de se munir de
cette pièce.

Art. 19. *Moyen de constater les absences des cantonniers.*
— Les absences et les négligences des cantonniers sont constatées par les ingénieurs et les agents de l'Administration
employés sous leurs ordres ; il en est fait note par ces agents
dans les livrets dont il vient d'être parlé.

Elles peuvent aussi être constatées par les gendarmes en
tournée et par les maires des communes sur le territoire desquelles les cantons sont situés.

Art. 20. *Congés lors des moissons.* — Dans le temps des
moissons et lorsque la route est en bon état, les cantonniers
peuvent obtenir des congés de l'ingénieur ordinaire, sous
réserve de l'autorisation de l'ingénieur en chef. Ils ne reçoivent aucun traitement pendant la durée de ces congés, à l'ex-
piration desquels ils doivent être exactement rendus à leur
poste, sous peine de s'exposer à être immédiatement remplacés.

Art. 21. *Remise du livret et des signes distinctifs lors de la
cessation des fonctions.* — Lorsqu'un cantonnier cesse ses
fonctions, il fait à l'ingénieur la remise de son livret et des
signes distinctifs qu'il aura portés, ainsi que des objets et
outils qui auront été fournis par l'Administration. Il est opéré,
sur ce qui lui reste dû, une retenue équivalente à la valeur de
ceux de ces objets qui n'auraient pas été remis.

Art. 22. — *Classement et salaires des cantonniers.* — Les
cantonniers de chaque département sont divisés en trois classes égales en nombre, dont le salaire, pour chacune des classes, est fixé par le préfet, sur la proposition de l'ingénieur en
chef.

Le classement se fait chaque année par l'ingénieur en chef,

sur le rapport de l'ingénieur ordinaire, et d'après les services des cantonniers dans le courant de l'année précédente.

Les cantonniers-chefs sont divisés en deux classes, pareillement égales en nombre. Leurs salaires sont fixés, comme ceux des cantonniers ordinaires, par le préfet, sur la proposition de l'ingénieur en chef.

Art. 23. *Indemnités de déplacement.* — Les cantonniers qui sortent de leur canton par ordre de l'ingénieur reçoivent, à titre d'indemnité, un cinquième en sus de leur salaire, s'ils ne découchent pas, et trois cinquièmes, s'ils découchent.

Il n'est point alloué d'indemnité de déplacement aux cantonniers-chefs, si ce n'est dans le cas où ils sortent de la circonscription de leur brigade. Dans ce cas, les indemnités auxquelles ils ont droit sont réglées sur les bases ci-dessus indiquées pour les simples cantonniers.

Art. 24. *Encouragements annuels.* — Chaque année, sur le rapport de l'ingénieur en chef, il peut être accordé par le préfet au cantonnier le plus méritant de chaque arrondissement d'ingénieur ordinaire une gratification qui n'excède pas un mois de salaire.

Une semblable gratification peut être également accordée à celui des cantonniers-chefs du département qui, pendant l'année, aura rendu les meilleurs services.

Art. 25. *Retenues pour cause d'absence.* — Tout cantonnier qui n'est pas trouvé à son poste par l'un des agents ayant droit de surveillance sur la route, peut subir une retenue de deux jours de solde, la première fois, de trois jours, en cas de récidive, et être congédié la troisième fois.

Celui qui, sans s'être absenté, n'aura pas assez travaillé pendant le mois, ou qui aura négligé le service dont il était chargé, supportera une retenue suffisante pour payer la réparation des dégradations qui seraient résultées de sa négligence.

Le produit de ces retenues peut être alloué par l'ingénieur en chef, sur le rapport de l'ingénieur ordinaire, à ceux des cantonniers qui, par leur zèle et leur travail, ont mérité des encouragements.

TABLE DES MATIÈRES

PREMIÈRE PARTIE

DISPOSITIONS GÉNÉRALES

INTRODUCTION

CHAPITRE Iᵉʳ

DÉFINITIONS

CHAPITRE II

FORMES DES DIFFÉRENTES PARTIES DES ROUTES

§ 1ᵉʳ. — Chaussée.

DEUXIÈME PARTIE

ÉTUDE ET PRÉPARATION DES PROJETS

CHAPITRE III

CONDITIONS GÉNÉRALES

§ 1ᵉʳ Diverses phases de la construction.

§ 2. — Conditions générales auxquelles doit satisfaire un tracé.

§ 3. — Notions sur les voitures et les chevaux.

§ 4. — Courbes.

§ 5. — Déclivité des pentes et rampes.

CHAPITRE IV

ÉTUDE DES TRACÉS

§ 1er. — Étude en pays plats.

§ 2. — Étude en pays de montagnes.

§ 3. — Piquetage et lever des profils.

§ 4. — Comparaison et choix des tracés.

CHAPITRE V

RÉDACTION DES PROJETS

§ 1er. — Nomenclature et disposition des pièces d'un projet.

§ 2. — Cubatures des terrasses.

§ 3. — Calcul des profils en travers.

§ 4. — Avant-métré sommaire des terrassements.

§ 5. — Compensation.

§ 6 — Mouvement des terres.

TROISIÈME PARTIE

CONSTRUCTION DES ROUTES

CHAPITRE VI

TERRASSEMENTS

§ 1er. — Fouille.

§ 2. — Chargement, transport et déchargement.

§ 3. — Régalage et talutage.

§ 4. — Organisation des chantiers.

§ 5. — Consolidation des talus.

1° *Déblais.*

CHAPITRE VII

CHAUSSÉES

§ 1er. — Conditions auxquelles doivent satisfaire les chaussées.

§ 2. — Chaussées d'empierrement.

1° Conditions d'établissement.

§ 4. — Chaussées diverses

CHAPITRE VIII

OUVRAGES ACCESSOIRES

§ 1er. — Aqueducs et ponceaux

QUATRIÈME PARTIE

ENTRETIEN DES ROUTES

CHAPITRE IX

GÉNÉRALITÉS

CHAPITRE X

ENTRETIEN DES CHAUSSÉES EMPIERRÉES

§ 1er. — Principes généraux

§ 2. — Entretien proprement dit

CHAPITRE XI

ENTRETIEN DES CHAUSSÉES PAVÉES

CHAPITRE XII

ENTRETIEN DES PARTIES ACCESSOIRES DES ROUTES

CHAPITRE XIII

ÉVALUATION ET RÉPARTITION DES DÉPENSES

D'ENTRETIEN

ANNEXES

Laval. — Imp. et stér. E. JAMIN, 8, rue Ricordaine.

ENCYCLOPÉDIE DES TRAVAUX PUBLICS

Directeur : M.-C. LECHALAS, 12, rue Alphonse de Neuville, Paris

Premières connaissances de l'ingénieur.

Traité de Physique, 2 vol. par M. GA-
RIEL, avec 445 figures dans le texte. 40 fr.
Elements de statique graphique, par
M. EUG. ROUCHE, 1 vol. avec 107 figures
dans le texte............ 12 fr. 50
Mecanique générale, par M. FLAMANT.
1 vol. avec 203 figures dans le texte. 20 fr.
Leve des plans et nivellement, par
MM. L. DURAND-CLAYE, PELTAN et LAL-
LEMAND, avec 286 fig..... .....20 fr.

Procedes generaux de construction.

Coupe des pierres, par M. EUG. ROUCHE
et BUISSE, anc. prof. et prof. de geome-
trie descriptive a l'Ecole centr. 1 vol. et
1 atlas.............. 25 fr.
**Terrassements, Tunnels, Dragages
et Derochements,** par M. E. FONTEN,
ingenieur civil, 1 vol. avec 234 fig. 25 fr.

Mecanique appliquee.

**Applications de la statique gra-
phique,** par M. Mc ROUCHLIN, 1 vol.
avec 270 fig. et 1 atlas de 30 pl... 30 fr.
**Stabilite des constructions. Resis-
tance des materiaux,** par M. FLA-
MANT, professeur a l'Ecole centrale et a
l'Ecole des ponts et chaussées, 1 vol.
avec 203 fig.............. 25 fr.
Hydraulique, par le même, 1 vol. avec
120 fig.............. 25 fr.

Chimie et geologie appliquees. Salubrite

**Chimie appliquee a l'art de l'inge-
nieur,** par M. L. DURAND-CLAYE, inspecteur general des ponts et chauss. (Epuisé)
Hydraulique agricole, par M. CHAR-
PENTIER DE COSSIGNY, 2e edit, revue et
augmentee, 1 vol. avec 100 fig... 15 fr.
**Geologie appliquee a l'art de l'in-
genieur,** par M. NIVOIR, ingenieur en
chef des mines, prof. a l'Ec. des p. et
ch., 2 vol. avec 355 fig.... 40 fr.
Exploitation des mines, par M. Du-
RIUS, avec 500 fig.............. 25 fr.
**Distributions d'eau. Assainisse-
ment,** par M. BECHMANN, ingenieur en
chef de la ville de Paris, 1 vol. avec 625
figures dans le texte............ 30 fr.

Routes et ponts.

Routes et chemins vicinaux, par
MM. L. MAR et L. DURAND-CLAYE. 25 fr.
Ponts metalliques, par M. J. RESAL,
ingenieur en chef des ponts et chaussees,
2 vol. avec 670 fig. dans le texte. 40 fr.
**Constructions metalliques. Elasti-
cite et resistance des materiaux :
Fonte, fer et acier,** par le même, 1
vol. avec 203 fig.............. 20 fr.
Ponts en maçonnerie, par MM. DE-
GRAND, inspecteur general honoraire des
ponts et chaussees, et J. RESAL, profes-
seur de ponts a l'ecole des ponts et chaus-
sees, avec une introduction par M. M.-C.
LECHALAS, 2 vol. avec 600 fig... 40 fr.
Mouvement des terres, par M. EM.
HUSON, insp. general.......... 2 fr. 50
**Ponts metalliques a travees inde-
pendantes. Formules, Baremes et
Tableaux,** 1 vol. avec 204 fig. par le
même............ 20 fr.

Chemins de fer.

Notions générales et economiques,

1 vol. de XII-665 pages, avec figures,
par M. LEVGUE, ingenieur...... 17 fr.
Superstructure, 1 vol. avec 310 fig. et
1 atlas de 75 gr. pl. par M. DEHARME, ingenieur, professeur de chemins de fer à
l'Ecole centrale............ 50 fr.
**Exploitation technique et exploi-
tation commerciale,** 2 vol., par M.
GOSSMANN.
Chemins de fer à crémaillère, par
M. LEVI LAMBERT, ingenieur civil, 1 vol.
avec 79 fig.............. 15 fr.
**Chemins de fer funiculaires. Trans-
ports aériens,** 1 vol. par le même. 15 fr.

Navigation interieure. Inondations.

Rivières et canaux, par M. GUILLE-
MAIN, inspecteur general, directeur de l'E-
cole des ponts et chaussees, avec des An-
nexes par MM. LECHALAS, BAUMGARTEN,
FLAMANT, EDWIN CLARK, GRUSON et CA-
DART, 2 vol. avec 200 fig..... 40 fr.
Hydraulique fluviale. Inondations,
par M. M.-C. LECHALAS, 1 vol. avec 78 fig.
17 fr. 50
Restauration des montagnes, par
M. E. THIERY, 1 vol. avec 170 fig. 15 fr.

Travaux maritimes. Ports.

Travaux maritimes. *Phenomenes ma-
rins, accès des ports,* par M. LAROCHE,
insp. gen., 1 vol. avec 116 fig. et 1 atlas
de 46 grandes planches........ 40 fr.
Ports maritimes, par le même, 2 vol.
avec 521 figures et 2 atlas..... 50 fr.
Les Ports des iles britanniques,
par M. GUILLAIN, inspecteur general des
ponts et chaussees.
**Les Ports de la mer du Nord et
du Pas-de-Calais,** par le même.
La Seine maritime et son Estuaire,
par M. LAVOINNE, avec une introduction
par M. LECHALAS, 49 fig....... 40 fr.

Architecture et constructions civiles.

Maçonnerie, par M. DENFER, professeur
d'architecture a l'Ecole cent., 2 vol. avec
794 fig.............. 40 fr.
Charpente en bois et menuiserie,
par le même, 1 vol. avec 680 fig... 25 fr.
Couverture des édifices, par le même,
1 vol. avec 423 fig............ 20 fr.
**Charpenterie metallique, menuise-
rie en fer et serrurerie,** 2 vol. avec
1050 fig. par le même........ 40 fr.

Electricite.

Electricité industrielle, par M. MON-
NIER, professeur d'electricite a l'Ecole centrale, 1 vol. avec 300 fig........ 20 fr.

Droit administratif. — Biographies.

Droit industriel, par M. Michel PELLE-
TIER, av., prof. a l'Ecole centrale. 15 fr.
Manuel de droit administratif (Ponts
et chaussees et chemins vicinaux), par
M. G. LECHALAS, ing. en chef ; t. I. 20 fr.
Tome II (1re partie)......... 10 fr.
**Legislation des mines, française et
etrangere,** par M. AGUILLON, ingenieur
general des mines, professeur à l'Ecole
superieure de Paris, 3 vol..... 40 fr.
Notices biographiques, par M. TANÉ
DE ST-HARDOUIN, inspect. general. 5 fr.

www.ingramcontent.com/pod-product-compliance
Lightning Source LLC
Chambersburg PA
CBHW031718210326
41599CB00018B/2429